LE RÉEL VOILÉ

DU MÊME AUTEUR

Conceptions de la physique contemporaine, Hermann, 1965.
Conceptual Foundations of Quantum Mechanics, 2e éd., Addison-Wesley, Reading, Mass., U.S.A., 1976, 3e éd., 1989.
A la recherche du réel, le regard d'un physicien, Gauthier-Villars, 1979 (3e éd., Agora, Presse-Pocket, 1991).
Un atome de sagesse, propos d'un physicien sur le réel voilé, Seuil, 1982.
Une incertaine réalité : le monde quantique, la connaissance et la durée, Gauthier-Villars, 1985.
Penser la science ou les enjeux du savoir, Dunod, 1990.
Georges d'Espagnat, La Bibliothèque des Arts, 1990.
Regards sur la matière, des quanta et des choses (en collaboration avec Etienne Klein), Fayard, 1993.

Bernard d'Espagnat

LE RÉEL VOILÉ

Analyse des concepts quantiques

Fayard

ISBN : 978-2-213-59310-4

Avant-propos

Je le dis sans ambages : quiconque cherche à se faire une idée du monde — et de la place de l'homme dans le monde — doit tenir compte des acquis et de la problématique de la mécanique quantique. Bien plus : il doit les mettre au centre de son questionnement.

Cette vérité ne se révèle pas à nous d'emblée. De fait, si la physique quantique donne à voir de vrais horizons c'est pour une part en raison des dissonances existant entre elle et le sens commun — et, au départ, ces dissonances sont perçues comme négatives. Il peut se passer quelque temps avant que nous ne les interprétions comme des indices de la profondeur du message. Quant à moi, en tout cas, je garde encore en mémoire les perplexités qui furent miennes quand j'abordai l'étude de la mécanique quantique et même, plus tard, quand je lus des articles concernant ses fondements. La vérité est que, si ces textes présentaient le formalisme d'une manière qui me convenait, ils paraissaient laisser dans l'ombre beaucoup du *sens même* des formules écrites. N'étaient-elles que de simples règles de prédiction de résultats *d'observation* ? Étaient-elles au contraire censées décrire les *choses*, objets de telles expériences ? A certains endroits l'argument développé paraissait reposer de façon cruciale sur l'axiome implicite que la prévision correcte de ce qui sera observé est l'essence même de la science, tout le reste n'étant que littérature. Cependant, en d'autres passages (dans les introductions, les conclusions, mais également dans les chapitres relatifs aux applications à la physique de l'état solide, à la thermodynamique, à la cosmologie...) les auteurs s'exprimaient, sans nuance aucune, comme si les probabilités, etc., avec lesquelles ils jonglaient avec tant de dextérité se rapportaient à des événements « décrits tels qu'ils se produisent réellement ». *Là*, autrement dit, ces auteurs attendaient de moi que j'accepte la manière de voir traditionnelle sans me poser de questions malséantes quant à sa cohérence avec celle, plus critique, qu'ils venaient eux-mêmes de me suggérer. Par la pensée, je revis encore les longues heures par moi consacrées — car je sentais qu'il le *fallait* — à un tel exercice d'équilibrisme intellectuel.

Mon malaise ne fut pas allégé par les théories quantiques de l'opération de mesure alors vantées par tels ou tels experts. Et il se trouva aggravé quand je pris connaissance d'une proposition fréquemment avancée, en ces temps-là, concernant les corrélations quantiques à distance : l'idée qu'on se débarrasse de l'enchevêtrement et des difficultés correspondantes le plus facilement du monde, par un simple changement technique consistant à décrire les systèmes par des matrices-densité et non par des kets. C'est la réflexion sur ceci qui me conduisit à la conclusion que toute visée de description réaliste (au sens du réalisme conventionnel) requiert que là où l'on traite des mélanges on établisse une distinction entre deux notions, que, justement pour les distinguer, je suggérai d'appeler « mélanges *propres* » et « mélanges *impropres* ». Avec la conséquence — négative certes mais philosophiquement significative — que l'enchevêtrement, ou *non-séparabilité* comme on l'appelle également, apparaît comme n'étant aucunement une bizarrerie propre au formalisme de la fonction d'onde ou du ket. Sous des « habits » légèrement différents on le retrouve en fait dans *n'importe quelle* description quantique conventionnelle (c'est-à-dire sans variables cachées) censée décrire les « choses telles qu'elles sont » : que cette description soit axée sur la notion de ket, sur celle de matrice-densité ou sur toute autre. Quand, au CERN (où nous travaillions l'un et l'autre), John Bell me fit part de sa réfutation de la « causalité locale » je pensai d'abord qu'il devait s'agir d'une autre preuve du résultat susmentionné. Mais il me convainquit bien vite que, pour voisines que soient les deux notions d'enchevêtrement et de violation de la causalité locale, son résultat à lui était de portée plus grande que le mien, puisqu'il concernait aussi les théories à variables cachées. A mes yeux, cette généralisation revêtit tout de suite une importance cruciale car elle démontrait un point que, livrée à ses seules forces, la philosophie avait vainement, à mon sens, tenté d'établir. A savoir que nos visions du réel dites « du sens commun » (héritées, pour beaucoup d'entre elles, du XVIIIe siècle) sont erronées, et qu'elles ne peuvent être sauvées par aucune spéculation, fût-ce la plus « débridée », germant sur leur sol.

Ce dont, pour l'essentiel, le présent ouvrage vise à développer et à prolonger l'analyse, c'est précisément la galaxie des problèmes conceptuels qu'on vient d'entrevoir. En cela il s'écarte quelque peu de la ligne générale de la littérature scientifique. De fait, les ouvrages consacrés à la mécanique quantique sont, schématiquement parlant, de deux types. Certains — la plupart même —, portent principalement sur les techniques mathématiques que cette mécanique met en jeu, avec parfois, en incidentes, quelques rapides échappées concernant l'interprétation. Dans d'autres, l'attention est focalisée sur les aspects épistémologiques (voire simplement historiques) de la question. Mais lorsque ces derniers ouvrages renvoient au formalisme mathématique sous-jacent ils n'entrent pas, en général, dans des détails qui sont cependant nécessaires pour une analyse correcte des présupposés et des conséquences épistémologiques véritables de certains développements récents. Ici, je me suis proposé de traiter de concert ces deux aspects complémentaires de la question. Mon but final est *l'interprétation* de la, ou des, théorie(s) quantique(s). Mais j'estime qu'on ne peut se former des idées justes relativement à l'interprétation que si l'on dispose d'une description détaillée des formules et des arguments théoriques formant l'ossature des divers modèles théoriques, y compris, cela va de soi, les plus actuels. C'est à une telle description qu'est consacrée la partie centrale du livre.

Par contraste, le premier et les trois derniers chapitres visent directement les problèmes philosophiques ici en jeu. Le chapitre 1 est une introduction à ces derniers, destinée principalement aux physiciens. Il consiste en un rappel de ce que, pour l'essentiel, la recherche philosophique, passée et actuelle, a suggéré concernant la réalité, l'expérience et le lien entre l'une et l'autre, l'accent, bien entendu, étant mis sur les problèmes soulevés dans ce domaine par la physique. Les trois derniers chapitres (14 à 16) sont à mes yeux la partie essentielle du livre. J'y cherche à déterminer les implications et les suggestions d'ordre philosophique découlant de nos connaissances actuelles en physique quantique. Quelques différences de style apparaîtront entre ces quatre chapitres et les autres. Elles sont dues au fait que la physique et l'épistémologie sont *réellement* deux approches très différentes, que je me suis efforcé de rapprocher.

Comme le montre clairement, je crois, mon intérêt pour les problèmes conceptuels d'interprétation, je ne suis pas de ceux qui rejettent le réalisme — en sa version dite « naïve » ou en toute autre — sur la base d'arguments *a priori*. Si la physique nous proposait, d'une manière dénuée de toute ambiguïté, une image du monde satisfaisant aux présupposés du *physicalisme* (autrement dit du *réalisme physique* : l'idée qu'en dernière analyse la physique est, en droit, qualifiée pour décrire, exhaustivement et en détail, le réel « tel qu'il est véritablement »), je trouverais sans doute raisonnable de me rallier au physicalisme. Mais ma thèse est qu'il n'en est rien : et l'une des visées principales de ce livre est précisément d'établir cette thèse par des arguments rationnels fondés sur les faits. Ceci est moins facile que certains ne le pourraient croire. Fallacieux est l'argument consistant à prétendre que la structure même de la mécanique quantique (relations de Heisenberg, etc.) réfute d'emblée le physicalisme. J'en veux pour preuve que, tous les ans ou presque, on voit de brillants théoriciens du quantique présenter d'ingénieuses propositions visant implicitement à restaurer le réalisme physique : et certains (non pas tous !) parviennent extrêmement près du but ! Nombre d'entre eux sont mes amis et j'admire leur œuvre sans réserve. Aussi dois-je, à eux tous, présenter ici des excuses pour avoir fait, dans cet ouvrage, une analyse pouvant, d'un certain point de vue, ne pas leur plaire. Une critique argumentée, non, en vérité, de leurs théories, mais de la plausibilité de l'idée que telle ou telle, nommément spécifiée, de ces dernières serait *la* vraie description de *ce qui est.* Ceci ne veut pas dire que je n'ai pas tiré profit de leurs recherches. La majorité des chapitres qui suivent témoignent, à l'évidence, du contraire.

D'un autre côté, je n'ai pu dériver un bénéfice de *tout* ce qui a été publié en ce domaine. Et ici je n'ai même pas tenté de faire la « revue de détail » d'une aussi vaste littérature. En particulier, j'ai systématiquement laissé de côté les suggestions théoriques ne satisfaisant pas à une certaine condition de rigueur épistémologique explicitée plus loin (section 1-6, § 1). Je me suis proposé de rendre, sans exclusive, justice aux autres mais ne peux exclure que certaines m'aient échappé. Il est dès lors concevable que je sois passé, justement, à côté de l'oiseau très rare susceptible de rendre le réalisme physique scientifiquement convaincant. Si les avancées futures de la physique devaient révéler que tel fut le cas, ma seule excuse rétrospective serait d'avoir exploré le domaine avec zèle et avec impartialité.

Nous vivons en un temps où des cohortes d'étudiants en toutes sortes de disciplines, appliquées ou non, ont à s'instruire des notions de base et des principales méthodes de calcul de la mécanique quantique ; et c'est un fait qu'ils y parviennent, presque tous, fort convenablement. Assurément, les étudiants en philosophie des sciences auraient tout à gagner à s'engager, un petit peu, dans cette voie, et il serait bien regrettable qu'à eux, et eux seuls, elle paraisse hérissée d'obstacles dissuasifs. La difficulté est, naturellement, que la plupart d'entre eux ont reçu une formation orientée bien davantage vers les lettres et les sciences humaines que vers les sciences dites « exactes ». C'est en conservant cette donnée présente à l'esprit que dans le présent livre — nonobstant mon propos d'attaquer les questions les plus délicates et de le faire au niveau même des experts — j'ai décidé de prendre, plus ou moins, les choses à leur début, d'expliciter, fût-ce de façon concise, l'essentiel des techniques quantiques et de fournir des détails de calcul que, cela va de soi, les théoriciens expérimentés pourront passer. De fait, le livre a été conçu de manière à ce qu'il puisse être lu sans aucune peine par les étudiants en physique de première année de maîtrise et qu'il soit, en majeure partie, compréhensible par les étudiants en épistémologie ayant une certaine teinture de physique. En ce qui concerne les petits chapitres d'introduction « technique » (chapitres 2 à 7), ils sont empruntés, à quelques détails près, à mon livre antérieur *Conceptual Foundations of Quantum Mechanics*. Quant au présent ouvrage, il est publié simultanément en version anglaise par Addisson-Wesley, Reading, Mass.

Même si les pages qui suivent fournissent, je l'ai noté, un panorama général de la question, mon but premier, en les écrivant, a été de faire connaître mes idées. Vu sous cet angle, le livre n'a rien d'un manuel. Je suis naturellement conscient du fait que les arguments qu'il développe ne tranchent pas la question à tout jamais. En particulier, je concède que les analyses critiques qu'il donne (dans les chapitres centraux du livre) d'un ensemble de suggestions d'inspiration physicaliste n'équivalent pas à un théorème de rejet global. Une suite ininterrompue de brillantes suggestions de cette nature continuera, sans aucun doute à voir le jour. Comment pourrait-il être *démontré* à l'avance qu'aucune d'elles, en définitives ne s'avérera convaincante au point de scientifiquement *s'imposer*? D'un autre côté, une telle subordination au temps est le lot commun de toutes les enquêtes fondées sur la science. De telles considérations n'altèrent donc pas ma conviction raisonnée que les conclusions sur lesquelles débouche le présent ouvrage resteront crédibles. Pour m'exprimer avec les nuances qui conviennent : il me semble, en tout cas, que la notion d'un *réel voilé* se dégage avec une plausibilité renouvelée des développements ici proposés.

Bernard d'Espagnat
Paris et Orsay, 1994

1

Philosophie et physique

Le titre de ce chapitre introductif pourrait être aussi bien : « philosophie pour physiciens ». Souvent, les physiciens sont déconcertés par la manière inattendue dont les philosophes d'aujourd'hui manient certaines notions apparemment simples, celle d'*objet* par exemple. Lorsque ces philosophes entendent prononcer le mot *objet*, la notion d'un *sujet* pour qui l'objet est un objet leur vient semble-t-il d'emblée à l'esprit. Telle n'est pas, sauf exceptions rares, la réaction du physicien. Il y a là une source de malentendus car, pour le philosophe, il va tellement de soi que « objet » réfère à « sujet » qu'en général il ne prend pas même la peine de signaler une dépendance si évidente. Et encore moins, bien sûr, d'expliquer *en quoi et pourquoi* elle est évidente.

D'où ces réflexes proviennent-ils ? Réponse : des grandes sources de la philosophie classique. Et c'est pourquoi un physicien à la recherche des interprétations possibles de la physique quantique, s'il désire ne pas se priver des éventuelles lumières de la philosophie, doit éviter de lire exclusivement les ouvrages philosophiques d'auteurs actuels. En ce qui concerne la plupart des thèmes que ceux-ci abordent, s'il se propose d'en saisir l'idée directrice à un niveau suffisamment fondamental, il doit revenir aux grandes sources. C'est pour cette raison que plusieurs des sections qui suivent sont consacrées à la description et à une analyse critique — exposée du point de vue du physicien — de certains aspects des travaux de Hume et de Kant. Quand, dans des chapitres ultérieurs, nous chercherons à rassembler les diverses informations fournies par la mécanique quantique et à apprécier les poids relatifs des diverses interprétations qui en ont été proposées, nous constaterons l'utilité des informations philosophiques ainsi rassemblées.

Ce chapitre-ci introduit également à d'importantes questions soulevées par la physique quantique et à des notions générales servant à les analyser.

1-1. Rappel de quelques éléments de philosophie générale

Dans les cercles de physiciens, l'adage « rappelons-nous que la physique est une science expérimentale » s'entend souvent. *A priori* son sens paraît limpide. Mais cela n'est qu'une apparence car, en fait, il peut se comprendre d'au moins deux manières différentes. Dans l'une, il signifie qu'en fin de compte c'est seulement par le témoignage des sens qu'il est possible de découvrir certaines choses vraies concernant la — préexistante — « réalité extérieure ». Selon cette première interprétation la physique est une science qui nous décrit, ou vise à nous décrire, ce qui existe — la « réalité » — et l'expérience n'est rien de plus qu'un simple *critère* (finalement le seul valable, nous dit l'adage) permettant de discriminer entre énoncés vrais et faux concernant cette réalité. Selon l'autre interprétation, l'adage va beaucoup plus loin. Il ne se borne pas à proclamer qu'en la matière aucun savoir véritable ne saurait provenir d'autres sources que de l'expérience. Il pose, en fait, qu'il convient d'aller jusqu'au bout de cette logique et il présente la physique comme étant une science dont *l'objet même* est, en définitive, l'expérience humaine (entendons, bien sûr, un certain domaine de celle-ci), tout le reste n'étant que métaphysique.

Pour l'essentiel, la première acception est proche de celle du « sens commun ». C'est aussi, semble-t-il, celle que les premiers empiristes ont spontanément adoptée. Lorsque, par exemple, Locke formula sa célèbre distinction entre qualités premières (position, forme, etc.) et qualités secondes (couleur, saveur, etc.), ce qui le guida fut apparemment le fait qu'il concevait les premières comme étant réellement possédées par les objets alors que, selon lui, les secondes sont seulement des réactions humaines à des excitations provenant de ces objets. Cette manière de voir paraît être des plus raisonnables et, de fait, c'est encore elle qui est présente à l'esprit de la plupart des scientifiques, y compris certains physiciens. Pour faire bref, nous lui donnerons le nom de « réalisme conventionnel » ou, plus brièvement encore, de « réalisme » (bien que, comme nous le verrons à la fin de l'ouvrage, il y ait au moins une conception cohérente pour laquelle le terme de « réalisme » se trouve être approprié mais qui, cependant, se distingue de celle qui vient d'être définie).

S'agissant, maintenant, de la seconde interprétation de notre adage, un très grand nombre de physiciens (principalement des théoriciens) se sentent à première vue portés à y souscrire, sur la base du fait que notre science des objets physiques porte essentiellement sur les manipulations que l'on peut leur faire subir et les observations qui sont faites en ces occasions. Mais le nombre des enthousiastes se réduit comme peau de chagrin dès qu'une constatation toute simple est faite : à moins de se résigner à ce que cette seconde interprétation ne soit qu'une forme déguisée de la première, il faut évidemment admettre qu'elle concerne, entre autres, les qualités premières. Ce qui signifie, par exemple, que les positions relatives des planètes du système solaire à un instant donné, ou la position d'une aiguille sur un cadran, ou encore celle d'une table par rapport aux murs adjacents, sont *seulement* des éléments de notre expérience humaine collective, vides de toute relation bi-univoque avec quoi que ce soit qui ne se ramènerait pas, en définitive, à l'expérience en question. A ce stade, l'idée devient déplaisante aux yeux de la majorité des physiciens. Certains rejoignent même l'homme de la rue dans une appréciation peu nuancée : l'idée serait, tout simplement, absurde. Et on explicitera un peu plus loin quelques arguments fort sensés auxquels ils peuvent recourir pour défendre cette position. Cependant, c'est un fait : cette « seconde interprétation », en dépit de son apparente invraisemblance, est celle qui est le mieux en harmonie avec une philosophie forte de l'appui de nombre de grands penseurs de tous les temps, le nôtre compris. Et c'est également un fait que, comme on le constatera plus loin, si on l'accepte sans réserves, elle fait disparaître certains des problèmes les plus déconcertants que pose la physique contemporaine. Compte tenu de ces deux données, il est impossible de l'écarter d'un revers de main. Elle doit être considérée avec sérieux. Et, bien entendu, cela nous oblige à prendre également au sérieux la philosophie à laquelle elle se rattache et à laquelle on vient de faire allusion.

S'agissant de cette dernière, il nous faut tout d'abord nous mettre d'accord quant au terme qui, dans ce qui suit, servira à la désigner. Plusieurs mots se présentent à l'esprit. Curieusement, toutefois, il est difficile d'en trouver un qui convienne tout à fait. Celui d'« empirisme », par exemple, n'est pas réellement adapté, bien qu'il soit fréquemment utilisé. Beaucoup de philosophes contemporains se considèrent comme des empiristes. Mais il est clair, d'après ce qui précède, que le terme recouvre une ambiguïté. Son usage ne révèle pas si la philosophie qu'il sert à désigner implique la première ou la seconde des deux acceptions possibles de l'adage « la physique est une science expérimentale ». Et de fait, il arrive parfois qu'après avoir lu les savants ouvrages de tel ou tel philosophe empiriste, il nous soit impossible de dire lequel de ces deux sens leur auteur tiendrait pour valable. La même remarque vaut concernant d'autres termes fréquemment utilisés, tels que « positivisme » et « phénoménalisme » par exemple.

A cette ambiguïté, les philosophes professionnels peuvent assurément trouver de bonnes justifications. Il est très vrai que la raison pure ne doit pas s'attaquer de façon abrupte aux questions les plus fondamentales, telles que celle qui est ici sous-jacente : elle courrait le risque de se retrouver enfermée dans un cadre rigide de définitions préconçues. Il est plus sûr de n'aborder ces questions-là que par la bande, *via* une étude préliminaire de problèmes plus strictement épistémologiques. Et, même si cette dernière étude ne débouche pas sur des réponses aux questions que l'on se posait au départ, cela n'équivaut pas à un échec car ces résultats ont souvent, par eux-mêmes, de l'intérêt. D'un autre côté, cependant, si, dans le cadre d'une recherche philosophique d'ordre général, de tels arguments ont de la force, ils nous laissent ici sur notre faim car (nous le verrons en grand détail) la mécanique quantique soulève des problèmes aigus et bien définis qui obligent à prendre position. Pour cette raison, il est impossible de se satisfaire de termes tels qu'empirisme ou phénoménalisme par exemple. Ce qui est nécessaire, c'est un nom générique désignant le « cœur dur » commun à toutes les philosophies qui tranchent avec le réalisme conventionnel en ce qu'elles optent en faveur de la *seconde* interprétation de l'adage ci-dessus considéré (c'est-à-dire conçoivent la physique comme une science *de* l'expérience humaine communicable concernant un certain domaine). C'est seulement à cette condition qu'il nous sera possible ensuite d'énoncer clairement nos conclusions, c'est-à-dire de préciser sans ambiguïté de quel côté tel ou tel développement de physique quantique nous semble faire pencher la balance.

De fait, il y a un mot qui remplit bien cette condition. C'est « idéalisme ». Malheureusement le terme a été utilisé pour désigner plusieurs doctrines dont d'autres aspects sont, en notre siècle, plus ou moins dépassés. Pour cette raison, et aussi parce que telles ou telles de ces doctrines furent plus ou moins dépréciatrices de la science, même les philosophes des sciences qui se déclarent ouvertement en faveur de la seconde interprétation de l'adage, refuseraient aujourd'hui, pour la plupart, d'être appelés « idéalistes ». Cela, en un sens, est assez regrettable car dans un domaine difficile, où des analyses un peu délicates sont nécessaires, toute « loi non écrite » interdisant l'usage d'un mot fondamentalement bien adapté, tel que celui dont il s'agit, introduit inévitablement un élément additionnel, artificiel et mal venu, d'ambiguïté. Ici, dans un souci de clarté, on enfreindra cette prohibition trop stricte et on utilisera le mot « idéalisme » dans tous les cas où il apparaîtra qu'aucun autre ne serait assez explicite. Dans des cas moins critiques, on désignera la même option générale par le mot de « phénoménisme », un terme plutôt neutre, introduit dans l'espoir qu'il ne suscitera ni le rejet épidermique ni l'adhésion irraisonnée. L'un et l'autre mots seront utilisés dans un sens large, pour référer à toute doctrine soulignant le fait que nos moyens humains de perception, d'action et d'explication contribuent de manière décisive à la construction même des concepts utilisés pour décrire notre expérience. Avec pour corollaires : que nous n'avons aucun accès à quoi que ce soit qui puisse être désigné sous le nom de « réalité en soi » ; que nous ne connaissons rien d'autre que les phénomènes, au sens philosophique du terme ; et que, par conséquent, même les qualités primaires (positions relatives incluses) ne sont en définitive rien d'autre que des modes *humains* d'appréhension. Ces vues servent de point de départ à une part très considérable de la recherche philosophique contemporaine et c'est là une des raisons qui nous inciteront à les analyser en détail.

Ici, qu'il soit seulement noté que la définition précédente de ce qu'on entendra par « idéalisme » ou « phénoménisme » laisse le champ libre à quelques distinctions. Nous proposons d'appeler « idéalistes radicaux » (ou « phénoménistes radicaux ») les philosophes qui posent que la notion même d'existence n'a pas de sens, excepté dans les cas où elle peut être rapportée à celle d'expérience ; et d'utiliser l'expression « idéalisme » (ou « phénoménisme ») « modéré » pour désigner la doctrine des penseurs de la tendance idéaliste qui ne vont pas tout à fait aussi loin, ou qui ne prennent pas vraiment parti. A cette étape, il faut rappeler aux lecteurs, et particulièrement aux lecteurs scientifiques, que l'idéalisme ainsi défini est tout le contraire d'une doctrine ésotérique. De fait, une vaste proportion des grands scientifiques du temps passé, les Helmholtz, Poincaré, Schrödinger et bien d'autres, furent sans conteste des idéalistes au sens défini ci-dessus. Ceci, bien entendu, doit nous inciter encore davantage à analyser plus en détail les philosophies de cette mouvance.

1-2. « Pour » et « contre » l'idéalisme

Mais, bien entendu, les gens qui développèrent l'idéalisme furent des philosophes. « L'homme est la mesure de toutes choses » disait déjà Protagoras au IVe siècle avant notre ère. Plus tard, Descartes prit une idée voisine en considération, bien que seulement à titre d'étape intermédiaire dans son argumentation générale. C'est à Berkeley que l'on doit la première philosophie idéaliste élaborée. Celle-ci était plutôt du type « radical » (bien qu'elle conservât Dieu en tant qu'Être indépendamment existant), et la devise connue *esse est percipi* (« être c'est être perçu ») la résume partiellement, mais, dans l'ensemble, adéquatement. Kant reprit l'idée. Il peut être qualifié d'idéaliste *modéré* car il conserva très explicitement la notion de

« choses en soi », existant tout à fait indépendamment de toute connaissance. Cependant, sa conception était que nous ne pouvons avoir aucune connaissance de telles choses. Il est bien connu que, selon lui, ni l'espace, ni le temps, ni la relation cause-effet n'ont d'existence autonome. Ils ne sont que des modes de la sensibilité et de l'entendement humain. Plus tard, la plupart des philosophes qui adhérèrent à l'approche générale de Kant furent plus radicaux que lui, en ce qu'ils rejetèrent le concept même de « choses en soi ».

Il ne saurait être question de donner dans ces quelques pages une description détaillée des vues de Berkeley, de Kant ou des néo- ou post-kantiens. De tels exposés peuvent être trouvés dans la plupart des manuels de philosophie et l'on admettra ici que le sujet, dans ses grandes lignes, est connu. En revanche, il convient d'examiner les questions qui, dans ce domaine, sont de nature à éveiller plus particulièrement l'intérêt du scientifique. Elles sont de deux sortes : (a) quelles furent les raisons, arguments, etc., qui poussèrent ces philosophes à adhérer à l'idéalisme, et (b) comment répondirent-ils, ou comment eussent-ils pu répondre, à certaines objections faites à leur thèse et qui paraissent aussi évidentes qu'accablantes.

Afin de ne pas conférer une trop grande extension à cette étude, on se contentera de considérer les points de vue de Kant en la matière. Comme Berkeley, Kant partit d'une remarque dont la validité est difficilement contestable : à savoir que toute connaissance détaillée que nous prétendons avoir concernant tel ou tel objet extérieur est acquise grâce à nos sens, et n'est donc au mieux qu'indirecte... et par conséquent contestable (pensons à l'expérience du bâton brisé) ; et que ce que nous connaissons directement et de façon certaine ne peut dès lors être que l'écheveau de nos idées (un mot qui, dans le langage de l'époque, recouvrait aussi les données des sens). S'agissant de l'espace, par exemple, Kant fit valoir que ce qui est le plus assuré à son sujet est que la notion nous est indispensable aux fins d'ordonner les données de nos sens (les phénomènes constituant le produit de l'ordonnancement en question).

Cette remarque très générale a des conséquences étendues. Par exemple, on peut en faire le point de départ d'un argument sensé (peut-être pas exactement celui de Kant, mais peu importe) en faveur de l'idéalité de l'espace. Premièrement, on fait observer que, que les choses-en-soi soient dans l'espace ou qu'elles n'y soient pas, de toute manière nous sommes, nous, forcés de situer dans l'espace les représentations que nous nous en faisons. Deuxièmement, on constate que, cela étant, l'hypothèse selon laquelle les choses-en-soi sont effectivement dans l'espace est arbitraire et superfétatoire.

Assurément, cet argument élémentaire pourrait, à première vue, être fort aisément mis en échec. L'objection consisterait à faire remarquer que, malgré tout, l'hypothèse selon laquelle les choses-en-soi sont connues plus ou moins telles qu'elles sont vraiment (c'est-à-dire coïncident à peu près avec ce que nous révèlent les sens à l'aide, quand il le faut, des instruments) — et par conséquent sont bien dans l'espace, comme nos sens nous disent qu'elles le sont — doit être bonne, puisqu'elle *explique*, d'une manière directe et simple, un nombre considérable de faits. Mais, à cela, Kant aurait sans doute répondu qu'« expliquer » signifie « découvrir les causes », que, dans le présent contexte, cela veut dire « découvrir les causes détaillées des phénomènes », et que la notion même de causalité, dès qu'on cherche à l'étendre au-delà de la simple succession régulière des phénomènes, ne peut, comme Hume l'a prouvé, être déduite ni du raisonnement ni de l'expérience. Pour Kant, son seul statut possible est donc celui d'un *mode* a priori *de l'entendement humain*, ce qui implique qu'elle n'est pas dans les choses-en-soi mais bien en nous. Par conséquent, (a) abandonner l'idée que les choses-en-soi sont dans l'espace n'implique en rien un abandon de la causalité (du lien causal entre phénomènes) et (b) réciproquement, les multiples liens causaux que nous voyons à l'œuvre dans le domaine des phénomènes ne peuvent être interprétés comme indiquant de façon fiable que les choses-en-soi elles-mêmes sont connues et sont dans l'espace.

Remarquable est le rôle joué dans cet argument (comme Kant lui-même l'a expressément reconnu) par l'analyse critique de Hume concernant le concept de causalité. Cela étant, il est clair que, si l'on désire se former un jugement de valeur portant sur l'idéalisme en général — et celui de Kant en particulier — il importe de disposer en premier lieu d'une analyse critique détaillée de l'argumentation de Hume en la matière. Tel sera l'objet de la section suivante. Ici, contentons-nous de quelques commentaires relatifs à ce qui précède.

1) Il est bien connu que, lorsque Kant écrit le mot « espace », il s'agit pour lui de l'espace euclidien, et que quand il écrit le mot « temps », il réfère par là au temps newtonien universel. Son assertion que ces concepts sont des modes *a priori* de notre sensibilité semble impliquer (et, dans son esprit, impliquait sans le moindre doute) que la physique doit être entièrement construite dans le cadre, tout à fait contraignant, de ces concepts. Depuis l'avènement de la relativité, nous savons bien sûr que ceci est faux, et de sérieuses réserves s'imposent dès lors quant aux détails de la philosophie de Kant.

2) Une remarque similaire peut être faite à propos de la conception kantienne de la causalité. Dans l'esprit du principe leibnizien de « raison suffisante » et dans la ligne des conceptions de presque tous les philosophes et physiciens de son époque (et même de périodes ultérieures), Kant identifiait la causalité au déterminisme. Or, les théories physiques modernes ont rendu obsolète la foi dans le déter-

minisme : de sorte que, ici encore, le fait que Kant ait vu dans la « causalité » telle que par lui comprise un élément *a priori* de notre entendement — et par là du moule même dans lequel la physique devait être façonnée — doit nous rendre sceptiques relativement aux détails de son système.

3) Plus généralement, Kant vivait en un temps où l'on considérait non seulement que la science pouvait atteindre la certitude, mais encore qu'en deux domaines au moins, la géométrie et la mécanique newtonienne, elle l'avait déjà atteinte. Comme Popper [1] l'a pertinemment fait observer, il y avait une assez flagrante contradiction entre cette idée et le scepticisme auquel Hume était parvenu en conséquence de son analyse de la notion de causalité, scepticisme qui, nous le savons, était lié à notre besoin de cette dernière joint à l'impossibilité dans laquelle nous sommes de justifier notre foi en elle. Selon ce que Popper laisse entendre, Kant aurait considéré qu'en un sens, aucune hypothèse ne pouvait être trop audacieuse si, véritablement, elle levait cette contradiction. Celle qu'il proposa — considérer la causalité comme un moule *a priori* dans lequel notre expérience doit prendre forme — répondait au problème puisqu'elle éliminait jusqu'à la nécessité même de *justifier* notre croyance en la causalité.

En la matière, la thèse de Popper est que le développement subséquent de la physique a amplement confirmé le scepticisme de Hume, que la pleine certitude attribuée par Kant à la science s'est révélée n'être qu'illusion, et que, par conséquent, le problème même que Kant s'était efforcé de résoudre s'avère maintenant n'être qu'un faux problème. Indéniablement, il y a beaucoup de vrai dans cette appréciation. Notons bien cependant que, pour qui prétendrait à la fois souscrire à l'analyse critique de Hume et croire que la science est en définitive capable de nous décrire le réel tel qu'il est vraiment (de nous révéler les plans divins de l'Univers, selon la métaphore de Hawking), le problème repéré par Kant resterait un problème réel, même aujourd'hui. Soulignons aussi que la remarque de Popper n'invalide pas l'argument kantien — ou pseudo-kantien — rapporté plus haut sur l'idéalité de l'espace, car la notion de certitude ne joue pas de rôle explicite dans cet argument.

En résumé : certains aspects de l'idéalisme, et tout spécialement du kantisme, sont indéniablement dépassés, y compris même les motivations essentielles qui poussèrent Kant à développer ses vues. Mais, d'un autre côté, contestable aussi, contrairement aux apparences, est la conviction du penseur réaliste que les qualités primaires sont possédées par les objets (c'est-à-dire sont, pour l'essentiel, « bien réellement » telles que nous voyons qu'elles sont) et que l'espace (aujourd'hui : l'espace-temps) est une arène ayant son existence propre, où les choses (aujourd'hui les événements) *se trouvent.* En effet cette conviction paraît n'avoir de fondements solides ni dans la logique (la raison pure), ni dans nos connaissances factuelles.

1-3. Quelle est la vraie portée de l'analyse de Hume ?

A l'heure actuelle, personne ne nie la relativité de l'espace et du temps lorsque le mot de « relativité » est pris dans le sens que lui confère la relativité restreinte d'Einstein. Mais dans cette théorie, ni l'espace-temps ni les événements ne sont « relatifs », ou, du moins, ils ne sont en rien relatifs à la connaissance humaine. Ils peuvent être — et, en général, ils sont — pensés comme existant tout à fait indépendamment de l'existence propre de l'homme ; de même que l'espace et les objets étaient pensés comme existant, en une sorte de sens absolu du verbe « exister », par la majorité des physiciens du XIXe siècle. La chose vaut d'être soulignée car, dans l'idée de rendre moins déconcertantes les assertions de l'idéaliste concernant l'idéalité de l'espace et du temps, il est quelquefois suggéré de remplacer, dans ces dernières, le mot « idéalité » — trop évocateur de doctrines un peu dépassées — par le mot plus moderne de « relativité ». L'idée est bonne si — et dans la mesure où — elle nous dissuade d'identifier les idées directrices majeures de telles ou telles philosophies actuelles participant peu ou prou de l'idéalisme (modéré ou radical) à certaines conceptions dépassées propres, par exemple, au kantisme. Mais cette suggestion ne mène pas très loin. En effet, les idées directrices des philosophies en question impliquent, dans la ligne du kantisme, que l'existence de l'espace-temps, des phénomènes, etc. — autant dire de l'existence en général — est logiquement secondaire par rapport à la connaissance. Et nul euphémisme ne saurait masquer la rupture majeure d'avec nos manières les plus enracinées de penser — on pourrait même dire le scandale — que ceci implique.

Tout souci purement sémantique mis de côté, la nécessité demeure donc de rechercher si, et jusqu'à quel point, la rupture en question est fondée. Et, comme nous avons vu que les arguments originellement présentés (et encore aujourd'hui souvent évoqués) en sa faveur se réfèrent grandement à l'analyse de la causalité due à Hume, nous ne pouvons nous dispenser d'un examen critique — en plusieurs étapes — et de cette dernière.

Description

La première étape consiste en la simple observation du fait que, dans la plupart des cas, ce qui nous persuade de la réalité de quelque fait, existence ou présence est un raisonnement simple fondé sur la relation cause-effet. Par exemple, nous dit Hume, quand nous entendons une voix humaine dans une pièce noire nous en déduisons qu'il s'y trouve quelqu'un ; si nous trouvons une montre dans une île déserte, nous en concluons que quelqu'un est passé par là avant nous ; et ainsi de suite.

En une deuxième étape, nous constatons que ces relations causales sont exclusivement tirées de l'expérience. C'est elle, et non le raisonnement, qui nous a appris que l'on n'entend des voix humaines que quand des êtres humains se trouvent dans le voisinage (à l'époque de Hume, phonographes et transistors n'avaient pas encore été inventés) ; et que les montres ne poussent pas toutes seules, comme le font les arbres et l'herbe. Et, souligne-t-il, ceci est encore vrai dans les cas où, intuitivement, nous tendons à penser que nous pourrions découvrir les effets de telle ou telle cause par une opération de pure raison. Nous tendons à considérer que, si nous nous trouvions soudainement, adultes que nous sommes, introduits au monde, nous pourrions, par le raisonnement et lui seul, prévoir qu'une boule de billard en mouvement communiquera une part de celui-ci à une boule au repos si elle la cogne. Mais nous nous trompons. *A priori* il est tout aussi concevable qu'après la collision les deux boules seront au repos, ou que celle qui est en mouvement reculera, etc. Seule l'expérience passée nous apprend lequel d'entre ces processus se produira.

Dans l'argumentation de Hume, la troisième (et principale) étape consiste à rechercher le fondement de notre conviction qu'une telle collection de données issues de l'expérience passée nous permet effectivement de formuler une relation cause-effet et de l'appliquer, comme on vient de voir que nous le faisons, à la prédiction d'événements futurs. En langage moderne, on dirait qu'il est à la recherche d'une justification de l'induction. Et, comme chacun sait, il découvre qu'il n'y en a pas. Il résulte clairement de ce qui précède que les relations causales ne peuvent être découvertes par le raisonnement pur ou, en d'autres termes, que la validité de l'induction ne peut être établie de cette manière. Et si nous essayons de la justifier en nous référant à l'expérience, c'est-à-dire en arguant que puisque l'induction a bien fonctionné dans de nombreux cas, on doit s'attendre à ce qu'elle fonctionne également en d'autres, nous nous enfermons dans un cercle vicieux. Car ceci, manifestement, est déjà un argument par induction, de sorte qu'en l'énonçant, nous postulons la validité de l'induction, thèse que nous voulions justement prouver. Pour dire les choses en peu de mots : il n'y a pas de justification à l'induction.

Plus haut, nous avons déjà esquissé la manière dont Kant et ses successeurs convertirent ce résultat négatif de Hume en un argument positif en faveur de l'idéalité de la causalité et, à partir de là, en faveur de l'idéalisme (modéré) en général. Sa suggestion est, nous le savons, de considérer la causalité comme une composante *a priori* de l'entendement, conditionnant la possibilité même de construire l'expérience humaine à partir des données brutes des sens. Si vraiment cette conception est la bonne, alors, bien entendu, cela n'a pas de sens de demander que la causalité soit *déduite* de l'expérience, et la difficulté de Hume est donc levée. Mais, manifestement, ce schéma d'ensemble n'est cohérent que si les phénomènes eux-mêmes — la cause et l'effet — sont considérés comme « mentaux » plutôt que « physiques » : car autrement nous ne verrions pas comment justifier le fait que nous appliquons la notion de relation cause-effet, qui est posée comme une structure essentiellement « mentale », aux phénomènes en question.

Discussion

On vient de le voir : l'argumentation de Hume est très fondamentale en ce qui concerne le tour à donner à notre réflexion à propos du monde. La manière dont nous interpréterons les résultats scientifiques en général, et particulièrement ceux qui proviennent de la physique, dépend beaucoup du degré de généralité que nous déciderons de lui accorder.

A cet égard, pourrait *a priori* être pertinente la remarque que Hume raisonne essentiellement en philosophe — un très bon philosophe, soit dit par parenthèse ! — non en savant. Ceci est particulièrement frappant dans le choix des exemples qu'il utilise pour illustrer ses vues sur la causalité. La plupart sont du type « le pain nourrit », « le printemps fait fleurir les arbres », etc. Et, bien sûr, cela lui rend facile la tâche de souligner la nature empirique des relations causales. En vérité il serait à première vue tout aussi concevable que le pain ne nourrisse pas (il ne nourrit guère les tigres !) et que les arbres fruitiers fleurissent au cœur de l'hiver. Même lorsqu'il fait mention de boules de billard, au sujet desquelles la mécanique newtonienne nous apprend indéniablement certaines choses, il fait silence sur le fait que ce sont les *mêmes* lois générales (celles de la mécanique en question) qui rendent compte d'un éventail extrêmement ouvert de relations causales distinctes. La chose peut-elle être exploitée pour mettre en question la validité générale de son raisonnement ?

Il s'agit en fait d'un point délicat. Il n'est pas question de prétendre qu'une pure et simple référence à l'existence de lois physiques soit de nature à faire se dissiper les raisons invoquées par Hume pour mettre en doute la possibilité de justifier l'induction. A une suggestion en ce sens, Hume répondrait bien entendu que les lois en question ont elles mêmes été inférées à partir de données expérimentales, que ces données ne portaient que sur un nombre fini d'observations passées, et que c'est en *postulant* la validité de l'induction que nous attribuons à ces lois une validité universelle : de sorte que nous nous enfermerions dans le même cercle vicieux que celui que nous avons déjà rencontré si nous prétendions justifier notre croyance en la validité de l'induction par référence à cette universalité des lois.

Cette réponse est purement épistémologique, en ce sens qu'elle ne fait aucune référence, ni positive ni négative, à l'ontologie (aux questions portant sur « ce qui existe »). A première vue, il semble donc que sa force ne puisse être entamée par l'adoption d'un point de vue réaliste. On ne doit cependant pas en juger trop rapidement, car il est clair que le cercle vicieux serait évité si seulement notre croyance en l'universalité des lois pouvait se fonder sur quelque motif ne se rapportant pas à l'induction. Le réalisme peut-il en fournir un ? La réponse est : en toute rigueur, *non*. L'échec n'est pourtant pas complet car, du moins, il est possible de *postuler* l'universalité des « structures du réel » engendrant les lois observées. Et il semble que ce postulat puisse être rendu plausible par référence à un argument de simplicité maximale. La plupart des scientifiques seraient sans doute d'accord pour estimer que l'*hypothèse générale* selon laquelle la réalité possède des structures qui, en quelque manière, se reflètent dans nos lois universelles (équations de Maxwell, etc.) est *plus simple* (car elle est faite une fois pour toute) que la collection d'hypothèses qu'il nous faudrait faire si nous adoptions l'empirisme très strict de Hume. Dans l'esprit de cet empirisme il nous faudrait, en effet, dans chacun des cas où nous prédisons un effet à partir d'une cause, faire l'hypothèse que l'induction est valable précisément dans ce cas-là.

La force de ce tout dernier argument ne doit cependant pas être surestimée. Elle est entièrement fondée sur la notion de simplicité, et l'on doit reconnaître que cette notion est trop anthropocentrique pour que son usage en des matières aussi générales soit convaincant. Il semble donc que, pour que l'argument en question puisse se défendre, il faille postuler une sorte d'« harmonie préétablie » entre la réalité et l'esprit humain, impliquant que les structures *réelles* de la réalité sont *simples* à nos yeux. L'ennui, bien sûr, c'est que ce postulat est en fait assez téméraire, vu que, ici encore, il ne saurait être justifié par référence aux succès passés de la science sans que nous retombions dans le cercle vicieux auquel nous sommes en train d'essayer d'échapper. Malgré tout, l'argumentation en question n'est pas sans quelque attrait aux yeux des scientifiques, même si, au jugement de la plupart des philosophes, il souffre d'arbitraire et a quelques « relents métaphysiques ».

Dans l'ensemble, un point de vue non déraisonnable sur ces questions pourrait bien être le suivant. Reconnaître — d'abord — que l'impossibilité où nous nous trouvons de justifier, par une argumentation pleinement rationnelle, dénuée d'hypothèses implicites, notre conviction que les lois physiques demeureront valables demain est un réel échec de la raison. Reconnaître que cela doit nous inciter à l'humilité. Mais observer que celle-ci ne nous oblige certainement pas à renoncer à cette conviction puisqu'elle ne la réfute pas (le postulat de simplicité étant manifestement cohérent). Si ce point de vue est adopté, on doit estimer que, tout compte fait, l'idéalisme et le réalisme conventionnel sont des philosophies *a priori* admissibles et que la recherche philosophique seule ne parvient pas vraiment à les discriminer. Dans les chapitres suivants, nous chercherons à savoir si, par chance, la physique aurait des éléments supplémentaires d'information à apporter qui seraient pertinents à cet égard.

1-4. Existence et intersubjectivité

Une des raisons qui font que nous, physiciens, avons à nous soucier des problèmes philosophiques ici examinés est qu'un grand nombre (en fait, la majorité) de ceux de nos collègues que leurs activités conduisent à se pencher sur les fondements de la physique contemporaine embrassent implicitement le point de vue du phénoménisme — autrement dit, sont conduits, par la nature même du problème auquel ils s'attaquent, à des positions proches de celles de l'idéalisme, modéré ou radical. L'affirmation est de nature à surprendre nombre d'entre eux. Mais elle est juste cependant. Cela se manifeste de façon particulièrement claire dans les passages où ces auteurs expliquent que, contrairement aux classiques, les concepts quantiques ne peuvent pas être compris comme décrivant *directement* la réalité indépendante. Ceci, bien entendu, est vrai. Mais faut-il comprendre qu'ils la décrivent indirectement ? Et, si oui, en quel sens ? Certains de ces auteurs (voir référence [2]) commencent par souligner que bien qu'aucun concept quantique ne couvre complètement la réalité à laquelle il renvoie, chacun d'entre eux nous procure un certain type d'information et peut être utilisé, en liaison avec d'autres concepts similaires, pour construire des représentations de plus en plus fidèles du réel. Jusqu'à ce point, bien entendu, il n'y a, dans l'argumentation, nul compromis avec l'idéalisme. Mais ceux d'entre eux qui — comme les auteurs cités — se cantonnent dans l'« orthodoxie » de l'interprétation de Copenhague ne peuvent s'en tenir à cela. Ils doivent ajouter — et c'est, effectivement, ce qu'ils font — que, selon l'idée de base de la « complémentarité », la réalité quantique ne peut pas être complètement décrite par *une seule* représentation de ce type et que cette description requiert en fait une *dualité* de représentations *mutuellement contradictoires* (bien que, ajoutent-ils, « complémentaires »). A ce stade, on doit demander : la conception ainsi complétée est-elle encore compatible avec le réalisme ? Manifestement, la réponse est *non*. En vérité, quelque nécessaire qu'elle soit du point de vue de l'exactitude, cette spécification additionnelle jette sans conteste par-dessus bord le « message réaliste » que les phrases la précédant étaient supposées apporter. Si le mieux que nous pouvons faire pour décrire la réalité est de recourir à la fois à deux représentations contradictoires, alors, si grande que soit notre foi en la dialectique, nous ne pourrons prétendre avoir décrit la « réalité telle qu'elle est vraiment ». Et de fait, comme il sera montré plus loin avec plus de détails, le type de « réalité » décrit par la physique contemporaine, lorsqu'on interprète celle-ci selon les idées « orthodoxes » de l'école de Copenhague, est seulement une réalité « effective » ou « empirique », autrement dit, n'est que l'ensemble des *phénomènes* au sens philosophique — c'est-à-dire plus ou moins kantien — du mot. En dernière analyse, l'idée, souvent émise par les « penseurs » de la physique, d'une science qui désormais avouerait ses racines *humaines* ne saurait être rien d'autre que l'expression volontairement un peu cryptique d'une résignation forcée à ceci.

Dans ces conditions, il convient qu'en tant que physiciens nous nous interrogions sur la validité du contenu de certaines objections que les réalistes font spontanément et naturellement à toute forme, modérée ou radicale, d'idéalisme et qu'ils ont tendance à considérer comme décisives. Ces objections sont, en général, écartées comme naïves par les philosophes non réalistes. En vérité, la plupart d'entre eux semblent les considérer comme puériles au point de penser qu'elles ne valent pas d'être mentionnées. Les physiciens, cependant, ne considèrent pas ce type de traitement d'un problème comme concluant. Portons donc, sans vergogne, notre attention sur les deux principales d'entre ces questions. Elles concernent l'une la notion d'existence (passée et présente), l'autre l'accord intersubjectif.

Existence

Énoncée crûment, l'objection sur ce point est celle-ci : « Le phénoménisme et toute les philosophies contemporaines qui, pour l'essentiel, reprennent dans ses grandes lignes l'argumentation de l'idéalisme (sans toujours, il est vrai, reconnaître l'emprunt !) définissent les phénomènes comme étant fondamentalement des *événements mentaux*, composés de sensations et de formes *a priori*, prêtes, dans notre esprit, à être appliquées aux sensations (comme des "objets indéterminés de l'intuition empirique" selon l'expression compliquée de Kant). Ceci signifie que le concept même de phénomène est essentiellement anthropocentrique. Or, une telle vue est absurde puisque, comme nous le savons tous, la terre, les étoiles, l'univers, avec tous les phénomènes qui s'y produisent, existaient déjà en un temps où ni les hommes ni même les êtres vivants n'existaient. »

La réponse que les idéalistes et leurs compagnons de route feraient à cette objection serait qu'elle ne tient pas pour la raison qu'elle élève implicitement le concept de *temps* au niveau du donné externe et de l'absolu, en contradiction avec les idées directrices fondamentales des philosophies étudiées. Cette réponse est certes valable. L'objection, cependant, valait d'être considérée car elle met en pleine lumière le fait que le phénoménisme et les philosophies voisines ne sont cohérents qu'à la condition d'être acceptés dans leur entier, jusques et y compris dans leurs aspects les plus déconcertants. De fait, pour un adepte de Kant, dire qu'il fut un temps où l'Univers existait et où l'homme n'était pas encore signifie *seulement* que nous avons la possibilité d'organiser notre expérience collective en la décrivant de cette manière. A l'assertion en question on ne peut pas — et donc on ne doit pas chercher à — donner un sens qui irait au-delà. Et, comprise ainsi, elle n'est en rien contradictoire avec la thèse de la nature anthropocentrique des phénomènes.

Bien entendu, le réaliste peut aussi fonder son refus sur une objection de nature plus générale, consistant à dire que l'idéalisme fait de l'homme la cause de tout ce qu'on observe, les événements, les objets, les tables, les quasars et ainsi de suite, et que prétendre que l'homme engendre les étoiles est le comble même de l'absurde. La réponse de l'idéaliste est, sur ce point encore, que le réaliste qui formule cette objection part de sa propre conception — ici celle de ce qu'est une cause — et s'en sert à mauvais escient pour contester la cohérence d'une théorie dont l'un des principes fondamentaux est justement que cette conception doit être remplacée par une autre. Un élément essentiel de l'idéalisme (avoué ou crypto-) est, on l'a vu, que la relation causale est une relation entre phénomènes, lesquels sont eux-mêmes des composés de sensations et de moules (mentaux) structurels et *a priori*, en lesquels les sensations acquièrent forme. Prétendre appliquer le concept de causalité à une relation entre deux éléments dont l'un (l'homme, conçu comme sujet épistémologique impersonnel) n'est *pas* un phénomène revient à vouloir utiliser le concept en question en dehors de son domaine de validité et constitue par conséquent une faute de raisonnement.

Plus généralement encore, le réaliste peut proclamer qu'il ne faut pas confondre les choses avec nos perceptions des choses, ou, autrement dit, que les choses « existent vraiment », complètement indépendamment de nous. Mais, on s'en doute, l'idéaliste a, à cela aussi, une réponse prête, fondée cette fois sur une analyse critique de la notion de sens. Comme Heisenberg [3] le fait valoir là où il expose le point de vue de Berkeley : « Si, vraiment, la totalité de notre connaissance dérive de la perception, dire que les choses "existent vraiment" n'a pas de sens ; car du moment que nous avons des perceptions de certaines choses, que les choses ainsi perçues existent ou non, cela ne fait aucune différence. Et donc "être perçu" équivaut à "exister". »

Quel que soit, en définitive, notre jugement quant au problème de l'existence, il faut avouer que ces arguments ont un certain poids.

L'accord intersubjectif

L'expression « accord intersubjectif » est très générale. L'accord peut porter sur des valeurs morales, sur des règles logiques, sur des théorèmes mathématiques et ainsi de suite. Qu'il soit ici bien clair que l'on ne s'intéressera qu'à l'accord intersubjectif concernant l'observation des faits contingents : s'il y a une théière sur la table autour de laquelle nous sommes assis, nous sommes tous d'accord pour reconnaître qu'il y a une théière sur la table (non pas zéro théières, ni deux, trois, etc., mais bien *une* théière). C'est en ce sens seulement que nous emploierons dorénavant l'expression en question.

L'accord intersubjectif est un fait (du moins dans les circonstances normales : laissons de côté le cas des ivrognes, etc.). La question est : l'existence de cet accord est-elle un argument en faveur du réalisme ? En d'autres termes, constitue-t-elle une objection valable à l'encontre de l'idéalisme et de ses variantes ?

A première vue, la réponse semble évidemment être *oui*, car si Anne et Benoît s'accordent sur le fait qu'à midi ils n'ont vu aucune théière sur la table, qu'à cinq heures ils en ont vu une et qu'à six heures de nouveau, ils n'en voyaient plus, l'hypothèse qu'à midi il n'y en avait pas à cet endroit, qu'à cinq heures il y en avait *réellement* une et qu'à six heures elle avait *réellement* été enlevée a tout l'air d'être la meilleure explication imaginable de cette séquence de remarquables corrélations. Si, comme l'idéaliste le prétend, l'énoncé « la théière *existe réellement* » n'a pas d'autre sens que, pour Anne, celui d'expliciter la manière dont elle organise mentalement certaines de ses sensations (et même chose pour Benoît, bien entendu), alors il doit en aller de même pour le sens de l'énoncé « la théière *est (ou n'est pas) réellement* ici ou là à tel ou tel moment de la journée » : et le fait qu'Anne et Benoît s'accordent à dire qu'ils ont chaque fois éprouvé la même sensation devient alors énigmatique : comme une sorte de miracle, à maintes reprises renouvelé. Le réaliste est par conséquent tout à fait fondé à pousser, sur ce point, l'idéaliste dans ses retranchements et à lui demander quelle explication de la chose il a à offrir, qui soit aussi satisfaisante que celle que, lui, il propose.

Curieusement, bien peu de philosophes idéalistes — si même il y en a ! — paraissent s'être préoccupés de ce problème[1] et des attaques possibles contre leurs vues qui peuvent y trouver leur source. Dans la littérature correspondante, seul, pratiquement, est analysé l'accord intersubjectif relatif à des faits non-contingents (l'accord concernant, par exemple, les mathématiques). Si l'on essaie de reconstruire le système de défense qu'en la matière ces philosophes pourraient chercher à édifier, on arrive semble-t-il à peu près à ceci. Ils avanceraient (a) que, de façon générale, c'est une faiblesse de l'homme que d'être constamment en quête d'explications et (b) que, en particulier, la prétendue explication proposée par les réalistes n'est pas valable. Étant donné qu'un physicien ne peut pas, à première vue, éviter de trouver ces réponses étranges et même, pour tout dire, quelque peu suspectes, cela vaut la peine de les examiner séparément et en détail.

La réponse (a) est assez bien illustrée par ce qu'Ernst Cassirer [4] écrivait, en 1910, au sujet du concept d'atome. En 1910, un nombre appréciable d'expériences fondamentales avaient déjà été faites, confirmant de manière tout à fait concluante la validité de ce concept. Et l'auteur cité lui-même avouait que « nous parlons du nombre d'atomes contenus dans un certain volume de gaz », et que « nous attribuons aux atomes de toutes les substances simples la même chaleur spécifique ». Sur cette base, il reconnaissait volontiers au concept d'atome la « fonction logique » consistant à relier les unes aux autres plusieurs séquences de données observées. Il l'appelait, pour cette raison, un « concept médiateur ». Mais il n'en refusait pas moins de considérer comme pourvue de sens l'hypothèse que les atomes existent vraiment. Il la qualifiait de métaphysique. Que telle ait été sa prise de position apparaît comme d'autant plus remarquable que, en 1910, la physique classique était quasiment à son apogée, et que nul ne pouvait deviner que la mécanique quantique soulèverait un jour les questions qui, à l'heure actuelle, nous empêchent de considérer les particules élémentaires — les « atomes » au sens philosophique — comme des corpuscules classiques ayant chacun son existence propre. Étant donné qu'au temps de Cassirer de tels

1. Husserl pourrait être l'unique exception. Dans la cinquième de ses *Méditations cartésiennes*, il a, reconnaissons-le, attaqué bravement la question. Mais il est difficile de dire que ses laborieux efforts ont été vraiment concluants.

« signaux d'alarme » n'existaient pas, comment comprendre sa position ? Plutôt que de construire son concept, élaboré autant que subtil, de « fonction logique », n'aurait-il pas, pour lui, été infiniment plus simple de dire : « Eh bien, au vu de tout ceci, il est extrêmement vraisemblable que les atomes existent vraiment, puisque leur existence *explique* toutes ces données » (alors que le « concept médiateur » d'atome médiatise mais n'explique pas) ? La tacite réponse négative du philosophe n'a pu être fondée que sur l'idée que nous, physiciens, sommes à l'excès friands d'explications qui, en fin de compte, ne peuvent être que métaphysiques, donc inadéquates. La célèbre remarque de Quine selon laquelle les entités théoriques mises en jeu par la physique actuelle (telles les électrons) sont, épistémologiquement parlant, à considérer sur le même pied que les dieux de Homère (les uns et les autres n'étant que des fictions commodes, introduites aux fins *d'expliquer* les découvertes empiriques) va essentiellement dans la même direction.

Le coup d'œil que nous allons maintenant jeter sur les différentes manières dont les philosophes pourraient développer leur réponse (b) (consistant à dire que, concernant l'accord intersubjectif, l'explication des réalistes n'est pas valable) éclairera en même temps un peu plus la réponse (a) qui précède. Une première indication sur la façon dont cette réponse (b) pourrait être construite peut être trouvée dans un passage de Reichenbach [5]. Cet auteur nous dit qu'« expliquer » un fait ne peut signifier que relier ce fait à une loi générale. Les aboiements d'un chien peuvent être expliqués par l'hypothèse qu'un étranger approche de la maison, car c'est une loi générale que les chiens, d'ordinaire, en de telles occasions, aboient. De même, quand nous expliquons la présence de coquilles marines en terrain de montagne en posant que le niveau de la mer fut autrefois plus élevé qu'il n'est maintenant, nous nous référons implicitement à la loi générale qui dit que les animaux marins à coquille ne peuvent pas vivre sur la terre ferme, et ainsi de suite. Si l'on accepte la conception de Reichenbach, on doit reconnaître que l'explication fournie par le réaliste du fait qu'Anne et Benoît voient tous les deux une théière sur la table parce qu'il y a *réellement* une théière là, sur la table, quelque simple qu'elle apparaisse, n'est pas une explication du tout. Elle est fondée sur une référence, non pas à une loi générale mais à un concept « métaphysique », celui de réalité.

Cette critique de l'explication du réaliste fut — chose étrange — explicitée (dans une certaine mesure au moins) non pas par Reichenbach, ni par quelque autre philosophe, mais par le physicien Schrödinger [6]. Peu d'utilisateurs de l'équation du même nom savent qu'Erwin Schrödinger nourrissait un grand intérêt pour les questions philosophiques. Il est un des rares penseurs à avoir prêté attention à la question ici considérée (il l'appelait « le paradoxe arithmétique » pour signifier qu'elle n'apparaît qu'en raison de la multiplicité des consciences humaines). Lui, il nous montre *explicitement* que l'explication du réaliste n'en est pas réellement une. Son argument est celui-ci. D'abord, il note que cette prétendue explication repose sur des similarités postulées entre, d'une part, les images mentales d'Anne et le monde réel *R*, d'autre part les images mentales de Benoît et ce même monde réel *R*. Mais, ayant observé cela, il s'exclame : « quiconque pense de cette manière oublie que *R* n'est pas observé ». Sa réfutation est ici exprimée d'une manière un peu trop concise, mais il nous faut la comprendre comme voulant dire que, pour que l'explication tienne, il faut qu'une relation cause-effet soit supposée exister entre *R* et les images mentales d'Anne (et même chose, bien sûr, concernant Benoît), et que ceci nous conduit bien au-delà de ce qui est établi concernant le domaine de validité du concept de causalité, étant donné que *R* n'est pas un « phénomène ».

Ici, de nouveau, nous constatons combien décisive est, dans tous ces arguments, la restriction de la causalité aux phénomènes. Certains pourront de ce fait, légitimement peut-être, estimer que les idéalistes (et les philosophes du langage, etc.) qui argumentent essentiellement selon la ligne ci-dessus décrite, se laissent enfermer — par leur très grande faute ! — dans la prison d'une « règle du jeu » arbitraire, ou du moins trop stricte et un tant soit peu byzantine, qui, en fin de compte, les rend aveugles à la force d'arguments parfaitement simples et évidents. Bien qu'il ne soit pas encore temps d'énoncer en ces matières des propositions précises (auparavant, un examen détaillé des théories physiques actuelles est nécessaire), remarquons malgré tout, très incidemment, que le jugement sévère qui vient d'être explicité serait encore mieux fondé n'était que les cas d'accord intersubjectif ne sont pas *tous*, cela est établi, explicables au moyen de l'argument de bon sens proposé par le réaliste. En vérité, selon du moins la mécanique quantique conventionnelle des manuels, il y a des cas où l'accord intersubjectif ne peut certainement pas être expliqué de cette manière et l'est d'une autre. Imaginons, par exemple, qu'Anne et Benoît font chacun, l'un immédiatement après l'autre et chacun au moyen de son propre appareil, la mesure de la position d'un certain électron. Et supposons en outre qu'avant la première mesure la fonction d'onde de l'électron n'était pas une fonction delta, ce qui est le cas général. Dans ces conditions, les règles de la mécanique quantique prédisent sans ambiguïté l'accord intersubjectif : lorsque Anne et Benoît compareront plus tard leurs blocs-notes, ils s'apercevront qu'ils ont l'un et l'autre enregistré la présence de l'électron au même endroit. Avant la première mesure, cependant, comme le formalisme quantique nous l'indique, l'électron n'occupait aucune position bien définie, et notamment pas la position en question. La prétendue évidente explication « réaliste », du « type théière », de l'accord intersubjectif, est, dans ce cas, tout bonnement fausse.

Ce qui précède constitue, me semble-t-il, une bonne illustration du fait que les objections de simple bon sens qui nous viennent d'emblée à l'esprit à l'encontre des conceptions des idéalistes et de leurs compagnons de route ne peuvent être prises tout à fait pour argent comptant. D'un autre côté, cependant, ceci ne signifie pas que les idéalistes peuvent légitimement les ignorer. Il est certainement vrai que les approches idéalistes, phénoménologistes, etc., employées par les philosophes purs pour étudier les grands problèmes se heurtent à une difficulté réelle en ce qui concerne la *question de l'accord intersubjectif* et que, dans leur ensemble, les partisans de ces doctrines ont pris cette question trop à la légère. Dans les derniers chapitres, nous la considérerons plus en détail, à la lumière de la physique quantique. D'ici là, l'existence de l'objection que constitue, à l'égard de l'idéalisme, une question si incomplètement résolue est de nature à renforcer notre répugnance instinctive à nous ranger d'emblée sous la bannière d'un quelconque idéalisme, radical ou, même, modéré. En effet, nous ne devrons pas oublier que cette répugnance peut s'appuyer sur certains arguments qui ne sont pas simplement intuitifs et irrationnels. Par exemple, lorsque Kant fait observer que, puisque nous sommes de toute manière forcés de concevoir les choses comme étant dans l'espace, le fait que nous les concevons ainsi ne prouve pas qu'elles le sont en fait, nous pourrions répliquer que si la structure de notre esprit nous contraint à concevoir les choses dans l'espace, c'est peut-être bien parce qu'elles s'y trouvent effectivement et que, dans le cours de l'évolution, l'esprit a fini par « tomber » sur le bon concept : celui — l'espace — qui correspond à la vérité et qui « marche » bien, précisément pour cette raison. En conséquence, le sujet mérite plus de réflexion et d'étude, et c'est pourquoi il sera repris, mais seulement une fois que nous aurons passé en revue les théories physiques actuelles.

1-5. Note au sujet des révolutions scientifiques

Dans les sections qui précèdent, il a été noté que les réticences de beaucoup de philosophes à l'égard tout ce qui, de près ou de loin, ressemblerait à une ontologie — à une tentative de description de ce qu'*est* la réalité — ont leurs racines dans l'œuvre de grands philosophes classiques ; et on a vu en quoi ces racines consistent. Mais on ne peut omettre de mentionner le fait que nombre de philosophes contemporains fondent, pour l'essentiel, leurs réticences en la matière sur un autre motif, qui est l'existence du phénomène dit des « révolutions scientifiques ». Gaston Bachelard [7] fut probablement le premier à attirer l'attention sur celles-ci (il les appelait des « ruptures épistémologiques »). Plus tard, le concept fut redécouvert et analysé en détail par Kuhn [8] et d'autres. Il a donné matière à certaines extrapolations injustifiées (tendant à montrer, notamment, que la science est arbitraire), sur lesquelles on peut ne pas s'attarder, mais sa validité propre est, elle, hors de doute. C'est un fait qu'en certaines occasions, les avancées de la science — et celles, en particulier, de la physique — s'accompagnèrent d'un changement radical des idées de base. L'exemple du remplacement de la force gravitationnelle de Newton par la courbure de l'espace suffit à illustrer ce point. Compte tenu de cela, il n'est pas nécessaire d'être un phénoméniste convaincu pour éprouver des doutes quant à la possibilité de jamais atteindre, grâce à la recherche scientifique, à une connaissance vraie de « comment les choses sont réellement ».

Telle est, en tout cas, la thèse des philosophes contemporains auxquels on a fait allusion plus haut, et il faut reconnaître que cette conclusion un peu sceptique apparaît, sous un certain angle, comme une préfiguration du résultat auquel conduiront les recherches exposées dans le présent livre. Toutefois, elle ne les rend pas superflues, me semble-t-il. La raison principale en est que, selon l'opinion de la plupart des physiciens (moi-même inclus), ce que l'on peut inférer de l'existence de révolutions passées n'est pas véritablement concluant en ce qui concerne la question en jeu. Le point essentiel est que, si l'on en juge par certains aspects quantitatifs (tels que le nombre actuel des physiciens à l'ouvrage, la contribution financière des collectivités à leur recherche, etc.) la physique s'est immensément développée au cours des récentes décennies et peut donc être considérée comme atteignant seulement maintenant son âge mûr. Par contraste, les découvertes concernant les révolutions scientifiques ne peuvent bien évidemment s'appuyer que sur des recherches portant sur un passé nettement plus lointain : l'enfance de la physique, pourrait-on dire. Dès lors, extrapoler ces découvertes au futur paraît risqué. Autrefois, diraient ces physiciens, quand la physique consistait encore en plusieurs disciplines séparées, ayant des connexions assez lâches entre elles, une théorie pouvait être féconde tout en étant axée sur des notions qui (telle la force gravitationnelle) sont maintenant considérées comme n'étant pas véritablement adaptées à la description du réel. Mais, poursuivraient-ils, rien n'indique qu'une telle circonstance ait la moindre chance de se reproduire à une époque comme aujourd'hui où la physique est structurée à ce point. Leur position peut être comprise en comparant la circonstance en question au déroulement de tel ou tel événement historique, comme par exemple la découverte de l'Amérique. Comme chacun sait, le succès final de Christophe Colomb s'explique pour une part par le fait qu'il prépara son entreprise sur la base d'une estimation trop faible du rayon terrestre, ce qui le conduisit à penser que ses caravelles atteindraient la Chine. Cette féconde erreur ne pût se produire que parce qu'en son temps la géographie était encore dans l'enfance. Dans cette discipline, un processus similaire, celui d'une idée grossièrement fausse conduisant à une très grande découverte (j'entends : à un bouleversement de notre représentation du monde), ne pourrait plus se produire aujourd'hui. La même chose, diraient ces physiciens, est sans doute vraie, à l'heure actuelle, de la physique, qui est maintenant une science adulte, dont les différentes parties se soutiennent étroitement les unes les autres.

Le fait que beaucoup de physiciens et d'astrophysiciens ont une telle vision des choses, même s'ils ne la formulent pas explicitement, est sans doute ce qui explique que la plupart d'entre eux ne sont guère impressionnés par cet « argument des révolutions » dont les philosophes font si grand cas. Par exemple, il ne fait guère de doute que quand un scientifique tel que Hawking mentionne, comme nous le notions plus haut, la possibilité de découvrir les « plans divins de l'Univers », il raisonne implicitement de la manière qu'on vient d'évoquer.

1-6. De quelques questions soulevées par la physique

Jusqu'ici, c'est du point de vue de la philosophie générale que nous avons considéré certains aspects fondamentaux des problèmes qui feront l'objet de ce livre. Dans cette section-ci, des questions et des concepts plus spécifiques sont introduits. Ils sont, eux aussi, de nature philosophique — et par conséquent assez générale — mais c'est pour la physique qu'ils sont tout spécialement pertinents. En particulier, il est nécessaire de les prendre en considération lorsque l'on entreprend une analyse physique du type de celles que nous nous proposons de faire.

1) Objectivité forte et faible

Que les énoncés scientifiques soient objectifs est une lapalissade. Mais cette évidence dissimule à beaucoup le fait que la notion même d'objectivité n'a rien d'immédiatement évident et que, même en science, ce mot est utilisé en au moins deux sens différents. Pour prévenir tout risque de confusion, il est nécessaire que ce fait élémentaire soit convenablement explicité *avant* que nous n'abordions les problèmes de la physique.

A cette fin, il suffit d'observer que les énoncés objectifs de la physique ne sont pas tous formulés de la même manière. Certains ont une forme qui permet de les interpréter comme nous renseignant de façon directe sur certains attributs de la chose étudiée. Des énoncés tels que : « deux corps portant des charges électriques de signes opposés s'attirent de telle et telle manière », ou : « le champ magnétique de la terre est tel et tel », et, plus généralement, tous les énoncés de la physique classique (à l'exception notable de ceux de la thermodynamique) sont à l'évidence de ce type. Il n'est pas indispensable de les comprendre de cette manière, et certains peuvent avoir de bonnes raisons extrinsèques à la science (par exemple, philosophiques) de n'en rien faire. Mais du moins ont-ils une forme telle qu'elle rend cette interprétation possible. On a proposé [9] de les appeler « fortement objectifs ».

Mais même si, encore une fois, tous les énoncés scientifiques sont objectifs, tous ne sont pas fortement objectifs. Par exemple, dans la plupart des formulations de la thermodynamique statistique, une référence explicite est faite (souvent par l'intermédiaire de la notion de *coarse graining*) à ce qu'il est possible d'observer, ou aux types de systèmes qu'il est possible de préparer. De même, dans les manuels de mécanique quantique conventionnelle, les énoncés de certaines lois fondamentales réfèrent, nous le verrons, de façon essentielle à ce qui sera effectivement observé, dans telle ou telle circonstance. Il est tout à fait approprié de qualifier de tels énoncés d'objectifs puisque, par définition, ils sont vrais pour n'importe qui. Mais leur forme même fait qu'il est impossible de voir en eux des descriptions de « comment les choses sont réellement ». Pour de tels énoncés, il a été proposé [9] de dire qu'ils sont « faiblement objectifs ».

A propos de ces définitions, quelques remarques doivent être faites.

a) Tout énoncé fortement objectif peut manifestement être remplacé par un énoncé faiblement objectif. Au lieu de dire que deux objets de charges électriques différentes s'attirent, nous pouvons toujours dire qu'on observe une force d'attraction entre eux, etc. Mais la réciproque n'est pas vraie. Assurément, certains énoncés à objectivité faible peuvent être transformés en énoncés à objectivité forte (ainsi, on peut prendre l'exemple qui précède et le considérer dans l'ordre inverse). Mais dans le cas des énoncés de base de la thermodynamique statistique, un tel remplacement est certainement une opération des plus délicates, qui semble même être considérée comme impossible par beaucoup d'experts. Dans le cas de la mécanique quantique, nous aurons l'occasion d'étudier à fond la question et notre conclusion sera similaire.

b) A l'évidence, la distinction entre objectivités forte et faible n'a rien à voir avec celle qui oppose vérité et erreur. Un énoncé tel que : « les corps portant des charges électriques de même signe s'attirent » est à la fois fortement objectif et faux. De même, il va (ou plutôt il devrait aller) sans dire que la distinction en question n'a rien à voir avec celle qui oppose le matérialisme d'une part et, d'autre part, la théorie (de coloration spiritualiste) qui veut que les consciences individuelles agissent directement sur la matière. (Malheureusement, il arrive à certains commentateurs de faire cette déplorable confusion.)

c) *Objectivité faible des concepts.* Parfois, des énoncés qui ne sont pas pleinement objectifs au sens fort servent à définir certains concepts ou encore le sens attribué à tel ou tel mot. Exemple : la définition que donne Bohr de la notion d'instrument de mesure. Comme il sera rappelé plus en détail au chapitre 11 et dans quelques autres passages, la manière dont Bohr fait usage du concept d'instrument d'observation dans les arguments qu'il développe implique que ce qu'il comprend sous ce vocable est un ensemble d'objets définis en référence, non à leur structure matérielle mais bien à l'usage qui est fait d'eux (l'aiguille d'un tel instrument, par exemple, ou tel ou tel diaphragme mobile, est ou n'est pas une partie de l'instrument selon qu'il en est fait, ou non, usage pour obtenir un gain d'information). Or, l'assertion selon laquelle tel ou tel objet est *utilisé* de telle ou telle manière renvoie à une collectivité d'êtres humains : de sorte que l'objectivité des définitions dans lesquelles une telle assertion joue un rôle essentiel ne peut être une objectivité forte. D'un autre côté, dans le cadre d'une expérience bien définie, il n'y a pas d'ambiguïté possible quant à ce que nous appelons « l'instrument » (ou « les instruments »). La spécification est la même pour tous et est, dans ce sens, objective. De façon générale, nous pouvons donc décider d'appeler *faiblement objectifs* les concepts ou sens définis par de telles références à des opérations effectuées par des êtres humains, et objectifs au sens fort ceux dont la définition ne met pas de telles références en jeu. (Pour le présent propos cette distinction est suffisante ; nous entrerons plus en détail dans les problèmes qu'elle peut poser dans certains chapitres ultérieurs.)

d) *Une condition de cohérence pour toute visée réaliste.* A l'évidence, la distinction entre objectivités forte et faible doit être prise en compte lorsque l'on cherche à préciser ce qui sépare le réalisme conventionnel du phénoménisme (*alias* : idéalisme, modéré ou radical). Ici comme plus haut, ce que, faute de mieux, nous appelons « réalisme conventionnel[1] », est une conception dépassant nettement le cadre du « réalisme naïf ». C'est l'idée que les structures ultimes des « choses telles qu'elles sont vraiment » — les plans divins de l'Univers, pour reprendre encore une fois la métaphore de Hawking — peuvent être et seront connues par l'homme (peut-être seulement d'une manière asymptotique dans le temps), même si les concepts utilisables à cet effet doivent (contrairement aux vues du réaliste naïf) s'avérer finalement sortir du cadre de nos notions banales et familières (on appellera cette conception réalisme *physique* quand le vecteur de la connaissance en question est supposé être la physique). Manifestement, quiconque adhère au réalisme conventionnel et s'astreint à la cohérence doit exiger que toutes les lois fondamentales de la physique soient exprimées au moyen d'énoncés et de concepts *fortement* objectifs. John Bell soulignait énergiquement ce point [10], [11], allant jusqu'à parler de « étants » *(« beables »)* par opposition aux simples « observables ». Malheureusement, il y a là une nécessité que certains des physiciens qui s'efforcent d'interpréter de façon « réaliste » la mécanique quantique ne perçoivent pas de façon nette, et cela parce que la distinction entre objectivités forte et faible n'est pas présente à leur esprit. Typiquement, ces physiciens-là iront disant qu'ils sont en quête d'une interprétation objective de la mécanique quantique et en produiront une qui sera fondée sur des concepts tels que ceux d'« opération de mesure » ou de « préparation des systèmes ». De telles théories ne sont pas valables, comme la distinction entre objectivités forte et faible le montre immédiatement. Si par « objective » on entend « faiblement objective », alors, étant donné que la mécanique quantique conventionnelle est déjà objective au sens faible, on ne voit pas bien ce qu'il y aurait, en fait, à rechercher. Si, au contraire, on veut dire « fortement objective », alors les théories dont il s'agit ne sont pas satisfaisantes puisqu'elles sont fondées sur des concepts qui, à l'évidence, ne sont que faiblement objectifs. D'une manière plus générale, pour qu'un modèle puisse constituer une interprétation authentiquement réaliste de la mécanique quantique, il ne suffit pas que ses énoncés aient la *forme grammaticale* d'énoncés à objectivité forte. Il faut, en fait, qu'il soit fondé sur des notions et qu'il mette en jeu des arguments, dont aucun ne réfère d'une manière fondamentale à des opérations *faites par l'homme*, aux limites inhérentes aux possibilités *humaines* et ainsi de suite. En particulier, il doit satisfaire aux conditions du « critère de vérité » qui sera introduit plus loin. Les schémas dans lesquels ce

1. A ne pas confondre avec le « conventionnalisme » de Henri Poincaré. Dans le présent ouvrage, la thèse de Poincaré sur la réalité sera dénommée « réalisme structurel ».

n'est pas le cas doivent être refusés par quiconque adhère au réalisme conventionnel.

e) En ce qui concerne les avocats du phénoménisme, ils ne doivent pas être nécessairement assimilés à des opérationnalistes purs et durs mettant leur point d'honneur à ne jamais utiliser que des énoncés faiblement objectifs. Même Kant acceptait volontiers la formulation conventionnelle — qui est exprimée en termes d'objectivité forte — de la théorie de Newton. Seulement il interprétait ses énoncés comme portant, non sur les choses en soi mais sur les phénomènes, c'est-à-dire sur ce que nous avons appelé plus haut (section 1-4) la réalité *empirique* ou *effective*. C'est, en vérité, chose bien remarquable qu'une part si considérable de la physique (sans même parler de la quasi-totalité des connaissances du sens commun) puisse être exprimée en termes d'énoncés ayant la forme d'énoncés objectifs au sens fort (et que, dès lors, nous devrions tous assimiler à des énoncés fortement objectifs si, prenant à la lettre la définition donnée, nous référions par là seulement à leur forme). Kant eût peut-être tenté d'expliquer cela en posant que la possibilité d'exprimer les lois fondamentales de la physique au moyen d'énoncés fortement objectifs est une condition nécessaire à la construction de la science. Mais, dans ce cas, le contre-exemple de la mécanique quantique des manuels montre qu'il se serait trompé, de sorte qu'une explication moins radicale, plus élaborée et empruntant à la physique telle qu'elle est, doit être cherchée. C'est un problème que des physiciens contemporains ont étudié, et leurs travaux sont rapportés et analysés dans plusieurs des chapitres qui suivent.

Au vu de l'ensemble de ces remarques, il est clair que si le système des lois fondamentales d'une théorie contient certains énoncés ou concepts qui sont à objectivité seulement faible et ne peuvent être remplacés de façon manifeste par leurs équivalents en terme d'objectivité forte, cette théorie doit être considérée d'un regard différent par le phénoméniste et par le réaliste conventionnel. Le premier peut parfaitement se satisfaire de la théorie telle qu'elle est, et estimera d'ordinaire que toute tentative pour l'« améliorer » en la transformant en une théorie à objectivité strictement forte serait non seulement inutile mais même dépourvue de sens. Le second, au contraire, ne peut, comme nous l'avons déjà noté, se satisfaire de la théorie telle qu'elle est. Il se doit soit de la modifier, soit de changer d'option philosophique.

2) Un critère de vérité

Certaines idées nous semblent être d'une vérité immédiatement évidente parce qu'elles nous apparaissent soit comme des tautologies soit comme de pures et simples définitions. L'une d'elles est qu'un énoncé dont une conséquence observable (au moins) se révèle fausse ne peut être tenu pour juste.

Certes, les épistémologues ont creusé davantage cette idée et ont raffiné le critère. Pierre Duhem, en particulier, a démontré que, dans le cadre de la science telle qu'elle existe en fait, il n'y a pas d'expérience cruciale ; et, à partir de là, nombre d'épistémologues ont analysé les conditions dans lesquelles une théorie peut, en fin de compte, être considérée comme réfutée. L'argumentation de Duhem et ses successeurs a été de faire remarquer qu'en règle générale, il n'est possible de déduire d'une théorie des conséquences vérifiables par l'observation qu'à condition de prendre — implicitement ou explicitement — appui sur des hypothèses simplificatrices. Appelons A ces hypothèses. Il se trouve que, lorsqu'une des conséquences dont il s'agit est réfutée par l'expérience, plutôt que d'abandonner la théorie il paraît souvent plus justifié de modifier certaines des A. Bien entendu, cette remarque est transposable ici puisque les conséquences observables d'un énoncé sont nécessairement dérivées à l'aide d'une théorie — appelons-la T — et de telles hypothèses simplificatrices A. En cas de difficulté, ces dernières, parfois, peuvent être modifiées de telle manière que soient sauvés à la fois l'énoncé et la théorie.

Ces considérations sont justes, et bien des développements d'histoire des sciences les corroborent. Ici, cependant, il s'agit d'un point quelque peu différent. Notre propos est d'apprécier le bien-fondé et la pertinence du critère esquissé plus haut (et plus précisément énoncé ci-dessous), étant supposé que tant la théorie T que *toutes les hypothèses A qui pourraient éventuellement entrer en jeu* sont strictement vraies. Bien entendu, la théorie T envisagée est une théorie physique et non pas strictement mathématique (nous avons dans l'idée l'exemple de la mécanique quantique). Plus précisément, T est d'un type tel que certains énoncés factuels et contingents y peuvent posséder un sens. Appelons ce type Ty. L'expression précise de ce critère de vérité, dont nous avons noté qu'il est profondément enraciné dans nos esprits, est alors la suivante.

Critère de vérité

Si une théorie T de type Ty est tenue pour juste, un énoncé factuel ne peut être vrai que si sont vraies toutes les conséquences vérifiables que l'on peut en déduire au moyen de T.

En dépit de son apparence de quasi-truisme, le critère de vérité appelle quelques commentaires. De fait, sa validité dépend de certaines hypothèses tacites qui, pour raisonnables qu'elles paraissent, valent cependant d'être explicitées. L'une d'elle est relative au fait que l'expression « toutes les conséquences vérifiables » comporte implicitement une idée de contrafactualité qui, normalement, renvoie à celle de libre-arbitre. Par exemple, si la théorie considérée est l'électromagnétisme classique et si l'énoncé E, dont la vérité est soumise à examen, est qu'un certain morceau de fer est aimanté, alors E comporte, d'après la théorie, plusieurs conséquences observables, dont les vérifications requièrent de faire appel à des appareils différents. Pour vérifier l'existence du champ magnétique que l'objet est dit produire, l'expérimentateur pourra décider de placer dans le voisinage de ce dernier un peu de limaille de fer. Pour vérifier l'induction que l'objet doit pouvoir susciter, il le fera passer à travers une bobine de fil métallique, et ainsi de suite. Le critère de vérité signifie que si l'un quelconque de ces tests est négatif, l'objet n'est pas véritablement aimanté. Son usage implique donc que l'expérimentateur est libre d'effectuer ou non une mesure, de décider laquelle il fera et de mettre en place les instruments appropriés (dans le cas quantique, la référence au libre-arbitre est encore plus manifeste puisque, en certains cas, deux mesures différentes ne peuvent, même « en droit », être combinées en une seule). Or, la notion de libre-arbitre est, selon nos idées courantes, étrangère au cadre de la physique proprement dite : de sorte qu'il apparaît comme non absurde que certains développements élaborés de physique contemporaine fassent, tout simplement, *abstraction* du critère de vérité.

Une autre raison — apparentée — qui fait que le critère de vérité peut être contesté est qu'implicitement il suppose une différence qualitative entre le passé et le futur, à savoir que le passé est fixé une fois pour toutes alors que le futur, lui, reste ouvert (comme le libre-arbitre attribuable à notre expérimentateur le montre bien). Une telle distinction entre le passé et le futur paraît, elle aussi, étrangère aux lois fondamentales de la physique. De sorte que, ici encore, on peut considérer comme non absurde que certaines théories la rejettent et échappent par ce biais aux conditions posées par le critère de vérité.

D'un autre côté, une violation de la règle selon laquelle il nous est totalement impossible d'agir sur le passé signifierait que ce qui « existe vraiment » est incroyablement différent du réseau des phénomènes : car, à l'évidence, il y a un sens dans lequel il est vrai de dire que nous ne pouvons pas modifier les « phénomènes » du passé (que l'on songe aux paradoxes qu'entraîne l'hypothèse qu'il serait possible de le faire). De même, nier que le choix nous reste ouvert de quelle mesure nous ferons, dans une heure, sur un système c'est soutenir une thèse allant à l'encontre de la conception même que nous nous faisons tous de la recherche empirique. Pour ces raisons, la validité du critère de réalité est, de façon générale, tacitement postulée par tous les scientifiques, qu'ils soient réalistes ou phénoménistes. Cependant, et cela nous ramène à un point mentionné plus haut, les réalistes et les phénoménistes ne sont pas liés tout à fait de la même manière par lui. La distinction est relative à la question de savoir si, pour l'application du critère, il convient ou non de prendre en compte, au même titre que toutes les autres, les mesures qui *pourraient en principe* être effectuées (aucune loi de physique ne s'y oppose et leur protocole expérimental est définissable sans ambiguïté) mais qui ne peuvent *en pratique* pas l'être en raison du fait qu'elles sont immensément trop compliquées (disons que, par exemple, elles seraient de nature à générer un accroissement soudain et considérable de l'entropie de la planète). Pour pouvoir, plus loin, nous y référer, appelons « observables sensibles » les grandeurs physiques dont la mesure nécessiterait des opérations de cette nature. Au sein du critère de vérité, quel est le « statut », si l'on peut s'exprimer ainsi, de ces observables sensibles ?

Pour un réaliste « conventionnel » la réponse ne fait aucun doute : le critère de vérité doit prendre ces observables en compte au même titre que toutes les autres, car la thèse inverse impliquerait l'introduction d'une composante d'anthropocentrisme dans la formulation même des lois qui gouvernent le monde. Or, comme nous le verrons, cette obligation de prise en compte contraint le réaliste à contester la validité de certaines théories quantiques de l'opération de mesure à d'autres égards séduisantes. En revanche, un tenant du « phénoménisme » n'est pas lié par un aussi strict impératif de cohérence. Étant donné que, pour lui, *tous* les énoncés factuels contingents, y compris ceux portant sur les résultats d'expériences, ne sont que les éléments d'un système de mise en ordre de l'expérience humaine, il peut très légitimement penser qu'une manière systématique peut exister de mettre les observables sensibles en dehors du champ de celles à prendre en compte pour l'application du critère de vérité. Dans les derniers chapitres de cet ouvrage, nous examinerons si et comment cette idée-là peut être mise en œuvre.

3) *Qu'est-ce qu'une « opération de mesure » ?*

Dans le langage usuel, le mot « mesure » — disons plutôt : « opération de mesure » car, en mathématique, le mot « mesure » a une acception différente — a un sens parfaitement clair. Nous considérons que, par exemple, une table a une certaine longueur et une certaine largeur, et nous les mesurons afin de les connaître. A l'évidence, cette conception est fondée sur le réalisme. En elle, l'idée que la table a, par elle-même, une longueur bien définie — que celle-ci soit connue ou non — est tenue pour une évidence : c'est-à-dire qu'une telle idée est conçue comme (a) pourvue de sens et (b) vraie. La conception en question est, bien sûr, confortée par le fait d'expérience que si nous mesurons, ou si quelqu'un d'autre mesure, à nouveau cette table, la même valeur (dans la limite d'erreurs expérimentales contrôlables) est lue sur la règle.

Dans le cas d'objets très petits, il arrive fréquemment que cette condition de répétabilité ne soit pas remplie. Il peut parfaitement se produire, par exemple, que si l'on mesure deux fois de suite la vitesse d'une petite balle, les valeurs enregistrées ne soient pas identiques. Bien entendu, le réaliste a à cela une explication toute prête. Pour effectuer une mesure sur la balle, il faut faire temporairement interagir avec elle un instrument de mesure approprié, et il peut fort bien se faire que cette première opération de mesure perturbe le mouvement de la balle et modifie sa vitesse. Déjà, donc, dans ce cas, qui est encore purement classique (non quantique) la question se pose de savoir à quoi le résultat de la mesure correspond en fait. Reflète-t-il la valeur « initiale » de la vitesse, juste avant que la balle n'interagisse avec l'instrument, ou la valeur « finale », juste après ?

En mécanique quantique, comme nous le constaterons, la problématique est un peu plus subtile. Dans ce domaine, en effet, il existe des raisons sérieuses de contester la validité de l'hypothèse du réaliste, selon laquelle la quantité mesurée *a* à tout instant, une valeur définie, même si elle est inconnue. Mais il est néanmoins estimé que le résultat de la mesure doit avoir en quelque manière un rapport avec la réalité. Et par conséquent, dans la plupart des descriptions de la mécanique quantique — que ce soit celles des manuels ou celles des articles scientifiques — l'une des deux éventualités que l'on vient d'évoquer est posée comme étant vraie. Curieusement, cependant, même à ce stade élémentaire les auteurs ne spécifient pas tous la même. La plupart d'entre eux réalisent que, comme nous le verrons aux chapitres 3 et 4, la mécanique quantique conventionnelle conduit tout naturellement à la conclusion que c'est à la valeur *finale* de la grandeur mesurée que le résultat de la mesure correspond. Mais tous n'en sont pas pleinement conscients et certains de ceux qui le sont rejettent la mécanique quantique conventionnelle précisément pour cette raison. Ils considèrent comme évident — ou tout au moins comme une idée toute naturelle — que le résultat de la mesure doit correspondre à la valeur initiale de la grandeur (avant qu'elle ne soit « perturbée » par l'appareil) et, en conséquence, ils cherchent à construire une théorie qui satisfasse cette condition. Une telle conception peut être considérée comme ayant ses racines dans l'interprétation de la mécanique quantique proposée par Bohr (en contraste avec celle des manuels, nettement plus inspirée par J. von

Neumann et P. Dirac, comme nous le verrons). Les théories de Griffiths et d'Omnès peuvent être regardées comme de récents exemples de tels développements (voir chapitre 11).

A ce dilemme, il existe une échappatoire. Elle consiste à adopter un point de vue strictement opérationnel et à poser que le résultat de la mesure ne représente rien d'autre que ce qui est lu sur la graduation de l'appareil. Ce point de vue est souvent implicitement adopté par les physiciens théoriciens en raison de sa grande commodité. Nombre d'entre eux paraissent en outre estimer que procéder ainsi permet de tenir la physique proprement dite à l'écart de tous les problèmes vagues, incertains, « mal posés » de la philosophie. Et ils n'ont certes pas tort : le point de vue adopté conduit effectivement à une telle séparation. Mais au prix — et peut-être que tous les tenants de la méthode ne le réalisent pas... — de l'adoption d'une philosophie bien spécifique : l'opérationnalisme. Et donc, de la mise à l'écart des problèmes aigus posés par la physique quantique dans le domaine des rapports entre le savoir et le monde.

L'une des raisons principales qui font que les questions concernant l'opération de mesure sont tellement importantes dans le domaine de la physique quantique est que, comme la suite de l'ouvrage le montrera, tant l'approche proposée par Bohr que celle qui sous-tend la physique des manuels utilisent la notion dont il s'agit dans l'énoncé même des principes quantiques de base (même si elles ne l'appliquent pas tout à fait de la même manière). Aussi n'est-il pas surprenant que les physiciens qui se prononcent en faveur du réalisme conventionnel et sont exigeants en matière de cohérence aient exprimé leur insatisfaction relativement à l'état actuel de la mécanique quantique. L'un des derniers articles de John Bell avait pour titre « contre la *mesure* »...

Il est maintenant grand temps que nous nous tournions vers la physique proprement dite. Nous développerons le sujet d'une manière didactique et toute progressive car, lorsque l'on se propose de saisir le véritable impact de cette science sur la détermination des conceptions possibles du monde, aucune étape intermédiaire ne saurait être négligée.

Références

1. K. Popper, *Conjectures and Refutations, the Growth of Scientific Knowledge*, Londres, Routledge and Kegan Paul, 1969.
2. G. Cohen-Tannoudji, M. Spiro, *La Matière-Espace-Temps*, Paris, Fayard, 1986.
3. W. Heisenberg, *Physics and Philosophy*, New York, Harper and Brothers, 1958.

4. E. Cassirer, *Substanzbegriff und functionsbegriff*, Berlin, 1910. *Wissenshaftlische*, Büchergesellshaft, Darmstadt, 1969.
5. H. Reichenbach, *The Rise of Scientific Philosophy*, University of California Press, 1951.
6. E. Schrödinger, *Mind and Matter*, Cambridge, Cambridge University Press, 1958.
7. G. Bachelard, *Le Rationalisme appliqué*, Paris, PUF, 1949 ; *La Formation de l'esprit scientifique*, Paris, Vrin, 1970 ; *Le Matérialisme rationnel*, Paris, PUF, 1972.
8. T. Kuhn, *The Structure of Scientific Revolutions*, University of Chicago Press, 1962.
9. B. d'Espagnat, *Conceptual Foundations of Quantum Mechanics*, Reading, Mass., Addison-Wesley, 1971, 2e ed. 1976.
10. J. S. Bell, *Speakable and Unspeakable in Quantum Mechanics*, Cambridge, Cambridge University Press, 1987.
11. J. S. Bell, *Against « Measurement »*, in *Sixty-two Years of Uncertainty*, A.I. Miller ed., New York, Plenum Press, 1990.

2

Ondes de matière, superposition, linéarité

La physique classique identifiait la matière à des particules et le rayonnement à des ondes. Ces descriptions permettent de rendre compte d'un très grand nombre de faits d'une importance considérable ; et cependant, vers le début du XXe siècle, il devint manifeste que d'autres phénomènes, tels le rayonnement du corps noir ou l'effet photoélectrique, ne trouvent d'explication satisfaisante que si le rayonnement est décrit en termes de particules. Quelque temps après, en 1923-1924, Louis de Broglie proposa une théorie selon laquelle, inversement, la matière possède des propriétés ondulatoires et en inféra une formule reliant la longueur d'onde correspondante à la quantité de mouvement de la particule [formule (2-1) ci-dessous]. Trois ans plus tard, ces prédictions furent quantitativement confirmées par l'expérience de diffraction électronique effectuée par Davisson et Germer, expérience dans laquelle un faisceau d'électrons ayant traversé un réseau cristallin génère des figures d'interférence caractéristiques des phénomènes ondulatoires. Entre-temps, Schrödinger avait écrit une équation différentielle, l'équation de Schrödinger [équation (2-11)] dont l'onde de Louis de Broglie est, dans le cas de la particule libre, une solution. Dans le cas des systèmes liés, cette équation implique la quantification des niveaux d'énergie, d'où le nom « mécanique quantique » donné à la nouvelle théorie.

2-1. L'équation de Schrödinger

Le résultat de l'expérience de Davisson et Germer (et d'autres, similaires), confirme la prédiction théorique selon laquelle un faisceau monoénergétique d'électrons doit être décrit par une onde plane dont le vecteur d'onde $\boldsymbol{k}$ est relié à la quantité de mouvement $\boldsymbol{p}$ d'un électron individuel par la formule

$$\boldsymbol{p} = \hbar \boldsymbol{k} \tag{2-1}$$

où, par définition même de la notion de vecteur d'onde, la direction de $\boldsymbol{k}$ est celle de la propagation de l'onde et sa magnitude $|\boldsymbol{k}|$ est égale à $(2\pi)\lambda^{-1}$, λ étant la longueur d'onde et $\hbar$ la constante de Planck divisée par 2π.

La forme la plus simple de dépendance en $\boldsymbol{x}$ d'une onde plane de vecteur d'onde $\boldsymbol{k}$ est

$$\psi(\boldsymbol{x}) = e^{i\boldsymbol{k}\boldsymbol{x}} \tag{2-2}$$

Mais, étant donné que la particule se propage, il est naturel de l'associer à une onde progressive, dont la direction de propagation est celle de la particule. Ce résultat est obtenu en écrivant la fonction d'onde de la particule libre sous la forme

$$\psi(\boldsymbol{x}, t) = e^{i(\boldsymbol{k}\boldsymbol{x} - \omega t)} \tag{2-3}$$

où, par définition, ω est la pulsation de l'onde. Si, maintenant, on pose que la relation de Planck-Einstein

$$\mathrm{E} = \hbar\,\omega$$

reliant l'énergie d'un photon à la pulsation de l'onde correspondante est également valable en ce qui concerne les particules de matière telles que celles décrites par ψ, on peut déduire de l'équation (2-3) une équation pour $\psi(\boldsymbol{x},t)$ en notant simplement les identités

$$i\hbar\,\frac{\partial\psi}{\partial t} = \hbar\omega\psi = \mathrm{E}\,\psi \tag{2-5}$$

$$\hbar^2\Delta\psi = -\hbar^2 k^2\psi = -p^2\psi \tag{2-6}$$

et en utilisant la relation

$$\mathrm{E} = \frac{p^2}{2m} \tag{2-7}$$

entre l'énergie (non relativiste) et la quantité de mouvement d'une particule libre. Le résultat

$$i\hbar\,\frac{\partial\psi}{\partial t} = \left(\frac{-\hbar^2}{2m}\right)\Delta\,\psi \tag{2-8}$$

est l'équation de Schrödinger pour une particule libre, équation qui peut aussi, formellement, se déduire de l'équation classique correspondante (2-7) par le moyen du remplacement

$$\boldsymbol{p} \to -i\hbar\nabla, \quad \mathrm{E} \to i\hbar\frac{\partial}{\partial t} \qquad (2\text{-}9)$$

accompagné de la convention que les deux membres de la relation ainsi obtenue entre opérateurs soient appliqués à ψ. ψ est une fonction du vecteur coordonnées $\boldsymbol{x}$ et du temps et est appelé la « fonction d'onde » de la particule.

Remarque : Vitesse de phase et vitesse de groupe. La vitesse de l'onde plane progressive (2-3), autrement dit la vitesse du déplacement du plan de phase constante

$$\boldsymbol{kx} - \omega t = \mathrm{C}$$

est (en posant $|\boldsymbol{k}| = k$)

$$v_{\text{ph.}} = \frac{\omega}{k}$$

formule qui diffère de celle exprimant la vitesse classique, v, de la particule. En revanche la « vitesse de groupe » de l'onde, définie à la manière classique habituelle comme étant la vitesse du centre d'un « paquet d'ondes » composé d'ondes ayant leur vecteur d'onde centré sur $\boldsymbol{k}$ est

$$v_\gamma \equiv \frac{d\omega}{dk} = \frac{d\hbar\omega}{d\hbar k} = \frac{d\mathrm{E}}{dp} = \frac{p}{m}$$

Elle est manifestement égale à v.

Dans le cas général d'une particule qui n'est pas libre, l'équation de Schrödinger, c'est-à-dire l'équation à laquelle obéit la fonction d'onde $\psi(\boldsymbol{x}, t)$ de la particule, s'obtient de façon formelle en appliquant la règle de remplacement (2-9) à l'identité

$$\mathrm{E} = H(\boldsymbol{x}, \boldsymbol{p}) \qquad (2\text{-}10)$$

où H est la *fonction hamiltonienne*, c'est-à-dire l'énergie totale du système, écrite en termes de $\boldsymbol{x}$ et de la quantité de mouvement conjuguée $\boldsymbol{p}$, (une règle étant de symétriser entre $\boldsymbol{x}$ et $\boldsymbol{p}$ si nécessaire). En d'autres termes, l'équation de Schrödinger est

$$\mathrm{H}\psi(\boldsymbol{x}, t) = i\hbar\frac{\partial}{\partial t}\psi(\boldsymbol{x}, t) \qquad (2\text{-}11)$$

où H, désigné sous le nom d'*hamiltonien*, est l'opérateur que l'on obtient à partir de l'expression classique $H(\boldsymbol{x}, \boldsymbol{p})$ de l'énergie totale en y effectuant, après symétrisation appropriée, les substitutions

$$\boldsymbol{x} \rightarrow \boldsymbol{x}, \quad \boldsymbol{p} \rightarrow -i\hbar\nabla \tag{2-12}$$

Il est clair au vu de ce qui précède que l'équation de Schrödinger n'est pas obtenue par déduction. Sa validité n'est posée qu'à titre d'hypothèse. Mais c'est une hypothèse dont la justesse est établie au-delà de tout doute raisonnable par l'exactitude de ses conséquences.

Lorsque plusieurs particules, de coordonnées $\boldsymbol{x}_1, \boldsymbol{x}_2, ..., \boldsymbol{x}_N$, sont présentes au lieu d'une seule, la fonction d'onde ψ du système qu'elles constituent est une fonction

$$\psi(\boldsymbol{x}_1, \boldsymbol{x}_2, ..., \boldsymbol{x}_N, t) \tag{2-13}$$

de ces coordonnées et du temps. L'équation de Schrödinger pour ψ s'obtient à partir de l'équation donnant l'énergie totale du système $H(\boldsymbol{x}_1, \boldsymbol{x}_2, ..., \boldsymbol{x}_N ; \boldsymbol{p}_1, \boldsymbol{p}_2, ..., \boldsymbol{p}_N)$, exactement de la même manière que ci-dessus.

Si un système a une énergie bien définie E, la substitution

$$\psi(\boldsymbol{x}_1, \boldsymbol{x}_2, ..., \boldsymbol{x}_N, t) = \phi(\boldsymbol{x}_1, \boldsymbol{x}_2, ..., \boldsymbol{x}_N)\, e^{-i\left(\frac{Et}{\hbar}\right)} \tag{2-13a}$$

dans l'équation (2-5) conduit à l'« équation de Schrödinger indépendante du temps »

$$H\phi = E\phi \tag{2-14}$$

ϕ s'appelle la « fonction d'onde indépendante du temps » du système.

2-2. Superposition et règle de Born

Comme il a déjà été mentionné, les figures de diffraction sont caractéristiques des phénomènes ondulatoires, et ce qui, fondamentalement, corrobora la validité de la notion d'ondes de matière fut la preuve fournie par Davisson et Germer du fait que dans des conditions appropriées les électrons se diffractent. En optique classique, l'expérience la plus simple mettant ce type de phénomènes en évidence est celle, très célèbre, des fentes de Young, dans laquelle un faisceau lumineux traverse un diaphragme percé de deux fentes : sur un écran disposé à l'arrière du diaphragme, une figure d'interférence (une suite de franges alternativement sombres et lumineuses) est alors observée. Pour des raisons techniques, il serait difficile de reproduire à la lettre cette expérience avec des faisceaux d'électrons (ou d'autres particules). Mais d'autres expériences, équivalentes à celle-là, ont été réalisées, en particulier au moyen de faisceaux de neutrons passant à travers des interféromètres à cristaux [1]. Pour éviter d'entrer dans les détails techniques qui seraient nécessaires à la description de ces expériences réellement faites, bornons-nous à considérer l'expérience de pensée très simple consistant à faire passer un faisceau de particules (par exemple des électrons) à travers un diaphragme de Young à deux fentes. Choisissons un système d'axes tel que celui des z soit perpendiculaire aux fentes et soient $p_1(z)$, $p_2(z)$, $p_3(z)$ les distributions en densité des points d'impact des électrons lorsque, respectivement, la fente 2 est bouchée, la fente 1 est bouchée, et les deux fentes sont ouvertes. Les densités expérimentalement observées sont alors telles que

$$p_3(z) \neq p_1(z) + p_2(z) \tag{2-15}$$

et que deux fonctions (complexes) $\psi_1(z)$ et $\psi_2(z)$ peuvent être trouvées telles que

$$p_1(z) = |\psi_1(z)|^2 \tag{2-16}$$

$$p_2(z) = |\psi_2(z)|^2 \tag{2-17}$$

$$p_3(z) = |\psi_1(z) + \psi_2(z)|^2 \tag{2-18}$$

ce qui, bien entendu, est précisément ce à quoi il faudrait s'attendre si le faisceau électronique était de nature ondulatoire (dans le cas d'une onde classique, ψ correspondrait à l'amplitude de l'onde et p à son intensité).

Mais malgré tout, la ressemblance du faisceau électronique avec une onde n'est que partielle, car, par exemple, si, pour une durée donnée de l'expérience à deux fentes ouvertes (pour un temps donné d'exposition de l'écran), l'intensité de la source du faisceau électronique est suffisamment affaiblie, ce que l'on constate devient fort différent de ce qu'une théorie ondulatoire classique prévoit. La loi $p(z)$ de distribution de l'intensité observée, c'est-à-dire du noircissement de l'émulsion sur l'écran (si tant est que les impacts soient enregistrés par noircissement) se modifie de façon appréciable, et cela d'une manière qui (a) n'est pas reproductible (elle varie d'une expérience à l'autre) et (b) est telle qu'elle correspond à l'impact de zéro ou un nombre entier de particules dans n'importe quelle petite zone de l'écran. Ceci montre que l'hypothèse que la source émettrait purement et simplement des ondes et non des particules — et que ce qu'on observe ne serait rien d'autre que l'effet local de ces ondes — n'est certainement pas exacte. Et ceci nonobstant le fait que si l'on augmente le temps d'exposition de façon à permettre que, dans la plupart des régions de l'écran, un nombre élevé d'impacts se produisent, l'intensité cumulée $p\ (z)$ de ces impacts reprend, à l'approximation statistique usuelle, la forme $p_3\ (z)$ prédite par la représentation ondulatoire.

Assurément, la discussion qui précède est très schématique (des analyses plus élaborées peuvent être trouvées dans bien des manuels). Elle suffit pourtant à montrer que ces expériences de diffraction de particules posent des problèmes qui ne se laissent pas facilement maîtriser au moyen d'interprétations formulées en termes de concepts familiers, tels ceux d'onde ou de particule. Il n'y a rien là, en physique, de réellement exceptionnel et, dans de tels cas, il n'est en général pas indiqué d'essayer de couler les phénomènes observés dans le moule de quelque modèle interprétatif préconçu. Une bien meilleure méthode, au moins dans une première étape, consiste à ne faire aucune hypothèse concernant le ou les mécanismes en jeu et à tout simplement tenter de décrire les faits, étant entendu que la description en question doit être à la fois exacte et aussi générale qu'il est possible. L'hypothèse est ensuite faite que les traits essentiels de la description ainsi construite se retrouvent dans d'autres situations similaires.

Si cette ligne de conduite est adoptée en ce qui concerne les données expérimentales rappelées plus haut, on voit se dessiner trois idées — ou principes — très généraux :

(i) Élémentarité des microstructures

Les objets présentent des traits de non-divisibilité-à-l'infini. Il semble, en conséquence, que des entités — appelées particules — existent, qui, dans nos expériences, se manifestent comme des touts.

(ii) Principe de probabilité (Règle de Born)

Au moins en certaines situations, des fonctions $\psi\,(\mathbf{x}, t)$ peuvent être associées à ces particules de telle manière que la probabilité de trouver à l'instant t une particule dans une petite région de l'espace, de volume dv, autour du point $\mathbf{x}$ soit

$$P(\boldsymbol{x}, t)\, dv = \frac{|\psi(\boldsymbol{x}, t)|^2\, dv}{\iiint |\psi(\boldsymbol{x}, t)|^2\, dv} \tag{2-19}$$

où la sommation s'étend sur tout l'espace. Il convient de noter que, selon cette formule, la valeur de $P(\boldsymbol{x}, t)$ demeure la même lorsque $\psi(\boldsymbol{x}, t)$ est multiplié par un quelconque facteur constant. Pour cette raison, on ne perd rien en généralité si on exige que ψ soit « normé à l'unité », autrement dit si l'on choisit ψ de telle sorte que le dénominateur figurant dans le membre de droite de l'équation (2-19) soit égal à 1. La probabilité $P(\boldsymbol{x}, t)$ s'écrit alors

$$P(\boldsymbol{x}, t)\, dv = |\psi(\boldsymbol{x}, t)|^2\, dv \tag{2-20}$$

Ces idées très générales, directement suggérées par les données expérimentales ci-dessus décrites, doivent maintenant être complétées par une hypothèse théorique. Cette dernière, justifiée comme on l'a noté par l'exactitude de ses conséquences, sera que la fonction $\psi(\boldsymbol{x}, t)$ est précisément celle que nous avons appelée fonction d'onde de la particule, c'est-à-dire qu'elle obéit à l'équation de Schrödinger (2-11). Plus généralement, on fera l'hypothèse que les systèmes de particules sont décrits par des fonctions d'onde telles que (2-13). Les formules (2-19) et (2-20) se généralisent alors aisément. Notons que, en conséquence de l'équation (2-11), si une fonction d'onde est normée à l'unité (on dit aussi, plus brièvement, « normée ») à un instant t, elle demeure normée à tout instant.

Principe de superposition

Si $\psi_1(\boldsymbol{x}, t)$ et $\psi_2(\boldsymbol{x}, t)$ sont deux fonctions d'onde possibles, c'est-à-dire deux solutions de l'équation de Schrödinger (2-11), toute combinaison linéaire

$$a\,\psi_1(\boldsymbol{x}, t) + b\,\psi_2(\boldsymbol{x}, t) \tag{2-21}$$

est aussi une fonction d'onde possible. A vrai dire, ce fait apparaît comme une conséquence mathématique simple de ce que l'équation de Schrödinger est homogène et linéaire. Si on le décore ici du nom de principe, c'est simplement pour souligner sa considérable importance, principalement dans le domaine relatif aux problèmes d'interprétation de la théorie. La fonction d'onde (2-21) est dite être une *superposition* des fonctions d'onde ψ_1 et ψ_2. Notons en outre que, du fait que l'équation différentielle (2-11) ne met en jeu que la dérivée première de ψ par rapport au temps, cette équation détermine ψ à tout instant t si ψ est connu à un instant donné t_0. Une conséquence évidente — mais de grande portée — de cela est que si, à l'instant t_0, la fonction d'onde est égale à

$$a\,\psi_1\,(\boldsymbol{x}, t_0) + b\,\psi_2\,(\boldsymbol{x}, t_0) \qquad (2\text{-}23)$$

à l'instant t elle doit être égale à

$$a\,\psi_1\,(\boldsymbol{x}, t) + b\,\psi_2\,(\boldsymbol{x}, t) \qquad (2\text{-}24)$$

Le fait que la forme (2-24) de la fonction d'onde à l'instant t soit une *conséquence nécessaire* du fait qu'à l'instant t_0 cette fonction a la forme (2-23) est, comme on le constatera plus loin, de toute première importance dans les discussions qui portent sur les interprétations possibles de la mécanique quantique.

2-3. Nécessité d'un formalisme plus général

La « mécanique ondulatoire », c'est-à-dire le formalisme esquissé dans ce chapitre, rend compte avec une précision remarquable de presque tous les phénomènes atomiques et moléculaires, autrement dit, essentiellement de tous les phénomènes qui se produisent dans la nature qui nous entoure, où, en raison des conditions de températures, etc., qui y règnent, les créations et annihilations de nucléons et d'électrons ne se produisent que rarement. Cette bonne adaptation est due au fait que la conservation dans le temps du nombre de particules d'un système rend possible la description de celui-ci par le moyen d'une fonction d'onde $\psi\,(\boldsymbol{x}_1, ..., \boldsymbol{x}_N, t)$ ayant un nombre fixe de variables. D'un autre côté, il est clair que dans des problèmes où les créations et annihilations de paires jouent un rôle significatif, comme cela, par exemple, est le cas en physique des hautes énergies, un formalisme qui confère une telle importance aux *coordonnées* des particules constituantes doit nécessairement conduire à des difficultés, étant donné qu'un changement dans le nombre de variables d'une fonction n'est manifestement pas — sauf dans des cas extrêmement particuliers — une opération mathématique élémentaire. De plus, même dans le cadre de la physique de basse énergie, il y a des observables physiques, le spin par exemple, dont la description au moyen de fonctions d'onde s'avère, sinon impossible, du moins hautement — et inutilement — compliquée. Ces deux raisons suffiraient à justifier que l'on s'intéresse à un formalisme plus général. Mais il en existe encore une autre, qui est que ce formalisme-là — que nous exposerons au chapitre suivant — se trouve être, dans bien des cas, plus aisément maniable que celui qui est fondé sur les fonctions d'onde, et cela même dans le cas de particules stables et sans spin.

Le formalisme en question, dû à Dirac, porte le nom de *formalisme des bras et des kets.* Il décrit les états possibles des systèmes, non par des fonctions d'onde mais au moyen d'entités abstraites appelées vecteurs d'état, dont la propriété servant à *définir* leur nature même est précisément qu'ils satisfont au principe de superposition. Les notions mathématiques qui sont nécessaires à l'intelligence de ce formalisme sont décrites avec précision dans pratiquement tous les manuels de mécanique quantique (voir par exemple les références [2] ou [3]. A l'usage de ceux des lecteurs qui n'auraient pas tout à fait assez de patience pour s'astreindre à les apprendre en détail, certaines des plus fondamentales sont ici rapidement résumées dans l'Appendice 1.

Références

1. H. Rauch, W. Treimer, U. Bonse, *Phys. Lett.* **A47**, 369 (1974).
2. A. Messiah, *Mécanique quantique*, Paris, Dunod, 1958.
3. C. Cohen-Tannoudji, B. Diu, F. Laloë, *Mécanique quantique*, Paris, Hermann, 1973.

3

Les règles de la mécanique quantique

La mécanique quantique sous sa forme « conventionnelle » — c'est-à-dire la théorie dont il est fait usage dans les applications aux autres domaines de la physique et qui, pour cette raison, est enseignée à l'Université — est une théorie qui n'est que faiblement objective. De ce fait, elle s'exprime au mieux par l'entremise d'un système de *règles de calcul* fondamentales permettant de faire certaines prédictions au sujet de ce qui sera observé.

3-1. Énoncé des règles

Avant d'énoncer les règles en question, il convient de donner deux définitions.

Définition 1 : Système physique

Tant en physique classique qu'en physique quantique, il est fait grand usage des expressions « système physique » et « état d'un système physique ». En vérité, n'importe quel objet suffisamment isolé — un voltmètre, un électron, une molécule — y est dit être un *système physique* (les deux derniers, et plus généralement les systèmes de taille moléculaire ou plus petits, et pour lesquels toute description par la physique classique est manifestement inadéquate sont souvent dits « microscopiques »). De fait, le concept de système physique que de tels exemples nous suggèrent nous paraît tellement évident que nous sommes tentés de le considérer comme une notion *a priori*, autrement dit, ayant un sens pleinement clair en soi, et de même pour celui d'état. Un mot de mise en garde est dès lors utile au départ. Comme il résulte des discussions qui feront l'objet des prochains chapitres, ces deux concepts de *système* et d'*état*, qui sont extrêmement utiles en mécanique quantique comme ailleurs, doivent cependant n'y être maniés qu'avec précaution. En particulier, on n'y peut pas supposer que dans tous les cas où nous parlons intuitivement d'un système physique (voire d'un « système physique totalement isolé ») ce système (à supposer qu'on emploie le mot) est nécessairement dans un « état », connu ou non connu. Plus précisément : en mécanique quantique conventionnelle, il est pas possible de considérer qu'un système possède constamment le même nombre de propriétés (telles que position, quantité de mouvement, composante de spin selon une direction donnée, etc.), connues ou inconnues mais pouvant être pensées comme lui appartenant en propre. Des contre-exemples invalidant cette manière de voir seront explicités plus loin.

Dans ce qui suit, l'expression *système physique* est cependant utilisée, conformément à l'usage courant, dans son sens familier et intuitif. Par exemple, un atome (ou un électron, ou une molécule, etc.) partiellement mais suffisamment isolé est un système physique ou, en abrégé, un système. Quant aux expressions *état* et *état quantique*, les sens qui leur sont attribués dans la littérature scientifique varient. A cette étape, nous éviterons donc de les introduire.

Définition 2 : Ensembles (statistiques)

La mécanique quantique est une théorie essentiellement probabiliste. Sauf cas particuliers, les prédictions qu'elle permet de faire portent non sur des phénomènes individuels mais sur des fréquences statistiques de phénomènes. Autrement dit, elle prédit d'ordinaire le nombre n de fois qu'un événement donné sera observé lorsque l'on soumet un grand nombre N de systèmes physiques du même type et satisfaisant à des conditions spécifiées à la mesure d'une quantité donnée. La fréquence statistique, ou probabilité, de l'événement est alors le nombre $\frac{n}{N}$ (plus précisément, la limite, supposée exister, de ce rapport quand $N \to \infty$). La collection des N systèmes ici considérés est dite être un *ensemble statistique*, (ou plus brièvement un *ensemble*) de systèmes. Chaque système individuel est un *élément* de l'ensemble. Bien entendu, les éléments de l'ensemble n'interagissent pas entre eux. Idéalement parlant, il faudrait imaginer qu'à chaque élément correspond un appareil de mesure par le moyen duquel la mesure en question est effectuée sur cet élément. Ce n'est que dans les cas $\frac{n}{N} = 1$ ou 0 qu'il est possible de dire que la théorie fournit une prédiction portant sur des systèmes individuels, la prédiction étant dans ces cas que l'événement en question se produira, ou, respectivement, ne se produira pas. Pour cette raison, on dit parfois que la mécanique quantique est une théorie ensembliste. Littéralement parlant, cette appellation est correcte. Mais quand on l'emploie, il faut se méfier des inférences injustifiées. Comme il sera montré en détail au chapitre 13, les ensembles quantiques sont conceptuellement fort différents de l'image classique que le terme même d'ensemble suggère.

Les règles de la mécanique quantique peuvent maintenant être résumées comme suit (commentaires et choix différents d'axiomes étant reportés aux chapitres ultérieurs).

Règle 1. Des espaces vectoriels *H* munis d'une structure d'espace de Hilbert et dont les éléments sont appelés *kets* sont utilisés pour décrire des ensembles statistiques de systèmes physiques de même type[1]. Il y a des cas dans lesquels, aux fins de prédire les résultats d'expériences bien définies, un tel ensemble peut être associé à un élément défini du *H* associé. Cet élément est alors appelé *vecteur d'état.* Les ensembles suceptibles d'être ainsi décrits sont appelés des *« cas purs »*.

La Règle 1 appelle quelques remarques.

Remarque 1 : Comme la Règle 6 (ci-dessous) le montre, deux kets différant seulement entre eux d'un facteur de phase conduisent aux même prédictions. Un tel facteur de phase est donc dépourvu de signification physique ; ce qui, bien entendu, n'empêche pas les phases relatives des différents termes d'une superposition telle que celle considérée dans la Règle 3 (voir plus bas) d'avoir, elles, une signification physique. L'expression « élément défini de *H* » doit être comprise compte tenu de cette remarque.

Remarque 2 : Il est d'usage fréquent d'associer vecteurs d'état et systèmes individuels. Dans la plupart des cas, cette pratique est sans inconvénient. En droit, cependant, l'usage d'ensembles est préférable, sauf si sont prises certaines précautions. Par ailleurs, la Règle 1 n'implique pas que tout ensemble (ou, dans le langage auquel on vient de faire allusion, tout système) puisse être décrit par un vecteur d'état. De fait, dans la plupart des situations il est impossible, même dans un langage approximatif et peu rigoureux, d'associer aux systèmes un vecteur d'état (voir section 7-2).

Règle 1a (Principe de superposition). En règle générale, tout ket de *H* est susceptible de décrire un ensemble de systèmes physiques.

Des exceptions existent. On les appelle *règles de supersélection.* Quand un ket $|\psi>$ peut être écrit sous forme de combinaison linéaire de plusieurs kets $|\phi_1>, ..., |\phi_N>$, on dit que $|\psi>$ est une *superposition* de $|\phi_1>, ..., |\phi_N>$.

Règle 2. Si deux systèmes S et S' non identiques sont des éléments

1. Les lecteurs non familiarisés avec les espaces de Hilbert et les notions qui y sont associées pourront se reporter à l'Appendice 1.

d'ensembles E et E' pouvant être décrits par, respectivement, les kets $|\psi>$ et $|\psi'>$, l'ensemble des systèmes constitués d'un élément de E et d'un élément de E' peut, lui aussi être décrit par un ket, noté $|\psi> \otimes |\psi'>$ ou, plus brièvement, $|\psi>\ |\psi'>$. Ce ket est défini comme étant un élément du produit[1] tensoriel $H \otimes H'$ des espaces de Hilbert H et H', correspondant respectivement à E et E'.

Règle 3. L'évolution dans le temps d'un vecteur d'état $|\psi>$ décrivant un ensemble de systèmes soumis seulement à des forces externes est causale et linéaire. Ceci signifie que si

$$|\psi(t)> = a_1|\psi_1(t)> + a_2|\psi_2(t)> \qquad (3\text{-}1)$$

$$\text{alors } |\psi(t')> = a_1|\psi_1(t')> + a_2|\psi_2(t')> \qquad (3\text{-}1a)$$

Dans l'énoncé de cette règle, l'expression « forces externes » signifie, comme il est d'usage, que l'influence (également appelée « réaction ») du système sur les entités physiques qui créent les forces peut être négligée. Si tel n'est pas le cas, alors un plus grand système, incluant ces entités-là, doit être considéré, et la Règle 3 doit être appliquée à ce grand système.

Notons également que l'équation de Schrödinger habituelle

$$\mathrm{H}|\psi(t)> = i\hbar\frac{\partial}{\partial t}|\psi(t)> \qquad (3\text{-}2)$$

où H est l'hamiltonien, peut être considérée comme une réalisation particulière de la Règle 3. Le point significatif est que la Règle 3 exprime toutes les propriétés générales de l'équation de Schrödinger qui jouent un rôle dans les discussions qui suivront.

Règle 4. A toute grandeur dynamique[2] A correspond un opérateur hermitien opérant sur les éléments de l'espace vectoriel défini dans la Règle 1.

Pour plus de simplicité, nous désignerons par le mot « hermitien » un opérateur hermitique dont le problème aux valeurs propres a une

1. Noter la différence avec la théorie des champs classique, où, à la place de ceci, on considère des *sommes* (vectorielles) de vecteurs qui, tous, sont des fonctions définies dans le *même* espace.

2. L'expression « grandeur dynamique » désigne, selon l'usage, une quantité physique telle que la position, la vitesse, la quantité de mouvement, etc., qui est susceptible d'évoluer avec le temps (mais à l'exception du temps lui-même).

solution (*cf.* J. von Neumann, référence [1], section 2-9). A la suite de Dirac nous appellerons désormais *observable* toute grandeur physique dynamique. Deux observables sont dites *compatibles* si les opérateurs qui leur sont associés commutent.

Règle 5. Le résultat de la mesure d'une observable A ne peut être que l'une des valeurs propres de l'opérateur associé à A.

Désormais, les expressions « valeur propre (ket propre) de l'observable A » seront souvent utilisées pour signifier : « valeur propre (ket propre) de l'opérateur associé à A ».

Règle 6. Désignons au moyen des symboles a_k and $|k\, r>$ respectivement les valeurs propres et les vecteurs propres normalisés d'une observable A appartenant à un système physique de type S (*r* est un indice de dégénérescence), et soit $|\psi>$ un ket normalisé décrivant un ensemble de systèmes physiques S immédiatement avant qu'une mesure de A soit faite sur eux. La probabilité que cette mesure fournisse le résultat a_k est donnée par l'expression

$$w_k = \Sigma_r |< k, r|\psi > |^2 \qquad (3\text{-}3)$$

Quand les kets ne sont pas normalisés à l'unité, l'expression (3-3) doit être modifiée de telle sorte qu'elle ne soit pas affectée par l'arbitraire dans la normalisation, ce qui signifie qu'elle doit être remplacée par

$$w_k = \Sigma_r \frac{|< k, r|\psi > |^2}{< k, r|k,r > < \psi|\psi >} \qquad (3\text{-}3a)$$

Ici, encore, dans la règle et les expressions (3-3) et 3-3a), le mot probabilité réfère à la fréquence relative avec laquelle, selon nos prédictions, le résultat a_k sera obtenu lors d'une mesure de A.

Remarque 3. Les questions relatives à la possibilité de généraliser le concept d'opération de mesure et, en particulier, de le dissocier de la notion d'observateur, ou encore de réduire l'observateur à un système physique ordinaire, sont discutées dans des chapitres ultérieurs. Ce que nous signifions ici par le mot « mesure » (ou « opération de mesure ») c'est l'interaction du système S avec une entité S', fort complexe en général, et comprenant, outre l'instrument de mesure et le reste, l'observateur lui-même. Et ce que nous entendons par « la valeur fournie par la mesure » n'est rien d'autre que ce que cet observateur lit sur l'instrument. A ce stade, nous ne faisons encore aucune tentative visant à décrire l'observateur comme on le ferait d'un système physique quelconque, et pour le moment, l'entité S' n'a pas à être analysée davantage en ses constituants. En d'autres termes, nous formulons ici des règles de prédiction qui, pour le moment, sont indépendantes de la question plus subtile qui est de savoir si oui ou non l'observateur lui-même (celui pour lequel les prédictions sont faites) doit être identifié à un « système physique » au sens habituel du mot. Pour l'heure, nous laissons la question ouverte. D'un autre côté, indépendamment de la réponse pouvant éventuellement être apportée à cette question, il importe d'être bien conscient du fait qu'au sein de la formulation du formalisme quantique ici développée, un rôle fondamental est, à l'évidence, imparti à la notion de *résultats de mesure* ; et que, corrélativement, quand de tels résultats sont obtenus, ils doivent être considérés comme strictement vrais : vrais — peut-on dire — *par définition* de la notion même de vérité. La question de savoir si, et dans quelle mesure, cette conception doit être modifiée est une question de nature partiellement philosophique mais aussi partiellement physique. Elle sera étudiée en temps voulu.

Remarque 4. Les observables à spectre continu de valeurs propres ont des vecteurs propres non normalisables. En ce qui concerne la mesure de ces observables, certains changements, exposés dans les manuels, doivent en conséquence être apportés à l'expression (3-3). Une fois ceux-ci effectués, on constate que l'équation (3-3) redonne l'équation (2-19). Une manière non rigoureuse mais simple de retrouver ce résultat consiste à définir un « ket propre de position » $|\boldsymbol{x}'>$ correspondant à la position $\boldsymbol{x}$ par les formules

$$\boldsymbol{x}\,|\boldsymbol{x}'> = \boldsymbol{x}'\,|\boldsymbol{x}'> \tag{3-3b}$$

et

$$<\boldsymbol{x}'|\boldsymbol{x}''> = \delta\,(\boldsymbol{x}' - \boldsymbol{x}'') \tag{3-3c}$$

où $\boldsymbol{x}$ est l'opérateur position, et à définir la fonction d'onde $\psi\,(\boldsymbol{x})$ par la relation

$$\psi\,(\boldsymbol{x}) = <\boldsymbol{x}\,|\psi> \tag{3-3d}$$

Supprimant l'indice r (pas de dégénérescence) et identifiant w_k à la densité de probabilité P $(\boldsymbol{x})$ on obtient ainsi :

$$P(\boldsymbol{x}) = |\psi(\boldsymbol{x})|^2$$

qui n'est autre que l'équation (2-19) (puisque dans (2-19) le dénominateur, dans le présent cas, est égal à 1 à cause de la relation $\iiint |<\boldsymbol{x}|\psi>|^2 dv = 1$).

***Règle** 7.* Relativement à n'importe quelle observable il est possible, au moins en principe, de concevoir un dispositif de mesure qui satisfasse à la condition suivante. Si l'observable est mesurée deux fois de suite sur un même système et si ces deux mesures sont infiniment rapprochées dans le temps, les résultats de ces deux mesures sont les mêmes. Une mesure effectuée par le moyen d'un tel dispositif sera dénommée *idéale* ou *de première espèce.* Toutes les mesures ne satisfaisant pas à cette condition seront dites de seconde espèce[1].

Un théorème. Soient A et B deux observables compatibles. C'est un théorème de la théorie des espaces de Hilbert (voir Appendice 1) qu'il existe un ensemble $\{|k, j, r>\}$ de kets (normalisés) de H ayant la propriété d'être kets propres à la fois de A et de B, c'est-à-dire de satisfaire à

$$A\,|k, j, r> = a_k\,|k, j, r>$$

et à

$$B\,|k, j, r> = b_j\,|k, j, r>$$

Ce théorème permet de formuler la règle suivante :

***Règle** 8.* Soient, de nouveau, A et B deux observables compatibles. Si des mesures de A et de B infiniment rapprochées dans le temps sont effectuées, alors, les $|k, j, r>$ étant définis comme ci-dessus, la probabilité d'obtenir la paire de résultats a_k, b_j sur un ensemble décrit par le vecteur d'état normalisé $|\psi>$ est

$$w_{k,j} = \Sigma_r\,|<k, j, r|\psi>|^2 \qquad (3\text{-}4)$$

indépendamment de l'ordre dans lequel les mesures sont faites.

1. A noter que certains auteurs qualifient d'« idéales » les mesures que nous appelons, nous, « complètes » (voir ci-dessous).

Bien que la Règle 8 ne porte pas sur la question de savoir quel est l'état du système après que les mesures ont été faites, et donc, en toute rigueur, n'exclue pas la possibilité que cet état final dépende, lui, de l'ordre de succession des deux mesures, elle n'en implique pas moins que, concernant les *résultats* de deux mesures idéales effectuées l'une immédiatement après l'autre sur des observables compatibles, l'ordre en question est indifférent. Par là, la Règle 8 confère un sens à la notion de « mesures simultanées » de deux telles observables. Cette notion peut manifestement être étendue de manière à couvrir le cas d'un nombre arbitraire d'observables mutuellement compatibles. En particulier, une mesure complète effectuée sur un système S est un ensemble de mesures idéales simultanées de toutes les observables correspondant à un ensemble complet (voir Appendice 1) d'opérateurs hermitiens qui commutent, agissant dans l'espace vectoriel associé à S. Si les kets en jeu ne sont pas normalisés, l'expression (3-4) doit être modifiée de la même manière que l'expression (3-3) a été modifiée pour aboutir à l'expression (3-4).

Remarque 5. Il est important de bien voir que dans des expressions telles que (3-3) l'indice de dégénérescence r peut (c'est souvent le cas) correspondre à l'existence d'observables qui ne sont pas mesurées et sont compatibles avec celles qui le sont. Par exemple, dans le cas considéré lors de la formulation de la Règle 8, si l'observable B n'est pas mesurée, la probabilité w_k d'obtenir le résultat a_k lors d'une mesure de A est la même que si une mesure de B était faite aussi, sans que soit noté son résultat, à savoir

$$w_k = \Sigma_j \, w_{k,j} = \Sigma_{j,\,r} \left| < k, j, r \left| \psi > \right. \right|^2 \qquad (3\text{-}5)$$

formule identique à la formule (3-3), le rôle de r étant joué par la paire d'indices j, r.

Règle 9. Soient A, B, ..., un ensemble complet d'observables qui commutent, appartenant à un certain type de systèmes et soit E un ensemble statistique donné quelconque de systèmes de ce type. Si, pour quelque raison, les résultats de mesures idéales simultanées de A, B, ..., qui seront effectuées ou pourraient l'être sur les éléments de E sont connus (ou supposés l'être) avec certitude et sont les mêmes pour tous les éléments de E, alors E peut être décrit par un ket.

Soit $|\psi>$ ce ket. Soient a_k, b_j, ..., les résultats (connus) des mesures devant être faites sur ces systèmes. La probabilité d'obtenir les résultats a_k, b_j, ..., est égale à l'unité, de sorte que, en vertu de (3-3a)

$$1 = \frac{|< k, j, \ldots | \psi > |^2}{< k, j, \ldots | k, j, \ldots > \; < \psi | \psi >}$$

Or, on reconnaît là l'inégalité de Cauchy-Schwarz dans le cas limite où celle-ci se réduit à une égalité. Il s'ensuit que $|\psi >$ est nécessairement proportionnel à $|k, j, \ldots >$. Étant donné qu'un facteur numérique n'est qu'un facteur de normalisation dénué de signification physique, la proposition suivante peut être énoncée (appelons-la *Proposition A*).

Proposition A. Le ket considéré dans la Règle 9 est

$$|\psi > = |k, j, \ldots >$$

Un cas particulier dans lequel la proposition A s'applique est celui dans lequel la connaissance anticipée des résultats des mesures simultanées de A, B, ..., devant être faites au temps t provient d'une mesure préalable de ces observables, effectuée à un instant t_0 immédiatement antérieur à t. Dans ce cas, la proposition A est dite décrire la *réduction du paquet d'ondes*, réduction que l'on doit poser comme ayant lieu au temps t_0. La chose peut être reformulée sous la forme d'un théorème :

Théorème de la réduction du paquet d'ondes (Règle 10). Soit E_0 un ensemble de systèmes S. Immédiatement après que des mesures idéales simultanées ont été effectuées par une collectivité d'expérimentateurs sur un ensemble complet d'observables qui commutent appartenant aux systèmes S, cette collectivité peut décrire au moyen d'un ket tout sous-ensemble E de E_0 composé des systèmes S sur lesquels les mesures ont fourni des ensembles identiques de résultats. Ce ket est le ket propre commun à celles des valeurs propres obtenues en tant que résultats de cet ensemble de mesures simultanées.

Remarque 6. Ce théorème est souvent énoncé comme s'il s'agissait d'un postulat indépendant. On constate ici qu'il peut être *prouvé* à partir des autres règles quantiques. La preuve ci-dessus renvoie à la Règle 9, mais nous verrons plus bas (section 6-2, Remarque 1) que le théorème peut aussi être démontré à partir d'une hypothèse plus générale.

Règle 10a. Soit E_0 un « cas pur » (*cf.* plus haut : Règle 1) décrit par le ket $|\psi >$ et appelons S les systèmes qui le composent. Immédiatement après qu'ont été effectuées des mesures idéales simultanées portant sur un ensemble *incomplet* d'observables compatibles A, B, ..., appartenant aux systèmes S, tout sous-ensemble E de E_0 sur tous les éléments duquel ces mesures ont fourni les mêmes résultats a_k, b_j, ..., est un cas pur. Ce ket — à un facteur de renormalisation près, bien entendu — est la projection de $|\psi >$ sur le sous-espace de Hilbert des S sous-tendu par les vecteurs propres communs aux valeurs propres a_k, b_j, ...

Remarque 7. Un grand nombre des problèmes que la mécanique quantique permet de traiter ne requièrent l'usage que des Règles de 1 à 5. Il s'ensuit que les physiciens qui se proposent seulement d'étudier ces problèmes-là n'ont jamais à affronter — ou du moins, pas dans leur activité professionnelle — les difficiles questions épistémologiques concernant le rôle des observateurs et ainsi de suite, auxquelles allusion a été faite dans la Remarque 3. En fait, si la mécanique quantique ne consistait qu'en les Règles 1 à 5 elle ne présenterait pas, avec la physique classique, des différences aussi considérables que celles qu'elle comporte en réalité (et, corrélativement, la notion d'ensemble statistique ne serait pas nécessaire à sa formulation). Toutefois, cette observation doit être nuancée à trois égards au moins. Premièrement, elle n'a de sens véritable que si les systèmes en jeu peuvent être pensés comme isolés de leur environnement, et nous constaterons que ceci est, dans beaucoup plus de cas qu'en physique classique, une approximation très discutable. Deuxièmement, la Règle 2 entraîne l'existence d'un phénomène, appelé *enchevêtrement* sur lequel nous devrons nous étendre plus loin et qui n'a pas de contrepartie dans le domaine de la physique classique. Troisièmement enfin, on ne peut, bien entendu, oublier les problèmes pour lesquels les autres Règles (6 à 10a) entrent en jeu. Telles sont les raisons essentielles qui font que la physique quantique requiert la prise en considération de problèmes épistémologiques que les physiciens de l'âge classique pouvaient légitimement ignorer.

3-2. Compléments

Cette section rassemble quelques remarques complémentaires, utiles soit à une compréhension plus approfondie de ce qui précède, soit à sa mise en œuvre dans le cadre de certains problèmes spécifiques qu'on rencontrera ci-dessous dans l'ouvrage. Ces remarques sont numérotées consécutivement à celles figurant dans la section précédente.

Remarque 8[1]. La Remarque 5 peut suggérer une évolution dans le temps de l'ensemble considéré qui serait différente de celle décrite par la Règle 10a. Considérons par exemple une observable A possédant une suite discrète de valeurs propres

$$A\,|k, r> = a_k\,|k, r> \tag{3-6}$$

ainsi qu'une autre observable B possédant les mêmes vecteurs propres mais des valeurs propres non dégénérées

$$B\,|k, r> = b_{k,r}\,|k, r> \tag{3-7}$$

On constate aisément que A et B sont compatibles. La Remarque 5 suggère alors une méthode possible — bien que passablement détournée — de mesure de A. Elle consiste à mesurer d'abord B, sans enregistrer le résultat, et ensuite à mesurer A. A l'aide des formules (3-3) et (3-5) on vérifie sans peine que la probabilité du résultat a_k est la même que si l'on n'avait pas fait la mesure de B. Mais d'un autre côté, le théorème de la réduction du paquet d'ondes (Règle 10) montre que, juste après la mesure de B, nous avons affaire à un ensemble dans lequel une proportion

$$w_{k,r} = |<k, r|\psi>|^2 \tag{3-8}$$

de systèmes sont décrits par le ket $|k, r>$. Puisque ces kets sont eux-mêmes déjà des kets propres de A, la mesure de A peut très naturellement être considérée comme ne les modifiant pas, de sorte que, conserver seulement les systèmes ayant fourni la « réponse » a_k revient tout simplement à sélectionner les sous-ensembles décrits par les $|k, r>$ de k donné. Après cette suite de deux mesures, le résultat du tri est donc un ensemble qui ne peut pas être décrit par un seul et même ket, qui, autrement dit, n'est pas un cas pur mais bien un mélange propre (pour la définition de ce mot, voir section 7-2) des sous-ensembles dont il s'agit.

Il a été suggéré par J. von Neumann [1] de généraliser ce résultat au cas où nulle mesure de B n'est réellement effectuée[2], idée qui conduirait à remplacer la règle 10a par la suivante.

1. Peut être passée en première lecture.
2. De fait, von Neumann ne s'intéressait en la matière qu'à la description de l'ensemble *total* des systèmes, composé de tous les systèmes S après leur interaction avec l'instrument, quel que fût le résultat a_k fourni par la mesure faite sur eux.

Règle 10a'. Soit, de nouveau, E_0 un cas pur, décrit par $|\psi>$. Immédiatement après qu'a été effectuée une mesure idéale d'une observable A dont les kets propres et valeurs propres sont définis par l'équation (3-6), l'ensemble E_k des systèmes sur lesquels le résultat a_k a été obtenu est un *mélange*, avec poids respectifs

$$w_{k,r}\,(\Sigma_r\, w_{k,r})^{-1}$$

d'ensembles, chacun décrit par l'un des kets $|k, r>$.

Comme le montre l'exemple donné ci-dessus d'une méthode « détournée » pour mesurer A, on ne peut exclure la possibilité qu'existent des procédés de mesure pour lesquels ce serait la Règle 10a' et non la Règle 10a qui s'appliquerait. D'un autre côté, il peut être prouvé (voir Balian [2] et aussi Bell et Nauenberg [3]) que seule la Règle 10a est pleinement compatible avec la Règle 8, du moins si l'on fait l'hypothèse que tout opérateur hermitien agissant dans l'espace de Hilbert *H* correspond à une observable. Le point est ici que si a_k est une valeur propre dégénérée de A on peut démontrer [2] l'existence d'opérateurs hermitiens D commutant avec A et possédant la propriété suivante. Si la Règle 10a est remplacée par n'importe quelle autre (par exemple par la Règle 10a'), la valeur moyenne d'un D lorsque A a été mesuré d'abord (sans enregistrement du résultat) n'est pas celle qui résulterait de l'application de la Règle 8 à la paire A, D : de sorte que, avec n'importe quelle Règle autre que 10a, et avec des opérateurs qui commutent tels que A et D, la règle 8 est en défaut (et l'ordre de succession des deux mesures n'est pas, en fin de compte, indifférent)[1].

Remarque 9. Soit, comme plus haut

$$A\,|k, r> = a_k\,|k, r> \tag{3-10}$$

l'équation aux valeurs propres de l'observable A. Une décomposition possible de l'opérateur unité (voir Appendice 1) est

$$1 = \Sigma_{k,r}\,|k, r><k, r| \tag{3-11}$$

Appliquant la formule (3-11) à l'identité

1. De tels opérateurs D peuvent être par exemple des opérateurs de projection sur des vecteurs propres de A correspondant à la valeur propre a_k et choisis différents des $|k, r>$.

$$A = A.\,1$$

on obtient, à l'aide de (3-10)

$$A = \Sigma_{k,r} |k, r> a_k < k, r| = \Sigma_k a_k P_k \tag{3-12}$$

où

$$P_k \equiv \Sigma_r |k, r> <k, r| \tag{3-13}$$

est le projecteur sur le « sous-espace propre » correspondant à la valeur propre a_k. L'expression (3-12) porte le nom de *décomposition spectrale* de l'observable A. Avec son aide, l'équation (3-3) peut être réécrite

$$w_k = <\psi|P_k|\psi> \tag{3-14}$$

ou, de façon équivalente (voir Appendice 1),

$$w_k = Tr\,[P_k |\psi> <\psi|\,] \tag{3-15}$$

Remarque 10. Lorsqu'on a affaire à des observables à spectre continu, la somme dans l'équation (3-13) doit bien entendu être remplacée par une intégrale. Dans le cas de l'observable *position* par exemple, l'opérateur de projection sur le sous-espace correspondant au fait qu'une particule se trouve, sur l'axe $x'x$, quelque part entre $x = a$ et $x = b$, est (voir Remarque 4)

$$\int_a^b dx' |x'> <x'| \tag{3-16}$$

avec, bien entendu,

$$\int_{-\infty}^{+\infty} dx' |x'> <x'| = 1 \tag{3-17}$$

Il va de soi que ces formules se généralisent aisément au cas de plusieurs variables. Elles impliquent que si une mesure (idéale) de position est effectuée sur une particule de vecteur d'état $|\psi>$, afin de déterminer si oui ou non elle « se trouve » à l'intérieur de l'intervalle (a, b), et si le résultat est positif, alors, selon la Règle 10a, le ket (non renormalisé) décrivant cette particule après la mesure doit être

$$|\psi_{1\,n.\,r.}> = \int_a^b dx' |x'> <x'|\psi> \tag{3-18}$$

de sorte que la fonction d'onde (non renormalisée) correspondante est

$$\psi_{1\,n.\,r.}(x) = <x\,|\psi_{1\,n.\,r.}> = \int_a^b dx' <x\,|\,x'> <x'\,|\psi>$$

$$= \int_a^b dx'\,\delta\,(x - x')\,\psi\,(x') \qquad (3\text{-}19)$$

où on a utilisé l'équation (3-3c). D'où

$$\psi_{1\,n.\,r.}(x) = \begin{matrix} \psi\,(x) & \text{si } a < x < b \\ 0 & \text{ailleurs} \end{matrix}$$

En d'autres termes, cette mesure a pour seul effet de couper et éliminer les parties de la fonction d'onde dont l'argument représente un point se trouvant à l'extérieur de l'intervalle (a, b). Notons que, puisque

$$K \equiv \int_{-\infty}^{+\infty} |\psi_{1\,n.\,r.}(x)\,|^2 dx$$

n'est pas égal à l'unité, après la réduction du paquet d'ondes la fonction d'onde normalisée $\psi_1\,(x)$ doit être écrite :

$$\psi_1\,(x) = K^{-\frac{1}{2}} \int_a^b dx'\,\delta\,(x - x')\,\psi\,(x') \qquad (3\text{-}20)$$

Remarquons toutefois que même si ce processus est, comme nous le constatons, décrit d'une manière simple (bien que non rigoureuse) au plan mathématique, son interprétation sur le plan conceptuel est, elle, beaucoup moins simple qu'on pourrait le penser. En vérité, tel que proposée ci-dessus, la description même du *but* poursuivi lors de la mesure est trompeuse. En effet, la quantité $\int_a^b |\psi\,(x)\,|^2 dx$ est la probabilité, non que la particule *soit* dans (a, b) mais seulement qu'elle *soit trouvée* dans (a, b).

Références

1. J. von Neumann, *Mathematical Foundations of Quantum Mechanics*, Princeton University Press, 1955.
2. R. Balian, *Am. J. Phys.* 57, 1019 (1989).
3. J.S. Bell, M. Nauenberg, in *Preludes in Theoretical Physics, in Honor of V.F. Weisskopf*, A. De Shalit, H. Feshbach, L. Van Hove eds., North-Holland Publishing Company, 1966.

4

Commentaires

Ci-dessus, le jeu de règles de prédiction qui constitue l'essence de la mécanique quantique a été présenté d'une manière axiomatique, c'est-à-dire volontairement condensée, ce qui, par conséquent, laisse ouvertes certaines questions. Des précisions importantes seront apportées dans les chapitres suivants. Mais d'ores et déjà, quelques commentaires s'imposent.

4-1. Sur la description des ensembles statistiques au moyen des kets

(a) En bien des cas, la Règle 10 (réduction du paquet d'ondes) est celle qui est utilisée pour déterminer le ket d'un ensemble statistique de systèmes. Le processus de filtration, en particulier, peut schématiquement être assimilé à une mesure. Par exemple, quand nous attribuons une fonction d'onde (essentiellement une onde plane) aux particules émergeant d'un accélérateur, en fait nous appliquons la Règle 10 à une sorte de mesure implicite de la quantité de mouvement. Dans ces conditions, on pourrait se demander si l'introduction d'une règle plus générale, la Règle 9, est bien nécessaire.

Notons donc qu'effectivement elle l'est. En effet, considérons une expérience de diffusion, par exemple, de muons par des atomes d'hydrogène. Pour que le calcul soit possible, il est nécessaire qu'une fonction d'onde (ou un ket) soit attribuée non seulement à la particule incidente (au muon) mais aussi à la cible (l'atome d'hydrogène). Or, l'expérimentateur n'a pas mesuré l'énergie de chacun des atomes individuels qui feront office de cibles. S'il considère qu'il connaît néanmoins cette énergie, c'est parce qu'il sait que la température est suffisamment basse pour que la très grande majorité des atomes disponibles soient dans leur état fondamental. La Règle 9 a été formulée de telle manière que ce savoir suffise à justifier l'attribution à l'atome-cible d'une fonction d'onde bien définie (ou d'un ket).

(b) Dans ces conditions, on est assez naturellement conduit à se poser la question de savoir s'il existerait des réductions spontanées du paquet d'ondes. Par « réductions spontanées », il faut entendre des réductions qui auraient lieu tout à fait indépendamment de toute opération de mesure.

Cette question reçoit des réponses fort différentes selon que l'on considère ou non comme acceptable l'idée d'une petite modification de l'équation de Schrödinger. Si cette idée est acceptée, alors, effectivement, les petits changements en question peuvent être conçus de manière à permettre des réductions spontanées sans compromettre pour autant l'accord existant entre les données expérimentales et les prédictions vérifiables issues de l'équation de Schrödinger (on reviendra sur ce point au chapitre 13). Ici, cependant, nous nous intéressons à la conception inverse, celle selon laquelle, pour la description des systèmes atomiques et moléculaires stables, l'équation de Schrödinger doit être conservée telle quelle, sans aucune modification. La question devient alors : y a-t-il, dans ces conditions, des systèmes microscopiques en lesquels une réduction spontanée a lieu, dont les lois générales de la mécanique quantique ne rendent pas compte ? *A priori* on pourrait penser qu'il existe de bons candidats à ce rôle : à savoir les particules — ou systèmes — instables. Et de fait, l'idée est parfois avancée que les désintégrations de telles particules ou de tels systèmes sont effectivement des exemples de réductions spontanées.

Dans ces conditions il n'est pas inutile de signaler que, bien qu'à première vue cette idée soit séduisante telle, en tout cas, qu'elle est énoncée ci-dessus elle ne résiste pas à l'examen. Essentiellement parce que les désintégrations en question doivent elles-mêmes être soumises à une analyse théorique, que cette analyse a effectivement été menée à bien — révélant au passage des effets fort intéressants et, au départ, inattendus — et qu'elle a été conduite d'un bout à l'autre en appliquant très strictement les règles de calcul de la mécanique quantique, sans qu'aucune hypothèse de « réduction spontanée du vecteur d'état » y ait, à aucune étape, été injectée en sus. Ce n'est pas ici le lieu de décrire les calculs correspondants ; ils sont d'ailleurs rapportés dans nombre d'ouvrage (voir par exemple [1], chapitre 13, Complément D). Notons seulement qu'ils mettent en jeu d'une manière tout à fait significative une superposition quantique de l'état non désintégré et de (ou des) état(s) désintégré(s). Et soulignons qu'en conséquence, supposer *en outre* l'existence d'une « réduction » *sui generis* du vecteur d'état (ayant lieu, on peut le penser, à un instant bien précis pour chaque élément de l'ensemble) rendrait considérablement plus difficile l'explication de phénomènes que, dans son état actuel, la théorie explique bien : tels les largeurs de raies, les déplacements de niveaux (« Lambshift » compris) et la superposition quantique de parties d'ondes progressives émises à différents moments du processus de désintégration [2], [3]. Ainsi, tout bien considéré, il semble difficile d'échapper à la conclusion que « réduction du paquet d'ondes » et « opération de mesure » sont deux notions très étroitement liées et que la première est inséparable de la seconde (sauf, comme on l'a noté plus haut, si l'on accepte de modifier l'équation de Schrödinger d'une certaine manière, bien spécifiée). Évidemment, on pourrait décider de façon arbitraire d'étendre le nom « réduction du paquet d'ondes » à l'un des résultats fournis par le calcul mentionné plus haut, à savoir le fait qu'en raison du nombre infini de degrés de liberté des champs quantiques en jeu, il est impossible de distinguer d'un mélange la superposition des états désintégrés et non désintégrés. Mais il s'agit là d'un débat de pure sémantique, qui n'a pas de rapport réel avec la question ici analysée.

4-2. L'hypothèse de complétude (mécanique quantique conventionnelle des manuels)

Une opinion partagée par un grand nombre de physiciens est que la recherche scientifique doit se garder de toute hypothèse métaphysique implicite. Elle pousse la plupart de ceux-ci à poser en principe que les seules entités ayant un sens sont celles qui peuvent en quelque manière être observées, directement ou indirectement. En mécanique quantique, l'hypothèse est faite, comme on l'a vu, que, à l'exception des grandeurs non dynamiques (telles que les masses ou les charges électriques) et du temps, toutes ces grandeurs observables sont décrites au moyen d'opérateurs hermitiens, par l'entremise desquels les règles quantiques nous disent *tout* ce qui peut, ou pourrait, être observé en toutes circonstances. L'hypothèse de complétude est qu'il n'y a pas d'autres grandeurs.

Le fait qu'un ensemble E soit descriptible au moyen d'un ket a bien entendu — en raison des règles quantiques — un grand nombre de conséquences statistiquement observables, et qui concernent beaucoup d'observables différentes. Si l'hypothèse de complétude n'était pas vraie, des sous-ensembles de E pourraient exister sur lesquels les conséquences en question ne seraient pas justes. De tels sous-ensembles sont appelés *ensembles non quantiques.* Par exemple, il pourrait, dans cette hypothèse, exister des sous-ensembles à dispersion nulle, c'est-à-dire des ensembles E′ tels que la mesure de n'importe quelle observable fournirait le même résultat sur tous les éléments de E′. Une spécification complète de tels ensembles à dispersion nulle — s'ils existaient — mettrait manifestement en jeu, non seulement le vecteur d'état de l'ensemble en question mais aussi des variables additionnelles, conventionnellement appelées « supplémentaires » ou « cachées ». L'hypothèse de complétude équivaut à celle que de telles variables cachées n'existent pas.

Remarque 1. Dans beaucoup d'articles et de manuels, la suggestion que de telles variables existent est décrite comme une hypothèse modifiant fondamentalement la mécanique quantique. Le point de vue ici adopté est différent. On y considère que le formalisme quantique est essentiellement neutre en ce qui concerne la question des variables cachées (tant, bien sûr, que l'hypothèse de complétude n'y est pas faite). A cette manière de voir, il pourrait *a priori* être objecté que si quelqu'un pouvait, sur un ensemble statistique donné, connaître les valeurs d'un ensemble complet d'observables compatibles et, en plus, celles de quelques variables cachées, et si ces valeurs étaient les mêmes sur chaque élément de l'ensemble, l'ensemble en question serait non quantique (par exemple, il pourrait être à dispersion nulle) et que cela constituerait une violation des règles de la mécanique quantique (la Règle 9 en particulier). Notre réponse à cela est que (dans l'esprit d'une approche « à objectivité faible ») le formalisme quantique doit être considéré comme un système de règles fournissant des prédictions statistiques relatives au résultats d'expériences *effectivement* faites sur des ensembles dont on peut *effectivement* disposer et non comme prédisant ce qu'observerait un être hypothétique qui aurait accès au caché. Adjoindre l'hypothèse de complétude aux règles quantiques revient alors à écarter cette restriction explicite au strict opératoire. Autrement dit, cela revient à considérer que les règles quantiques (et en particulier la Règle 9) sont les reflets fidèles de vraies *lois* régissant le monde physique, et dont la portée ne peut dès lors être bornée par les limites de nos possibilités humaines de connaître. Ceci, notons-le, implique en particulier qu'elles fournissent de l'information, concernant même des mesures qui pourraient être effectuées mais qui, en fait, ne le sont pas.

Remarque 2. Encore une fois, l'hypothèse de la non-existence de variables cachées est en général faite — explicitement ou non — dans les articles et dans les manuels. Pour cette raison, nous appellerons dorénavant *mécanique quantique « conventionnelle », ou « standard »*, ou encore *« des manuels »*, la version de la théorie quantique qui incorpore — tacitement le plus souvent — l'hypothèse de complétude. Mais nous découvrirons qu'une telle hypothèse n'a rien d'un dogme. De fait, une réflexion sur le processus de mesure nous montrera qu'elle ne peut être maintenue dans toute sa pureté si l'on exige que ce processus puisse être décrit par la seule mécanique quantique (voir section 8-1). Notons en outre que d'intéressantes théories qui la nient ont été proposées, comme on le constatera au chapitre 13.

D'un autre côté, ces théories à variables cachées ont longtemps été tenues en suspicion par la très grande majorité des physiciens, lesquels considéraient qu'admettre, même implicitement, la possibilité de l'existence de « variables cachées » équivalait à introduire dans la théorie des complications considérables et mal venues. A l'étape où nous voici, nous choisissons de nous conformer à ce mouvement général de sorte que, sauf mention explicite du contraire, nous nous en tiendrons à la mécanique quantique « standard ».

Remarque 3. Dans la littérature, on peut aussi trouver une définition plus faible de la complétude, qui semble plus en accord avec ce que les « pères fondateurs » de l'école de Copenhague avaient à l'esprit quand ils employaient ce mot. Elle est présentée par Stapp [4] comme l'hypothèse selon laquelle « nulle construction théorique ne peut fournir des prédictions portant sur des phénomènes atomiques qui ne puissent pas être dérivées des lois de la physique quantique et soient expérimentalement vérifiables. » Appelons-la la « complétude faible ». Que l'hypothèse de complétude faible soit effectivement plus faible que l'hypothèse de complétude ci-dessus décrite est manifeste : en effet, cette hypothèse ne permettrait pas de rejeter une théorie à variables cachées qui se contenterait de poser que des variables cachées *existent*, sans affirmer que leur existence a nécessairement des effets observables. En d'autres termes, c'est une hypothèse dont la portée est limitée au strict domaine scientifique conçu à la manière dont pourrait le faire une épistémologie critique très exigeante. Contrairement à l'hypothèse de complétude considérée plus haut, elle n'a pas d'implication dans le domaine de nos « conceptions du monde ».

4-3. De l'attribution de propriétés dynamiques aux systèmes quantiques

L'assertion que telle ou telle grandeur physique a telle ou telle valeur est une de celles que, dans les textes scientifiques, on rencontre le plus souvent. Il est pratiquement impossible de se passer de tout énoncé de ce type, mais en physique quantique — où il est particulièrement manifeste que nous ne pouvons avoir aucune « perception directe » des systèmes en jeu — ils soulèvent des difficultés que nous aurons à considérer en détail tout au long de ce livre.

Contentons-nous de noter ici que lorsque nous disons « sur le système S la grandeur dynamique A a la valeur a », nous entendons, bien sûr, que cette assertion ait un sens, et de préférence un sens qui n'ait rien de métaphysique. En conséquence, nous aspirons à ce qu'elle soit pleinement susceptible d'être explicitée en termes de ce qui peut ou pourrait être fait et observé relativement au système S. Certes, tous les physiciens ne sont pas également exigeants sur ce point. De fait, il semble assez raisonnable d'estimer que la notion de réalité — au sens de pure et simple existence — est logiquement première par rapport à celles de pensée, de perception, etc., et donc aussi à celle d'expérience : certains théoriciens étendent un tel réalisme métaphysique aux détails, et en particulier à des propriétés des systèmes, telles que, par exemple, la position. Mais si nous rejetons le réalisme métaphysique, ou même si, ce qui peut paraître plus raisonnable, nous l'acceptons mais nions cependant qu'il puisse être extrapolé d'office à de tels détails, il nous faut être un peu plus stricts. Ce qui implique que, pour que l'assertion « au temps *t*, A a la valeur *a* sur S » ait un sens, certaines conditions nécessaires doivent être remplies. Une condition, encore assez lâche, est qu'il existe une possibilité de mesurer A sur des systèmes suffisamment semblables à S. Une condition déjà plus stricte (ici l'on anticipe sur ce que l'on verra plus loin) est que nous puissions au moins *imaginer* quelqu'un qui, sans directement et réellement mesurer A, *saurait* cependant, pour quelque raison, que si une mesure de A était effectuée immédiatement après l'instant *t*, elle fournirait le résultat *a* (une manière rapide d'énoncer cette condition consiste à dire que le résultat d'une telle mesure supposée serait *prédéterminé* et égal à *a*).

Cette « condition nécessaire pour qu'il y ait contenu significatif » est-elle suffisante ? Comme nous le verrons plus loin, l'idée qu'elle l'est est intimement liée au « critère EPR de réalité », et il existe à l'heure actuelle des raisons sérieuses de contester la validité de ce critère. D'un autre côté, si nous considérons le cas où, au lieu d'avoir seulement la possibilité *d'imaginer* quelqu'un ayant acquis l'information « la mesure fournirait le résultat *a* », nous *savons*, positivement, que ce résultat serait *a*, nous constatons que les choses s'y présentent un peu différemment. Alors, en effet, on peut estimer que, sur le plan épistémologique et en ce qui concerne l'assertion « A a la valeur *a* », une condition suffisante se trouve remplie, non seulement de « contenu significatif » mais, également, de vérité. Par conséquent si, par exemple, nous savons de façon certaine qu'un ensemble E de systèmes est descriptible par un ket propre de A correspondant à la valeur propre *a*, alors, nous appuyant sur la formule (3-3) (Règle 6), nous pouvons affirmer qu'en un sens épistémologiquement bien défini du verbe « avoir », A *a bien* la valeur *a* sur tous les éléments de E. Plus loin (sections 15-3 et 15-4) nous nous apercevrons cependant que même les descriptions ne mettant en jeu le verbe avoir que sous des conditions à ce point restrictives ne sont pas susceptibles d'une interprétation ontologique.

Un dernier point, tout à fait évident mais important, relatif à la notion qu'une observable *a* une certaine valeur sur un système, est que, précisément, cette notion concerne *un* système et non un ensemble de systèmes ; et que donc, si l'assertion correspondante est vraie pour tout un ensemble statistique E de systèmes elle est vraie pour chaque élément de E, et donc aussi pour tout sous-ensemble de E.

En ayant ces idées présentes à l'esprit, cherchons maintenant à savoir si — dans des circonstances bien déterminées — nous pouvons considérer que telle ou telle grandeur dynamique a, sur des systèmes physiques donnés, une valeur définie mais inconnue. En physique classique — par exemple en théorie cinétique des gaz — c'est l'hypothèse qui est faite en ce qui concerne des propriétés telles que la position de molécules individuelles. Les probabilités que l'on considère dans des théories de ce type sont essentiellement subjectives ; elles reflètent notre ignorance des valeurs dont il s'agit. Notre question est alors : dans le cadre de la mécanique quantique conventionnelle (donc : hypothèse de complétude faite), est-il possible de donner une semblable interprétation aux probabilités — ou distributions statistiques — mises en jeu ?

Pour étudier ce point, considérons, pour ne pas compliquer les choses, un espace de Hilbert H à deux dimensions seulement. Soient A et B deux observables non compatibles dont les opérateurs agissent dans H. Considérons le cas où A constitue à lui seul un système complet d'observables compatibles et soient

$$\mathrm{A}\,|a_i> = a_i\,|a_i> \qquad (4\text{-}1)$$

et

$$\mathrm{B}\,|b_j> = b_j\,|b_j> \qquad (4\text{-}2)$$

les équations aux valeurs propres de A et B respectivement ($i = 1, 2$). Soit alors un ensemble E composé de N systèmes et décrit par le ket

$$|\psi> = c_1\,|a_1> + c_2\,|a_2> \qquad (4\text{-}3)$$

avec

$$|c_1|^2 + |c_2|^2 = 1 \qquad (4\text{-}4)$$

En vertu de la Règle (3-3), le nombre de cas dans lesquels, lors d'une mesure de A effectuée sur ces systèmes, la valeur a_i est trouvée est approximativement égal à

$$N\,|< a_i|\psi>|^2 = N\,|c_i|^2 \tag{4-5}$$

et la manière conceptuellement la plus simple d'interpréter ce résultat serait évidemment de faire l'hypothèse que, juste avant la mesure, A avait déjà la valeur a_i sur $N\,|c_i|^2$ éléments de E. Mais qu'implique l'assertion « A avait la valeur a_i » ? Pour répondre à cette question, reportons-nous à ce qui a été dit ci-dessus de la condition nécessaire pour que l'assertion « A a la valeur a sur un système » ait un contenu significatif. Le fait que nous proférions cet énoncé et le considérions comme pourvu de sens implique que nous avons le droit d'imaginer quelqu'un qui, de quelque manière, sait, concernant chacun de ces systèmes pris individuellement, que si une mesure de A était faite sur lui, le résultat en serait a_i. Ce « quelqu'un » peut alors, en vertu de l'hypothèse considérée, choisir ces $N\,|c_i|^2$ systèmes simplement sur la base de ce qu'il sait de chacun d'eux. Pour lui, par conséquent, la Règle 9 est applicable au sous-ensemble E_i composé de ces $N\,|c_i|^2$ systèmes. En conséquence, il sait que E_i peut, avant qu'aucune mesure ne soit effectuée, être décrit par un ket : lequel, bien entendu, ne peut être que $|a_i>$ en vertu de la Proposition A (chapitre 3, juste après la Règle 9). L'hypothèse que, sur ces $N\,|c_i|^2$ systèmes, A a la valeur a_i, si elle possède un sens quelconque, implique donc qu'avant la mesure l'ensemble qu'ils composent est descriptible par $|a_i>$. Notons bien — par parenthèse — que notre « quelqu'un » ne dit pas « je *définis* les éléments de E_i comme étant les systèmes qui donneront (ou donneraient) le résultat a_i », ce qui, comme nous le verrons dans la section suivante, lui interdirait d'appliquer la Règle 9 à E_i. Il dit quelque chose d'autre car, en fait, il procède en deux étapes. Dans la première, il dit : « de tel, tel et tel systèmes, considérés individuellement, il se trouve que je sais (éventuellement : parmi d'autres choses) que chacun d'eux donnerait le résultat a_i ». Dans la seconde, il dit : « soit E_i l'ensemble de ces systèmes ». Dans ces conditions, la Règle 9 s'applique sans conteste à E_i.

Mais d'un autre côté, s'il était réellement vrai que E_i est descriptible au moyen du ket $|a_i>$, alors si, en fait, c'était B qui était mesuré *au lieu* de A, le nombre de cas dans lesquels le résultat de cette mesure, faite sur tous ces $N\,|c_i|^2$ systèmes, serait b_j serait

$$N_{i,j} = N\,|c_i|^2\,|< b_j|a_i>|^2 \tag{4-6}$$

de sorte que le nombre total des cas dans lesquels le résultat de cette mesure serait b_j serait

$$\begin{aligned} N_j &= \Sigma_{i=1,2} N_{i,j} \\ &= N\,[|c_1|^2 |< b_j|a_1 >|^2 + |c_2|^2 |< b_j|a_2 >|^2] \end{aligned} \qquad (4\text{-}7)$$

Cependant, appliquées directement au cas considéré, lequel, en fin de compte, est simplement une mesure de B effectuée sur un ensemble décrit par $|\psi >$, ces mêmes règles quantiques donnent

$$N_j = N\,|< b_j|\psi >|^2 \equiv N\,|c_1 < b_j|a_1 > + c_2 < b_j|a_2 >|^2 \qquad (4\text{-}8)$$

Si les règles quantiques sont vraies, c'est là, sans conteste, *la* prédiction correcte. Et par conséquent, étant donné que celle qui est fournie par la formule (4-7) en diffère en général (en raison des termes croisés), l'hypothèse sur laquelle repose cette formule (4-7) ne peut être juste. Autrement dit, les deux hypothèses (a) de complétude, donc que la Règle 9 est valable en toute généralité et (b) que certains éléments de E *ont* $A = a_1$ et que les autres *ont* $A = a_2$, ne sont pas compatibles l'une avec l'autre. Si, comme c'est le cas en mécanique quantique conventionnelle, (a) est (implicitement ou explicitement) posé comme vrai, alors on ne peut pas interpréter de façon cohérente les probabilités quantiques $|c_i|^2$ comme se rapportant à notre ignorance de la valeur d'une propriété que chaque système *aurait* (celle d'avoir $A = a_1$ ou celle d'avoir $A = a_2$). Nous ne pouvons les interpréter que comme étant les probabilités que si une mesure de A est (ou était) effectuée, le résultat a_1 ou a_2 soit (serait) *obtenu.*

Le cas dans lequel l'espace de Hilbert *H* en jeu est de dimension supérieure à 2, et où nous nous intéressons à des valeurs propres dégénérées de A, n'est que légèrement plus complexe et son étude conduit aux mêmes conclusions. Le cas particulier de la mesure de position est important, en relation avec l'interprétation à donner à la formule (2-5), qui fournit la probabilité de trouver une particule P décrite par une fonction d'onde $\psi(\boldsymbol{x})$ à l'intérieur d'un petit volume dv autour du point $\boldsymbol{x}$. Dans beaucoup de manuels, $|\psi(\boldsymbol{x})|^2$ est simplement dit être la « probabilité que P *soit* dans dv » et, dans le cas d'une seule dimension, $|\psi(x)|^2$ est, de même, dit être la « probabilité que P *soit* dans dx ». Prise à la lettre, une telle assertion revient à admettre que la position de P a une valeur définie, que cette valeur, x, est inconnue, que seule est connue la densité de probabilité pour que x soit égal à x', et que cette densité de probabilité est $|\psi(x')|^2$. Mais dans cette hypothèse, on peut répéter pratiquement à l'identique l'argumentation qui précède, en séparant l'axe des x en deux intervalles et en utilisant les résultats démontrés dans la section 3-2 (Remarque 10). Le résultat est que si ces intervalles sont par exemple $(-\infty, 0)$ et $(0, +\infty)$, si, en définitive, nous décidons de mesurer la quantité de mouvement p au lieu de x et si l'hypothèse dont il s'agit est supposée vraie, alors la densité de probabilité de trouver p' comme résultat doit être

$$\left|\int_{-\infty}^{0} \phi^\star(p', x)\, \psi(x)dx\right|^2 + \left|\int_{0}^{+\infty} \phi^\star(p', x)\, \psi(x)dx\right|^2 \qquad (4\text{-}9)$$

où $\phi(p', x)$ est la fonction propre de l'opérateur p correspondant à la valeur propre p'. Manifestement, cette densité de probabilité diffère de la densité de probabilité correcte, qui est

$$\left|\int_{-\infty}^{+\infty} \phi^\star(p', x)\, \psi(x)dx\right|^2 \qquad (4\text{-}10)$$

[dans (4-10) l'intégrale n'est autre que le produit scalaire $<\phi|\psi>$, où $|\phi>$ est un vecteur propre de p, écrit au moyen de fonctions d'onde].

Il suit clairement de cela que si l'on veut s'en tenir à la mécanique quantique conventionnelle des manuels (complétude comprise), on ne peut interpréter l'expression $|\psi(\boldsymbol{x})|^2$ comme étant la densité de la probabilité que la particule P *soit* en $\boldsymbol{x}$, et que l'on doit donc l'interpréter comme étant seulement la densité de la probabilité que la particule P *soit trouvée* en $\boldsymbol{x}$.

4-4. L'hypothèse Q

Plus haut [point (a), section 4-1], il a été noté que pour que la mécanique quantique puisse être utilisée d'une manière assez générale, il est nécessaire de faire appel à la Règle 9 ou à quelque énoncé équivalent. Mais, naturellement, un tel énoncé peut être d'une nature plus générale. Les raisons qui poussent à rechercher une telle généralisation deviennent claires dès que l'on observe que les ensembles considérés dans la Règle 9 sont finalement assez particuliers. Comme nous le verrons au chapitre 6, il existe des formulations plus générales des règles quantiques, formulations qui sont applicables aussi bien à ces ensembles particuliers — ceux décrits par des kets, autrement dit les cas purs — qu'à des ensembles d'un type plus général (mélanges). Or, la Règle 9 va de pair avec l'idée que les règles de la mécanique quantique sont universellement applicables aux ensembles décrits par des kets. Par conséquent, la généralisation que nous visons doit, en quelque manière, poser que la mécanique quantique est universellement valable en ce qui concerne tous les types d'ensembles pour lesquels le formalisme plus général auquel on vient de faire allusion est applicable. Mais, en fait, la seule condition que ce nouveau formalisme postule explicitement est que ces ensembles ne soient pas spécifiés par référence à de futures observations devant être effectuées sur leurs éléments. Dès lors, nous sommes très naturellement conduits à formuler d'une manière précise l'idée que la mécanique quantique est de validité universelle en l'exprimant sous la forme de l'hypothèse suivante :

Hypothèse Q. Exprimées sous leur forme la plus générale, les règles quantiques sont satisfaites par tout ensemble E *de systèmes d'un type donné, pourvu seulement que l'on n'aille pas définir la composition même de* E *en spécifiant ses éléments par référence aux résultats de mesures encore à faire.*

Remarque 1. Quand on pense au temps comme « s'écoulant », la restriction ici exprimée par le membre de phrase commençant par « pourvu seulement... » peut paraître un peu saugrenue : comment pourrait-on sélectionner quoi que ce soit sur la base de résultats de mesures non encore faites ? Mais quand le point de vue est adopté selon lequel les événements sont considérés comme, en quelque sorte, « disposés » dans l'espace-temps (comme cela, par exemple, est le cas dans beaucoup de descriptions élémentaires de la théorie de la relativité), le membre de phrase en question acquiert un sens. Il est destiné à exclure tout ensemble qui serait défini, à partir d'un ensemble plus vaste, comme étant composé des systèmes sur lesquels des mesures futures de certaines observables A, B, C, ..., fourniront les résultats a_k, b_l, c_m, ... Étant donné que, comme le montre la discussion faite dans la section 7-4 ci-dessous, tout sous-ensemble E′ d'un ensemble E décrit par un ket $|\psi>$ est lui aussi décrit par $|\psi>$ (du moins quand tous les opérateurs hermitiens correspondent à des observables), l'exclusion en question est bien, effectivement, nécessaire à la cohérence interne du formalisme. En effet, considérons un ensemble E décrit par $|\psi>$ et supposons que, en violation de l'exclusion dont il s'agit, E′ soit défini comme étant le sous-ensemble E_k de tous les éléments de E sur lesquels une mesure de A effectuée immédiatement après un certain instant t donnera le résultat a_k. Cette définition de E′ implique manifestement $w_k = 1$ pour la probabilité w_k définie sur E′ de trouver a_k. Mais, d'un autre côté, $|\psi >$ est en général tel que $\Sigma_r |< a_{k,r}|\psi >|^2 \neq 1$, où $\{|a_{k,r}>\}$ est un ensemble de kets propres correspondant à la valeur propre a_k : de sorte qu'étant donné que, au temps t, E′, tout comme E, est décrit par $|\psi >$, la Règle 6 est violée. Notons cependant un point qui, au premier abord, peut sembler quelque peu subtil mais qu'un moment de réflexion rend assez clair, et auquel allusion a déjà été faite. Il s'agit du fait que le membre de phrase restrictif dont il s'agit n'exclut *pas* les ensembles dont la composition est définie sans référence directe à l'avenir, même si des informations relatives aux résultats d'éventuelles mesures futures se trouvent résulter de cette définition. En particulier, il n'exclut pas les sous-ensembles E_k de E, sélectionnés d'une manière ou d'une autre, sur lesquels, en vertu des caractéristiques mêmes de cette sélection, il *se trouve* que l'on sait qu'une seconde mesure de A, effectuée sur leurs éléments juste après celle considérée, fournirait avec certitude la valeur a_k. La Règle 9 doit être comprise comme s'appliquant à des situations de cette espèce. La nature précise de ce qui permet la sélection ne joue pas de rôle (il peut s'agit de quelque mesure antérieure de A ou, comme dans la section 4-3, de quelque hypothèse additionnelle que l'on désire mettre à l'épreuve ou etc.).

Remarque 2. Notons bien que dans l'hypothèse Q, de même que dans la Remarque 1, le concept de « mesure » doit être pris dans un sens général. Par exemple, si un faisceau de particules se trouvant dans un état de spin bien défini est défléchi par un appareil de Stern et Gerlach de telle manière que plusieurs faisceaux sont produits et si tous ces derniers sauf un sont interceptés, les particules ayant franchi l'obstacle doivent être considérées comme ayant subi une mesure de leur composante de spin selon la direction ainsi définie.

4-5. Déterminisme et indéterminisme

Comme il a déjà été signalé, l'hypothèse de complétude, dans l'une ou l'autre de ses versions, ne doit pas être considérée comme un dogme. Comme Louis de Broglie [5] et David Bohm [6] l'ont démontré, elle peut être abandonnée sans que soient changées, en pratique, les prédictions observables de la mécanique quantique. En effet ces auteurs ont, indépendamment l'un de l'autre, édifié une version explicite, totalement déterministe, de la mécanique quantique, que le premier a, d'une manière très appropriée, appelé *théorie de l'onde pilote*. Dans cette théorie, dans tous les cas où des observations individuelles effectuées sur divers éléments d'un ensemble E de systèmes fournissent des résultats différents, ces systèmes eux-mêmes diffèrent les uns des autres, même avant l'instant où les observations sont faites et même si E est un cas pur. Ils diffèrent en ce qui concerne les valeurs de certaines variables qui, comme on l'a noté, sont dites « cachées », essentiellement parce qu'elles ne doivent pas être confondues avec les *observables* habituelles de la théorie quantique. Dans une telle théorie, tout électron individuel passe par une fente déterminée du dispositif utilisé dans l'expérience des deux fentes. Mais, cependant, il est influencé par l'existence de forces jusqu'ici inconnues et qui dépendent de l'état, ouvert ou fermé, de l'autre fente.

Un trait fondamental de la théorie de l'onde pilote est qu'*elle reproduit exactement les prédictions de la mécanique quantique en ce qui concerne tout ensemble statistique* E *au sein duquel les variables cachées sont distribuées au hasard.* Ce fait laisse entendre combien il est difficile de concevoir des tests permettant de discriminer entre les deux théories sur la base de leurs prédictions vérifiables. Mais, bien entendu, ceci ne change rien au fait que, conceptuellement, elle sont extrêmement différentes : de sorte que si un énoncé de nature conceptuelle ou interprétative a été démontré dans le cadre de la mécanique quantique conventionnelle, cela ne garantit en rien sa validité dans le cadre de la théorie de l'onde-pilote. Cela est vrai en particulier de l'énoncé figurant à la fin de la section 4-3 et dont la teneur est que les nombres $|c_i|^2$ qui apparaissent à cet endroit ne peuvent être interprétés comme de pures et simples probabilités *d'ignorance.* Cet énoncé est, là, démontré à l'aide de l'hypothèse de complétude (nécessaire pour pouvoir appliquer la Règle 9 aux E_i) : étant donné que, dans la théorie de l'onde pilote, cette hypothèse de complétude est rejetée, il n'y a pas de raisons pour que l'énoncé en question soit valable dans cette théorie. Et, de fait, il ne l'est pas, puisque, dans la théorie dont il s'agit, une particule de fonction d'onde $\psi(x)$ *est* toujours en un point défini de l'axe des x, avec la probabilité $|\psi(x)|^2$ que ce point soit x. Ceci n'entraîne aucune incohérence puiqu'il n'y a aucune raison de supposer que les variables cachées sont distribuées au hasard même dans les sous-ensembles des ensembles quantiques.

Dans le cadre de n'importe quelle discussion portant sur les fondements conceptuels de la mécanique quantique, le simple fait qu'une théorie déterministe peut être produite qui, en pratique, ne peut pas être distinguée par l'expérience de la mécanique quantique conventionnelle est bien entendu de grande importance. D'un autre côté, il est montré plus loin (chapitre 9) que toute théorie à variables cachées reproduisant les prédictions de la mécanique quantique (y compris, bien entendu, la théorie de l'onde pilote) présente nécessairement des aspects *non locaux*. Cela, comme nous le verrons, conduit, en définitive, à douter fortement qu'aucune de ces théories décrive vraiment le monde tel qu'il est réellement (voir chapitre 13, pour les détails).

Sauf mention explicite du contraire, l'hypothèse de non-existence des variables cachées sera, on l'a dit, posée dans ce qui suit. La théorie comporte alors manifestement un indéterminisme intrinsèque, puisque des mesures identiques faites sur des systèmes eux-mêmes identiques entre eux ne conduisent pas toujours aux mêmes résultats. Cet « indéterminisme intrinsèque » est toutefois compensé par une sorte de déterminisme statistique dû au fait que l'on a d'ordinaire affaire à des populations extrêmement nombreuses de particules et que la loi des grands nombres joue.

4-6. Autres questions

a) Réduction du paquet d'ondes et flèche du temps

C'est bien entendu une question tout à fait fascinante que de savoir si oui ou non la réduction du paquet d'ondes engendre une flèche du temps. Au stade où nous en sommes une analyse des arguments pour et contre cette idée serait cependant assez difficile, de sorte que l'étude de cette question est reportée à l'Appendice 3.

b) Indiscernabilité, seconde quantification, etc.

Ces importants sujets ne sont pas abordés dans le présent ouvrage.

Références

1. C. Cohen-Tannoudji, B. Diu, F. Laloë, *Mécanique quantique, op. cit.*
2. Z. Ou, X. Zou, L. Wang, L. Mandel, *Phys. Rev. Letters.* **65**, 321 (1990).
3. P. Kwiat, W. Vareka, C. Hong, H. Nathel, R. Chio, *Phys. Rev.* **A 41**, 2910 (1990).
4. H.P. Stapp, *Am. Journ. Phys.* **40**, 1098 (1972).
5. L. de Broglie, *J. Phys.* **5**, 225 (1927).
6. D. Bohm, *Phys. Rev.* **85**, 166 (1952).

5

Compléments

Ce petit chapitre introduit à deux aspects relativement élémentaires du formalisme quantique : la formule donnant les valeurs moyennes et la représentation de Heisenberg.

5-1. Valeurs moyennes

La Règle 6 donne, on l'a vu [par l'équation (3-3)], la probabilité pour que la mesure d'une observable A, effectuée sur un ensemble statistique E de systèmes décrit par le ket normalisé $|\psi>$, fournisse le résultat a_k. Elle permet donc de calculer la valeur moyenne $<A>$ de ces résultats de mesure, c'est-à-dire, par définition, la quantité

$$<A> = \lim_{N \to \infty} \frac{n_k a_k}{N} \qquad (5\text{-}1)$$

où N est le nombre des systèmes composant E, et n_k est le nombre de ceux d'entre eux pour lesquels la mesure fournit le résultat a_k. Étant donné que

$$\lim \frac{n_k}{N} = w_k \qquad (5\text{-}2)$$

on a

$$<A> = \Sigma_k w_k a_k = \Sigma_{k,r} a_k < \psi|k, r> <k, r|\psi>| = \\ \Sigma_{k,r} < \psi|a_k|k, r> < k, r|\psi> \qquad (5\text{-}3)$$

Dès lors, si le même symbole A est utilisé pour désigner l'observable et l'opérateur correspondant, en appliquant successivement l'équation aux valeurs propres

$$A\,|k, r> = a_k|k, r> \tag{5-4}$$

et la décomposition (3-11) de l'opérateur unité

$$\Sigma_{k,r}|k, r><k, r| = 1 \tag{5-5}$$

on obtient

$$<A> = \Sigma_{k,r} <\psi|A|k, r><k, r|\psi>$$

$$= <\psi|A|\psi> \tag{5-6}$$

De même

$$<A^n> = <\psi|A^n|\psi> \tag{5-7}$$

Quand ψ n'est pas normé à l'unité, ces expressions doivent bien entendu être modifiées, l'expression générale étant alors

$$<A^n> = \frac{<\psi|A^n|\psi>}{<\psi|\psi>} \tag{5-7a}$$

La formule (5-7a) est ainsi déduite des Règles 5 (résultats possibles d'une mesure) et 6 (fréquences statistiques). Réciproquement, il est possible de *prendre cette formule* (5-7a) *comme axiome*. Les Règles 5 et 6 apparaissent alors comme des théorèmes. En effet, elles peuvent être déduites de (5-7a) (une preuve détaillée de ceci est présentée dans la référence [1], chapitre 5). Autrement dit, l'ensemble des deux Règles 5 et 6 peut être remplacé par la règle unique suivante.

Règle des valeurs moyennes

Soit E *un ensemble statistique de systèmes descriptibles au moyen d'un ket* $|\psi>$. *Si la mesure d'une observable* A *est effectuée sur tous les éléments de* E, *la valeur moyenne des résultats obtenus est donnée par l'équation (5-7a) (avec* $n = 1$*).*

La formulation du chapitre 3, dans laquelle les Règles 5 et 6 sont considérées comme fondamentales et la règle des valeurs moyennes comme dérivée, est équivalente à la formulation qui vient d'être indiquée, qui suit l'itinéraire inverse.

Remarque

Notons que, dans le langage dont nous nous sommes servis, ces formulations sont l'une et l'autre exprimées en termes de règles opératoires, c'est-à-dire de règles du type : « si telle ou telle mesure est faite, tels ou tels résultats sont obtenus ». La question peut être posée de savoir si cette formulation prudente peut ou non être remplacée par une formulation plus ambitieuse, qui prétendrait informer sur les propriétés physiques « réellement possédées » par les systèmes ou les ensembles de systèmes tout à fait indépendamment du fait qu'on les observe ou non. Cette question sera traitée en détail au chapitre 13. Ici, le seul fait que nous désirons souligner est que les difficultés que cette question peut soulever sont nécessairement de même nature dans l'une et l'autre formulations, puisque celles-ci sont équivalentes. En particulier, ce serait une erreur de supposer que le remplacement des Règles 5 et 6 par la règle des valeurs moyennes suffit en lui-même à éliminer de la théorie toute référence à la communauté des observateurs. En fait, il est possible de montrer [1] que, associée à la règle des valeurs moyennes, une telle option philosophique impliquerait que dans l'ensemble considéré *il y a* $n_k = Nw_k$ systèmes sur lesquels la grandeur A a la valeur a_k, même dans les cas où aucune mesure n'est effectuée. Or, une telle assertion est fausse, comme on l'a démontré plus haut.

5-2. La représentation de Heisenberg de l'évolution dans le temps

La description de l'évolution dans le temps des systèmes présentée au chapitre 3 (Règle 3) porte le nom technique de « représentation de Schrödinger ». Ce n'est pas la seule possible. Une autre, qui peut la remplacer et est importante à connaître, est la « représentation de Heisenberg », celle, en fait, que Heisenberg utilisa pour édifier la mécanique quantique. Les représentations de Schrödinger et de Heisenberg constituent deux systèmes différents mais équivalents de règles. Autrement dit, appliquées à une situation physique donnée, elles conduisent aux mêmes prédictions observables. A certains égards, la représentation de Heisenberg présente, sur le plan technique, des avantages. Elle est, par exemple, particulièrement commode en théorie quantique des champs. Comme on le verra (section 10-8 et chapitre 14), elle ouvre également certaines perspectives dans le domaine des rapports entre théorie quantique et épistémologie. Dans le présent livre, cependant, il s'avérera plus pratique, en général, de travailler dans la représentation de Schrödinger, décrite plus haut.

Pour cette raison, la représentation de Heisenberg ne sera ici que rapidement présentée.

Pour simplifier (cette condition n'a rien d'essentiel), considérons un hamiltonien indépendant du temps. Alors l'équation de Schrödinger (3-2) combinée à la donnée de la condition initiale $|\psi(t_0)>$ peut être réécrite

$$|\psi(t)> = U(t, t_0)|\psi(t_0)> \qquad (5\text{-}8)$$

où U est unitaire, ce qui signifie que

$$U(t_0, t_0) = 1 \qquad (5\text{-}9)$$

et que

$$U^{+}(t, t_0)\, U(t, t_0) = U(t, t_0)\, U^{+}(t, t_0) = 1 \qquad (5\text{-}10)$$

et où

$$i\hbar \frac{dU(t, t_0)}{dt} = HU(t, t_0) \qquad (5\text{-}11)$$

La solution satisfaisant la condition initiale (5-9) de cette équation portant sur des opérateurs est

$$U(t, t_0) = \exp\left[-i\hbar^{-1} H (t-t_0)\right]$$

où l'opérateur e^{A} est défini au moyen du développement formel de l'exponentielle.

Examinons maintenant la question de savoir s'il est possible de décrire l'ensemble statistique considéré, non plus par $|\psi(t)>$ mais par un ket

$$|\phi(t)> = V(t)\,|\psi(t)> \qquad (5\text{-}12)$$

V (t) étant un opérateur unitaire (ceci afin que les normes de ψ et de ϕ soient les mêmes). Étant donné que, comme on l'a vu plus haut, le formalisme quantique peut être exprimé en prenant la règle des valeurs moyennes comme axiome de base, son contenu prédictif reste nécessairement le même aussi longtemps que restent les mêmes les prédictions portant sur les valeurs moyennes des résultats de mesures à effectuer à un instant ultérieur quelconque t. Puisque dans l'« ancienne » description (celle faite au moyen de $|\psi>$) ces valeurs moyennes sont données par

$$<A> = \frac{<\psi(t)|A|\psi(t)>}{<\psi(t)|\psi(t)>} \tag{5-13}$$

leur expression dans la description « nouvelle » (celle en termes de $|\phi>$) s'obtient en exprimant $|\psi>$ en termes de $|\phi>$ au moyen de l'équation (5-12), ce qui conduit à la formule

$$<A> = \frac{<\phi(t)|A'(t)|\phi(t)>}{<\phi(t)|\phi(t)>} \tag{5-14}$$

avec

$$A'(t) = V(t)\,A\,[V(t)]^{-1} \tag{5-15}$$

La représentation de Heisenberg correspond au choix particulier

$$V(t) = [U(t, t_0)]^{-1} \tag{5-16}$$

d'où, en vertu des équations (5-8), (5-10) et (5-12)

$$|\phi(t)> = |\psi(t_0)> \tag{5-17}$$

Autrement dit, dans la représentation de Heisenberg (et aussi longtemps qu'aucune mesure n'est faite) le ket $|\phi>$ qui décrit l'ensemble statistique considéré est constant dans le temps. En revanche, dans cette représentation, les observables sont décrites par les opérateurs (5-15), c'est-à-dire par

$$A'(t) = U^{-1}(t, t_0)\,AU(t, t_0) \tag{5-18}$$

ce qui montre que ces opérateurs dépendent du temps. L'équation différentielle à laquelle ils satisfont se déduit aisément de l'équation (5-18) (pour plus de simplicité, l'hypothèse est faite que A est, formellement, indépendant du temps en représentation de Schrödinger). Elle s'écrit :

$$i\hbar \frac{dA'(t)}{dt} = [A', H] \tag{5-19}$$

Cette équation montre en particulier, d'une manière tout à fait directe, qu'une observable dont l'opérateur commute avec l'hamiltonien est une constante.

Quant à la Règle 6 [la probabilité qu'une mesure de A fournisse comme résultat a_k: formule (3-3)], au moyen de $|\psi(t)> = U(t, t_0)|\phi>$ [équations (5-8) et (5-17)], elle s'écrit

$$w_k = \Sigma_r \frac{|<k, r|U(t, t_0)|\phi>|^2}{<\phi|\phi>} \tag{5-20}$$

ou, en d'autres termes

$$w_k = \Sigma_r \frac{|<k, r, t|\phi>|^2}{<\phi|\phi>} \tag{5-21}$$

avec

$$|k, r, t> = U^{-1}(t, t_0)|k, r> \tag{5-22}$$

Les équations (5-14) et (5-21) montrent que les expressions employées dans le cadre de la représentation de Schrödinger peuvent être transposées à celui de la représentation de Heisenberg. Ceci implique cependant que, maintenant, les kets associés aux valeurs qu'il est possible d'obtenir lors d'une mesure d'une observable sont eux-mêmes des kets $|k, r, t>$ dépendant du temps. En outre, l'évolution dans le temps de ces kets dépend de l'hamiltonien représentant les forces auxquelles le système (ou l'ensemble de systèmes) particulier qui est en jeu se trouve soumis.

Enfin, alors que, comme déjà noté, le vecteur d'état d'un système qui ne subit pas de mesure ne change pas au cours du temps, manifestement ce vecteur d'état change de façon soudaine — en représentation de Heisenberg aussi — quand une opération de mesure a lieu. Plus précisément, immédiatement après une opération de mesure effectuée au temps t_m et ayant fourni le résultat a_k, le vecteur d'état représentatif en représentation de Heisenberg doit — en conséquence de la Règle 10a — être une combinaison linéaire des $\{|k, r, t_m>\}$, l'indice libre étant r.

5-3. Fonctions d'onde

Pour décrire un cas pur, il est souvent commode d'utiliser la fonction d'onde plutôt que le vecteur d'état. Il faut donc pouvoir exprimer la valeur moyenne d'une observable A et la probabilité pour qu'une mesure de A fournisse la valeur propre a_k par le moyen de la notion de fonction d'onde. Formellement, ces expressions s'obtiennent à partir des formules (5-6) et (3-3) respectivement, en définissant d'abord un symbole $|\boldsymbol{x}'>$ jouant le rôle d'une sorte de vecteur propre de l'opérateur position $\boldsymbol{x}$. Comme stipulé dans la Remarque 4 du chapitre 3, de tels $|\boldsymbol{x}'>$ sont supposés satisfaire à la relation

$$<\boldsymbol{x}'|\boldsymbol{x}''> = \delta(\boldsymbol{x}'-\boldsymbol{x}'') \qquad (5\text{-}23)$$

(« orthogonalité au sens large »). En outre, ils sont supposés fournir une « décomposition de l'opérateur unité » généralisée, définie par

$$\int |\boldsymbol{x}'> d\boldsymbol{x}' < \boldsymbol{x}'| = 1 \qquad (5\text{-}24)$$

La fonction d'onde d'une particule de vecteur d'état $|\psi>$ est alors définie, on l'a vu, [formule (3-3d)] comme étant le produit scalaire

$$\psi(\boldsymbol{x}') = <\boldsymbol{x}'|\psi> \qquad (5\text{-}25)$$

et un opérateur A agissant sur des fonctions telles que $\psi(\boldsymbol{x}')$ peut de même être associé à l'opérateur A agissant sur les kets par la formule

$$A\psi(\boldsymbol{x}') \equiv <\boldsymbol{x}'|A|\psi> \qquad (5\text{-}26)$$

A l'aide de l'équation (5-24), l'équation (5-6) peut alors s'écrire

$$<A> = \int d\boldsymbol{x}' <\psi|\boldsymbol{x}'><\boldsymbol{x}'|A|\psi> \qquad (5\text{-}27)$$

formule qui, en vertu des équations (5-25) et (5-26), conduit à

$$<A> = \int dx' \psi^\star(x')\, A\, \psi(x') \equiv (\psi, A\psi) \qquad (5\text{-}28)$$

où la notation

$$(f, g) \equiv \int f^\star(x)\, g(x)\, dx$$

a été utilisée. Un argument similaire montre que l'équation (3-3) peut se réécrire sous la forme

$$w_k = \Sigma_s \left| (\phi_{k,s}, \psi) \right|^2 \qquad (5\text{-}29)$$

où

$$\phi_{k,s}(x') = < x' | k, s > \qquad (5\text{-}30)$$

La généralisation de ces formule à des systèmes de n particules ($n > 1$) est immédiate. La fonction d'onde est alors une fonction des coordonnées $x_1, x_2, ..., x_n$.

Référence

1. B. d'Espagnat, *Conceptual Foundations of Quantum Mechanics*, Reading, Mass., Addison-Wesley, 1971, 2e éd. 1976, 3e éd. 1989.

6

Le formalisme de la matrice densité

En physique quantique, il est souvent nécessaire de considérer des ensembles statistiques qui ne sont pas des *cas purs*, c'est-à-dire qui ne peuvent pas être décrits par des vecteurs d'état. Il en va ainsi, par exemple, quand un ensemble statistique se compose de plusieurs sous-ensembles décrits par des vecteurs d'état qui ne sont pas équivalents. Il en va également ainsi dans la plupart des cas où l'on est amené à considérer des ensembles composés de tels et tels sous-systèmes de systèmes plus étendus. Le formalisme de la matrice densité — ou de « l'opérateur statistique », comme on peut aussi l'appeler — est très bien adapté à de telles situations et permet de les traiter avec l'efficacité maximale.

Le but de ce chapitre n'est pas de passer systématiquement en revue toutes les propriétés d'opérateurs statistiques. Il est seulement de décrire celles de ces propriétés qui sont le plus utiles pour les applications particulières que nous avons en vue, à savoir : la description des mélanges, les diverses espèces de mélanges et les problèmes liés à la non-séparabilité et à la théorie de l'opération de mesure.

6-1. L'opérateur statistique (la matrice densité)

Définition

Soient $E_1, E_2, \ldots, E_\alpha, \ldots, E_\mu$ μ ensembles statistiques de systèmes physiques, tous du même type, soit N_α le nombre d'éléments de E_α, et soit $\hat{E}$ l'ensemble des $N = \Sigma_\alpha N_\alpha$ éléments des divers E_α. Supposons en outre que chacun des E_α est un cas pur, descriptible au moyen d'un ket normé $|\phi_\alpha>$ (les $|\phi_\alpha>$ n'étant pas nécessairement supposés mutuellement orthogonaux). L'opérateur

$$\rho = \Sigma_{\alpha=1}^{\mu} |\phi_\alpha> \frac{N_\alpha}{N} < \phi_\alpha| \qquad (6\text{-}1)$$

est alors appelé « opérateur statistique de l'ensemble $\hat{E}$ ». Bien qu'à proprement parler ρ soit un opérateur et non pas une matrice, on l'appelle aussi très souvent la *matrice densité* associée à $\hat{E}$.

Propriétés mathématiques

Les propriétés mathématiques essentielles de ρ sont les suivantes.

(i) ρ est *hermitien.*

(ii) ρ est *défini positif,* c'est-à-dire que :

$$< u|\rho|u> \geqslant 0 \tag{6-2}$$

pour tout $|u>$.

$$\text{(iii) } Tr(\rho) = 1 \tag{6-3}$$

où Tr(A) signifie la trace de l'opérateur A (voir l'Appendice 1 pour la définition de cette notion).

Il s'agit là d'une conséquence des équations (6-1) et (5-5) puisque, $\{|n>\}$ étant une base orthonormée de l'espace de Hilbert H du système :

$$Tr(\rho) = \Sigma_{n,\alpha} \frac{N_\alpha}{N} < n|\phi_\alpha> < \phi_\alpha|n> \tag{6-4}$$

$$= \Sigma_{n,\alpha} \frac{N_\alpha}{N} < \phi_\alpha|n> < n|\phi_\alpha> = \Sigma_\alpha \frac{N_\alpha}{N} < \phi_\alpha|\phi_\alpha> = 1$$

[noter aussi que, pour la même raison, quels que soient $|\psi>$ et $|\phi>$:

$$Tr(|\psi> < \phi|) = < \phi|\psi> \tag{6-4a)]}$$

Les propriétés (i), (ii) et (iii) ont les conséquences suivantes :

(iv) *Tout élément diagonal de* ρ *dans n'importe quelle représentation matricielle est non négatif. En particulier, les valeurs propres de* ρ *sont non négatives [ceci est une conséquence immédiate de (i)]*

(v) *Les valeurs propres* p_n *de* ρ *satisfont à*

$$0 \leqslant p_n \leqslant 1 \tag{6-5}$$

Ceci est une conséquence des propriétés (iii) et (iv).

(vi) *Si* ρ *est un opérateur de projection, il projette sur un espace à une seule dimension.*

Si ρ est un opérateur de projection :

$$\rho^2 = \rho \tag{6-6}$$

La même égalité algébrique est alors vraie en ce qui concerne n'importe quelle valeur propre donnée :

$$p_n{}^2 = p_n \tag{6-7}$$

de sorte que $p_n = 0$ ou $p_n = 1$. La propriété (iii), toutefois, entraîne que

$$\Sigma_n p_n = 1 \tag{6-8}$$

de sorte qu'une seule des valeurs propres est égale à 1, toutes les autres étant nulles. L'expression générale $\rho = \Sigma_n |n > p_n < n|$ se réduit donc dans ce cas à un terme seulement. C.Q.F.D.

(vii) $\mathrm{Tr}\,(\rho^2) \leqslant 1$ (6-9)

et l'égalité n'est possible que si ρ *est un opérateur de projection.*

Cette inégalité est la conséquence du fait que (a) $Tr\,(\rho^2) = \Sigma_n p_n{}^2$ *et* (b) aucun des points de l'hyperplan (6-8) ayant des coordonnées p_n non négatives ne se trouve en dehors de l'hypersphère

$$\Sigma_n p_n{}^2 = 1 \tag{6-10}$$

En ce qui concerne le cas d'égalité, notons que quand les nombres $p_1, \ldots, p_n$ satisfont aux deux relations (6-8) et 6-10), ils satisfont aussi à

$$\Sigma_n p_n\,(1 - p_n) = 0 \tag{6-11}$$

Et puisque aucun des termes de la somme ne peut être négatif à cause des inégalités (6-5), tous sont nuls. La relation (6-8) entraîne alors que l'un seulement des p_n est égal à 1, les autres étant nuls. C.Q.F.D.

(viii) *Quand* ρ *est écrit sous la forme (6-1), une condition nécessaire et suffisante pour que* ρ *soit un opérateur de projection est que tous les* $|\phi_\alpha>$ *soient identiques les uns aux autres à des facteurs de phase près ; ou, autrement dit, que la somme figurant dans l'expression (6-1) se réduise à un seul terme.*

La condition est manifestement suffisante. Pour montrer qu'elle est nécessaire, notons que, comme on le constate aisément à partir de l'expression (6-1)

$$Tr\,(\rho^2) = \Sigma_{\alpha,\,\beta}\frac{N_\alpha N_\beta}{N^2}\,|<\phi_\alpha\,|\phi_\beta>|^2$$

La condition $Tr\,(\rho^2) = 1$ donne, par conséquent

$$\Sigma_{\alpha,\,\beta}N_\alpha N_\beta\,(1 - |<\phi_\alpha\,|\phi_\beta>|^2) = 0$$

Et puisque aucun des termes de la somme ne peut être négatif (les $|\phi_\alpha>$ sont normés), tous doivent être nuls. Dès lors, étant donné que N_α et N_β doivent tous deux être supposés non nuls :

$$|<\phi_\alpha\,|\phi_\beta>|^2 = 1 \equiv <\phi_\alpha\,|\phi_\alpha><\phi_\beta\,|\phi_\beta>$$

Or, c'est là le cas limite (d'égalité) de l'inégalité de Cauchy-Schwarz. L'égalité ci-dessus implique donc que, quels que soient α, β,

$$|\phi_\alpha> = \lambda_{\alpha,\,\beta}|\phi_\beta> \qquad (6\text{-}12)$$

où $\lambda_{\alpha,\,\beta}$ est un nombre, lequel doit en outre avoir pour module 1 vu que les deux kets sont normés. C.Q.F.D.

6-2. Cas purs et mélanges

Cas purs

Comme on le sait, un ensemble E qui peut être décrit par un vecteur d'état $|\psi>$ s'appelle un cas pur.

Au lieu de décrire E au moyen du ket (normé) $|\psi>$, on peut aussi bien le décrire au moyen de l'opérateur statistique

$$\rho = |\psi><\psi| \qquad (6\text{-}13)$$

qui est un opérateur de projection. Soit alors A une observable. On a

$$Tr\,(\rho A) = \Sigma_n<n\,|\psi><\psi\,|A|n> = \Sigma_n<\psi\,|A|n><n\,|\psi>$$
$$= <\psi\,|A|\psi>$$

Dans ce formalisme, par conséquent, la valeur moyenne d'une observable A est donnée par l'expression

$$<A> = Tr\,(\rho A) \qquad (6\text{-}14)$$

De même, soit

$$P\,(a_k) = \Sigma_r \,|k, r> < k, r|$$

l'opérateur de projection sur le sous-espace H_k sous-tendu par les kets propres de A correspondant à la valeur propre a_k. Alors

$$Tr\,[\rho P\,(a_k)] = \Sigma_r |<k, r|\psi>|^2$$

Ainsi donc, la fréquence statistique avec laquelle il est prédit qu'une mesure de A fournira le résultat a_k est simplement

$$w_k = Tr\,[\rho P\,(a_k)] \qquad (6\text{-}15)$$

Mélanges

Un ensemble Ê obtenu en additionnant les uns aux autres tous les éléments de plusieurs sous-ensembles E_α est appelé *mélange*, étant précisé que, comme on le verra, telle n'est pas la définition la plus générale de ce concept. Si chaque E_α peut être décrit par un vecteur d'état $|\phi_\alpha>$ et si ces $|\phi_\alpha>$ ne sont pas tous identiques à des facteurs de phase près, le mélange ainsi obtenu n'est pas un cas pur. Convenons de n'utiliser le mot de « mélange » que dans le sens restrictif excluant les « cas purs ».

Il est extrêmement commode de décrire Ê au moyen de l'opérateur statistique ρ défini par l'expression (6-1). La valeur moyenne d'une observable de Ê est évidemment alors

$$<A> = \frac{1}{N} \Sigma_\alpha N_\alpha <A>_\alpha$$

où $<A>_\alpha$ est la valeur moyenne de A sur E_α. Dans ces conditions, l'équation (6-14) montre que

$$<A> = \frac{1}{N} \Sigma_\alpha N_\alpha Tr\,(|\phi_\alpha> < \phi_\alpha|A) = Tr\,(\rho A) \qquad (6\text{-}14a)$$

de sorte que l'expression (6-14) de la valeur moyenne, dérivée ci-dessus pour le cas des « cas purs », s'applique également aux mélanges ici considérés. Un argument semblable montre que la même chose est vraie en ce qui concerne l'expression (6-15), qui fournit les probabilités d'observation. Mathématiquement, ce qui différencie de tels mélanges des cas purs, c'est que les opérateurs statistiques décrivant les mélanges ne sont pas des opérateurs de projection :

$$\rho^2 \neq \rho.$$

Ceci résulte de la proposition (viii) ci-dessus, qui montre que si l'opérateur statistique ρ exprimé par (6-1) était un opérateur de projection, tous les opérateurs $|\phi_\alpha> < \phi_\alpha|$ seraient identiques les uns aux autres. Dans ces conditions, Ê serait le cas pur décrit par $|\phi_\alpha> < \phi_\alpha|$ ou par le ket $|\phi_\alpha>$ correspondant.

Enfin, il est important de noter que si un ensemble Ê n'est pas un cas pur, il existe plusieurs (en fait une infinité de) manières de mettre, si on le désire, son opérateur statistique ρ sous la forme (6-1). Si, par exemple, les $|\phi_\alpha>$ ne sont pas mutuellement orthogonaux, il est toujours possible de considérer une représentation $\{|n, r>\}$ dans laquelle la matrice ρ (voir la section 6-4 ci-dessous) est diagonale. Alors, ρ peut aussi être écrit sous la forme

$$\rho = \Sigma_{n, r} |n, r> q_n < n, r| \qquad (6\text{-}16)$$

Noter que les q_n sont alors susceptibles d'une interprétation en termes de probabilités. Par exemple, si A est une observable dont l'équation aux valeurs propres est

$$A |n, r> = a_n |n, r>$$

la probabilité pour que, sur un ensemble décrit par ρ, une mesure de A donne pour résultat a_m est, en vertu de la formule (6-15)

$$w_m = \mathrm{Tr}\,(\rho \Sigma_s |m, s> < m, s|) = k_m q_m$$

où k_m est la dimension du sous-espace propre de A correspondant à la valeur propre a_m (c'est-à-dire, le nombre de valeurs possibles de l'indice r)

Remarque 1

Il convient de mentionner ici une propriété intéressante des opérateurs statistiques. Elle concerne le cas où l'on sait avec certitude que si l'on faisait une mesure d'une observable A, le résultat serait une certaine valeur propre bien définie a_n. Les formules (6-1) et (6-15) donnent alors

$$\Sigma_{\alpha, r} \frac{N_\alpha}{N} |<k, r|\phi_\alpha>|^2 = \delta_{n, k}$$

Et puisque les N_α sont tous, par hypothèse, différents de zéro, ceci montre que

$$<k, r|\phi_\alpha> = 0$$

pour tout k différent de n ; ou, en d'autres termes, que tout $|\phi_\alpha>$ appartient au sous-espace H_n sous-tendu par les $|n, r>$. Dans le cas où l'on sait que des mesures simultanées des observables compatibles A, B, C, ..., fourniraient les résultats bien spécifiés $a_m, b_n, c_q, ...$, le même argument montre que les $|\phi_\alpha>$ sont tous contenus dans l'intersection des sous-espaces $H_m, H_n, H_q, ...$ Quand cette intersection n'est qu'à une dimension, Ê se ramène donc au cas pur décrit par les kets propres communs à $a_m, b_n, c_q, ...$ En raison de la possibilité toujours existante d'écrire n'importe quel opérateur statistique sous la forme (6-16), ce dernier résultat est vrai en ce qui concerne n'importe quel opérateur statistique, qu'il soit ou non explicitement donné sous la forme (6-1).

Remarque 2

La Remarque 1 s'applique en particulier au cas où la mesure, M, qui est faite de l'observable A est une mesure idéale et où notre connaissance de ce que sera son résultat provient d'une précédente mesure idéale M_0 de cette même observable A, effectuée juste avant M. On voit donc que l'opérateur statistique ρ décrivant l'ensemble des systèmes doit (du fait que M_0 est effectuée) être subitement changé et passer, de ce qu'il était avant M_0, à une forme qui ne mette plus en jeu que les kets $|\phi_\alpha>$ appartenant à H_n. La notion de « réduction du paquet d'ondes » se trouve ainsi être étendue aux mélanges.

Chaque fois que H_n n'est pas à une seule dimension, la Remarque 8 du chapitre 3 s'applique elle aussi. Autrement dit, la composition exacte de l'opérateur statistique dans l'état final dépend de la nature de l'instrument de mesure. Cependant, l'observation faite à la fin de cette Remarque 8 est valable ici aussi. Si l'on exige que la Règle 8 du chapitre 3 s'applique rigoureusement et que non seulement la probabilité de tel ou tel résultat mais également la structure de l'opérateur statistique final ne dépende pas de l'ordre dans lequel les mesures sont faites, alors cette structure exacte est déterminée [1]. Les formules correspondantes sont données plus bas.

6-3. Évolution dans le temps des opérateurs statistiques

Soit ρ un opérataur statistique décrivant un cas pur ou un mélange du type que l'on a ci-dessus défini, c'est-à-dire que ρ est donné par la formule générale (6-1). L'évolution dans le temps des $|\phi_\alpha>$, dans la représentation de Schrödinger, est donnée par la formule (5-8) de sorte que

$$\rho\,(t) = \mathrm{U}\,(t, t_0)\,\rho\,(t_0)\,\mathrm{U}^+\,(t, t_0) \qquad (6\text{-}17)$$

En raison de la formule (5-11) décrivant la variation dans le temps de $\mathrm{U}\,(t, t_0)$ et de la formule correspondante relative à U^+, (6-17) donne

$$i\hbar\,\frac{d\rho(t)}{dt} = [\mathrm{H}, \rho] \qquad (6\text{-}18)$$

La formule (6-18) s'appelle « l'équation de Schrödinger pour l'opérateur statistique ». En dépit d'une ressemblance formelle (au signe près) avec la formule (5-19), elle concerne bien la représentation de Schrödinger.

Il importe de noter que

$$\begin{aligned}\rho^2\,(t) &= \mathrm{U}\,(t, t_0)\,\rho\,(t_0)\,\mathrm{U}^+\,(t, t_0)\,\mathrm{U}\,(t, t_0)\,\rho\,(t_0)\,\mathrm{U}^+\,(t, t_0)\\ &= \mathrm{U}\,(t, t_0)\,\rho^2\,(t_0)\,\mathrm{U}\,(t, t_0)\end{aligned}$$

de sorte que si $\rho^2\,(t_0) = \rho\,(t_0)$, alors

$$\rho^2\,(t) = \rho\,(t)$$

Autrement dit, si un ensemble est un cas pur et si son évolution est régie par l'équation de Schrödinger (3-2), cet ensemble ne peut pas devenir un mélange.

6-4. Matrices densités

$\{..., |n>, ...\}$ étant, comme plus haut, une base orthonormée de l'espace de Hilbert H du système étudié, tout opérateur A opérant dans H peut être décrit, dans cette base, par la matrice (finie ou infinie) **A**, dont les éléments sont[1]

$$\mathrm{A}_{m,n} = < m|\mathrm{A}|n > .$$

A est dit être la matrice correspondant à A dans la *représentation* $\{...,|n>, ...\}$. En particulier, une *matrice densité* $\boldsymbol{\rho}$ (une matrice au sens propre) peut de cette manière être associée à tout opérateur statistique ρ. Au vu de la formule (6-1), ses éléments de matrice sont

$$\rho_{m,n} = \Sigma_{\alpha=1}^{\mu} < m|\phi_\alpha > \frac{\mathrm{N}_\alpha}{\mathrm{N}} < \phi_\alpha|n > \quad (6\text{-}19)$$

$$= \Sigma_{\alpha=1}^{\mu} < m|\phi_\alpha > \frac{\mathrm{N}_\alpha}{\mathrm{N}} < n|\phi_\alpha >^{\star} \quad (6\text{-}20)$$

Les formules (6-14) et (6-15) sont alors aisément transcrites en

$$<\mathrm{A}> = \mathrm{T}r\,[\boldsymbol{\rho}\mathbf{A}] \quad (6\text{-}21)$$

et

$$w_k = \mathrm{T}r\,[\boldsymbol{\rho}\mathbf{P}(a_k)] \quad (6\text{-}22)$$

respectivement, où le symbole $\mathrm{T}r[\mathbf{M}]$ signifie simplement la trace de la matrice **M** au sens usuel, c'est-à-dire la somme de ses éléments diagonaux.

Bien que les $|\boldsymbol{x}'>$ définis par la formule (3-3b), et dont il a été fait usage dans la section 5-3, ne soient pas normalisables au sens

1. Sur les matrices en mécanique quantique on trouvera un peu plus d'information dans l'Appendice 1.

strict, eux aussi peuvent être utilisés aux fins d'associer une « matrice » à un opérateur, et en particulier à un opérateur statistique ρ. Les lignes et les colonnes d'une telle matrice généralisée sont repérées au moyen des variables continues $\boldsymbol{x}'$ et $\boldsymbol{x}''$. Son élément général est

$$\rho\,(\boldsymbol{x}', \boldsymbol{x}'') = <\boldsymbol{x}'\,|\rho|\,\boldsymbol{x}''> \qquad (6\text{-}23)$$

Si l'ensemble est un cas pur, décrit par $|\psi>$, cette formule conduit, compte tenu de la formule (6-13), à

$$\rho\,(\boldsymbol{x}', \boldsymbol{x}'') = \psi\,(\boldsymbol{x}')\;\psi^{\star}\,(\boldsymbol{x}'') \qquad (6\text{-}24)$$

Cette formule se généralise aisément au cas des mélanges, et, également, au cas des systèmes composés de plusieurs particules.

6-5. Autre formulation des règles quantiques

Les règles énoncées au chapitre 3 s'appliquent seulement aux ensembles décrits par des vecteurs d'état. Comme montré dans la section 6-2, ces règles ont pour conséquences des expressions nouvelles pour les probabilités quantiques et pour les valeurs moyennes, expressions qui peuvent être considérées comme des « règles dérivées » relatives aux opérateurs statistiques. Mais inversement, il est aussi possible de formuler les règles relatives aux opérateurs statistiques directement. Ces règles sont alors prises comme axiomes de base, et les règles décrites au chapitre 3 deviennent de pures et simples conséquences de ces axiomes. Dans cette nouvelle formulation, les ensembles statistiques (cas purs ou mélanges) sont directement décrits par des opérateurs statistiques, les observables sont encore décrites par des opérateurs hermitiens, et les règles prédisant la distribution statistique et les valeurs moyennes des résultats de mesure sont, respectivement, les expressions (6-15) et (6-14).

Lorsqu'elles sont énoncées ainsi, les règles de la mécanique quantique s'appliquent directement, non seulement aux cas purs mais aussi aux mélanges. D'un point de vue formel, c'est un incontestable avantage. Dans le cas de mélanges définis par leur opérateur statistique, ce nouveau formalisme a aussi un autre intérêt. Étant donné qu'un mélange ainsi mathématiquement défini est, comme on l'a vu, équivalent non pas à un seul mais à plusieurs mélanges physiques tels que Ê, l'ancienne formulation, en termes de vecteurs d'état, impliquerait, la plupart du temps, un certain arbitraire dans le choix de ces derniers. La nouvelle formulation ne présente pas cet inconvénient.

Enfin, il convient de mentionner que de telles considérations ont ouvert la voie à d'autres formulations axiomatiques de la mécanique quantique, qui sont à la fois concises et très générales. L'une d'elles est due à Birkhoff et von Neumann [2] ; elle fut développée encore davantage par C.F. von Weissäcker [3], Mackey [4], Jauch et Piron [5, 6], et d'autres. Dans cette approche, la structure de base est l'ensemble des questions à réponse par oui ou par non. Mathématiquement, un tel ensemble est un treillis. Des axiomes additionnels sont nécessaires pour reconstituer les principes connus de la mécanique quantique, de sorte que cette approche a un certain degré d'adaptabilité qui peut constituer un avantage. En se fondant sur elle, Jauch [7] par exemple, a proposé certaines modifications de la mécanique quantique qui pourraient être susceptibles d'éliminer telle ou telle des difficultés décrites ci-dessous. Mais d'un autre côté, ces modifications changent certaines des prédictions de la mécanique quantique. De ce fait, elles posent plutôt les bases d'une possible théorie autre que la quantique, et tombent par là en dehors du champ d'exploration de ce livre.

Une autre formulation axiomatique fut proposée par Jordan, Wigner, et von Neumann [8], et développée par Segal [9], Haag et Kastler [10], Primas [11], et d'autres. Son idée de base est de conférer, d'une manière axiomatique, la structure mathématique d'une algèbre à l'ensemble de toutes les observables bornées et de relier le formalisme à l'expérience par le canal d'une prescription relative aux valeurs moyennes. Cette prescription s'énonce ainsi : *la valeur moyenne des résultats de mesure d'une observable A sur un ensemble de systèmes du même type est une fonctionnelle réelle linéaire et positive m (A) de l'élément A de l'algèbre qui correspond à cette observable.* Ici encore, on montre que la formulation habituelle, en termes d'espaces de Hilbert, d'opérateurs statistiques, etc., peut être retrouvée, au prix de certaines hypothèses additionnelles très générales dont le rejet n'ouvrirait, semble-t-il, aucune perspective intéressante.

En conséquence, par l'expression « les règles quantiques » ce que ci-dessous nous entendrons sera l'ensemble des règles qui traitent de l'emploi des opérateurs statistiques et/ou des vecteurs d'état. Et dès lors, nous pouvons formuler l'hypothèse Q d'une manière plus précise.

Hypothèse Q′. Pour faire des prévisions statistiques concernant les résultats de mesures portant sur des observables appartenant en propre aux systèmes physiques composant un ensemble statistique E, *où* E *est spécifié sans que référence soit faite à de futures observations à faire sur ces S,* E *peut toujours être décrit par un opérateur statistique.* Par « appartenant en propre », il faut entendre que les observables en question peuvent être mesurées en opérant exclusivement sur les S.

L'étude de la mécanique quantique ainsi comprise et l'examen de la question de savoir quels types d'approches épistémologiques sont compatibles avec elle constituent les sujets essentiels de cet ouvrage.

6-6. L'opérateur d'état

Comme le contenu de la section 6-4 l'a montré, lorsque les règles quantiques sont exprimées au moyen d'opérateurs statistiques, ces opérateurs jouent, dans cette formulation nouvelle, le rôle que les vecteurs d'état jouent dans le système de règles présenté au chapitre 3. De ce point de vue, on peut donc dire que la notion d'opérateur statistique généralise celle de vecteur d'état. En tout cas, ceci est certainement vrai aussi longtemps que ces concepts ne sont utilisés que comme des outils permettant de faire des prédictions statistiques portant sur ce qui sera observé ; ce qui, après tout, est un des rôles principaux des vecteurs d'état. L'idée que de tels opérateurs peuvent être tout à fait *généralement* utilisés pour représenter les états des systèmes physiques est donc extrêmement naturelle, et, de fait, la littérature scientifique relative à la physique quantique en fait grand usage. Dans ce contexte, l'expression « opérateur statistique » est par conséquent souvent remplacée par celle d'« opérateur d'état ».

D'un autre côté, un mot de mise en garde peut être utile à cet égard. Étant donné qu'il est en général attribué au mot « état » un sens qui va bien au-delà du sens très strictement opératoire qu'on vient de dire, l'expression « opérateur d'état » peut fort bien susciter, dans l'esprit des personnes qui y ont recours, des interprétations physiques trop hâtives du formalisme dont il constitue un ingrédient ; et ceci, comme nous le verrons, peut engendrer des idées fausses. A l'étape où nous sommes, contentons-nous de noter ce point. Il sera développé au chapitre 8.

6-7. Le formalisme de la « matrice densité » et l'opération de mesure

Dans ce formalisme, comme on l'a vu, la probabilité pour que, lors de la mesure d'une observable A, le résultat a_k soit obtenu s'exprime par l'équation (6-15). Ainsi, cette équation remplace — et généralise — la Règle 6 du formalisme du vecteur d'état. Cela étant, il nous faut maintenant expliciter les expressions destinées à remplacer — et généraliser —, dans le formalisme de la matrice densité, les

Règles 9, 10 et 10a, qui indiquent comment l'ensemble doit être décrit *après* la mesure.

Supposons qu'une mesure idéale soit effectuée sur un ensemble de systèmes S décrit par l'opérateur d'état ρ. Autrement dit, supposons qu'une observable A est mesurée sur chaque système S (ceci, bien entendu, implique l'existence d'une interaction du système avec un instrument mais nous nous abstenons pour le moment d'analyser cette interaction). Alors nous pouvons :

soit (a) sélectionner les systèmes S sur lesquels le résultat a_k a été obtenu

soit (b) considérer de nouveau l'ensemble de *tous* les systèmes S, c'est-à-dire remélanger tous les systèmes.

Dans les deux cas, la question est : « quel opérateur d'état faut-il attribuer à l'ensemble ainsi obtenu ? » En fait, il se trouve que l'opérateur cherché est, dans les deux cas, très aisément exprimable en termes de ρ. Établissons ici [12], [13] les formules correspondantes, d'abord dans le cas simple où les valeurs propres de A ne sont pas dégénérées et ensuite dans le cas où certaines d'entre elles le sont.

1. Valeur propre non dégénérée

Cas (a) : L'opérateur d'état en question, ρ_k, est un opérateur de projection sur un sous-espace unidimensionnel $|\psi_k>$. C'est donc

$$\rho_k = P_k = |\psi_k><\psi_k| \qquad (6\text{-}25)$$

Puisque, en vertu de (6-4a)

$$Tr\,(\mathrm{P}_k\,\rho) = <\psi_k|\rho|\psi_k> \qquad (6\text{-}26)$$

(notons que cette expression n'est rien d'autre que la probabilité p_k pour que la valeur a_k soit trouvée) l'équation (6-25) peut se réécrire

$$\rho_k = \frac{|\psi_k><\psi_k|\rho|\psi_k><\psi_k|}{Tr\,(\mathrm{P}_k\,\rho)} = \frac{\mathrm{P}_k\,\rho\,\mathrm{P}_k}{Tr\,(\mathrm{P}_k\,\rho)} \qquad (6\text{-}27)$$

Cas (b) : l'opérateur d'état cherché ρ' est une somme pondérée des opérateurs d'état (6-27), les poids étant les nombres relatifs de résultats a_k, lesquels sont donnés par l'expression (6-26). Ceci fournit immédiatement :

$$\rho' = \Sigma_k \, P_k \, \rho \, P_k \tag{6-28}$$

2. *Valeur propre dégénérée*

Dans ce cas, on n'obtient d'expressions simples que si l'on admet que le processus de la mesure satisfait à la Règle 10a. Pour la commodité du calcul, il est plus aisé d'exprimer ρ comme une combinaison linéaire

$$\rho = \Sigma_i \, w_i \, \rho_i = \Sigma_i \, w_i \, |\phi_i > < \phi_i| \tag{6-29}$$

d'opérateurs de projection sur des états mutuellement orthogonaux $|\phi_i >$. Un tel développement est, comme on l'a noté, toujours possible, et les ρ_i sont les opérateurs statistiques de sous-ensembles dont la réunion constitue un mélange (un mélange *propre* dans le sens qui sera défini dans la section 7-2) ayant ρ pour opérateur statistique. Bien entendu, les w_i sont les nombres relatifs de systèmes individuels dans ces sous-ensembles.

Cas (a) : Soit P_k l'opérateur de projection sur le sous-espace correspondant à la valeur propre a_k. Chaque sous-ensemble décrit par un $|\phi_i >$ est transformé par la mesure en sa projection sur ce sous-espace, renormalisée à l'unité, c'est-à-dire en

$$|\chi_{i,k} > = \frac{P_k|\phi_i >}{(< \phi_i|P_k|\phi_i)^{\frac{1}{2}}} \tag{6-30}$$

Le sous-ensemble i est donc transformé en un sous-ensemble qui a

$$|\chi_{i,k} > < \chi_{i,k}| \tag{6-30a}$$

pour opérateur statistique. On doit maintenant recombiner tous ceux de ces opérateurs statistiques qui correspondent à une valeur donnée de k en une somme pondérée, les poids étant les nombres relatifs de populations dans cet ensemble « k », c'est-à-dire $\frac{n_{ik}}{n_k}$, où (N étant la population totale) :

$$n_{i,k} = N \, w_i < \phi_i \, |P_k| \, \phi_i > \, ; \quad n_k = \Sigma_i \, n_{i,k} \tag{6-30b, c}$$

Quand (6-30) est reportée dans le produit $n_{i,k} \, | \, \chi_{i,k} > < \chi_{i,k} |$, les facteurs $< \phi_i | P_k | \phi_i >$ dans le numérateur et le dénominateur se compensent, de sorte que

$$n_{i,k} | \chi_{i,k} > < \chi_{i,k} | = N w_i P_k | \phi_i > < \phi_i | P_k$$

ce qui fait que

$$\Sigma_i n_{i,k} | \chi_{i,k} > < \chi_{i,k} | = N P_k \rho P_k \qquad (6\text{-}31)$$

D'un autre côté

$$n_k = N \Sigma_i w_i < \phi_i | P_k | \phi_i > = N Tr (P_k \rho)$$

en fin de compte, par conséquent

$$\rho_k = \frac{P_k \rho P_k}{Tr (P_k \rho)} \qquad (6\text{-}32)$$

Cas (b) : la probabilité totale que le résultat a_k soit obtenu est manifestement fournie par la formule

$$\Sigma_i w_i Tr (P_k | \phi_i > < \phi_i |) = Tr (P_k \rho) \qquad (6\text{-}32a)$$

de sorte que l'opérateur statistique ρ' que nous cherchons, obtenu en mettant ensemble tous les sous-ensembles d'indice k, et cela avec des poids proportionnels à leurs populations respectives est de nouveau

$$\rho' = \Sigma_k P_k \rho P_k \qquad (6\text{-}33)$$

Bien entendu, il est vrai, comme on l'a noté, que les protocoles de mesure ne conduisent pas tous à la Règle 10a. Par exemple, les protocoles de mesure qui correspondent à la proposition déjà mentionnée de J. von Neumann conduisent à la Règle 10a'. Pour de tels protocoles, les formules (6-32) et (6-33) ne sont évidemment pas vraies. Mais, en ce qui les concerne, n'est pas davantage vraie la règle (Règle 8, chapitre 3) selon laquelle l'ordre de succession de mesures immédiatement consécutives de deux observables compatibles n'importe pas.

6-8. Formule de Wigner pour les probabilités

Considérons de nouveau un ensemble E de N systèmes S décrit par l'opérateur statistique — ou opérateur d'état — ρ. Supposons maintenant que sur ces systèmes, la mesure est faite d'une observable A qui a pour valeurs propres $\{..., a_j, ...\}$ et que cette première mesure est immédiatement suivie de celle d'une autre observable B de valeurs propres $\{..., b_k, ...\}$. Soient P_j^A et P_k^B les opérateurs de projection sur les sous-espaces appartenant à a_i et b_k respectivement ; cherchons la probabilité $p\ (a_j, b_k\ )$ que les résultats de ces deux mesures soient a_j et b_k respectivement.

Parmi les N systèmes S, il y en a

$$N'_j = N\, Tr\, (P_j^A \rho) \tag{6-34}$$

sur lesquels la première mesure fournit le résultat a_i ; et, immédiatement après, l'ensemble de ces N'_j systèmes est décrit par l'opérateur statistique [voir l'équation (6-32)]

$$\rho'_j = \frac{P_j^A\, \rho\, P_j^A}{Tr\, (P_j^A\, \rho)} \tag{6-35}$$

de sorte que chacun d'eux a une probabilité Tr $(P_k^B\, \rho'_j)$ de donner le résultat b_k. En tout, donc, le nombre de systèmes qui donnent les résultats a_j et b_k est

$$N'_j\, Tr\, (P_k^B\, \rho'_j) = N\, Tr\, (P_k^B\, P_j^A\, \rho\, P_j^A) \tag{6-36}$$

La probabilité que nous cherchons est donc

$$p(a_j, b_k) = Tr\, (P_k^B\, P_j^A\, \rho\, P_j^A) \tag{6-37}$$

Cette formule se généralise aisément au cas de mesures successives de plus de deux observables A, B, ..., F, G, et au cas où les mesures sont séparées par des intervalles de temps finis. Le résultat final est la formule de Wigner [14]

$$p\ (a_j, b_k, ..., f_r, g_s) = Tr\, (\widehat{\mathbf{P}}_g^G\, \widehat{\mathbf{P}}_f^F ... \widehat{\mathbf{P}}_k^B\, \widehat{\mathbf{P}}_j^A\, \rho\, \widehat{\mathbf{P}}_j^A\, \widehat{\mathbf{P}}_k^B ... \widehat{\mathbf{P}}_f^F) \tag{6-38}$$

où les $\widehat{\mathbf{P}}_j^A$, ..., $\widehat{\mathbf{P}}_g^G$ sont maintenant les projecteurs en représentation de Heisenberg sur les sous-espaces correspondant, les « projecteurs en représentation de Heisenberg » étant déduits de ceux en représentation de Schrödinger au moyen de la formule [voir équation (5-37)]

$$\hat{\mathbf{P}} = U^{-1}(t'', t')\, P\, U(t'', t') \tag{6-39}$$

où t'' est l'instant de la mesure considérée et t' celui de la mesure précédente (l'instant initial en ce qui concerne P^A). Bien entendu, dans le cas où l'hamiltonien est nul, les $\hat{\mathbf{P}}$'s coïncident avec les P's.

6-9. La fonction de distribution de Wigner dans l'espace des phases

Soit ρ un opérateur statistique et A un opérateur hermitien. Définissons deux fonctions des variables réelles x et p comme suit :

$$f(x, p) = (2\pi)^{-1} \int ds\, e^{-isp} < x + \frac{\hbar s}{2} |\rho| x - \frac{\hbar s}{2} > \tag{6-40}$$

$$a(x, p) = \hbar \int ds'\, e^{-is'p} < x + \frac{\hbar s'}{2} |A| x - \frac{\hbar s'}{2} > \tag{6-41}$$

A la suite de Wigner [15], considérons la grandeur K définie par la formule

$$K = \iint dx.dp\, f(x, p)\, a^{\star}(x, p) \tag{6-42}$$

à l'aide des formules (6-40), (6-41), ainsi que des formules connues

$$(2\pi)^{-1} \int e^{i(s'-s)p}\, dp = \delta(s'-s) \tag{6-43}$$

et

$$< u |A| v >^{\star} = < v |A| u > \tag{6-44}$$

K peut s'écrire

$$K = \iint dx.ds < x + \frac{\hbar s}{2} |\rho| x - \frac{\hbar s}{2} > < x - \frac{\hbar s}{2} |A| x + \frac{\hbar s}{2} > \tag{6-45}$$

Effectuons alors le changement de variables d'intégration défini par

$$X = x + \frac{\hbar s}{2}$$

$$X' = x - \frac{\hbar s}{2}$$

dont le jacobien est $\hbar^{-1}$. K s'écrit alors

$$K = \iint dX dX' < X|\rho|X' > < X'|A|X >$$

ce qui, en vertu de l'équation (3-17), prend la forme

$$K = \int dX < X|\rho A|X > \equiv Tr(\rho A) = <A>$$

Cela montre qu'à l'aide des formules (6-40) et (6-41), la valeur moyenne d'une observable A sur un ensemble décrit par l'opérateur statistique ρ peut être exprimée sous la forme du membre de droite de l'équation (6-42). Cette formule est très similaire à celle qui, en mécanique *classique* fournit la valeur moyenne d'une grandeur $a(x, p)$ dépendant de la position x et de la quantité de mouvement p d'une particule, lorsque l'ensemble sur lequel cette valeur moyenne est définie est décrit par la distribution de probabilité $f(x, p)$. Pour cette raison, celle-ci est appelée « fonction de distribution de Wigner ».

Les relations dites « d'incertitude » de Heisenberg impliquent qu'en général $f(x, p)$ ne peut être interprété comme étant réellement une distribution de probabilité à deux variables. Comme on le sait, étant donné que x et p ne commutent pas, ils ne peuvent être mesurés simultanément, et si p, par exemple, était mesuré de façon exacte, la fonction d'onde résultante serait une onde plane, de sorte que la probabilité d'obtenir une valeur bien spécifiée de p lors d'une mesure de p puis une valeur bien spécifiée de x lors d'une mesure subséquente de x ne pourrait être égale à $f(x, p)$. En fait, $f(x, p)$ n'est même pas nécessairement non négative pour toutes les valeurs de ses arguments, comme, bien entendu, elle devrait l'être s'il s'agissait d'une vraie distribution de probabilités. Malgré cela, cette fonction est utile dans certains contextes (voir la section 14-10).

Références

1. R. Balian, *Am. J. Phys.*, **57**, 1019 (1989).
2. G. Birkhoff, J. von Neumann, *Ann. Math.* **37**, 823 (1936).
3. C.F. von Weissäcker, *Naturwissenschaften* **42**, 521 (1935).

4. G. Mackey, *Mathematical Foundations of Quantum Mechanics*, New York, W.A. Benjamin, 1963.
5. C. Piron, *Helv. Phys. Acta* **37**, 439 (1963).
6. J.M. Jauch, C. Piron, *Helv Phys.* Acta **42**, 842 (1969).
7. J.M. Jauch, in *Foundations of Quantum Mechanics, Proceedings of the Enrico Fermi International Summer School*, Course IL, B. d'Espagnat ed., New York, Academic Press, 1971.
8. J. von Neumann, P. Jordan E.P. Wigner, *Ann. Math.* **35**, 29 (1934).
9. I.B. Segal, *Ann. Math.* **48**, 930 (1947).
10. R. Haag, D. Kastler, *J. Math. Phys.* **5**, 848 (1964). Voir aussi A.M. Gleason, *Math. Mech.* **6**, 885 ; H. Margenau, J.L. Park, *Int. J. Theor. Phys.* **1**, 211, (1968).
11. H. Primas, *Chemistry, Quantum Mechanics and Reductionism*, Berlin, Springer-Verlag, 1981.
12. G. Lüders, *Ann. Phys.* **8**, 322 (1951).
13. L. Furry, *Boulder Lectures in Theoretical Physics*, Vol. 8A (1965), University of Colorado Press, 1966.
14. E.P. Wigner, *Am. Journ. Phys.* **31**, 6 (1963). E.P. Wigner, in *Foundations of Quantum mechanics, Proceedings of the Enrico Fermi International Summer School*, Course IL, B. d'Espagnat ed., New York, Academic Press, 1971.
15. E.P. Wigner, *Phys. Rev.* **40**, 749 (1932).

7

Mélanges propres et impropres

Certains aspects élémentaires du formalisme mathématique servant à la description des mélanges ont été explicités au chapitre 6. Il serait possible d'en exposer d'autres, mais, en la matière, une littérature assez abondante existe déjà. Ce qui est pour nous d'un intérêt plus immédiat (et qui, en outre, a moins été étudié par les divers auteurs ayant écrit sur le sujet) est la question des interprétations physiques possibles du formalisme dont il s'agit. Ce chapitre-ci aborde ce problème.

7-1. Opérateurs et observables

Les grandeurs dynamiques observables sont décrites par des opérateurs hermitiens, et, dans les débuts de la mécanique quantique, la correspondance fut tenue pour bi-univoque. L'hypothèse était alors faite que (i) à toute observable peut être attaché un opérateur hermitien et (ii) tout opérateur hermitien correspond à une observable.

Il ne semble pas qu'une objection convaincante à l'hypothèse (i) ait jamais été avancée. En revanche, on sait maintenant que l'hypothèse (ii) ne peut être généralement vraie. En fait, il a été montré (Wick, Wightman et Wigner [1]) que des *règles de supersélection* existent en physique, qui font que certaines combinaisons linéaires d'états connus (tels les états d'un multiplet de spin isotopique ayant des charges totales différentes) ne peuvent être physiquement réalisés. En conséquence, les opérateurs de projection associés à ces combinaisons linéaires ne correspondent à aucune observable. Les règles de supersélection sont autant de contre-exemples à l'hypothèse (ii). Les observables qui sont telles que ceux de leurs kets propres qui correspondent à des valeurs propres différentes ne peuvent être superposés sont souvent appelées des « charges de supersélection ».

Il n'existe aucun procédé général permettant de déterminer quels opérateurs correspondent à des observables, mais il n'est cependant pas sans intérêt de noter le lien existant entre deux questions : celle de savoir si, sur un type donné de systèmes, tous les opérateurs hermitiens correspondent à des observables et celle de savoir si la matrice densité d'un ensemble statistique de tels systèmes est mesurable.

Pour montrer ce lien, supposons que les opérateurs hermitiens Q d'un espace de Hilbert H correspondant à un certain type de systèmes S correspondent tous à des observables. Ceci entraîne que, sur un ensemble donné E, décrit par ρ, de systèmes S, il est possible de mesurer les quantités

$$Tr\,(\rho Q)$$

correspondant à n'importe quel opérateur hermitique Q : en effet, il suffit pour cela d'extraire de E un nombre suffisamment grand de sous-ensembles dont les éléments sont choisis au hasard et de mesurer sur chacun de ces sous-ensembles la valeur moyenne d'une des observables en question. En particulier, nous pouvons mesurer ainsi les quantités $Tr\,(\rho Q)$ correspondant aux opérateurs définis par les expressions

$$|i><j|+|j><i| \text{ et } i\,(|i><j|-|j><i|)$$

où $\{|i>\}$ définit la représentation. Mais par addition et soustraction, ces quantités fournissent immédiatement les éléments $\rho_{i,j}$ de la matrice densité, de sorte que ces éléments peuvent être mesurés.

7-2. Matrices densités décrivant des sous-systèmes

Soit

$$|\psi> = \Sigma_{i,j} c_{i,j}\,|v_i> \otimes |u_j> \qquad (7\text{-}1)$$

un ket normé décrivant, à un instant donné t, un ensemble de N systèmes physiques Σ, composés chacun de deux sous-systèmes U et V. Un espace de Hilbert $H^{(U)}$ $(H^{(V)})$ est attaché aux systèmes U (V), et l'ensemble $\{|u_i>\}$ $(\{|v_j>\})$ est supposé constituer un système complet (base) de kets orthonormés dans $H^{(U)}$ $(H^{(V)})$. La prise en considération de tels kets s'impose dans nombre de situations (par exemple en conséquence d'une évolution gouvernée par l'équation de Schrödinger et au cours de laquelle U et V ont interagi). Ici, nous nous intéresserons à l'*ensemble des systèmes* V, que nous appelons E_V.

Soit A une observable appartenant au système V. La valeur moyenne de A sur E est

$$<\mathrm{A}> = <\psi|\mathrm{A}|\psi> = \Sigma_{i,j,r,s} c^{\star}_{i,j}\, c_{r,s} < v_i|\otimes< u_j|\mathrm{A}|v_r>\otimes|u_s> \quad (7\text{-}2)$$

Bien entendu, $<\mathrm{A}>$ est aussi la valeur moyenne de A sur $\mathrm{E_V}$. Le fait que A appartienne au système V signifie que A n'a aucun effet sur les vecteurs de $H^{(U)}$ de sorte que l'équation (7-2) peut s'écrire

$$<\mathrm{A}> = \Sigma_{i,j,r}\, c^{\star}_{i,j}\, c_{r,j} < v_i|\mathrm{A}|v_r> \quad (7\text{-}3)$$

$$= \Sigma_{i,r}\, \rho'_{r,i}\, \mathrm{A}_{i,r} = \mathrm{Tr}\,(\rho'\mathrm{A}) \quad (7\text{-}3a)$$

avec

$$\mathrm{A}_{i,r} = < v_i|\mathrm{A}|v_r> \quad (7\text{-}4)$$

$$\rho'_{r,i} = \Sigma_j\, c_{r,j}\, c^{\star}_{i,j} \quad (7\text{-}5)$$

et

$$\rho' = \Sigma_{r,i}|v_r>\rho'_{r,i}<v_i| \quad (7\text{-}6)$$

Étant donné que les quantités $\rho_{r,s;i,j}$ définies par

$$\rho_{r,s;i,j} = c_{r,s}\, c^{\star}_{i,j} \quad (7\text{-}7)$$

sont les éléments de la matrice densité $\boldsymbol{\rho}$ qui décrit E dans la représentation $\{|v_i>\otimes|u_j>\}$, l'équation (7-5) peut aussi s'écrire

$$\rho'_{r,i} = \Sigma_j\, \rho_{r,j;i;j} \quad (7\text{-}8)$$

et la formule (7-6) s'écrit alors

$$\rho' = \mathrm{Tr}^{(\mathrm{U})}\rho \quad (7\text{-}9)$$

où, comme on le voit à l'aide des équations (7-1) et (7-7),

$$\rho \equiv \Sigma_{r,s,i,j}\,|v_r>\otimes|u_s>\rho_{r,s;i,j}<v_i|\otimes<u_j| \quad (7\text{-}10)$$

est l'opérateur d'état de E, et où le symbole $\mathrm{Tr}^{(\mathrm{U})}$ (trace partielle) signifie que l'opération habituelle consistant à prendre la trace est effectuée seulement sur $H^{(U)}$:

$$\mathrm{Tr}^{(U)}\rho = \Sigma_t < u_t |\rho| u_t > \qquad (7\text{-}11)$$

L'équation (7-3a) montre que l'expression (6-14) — qui donne la valeur moyenne d'une observable quand E est un mélange d'ensembles E_α pouvant être décrits par des vecteurs d'état — peut être formellement étendue aux ensembles E_V ici considérés. De façon similaire, l'expression (6-15) pour les fréquences statistiques peut être étendue aux ensembles de systèmes V. Ces extensions requièrent simplement, pour être possibles, que l'opérateur statistique de l'ensemble des systèmes V soit défini par les formules (7-5) et (7-6). Il est, en outre, aisément vérifié que l'opérateur ρ' défini par ces expressions a les propriétés (i), (ii) et (iii) de la section 6-1. Il a aussi par conséquent les propriétés (iv), (v) et (vii). Enfin, il peut être vérifié que

$$Tr\,(\rho'^2) \leqslant 1 \qquad (7\text{-}12)$$

ρ' a donc toutes les propriétés formelles possédées par les opérateurs statistiques décrivant des mélanges.

Dans ces conditions, il paraît approprié d'étendre la signification de l'expression « opérateur d'état » telle que définie dans la section 6-6 de telle manière qu'elle couvre aussi des entités telles que le ρ' ici considéré, et de dire que ρ' est « l'opérateur d'état décrivant E_V ».

7-3. Mélanges propres et impropres

Sur tous les points considérés dans la section précédente, les ensembles E_V plus haut définis ne diffèrent en rien des mélanges Ê déjà rencontrés dans les sections 6-1 et 6-2. C'est là une donnée très remarquable. Elle motive la convention ci-dessus décrite, consistant à étendre le nom générique de « mélanges » aux ensembles du type E_V. A une telle convention, on ne peut cependant souscrire sans réserve aussi longtemps que l'on n'a pas vérifié que tout ensemble du type E_V peut être physiquement identifié à un ensemble de type Ê. Cherchons donc à savoir si tel est bien le cas, en considérant toutes les données dont nous disposons.

A première vue, les arguments en faveur d'une telle identification paraissent extrêmement convaincants. En effet, il est bien connu que toute mesure faite sur un ensemble de systèmes peut toujours se ramener à la mesure de quelque valeur moyenne sur cet ensemble. En conséquence, si E_V est un ensemble de N sous-systèmes tels que V et si p_n et $|n, r>$ sont, respectivement, les valeurs propres et les kets propres de l'opérateur statistique (7-6) attaché à E_V, un mélange $\hat{E}$ existe qui est composé de sous-ensembles du type E_α (c'est-à-dire que chaque E_α est descriptible par un ket) et qui ne peut être distingué de E_V par aucune mesure portant sur les seuls systèmes V[1]. Ce $\hat{E}$ est constitué d'ensembles $\hat{E}_n$ décrits par les kets $|n, r>$ et ayant les populations Np_n. Si nous ne pouvions faire *que* des mesures portant sur les systèmes V, sans pouvoir en faire aucune portant sur les systèmes U, il nous serait impossible de différencier un tel ensemble d'un mélange de type E_V. Et ceci reste vrai, comme on le vérifie sans peine, même si l'on est capable de mesurer, en plus des grandeurs appartenant en propre à V, un certain nombre, limité, de corrélations convenablement spécifiées entre U et V. Étant donné que de tels cas se présentent souvent dans la pratique, l'usage du nom générique de « mélange » pour désigner indifféremment des ensembles du type $\hat{E}$ ou du type E_V est très commode dans les applications.

Mais cependant, lorsque des questions de fondement sont considérées, la situation se présente sous un jour nettement différent. En effet, au moins en ce qui concerne les systèmes $\Sigma = U + V$ pour lesquels tout opérateur hermitien correspond à une observable, il est possible (d'Espagnat [2]) de réfuter ce qui, au vu de ce qui précède, peut sembler être une hypothèse très naturelle. Il s'agit de l'hypothèse que l'ensemble des systèmes U et celui des systèmes V *sont* tous les deux, séparément, des mélanges du type de ceux déjà rencontrés au chapitre 6 (mélanges de type $\hat{E}$). Plus précisément, il s'agit de l'hypothèse que chacun de ces deux ensembles est un mélange de N systèmes, sur N_α desquels une grandeur physique A_α (les grandeurs A_α de valeurs différentes de l'indice α étant soit identiques entre elles soit différentes) *a* une valeur définie a_α, correspondant à l'équation aux valeurs propres

$$A_\alpha |\phi_\alpha> = a_\alpha |\phi_\alpha>$$

(pour ce qui est du sens du verbe « avoir », voir Section 4-3).

Pour réfuter cette hypothèse, il suffit d'établir son impossibilité dans un cas simple. Considérons donc un ensemble E de N paires

1. Nous excluons aussi des mesures de corrélations entre éléments appartenant au même ensemble statistique (voir section 8-3).

U + V de particules de spin $\frac{1}{2}$ se trouvant dans un état singulet de spin[1]. Dans un tel cas l'équation (7-1) s'écrit

$$|\psi> = 2^{-\frac{1}{2}} (|u_+> \otimes |v_- > - |u_- > \otimes |v_+ >) \qquad (7\text{-}13)$$

où (en unités $\frac{\hbar}{2}$)

$$S_z^U |u_\pm > = \pm |u_\pm > \qquad (7\text{-}14)$$

et

$$S_z^V |v_\pm > = \pm |v_\pm > \qquad (7\text{-}14a)$$

et S_z^U et S_z^V sont — comme on dit — « strictement anticorrélés » puisqu'une application immédiate de la Règle 3 montre que les résultats (+, +) et (–, –) de mesures simultanées de S_z^U et S_z^V ont des probabilités égales à zéro.

D'après les formules (7-5), (7-6) et (7-13), l'ensemble statistique E_V des N particules V est décrit par l'opérateur statistique

$$\rho_V = 2^{-1} (|v_+ >< v_+| + |v_- >< v_-|) \qquad (7\text{-}15)$$

— dont $\{|v_+ >, |v_- >\}$ est un ensemble de kets propres —, et l'ensemble E_U des N particules U est décrit par un opérateur ρ_U donné par une expression similaire. Or, indéniablement, ρ_V décrit de façon correcte (en même temps, il est vrai, qu'une infinité d'autres mélanges) un mélange $\hat{E}_V$ constitué de deux cas purs $\hat{E}_+^V$ et $\hat{E}_-^V$, où $\hat{E}_+^V$ — de vecteur d'état $|v_+ >$ — est un ensemble de $\frac{N}{2}$ particules V ayant leur composante *z* de spin S_z^V égale à 1 (toujours en unités $\frac{\hbar}{2}$) et où $\hat{E}_-^V$ — de vecteur d'état $|v_- >$ — est, de même, un ensemble de $\frac{N}{2}$ particules V ayant leur S_z^V égal à – 1. Et, bien entendu, en raison de la manifeste symétrie U, V, ce qui précède reste exact après substitution partout de U à V. Mais *en dépit de tout cela,* il n'est pas

1. Voir, si nécessaire, l'Appendice 1 pour définitions et détails.

possible d'identifier de façon cohérente E_V à l'ensemble $\hat{E}_V$ ainsi défini, et E_U à un $\hat{E}_U$ défini de même.

La preuve de cette impossibilité est la suivante. Si une paire U + V de E était réellement constituée d'un élément de $\hat{E}_U$ et d'un élément de $\hat{E}_V$, il faudrait (comme conséquence de la définition même de $\hat{E}_U$ et $\hat{E}_V$), soit que sa composante U appartienne à $\hat{E}^U_+$ et sa composante V à $\hat{E}^V_-$ soit que sa partie U appartienne à $\hat{E}^U_-$ et sa partie V à $\hat{E}^V_+$ (les deux autres cas *a priori* possibles étant évidemment exclus du fait qu'ils entraîneraient des prédictions fausses concernant des mesures réalisables de corrélation entre S^U_z et S^V_z). Considérons alors l'ensemble E_+ des paires dont la composante U appartient à $\hat{E}^U_+$ (et dont la composante V appartient donc à $\hat{E}^V_-$). Puisque (a) par hypothèse il n'y a pas de variables cachées (hypothèse de complétude) et (b) l'ensemble des deux observables $\{S^U_z, S^V_z\}$ constitue un E.C.O.C. (ensemble complet d'observables compatibles) sur l'espace de Hilbert à quatre dimensions $H^U \otimes H^V$ des deux spins, E_+ ne peut pas différer de l'ensemble statistique $\hat{E}_+$ que l'on pourrait construire, simplement en mesurant S^U_z et S^V_z sur un ensemble statistique, très peuplé, de paires U + V (arbitrairement préparées), en choisissant les paires pour lesquelles les résultats de ces mesures sont + 1 et − 1 respectivement et en ne retenant que $\frac{N}{2}$ de celles-ci [preuve détaillée : (i) vu l'absence postulée de variables cachées, on sait que les règles quantiques s'appliquent tant à $\hat{E}_+$ qu'à E_+ (la dernière partie de la Remarque 1 de la section 4-4 lève tout doute éventuel quant à leur applicabilité à E_+) ; (ii) $\{S^U_z, S^V_z\}$ étant un E.C.O.C., $\hat{E}_+$ et E_+ peuvent l'un et l'autre, en raison de (i) et de la Règle 9 (chapitre 3), être décrits par un ket appartenant à $H^U \otimes H^V$; (iii) en vertu de la proposition A du chapitre 3, tant pour $\hat{E}_+$ que pour E_+, ce ket est nécessairement $|u_+ > \otimes |v_- >$ et est donc le même pour les deux. La non-existence de variables cachées garantit dès lors que $\hat{E}_+$ et E_+ coïncident.]. Le même raisonnement vaut, bien entendu, en ce qui concerne les deux ensemble $\hat{E}_-$ et E_- complémentaires des premiers. On voit donc qu'identifier E_V à $\hat{E}_V$ et E_U à $\hat{E}_U$ reviendrait à identifier E lui-même — l'ensemble des N paires — à un mélange $\hat{E}$ en proportions $\frac{1}{2}, \frac{1}{2}$ d'ensembles $\hat{E}_+$ et $\hat{E}_-$. Or, dans $H^U \otimes H^V$, E et $\hat{E}$ sont décrits par des opérateurs statistiques qui, non seulement diffèrent de façon formelle (l'un est un projecteur et l'autre pas), mais sont tels que cette différence est susceptible de mise à l'épreuve expérimentale (par étude des corrélations entre résultats de mesures de composantes de spin dans une direction autre que O*z*). En conclusion : l'hypothèse que E_V est physiquement identique à $\hat{E}_V$ et E_U à $\hat{E}_U$ a des conséquences qui sont fausses. Elle se trouve donc réfutée.

Puisque, comme on vient de le constater, le concept d'ensemble statistique du type $\hat{E}_V$ et celui d'ensemble statistique du type E_V ont des sens physiques différents, il est nécessaire, au moins dans les discussions relatives aux problèmes de fondements, de bien les distinguer dans le langage. On appelle [2] les mélanges de type $\hat{E}_V$ et de type E_V des mélanges *propres* et *impropres* respectivement[1].

Remarque 1. Dans l'exemple simple que nous venons de présenter, le résultat obtenu peut *a priori* paraître assez évident étant donné qu'en raison de la symétrie sphérique du système total, la direction Oz n'a aucun rôle privilégié. En conséquence, ρ_V [formule (7-15)] est tout simplement un multiple de l'opérateur unité, et cet opérateur statistique est aussi celui qui décrit n'importe quel mélange propre $\hat{E}^V_{\boldsymbol{n}}$ en proportions $\frac{1}{2}, \frac{1}{2}$ de particules de spin $\frac{1}{2}$ dont la valeur de la composante de spin *dans une direction* $\boldsymbol{n}$ *quelconque* est bien spécifiée (et égale à ± 1). Manifestement, E_V ne peut être physiquement identique à tous ces $\hat{E}^V_{\boldsymbol{n}}$ à la fois, qui, en tant que mélanges propres, sont physiquement différents les uns des autres (pensons aux manières possibles de les préparer en mélangeant deux cas purs de $S_{\boldsymbol{n}} = +1$ et -1). Mais cet argument fondé sur la symétrie ne joue pleinement que dans des cas particuliers, présentant une telle symétrie. Il n'en est pas fait usage dans la preuve ci-dessus, qui est donc de validité plus générale.

Remarque 2. Au vu du contenu de la Remarque 1, on pourrait à première vue se demander si, à défaut de pouvoir identifier E_V et E_U à deux mélanges propres particuliers, comme on a ci-dessus tenté de la faire, on ne pourrait pas identifier chacun d'eux à quelque mélange convenablement spécifié de, respectivement, plusieurs $\hat{E}^V_{\boldsymbol{n}}$ et plusieurs $\hat{E}^U_{\boldsymbol{n}}$. Mais une généralisation simple du raisonnement explicité ci-dessus (voir par exemple référence [3], section 7-2) montre que cela n'est pas possible. De sorte que l'on a le théorème suivant :

Théorème. Un mélange impropre ne peut, en général, être identifié à aucun mélange propre.

Remarque 3. Ce résultat peut être aisément étendu au cas où l'indice α dans la formule (6-1) de définition des mélanges propres varie de façon continue (de sorte que le nombre de cas purs E_α composant $\hat{E}_U$ est infini), et cela aussi longtemps que les $|\psi_\alpha>$ sont normalisables à l'unité. Le cas où les $|\psi_\alpha>$ sont normalisables à une fonction delta ne

1. Les expressions mélanges de *première* et *seconde* espèce sont également utilisées.

soulève pas, lui non plus, dans ce genre de questions, de difficultés véritables car de tels $|\psi_\alpha >$ représentent des situations idéalisées, et lorsque l'on traite, comme c'est ici le cas, de problèmes conceptuels on a le droit de s'appuyer sur l'existence connue des procédés mathématiques permettant de traiter ce genre de situations comme limites de cas dans lesquels les $|\psi_\alpha >$ sont normalisables.

Remarque 4. Qu'il soit bien clair que la preuve d'impossibilité ci-dessus donnée dépend de façon cruciale de l'hypothèse de complétude (absence de variables cachées). Si cette hypothèse est abandonnée, le cas pur E peut être considéré comme composé de deux sous-ensembles distincts, E_+ et E_-. Mais ces sous-ensembles ne sont pas quantiques.

Remarque 5. La pertinence de la distinction entre mélanges propres et impropres a été contestée [4] sur la base de l'observation que, en toute rigueur, si l'on ne postule pas au départ l'existence de systèmes physiques ayant des propriétés classiques et pouvant servir d'appareils à « fabriquer » des ensembles, les mélanges propres ne peuvent pas même être créés. La réponse à cela est que, certes, si le concept même de mélange propre réfère à des entités qui ne peuvent exister, il n'y a pas lieu de l'introduire. Mais d'un autre côté, adopter un tel point de vue oblige à admettre qu'est soit fausse, soit vide de sens la proposition selon laquelle, immédiatement après qu'une observable a été soumise à une mesure idéale, elle a la valeur qui a été trouvée. Les arguments relatifs à la différence entre mélanges propres et impropres sont proposés à l'intention des physiciens à tournure d'esprit « réaliste » qui penchent vers l'idée que, tout au contraire, la proposition en question a bien un sens et est vraie (voir section 4-3). Le problème connexe consistant à savoir de quelle manière il est possible d'affaiblir le sens du verbe « avoir » (ce qui pourrait éventuellement permettre de gommer ou même de faire disparaître la différence dont il s'agit) sera abordé au chapitre 15. D'un autre côté, soulignons que, ici aussi, c'est seulement la condition *nécessaire* de « contenu significatif du verbe avoir », telle que formulée en section 4-3, qui est ici utilisée (à la fois pour définir les mélanges propres et pour démontrer le théorème ci-dessus). Il n'est pas fait, ci-dessus, appel à la notion, liée au critère E.P.R. (voir chapitre 9), qu'une telle condition serait suffisante.

7-4. Homogénéité des ensembles

Cette section porte sur la question suivante, étudiée pour la première fois par J. von Neumann [5] : quand est-il possible de séparer un ensemble statistique E en deux ensemble différents (ou plus) ?

Il importe que les concepts mis en jeu dans l'énoncé de cette question soient explicités au départ. A cet effet, on formulera deux assertions.

L'assertion (a) concerne le sens même du verbe « séparer ». Quand nous affirmons qu'un ensemble statistique E de systèmes du type S peut être séparé en deux ensembles E_1 et E_2, nous ne voulons pas dire que l'on peut réellement effectuer l'opération. Ce que nous avons dans l'idée, c'est seulement la possibilité abstraite de considérer des ensembles E_1 et E_2 dont la somme des éléments est le nombre N d'éléments de E et qui soient tels que, *concernant toutes les observables appartenant aux systèmes du type S*, les fréquences statistiques (autrement dit les probabilités) d'éventuelles mesures de ces observables soient exactement les mêmes sur E que sur le mélange de E_1 et E_2 (par définition le mélange de E_1 et E_2 est simplement, dans ce contexte, l'ensemble statistique composé de tous les éléments de E_1 *plus* tous les éléments de E_2).

L'assertion (b) n'est, elle, rien d'autre qu'une définition du mot « différent ». Deux ensembles statistiques sont dits différents en ce qui concerne une certaine observable A, si les fréquences statistiques des résultats d'éventuelles mesures de A sont différentes sur l'un et l'autre ensemble. Deux ensembles statistiques sont dits différents s'il existe au moins une observable A en ce qui concerne laquelle ils sont différents (inutile de préciser qu'ici, comme partout ailleurs, le mot « observable » réfère exclusivement aux grandeurs dynamiques que la mécanique quantique conventionnelle considère comme telles, et non pas à quoi que ce soit qui participerait de la notion de variables cachées).

De la combinaison des assertions (a) et (b), il résulte qu'un ensemble E peut être séparé en deux ensembles *différents* E_1 et E_2 si et seulement si (i) les fréquences statistiques ci-dessus mentionnées (ou, ce qui revient au même, les valeurs moyennes) de toutes les observables sont les mêmes sur E et sur le mélange de E_1 et E_2 et (ii) certaines de ces fréquences statistiques (ou valeurs moyennes) sont cependant différentes, sur E_2, de ce qu'elles sont sur E_1 (et donc aussi de ce qu'elles sont sur E).

Si l'on fait l'hypothèse que tout opérateur hermitien représente une observable, alors, comme on l'a démontré plus haut, les matrices densité des ensembles considérés sont mesurables. Si un ensemble E peut être séparé en deux ensembles E_1 et E_2, cela implique dès lors que les opérateurs statistiques correspondant ρ, ρ_1 et ρ_2 doivent satisfaire à

$$N\rho = N_1\,\rho_1 + N_2\,\rho_2 \qquad (7\text{-}16)$$

où N, N_1 et N_2 sont respectivement les nombres d'éléments de E, E_1 et E_2, car, dans le cas contraire, les fréquences statistiques $Tr\,(\rho\, P_k^A)$ relatives à certaines observables A seraient différentes sur E de ce qu'elles sont sur le mélange de E_1 et E_2 (P_k^A est ici l'opérateur de projection qui projette sur le sous-espace propre relatif à la valeur propre a_k de A). Dans ces conditions, E peut être séparé en deux ensembles *différents* si et seulement si deux opérateurs statistiques différents ρ_1 et ρ_2 existent, satisfaisant à l'équation (7-16). Or, en considérant les conditions auxquelles la quantité $Tr(\rho^2)$ doit satisfaire, on démontre aisément que de tels opérateurs statistiques peuvent être trouvés seulement si ρ n'est pas un opérateur de projection.

Ainsi, si, par définition, on appelle *élémentaire* un ensemble statistique qui ne peut pas être séparé en deux sous-ensembles différents, on a la proposition suivante :

Proposition. Les ensembles statistiques élémentaires sont des cas purs (autrement dit sont descriptibles au moyen de vecteurs d'état) et les cas purs sont élémentaires.

Cette proposition appelle plusieurs remarques.

Remarque 1. On doit se rappeler que la validité de la proposition dépend de l'hypothèse que tous les opérateurs hermitiens correspondent à des observables ou de l'hypothèse que les matrices densités sont mesurables. Si ni l'une ni l'autre de ces hypothèses n'est tenue pour vraie, la proposition est fausse. Par exemple, si le monde était ainsi fait que, dans un certain référentiel, seule la composante z du spin était mesurable, un cas pur décrit par un vecteur propre de S_x ne serait pas élémentaire. Ceci tient au fait qu'en vertu de l'assertion (a) ci-dessus, il pourrait être séparé en plusieurs sous-ensembles, chacun étant décrit par un vecteur propre de S_z.

Remarque 2. Inversement, soit un opérateur statistique ρ satisfaisant à $\rho^2 \neq \rho$. L'ensemble correspondant, E, est un mélange et, sur cet ensemble, les valeurs moyennes de toutes les observables sont, bien entendu, données par ρ. Il est possible de montrer que toutes ces données peuvent être reproduites en introduisant un espace de Hilbert *H* englobant celui dans lequel ρ opère et en représentant E par un ket (donc en le décrivant comme un cas pur) dans cet espace *H*. C'est là une application de la construction — bien connue des experts — de Gelfand, Naimark et Segal. Si une telle opération est possible, c'est, bien entendu, parce que dans ce cas il y a des opérateurs hermitiens de *H* qui ne correspondent à aucune observable, de sorte que le cas pur considéré peut sans contradiction n'être pas élémentaire.

Remarque 3. Lorsque nous disons qu'un ensemble E peut être séparé en deux ensembles différents E_1 et E_2, il faut comprendre la proposition au sens très spécifiquement opératoire défini par l'assertion (a). En particulier, cela n'entraîne pas que, si les éléments de E ont antérieurement interagi avec d'autres systèmes, une corrélation éventuelle entre les éléments de E et ces systèmes soit correctement reproduite quand E est remplacé par le mélange de E_1 et E_2. En fait, il n'en est rien. Et c'est pour cette raison qu'il n'y a aucune contradiction entre le contenu de cette section et certains points établis dans la précédente. Quand on a affaire à un mélange impropre, tel le E_V de la section 7-3, on peut dire qu'il peut être « séparé » seulement si l'on ne tient pas compte (ce qui, encore une fois, est la position adoptée dans cette section-ci) de toute les mesures possibles de corrélation qui mettraient en jeu les composantes de spin du système U. Car c'est seulement alors que, sans courir le risque de faire des prédictions fausses, nous pouvons remplacer formellement ce mélange impropre par un mélange propre : et, bien entendu, seuls les mélanges propres peuvent être considérés comme composés de plusieurs sous-ensembles physiquement différents.

Références

1. G. Wick, A. Wightman et E. Wigner, *Phys. Rev.* **88**, 101 (1952).
2. B. d'Espagnat, *Conceptions de la physique contemporaine*, Paris, Hermann, 1965 ; Contribution to *Preludes in Theoretical Physics : In Honour of V.F. Weisskopf*, A. De Shalit, H. Festbach, L. Van Hove eds., North-Holland Publishing Compagny, 1966.
3. B. d'Espagnat, *Conceptual Foundations of Quantum Mechanics*, Reading, Mass., Addison-Wesley, 1971, 2ᵉ ed., 1976.
4. G.N. Fleming, in *The Mini-Course and Workshop on Fundamental Physics*, conférence donnée au Colegio Universitarión de Humacao, Universidad de Puerto-Rico, 1985.
5. J. von Neumann, *Mathematical Foundations of Quantum Mechanics*, New York, W.A. Benjamin, 1963.

8

États quantiques et non-séparabilité

La notion d'« état d'un système physique » occupe une position tellement centrale dans notre manière de penser et de raisonner qu'on imagine mal comment on pourrait s'en passer. D'un autre côté, cependant, certains traits remarquables du formalisme quantique, souvent regroupés sous le nom générique de « non-séparabilité », restreignent considérablement son domaine de validité. Dans une certaine mesure, les deux notions figurant dans le titre de ce chapitre sont par conséquent antagonistes. Aussi est-il bon de présenter en parallèle les développements les concernant.

Soulignons-le une fois encore : dans ce chapitre comme dans les précédents on s'en tiendra — sauf mention explicite du contraire — à la mécanique quantique dite « conventionnelle » ou « standard » ; autrement dit, nous poserons que cette mécanique est *complète*, au sens défini en section 4-2. Cela, bien entendu, n'implique en rien que les résultats que nous obtiendrons seront exclusivement valables dans ce cadre. Bien au contraire, nous constaterons plus loin que les principaux d'entre eux sont de validité plus générale. Mais pour des raisons de méthode, il convient en ces matières de n'avancer que pas à pas ; et c'est pourquoi nous nous bornons, dans ce chapitre, à l'examen de la mécanique quantique des manuels.

8-1. Enchevêtrement et non-divisibilité par la pensée (« globalité » de la mécanique quantique)

En guise de première caractérisation de la non-séparabilité (au sens large) de la physique quantique, il convient de noter que celle-ci réfute une conception du monde qui, pendant plusieurs siècles, servit de guide à la recherche scientifique. Il s'agit de la conception selon laquelle un système physique étendu peut — et doit — toujours être analysé en parties. En opposition avec une certaine pensée primitive, très volontiers globalisante, la pensée scientifique moderne, dès son début, adopta l'analyse comme règle fondamentale. Et, comme on le sait, cette nouvelle manière de penser se révéla être d'une fécondité sans pareille. Autrement dit, l'idée (inspirée de Descartes) que tout système physique étendu peut (et donc doit) être *divisé par la pensée* en éléments plus petits, plus localisés, liés par des forces, même si elle reste implicite, est l'une des vues fondamentales qui guidèrent la physique classique.

Bien entendu, cela ne signifie en rien que la physique classique ait ignoré ou ignore les quantités physiques « fonctions de *n* points », avec *n* supérieur à un. La notion d'énergie potentielle montre bien qu'il n'en est rien : celle d'un système de *n* « points matériels » liés par des forces est, en effet, en physique classique, une fonction de ces *n* points et cela n'aurait aucun sens de parler de « la valeur qu'elle a » en *un* point. Mais l'énergie potentielle n'est qu'une entité dérivée. Si, connaissant la formule générale, mathématique, qui, compte tenu des forces en jeu, donne l'énergie potentielle, nous connaissons, *en outre*, la position de chacun des points matériels composant un système donné, nous pouvons *calculer* l'énergie potentielle de ce système. Autrement dit nous n'avons pas besoin de — et nous ne pouvons même pas sans incohérence — nous donner sa valeur en tant qu'élément *additionnel* de la description du système. Or en fait, aussi bien en mécanique newtonienne que dans la théorie électromagnétique classique, les quantités physiques primaires (celles, telles les densités, les vitesses, les champs électriques et magnétiques, dont on dérive toutes les autres) sont des « fonctions d'un seul point ». Cela a un sens de parler des valeurs qu'elles ont en chaque point de l'espace et quand nous connaissons celles-ci *plus* les équations générales, nous pouvons tout calculer, y compris, bien sûr, les corrélations entre les diverses parties du système. Cela revient à dire qu'en physique classique, une fois données les lois de force (c'est-à-dire la fonction hamiltonienne générale) une connaissance complète de toutes les parties localisées d'un système (y compris, cela va de soi, les valeurs des champs en tous points) est toujours au moins concevable et que, si nous la possédons, elle nous fournit *ipso facto* la connaissance de toutes les quantités dérivées. En d'autres termes, la physique classique obéit à — ou du moins n'implique aucune flagrante contradiction avec — un principe de « divisibilité par la pensée » qui, schématiquement, s'exprime comme suit.

Divisibilité par la pensée (physique classique)

Tout système physique étendu — qu'il s'agisse d'un système de particules, de champs ou mixte — peut être considéré comme composé de parties qui sont localisées dans des régions de l'espace distinctes les unes des autres et qui sont, en droit, connaissables. Et, supposée connue la fonction hamiltonienne des systèmes du type de celui considéré, une connaissance complète des valeurs des grandeurs physiques attachées à chacune de ces parties fournit ipso facto *la connaissance du tout du système composé lui-même.*

Il est clair que le principe qui vient d'être énoncé encourage fort l'analyse. En cela il fut — et reste — grandement bénéfique à l'avancement des sciences. Mais, comme il va de soi, cette utilité qu'il présente ne peut, à elle seule, lui conférer un caractère de vérité indiscutable et absolue. Et, de fait, il sera montré ci-dessous que la physique quantique *réfute* l'idée qu'il aurait un tel caractère.

A cette démonstration nous procéderons par étapes. La première consiste à noter que la réfutation en question serait quasi immédiate aux yeux de qui estimerait que les vecteurs d'état fournissent, et sont seuls à fournir, une description complète des systèmes. Elle résulterait alors tout simplement du fait que le vecteur d'état qui décrit un système composé (étendu ou non dans l'espace) n'est pas, en général, un produit de vecteurs d'état appartenant chacun à l'espace de Hilbert d'une partie du système (en termes de fonctions d'onde ceci revient à observer qu'en général la fonction d'onde d'un système composé n'est pas le produit de fonctions d'onde dont chacune aurait pour variables les coordonnées d'une des composantes physiques du système). Ainsi, par exemple, considérons un système Σ constitué de deux systèmes physiques U et V (que l'on appellera ses « parties ») interagissant par des forces dépendantes ou non du temps (plus précisément, considérons un ensemble statistique de tels systèmes Σ). Même si Σ se trouve être, à l'instant t_0, descriptible par un simple produit de deux vecteurs d'état (ou de deux fonctions d'onde) attachés l'un à U et l'autre à V, son évolution, telle que déterminée par l'équation de Schrödinger dépendante du temps, a pour effet qu'en général, aux instants $t > t_0$, son vecteur d'état n'est plus un produit. Dans ces conditions il n'est plus possible, à l'instant t, de parler ni du « vecteur d'état de U » ni du « vecteur d'état de V », puisque de tels vecteurs d'état, tout simplement, n'existent pas (idem, bien sûr dans le langage des fonctions d'onde). A l'instant t, seul Σ a un vecteur d'état, de sorte que dans notre présente hypothèse de travail, une connaissance complète de U n'est pas même concevable (même chose pour V). Ce trait de la mécanique quantique lui est particulier et n'a pas d'analogue en physique classique. Schrödinger lui a donné le nom d'« enchevêtrement » (*entanglement* en anglais). On dit soit que Σ se trouve dans un état « enchevêtré », soit qu'il se trouve dans un état « non séparable mathématiquement ».

Mais pour compléter l'argument il faut, bien entendu, ne pas omettre de prendre en considération la thèse moins restrictive selon laquelle non seulement les vecteurs d'état, mais également les *opérateurs* d'état (matrices densités), sont susceptibles de fournir des descriptions adéquates, voire (selon certains) des descriptions *exhaustives* des systèmes physiques. S'il est vrai qu'à l'instant t ni U ni V n'ont de vecteur d'état, il n'en reste pas moins qu'à chacun de ces sous-systèmes de Σ peut être attaché un opérateur d'état, à savoir celui qui est obtenu en prenant la trace partielle de l'opérateur d'état de Σ sur l'espace de Hilbert du partenaire, comme explicité en section 7-2 ci-dessus. Il est vrai que l'ensemble statistique formé de tous les U, de même que celui formé de tous les V, est un mélange et non pas un cas pur. L'idée a cependant été soutenue qu'en un sens et au sein de certains contextes, la description au moyen de l'opérateur d'état serait « complète » ou « exhaustive » (le concept d'opérateur d'état est analysé plus en détail dans la section 8-3 ci-dessous) : il est clair que l'argumentation décrite plus haut ne peut être reprise telle quelle quand cette idée est adoptée.

Cette dernière remarque permet-elle de considérer qu'en ce qui concerne la question de la divisibilité par la pensée la mécanique quantique des manuels et la physique classique sont logées, en définitive, à la même enseigne ? Il n'en est rien car, rappelons-nous que, comme nous l'avons noté, en physique classique, lorsque les « lois de force » sont données, la connaissance exhaustive des parties fournit *ipso facto* une connaissance exhaustive du tout qu'elles forment. Or, dans la description quantique ici considérée, tel n'est pas le cas [1]. Même si l'on suppose acquise une connaissance complète de l'hamiltonien du système composé à chaque instant, la connaissance des opérateurs d'état de U et de V ne fournit pas, à elle seule, une connaissance exhaustive de Σ. En vérité, elle ne permet même pas de savoir si les résultats d'éventuelles mesures ultérieurement faites sur U et V séparément seront corrélés ou non. Si, par exemple, U et V sont des particules de spin $\frac{1}{2}$ et si Σ est dans un état singulet de spin, les opérateurs d'état de U et de V sont tous les deux représentés, en ce qui concerne le spin, par des matrices densités multiples de la matrice unité. A l'évidence, la connaissance de ces deux opérateurs d'état ne permet pas à elle seule de prédire que, si la même composante de spin est mesurée sur U et sur V, une corrélation stricte (négative) sera observée entre les résultats (de fait, ces deux matrices sont aussi celles qui décriraient U et V si ces systèmes n'étaient pas du tout corrélés). L'on doit donc dire que, concernant Σ, la connaissance en question n'est pas exhaustive. En d'autres termes, le principe de divisibilité par la pensée tel que formulé ci-dessus demeure violé, même lorsque la possibilité de décrire les systèmes par des opérateurs d'état est prise en compte.

Si l'on voulait décrire ce résultat en termes « réalistes », on dirait qu'il nous met face à un dilemme. Soit nous considérons que la réalité du système est décrite par sa fonction d'onde — et alors nous devons concéder que quand un système tel que Σ est dans un état enchevêtré il n'a, à proprement parler, pas de « parties » — soit nous conférons ce rôle descriptif non plus à la fonction d'onde — ou au vecteur d'état — mais bien à la matrice densité — ou à l'opérateur d'état — mais alors nous devons, semble-t-il, reconnaître que le « tout » (ici le système Σ) est plus que la réunion de ses parties (ici les systèmes U et V), et cela même à des instants où ces deux parties n'ont plus aucune interaction physique entre elles.

La conclusion est que la mécanique quantique des manuels viole inévitablement ce principe de *divisibilité par la pensée* que la physique classique nous avait habitués à considérer comme vrai. En d'autres termes, elle implique une *non-divisibilité par la pensée* qui apparaît alors comme un caractère fondamental de la mécanique en question.

Remarque

Corrélativement, l'ensemble statistique E_V des parties V des Σ n'est, comme nous le savons (section 7-3), qu'un mélange *impropre* (et même chose, bien sûr, pour U et E_U) ; ce qui implique qu'il ne peut pas être pensé comme composé de sous-ensembles purs dont les éléments « auraient » chacun une valeur définie d'une certaine ou de certaines observables(s) (celle ou celles dont seraient vecteurs propres les vecteurs d'état décrivant chacun de ces sous-ensembles). Par exemple, contrairement à notre intuition, nous ne pouvons pas concevoir E_V comme constitué d'un nombre fini ou infini de sous-ensembles $E^V_{\boldsymbol{n}}$ dans chacun desquels la composante $S^V_{\boldsymbol{n}}$ du spin de V selon une direction $\boldsymbol{n}$ aurait une valeur définie.

8-2. Indépendance à l'égard des paramètres et dépendance à l'égard du résultat

Quand un système composé S se trouve dans un état enchevêtré, comme c'est le cas en ce qui concerne les paires Σ considérées dans la section précédente, quelle que soit l'extension de S dans l'espace la non-divisibilité par la pensée — démontrée ici, répétons-le, dans le cadre de la mécanique quantique des manuels (pas de variables cachées) — interdit (dans ce cadre) toute description qui représenterait S comme composé de deux parties (ou plus) distinctes, distantes l'une de l'autre et dénuées d'interactions mutuelles. Elle suggère plutôt de le concevoir comme un « tout » étendu, ainsi que la structure même de la fonction d'onde le suggère. Mais bien entendu, il faut alors tenir compte du fait que lorsqu'une mesure est faite sur une des parties — disons sur U — la fonction d'onde de la paire doit normalement être « réduite », de sorte que l'autre partie — V — se voit soudainement attribuer une fonction d'onde, ou un vecteur d'état, qu'elle n'avait pas. Dans le cadre de certaines interprétations du formalisme ceci peut être compris comme signifiant qu'une espèce d'action à distance est soudain exercée, par la mesure faite sur U, sur le système V, lequel peut éventuellement se trouver à ce moment-là très loin du lieu où la mesure est effectuée. La question de savoir si — d'une manière générale — le concept d'une telle action à distance est acceptable fera l'objet d'un examen ultérieur, mais nous ne pouvons différer celui de la question suivante : est-ce que le fait qui vient d'être rappelé entraîne des effets *observables* d'action à distance qui seraient inconnus de la physique classique ?

Pour tirer cette question au clair, le mieux est de faire usage de deux propositions fermement établies (Jarrett [2], Bastide [3]) et qui constituent par là-même des points d'ancrage en cette matière. Elles ont été baptisées (Shimony [4]) « indépendance à l'égard des paramètres » et « dépendance à l'égard du résultat ». Ces notions seront définies de façon générale dans la section 8-5. Ici on les introduira d'une manière qui l'est moins mais permet mieux de saisir d'emblée leur contenu intuitif. Elle se fonde sur la considération explicite de systèmes qui, tels les paires $\Sigma = U + V$ visées aux sections 7-3 et 8-1, se trouvent manifestement dans un état enchevêtré (éventuellement en raison d'interactions antérieures entre leurs parties). Les propositions dont il s'agit concernent toutes deux la question de savoir si le résultat d'une mesure faite sur une des parties — disons sur V — dépend ou non de données relatives à une mesure effectuée sur une autre partie — disons sur U. *A priori* la probabilité du résultat en question pourrait dépendre, ou non, du résultat de la mesure faite sur U, et elle pourrait aussi — bien sûr — dépendre, ou non, des paramètres déterminant la nature de la grandeur mesurée sur U. Les expressions « dépendance — ou indépendance — à l'égard du résultat » et « dépendance — ou indépendance — à l'égard des paramètres » réfèrent aux quatre possibilités ainsi définies.

Dépendance à l'égard du résultat

Le fait, pour un système composé, d'être dans un état enchevêtré entraîne normalement la « dépendance à l'égard du résultat ». Dans le cadre, adopté dans le présent chapitre, de l'hypothèse de complétude c'est là une quasi-évidence une fois les termes définis. Ainsi par exemple, soit de nouveau un ensemble de N paires Σ de particules U et V de spin $\frac{1}{2}$ dans un état de spin total nul. Supposons que soit faite une mesure de la composante z, S_z^U du spin de U, et que son résultat soit + 1 (en unités $\frac{\hbar}{2}$). La probabilité *a priori* (par opposition à « conditionnelle ») que le résultat de la mesure de la composante z, S_z^V du spin de V soit − 1 (dans la même unité) est évidemment égale à $\frac{1}{2}$, puisqu'elle est, par définition, la limite (pour $N \to \infty$) du rapport du nombre de cas favorables au nombre total d'éléments de l'ensemble statistique considéré et puisque, pour des raisons évidentes de symétrie, les probabilités des deux résultats possibles sont égales. En revanche, la probabilité *a posteriori* (ou conditionnelle) de ce même résultat — c'est-à-dire la probabilité d'obtenir − 1 lors de la mesure de S_z^V sachant que la mesure de S_z^U a donné + 1 — est égale à 1 en raison de la corrélation stricte entre S_z^U et S_z^V elle-même due à ce que Σ est dans un état singulet. [Le fait que le formalisme entraîne cette corrélation peut, rappelons-le, être constaté de deux manières. On peut, soit calculer, au moyen du vecteur d'état de la paire et de la formule (3-4), la probabilité d'obtenir à la fois les deux résultats $S_z^U = +1$ et $S_z^V = -1$ et diviser celle-ci par la probabilité d'obtenir $S_z^U = +1$, ce qui fournit la probabilité conditionnelle cherchée, soit appliquer la Règle 10a du chapitre 3 et obtenir ainsi le ket décrivant le spin de V après la mesure de S_z^U ; il va de soi que les deux procédés conduisent au même résultat.] Le fait que les probabilités *a priori* et *a posteriori* sont différentes constitue ce que nous appelons le caractère « dépendance à l'égard du résultat » de la mécanique quantique.

Notons que la dépendance à l'égard du résultat ne fournit pas un procédé nouveau, plus puissant que ceux qui sont procurés par la physique classique, pour envoyer des signaux à distance (à vitesse supraluminale, par exemple). Cela tient essentiellement au fait que si le physicien qui effectue les mesures sur U peut bien décider du type de mesure qu'il choisit de faire, il ne saurait évidemment *décider* du résultat de cette mesure.

Indépendance à l'égard des paramètres

Un fait beaucoup moins évident est que l'enchevêtrement *ne* conduit *pas* à la « dépendance à l'égard des paramètres ». Bien, au contraire, on peut démontrer que *l'indépendance* à l'égard des paramètres est une règle qui ne souffre pas d'exception.

Dans l'exemple standard ci-dessus considéré des paires U + V, cette indépendance se vérifie très aisément par un calcul explicite : *quelle que soit* la composante de spin mesurée sur U, pour quiconque ignore le résultat de cette mesure, la probabilité qu'une mesure de

S_z^V fournisse le résultat — disons — + 1 demeure égale à $\frac{1}{2}$. Mais le point important est que l'indépendance à l'égard des paramètres est tout à fait générale. Cet aspect de la question, tôt aperçu [5] mais d'une manière peu précise, s'est révélé conceptuellement significatif. Une preuve explicite du fait que l'indépendance en question est conséquence du formalisme a été fournie par Eberhard [6] et une autre par Ghirardi, Rimini et Weber [7]. On en donnera ici une troisième [8], très simple, fondée sur la formule de Wigner.

Supposons de nouveau que le système étudié, Σ, se compose de deux sous-systèmes U et V. Soient A et B deux observables, mesurées respectivement sur U à l'instant t_A et sur V à l'instant t_B, et soient a_i et b_m les résultats correspondant. Nous supposons $t_A < t_B$. Soit $|\psi>$ le vecteur d'état (enchevêtré) du système composé et soient en outre P_i^A (t) et P_m^B (t) les opérateurs de projection, en représentation de Heisenberg, correspondant respectivement à une mesure de A fournissant le résultat a_i et à une mesure de B fournissant le résultat b_m (dans l'exemple standard, U et V sont supposés se propager librement de sorte que les opérateurs de spin de la représentation de Heisenberg coïncident avec ceux de la représentation de Schrödinger).

Pour la probabilité $w_{i,m}$ que les résultats des mesures soient a_i et b_m, la formule de Wigner (6-38) donne

$$w_{i,m} = Tr\,[P_m^B\, P_i^A\, \rho\, P_i^A] \tag{8-1}$$

Formule d'où l'on déduit immédiatement la probabilité w_m que la mesure de B donne le résultat b_m, quel qu'ait été celui de la mesure (antérieure) de A, sachant seulement que cette mesure a été faite. Comme les divers résultats de mesure sont mutuellement exclusifs, w_m est simplement la somme sur toutes les valeurs de i des $w_{i,m}$, d'où

$$w_m = \Sigma_i\, Tr\,[P_m^B\, P_i^A\, \rho\, P_i^A] \tag{8-2}$$

Cette formule est très générale puisqu'elle s'applique quelle que soit la nature du système considéré et celle des observables A et B. Mais ici nous avons affaire à un système composé, dans lequel A appartient à la composante U et B à la composante V. En d'autres termes, l'opérateur A agit dans l'espace de Hilbert H^U de U et l'opérateur B dans l'espace de Hilbert H^V de V : et, bien entendu, il en va de même pour, respectivement, les projecteurs P_i^A et P_m^B, de sorte que

$$[P_i^A, P_m^B] = 0 \tag{8-3}$$

En conséquence, et en vertu d'une propriété connue de la trace (voir Appendice 1) :

$$w_m = \Sigma_i \, Tr \, [P_i^A \, P_m^B \, \rho \, P_i^A] = \Sigma_i \, Tr \, [P_i^A \, P_i^A \, P_m^B \, \rho]$$

Mais $P_i^A \, P_i^A = P_i^A$ puisque P_i^A est un projecteur, et par conséquent :

$$w_m = \Sigma_i \, Tr \, [P_i^A \, P_m^B \, \rho] = Tr \, [\Sigma_i \, P_i^A \, P_m^B \, \rho]$$

(linéarité de la trace)

$$= Tr \, [P_m^B \, \rho] \tag{8-4}$$

(puisque $\Sigma_i \, P_i^A = 1$).

Mais la formule (8-4) n'est autre que celle qui exprime la probabilité que le résultat b_m soit obtenu lorsque, sur Σ, on ne mesure que B. Cela prouve que le fait d'effectuer ou non, avant une mesure portant sur V, une mesure portant sur U ne change rien aux probabilités concernant la mesure portant sur V. C'est ce qu'il fallait démontrer.

Contrairement à la dépendance à l'égard des résultats, celle à l'égard des paramètres, si elle existait, pourrait constituer un moyen de communication à distance. Il suffirait pour cela que les opérateurs aient convenu à l'avance d'un code en écriture Morse. Le fait qu'elle n'existe pas élimine une telle possibilité, et, par conséquent, la réponse à la question posée au début de cette section est négative. La corrélation à distance ici analysée n'entraîne aucun des effets expérimentaux directement observables qui, s'ils étaient présents, établiraient sans ambiguïté aucune l'existence d'effets d'action à distance provenant de l'enchevêtrement.

Remarque 1

La preuve ci-dessus est fondée sur l'usage de la formule de Wigner, c'est-à-dire, de façon générale, sur la Règle 10a. Étant donné que, comme on l'a vu (chapitre 3, Remarque 8), la mesure d'un jeu incomplet d'observables qui commutent n'obéit pas nécessairement à la Règle 10a, un espoir pourrait subsister (dans des cas plus complexes que celui de l'exemple standard) d'échapper aux conclusions qui précèdent. Les preuves des références [6] et [7] sont plus générales en ce qu'elles ne prennent appui sur aucun postulat de projection. Elles établissent donc que l'espoir en question doit être abandonné.

Remarque 2

Bien entendu, si nous avions affaire à des ensembles statistiques de systèmes *classiques* à corrélations, ni la dépendance à l'égard du résultat ni l'indépendance à l'égard des paramètres n'auraient quoi que ce soit de surprenant. Bien au contraire, elles apparaîtraient dans ce cadre comme des conséquences évidentes de la structure supposée de ces systèmes. Mais, dans le cas classique, l'explication de la corrélation entre résultats de mesures s'appuie fondamentalement sur l'existence de différences physiques entre les divers systèmes composés constituant l'ensemble statistique considéré (explication par « causes communes »). Dans le cas de systèmes quantiques se trouvant dans un état enchevêtré du type « cas pur » (c'est le cas ci-dessus étudié), une telle explication est — en tout cas en mécanique quantique conventionnelle — *a priori* exclue puisque de telles différences physiques correspondraient à des valeurs différentes de certains paramètres cachés et que, par hypothèse, les paramètres cachés n'existent pas. Ce qui fait que la corrélation observée (et prédite par le formalisme) implique la non-divisibilité par la pensée, conclusion hautement non élémentaire. De ce fait, l'indépendance à l'égard des paramètres n'a, dans le cas quantique, rien d'intuitif.

Remarque 3. Dépendance à l'égard du résultat et théories objectives locales

La notion de *théories objectives locales* fut introduite par Clauser et Horne [9] dans un contexte plus général que celui considéré dans ce chapitre. Leur définition revient à poser qu'une théorie est objective et locale si elle satisfait à l'indépendance à l'égard des paramètres et si, lorsqu'est totalement spécifié l'*état objectif,* λ, d'un système composé étendu tel que la paire Σ de la section 8-1, l'égalité

$$(\mathrm{B}|\lambda, \mathrm{A}) = (\mathrm{B}|\lambda) \qquad (8\text{-}5)$$

est vérifiée — où $(\mathrm{X}|\mathrm{Y})$ dénote la « probabilité de X si Y » et où A(B) est le résultat d'une mesure effectuée sur la partie U(V) de Σ — pourvu que ces deux mesures soient effectuée dans des régions suffisamment éloignées l'une de l'autre pour qu'il n'y ait pas possibilité d'actions à distance s'exerçant de l'une à l'autre (par exemple, il pourrait s'agir de régions *d'espace-temps* spatialement séparées). Ici l'expression « état objectif » désigne, dans le cadre d'une philosophie réaliste, la réalité individuelle du système physique « tel qu'il est vraiment ». Lorsqu'une telle philosophie est combinée avec l'hypothèse de travail ici considérée (l'hypothèse de complétude telle que définie en section 4-2), l'état objectif en question ne peut être que l'état quantique, lequel, dans le cas présent, est décrit par le vecteur d'état de Σ. L'équation (8-5) coïncide alors avec la condition d'indépendance à l'égard du résultat des probabilités expérimentalement mesurables. Comme cette dernière condition est, nous l'avons vu, violée par la mécanique quantique conventionnelle, il s'ensuit que, selon les termes employés par Clauser et Horne, la mécanique quantique conventionnelle n'est pas une théorie objective locale.

8-3. États et opérateurs statistiques

Nous notions plus haut qu'il y a imbrication étroite entre la question de la non-séparabilité et celle des modes de description de l'état quantique. Nous reviendrons sur la première mais nous devons d'abord brièvement considérer la seconde.

La notion d'opérateur statistique décrivant un mélange a été définie en section 6-6 où l'on a également vu que la plupart des auteurs étendent aux mélanges la notion d'*état quantique*, initialement définie pour les cas purs. On a reconnu que, dans ces conditions, il est approprié d'appeler les opérateurs statistiques « opérateurs d'état ».

Lorsque cette convention est adoptée, on considère que les états des systèmes physiques sont *de façon générale* décrits par des opérateurs d'état, et que ceux d'entre eux qui sont descriptibles au moyen de vecteurs d'état ne sont que des cas particuliers : ceux dont l'opérateur statistique est un projecteur unidimensionnel $|\psi><\psi|$. Comme il a déjà été signalé, cette convention permet de reformuler et de généraliser les règles de base de la mécanique quantique, ce qui, pour ce qui est de maints problèmes d'application, représente un avantage considérable. En mécanique statistique quantique, par exemple, l'opérateur d'état — ou la matrice densité correspondante — est une entité qui, à beaucoup d'égards, correspond étroitement à la « densité dans l'espace des phases » de la mécanique statistique classique : et à ce titre, cet opérateur d'état joue un rôle fondamental dans la description de l'évolution dans le temps des systèmes décrits par la mécanique statistique quantique.

Comme on l'a également noté, l'opérateur d'état est, d'autre part, d'une certaine utilité dans l'étude des propriétés d'ensembles statistiques de *sous-systèmes* de systèmes physiques complexes : et cela bien qu'il soit incorrect — on a vu pourquoi — de prétendre déduire de ceci que le passage de la notion de *vecteur* à celle d'*opérateur* d'état élimine la non-divisibilité par la pensée. Mais, ce problème-là mis à part, d'autres questions doivent aussi être considérées quand on décide d'associer des opérateurs statistiques aux états. Ce sont elles qui font l'objet de cette section. L'une d'elles concerne le fait que lorsqu'un opérateur statistique ρ n'est pas un opérateur de projection, il existe non pas une seule mais bien une infinité de manières de le représenter comme une combinaison linéaire d'opérateurs de projection. Pour ne donner qu'un seul exemple, considérons le cas où, dans la formule (6-1), les $|\phi>$ ne sont pas tous mutuellement orthogonaux. Comme noté en section 6-2, nous pouvons toujours diagonaliser ρ et, puisque cet opérateur est hermitien, les vecteurs propres $|k>$ ainsi obtenus sont, eux, automatiquement orthogonaux entre eux, ce qui fait qu'ils ne peuvent être identiques aux $|\phi>$. Il n'empêche que ρ, qui, par hypothèse, peut être écrit sous la forme (6-1) peut aussi, du point de vue mathématique, s'écrire sous la forme

$$\rho = \Sigma_k p_k |k><k| \tag{8-6}$$

La question est donc : est-il possible que les membres de droite des formules (6-1) et (8-6) décrivent un seul et même ensemble statistique, ce qui est une condition logiquement nécessaire s'ils sont censés décrire le même « état » ?

La réponse est : *oui* cela est possible, mais seulement à un certain prix. Un prix qui, à la vérité, pourra paraître prohibitif à ceux qui considèrent que la physique a pour but premier de décrire « ce qui existe réellement », plutôt que des construits abstraits. Pour nous faire une idée de son importance [10], considérons deux procédés permettant de préparer un faisceau non polarisé de particules de spin $\frac{1}{2}$. Le procédé I consiste à mélanger, au moyen d'électro-aimants appropriés, deux faisceaux d'égale intensité, polarisés l'un et l'autre à cent pour cent, l'un dans la direction $+Oz$ et l'autre dans la direction opposée. Le procédé II est identique au précédent à ceci près que les directions $\pm Oz$ y sont remplacées par les directions $\pm Ox$. Peu importe que, dans la pratique, ces deux procédés soient légèrement plus compliqués que la méthode usuelle, laquelle consiste simplement à préparer le faisceau sans soumettre les particules à l'influence de quelque champ magnétique que ce soit. Puisque, dans ce dernier cas, nous n'hésitons pas, d'ordinaire, à dire que le faisceau est la réalisation matérielle d'un ensemble statistique, et donc à lui attribuer une matrice densité, à savoir

$$\rho = \frac{1}{2}\begin{pmatrix} 1 & 0 \\ 0 & 1 \end{pmatrix} \qquad (8\text{-}7)$$

on ne voit pas pourquoi il faudrait s'abstenir de s'exprimer de même en ce qui concerne les faisceaux préparés par les procédés I et II. Mais la difficulté est que la matrice densité qui doit alors être attribuée à l'ensemble en question se trouve, dans chacun de ces deux cas, être exprimée par la formule déjà écrite (8-7) (et c'est pourquoi on dit que les faisceaux préparés par les procédés I et II sont bien non polarisés).

Dans ces conditions, doit-on dire que les ensembles statistiques préparés par ces deux procédés sont identiques ? Si nous répondons « non, manifestement ils ne le sont pas puisque nous savons qu'ils sont composés différemment », cet argument risque d'être qualifié de « non convaincant », voire de « métaphysique » par les physiciens les plus prudents ou (ce qui revient au même) les plus strictement axés sur les « modes opératoires de penser ». Car ils feront valoir que seule une différence expérimentalement décelable entre les prédictions découlant de l'une et de l'autre de ces « données factuelles » pourrait établir que ces deux ensembles sont différents. D'où la question : une telle différence peut-elle être trouvée ? La réponse est *oui* comme on va le voir, à la seule condition que nous considérions ces deux ensembles comme étant ce qu'après tout ils sont *physiquement* : à savoir des systèmes de particules (dénuées d'interactions mutuelles). En effet, il est alors clair qu'ils doivent être considérés comme obéissant aux mêmes lois que n'importe quel système physique, celles, autrement dit, de la mécanique quantique. Celles-ci — faut-il le rappeler ? — ont été énoncées au chapitre 3 comme portant sur des ensembles statistiques. Pour pouvoir ici les appliquer, il nous faut par conséquent considérer des ensembles statistiques de tels faisceaux. De tels ensembles peuvent en principe être préparés et donc soumis à des mesures statistiques. Par exemple, les fluctuations de la quantité

$$\Sigma_z = \sum_{n=1}^{N} \sigma_{z,n} \qquad (8\text{-}8)$$

où $\sigma_{z,n}$ est (le double de) la composante z du spin de la nième particule du faisceau et N le nombre de ces particules, peuvent « en droit » être mesurées expérimentalement sur des (ensembles de) faisceaux préparés par chacun des deux procédés. Or selon les règles de la mécanique quantique, ces fluctuations ne sont pas les mêmes dans les deux cas. En fait, elles sont caractérisées par les écarts types

$$\sigma_I = 0, \quad \sigma_{II} = \sqrt{N} \tag{8-9}$$

de sorte que les faisceaux préparés par les méthodes I et II pourraient, en principe, être distingués l'un de l'autre. De même, les faisceaux préparés par la méthode I pourraient, en principe toujours, être distingués des faisceaux non polarisés préparés par une troisième méthode, celle consistant à préparer dans un état singulet de spin N paires de particules U et V de spin $\frac{1}{2}$ et à ne conserver que les particules V (ce qui revient à constituer un mélange impropre de ces particules, voir section 7-3). Ce dernier point tient à ce que, là aussi, l'écart type du Σ_z de tels faisceaux est $\sqrt{N}$ (bien entendu, une telle mesure de fluctuations faite sur Σ_x permettrait de distinguer ces faisceaux de ceux produits par la méthode II). On peut noter que cette possibilité de distinguer expérimentalement les faisceaux préparés par la méthode I des autres reste applicable, en principe, même dans les cas où le nombre N de particules constituantes n'est pas entièrement sous notre contrôle et peut donc varier d'un faisceau à l'autre. Il suffit que ces variations (tout comme celles qui affectent les nombres de particules de $S_z = +\frac{1}{2}$ et de $S_z = -\frac{1}{2}$ dans chacun des faisceaux) soient appréciablement inférieures à $\sqrt{N}$, condition qui pourrait bien être techniquement réalisable.

Si maintenant on fait retour au procédé consistant à définir un état par un opérateur statistique, on doit en premier lieu se demander si l'on considère comme acceptable l'idée que deux systèmes physiques S et T puissent être dits se trouver dans le même état, même dans le cas où un ensemble de répliques à l'identique de S et un ensemble de répliques à l'identique de T conduisent à des prédictions différentes relativement à telle ou telle observable. Si, comme il est probable, on répond *non*, ce qui précède montre qu'on ne peut *définir* un état au moyen d'un opérateur statistique au sens strict (c'est-à-dire ne correspondant pas à un cas pur) qu'au prix d'avoir à reconnaître que les ensembles statistiques au sujet desquels la mécanique quantique fournit des prédictions d'observation ne sont rien d'autre que des construits abstraits. Or, certes, de tels construits abstraits (où l'on peut faire N infini : on les appelle ensembles statistiques de Gibbs) sont d'une grande utilité opératoire. Mais, comme on vient de le voir, leur sens ne peut être extrapolé *au-delà* du domaine de l'opératoire (c'est-à-dire de la pure prédiction d'observations) puisque l'on doit s'interdire de les considérer comme des systèmes physiques composés. Par conséquent, il convient de garder présent à l'esprit le fait que, lorsqu'un « état » est défini au moyen d'un opérateur statistique non « cas pur », ce mot d'« état » doit n'être pris que dans un sens restreint, purement opératoire, et qui par conséquent n'incorpore qu'une facette particulière de la signification que nous conférons normalement d'instinct au mot « état ». Cela dit, reste ouverte la question de savoir si une telle limitation joue aussi en ce qui concerne les cas purs. Dans la section 10-12, nous ferons connaissance avec certains problèmes relativistes montrant, en fait, que l'idée d'interpréter les vecteurs d'état eux-mêmes comme des descriptions d'états *physiques* soulève des difficultés.

8-4. La causalité locale et sa violation

Dans le cadre de nos idées intuitives, la réduction du paquet d'ondes lors d'une mesure, réduction que décrivent les Règles 10 et 10a du chapitre 3, paraît bien impliquer une certaine non-localité. En effet, selon ces règles, une mesure effectuée sur la partie U d'un système étendu $\Sigma = U + V$ tel que celui considéré dans l'exemple standard des deux spins entraîne la « création » d'un ket (non préexistant) spécifiquement attaché à la partie V, et cela, quelle que soit la distance à laquelle se trouve celle-ci. Mais les règles en question, du fait qu'elles sont de nature exclusivement opératoire, ne peuvent directement nous renseigner sur des traits qui impliqueraient une éventuelle « signification ontologique » de la fonction d'onde ou du vecteur d'état. Ces entités pourraient n'être que de simples outils mathématiques servant à prédire des corrélations entre observations, et leur réduction à distance pourrait alors ne pas impliquer d'effets *physiques* à distance. Si nous sommes soucieux d'éviter les prises de position hâtives concernant un point aussi délicat — toutes les questions ontologiques sont délicates et celle-ci plus qu'aucune autre — nous ne pouvons donc nous fonder sur la seule remarque qui précède pour affirmer que la mécanique quantique est une théorie non-locale. Dans cette section et la suivante nous cherchons donc à savoir si, oui ou non, une certaine « non-localité » de la mécanique quantique peut être mise en évidence même dans le cadre d'une approche plus prudente de la question : approche dans laquelle on se gardera d'attribuer la « réalité » à un concept sur la seule base du fait qu'il est un élément majeur d'un procédé totalement efficace de prédiction d'observations.

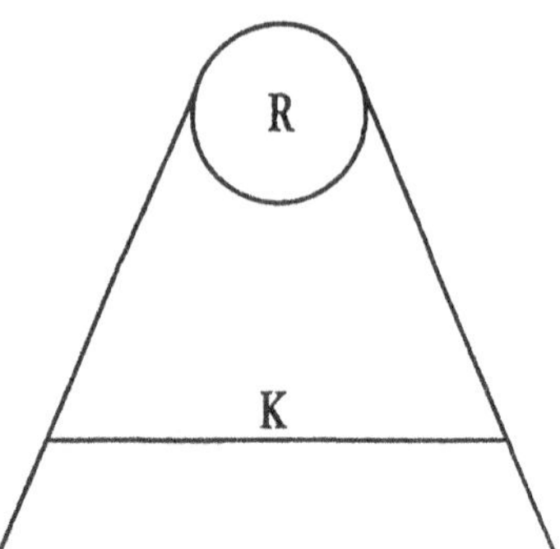

Fig. 8-1. Une *région d'espace-temps* R, son *cône de lumière arrière (ou « passé »)* et une tranche K *du « genre espace »* de ce cône de lumière passé.

Dans cette perspective, notons d'abord avec John Bell [11] qu'en théorie de Maxwell les valeurs des champs dans une région R de l'espace-temps sont déterminées par celles que ces champs ont dans une tranche K, du « genre espace », du cône de lumière arrière de R (fig. 8-1). Étant donné que K est limité, donc, en un sens, localisé, cette remarque conduit à énoncer l'idée que la théorie de Maxwell présente un déterminisme *local*. En ce qui concerne la mécanique quantique, celle-ci n'est certes pas une théorie déterministe ; mais même à une théorie indéterministe on serait *a priori* tenté d'attribuer des caractères de localité qui généraliseraient le précédent. Intuitivement, autrement dit, nous nous attendrions à ce que, si S est une région de l'espace-temps spatialement séparée de R — c'est-à-dire entièrement située hors du cône de lumière de R, (voir fig. 8-2) — aucun événement de S ne puisse être cause d'un événement de R.

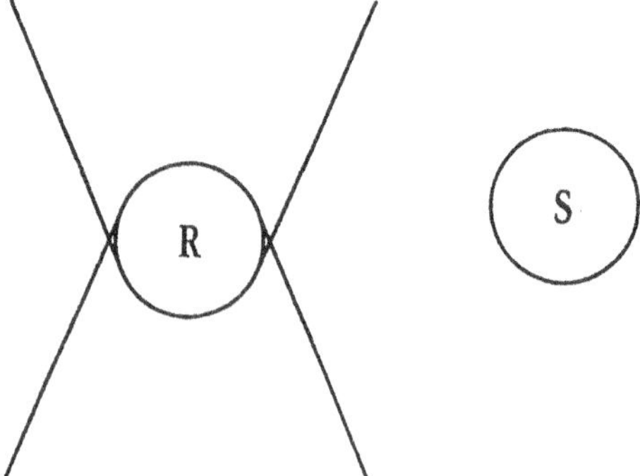

Fig. 8-2. Deux régions d'espace-temps, R et S, *spatialement séparées* l'une de l'autre.

L'idée, bien entendu, ne signifierait pas que les événements des deux séries ne peuvent pas être corrélés car, tout comme dans la théorie de Maxwell, ils pourraient avoir des causes communes situées dans l'intersection des cônes de lumière arrière de R et de S. Mais elle signifierait que la causalité se propage, en définitive, d'un événement à l'autre par des suites d'événements intermédiaires voisins, séparés par des intervalles du genre temps, chaque événement agissant en tant que cause directe de celui qui lui succède immédiatement, de sorte que même les causes indirectes d'un événement ne seraient pas plus éloignées de celui-ci que la vitesse de la lumière ne le permet.

Ces idées sont encore un peu intuitives, et pour leur donner une formulation plus stricte il faut se rappeler que — comme Hume l'a, jadis, souligné — « l'évidence de sens » apparente que présente le mot de « cause » est, en réalité, largement illusoire. De sorte que, sauf à avoir préalablement défini ce mot (ce que nous n'avons pas fait ci-dessus), il est préférable d'éviter de l'utiliser. Ceci est possible si l'on note que, lorsque l'on fait sienne la manière de voir précédemment décrite, il y a une hypothèse qu'il est tout naturel de faire. Cette hypothèse est que quand les événements situés à l'intérieur d'une tranche du genre espace du cône de lumière arrière de R (telle que K dans la figure 1) sont spécifiés d'une manière suffisamment précise, toute éventuelle information additionnelle relative à ce qui se passe dans S devient, par le fait même, « redondante », c'est-à-dire ne peut modifier les probabilités estimées d'événements ayant lieu dans R. De telles considérations conduisirent John Bell à formuler un principe de « causalité locale » qu'il énonça comme suit [12] :

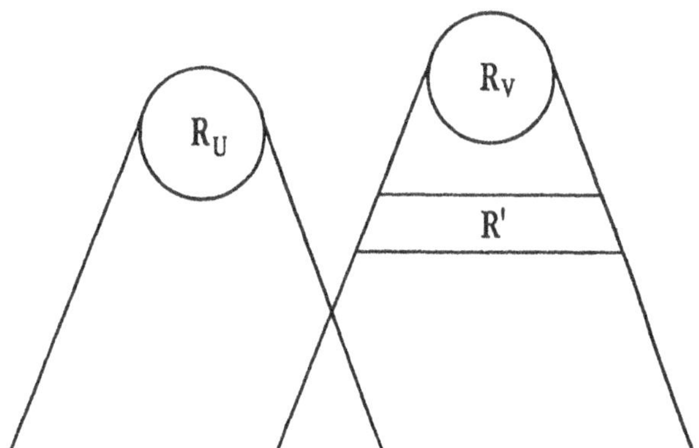

Fig. 8-3. Une région d'espace-temps R′ séparant totalement la région R_V de l'intersection des cônes de lumière arrière de R_U et R_V.

Causalité locale.

Une théorie est localement causale si les probabilités d'événements se produisant dans une certaine région d'espace-temps R_V ne sont pas modifiées par une information concernant des événements qui se produisent dans une région d'espace-temps R_U spatialement séparée de R_V, lorsque ce qui se produit dans le cône de lumière passé de R_V est déjà suffisamment spécifié : par exemple par une spécification complète de tous les événements qui ont lieu dans une région R′ (fig. 8-3) séparant totalement R_V de l'intersection des cônes de lumières arrières de R_U et R_V.

Il résulte de ce qui précède que la causalité locale est bien une généralisation naturelle du déterminisme local aux théories où le déterminisme n'a pas cours. Il semble même que c'en soit la généralisation *la plus* naturelle. Dans ces conditions, on ne peut que considérer comme philosophiquement très important le fait suivant : la mécanique quantique conventionnelle (celle des manuels) *viole* le principe de causalité locale ; et cela est vrai aussi de sa version relativiste, connue sous le nom de théorie quantique des champs. Pour voir qu'il en va bien ainsi, imaginons par exemple — suivant en cela, de nouveau, John Bell — qu'un noyau isolé d'atome d'un corps radioactif β — est complètement entouré, mais à grande distance, de compteurs Geiger, le tout étant rigoureusement protégé du rayonnement cosmique, etc. En raison de cette radioactivité, un compteur spécifié quelconque a alors, durant un laps de temps bien défini, une certaine probabilité, non nulle, de se décharger (de « faire clic »), alors qu'est nulle, au contraire, la probabilité que ce même événement ait lieu *si*, durant ce même intervalle de temps, un autre compteur, éloigné du premier, fait clic. Se pourrait-il que cette différence soit due à une spécification incomplète des grandeurs dynamiques décrivant l'état de choses à l'intérieur d'une région telle que R′ (fig. 8-3) ? *Non*, si nous nous en tenons à l'hypothèse que la mécanique quantique est complète dans le sens habituel du terme, tel que précisé au chapitre 4. En effet, il n'y a alors, par hypothèse, pas de paramètres physiques susceptibles d'influencer les résultats et qui soient autres que ceux spécifiant le vecteur d'état. Relativement au calcul de la probabilité qu'un compteur d'une région R_V fournisse tel ou tel résultat, il est donc interdit d'espérer rendre « redondante » ou « superflue » l'information relative à la décharge ou non-décharge d'un compteur d'une autre région R_U en référant à des valeurs de paramètres additionnels, relatifs à quelque région R′. Vu que dans un montage expérimental tel que celui considéré les régions spatio-temporelles R_U et R_V peuvent, en principe, être dans « l'ailleurs » l'une de l'autre, la différence que l'on a notée entre les probabilités *a priori* et *a posteriori* du déclenchement d'un compteur constitue donc bien une violation de la causalité locale.

Remarque

Comme on le sait, la raison principale de l'intérêt porté à la notion de causalité locale ne tient pas à sa violation par la mécanique quantique standard. Elle réside dans le fait que cette causalité locale est également violée par toute théorie conduisant aux mêmes prédictions que la mécanique quantique relativement à certaines expériences réalisables (telles celles mettant en jeu les paires Σ considérées plus haut) et dans laquelle l'expérimentateur est supposé avoir, à chaque instant, le choix de la mesure qu'il va effectuer. Telle est l'information fournie par le théorème de Bell — plus précisément par Bell 2 — comme il est exposé au chapitre 9.

8-5. Non-localité, non-séparabilité, etc.

Divers points doivent encore être abordés. Certains sont de nature sémantique. Ils portent sur les rapports entre concepts désignés sous des noms variés dans la littérature spécialisée, ainsi que sur certaines différences existant entre les sens parfois donnés à un seul et même terme par des auteurs et en des contextes différents. D'autres points sont plus fondamentaux. Commençons par ces derniers.

a) Retour aux notions d'indépendance à l'égard des paramètres et de dépendance à l'égard des résultats

La formulation ci-dessus donnée à l'hypothèse de causalité locale a pour vertu d'être compacte. Mais dans le cadre de telle ou telle analyse épistémologique, il peut être utile de la rendre moins compacte en la séparant en une hypothèse d'indépendance à l'égard des paramètres et une hypothèse d'indépendance à l'égard du résultat. La chose est aisée [13]. L'expression de l'indépendance à l'égard du résultat s'obtient au moyen d'un léger changement dans la formulation de la causalité locale, changement consistant à remplacer le membre de phrase : « les événements qui se produisent dans une région d'espace-temps R_U » par le membre de phrase : « le résultat d'une mesure effectuée dans une région d'espace-temps R_U ». De même, l'hypothèse d'indépendance à l'égard des paramètres s'obtient en remplaçant le même membre de phrase par : « ce qui est fait dans R_U (choix et mise en œuvre d'une mesure par exemple) ». Ces formulations nouvelles des deux hypothèses en question sont à considérer comme des formulations précises et générales des notions déjà introduites en section 8-2[1]. C'est parce que la mécanique quantique conventionnelle viole l'*indépendance à l'égard du résultat* qu'elle viole la causalité locale.

b) Un mot relatif à la sémantique

Lors de l'apparition du théorème de Bell, il fut tout de suite évident que certaines expressions auraient à être forgées pour exprimer son sens et sa portée. Comme il advient souvent en de telles circonstances, il y eut un certain flottement dans le processus, qui fit que des mots tels que *localité, séparabilité*, etc., et leurs contreparties négatives, n'ont pas toujours exactement le même sens dans les écrits de différents auteurs et que parfois aussi plusieurs sont utilisés, par des auteurs différents, pour désigner le même concept. Dans ces conditions, le mieux est de définir ici les conventions sémantiques qui seront utilisées *dans cet ouvrage-ci.*

En premier lieu, étant donné que la causalité locale apparaît comme étant violée, il faut un nom pour désigner cette violation. A cet effet, deux expressions sont disponibles dans la littérature spécialisée : non-séparabilité et non-localité. Le terme de *non-séparabilité* paraît le plus approprié dans les contextes comportant l'hypothèse de complétude, puisque alors la violation dont il s'agit s'identifie essentiellement à la non-divisibilité par la pensée et — comme noté par Zeh [14] — est non pas dynamique mais, pourrait-on dire, cinématique. D'un autre côté, lorsque l'hypothèse de complétude n'est pas faite, comme c'est le cas dans la plupart des développements relatifs au(x) théorème(s) de Bell, le mot de non-localité est celui qui traduit le mieux l'état de choses existant puisque, dans les théories à variables supplémentaires, les particules composant un système physique étendu se voient attribuer une sorte d'existence individuelle bien qu'elles *interagissent* de façon non locale. Dans ce qui suit, les deux mots sont par conséquent utilisés mais avec « techniquement » le même sens, que nous choisissons assez large : ils désignent la violation *soit* de la thèse « causalité locale *plus* libre choix des expériences » — c'est-à-dire de la prémisse de Bell 2 (voir chapitre 9) — *soit* des prémisses de Bell 1, *soit* encore de celles de Bell 3 (même chapitre).

En ce qui concerne les contreparties positives de ces termes — les

1. A noter cependant qu'ainsi définie, l'indépendance à l'égard des paramètres n'élimine pas la possibilité d'une dépendance à l'égard des valeurs que les paramètres instrumentaux avaient dans un passé arbitrairement distant. Aussi est-elle de portée légèrement moindre que la notion introduite sous le même nom en section 8-2. Elle ne suffit pas à elle seule à éliminer le type de dépendance indirecte considéré dans l'Appendice 4.

mots *localité* et *séparabilité* — en raison des risques d'ambiguïté qu'ils comportent nous éviterons de les utiliser, exception faite toutefois pour l'expression *séparabilité einsteinienne* qu'au contraire on utilisera fréquemment. Son sens est défini dans la section 9-1 et — notons-le bien — *n'est pas* l'opposé de celui du mot non-séparabilité tel que ci-dessus défini.

Remarque 1

Dans d'autres textes, le mot *séparabilité* est utilisé sans adjectif. Il a alors un sens qui ne doit pas être confondu avec celui de *séparabilité einsteinienne.* Dans la référence [8], en particulier, j'ai moi-même défini un « principe de séparabilité » qui, de fait, se rapproche plus de la causalité locale que de la séparabilité einsteinienne. Il concerne des paires de particules (ou de systèmes) du type des paires U + V considérées ci-dessus, supposées émerger d'une source S dans un état objectif λ. Essentiellement, il consiste à poser que lorsque deux régions d'espace-temps R_U et R_V sont « suffisamment » éloignés l'une de l'autre, la probabilité intrinsèque — à λ fixé — qu'une mesure faite sur V dans R_V fournisse tel ou tel résultat est indépendante ou ne dépend que très peu de la nature et du résultat d'une quelconque mesure faite sur U dans R_U. Les principales différences avec la causalité locale sont l'absence de référence explicite à la théorie de la relativité et le fait qu'une spécification complète soit posée, non des événements se produisant dans la région R′ mais bien des variables λ (cachées ou non) décrivant l'état objectif à la source. Il va sans dire que ce principe de séparabilité est très semblable à (et fortement inspiré de) la notion de « localité objective » considérée par Clauser et Horne [9]. Conjointement avec l'hypothèse que le positionnement des instruments de mesure n'influence pas l'état objectif λ à la source, ce principe conduit lui aussi aux inégalités de Bell, et, si l'hypothèse en question est posée, il est donc réfuté par un raisonnement extrêmement semblable à celui utilisé pour prouver Bell 2.

Remarque 2

Pour parer à toute confusion éventuelle, observons ici que, manifestement, le caractère ondulatoire d'une théorie, ou sa formulation en termes de champs, n'ont rien à voir avec le problème de la localité. Comme nous l'avons ci-dessus noté, une théorie des champs classiques, telle que la théorie électromagnétique de Maxwell, où tous les champs de base sont des « fonctions d'*un* point » (trois variables d'espace *plus* une de temps) satisfait à la causalité locale. En conséquence, des énoncés tels que : « une onde est une entité non locale », ne sont pas compatibles avec la définition de la non-localité ci-dessus posée.

Références

1. B. d'Espagnat, *Conceptions de la physique contemporaine,* Paris, Hermann, 1965 ; contribution à *Preludes in Theoretical Physics : In Honour of V.F. Weisskopf,* A. De Shalit, H. Feshbach, L. Van Hove eds., North-Holland Publishing Compagny, 1966.
2. J.P. Jarrett, *Nous,* **18,** 569 (1984).
3. C. Bastide, *Phys. Letters* **103 A,** 305 (1984).
4. A. Shimony, *Events and Processes in a Quantum World,* in *Quantum Concepts of Space and Time,* C. Isham et R. Penrose eds., Cambridge, Cambridge University Press, 1986.
5. B. d'Espagnat, *Phys. Rev.* **D 11,** 1424 (1975), note 30.
6. P.H. Eberhard, *Nuovo Cim.* **46 B,** 392 (1978).
7. G.C. Ghirardi, A. Rimini, et T. Weber, *Lett. Nuovo Cim.* **27,** 293 (1980).
8. B. d'Espagnat, « Nonseparability and the Tentative Descriptions of Reality », *Physics Reports* **110,** 203 (1984).
9. J.F. Clauser et M.A. Horne, *Phys. Rev.* **D 10,** 526 (1974).
10. B. d'Espagnat, *Conceptual Foundations of Quantum Mechanics,* Reading, Mass., Addison-Wesley, 1971, 2e ed., 1976, section 10-2.
11. J.S. Bell, *Speakable and Unspeakable in Quantum Mechanics,* Cambridge, Cambridge University Press, 1987, chapitre 7.
12. J.S. Bell, *La Nouvelle Cuisine,* in *Between Science and Technology,* A. Sarlemijn et P. Kroes ed., Elsevier Science Publ. B.V., North-Holland, 1990, chapitre 6.
13. B. d'Espagnat, « One, or Two Bell Theorems ? », in *Bell's Theorem and the Foundations of Physics,* Proceedings of the International Conference in memory of John Bell held in Cesena, 7-10 octobre 1991, Singapour, World Scientific Publishing Company, 1993.
14. H.D. Zeh, *The Physical Basis of the Direction of Time,* Berlin, Springer Verlag, 1989.

9

Le problème E.P.R. et la non-séparabilité

Dans ce chapitre, nous nous écartons temporairement de l'« orthodoxie » courante en ce que nous faisons abstraction de l'hypothèse de complétude et de ses généralisations (hypothèses Q et Q′, sections 4-4 et 6-5). Autrement dit, nous abandonnons pour le moment l'hypothèse de la non-existence de variables supplémentaires ou « cachées » (nous ne postulons pas non plus que de telles variables existent : nous laissons simplement la question ouverte). Mais, bien entendu, nous conservons l'hypothèse, jamais infirmée jusqu'ici, que les prédictions expérimentalement vérifiables de la mécanique quantique sont toutes correctes : car nous prenons garde d'oublier qu'en tant que jeu de règles de prédiction, cette théorie a été vérifiée avec une précision considérable dans les domaines les plus divers. Soulignons une fois encore qu'il est parfaitement possible d'abandonner l'hypothèse (forte) de complétude sans pour autant violer aucune des règles de prédiction de la mécanique quantique.

9-1. Déduction de l'incomplétude à partir des hypothèses d'Einstein

En 1935, Einstein et ses deux jeunes collaborateurs, Podolsky et Rosen (E.P.R.), publièrent un article [1] montrant que, sous des hypothèses très générales et fort plausibles, il est possible de *démontrer* l'incomplétude de la mécanique quantique. L'idée que la mécanique quantique constitue une description complète des phénomènes atomiques et subatomiques était, déjà à cette époque, si fermement ancrée dans l'esprit des physiciens que ce « résultat E.P.R. » fut très vite qualifié de « paradoxe ». Bien entendu, il n'y a rien de paradoxal dans l'affirmation qu'une théorie est incomplète, ce qui fait que cette appellation est, ici, un peu surprenante. L'explication de son succès auprès des physiciens est sans doute à chercher dans la conjonction de deux faits : la connaissance qu'avaient déjà ceux-ci des relations de Heisenberg et l'idée philosophique spécialement mise en avant à cette époque selon laquelle ce qui — pour des raisons de principe — ne peut être connu n'a, par définition, pas d'existence. Ce deuxième point excluait, sur la base d'un argument philosophique *a priori*, toute possibilité d'interpréter les relations de Heisenberg comme représentant seulement des limites à notre connaissance, sans portée véritable quant à la nature ultime des choses. Il donnait donc l'idée d'interpréter ces relations comme signifiant que la *notion même* d'une particule ayant à la fois des valeurs précises de sa position et de sa vitesse est un concept dénué de sens. Et comme c'est justement à la notion qu'on vient d'évoquer que conduit le raisonnement E.P.R. (voir ci-dessous), on comprend mieux que le terme « paradoxe » fut appliqué à ce résultat. Mais, à de telles idées, les « réalistes » répondaient — et répondent encore — en rejetant purement et simplement la conception philosophique sur laquelle est fondée l'argumentation en question. Tout ceci fait qu'en définitive, le résultat E.P.R. n'est un vrai paradoxe qu'aux yeux d'un groupe de gens assez particulier. On ne le considérera pas tel ici.

i) Les hypothèses E.P.R.

On vient de noter que l'argumentation E.P.R. était fondée sur des hypothèses — ou prémisses — qui, de prime abord, paraissent tout à fait plausibles. L'une d'elles (ci-dessous appelée « séparabilité einsteinienne ») resta plus ou moins implicite dans l'article E.P.R. original mais fut explicitée dans les écrits ultérieurs d'Einstein sur la question (en outre, elle s'harmonise tout à fait bien avec la théorie de la relativité). Elle est également connue sous le nom d'hypothèse de non-existence d'influences plus rapides que la lumière. L'autre (il y en a deux) est le critère E.P.R. proprement dit.

Séparabilité einsteinienne

Si R_U et R_V sont deux régions d'espace-temps spatialement séparées (fig. 9-1), la situation de fait, réelle, dans R_V est indépendante de ce qui est fait dans R_U.

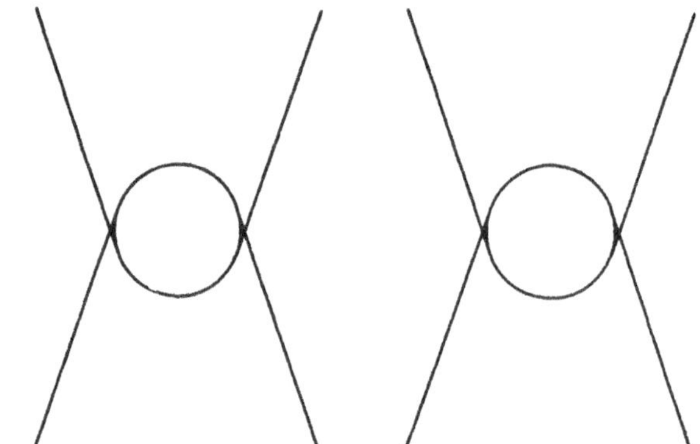

Fig. 9-1. Deux régions d'espace-temps spatialement séparées.

Les expressions « la situation de fait, réelle » et « ce qui est fait dans R_U » sont empruntées à Einstein lui-même [2]. L'expression « séparabilité einsteinienne » n'est rien d'autre qu'une convention sémantique (d'autres auteurs emploient à la place l'expression « localité einsteinienne »).

Critère E.P.R. de réalité [1]

Si, sans aucunement perturber un système, on peut prédire avec certitude (probabilité unité) la valeur d'une grandeur physique [sous-entendu : attachée à ce système], alors il existe un élément de réalité physique correspondant à cette grandeur physique.

ii) La « preuve de l'incomplétude »

C'est à partir de ces prémisses que E.P.R. dérivèrent l'incomplétude de la mécanique quantique. Ils le firent en raisonnant sur un exemple, mais la structure logique de leur argumentation peut être plus simplement décrite, comme David Bohm [3] l'a montré, sur un exemple différent, appelé ci-dessous « exemple standard de Bohm ». Il met en jeu des paires Σ de particules U et V de spin $\frac{1}{2}$ se trouvant dans un état singulet de spin, paires déjà considérées dans les sections 7-3 et 8-2. Comme un calcul facile le montre, le vecteur d'état d'une telle paire peut s'écrire

$$2^{-\frac{1}{2}}(|u_n^+>|v_n^->-|u_n^->|v_n^+>) \qquad (9\text{-}1)$$

où $|u_n^\pm>$ ($|v_n^\pm>$) sont les deux vecteurs propres de la composante S_n^U (S_n^V) du spin de U (V) selon une direction $\boldsymbol{n}$ *que l'on peut choisir comme on veut* (en d'autres termes, l'état en question est totalement isotrope). Il découle de cela qu'en fait, la corrélation stricte (négative) mentionnée dans la section 8-2 est effective concernant non pas seulement les composantes du spin de U et de V selon Oz mais aussi celles selon une direction $\boldsymbol{n}$ *arbitraire*. En particulier, supposons que nous considérions des mesures de composantes de spin effectuées dans des régions d'espace-temps R_U et R_V (fig. 9-1) spatialement séparées l'une de l'autre. Quel que soit $\boldsymbol{n}$, si dans R_U on mesure S_n^U, on connaît avec certitude, à cause de la corrélation stricte dont il s'agit, la valeur qui serait trouvée pour S_n^V si cette observable était mesurée dans R_V. Et de plus, en raison de la séparation spatiale entre

R_U et R_V et de la séparabilité einsteinienne[1], on sait que V n'a aucunement été perturbée par la mesure faite sur U. Le critère E.P.R. de réalité peut par conséquent être appliqué et nous informe qu'il existe un élément de réalité correspondant à l'observable S_n^V. Mais, poursuit l'argumentation E.P.R., puisque la direction $\boldsymbol{n}$ est arbitraire, le même raisonnement peut être répété concernant n'importe quelle direction, de sorte qu'il doit exister un élément de réalité correspondant à n'importe quelle observable S_n^V, la direction $\boldsymbol{n}$ étant quelconque. Ces quantités physiques ne sont, bien entendu, pas simultanément mesurables (nous n'avons aucune garantie que si nous en mesurions une, puis une autre, puis de nouveau la première, notre première et notre troisième mesure fourniraient le même résultat) et, corrélativement, c'est, au mieux, l'une d'entre elles seulement qui correspond à un vecteur d'état. L'argument n'en démontre pas moins qu'elles sont toutes des éléments de la réalité physique, de sorte que la description de celle-ci par des vecteurs d'état est, au mieux, une description incomplète. Puisque ces éléments de réalité ne sont pas simultanément mesurables, il est clair que leur existence ne contredit en rien les prédictions expérimentalement vérifiables de la mécanique quantique.

9-2. Discussion et commentaires

Comme on le verra (sections 9-3 et 9-5) le jeu des hypothèses E.P.R. a maintenant été réfuté sur la base d'arguments scientifiques (par opposition à « philosophiques » ou à « a priori »). Toutefois, et ne serait-ce que pour mieux apprécier la portée réelle de cette réfutation, il est important d'étudier en détail certains traits de l'argumentation ci-dessus rapportée.

i) Le statut de la séparabilité einsteinienne

Une comparaison entre l'énoncé de la séparabilité einsteinienne et celui de la causalité locale (section 8-4) montre que ces deux notions sont assez similaires. Il faut cependant souligner que la séparabilité einsteinienne est à distinguer non seulement de la causalité locale, mais aussi de chacune des deux idées qui composent cette dernière, à savoir l'indépendance à l'égard des paramètres et celle à l'égard du

1. Noter que certaines présentations de l'argument (dont la présentation E.P.R. originale) ne font référence ni à la relativité ni à la séparabilité einsteinienne. A la place, elles introduisent simplement l'hypothèse qu'à l'instant de la mesure les deux systèmes « n'interagissent plus ».

résultat. Certaines de ces différences peuvent paraître un peu subtiles, mais elles sont toutes bien définies.

Avec la causalité locale, la différence vient du membre de phrase : « ce qui est fait ». Essentiellement, la causalité locale nous dit que certaines probabilités définies de façon appropriée et concernant des événements localisés dans R_V sont indépendantes de tout ce qui se passe dans la région R_U, spatialement séparée de R_V. Or l'expression même « tout ce qui se passe » réfère, à l'évidence, non seulement aux événements ou circonstances de R_U que nous pouvons provoquer nous-mêmes mais aussi à ceux et celles sur lesquelles nous n'avons aucun pouvoir de décision et en particulier aux *résultats* affichés par les instruments utilisés pour faire une mesure dans R_U (il est clair que lorsque nous faisons une mesure, nous ne pouvons décider à l'avance du résultat de celle-ci). Par contraste, la séparabilité einsteinienne se rapporte exclusivement à ce qui peut *être fait*, c'est-à-dire aux événements qu'il nous est loisible de créer, comme par exemple ceux consistant à choisir de quelle grandeur physique la mesure sera effectuée. A cet égard, la séparabilité einsteinienne est donc moins restrictive que la causalité locale.

Dès lors, ce qui précède signifierait-il que la séparabilité einsteinienne exprime seulement — mais de façon fidèle — une *partie* des conditions posées par la causalité locale ? Que, plus précisément, elle laisse de côté l'hypothèse d'indépendance à l'égard du résultat et conserve, inchangée, celle de l'indépendance à l'égard des paramètres ? Eh bien non, il n'en est rien. La différence est que la séparabilité einsteinienne porte sur « la situation de fait, réelle » dans le détail. En vérité, pour que la « preuve E.P.R. de l'incomplétude » (section 9-1) puisse être administrée il faut que l'expression « situation de fait » soit applicable à la situation de fait du *micro*-système V. Par contraste, l'indépendance à l'égard des paramètres est seulement celle des probabilités d'obtenir tel ou tel « résultat de mesure » si et quand V est mis en relation avec un instrument de mesure approprié. Autrement dit, si elle réfère ici à une « situation de fait, réelle », ce n'est qu'à celle du *macro*-système qu'est cet instrument. A cet égard, la séparabilité einsteinienne est donc *plus* restrictive que l'indépendance par rapport aux paramètres. Mais, bien entendu, elle n'a de sens que dans la mesure où la notion de « situation de fait, réelle » en a elle-même un. Ceci nous conduit à consacrer un commentaire au critère E.P.R. de réalité.

ii) Le statut du critère E.P.R.

Dans le langage courant (et aussi dans le langage scientifique quand il y est question d'objets macroscopiques), lorsque nous disons d'une certaine quantité A qu'elle « a pour valeur *a* » sur un certain système physique, nous entendons (sans le dire) non seulement que lorsque nous (ou d'autres personnes) mesurerons A la valeur *a sera* trouvée mais, beaucoup plus généralement, que *si* nous mesurions A la valeur *a serait* trouvée. En d'autres termes, notre assertion s'étend implicitement au domaine du contrafactuel. On ne saurait nier que le fait d'énoncer de telles assertions et de leur attribuer le sens qu'on vient de dire est l'un, au moins, des traits de ce que (au sens philosophique) on nomme la conception *réaliste*. Et, à l'évidence, le critère E.P.R. de réalité doit être considéré comme une tentative pour capturer, précisément, ce trait, en vue de l'utiliser.

iii) Points délicats dans la formulation E.P.R.

D'un autre côté, l'argumentation rappelée ci-dessus a beau, à première vue, paraître tout à fait claire et même élémentaire, on constate, à la réflexion, qu'elle comporte des points délicats, liés en partie à cette référence au réalisme.

L'un de ceux-ci est relatif au sens de l'expression « la valeur d'une grandeur physique ». Étant donné que l'argumentation E.P.R. porte sur des micro-systèmes, cette expression doit pouvoir s'appliquer à des grandeurs physiques (telles que des composantes de spin) appartenant à des micro-systèmes. Si (comme il paraît dès lors indispensable) nous posons que la notion de situation réelle, de fait, d'un micro-système a un sens, il pourrait sembler, à première vue, que nous ayons le choix entre (i) considérer que l'expression en question réfère à la valeur que la grandeur considérée « a réellement » sur le système ou (ii) opter pour une définition opératoire (et contrafactuelle), et dire que « la valeur d'une grandeur physique » signifie « le résultat que fournirait la mesure de cette quantité si elle était faite ». Mais le choix (i) prête le flanc à la critique : étant donné que le critère est précisément destiné à spécifier des conditions dans lesquelles l'idée de *réalité* peut être attachée à une grandeur physique, il serait circulaire de faire usage de la notion d'une valeur *réellement possédée* pour décrire les conditions expérimentales dans lesquelles le critère peut être appliqué. Il ne nous reste donc que le choix (ii).

Mais d'un autre côté, dans le cadre de ce choix (ii), la question se pose de savoir s'il est légitime d'utiliser, de la manière qu'implique l'usage du critère, des corrélations strictes pour *prédire*. Et cela, à son tour, a des répercussions sur la question de savoir quelles acceptions du mot « prédire » peuvent être retenues dans le critère. Pour comprendre ce dont il s'agit, prenons un exemple. Imaginons une bouteille opaque contenant une solution qui, dès qu'elle est mise au contact de l'air, précipite, une fois pour toute, et cela, soit sous forme de cristaux roses soit sous forme d'une poudre verte, selon les valeurs de paramètres échappant au contrôle humain. Il est tout à fait clair que si deux ou plusieurs « mesures » successives — à savoir : ouvertures temporaires de la bouteille pour regarder à l'intérieur — sont effectuées successivement, les « résultats » (à savoir la couleur observée) seront « toujours le même », autrement dit en corrélation stricte. Supposons alors que la bouteille soit ouverte, à un certain instant t_1, par un observateur O. O sait alors avec certitude quelle couleur un observateur O′ observerait si lui, à son tour, ouvrait la même bouteille à un instant t_2 postérieur à t_1. Mais dans ce cas, bien entendu, le critère n'est pas applicable puisque c'est en perturbant le système (en ouvrant la bouteille) que O acquiert l'information qui lui permet la prédiction. Pour éliminer toute perturbation de ce type, nous pourrions alors (si nous étions vraiment naïfs !) songer à considérer le cas où la mesure imaginaire faite par O′ — et dont le concept sert à définir la « valeur de la grandeur physique » [rappelons-nous que nous sommes dans le cadre du « choix » (ii)] — est conçue comme effectuée à un instant t_0 *antérieur* à t_1. Dans un tel cas, la non-perturbation (par ce que O fait sur ce que O′ observe) est évidemment garantie, simplement en raison de la loi universelle que le présent ne peut affecter le passé. D'un autre côté, comme on l'a vu, une corrélation stricte existe nécessairement entre les deux résultats de mesure. Peut-on alors appliquer *formellement* le critère et en déduire l'existence, au temps t_0, d'une réalité physique correspondant à la couleur observée par O en t_1 ? Manifestement non, puisqu'en t_0 la bouteille n'était pas encore ouverte et que son contenu était donc incolore. Et la raison qui fait que, dans ce cas, l'argument théorique échoue est qu'avec les assertions contrafactuelles il faut être extrêmement prudent. Plus précisément, c'est que dans l'inférence en question un usage abusif est fait de la corrélation stricte inhérente au modèle. Certes, la corrélation a bien lieu en ce qui concerne n'importe quelle paire de mesures *réellement* effectuées, mais cette régularité ne nous autorise pas à tirer d'une mesure effectivement faite (en t_1) de l'information relativement à une mesure *contrafactuellement* supposée faite à quelque instant antérieur.

Il en va de même en ce qui concerne une interprétation « réaliste » élémentaire de la mécanique quantique non relativiste : celle dans laquelle la fonction d'onde est supposée réelle et la complétude est postulée. Dans l'exemple standard de Bohm, le ket (9-1) est alors la seule réalité physique tant qu'aucune mesure ne l'a réduit. Manifestement donc, si une mesure de S_n^U est effectuée en t_1, avec pour résultat, disons, + 1, cela ne peut pas impliquer qu'à un instant antérieur t_0 il existait un élément de réalité correspondant à la valeur − 1 de S_n^V. Ici encore, il est exact qu'une mesure faite à l'instant t_1 ne peut pas perturber la situation réelle, de fait, à l'instant antérieur t_0 et il est également exact qu'une corrélation stricte existe entre les résultats de mesures *effectivement* effectuées de S_n^U et S_n^V. Mais, comme on le voit, de telles données n'impliquent pas le type d'inférences que le critère E.P.R. pourrait être soupçonné de rendre légitimes.

Ce qu'en définitive il faut retenir de cette analyse se laisse voir au mieux si l'on se rappelle que prédire avec certitude signifie prédire avec une probabilité unité, et que la notion même de probabilité dépend de la notion d'ensemble des cas *a priori* possibles. C'est en ce qui concerne la spécification — le plus souvent implicite — de cet ensemble que la différence entre passé et futur joue un rôle décisif, bien que, lui aussi, tout à fait implicite en général. Dans toutes les questions portant sur la causalité, les prédictions, etc., l'ensemble des cas *a priori* possibles est normalement construit en considérant le passé comme fixé et donné. Autrement dit, de telles probabilités sont conditionnelles et conditionnées par le passé. C'est fondamentalement pour cette raison que sont aberrantes les tentatives fantaisistes ci-dessus évoquées visant à faire usage du critère pour inférer des choses concernant le passé. Et ceci signifie que, dans le critère, on ne doit pas accorder au sens du verbe « prédire » une extension qui excèderait celle qu'il a dans le langage courant et l'étendre à des « prédictions d'événements passés ». S'appuyer sur des effets constatés de corrélation stricte pour « prédire » des événements, même éventuellement au conditionnel, n'est légitime que si ces événements n'appartiennent pas au passé. Ou encore, pour dire la même chose autrement, on ne peut faire d'hypothèse contrafactuelle (telle celle d'une mesure *imaginée*) qui soit relative au passé.

Tout cela montre clairement que, dans la preuve de l'incomplétude, l'usage du critère E.P.R. ne peut pas être justifié par une pure et simple référence au fait que, dans certains référentiels, R_U est postérieur à R_V, jointe à l'observation que le futur ne peut agir sur le passé. Fort heureusement, la relativité vient ici à notre aide. Quand R_U et R_V sont spatialement séparés, comme supposé dans la preuve de l'incomplétude ci-dessus décrite, il y a certains référentiels dans lesquels R_U est postérieur à R_V — et ceci peut être considéré comme justifiant l'hypothèse de non-perturbation utilisée dans la preuve — mais il y a aussi des référentiels dans lesquels R_U est antérieur à R_V, et dans le cadre desquels, par conséquent, le verbe « prédire » s'applique au sens littéral : et dans ces conditions, se référer à la corrélation stricte existant entre les mesures de S_n^U et S_n^V pour justifier la « prédiction » ne soulève pas la difficulté susmentionnée (pour le dire autrement : hors du cône de lumière passé de R_U, des hypothèses contrafactuelle sont légitimes).

En résumé, ces considérations conduisent aux conclusions suivantes : pour estimer le pouvoir de conviction du critère E.P.R., celui-ci ne peut pas être dissocié de la manière dont il est utilisé ; il existe certains points délicats concernant les modes de justification de la prémisse de non-perturbation ; mais dans l'ensemble, ces points délicats ne sont pas de nature à infirmer la « preuve d'incomplétude » ci-dessus décrite. En conséquence, l'usage du critère n'est pas, tout bien considéré, conditionné à l'acceptation d'une hypothèse — ajoutée à la séparabilité einsteinienne ou la remplaçant — de non-interaction à distance.

En ce qui concerne ce critère et son utilisation, il existe cependant une seconde difficulté. Elle est relative à l'emploi des mots « on peut » dans l'expression « on peut prédire ». Il faut reconnaître (voir aussi la note 10 de la référence [4]) que dans la formulation originale — transcrite plus haut — du critère E.P.R., ce membre de phrase est ambigu. Il peut vouloir dire, soit (i) que des données sont effectivement disponibles, qui permettent la prédiction, soit (ii), de façon plus générale, qu'une mesure *pourrait procurer* les données nécessaires à la prédiction. Pour que le raisonnement soit valable il faut que le critère soit vrai dans ce second sens, plus général, comme il appert du fait que la preuve d'incomplétude ci-dessus rapportée se déroule en deux étapes. Dans la première, il est noté que si l'on mesure effectivement $S_{\boldsymbol{n}}^{U}$ dans R_U, on sait avec certitude quel serait le résultat d'une mesure de $S_{\boldsymbol{n}}^{V}$ si on faisait celle-ci dans R_V, et, à partir de là et du critère, on infère qu'un élément de réalité existe, correspondant à l'observable $S_{\boldsymbol{n}}^{V}$. Dans la seconde étape, cette mesure dans R_U est supposée n'être pas effectivement faite (puisqu'une autre composante, $S_{\boldsymbol{n}'}^{U}$, est supposée être mesurée) et le raisonnement se poursuit sur la base de l'idée qu'elle *pourrait* être faite.

A ce stade, on pourrait prétendre que, compte tenu de la séparabilité einsteinienne, le fait que nous fassions ou non la mesure dans R_U ne peut faire aucune différence, et que dès lors, dans le problème considéré, l'applicabilité du critère dans le second sens découle, en définitive, de son applicabilité dans le premier. Mais c'est un point qu'il faut analyser. Imaginons à cet effet qu'au départ, un instrument de mesure de $S_{\boldsymbol{n}}^{U}$ — disons, un appareil de Stern et Gerlach — est en place, et qu'à l'intérieur même de R_U il est réorienté dans la direction $\boldsymbol{n}'$. La question est alors : peut-on, compte tenu de la séparabilité einsteinienne, dire que cette opération faite dans R_U ne modifie en rien la situation de fait, réelle, dans R_V et donc ne change rien au fait qu'un élément de réalité correspondant à $S_{\boldsymbol{n}}^{V}$ existe ? La réponse à cette question est soit *oui* soit *non*, selon que la réorientation en question a, dans le temps propre de l'instrument, lieu après ou avant l'interaction de l'appareil de Stern et Gerlach avec la particule U. Si elle a lieu *après*, elle n'a manifestement pas d'effet perturbateur : des données adéquates sont donc effectivement disponibles pour la prédiction concernant S_n^V sur V, et l'inférence est donc correcte. Mais, bien entendu, cela ne nous conduit nulle part. En effet, à l'instant de la réorientation, une mesure a déjà été faite dans R_U, celle de la composante de spin S_n^U. Cette mesure a perturbé U, et il est impossible dans ces conditions qu'une mesure subséquente (faite elle aussi sur U) de quelque autre composante du spin, puisse alors révéler quoi que ce soit concernant V. Dans le cas où la réorientation a lieu *avant* l'interaction du Stern-Gerlach avec U, cette objection-là n'a pas cours. Mais dans ce cas, aucune donnée n'est *effectivement* disponible pour la prédiction concernant S_n^V, et, par conséquent, pris dans le sens (i) le critère n'est pas applicable.

Tout cela montre qu'il n'y a pas de passage facile conduisant du critère pris dans le sens (i) au critère pris dans le sens (ii), et que, par conséquent, si nous voulons éviter de prendre sur la question des positions mal assurées nous devons distinguer l'un de l'autre deux critères de réalité. En vue de futures références, nommons-les *Critères de réalité 1* et *2*.

Critère de réalité 1

Si des données sont disponibles permettant de prédire avec certitude, et sans aucunement perturber un système, la valeur d'une grandeur physique appartenant à ce système, il existe un élément de réalité correspondant à cette grandeur physique.

Critère de réalité 2

Si la situation est telle qu'il serait possible, sans aucunement perturber un système, de se procurer des informations qui permettraient de prédire avec certitude la valeur d'une grandeur physique appartenant à ce système, il existe un élément de réalité correspondant à cette grandeur physique.

Comme on l'a vu, c'est le critère de réalité 2 qui doit être postulé si l'on veut que l'argumentation E.P.R. soit valable. Ce critère contient manifestement un élément de contrafactualité et, dans une certaine mesure, la célèbre critique de E.P.R. par Bohr [5] peut être considérée comme le rejet, par Bohr, de cet élément. D'un autre côté cependant, il serait inexact de dire qu'il n'existe aucun chemin conduisant du critère de réalité 1 au critère de réalité 2. Le point, ici, est que le second peut être remplacé par le premier *plus* un postulat, lequel, malheureusement, dans son expression intuitivement la plus simple est de forme un peu « métaphysique » ou « ontologique », et que, pour cette raison, et toujours en vue de futures références, nous appellerons « postulat R » (R pour « réel »). Le postulat R (qui a, bien entendu, des liens avec la contrafactualité) consiste à poser que quand, pour des raisons valables, nous nous sommes convaincus que quelque chose est réel, alors le fait que ce quelque chose *est* réel doit être considéré comme n'étant pas sous la dépendance du fait que nous savons qu'il l'est. Vers la fin du paragraphe *(i)*, là où nous avons précisé le statut de la notion de séparabilité einsteinienne, nous avons dit que cette notion ne pouvait pas être totalement déconnectée du réalisme. On peut considérer que c'est le postulat R qui concrétise ce lien. Dans l'exemple standard de Bohm, étant supposé que nous avons mesuré S_n^U dans R_U, appliqué le critère de réalité 1 et inféré de lui l'existence d'un élément de réalité associé à S_n^V, par application du postulat R nous pouvons affirmer que cet élément de réalité existe tout à fait indépendamment de notre savoir à son sujet, ce qui fait qu'il existerait aussi si, contrairement à ce qui est le cas, nous n'avions pas effectué, dans la région R_U, la mesure qui nous a permis d'affirmer son existence. Nous pouvons alors penser à des conditions expérimentales dans lesquelles ce serait une autre composante, $S_{n'}^U$, qui serait mesurée, etc.

Dans ce contexte, il est bon de noter que l'usage de la notion peu précise de « réalité » à laquelle se réfère le postulat R peut être remplacé par un appel fait à des concepts plus précis appartenant à la logique formelle : non, certes, à la logique élémentaire conventionnelle, mais bien au prolongement de cette dernière connu sous le nom de *logique modale.* Les notions centrales (d'Espagnat [6], [7]) sont, là, celle d'*implication contrafactuelle,* que l'on peut considérer comme capturant l'essentiel de la notion de réalité, et celle, associée, de *définition contrafactuelle* des propriétés dynamiques des systèmes. Pour plus de détails on pourra consulter les références ci-dessus citées (voir aussi la section 11-1 ci-dessous).

Remarque

En relation avec les théorèmes de Bell (voir plus bas) et les diverses manières de démontrer les inégalités de Bell, des suggestions visant à faire, dans ce cadre, l'économie d'un appel à la notion de réalité ont été émises par Stapp [8], lequel a, en lieu et place de celle-ci, utilisé une notion d'entités « contrafactuellement bien définies » *(counterfactual definiteness)*, un peu différente dans son principe de la contrafactualité susmentionnée. Toujours en ce qui concerne la démonstration des théorèmes de Bell, il a également été montré (d'Espagnat [9], [6]) qu'en principe il est possible de faire là l'économie, non seulement de l'idée de réalité mais aussi de celle de contrafactualité : mais au prix de l'introduction d'un nouveau postulat, nommé *induction-causalité* (voir la référence [6]).

9-3. Les théorèmes de Bell

Les célèbres inégalités de Bell, écrites par J.S. Bell en 1964 [10] et généralisées par Clauser, Horne, Shimony et Holt [11] en 1969 sont des propositions dont les caractères essentiels sont (a) qu'elles ne mettent en jeu que des grandeurs dynamiques expérimentalement mesurables, pour lesquelles les règles quantiques (rapportées ici au chapitre 3) fournissent des prédictions (statistiques) non ambiguës, (b) qu'elles sont violées par les prédictions en question et (c) que, d'un autre côté, elles sont les inévitables conséquences de jeux de prémisses qui, à première vue, paraissent toutes si raisonnables que la réfutation d'un quelconque des jeux en question fournit des informations très importantes concernant la nature de la connaissance en physique.

Dans le titre de la présente section, le mot « théorème » apparaît au pluriel. Cela vise à bien souligner le fait, déjà signalé ailleurs [12], qu'il existe non pas un mais plusieurs jeux de prémisses, de chacun desquels les inégalités de Bell peuvent séparément être déduites. Une conséquence en est que nous avons, en réalité, affaire à plusieurs théorèmes distincts, chacun d'eux réfutant, sur la base du fait que les inégalités en question sont violées, un système de prémisses bien spécifique. De fait, il existe trois théorèmes. Pour faire bref, nous les appellerons Bell 1, Bell 2 et Bell 3. Les aspects techniques de la preuve sont presque les mêmes pour les trois et sont explicités dans un grand nombre de livres et d'articles (voir par exemple [13]). Ils ne seront pas reproduits ici. On soulignera simplement que, contrairement à ce qui est souvent affirmé par certains physiciens, l'existence de variables supplémentaires (ou « cachées ») n'a pas à être postulée pour la dérivation des inégalités en question.

Bell 1. Bell 1 est essentiellement le contenu de l'article original (1964) de Bell. Sa démonstration, qui procède en deux étapes, est fondée sur l'exemple standard de Bohm considéré en section 1 ci-dessus, à propos de la dérivation de l'incomplétude par E.P.R. De fait, le jeu de prémisses réfuté par Bell 1 n'est autre que l'ensemble des deux prémisses utilisées dans la dérivation dont il s'agit, à savoir la séparabilité einsteinienne (ou, à sa place, l'idée que U et V n'interagissent plus aux instants où elles sont soumises aux mesures de composantes de spin considérées) et le critère E.P.R. de réalité ; et la *première étape*, dans la preuve de Bell 1, n'est autre que cette dérivation elle-même. Comme on s'en souvient (section 9-1), le résultat de celle-ci est qu'il existe des éléments de réalité correspondant aux composantes de spin de V (et aussi, par raison de symétrie, à celles de U) selon toutes les directions de l'espace. Ces éléments de réalité, caractérisant ce qui peut être appelé *l'état objectif*, λ, de la paire, ne sont pas décrits, bien entendu, par le vecteur d'état de celle-ci, ce qui signifie qu'ils sont des variables supplémentaires (dites aussi « cachées »). Et, bien sûr, ce sont des paramètres *locaux* puisqu'ils sont fonctions d'un seul point et, plus précisément, du point de l'espace où il est prévu de soumettre la particule correspondante à une mesure. Soulignons encore une fois que puisque — en raison de la corrélation stricte entre les spins des deux particules — l'existence de ces variables supplémentaires est ici une conséquence des prémisses, cette existence n'a pas à être postulée.

La seconde étape dans la preuve de Bell 1 consiste à déduire les inégalités de Bell de l'existence de ces variables cachées locales, comme Bell l'a fait.

Bell 2. Bell 2 (voir par exemple la référence [14]) est la réfutation (*via* une dérivation des inégalités Bell-CHSH) de la prémisse de la causalité locale (section 8-4) (ou, ce qui revient au même, du « bloc » des deux prémisses de l'indépendance par rapport aux paramètres et de l'indépendance par rapport aux résultats, telles que définies dans la section 8-5) *plus* — il importe de le spécifier — l'hypothèse supplémentaire (également implicitement posée dans Bell 1 et Bell 3) que l'expérimentateur est *réellement libre* de choisir à sa guise la composante qu'il mesurera[1]. Dans la section 8-4, il a été noté que la mécanique quantique conventionnelle des manuels viole la causalité locale. Ce que Bell a montré c'est que, de fait, *toute* théorie compatible avec la causalité locale (et dans laquelle l'expérimentateur peut choisir à sa guise, éventuellement au « dernier instant » avant la mesure, l'observable qu'il va mesurer) entraîne ses inégalités et par conséquent viole les prédictions quantiques vérifiables (et vérifiées, voir par exemple les expériences d'Aspect [15]).

Du point de vue de l'expérimentateur, une grande différence entre Bell 2 d'une part et Bell 1 et Bell 3 de l'autre, est que Bell 2 s'applique aussi aux paires de particules qui se trouvent dans un état quantique de spin autre que l'état singulet $S = 0$, et qui, par conséquent, ne présentent pas de corrélations strictes. Pour cette raison, Bell 2 est souvent considéré comme étant une généralisation de Bell 1 ou 3. Dans la section 9-4 ci-dessous, il est montré qu'il n'en est rien et qu'il s'agit, en fait, de théorèmes bien distincts.

Bell 3. Bell 3 ressemble à Bell 1 en ce qu'il ne concerne que le

1. Cette hypothèse interdit que les orientations $\boldsymbol{a}$, $\boldsymbol{b}$, ..., des appareils de mesure aient un quelconque lien fonctionnel avec la répartition en probabilité $\rho(\lambda)$ de λ, et c'est bien là une condition de la validité du théorème : nous donnons dans l'Appendice 4 l'exemple d'un cas où c'est la violation de cette seule condition-là qui conduit à celle des inégalités de Bell et permet au modèle de reproduire les prédictions quantiques.

cas des paires de particules au sujet desquelles une corrélation stricte est prévue entre les résultats de mesures sur U et sur V de la même composante de spin. Mais il en diffère par l'argumentation utilisée. Formellement, Bell 3 est fondé sur l'idée, proposée pour la première fois par Wigner [16], de traiter les deux mesures d'une manière symétrique et d'utiliser le fait que des probabilités ne sauraient être négatives. Dans les références [17] et [18] j'ai, moi aussi, utilisé cette méthode, en faisant valoir en outre que l'inégalité de Bell ainsi dérivée peut être rattachée à une autre, considérablement plus générale (autrement dit, valable dans une infinie multitude de situations qualitativement différentes entre elles et dont la plupart n'ont rien à voir ni avec la notion de particule ni avec la notion de corrélations), et, d'autre part, en explicitant de manière détaillée les prémisses que le théorème ici dénommé « Bell 3 » montre ne pas être vraies ensemble. Celles-ci sont essentiellement : (a) que lorsque nous nous trouvons en présence d'un phénomène de corrélation, et en particulier de corrélation stricte, il ne nous suffit pas de disposer d'une « règle de jeu » la prédisant : notre esprit exige une explication « authentique », c'est-à-dire fondée sur des lois et sur des propriétés fortement objectives, générales et individuelles, possédées par les systèmes physiques concernés ; (b) qu'il n'y a pas d'influences à (grande) distance ; et (c) que correctement utilisée, l'induction est un procédé fiable de raisonnement. Exprimée d'une manière plus précise, cette dernière idée revient à dire que s'il a, d'une manière ou d'une autre, été prouvé ou constaté que tous les éléments, choisis individuellement au hasard, composant un échantillon statistiquement représentatif d'une population donnée ont une certaine propriété, il est légitime de considérer, par induction, que tous les éléments de cette population ont la propriété dont il s'agit. Sur cette base, la première étape consiste alors à reprendre l'exemple standard de Bohm et à imaginer que, sur des échantillons représentatifs et également peuplés de paires Σ choisies au hasard, des mesures de composantes de spin de U et de V selon la même direction — arbitraire — sont faites. Partant du fait (prévu théoriquement et confirmé expérimentalement) qu'une corrélation stricte est, dans ces conditions, chaque fois enregistrée entre les résultats de ces deux mesures, un raisonnement simple fondé sur les prémisses (a) et (b) conduit alors à affirmer qu'avant même d'avoir été soumises à la mesure *chacune* des particules U et V avait une « composante de spin selon la direction choisie » (ou quelque paramètre caché interne équivalent) déterminant le résultat de cette mesure. La prémisse (c) montre alors que le résultat ainsi obtenu sur chaque échantillon peut être généralisé à toutes la population des particules U et V, y compris celles sur lesquelles aucune mesure n'a été faite. La première étape du raisonnement s'arrête là. La seconde consiste à partir du résultat qui vient d'être noté et à en dériver les inégalités de Bell : ce qui se réalise sans faire appel à aucun concept théorique abstrait, mais en se fondant exclusivement sur le fait évident et banal (mais difficilement contestable !) que le nombre des éléments qui composent un ensemble statistique de systèmes physiques ne peut pas être négatif. Un certain nombre de détails doivent être soigneusement passés en revue si l'on veut vérifier la validité de l'argumentation dont les grandes lignes viennent d'être esquissées. Ils sont explicités dans la référence [18].

Remarque 1

Comme on le sait (*cf.* section 8-2), l'indépendance à l'égard des paramètres élimine toute possibilité de transmission supraluminale de signaux. Ce fait conduisit certains physiciens à conjecturer que la violation de la causalité locale serait chose banale, connue depuis longtemps, même de la physique classique. Leur argument était fondé sur une analogie. Ils suggéraient d'imaginer un phare extrêmement puissant entouré d'un mur circulaire centré sur lui et de rayon tellement grand que le « spot » lumineux créé sur le mur par le faisceau tournant du phare s'y déplace à une vitesse supérieure à celle de la lumière. Bien entendu, l'existence de ce phénomène n'est pas de nature à rendre possible l'envoi de signaux à vitesse supraluminale. L'argument de ces physiciens se fondait sur l'idée que puisqu'il en va de même de la violation de la causalité locale, les deux faits devaient être plus ou moins de même nature. Cela, toutefois, ne découle pas des prémisses et n'est pas vrai. Dans le cas du spot, la corrélation observée entre les illuminations temporaires de deux points distants sur le mur est due à un système de causes communes (les paramètres qui fixent, à chaque instant, l'orientation de la lampe). Et la structure physique de l'ensemble du dispositif implique que pour quelqu'un qui, par hypothèse, connaîtrait *exactement* les valeurs de ces paramètres, la probabilité (égale soit à 0 soit à 1 dans ce cas qui relève de la physique classique) pour qu'un lieu donné du mur soit éclairé à un instant donné serait totalement indépendante de ce qui se passe en d'autres points du mur. En conséquence, la causalité locale n'est aucunement violée dans le phénomène considéré, alors que, comme on l'a rappelé, elle l'est dans les phénomènes pour lesquels les inégalités de Bell sont violées.

Remarque 2

L'un des points à l'égard desquels Bell 2 généralise manifestement Bell 1, consiste, on le sait, dans le fait que Bell 1 ne concerne que les paires strictement corrélées, ce qui entraîne que les variables supplémentaires, dont la première étape de Bell 1 démontre l'existence, *déterminent* les résultats des mesures. Il est possible de considérer par contraste des modèles à variables supplémentaires *non déterministes* satisfaisant à la causalité locale et dont Bell 2 montre par conséquent qu'ils contredisent nécessairement certaines prédictions vérifiables de la mécanique quantique. A cet égard, il est cependant bon de mentionner que — comme Fine [19] l'a montré — à tout tel modèle il est possible de faire correspondre un modèle à variables supplémentaire *déterministe* fournissant les mêmes prédictions de résultats.

9-4. Comparaison des théorèmes de Bell entre eux

Vu l'emploi que nous avons fait ci-dessus du mot *théorème*, (au pluriel), nous devons vérifier que les prémisses de Bell 1, Bell 2 et Bell 3 sont effectivement différentes.

Comparons d'abord celles de Bell 1 et Bell 2 [12]. Une première différence est que, contrairement à ce qui se passe pour ce qui concerne Bell 2, l'indépendance à l'égard du résultat n'est aucunement une prémisse de Bell 1. Cela tient au fait, noté en section 9-2, que la séparabilité einsteinienne ne porte que sur *ce qui est fait* dans R_U. En particulier si « ce qui est fait dans R_U » est une opération de mesure, cette séparabilité einsteinienne concerne le choix que fait l'expérimentateur de la grandeur physique qu'il va mesurer dans R_U. Elle ne met pas en jeu le résultat de cette mesure. D'ailleurs, dans les cas de corrélations strictes sur lesquels Bell 1 porte, ce résultat, selon les conclusions de l'argumentation rappelée plus haut, est *déterminé* par l'état objectif λ de la paire et le choix de la grandeur mesurée, c'est-à-dire de $\boldsymbol{n}$. Il n'est donc pas une variable libre, dont le résultat d'une mesure faite dans R_V pourrait dépendre, *en sus* de sa dépendance en λ et $\boldsymbol{n}$. Et c'est bien pour cette raison que Bell n'a pas eu besoin d'introduire l'hypothèse d'indépendance à l'égard du résultat en tant que prémisse supplémentaire, dans sa démonstration initiale, celle de 1964.

Cependant, il y a à cela une contrepartie. En effet, si Bell 1 fait l'économie de la prémisse « indépendance à l'égard du résultat », en revanche ce théorème s'appuie sur des prémisses qui sont plus restrictives que celles de Bell 2 sur un autre point, car, comme on l'a également noté en section 9-2, contrairement à l'hypothèse d'indépendance à l'égard des paramètres, la séparabilité einsteinienne fait référence à « la situation de fait, réelle » de systèmes individuels. En cela, elle est donc plus exigeante que l'indépendance à l'égard du résultat, qui, elle, fait seulement référence à des probabilités *a priori* qui ne sont pas égales à 1 dans les cas considérés (non pas même dans les cas de corrélation stricte). D'ailleurs, une preuve que la séparabilité einsteinienne est effectivement plus restrictive que l'indépendance à l'égard des paramètres est que la première peut être couplée avec autre chose, en l'espèce le critère E.P.R. de réalité, de manière à conduire à une conclusion significative, à savoir l'incomplétude de la mécanique quantique, alors que l'indépendance à l'égard des paramètres ne donne rien de tel et est, en elle-même, tout à fait compatible avec la complétude.

En ce qui concerne Bell 3, ses prémisses diffèrent manifestement de celles de Bell 2 puisque, comme celles de Bell 1, elles mettent en jeu la notion de propriétés possédées par les microsystèmes. Mais elles diffèrent aussi de celles de Bell 1. Une différence à noter est que, dans Bell 1, une seule mesure, celle portant sur U, est considérée comme étant vraiment effectuée, et le fait que V possède une certaine propriété est inféré — *via* le critère E.P.R. — sans que V soit supposé soumis à aucune mesure ayant effectivement lieu. Dans Bell 3, au contraire, les mesures sur U et sur V sont considérées comme toutes les deux faites, et le fait que U et V possèdent certaines propriétés est déduit par référence à quelque chose d'autre que le critère E.P.R. proprement dit. Ce quelque chose d'autre est, comme on l'a noté, simplement l'idée que toute corrélation stricte observée exige une explication qui aille au-delà de la simple recette de prédiction et soit formulé en termes d'objectivité forte ; une idée qui peut être considérée comme un des puissants motifs (justifiés ou non) qui poussent l'homme à attribuer des propriétés aux objets.

9-5. La preuve G.H.Z.

Une démonstration de Bell 1 ne mettant pas d'inégalités en jeu, et qui donc ne prend pas fondamentalement appui sur les notions de probabilités et de statistique, a été mise sur pied par Greenberger, Horne et Zeilinger [20]. Ses prémisses sont le critère E.P.R. de réalité et une extension naturelle de la séparabilité einsteinienne à plusieurs régions d'espace-temps spatialement séparées les unes des autres. Elle se présente comme suit [4] (voir aussi Mermin [21]). Soit une particule de spin 1 et de composante de spin selon O_z $M = 0$ qui se désintègre en deux particules I et II de spin 1, chacune de celles-ci se désintégrant à son tour en une paire de particules de spin $\frac{1}{2}$, et supposons que le moment cinétique orbital L et le spin total S soient tous deux séparément conservés dans tout le cours du processus, de sorte que la composante z, entre autres, du spin total du système reste égale à zéro. L'état de spin est $|S, M> = |1, 0>$ et après la première désintégration il s'exprime par :

$$|1, 0> = 2^{-\frac{1}{2}}(|1>_{I}|-1>_{II} - |-1>_{I}|1>_{II}) \qquad (9\text{-}2)$$

où $|m>_X$ (X = I, II) est l'état de spin de la particule X correspondant à la valeur propre *m* de la composante *z* du spin de X [dans la formule (9-2) les coefficients sont les coefficients de Clebsch-Gordan bien connus relatifs à cette combinaison de spins, voir Appendice I]. En ce qui concerne les désintégrations de la seconde étape, la conservation de la composante *z* du spin conduit, pour chacune des deux particules I et II, à

$$|1> \rightarrow |+, +>$$

$$|-1> \rightarrow |-, ->$$

où $|+, +>$ ($|-, ->$) dénote un état de spin de la paire des particules issues de la désintégration, état dans lequel les deux particules ont leur composante *z* de spin égales à $+\frac{1}{2}\left(-\frac{1}{2}\right)$. De sorte que l'état final de spin du système des quatre particules est

$$|\psi> = 2^{-\frac{1}{2}}(|+>_1|+>_2|->_3|->_4 - |->_1|->_2|+>_3|+>_4) \qquad (9\text{-}3)$$

où les indices 1 et 2 correspondent aux produits de désintégration de I et les indices 3 et 4 à ceux de II.
Supposons le dispositif expérimental conçu de telle sorte que les particules de désintégration 1, 2, 3 et 4 se déplacent librement et puissent être soumises à des mesures de composantes de spin dans, respectivement, des régions d'espace-temps R_1, R_2, R_3 et R_4 spatialement séparées les unes des autres. Pour fixer les idées au moyen d'une représentation facilement visualisable et compatible avec la conservation postulée du moment cinétique, on peut, par exemple, supposer [4] que les particules 1 et 2 se meuvent dans la direction des *z* positifs et les particules 3 et 4 dans celle des *z* négatifs et que, de plus, les faisceaux qui portent les particules 1 et 2 — et, de même, ceux qui portent les particules 3 et 4 — ont été spatialement déplacés de manière à se trouver extrêmement distants les uns des autres. Nous envisageons, dans ces conditions, d'effectuer des mesures soit de S_x soit de S_y (les composantes de spin selon O*x* et selon O*y*) sur chacune des quatre particules et à l'intérieur des

régions d'espace-temps ci-dessus définies, de sorte que — selon l'argumentation générale de E.P.R. — les mesures effectuées sur l'une quelconque de ces particules ne perturbent pas les autres. Mesurant ces composantes de spin en unité $\frac{\hbar}{2}$ — ce qui fait que les opérateurs correspondants ne sont autres que les matrices σ de Pauli — désignons les résultats par la lettre m (m_x ou m_y) et affectons les symboles σ, S et m correspondant à la particule i ($i = 1, 2, 3, 4$) de l'indice supérieur i. L'argumentation qui suit repose essentiellement sur le fait que le ket (9-3) se trouve être ket propre d'un grand nombre d'opérateurs commutant entre eux et mettant ces σ en jeu. En particulier, on vérifie aisément que

$$\sigma_x^1 \sigma_x^2 \sigma_x^3 \sigma_x^4 \, |\psi> = - |\psi> \tag{9-4a}$$

$$\sigma_y^1 \sigma_y^2 \sigma_x^3 \sigma_x^4 \, |\psi> = + |\psi> \tag{9-4b}$$

$$\sigma_y^1 \sigma_x^2 \sigma_y^3 \sigma_x^4 \, |\psi> = - |\psi> \tag{9-4c}$$

$$\sigma_x^1 \sigma_y^2 \sigma_y^3 \sigma_x^4 \, |\psi> = - |\psi> \tag{9-4d}$$

Or on peut, très généralement, démontrer un lemme qui s'énonce ainsi : *lorsqu'un système se trouve dans un état propre* $|\psi>$ *d'un produit d'opérateurs hermitiens* A, B, C, ..., *qui commutent, si g dénote la valeur propre correspondante, le produit des résultats de mesures séparées des observables* A, B, C, ..., *doit être g :* en effet, si les équations aux valeurs propres de A, B, C, ..., sont

$$\begin{aligned} A\,|\phi_{k,l,m,\ldots,r}> &= a_k\,|\phi_{k,l,m,\ldots,r}> \\ B\,|\phi_{k,l,m,\ldots,r}> &= b_l\,|\phi_{k,l,m,\ldots,r}> \\ C\,|\phi_{k,l,m,\ldots,r}> &= c_m\,|\phi_{k,l,m,\ldots,r}> \\ &\ldots \end{aligned} \tag{9-5}$$

alors :

$$\begin{aligned} <\psi|\phi_{k,l,m,\ldots,r}> &= g^{-1} <\psi|ABC\ldots|\phi_{k,l,m,\ldots,r}> \\ &= g^{-1}\, a_k b_l c_m \ldots <\psi|\phi_{k,l,m,\ldots,r}> \end{aligned}$$

de sorte que :

$$< \psi \,|\phi_{k,\,l,\,m,\,\ldots,\,r} > \left(1 - \frac{a_k b_l c_m \ldots}{g}\right) = 0 \qquad (9\text{-}6)$$

ce qui fait que la probabilité

$$\Sigma_r \left| < \phi_{k,\,l,\,m,\,\ldots,\,r} | \psi > \right|^2$$

pour que les résultats des mesures soient respectivement a_k, b_l, c_m, ..., est zéro pour tous les a_k, b_l, c_m, ..., dont le produit diffère de g. C.Q.F.D. Une conséquence évidente de cela est que g étant donné, la connaissance de b_l, c_m, ... (liste complète excepté a_k), permet de prédire a_k sans ambiguïté.
Cela étant, attendu que S_x^2, S_x^3 et S_x^4 peuvent être mesurées, comme on l'a vu, sans perturber la particule 1 dans R_1 (rappelons-nous que dans certains référentiels ces mesures ont lieu *après* celle effectuée sur 1), il suit de la relation (9-4a), de ce qui précède et du critère E.P.R. de réalité, que S_x^1 correspond à un élément de réalité et a donc, dans la région R_1, une valeur définie m_x^1 indépendante de ce qui est fait et observé dans les autres régions. Bien entendu, l'argument s'applique aussi bien aux équations (9-4b), (9-4c) et (9-4d), ainsi qu'aux grandeurs physiques S_y. En conclusion, dans l'exemple ici étudié, les prémisses considérées entraînent, si elles sont valables, que les huit grandeurs S_x^1, S_x^2, S_x^3, S_x^4, S_y^1, S_y^2, S_y^3, S_y^4, ont des valeurs numériques définies m_x^1, m_x^2, m_x^3, m_x^4, m_y^1, m_y^2, m_y^3, m_y^4, même si et quand elles ne sont pas mesurées. Bien entendu, ces valeurs ne peuvent être que + 1 ou − 1 puisque ce sont les deux seuls résultats possibles.
La relation (9-4a) montre alors que si, par exemple, S_x^2, S_x^3 et S_x^4 ont des valeurs m_x^2, m_x^3 et m_x^4 toutes égales à + 1, S_x^1 a la valeur $m_x^1 = -1$, et, plus généralement, que le produit de m_x^1, m_x^2, m_x^3 et m_x^4 est − 1. Les relations (9-4b, c, d) ont des implications similaires, de sorte que ce qui a en définitive été montré c'est que les hypothèses E.P.R. entraînent la validité des quatre égalités suivantes :

$$m_x^1\, m_x^2 m_x^3 m_x^4 = -1 \qquad (9\text{-}7)$$

$$m_y^1\, m_y^2 m_x^3 m_x^4 = +1$$

$$m_y^1\, m_x^2 m_y^3 m_x^4 = -1$$

$$m_x^1\, m_y^2 m_y^3 m_x^4 = -1$$

Mais ces égalités ne sont pas mutuellement compatibles, comme il appert avec évidence du fait que le produit de tous leurs membres de gauche est + 1 alors que celui de tous leurs membres de droite est – 1. Ceci prouve que les hypothèses E.P.R. ne sont pas compatibles avec les prédictions vérifiables de la mécanique quantique. On notera que la particule 4 ne joue aucun rôle dans ce raisonnement, ce qui correspond au fait que des résultats équivalents peuvent être établis en ne considérant que trois particules. La raison pour laquelle on a utilisé un système de quatre particules est seulement que le principe de la préparation d'un système de trois particules aurait été un peu plus long à exposer.

9-6. Une preuve de Bell 2 par la méthode G.H.Z.

Comme on vient de le voir, la preuve G.H.Z. est fondée sur des prémisses qui sont les mêmes que celles de Bell 1 et elle montre, tout comme Bell 1, que ces prémisses ne peuvent pas être toutes les deux vraies si les prédictions vérifiables de la mécanique quantique sont correctes. Vue sous cet angle, la preuve G.H.Z. peut donc être considérée comme étant une autre preuve de Bell 1. Montrons ici que cette méthode permet également une autre preuve de Bell 2.

A cet effet, considérons les quatre régions d'espace-temps R_1, ..., R_4 dans lesquelles on considère la possibilité d'effectuer des mesures sur, respectivement, les particules 1, ..., 4. Soient, respectivement, $\boldsymbol{a}_i$ et A_i l'orientation du i-ème instrument de mesure (déterminant quelle composante est mesurée) et le résultat (+ ou –) de cette mesure. Soit R'_i (i = 1, ..., 4) une région d'espace-temps séparant complètement, du point de vue de toute trajectoire possible, la région R_i de chacune des régions communes au cône de lumière arrière de R_i et au cône de lumière arrière de l'une des trois autres régions R_j $(j \neq i)$. Enfin désignons collectivement par le symbole λ un jeu de variables spécifiant des événements se produisant dans les quatre cônes de lumière arrière et qui, en particulier, spécifient *complètement* ceux qui se produisent dans les quatre régions R'_i ainsi que l'état objectif de la source. Avec la convention de notation selon laquelle

$$(X|YZ) \tag{9-8}$$

signifie « la probabilité conditionnelle de X *si* Y et Z », la causalité locale (plus l'hypothèse du libre-arbitre de l'expérimentateur, voir plus haut) entraîne que quand λ est complètement spécifié, la probabilité d'un résultat A_i donné n'est pas modifiée si l'on spécifie en outre $\boldsymbol{a}_k$ et/ou A_k, avec $k \neq i$, de sorte que cette probabilité peut être écrite

$$(A_i \,|\lambda, \boldsymbol{a}_i) \quad (9\text{-}9)$$

Pour les mêmes raisons, la probabilité, semblablement définie, que les mesures sur, disons, les particules 2, 3 et 4 aient pour résultats A_2, A_3 et A_4 n'est pas modifiée par la spécification de $\boldsymbol{a}_1$ et A_1 et peut donc s'écrire

$$(A_2, A_3, A_4 \,|\lambda, \boldsymbol{a}_2, \boldsymbol{a}_3, \boldsymbol{a}_4) \quad (9\text{-}10)$$

Soient alors

$$p_\pm = p_\pm(\lambda, \boldsymbol{a}_1) = (A_1 = \pm \,|\lambda, \boldsymbol{a}_1) \quad (9\text{-}11)$$

$$q_+ = (A_2 = +, A_3 = +, A_4 = + \,|\lambda, \boldsymbol{a}_2, \boldsymbol{a}_3, \boldsymbol{a}_4) + (A_2 = +, A_3 = -, A_4 = - \,|\lambda, \boldsymbol{a}_2, \boldsymbol{a}_3, \boldsymbol{a}_4) + (A_2 = -, A_3 = +, A_4 = - \,|\lambda, \boldsymbol{a}_2, \boldsymbol{a}_3, \boldsymbol{a}_4) + (A_2 = -, A_3 = -, A_4 = + \,|\lambda, \boldsymbol{a}_2, \boldsymbol{a}_3, \boldsymbol{a}_4) \quad (9\text{-}12)$$

et soit q_- la probabilité obtenue à partir de la formule donnant q_+ en permutant les signes + et –. Faisons maintenant choix de vecteurs $\boldsymbol{a}_1, ..., \boldsymbol{a}_4$ tous alignés le long de Ox, de sorte que les A_i soient les résultats de mesures des S^i_x, et intéressons-nous à la probabilité pour que le *produit* de ces résultats de mesure soit + 1. Du contenu de la section 9-5 nous inférons que cette probabilité est égale à zéro (relation (9-4a) et lemme subséquent). Mais d'un autre côté, cette même probabilité s'exprime comme une moyenne pondérée de la probabilité P $(\lambda, \boldsymbol{a}_1, ..., \boldsymbol{a}_4)$ relative à un jeu particulier de valeurs des λ, moyenne prise sur tous ces jeux. Cette dernière probabilité $P(\lambda, \boldsymbol{a}_1, ..., \boldsymbol{a}_4)$ n'est bien entendu pas autre chose que la somme des probabilité — à λ donné — relatives aux huit combinaisons possibles (sur seize) de résultats dans lesquelles le nombre de résultats – 1 est pair. Et ces probabilités sont elles-mêmes, tout simplement, les produits des probabilités de ces résultats élémentaires, c'est-à-dire de probabilités telles que $(A_i \,|\lambda, \boldsymbol{a}_i)$ (en règle générale de telles probabilités d'événements composés sont les produits de la probabilité *a priori* de l'un d'eux par la probabilité conditionnelle du suivant, et ainsi de suite ; mais ici toutes ces probabilités conditionnelles sont égales aux probabilités *a priori* correspondantes en raison de la causalité locale). Bien entendu, le même argument montre aussi que chacun des termes qui composent q_+ et q_- est un produit de cette espèce et par suite, appliqué à $P(\lambda, \boldsymbol{a}_1, ..., \boldsymbol{a}_4)$, le raisonnement que l'on vient de faire montre bien aisément que

$$P(\lambda, \boldsymbol{a}_1, \boldsymbol{a}_2, \boldsymbol{a}_3, \boldsymbol{a}_4) = p_+q_+ + p_-q_- \qquad (9\text{-}13)$$

de sorte que, compte tenu de ce qui précède :

$$\int [p_+q_+ + p_-q_-]\,\rho\,(\lambda)\,d\lambda = 0 \qquad (9\text{-}14)$$

où $\rho(\lambda)$ est la densité de probabilité des états objectifs du système composé. Étant donné que tous les termes de la somme sont non négatifs, ceci implique à son tour que

$$p_+q_+ = 0 \qquad (9\text{-}15a)$$

$$p_-q_- = 0 \qquad (9\text{-}15b)$$

pour n'importe quel état objectif véritablement existant ($\rho \neq 0$). Mais puisque

$$p_+ + p_- = q_+ + q_- = 1 \qquad (9\text{-}16)$$

l'équation (9-15b) peut aussi s'écrire

$$(1 - p_+)(1 - q_+) = 0 \qquad (9\text{-}17)$$

Combinée avec (9-15a), l'équation (9-17) donne :

$$p_+ + q_+ = 1 \qquad (9\text{-}18)$$

ce qui, combiné à nouveau avec (9-15a) donne, à son tour, que

$$p_+ = 1,\ q_+ = 0$$

ou

$$p_+ = 0,\ q_+ = 1$$

Compte tenu de la définition (9-11) de $P_\pm$ ce qui précède montre que dans le cas G.H.Z. la causalité locale a pour conséquence que le résultat de toute mesure individuelle de S_x sur la particule 1 est prédéterminé *par le jeu des variables* λ. Le résultat de toute mesure encore à effectuer de S_x sur la particule 1 peut par conséquent être appelé m_x^1, sans autres indices spécifiant, par exemple, quels autres mesures ont été ou seront faites sur les trois autres particules, ou quels sont ou seront les résultats de ces dernières. Par raison de symétrie, il en va de même en ce qui concerne les trois autres particules 2, 3 et 4, et également, puisque le raisonnement est applicable aux autres combinaisons de mesures considérées dans les relations (9-4b, c, d), en ce qui concerne les mesures des S_y. Les équations (9-4) entraînent donc le jeu de relations (9-7), qui est auto-contradictoire comme on l'a vu. Ceci démontre Bell 2 par la méthode G.H.Z., c'est-à-dire sans inégalités.

Remarque

Comparées au preuves des théorèmes de Bell fondées sur les inégalités de Bell, celles qui sont fondées sur la méthode G.H.Z. ont l'évident avantage de ne pas être statistiques, ce qui fait que leur mise en œuvre échappe à toute question relative aux limites de validité des notions de convergence en probabilité (loi des grands nombres), d'échantillon représentatif, de fluctuations standard, etc. Étant donné que la statistique est, en définitive, une science appliquée (les ensembles statistiques expérimentalement étudiables ne possèdent pas un nombre infini d'éléments, etc.), il est satisfaisant que sur des questions de principe — telles celles sur lesquelles portent les théorèmes de Bell — existe une méthode non statistique de démonstration. Aussi n'est-il point surprenant que nombre de physiciens qui, avant l'apparition de celle-ci, étaient restés à l'écart des théorèmes en question et répugnaient à prendre position quant à leur signification physique, se soient convaincus de cette dernière en prenant connaissance de la preuve G.H.Z. D'un autre côté, il faut convenir que les preuves conventionnelles des théorèmes de Bell ont, elles aussi, certains avantages.

Le principal d'entre eux est sans doute le fait que la preuve « standard » de Bell 2 s'étend à des systèmes ne présentant pas de corrélations strictes, ce qui, comme on le sait, facilite grandement la mise à l'épreuve expérimentale (cet apport expérimental, dont les éléments essentiels sont les contributions de Clauser [22], Fry [23] et Aspect [15], est très étendu et très important mais constitue un sujet nettement distinct de celui du présent ouvrage, c'est pourquoi il n'est pas exposé ici).

Un autre avantage de ces preuves « standard » est que les inégalités de Bell peuvent être dérivées d'hypothèses générales d'une très grande plausibilité *a priori* (essentiellement la causalité locale) et qui n'empruntent rien à la mécanique quantique. Par conséquent le fait expérimental que ces inégalités sont violées constitue en principe une réfutation directe des hypothèses générales dont il s'agit, « directe » signifiant ici que dans le principe cette réfutation est auto-suffisante, autrement dit indépendante de la justesse de la mécanique quantique. On ne peut pas en dire autant de la dérivation G.H.Z. Cette dérivation ne consiste pas en une mise en œuvre de la seule causalité locale, conduisant à une prédiction bien définie que les règles de la mécanique quantique permettraient ensuite d'invalider. En conséquence, un physicien « d'avant 1920 » aurait pu, en principe, avoir l'idée (qui certes eût alors paru saugrenue...) de mettre à l'épreuve la causalité locale en démontrant d'abord qu'elle implique les inégalités de Bell et en effectuant ensuite les expériences correspondantes dans une grande variété de cas. Il aurait constaté que ces inégalités sont effectivement satisfaites dans la très grande majorité de ceux-ci mais — bien étrangement ! — pas dans tous. L'hypothèse de l'universalité de la causalité locale aurait ainsi été réfutée d'une manière un peu similaire à la manière dont celle de l'éther le fut en conséquence du résultat inattendu de l'expérience de Michelson et Morley. Par contraste, aucune reconstruction comparable de l'histoire ne peut être imaginée concernant l'approche G.H.Z., car, encore une fois, il ne semble pas possible de déduire, indépendamment de la mécanique quantique, à partir des corrélations existant expérimentalement dans ce cadre et de la seule causalité locale, une conséquence que les prédictions quantiques viendraient ensuite invalider.

9-7. Les théorèmes de Bell sans spins et sans polarisations

En ce qui concerne les aspects théoriques, il a été montré [4] que l'argument G.H.Z. peut être explicité sans mettre aucun spin en jeu, simplement en remplaçant les mesures de composantes de spin par des mesures de présence locale effectuées au moyen de compteurs. Étant donné que l'argument G.H.Z. est le pendant de Bell 1 et implique une violation des prémisses einsteiniennes, cela rend la violation de ces dernières par la mécanique quantique plus frappante encore. En guise d'exercice, le lecteur intéressé pourra tenter de montrer, en combinant l'argumentation décrite dans la référence [4] avec celle explicitée dans la section précédente, qu'il est également possible de prouver le pendant G.H.Z. de Bell 2 sans mettre aucun spin en jeu.

Du côté de l'expérimentation, d'important développements ont eu lieu, depuis 1990, suite à la découverte de la technique dite de *down-*

conversion paramétrique, à l'aide de laquelle il est, en particulier, possible de produire des paires de photons dont les éléments ont des impulsions strictement corrélées. Les expériences auxquelles on fait allusion consistent à scinder — au sens quantique — chacun des photons de la paire et à le recombiner avec un déphasage variable. Il est bien connu que dans l'expérience des fentes de Young, au lieu d'observer des franges sur un écran, on peut opérer avec un compteur fixe, faire varier la phase dans l'un des faisceaux en y plaçant une plaquette ajustable, et observer les variations concomitantes du taux de comptage. Ici la même technique est appliquée aux deux particules, avec la différence que c'est la dépendance — toujours par rapport à de telles phases ajustables — des *coïncidences* entre les « bips » des compteurs actionnés par chacune des deux particules qui est étudiée. La théorie quantique prédit une dépendance sinusoïdale alors que la causalité locale entraînerait la validité d'une inégalité du type Bell-CHSH, incompatible avec une telle forme de dépendance. Des expériences de ce type ont été suggérées indépendamment par plusieurs auteurs, notamment Horne, Shimony et Zeilinger [24] et Franson [25], et effectuées, en particulier par Rarity et Tapster [26], qui ont trouvé une violation des inégalités à 10 déviations standard (on reviendra sur le sujet en section 13-2).

Références

1. A. Einstein, B. Podolsky et N. Rosen, *Phys. Rev.* **47**, 777 (1935).
2. A. Einstein, in *Albert Einstein : Philosopher, Scientist,* P.A. Schilpp ed., Evanston, Library of Living Philosophers, Ill., 1949.
3. D. Bohm, *Quantum Theory,* Prentice-Hall, 1951.
4. D. Greenberger, M. Horne, A. Shimony et A. Zeilinger, *Am. J. Phys.* **58**, 1131 (1990).
5. N. Bohr, *Phys. Rev.* **48**, 696 (1935).
6. B. d'Espagnat, « Nonseparability and the Tentative Descriptions of Reality », art. cité.
7. B. d'Espagnat, *Une incertaine réalité,* Paris, Dunod, Gauthier-Villars, 1985.
8. H.P. Stapp, *Nuovo Cimento* **40 B**, 191 (1977) ; *Foundations of Physics* **10**, 767 (1980).
9. B. d'Espagnat, *Phys. Rev.* **D 18**, 349 (1978).
10. J.S. Bell, *Physics* **1**, 195 (1964).
11. J.F. Clauser, M.A. Horne, A. Shimony, R.A. Holt, *Phys. Rev. Lett.* **23**, 880 (1969).
12. B. d'Espagnat, *One or Two Bell Theorems ?,* in *Bell's Theorem and the Foundations of Physics,* Proceedings of the International Conference in memory of John Bell held in Cesena, 7-10 octobre 1991, Singapour, World Scientific Publishing Company, 1993.

13. B. d'Espagnat, *Conceptual Foundations of Quantum Mechanics*, Reading, Mass., Addison-Wesley, 1971, 2e ed., 1976, chapitre 12.
14. J. S. Bell, *Speakable and Unspeakable in Quantum Mechanics*, Cambridge, Cambridge University Press, 1987, chapitre 7 ; *La Nouvelle Cuisine*, in *Between Science and Technology*, A. Sarlemijn et P. Kroes ed., Elsevier Science Publ. B.V., North-Holland, 1990, chapitre 6.
15. A. Aspect, P. Grangier, G. Roger, *Phys. Rev. Lett.* **49**, 91 (1982) ; A. Aspect, J. Dalibard, G. Roger, *Phys. Rev. Lett.* **49**, 1804 (1982).
16. E.P. Wigner, *Am. J. Phys.* **38**, 1005 (1970).
17. B. d'Espagnat, *Scientific American* **241**, 158 (1979) ; *Pour la Science*, **27**, 72 (1980).
18. B. d'Espagnat, *A la recherche du réel, le regard d'un physicien*, Gauthier-Villars, 1979 (3e ed., Agora, Presse-Pocket, 1991).
19. A. Fine, *Phys. Rev. Lett.* **48**, 291 (1982).
20. D. Greenberger, M. Horne, A. Zeilinger, in *Bell's Theorem, Quantum Theory and Conceptions of the Universe*, M. Kafatos ed., Dordrecht, Kluver Academics, 1989.
21. N.D. Mermin, *Am. J. Phys.* **58**, 731 (1990).
22. S.J. Freedman, J.F. Clauser, *Phys. Rev. Lett.* **28**, 938 (1972).
23. E.S. Fry, R.C. Thompson, *Phys. Rev. Lett.* **37**, 465 (1976).
24. M.A. Horne, A. Shimony, A. Zeilinger, *Phys. Rev. Lett.* 62, 2209 (1989).
25. J.D. Franson, *Phys. Rev. Lett.* **62**, 2205 (1989).
26. J.D. Rarity et P.R. Tapster, *Phys. Rev. Lett.* **64**, 2495 (1990).

Lecture complémentaire

M. Redhead, *Incompleteness, Nonlocality and Realism*, Oxford, Clarendon Press, 1989.

10

L'opération de mesure

Les notions et les théorèmes exposés dans les deux derniers chapitres soulèvent des questions fondamentales, sur lesquelles nous reviendrons. Mais avant cela il nous faut considérer certains autres problèmes, liés à ces questions mais plus particuliers. Il s'agit de ceux qui concernent l'opération de mesure. Sauf mention du contraire, nous analysons ces problèmes dans le cadre de la mécanique quantique conventionnelle (non-existence de variables cachées).

Pour des raisons qui vont être explicitées, il y a une énigme au cœur du processus quantique de la mesure, et un grand nombre de théories ont été proposées visant à résoudre cette énigme. En fait, ce nombre est si considérable que les passer toutes en revue serait tout à fait impossible. Ici, une telle tentative s'impose d'autant moins que l'examen de beaucoup d'entre elles a déjà été effectué (voir références [1] et [2], *Addendum*). On se contentera par conséquent d'expliquer en quoi consiste le problème, de résumer et discuter les proposition de solution qui, actuellement, suscitent le plus d'intérêt, et enfin d'étudier certaines questions liées à ces tentatives, celles relatives à la décohérence, aux formulations fondées sur la représentation de Heisenberg et à l'absence de covariance relativiste de la réduction du paquet d'ondes en particulier.

10-1. Le problème fondamental

Plus haut (section 8-1) il a été signalé que quand deux systèmes quantiques entrent temporairement en interaction, après la fin de celle-ci le système composé se trouve en général dans ce que l'on appelle un « état d'enchevêtrement », ce qui signifie que son vecteur d'état n'est pas un pur et simple produit de vecteurs d'état correspondant à chacun des deux systèmes.

Les systèmes macroscopiques étant composés d'atomes et de champs, il n'y a aucune raison qu'ils n'obéissent pas aux lois quantiques. Il est donc naturel de les considérer sous cet angle, même s'il s'agit de systèmes quantiques extrêmement complexes. Si ce point de vue est adopté, il faut naturellement s'attendre à ce que, au moins en certains cas, l'effet de l'interaction qui s'exerce, pendant le temps de la mesure, entre l'appareil de mesure A (un système physique comme un autre) et le système S sur lequel porte la mesure, soit de mettre le système composé S + A dans un état enchevêtré. Comme on le verra, c'est ce fait qui, en théorie quantique de la mesure, soulève la principale difficulté d'interprétation. Même si la prise en considération de l'interaction entre A et son environnement réduit en un sens la difficulté, elle ne la fait pas disparaître.

Pour décrire plus en détail ce problème fondamental de la théorie quantique de la mesure (connu aussi sous le nom de problème du chat de Schrödinger car, peut-être pour mieux frapper les imaginations, Schrödinger invita ses lecteurs à remplacer mentalement par un chat l'aiguille indicatrice de l'appareil) appelons $|\psi_1>, ..., |\psi_n>, ...$ les vecteurs propres d'une observable L appartenant à un système S et dont l'expérimentateur se propose de mesurer la valeur au moyen de l'instrument A. Pour plus de simplicité, supposons que A ne puisse se trouver que dans l'un quelconque des états formant une suite *discrète* d'états propres $|n, r>$, où l'indice n repère les positions possibles $G = g_n$ d'une aiguille et r est un indice de dégénérescence, correspondant à toutes les autres variables de A. Inutile de souligner à quel point une telle description de l'appareil est schématique. Toute difficulté conceptuelle à laquelle elle pourra conduire devra par conséquent être examinée avec soin, dans le cadre d'un formalisme plus réaliste, avant de pouvoir être qualifiée de véritable. Il n'en reste pas moins que cette description élémentaire est utile pour mettre en lumière les traits essentiels du problème.

Plaçons-nous d'abord dans le cas où S est initialement dans un état propre $|\psi_m>$ de L :

$$L\,|\psi_m> = l_m\,|\psi_m> \qquad (10\text{-}1)$$

A se trouvant alors dans l'un des états $|0, r>$ de sorte que G a la valeur zéro. A est, par hypothèse, construit de telle manière que, dans ces conditions, l'interaction a pour effet de le faire passer dans l'un des états $|m, s>$ sans que l'état de S soit, lui, modifié. Autrement dit, le vecteur d'état qui décrit le système composé S + A subit le changement décrit par

$$|\psi_m> \otimes |0, r> \rightarrow |\psi_m> \otimes |m, s_{m,r}> \qquad (10\text{-}2)$$

Si tel est le cas, après l'interaction l'aiguille de A est dans la position $G = g_m$, laquelle est en correspondance bi-univoque avec la valeur propre l_m de L. En conséquence, la relation (10-2) peut bien, effectivement, être considérée comme le modèle d'une description d'un processus de mesure de L par le moyen de A.

Mais maintenant considérons une situation initiale différente, dans laquelle A est encore décrit par $|0, r>$ mais où S est dans une superposition quantique d'états $|\psi_m>$:

$$|\psi> = \Sigma_m a_m |\psi_m> \tag{10-3}$$

où les a_m sont des paramètres. Le principe de superposition garantit que (sauf dans des cas spéciaux, ceux où des règles de supersélection entrent en jeu) l'expression (10-3) est bien un état initial possible. Alors, en conséquence de la relation (10-2) de la linéarité de l'évolution dans le temps (Règle 3 du chapitre 3), l'état final du système composé est nécessairement décrit par

$$|\Psi_f> = \Sigma_m a_m | \Psi_m> \tag{10-4}$$

avec :

$$| \Psi_m> = |\psi_m> \otimes | m, s_{m,r}> \tag{10-4a}$$

Il y a un sens dans lequel l'équation (10-4) peut être réputée décrire de façon adéquate le « processus de mesure » dans la situation considérée. En effet, cette équation montre que si, immédiatement après que S et A ont interagi, un observateur s'avise de mesurer (par un procédé que nous nous abstenons d'analyser) à la fois L (sur S) et G (sur A), sur tout un ensemble statistique de systèmes S + A décrit par le membre de droite de cette équation, il ne peut que trouver une corrélation à cent pour cent entre les résultats. Dans tous les cas où il trouve $L = l_m$, il doit trouver $G = g_m$ et inversement (c'est une conséquence immédiate de la Règle 8 du chapitre 3). Autrement dit, dès qu'il a mesuré G, il sait quelle valeur il trouvera lors de la mesure de L. Dans ces conditions, il peut s'abstenir d'effectuer cette dernière opération. On peut dire par conséquent qu'en mesurant G sur A, il a effectué une mesure de L (à l'évidence, cette argumentation peut être étendue à toute une chaîne d'instruments $A^{(1)}, A^{(2)}, ..., A^{(k)}, ...,$ chacun mesurant la « coordonnée d'appareil » $G^{(1)}, G^{(2)}, ..., G^{(k)}, ...,$ de celui qui le précède immédiatement dans la chaîne : cette dernière est appelée « chaîne de von Neumann »). En outre, bien que l'opérateur d'état :

$$\rho = | \Psi_f> < \Psi_f| = \Sigma_{m,n} a_m a_n^* | \Psi_m> < \Psi_n| \tag{10-5}$$

de l'état final ait certes des « termes croisés » (les termes $m \neq n$), ces termes ne jouent *dans la pratique* à peu près aucun rôle. La raison en est que — comme les formules (3-4) ou (6-22) associées aux relations (10-4) et (10-5) le montrent aisément — les probabilités d'obtenir un résultat donné pour G et un résultat donné pour n'importe quelle observable B appartenant à S lors d'une mesure simultanée de G sur A et de B sur S ne mettent en jeu aucun tel terme. Et la même chose est vraie, bien entendu, pour ce qui concerne les probabilités afférentes à des mesures d'observables appartenant soit à A seul, soit à S seul (ceci en vertu de l'orthogonalité des $\{|\psi_m>\}$ entre eux et des $\{|m, s_{m,r}>\}$ entre eux). Autrement dit, les termes croisés en question ne peuvent entrer en jeu que quand des corrélations sont étudiées entre une observable de S et une observable de A *différente de G*. Une étude plus approfondie (Jauch [3], voir aussi [1]) montre même qu'essentiellement la classe de ces dernières observables ne contient aucune de celles qui commutent avec G. Dans ces conditions, ρ peut — en pratique — être remplacé par

$$\rho' = \Sigma_m |a_m|^2 |\Psi_m> < \Psi_m| \quad (10\text{-}5a)$$

Or si l'on compare ce ρ' avec l'expression (6-1), on constate qu'il coïncide avec l'opérateur statistique d'un mélange (propre) dans lequel une proportion $|a_m|^2$ des systèmes ont $L = l_m$ et $G = g_m$. Étant donné que l'on aurait obtenu exactement ces proportions-là si on avait appliqué la règle des probabilités (3-3) au vecteur d'état (10-3) on voit que la théorie du processus de mesure ici esquissée permet même de retrouver la Règle 6.

Au niveau de l'opératoire, tout cela est satisfaisant. Mais faut-il en déduire que l'interprétation physique de l'équation (10-4) est tout à fait claire ? La réponse est *non* car de difficiles questions doivent encore être affrontées. Prenons-en maintenant connaissance.

A) Ci-dessus on a implicitement admis que le système composé total considéré est composé de deux parties distinctes bien définies : S, le système sur lequel l'observable est mesurée, et A, l'instrument servant à l'opération. On peut se demander ce qui définit la frontière entre les deux. Relève-t-elle seulement du fait que *nous* trouvons commode de considérer certaines parties du système global comme constituant des « parties d'instrument » ou est-elle déterminée par la structure même des systèmes ? Autrement dit, si l'on nous donnait simplement un système complexe, son espace de Hilbert, son hamiltonien, etc., pourrions-nous, par la simple inspection de ces données, décider si oui ou non ce système est constitué d'un « système mesuré » et d'un « instrument » ? Et pourrions-nous déterminer quels sont les éléments du système global qui appartiennent à chacun? Dans une théorie comme la mécanique quantique, où la notion de mesure intervient au niveau même des axiomes, ces questions sont d'importance.

B) Même si l'on suppose que cette question-là est réglée, on doit étudier ce qui détermine la « base d'appareil ». Pour comprendre ce dont il s'agit ici, considérons le cas simple dans lequel l'indice *m* n'est susceptible de prendre que les deux valeurs 1 et 2 et supprimons l'indice de dégénérescence, de sorte que l'équation (10-4) s'écrit :

$$|\Psi_f> = a_1|\psi_1> \otimes |1> + a_2|\psi_2> \otimes |2> \qquad (10\text{-}6)$$

Supposons alors que l'opérateur hermitien G′ dont l'équation aux valeurs propres est :

$$G'|V_\pm> = g'_\pm|V_\pm>$$

avec

$$|V_\pm> = 2^{-\frac{1}{2}}(|1> \pm |2>)$$

représente, lui aussi, une observable de l'instrument. L'équation (10-6) peut alors également s'écrire :

$$|\Psi_f> =$$
$$2^{-\frac{1}{2}}[(a_1|\psi_1 + a_2|\psi_2>) \otimes |V_{+>} + (a_1|\psi_1> - a_2|\psi_2>) \otimes |V_->]$$

et il est clair que si, pour une raison ou pour une autre, nous connaissons les valeurs, g'_+ ou g'_-, de G′, par là-même nous connaissons aussi les états, $|\chi_+> = a_1|\psi_1> + a_2|\psi_2>$ ou $|\chi_2> = a_1|\psi_1> - a_2|\psi_2>$, du système mesuré[1]. Ce qui soulève immédiatement la question de savoir ce que l'instrument mesure réellement et quelle est réellement la coordonnée d'appareil (G ou G′ ou... ?).

1. Supposons, par exemple, que ce que nous mesurons c'est en fait G′, et que nous obtenons comme résultat g'_+. Appliquant la Règle 10a (chapitre 3) nous trouvons alors que, juste après cette mesure, le vecteur d'état du système total est $|\chi_+> \otimes |V_+>$.

En général, les états $|\chi_+ >$ et $|\chi_- >$ ne sont pas orthogonaux, ce qui fait qu'ils ne sont les vecteurs propres d'aucune observable et, pour tenter d'apporter une réponse à la question posée ci-dessus, certains physiciens avancèrent qu'une mesure doit mesurer non pas un état mais bien une observable et proposèrent donc la règle selon laquelle, dans un développement de $|\Psi_f >$ du type (10-4), les $\{|\psi_m >\}$ et les $\{|m, s_{m,r} >\}$ doivent tous deux être des ensembles de kets orthogonaux : règle qui, du moins dans le cas $a_1 \neq a_2$, aurait pour effet d'éliminer toute coordonnée d'appareil autre que G. L'idée est séduisante du fait que, sauf pour certains choix particuliers des *m*, elle rend bien réellement la « base d'appareil » unique, et donc détermine d'une manière non ambiguë ce qui est mesuré et ce qu'est la coordonnée d'appareil. Mais elle doit faire face à certaines difficultés, apparaissant, en particulier, lorsque l'on s'avise d'étudier l'évolution dans le temps du système. Nous verrons (section 10-6) que la « théorie de l'environnement » propose une solution différente, plus flexible, et dans l'ensemble plus satisfaisante semble-t-il (sur ce point, voir aussi la section 13-7).

C) Même en supposant les difficultés A et B levées, on doit encore, semble-t-il, arrêter la chaîne de von Neumann quelque part. A une certaine étape (*p*) on doit pouvoir dire : « et finalement l'observateur observe la grandeur $G^{(p)}$ sur $A^{(p)}$ et trouve $g_{\mathcal{H}}^{(p)}$ ». Aussi longtemps que la théorie n'a pas analysé ce dernier maillon, elle doit être considérée comme étant — pour dire le moins — incomplète. Et cela, même s'il convient de reconnaître un aspect positif de cette notion de chaîne à savoir que sous des conditions très générales — et au moins si l'on adopte un point de vue très strictement opératoire — le lieu de la chaîne où l'on place la « coupure » n'importe pas. Pour cette raison, la plupart du temps la coupure en question est simplement appelée la « coupure classique-quantique ».

D) Placer cette coupure à la frontière entre la « matière » et la « conscience », comme certains auteurs l'ont proposé [4, 5], soulève des difficultés, ne serait-ce qu'en raison de la pluralité des consciences. Mais la placer entre le système et le système macroscopique que l'on appelle « l'instrument » soulève aussi un problème. Il s'agit du fait que lorsqu'il est question de systèmes macroscopiques, tels que des aiguilles d'instruments, nous aspirons tous à pouvoir les considérer comme le faisait la physique classique et comme le fait le sens commun, à savoir comme possédant une position définie dans l'espace, une vitesse déterminée, etc. Plus précisément, même si nous concédons bien volontiers que la position de leur centre de masse et la valeur de leur vitesse ne sauraient violer les relations d'indétermination de Heisenberg, nous répugnons fort à admettre que, par exemple, l'aiguille d'un instrument puisse parfois ne se trouver en aucun intervalle défini de la graduation (ni en aucun autre lieu défini de l'espace !). En vérité : une des idées essentielles que l'expression « système classique » implique est que la position du centre de masse d'un tel système doit à chaque instant *avoir* (éventuellement avec une marge d'indétermination, mais très petite) une valeur bien définie. Or, comme nous l'avons exposé en détail dans la section 4-3 ci-dessus, ceci, à son tour, implique que nous pouvons, à tout le moins, imaginer quelqu'un qui saurait de façon certaine, concernant un tel système et à l'intérieur des limites dont il vient d'être question, quel serait le résultat d'une mesure de la position du centre de masse si cette mesure était faite. D'où les difficultés D_1 et D_2 qui vont maintenant être explicitées. Elles sont étroitement liées, mais pour plus de clarté nous les exposerons séparément.

D_1) La difficulté D_1 provient du sens ci-dessus rappelé du verbe « avoir » et du fait qu'en remplaçant ρ par ρ', c'est-à-dire en passant de la relation (10-5) à la relation (10-5a), on a dû supposer l'inobservabilité (en pratique) de certaines grandeurs. Certes, quiconque prend ρ' au sérieux et l'interprète comme décrivant un mélange propre peut dire que — dans le sens rappelé plus haut — les éléments de l'ensemble *ont*, en proportion $|a_m|^2$, $L = l_m$ et $G = g_m$. Mais nous devons nous rappeler qu'entre ρ et ρ' il existe une différence, correspondant au fait qu'il y a des opérateurs hermitiens opérant dans l'espace de Hilbert du système $S + A$ et dont les valeurs moyennes ne sont pas les mêmes lorsqu'on les calcule avec ρ' que lorsqu'on les calcule avec ρ. Si ces opérateurs correspondent à des grandeurs physiques dont il est concevable que l'on pourrait les mesurer, si l'on persiste à dire que « bien entendu » l'expérimentateur choisit à sa guise la grandeur qu'il mesurera et si, enfin, l'on considère que les difficultés purement pratiques qui rendent telles ou telles mesures plus ardues que d'autres n'ont pas à être prises en compte, alors la difficulté D_1 semble insurmontable. En conséquence, la plupart des théoriciens de la mesure écartent ce cadre trop contraignant et se satisfont de la remarque que dans les situations réelles les opérateurs en question ne correspondent pas à des grandeurs vraiment mesurables *en pratique*. Mais faire, au sein d'une théorie que l'on voudrait fondamentale, de telles références à ce qui est pratiquement réalisable et à ce qui ne l'est pas introduit dans cette dernière un flou fort peu satisfaisant.

D_2) Comme déjà noté, la difficulté D_2 est fortement liée à la précédente. En un sens, cependant, elle est pire encore car elle persiste même sous des conditions sous lesquelles la difficulté D_1 serait considérée comme levée (inobservabilité de certaines quantités physiques). Nous la désignerons sous le nom de « difficulté et-ou ». Pour la définir, revenons encore une fois à ρ' [formule (10-5a)] et à son interprétation en termes de mélange propre. Jusqu'à un certain point, cette interprétation est confortée, comme Gottfried en particulier l'a fait observer [6], par le fait que les $|a_m|^2$ apparaissent dans ρ' exactement de la même manière que les probabilités apparaissent en physique statistique classique. Mais cet argument est-il réellement convaincant ? Comme il a été souligné par Bell [7] : « si l'on n'était pas, au départ, en quête de probabilités, [...] l'interprétation évidente, même de ρ', serait que le système est dans un état où les divers $|\Psi_m>$, en quelque manière, *coexistent* :

$$|\Psi_1><\Psi_1| \; et \; |\Psi_2><\Psi_2| \; et \ldots$$

ce qui n'a rien à voir avec une interprétation probabiliste, interprétation dans laquelle les différents termes sont conçus, non comme *coexistants* mais comme présents *soit* l'un *soit* l'autre. » Dans cette citation, Bell, il est vrai, ne fait aucune référence à la notion d'ensemble statistique. Mais il est clair qu'une telle référence n'aide guère. En effet, quant nous considérons un processus de mesure, ce qui nous intéresse c'est ce qui advient à un système individuel S, associé à un instrument individuel A. Et aussi longtemps que l'hypothèse de complétude est retenue, il paraît impossible de réconcilier l'uniformité, par là implicitement posée, de l'ensemble décrit par ρ avec la diversité des éléments du mélange propre que ρ' est supposé représenter. Aller prétendre que c'est l'inobservabilité de certaines quantités physiques qui *crée* cette diversité paraît tout simplement absurde.

La difficulté D_2 a très certainement été présente à l'esprit de la plupart des spécialistes de la mécanique quantique. Il est bien possible que ce soit implicitement elle qui conduisit Everett à proposer sa théorie des *états relatifs* (voir section 12-1). Elle a été explicitée dans la référence [2] et soulignée avec force par Bell, comme on vient de le noter. Curieusement, il semble qu'elle n'ait guère attiré la considération *explicite* des physiciens qui proposèrent des théories de l'opération de mesure. Pour cette raison, elle ne sera pas prise en compte dans la revue de telles théories qui sera effectuée ci-dessous. Mais, bien entendu, elle sera examinée dans des chapitres ultérieurs (le chapitre 15 en particulier).

10-2. Un exemple explicite

A ce stade, une question préliminaire se pose. Elle concerne le processus (idéalisé) décrit par la relation (10-2). Est-ce que *ce* processus-*là*, au moins, est dénué de difficultés conceptuelles ? Peut-il avoir lieu en conformité avec les lois de la mécanique quantique ? Fort heureusement, la réponse est *oui*, comme von Neumann l'a (pour la première fois) prouvé dans son livre déjà cité, et comme nous l'illustrons ci-dessous à travers un exemple.

Bien entendu, en de tels exemples, il convient de rechercher la simplicité maximale. En conséquence, posons que le système S sur lequel la mesure est faite est simplement une particule de spin $\frac{1}{2}$ et que la quantité mesurée L est la composante z, S_z de son spin, de sorte que $\left(\text{en unités } \frac{\hbar}{2}\right)$

$$\mathrm{L}\,|\phi_m> = m|\phi_m> \;; \quad m = \pm 1 \tag{10-7}$$

Soit, en outre, ξ la coordonnée de l'aiguille (« coordonnée d'instrument ») et supposons que l'évolution dans le temps du système ait lieu selon le schéma :

$$g_0\,(\xi) \otimes |\phi_m> \rightarrow g_m\,(\xi) \otimes |\phi_m> \tag{10-8}$$

qui, quand les $g_m\,(\xi)$ sont mutuellement orthogonaux, n'est autre qu'une réalisation particulière du schéma (10-2). Ici, $g_0(\xi)$ et $g_m(\xi)$ sont les fonctions d'onde (normées) de A (plus précisément : de l'aiguille de A) avant et après l'interaction respectivement (pour des raisons de commodité l'hypothèse grossièrement simplificatrice est faite d'une absence de dégénérescence). Le problème est de trouver un hamiltonien d'interaction H′ opérant seulement durant un court intervalle de temps (t', t'') et ayant pour effet d'induire la transition (10-8).

Il est facilement vérifié que ce problème admet une solution, de la forme :

$$\mathrm{H}' = \beta(t)\,\mathrm{L} \otimes \left(-i\,\frac{\partial}{\partial \xi}\right) \tag{10-9}$$

$\beta(t)$ étant égal à zéro excepté durant le court intervalle de temps (t', t''), durant lequel il est suffisamment grand pour que tout le reste de l'hamiltonien soit négligeable comparé à H′. Posant

$$\alpha(t) = \int_{t'}^{t} \beta(\tau)\, d\tau \qquad (10\text{-}10)$$

et

$$a_{\pm} = \pm\, \alpha(t'') \qquad (10\text{-}11)$$

on vérifie alors aisément que durant l'intervalle de temps de la mesure le ket :

$$\psi_{\pm} > = g\,[\,\xi \mp \alpha(t)] \otimes |\phi_{\pm} > \qquad (10\text{-}12)$$

est, pour *toute* fonction dérivable $g(\xi)$, une solution de l'équation de Schrödinger dépendante du temps. Dès lors le schéma (10-8) est respecté, avec

$$g_{\pm}(\xi) = g(\xi - a_{\pm}) \qquad (10\text{-}13)$$

et si $g(\xi)$ est une fonction présentant un pic prononcé et nulle pour $|\xi| > |\alpha(t'')|$, la condition que $g_{+}(\xi)$ soit orthogonal à $g_{-}(\xi)$ est satisfaite, de sorte que le schéma (10-2) est effectivement réalisé (si $g(\xi)$ est une gaussienne, la condition n'est réalisée qu'approximativement, mais le recouvrement de g_{+} et de g_{-} peut être rendu aussi petit qu'on le désire en choisissant une fonction $g(\xi)$ de suffisamment petite largeur moyenne).

Bien entendu, cet exemple spécifique d'un processus idéalisé de mesure montre seulement que le schéma (10-2) est réalisable. Il ne jette aucun jour sur la manière dont les difficultés énumérées dans la section 10-1 sous les rubriques A à D_2 pourraient éventuellement être levées. Il n'en reste pas moins que le seul fait que le processus (10-2) puisse avoir lieu en conformité avec l'équation de Schrödinger, et donc sans violer aucune des lois incontestées de la mécanique quantique, est déjà digne de remarque, d'autant plus qu'une conception incompatible avec ce résultat est parfois avancée et, ce qui est plus grave encore, est parfois faussement attribuée à Bohr. En effet, aussi bien dans des livres de vulgarisation que dans tels ou tels manuels, il est quelquefois prétendu que, selon Bohr, toute opération de mesure effectuée sur un système atomique perturbe inévitablement ce dernier. A l'évidence, le processus (10-2) est un contre-exemple à ceci. Il est vrai que, dans des situations plus réalistes, une *petite* perturbation est le plus souvent inévitable ; perturbation qui est due à l'existence de quantités additives conservées partagées entre le système et l'instrument, telles que le moment cinétique total (cela a été signalé pour la première fois par Wigner [8], voir aussi Araki et Yanase [9], ou encore la référence [1]) ; mais le choix d'instruments *macroscopiques* appropriés permet de ramener de telles perturbations au-dessous de n'importe quel niveau fixé d'avance. Et, de toute manière, attribuer une telle conception à Bohr constitue une interprétation erronée de la position de celui-ci. Cette position était, en réalité, toute différente puisqu'elle consistait à dire que — même conceptuellement, peut-on dire — il est impossible de faire aucune distinction tranchée entre le comportement des objets atomiques et leur interaction avec l'appareil de mesure. De sorte que Bohr semble avoir considéré comme dénué de sens le fait de même *mentionner* les attributs d'un système quantique comme s'ils existaient par eux-mêmes : et ceci l'amena à critiquer de façon explicite l'emploi de notions du genre « perturbation d'un phénomène par l'observation » (voir section 11-1 pour plus de détails).

10-3. Une suggestion qualitative inadéquate

Pour lever les difficultés qualitatives mentionnées plus haut, bien des propositions ont été faites, certaines quantitatives et certaines, au contraire, de nature qualitative. Dans la présente section on examinera — et réfutera — l'une des plus radicales d'entre elles. Celle-ci, bien que rarement considérée comme séduisante par les physiciens eux-mêmes, est quelquefois mise sur le tapis par des philosophes ou des sociologues, et en particulier par ceux aux yeux de qui la difficulté croissante de communication entre experts de disciplines scientifiques différentes constitue une indication en faveur de l'idée que le concept même de *lois universelles* serait aujourd'hui dépassé. Ces penseurs partent de la constatation que le formalisme quantique a été très spécifiquement développé dans le but de traiter de phénomènes du domaine microscopique et que c'est dans ce domaine-là qu'il a remporté les succès le plus communément cités quand on veut établir sa validité. Il est donc — disent-ils — loin d'être évident que ses notions de base soient pertinentes à tous les niveaux de la description physique de la nature. Avancer qu'elles le sont équivaut — prétendent-ils — à se rallier à une forme spéciale de *réductionnisme*, consistant à soutenir que la physique quantique est *la* théorie fondamentale *parce que* tout est fait d'atomes. Mais — continuent-ils — un tel argument est d'autant plus fragile que la physique quantique elle-même — *via* la non-séparabilité et ainsi de suite — pose des limites nettes à toute tentative de description physique fondée sur le réductionnisme atomistique. Ces mêmes personnes étayent encore leur argumentation par la remarque que même la chimie —

la discipline pourtant la plus proche de la mécanique quantique — présente nombre de lois et concepts qui ne peuvent être déduits de ceux de la physique d'aucune manière convaincante. Leur conclusion est que les difficultés conceptuelles que la mécanique quantique rencontre n'ont pas véritablement de substance car elles proviennent toutes de l'idée que les lois quantiques s'appliquent aussi aux instruments, qui sont des systèmes macroscopiques.

Bien que cette argumentation semble probante à certains, elle n'a aucune validité. Premièrement, en effet, les difficultés que les scientifiques de diverses disciplines éprouvent à communiquer les uns avec les autres s'expliquent — c'est un truisme ! — le plus simplement du monde si l'on veut bien prendre en considération la complexité de la recherche contemporaine, sa croissance rapide au long des dernières décennies et le temps que chaque scientifique doit obligatoirement consacrer à l'approfondissement (évidemment prioritaire) de son domaine propre, à la lecture des articles scientifiques correspondants, etc. Les difficultés en question ne témoignent donc en aucune manière ni pour ni contre la conception de l'unité de la science. Par ailleurs, les scientifiques savent, eux, très bien que, aujourd'hui comme hier, les concepts développés dans une certaine branche de la science s'avèrent souvent utiles dans des branches fort différentes, ce qui témoigne avec force en faveur d'une certaine universalité des grandes lois.

En particulier, certaine notions essentiellement quantiques — on songe par exemple à l'effet tunnel — se révèlent indispensables à l'explication de faits expérimentaux relatifs à des systèmes qui sont de taille et de complexité macroscopiques, et qu'il n'y a donc aucune raison de ne pas qualifier ainsi (voir en particulier les expériences rapportées par Leggett [10], [11]). Cela semble contredire de manière assez frappante la théorie selon laquelle la nature serait formée de deux domaines (ou plus), l'un d'eux étant celui des systèmes microscopiques et l'autre celui des systèmes macroscopiques, les lois de chaque domaine étant exclusivement valables dans ce domaine. Mais si l'on renonce à cette théorie, il devient impossible de soutenir l'argument décrit ci-dessus selon lequel, dans les situations où des instruments sont en jeu, une éventuelle violation des lois quantiques appliquées aux systèmes dont ces instruments sont des parties est chose admissible. Plus précisément, il semble que la seule manière acceptable de sauver cette conception serait de considérer que les systèmes macroscopiques sur lesquels des effets quantiques sont observés ne sont pas réellement « macroscopiques ». Or, une telle affirmation est, certes, pleinement compatible avec une conception de la physique selon laquelle cette science est considérée comme décrivant, non pas la réalité « telle qu'elle est vraiment » mais simplement les « apparences collectives » ; car alors, une notion telle que celle de « systèmes macroscopiques » peut bien, effectivement, être *définie* par référence aux possibilités humaines. Et, de fait, c'est précisément une telle définition qui sera adoptée au chapitre 15, en liaison avec la notion de *réalité empirique*. Cependant, nous nous trouvons ici dans un contexte tout différent car les avocats de la thèse examinée ne mettent aucunement en question l'idée que le but de la recherche scientifique est de décrire la réalité « telle qu'elle est vraiment ». Dans ces conditions, la proposition, ci-dessus considérée, de définir une classe entière d'importants systèmes physiques d'une manière purement négative et essentiellement anthropocentrique est manifestement inacceptable. De fait, elle aboutit à élargir le domaine du microscopique tout en laissant, par principe, les instruments hors de celui-ci. Cela rappelle fort la chaîne de von Neumann et soulève la même question : où s'arrêter ?

Enfin, les arguments fondés sur la non-séparabilité et sur la relative autonomie de la chimie sont-ils pertinents en ce qui concerne la question présentement analysée ? La réponse est non. Concernant la chimie, il est certes vrai (comme Primas [12], par exemple, l'a clairement montré) qu'en toute rigueur les lois de celle-ci ne se déduisent pas des seules lois de la mécanique quantique. Elles procèdent de ces lois-là *à condition d'y ajouter* une manière bien définie de « voir les choses », manière qui nous conduit à ne pas prendre en compte les traits de non-séparabilité qui font que la fonction d'onde d'une molécule est quantiquement enchevêtrée à celles de toutes les autres molécules de l'Univers. Mais, manifestement, la vérité de cette (très importante !) remarque n'a pas pour effet de renforcer l'idée que les lois quantiques seraient non valables en chimie. Bien au contraire, on doit continuer à considérer que ces lois sont une composante essentielle de toute description des systèmes complexes dont traite cette discipline.

Ce que l'on vient de noter peut également servir à comprendre pourquoi l'existence de la non-séparabilité ne constitue pas une objection valable à l'idée ici défendue que les lois quantiques sont de validité universelle. Le point est que la rareté, dans le domaine macroscopique, des effets observables typiquement quantiques n'a strictement rien à voir avec la non-séparabilité. Cette rareté est due à d'autres causes, qui sont tout à fait bien comprises « de l'intérieur même » de la théorie quantique, et en considérant celle-ci comme universelle. Corrélativement la non-séparabilité, loin d'être un *correctif* à la physique atomique (c'est-à-dire quantique), en est une conséquence intrinsèque. Par suite, il serait tout à fait faux de prétendre que c'est le fait de faire abstraction des effets de non-séparabilité qui nous permet d'appliquer les lois quantiques à petite échelle, c'est-à-dire aux atomes. Pour ces raisons, la plausibilité de l'hypothèse que les lois et constantes quantiques sont universelles — plausibilité due en particulier aux succès passés de l'hypothèse d'universalité appliquée à d'autres lois et à d'autres constantes — n'est en rien diminuée par l'existence de la non-séparabilité.

En conclusion : dans la mesure où les difficultés signalées dans la section 10-2 sont, en physique quantique, des difficultés véritables, il ne saurait être question de les balayer d'un revers de main au moyen des arguments qualitatifs très généraux examinés dans cette section.

10-4. Une autre suggestion qualitative inadéquate

Contrairement à celle que nous venons de décrire, la suggestion qualitative dont il s'agit maintenant n'est pas issue du cercle des spécialistes ès sciences humaines mais de celui des physiciens. On peut même considérer qu'elle constitue une interprétation au moins plausible de ce que Heisenberg écrivit dans le chapitre III de son ouvrage *Physique et philosophie* [13] relativement au processus de la mesure. La suggestion en question est axée sur l'idée que les difficultés énumérées dans la section 10-1 sous les rubriques A à D_2 émaneraient du fait que le schéma théorique de l'opération de mesure traite l'instrument A, avant son interaction avec le système S, comme un cas pur, en lui attribuant un ket $|0, r>$. En tant que système macroscopique, A est, bien entendu, constitué d'un nombre immense de particules et a donc un nombre extrêmement élevé de degrés de liberté. Il est totalement impossible de connaître, à un instant donné, les valeurs de tous les paramètres qui spécifieraient exactement l'état de A. A cette incertitude subjective affectant notre représentation du système total, l'interaction de S avec A n'a pour effet que d'ajouter un élément d'incertitude — cette fois objectif — supplémentaire. Autrement dit, la « fonction de probabilité » (selon les termes de Heisenberg) contrôlant les divers résultats possibles contient, en plus de son élément objectif dû à la nature quantique du processus, un important et inévitable élément subjectif dû à notre ignorance des conditions initiales. La suggestion ici discutée est alors que, lorsque serait prise en compte cette combinaison de ces deux « sources » d'incertitude — la subjective et l'objective —, l'incertitude dans le résultat final de la mesure émergerait d'une manière qui ferait que les difficultés A à D_2 ne pourraient, tout simplement, plus apparaître.

Le fait précis sur lequel se fonde cet argument est indéniable. Nous ne connaissons pas de façon précise l'état initial de l'instrument. En vérité, étant donné que A a précédemment interagi avec d'autres systèmes, on pourrait même soutenir (voir chapitre 8) que décrire son « état initial » au moyen d'un vecteur d'état est tout à fait irréaliste. Assurément, ce qu'il conviendrait de faire dans l'esprit de la remarque de Heisenberg serait de considérer un ensemble statistique de systèmes S + A et de décrire l'état initial de A par le moyen d'un opérateur — et non pas d'un vecteur — d'état.

Si cela est fait, alors, bien entendu, l'ensemble des systèmes S + A est lui aussi décrit par un opérateur d'état, dont l'évolution dans le temps durant l'intervalle de temps de la mesure est décrit par des équations connues. Mais alors, la question se pose : les difficultés de la section 10-1 sont-elles levées ? En d'autres termes, l'opérateur d'état décrivant le système S + A après l'interaction dont il s'agit a-t-il une forme telle que l'ensemble statistique E qu'il décrit puisse être interprété comme contenant, en proportions $|a_m|^2$, des systèmes S + A dont les parties A *ont* $G = g_m$?

Hélas, la réponse est *non*. La chose n'a rien d'évident, car l'ensemble E est, bien entendu, décrit par un opérateur d'état qui n'est pas, lui non plus, un opérateur de projection et dans un tel cas il existe, on le sait (section 8-3), non pas un mais beaucoup (en fait, une infinité) de mélanges propres représentés par lui. A première vue, on pourrait espérer que parmi tous ces mélanges propres il y en aurait un qui possèderait les propriétés requises, sinon de façon exacte, du moins de façon approximative. Mais j'ai montré dans la référence [14] qu'en fait ce n'est pas le cas. Il n'y a pas lieu de transcrire ici les calculs qui conduisent à ce résultat car ils ont déjà été rapportés en détail dans la référence [1] où, notons-le par parenthèse, est aussi démontré l'échec de plusieurs autres tentatives visant à raffiner l'approche ici esquissée (pour une revue critique d'autres théories, plus récentes, de la mesure voir aussi la référence [2], *Addendum*).

10-5. Règles de supersélection. Elles ne fournissent pas de solution directe

La notion de règles de supersélection a déjà été introduite (sections 3-1 et 7-1). Comme il est parfois suggéré qu'elle pourrait fournir une solution simple et directe au problème de la mesure, c'est ici le lieu de l'expliciter. Cela permettra (a) de décrire les raisons qui font qu'à première vue cette notion semble effectivement conduire à une solution simple du problème et (b) de montrer pourquoi, tout compte fait (et comme la plupart des théoriciens le savent depuis longtemps), il s'agit là d'un faux espoir (même s'il n'est pas exclu que l'idée puisse inspirer des développements plus élaborés[1]).

Comme on l'a déjà noté, alors qu'en mécanique quantique les grandeurs dynamiques observables sont très généralement associées à des opérateurs hermitiens, la réciproque n'est pas vraie. Il est impossible de considérer que *tous* les opérateurs hermitiens opérant dans l'espace de Hilbert d'un type donné de systèmes correspondent à des grandeurs observables. Il peut dès lors se faire que l'opérateur hermitien associé à quelque observable donnée Q commute avec tous les opérateur associés à des quantités observables, sans être pour autant un multiple de l'opérateur unité. Une telle observable Q est appelée *charge de supersélection.* Soit :

$$\mathrm{Q}\,|k, r> = q_k\,|k, r> \tag{10-14}$$

son équation aux valeurs propres.

Le système $\{|k, r>\}$ de kets étant pris pour base, l'élément de matrice général de la matrice correspondant à l'observable décrite par l'opérateur hermitien A prend la forme

$$\mathrm{A}_{i,\,s\,;\,j,\,t} = < i, s\,|\mathrm{A}|\,j, t> \tag{10-15}$$

et, à l'aide de la décomposition (3-11) de l'opérateur unité, l'élément de matrice général du produit QA peut être écrit :

$$\begin{aligned} <i, s\,|\mathrm{QA}|\,j, t> &= \Sigma_{k,\,r} < i, s\,|\mathrm{Q}|k, r> <k, r\,|\mathrm{A}|\,j, t> \\ &= \Sigma_{k,\,r}\,\delta_{i,\,k}\,\delta_{s,\,r}\,q_k < k, r\,|\mathrm{A}|\,j, t> \\ &= q_i < i, s\,|\mathrm{A}|j, t> \end{aligned} \tag{10-16a}$$

de même :

$$<i, s\,|\mathrm{AQ}|\,j, t> = q_j < i, s\,|\mathrm{A}|j, t> \tag{10-16b}$$

de sorte que, puisque par hypothèse, $\mathrm{QA} - \mathrm{AQ} = 0$:

1. Voir, par exemple, M. Namiki et S. Pascazio, « Quantum Theory of Measurement Based on the Many-Hilbert-Space Approach », *Physics Reports* **232**, 303, septembre 1993. (Cette théorie non relativiste pourrait être considérée comme fournissant, *mais seulement dans le cadre d'une description de la réalité empirique* — voir chapitre 15 —, une approche partielle valable de l'opération de mesure.)

$$(q_i - q_j) < i, s \,|A|\, j, t > = 0 \qquad (10\text{-}17)$$

Ceci montre que sont nuls tous les éléments de matrice de toutes les grandeurs physiques *observables*, qui sont pris entre kets propres de Q correspondant à deux valeurs propres *différentes* de Q. Autrement dit, dans la base $\{|k, r>\}$, les éléments de matrice non nuls des grandeurs physiques observables se trouvent tous à l'intérieur de carrés — dénommés *secteurs de supersélection* — enfilés le long de la diagonale principale, chacun correspondant à une valeur donnée q_k de Q, selon le schéma

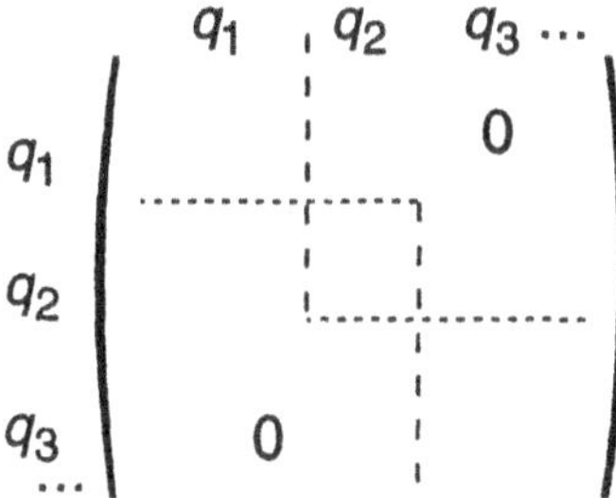

La raison pour laquelle, à première vue, la notion de *charge de supersélection* paraît fournir un moyen de résoudre l'énigme de la mesure peut maintenant être explicitée. A l'aide de la formule (3-12), tout opérateur hermitien A représentant une observable peut être écrit sous la forme :

$$A = \Sigma_\alpha \, a_\alpha \, P_\alpha \qquad (10\text{-}18)$$

où les a_α sont les valeurs propres de A et où :

$$P_\alpha = \Sigma_\nu \, |\alpha, \nu > < \alpha, \nu| \qquad (10\text{-}19)$$

est l'opérateur de projection sur le sous-espace α correspondant (ici les $|\alpha, \nu>$ sont les kets propres correspondant à la valeur propre a_α). Si Q est une charge de supersélection, le commutateur $[Q, A] \equiv QA - AQ$ est égal à zéro pour *tout* A, donc en particulier pour *tout* choix des a_α, ce qui implique que $[Q, P_\alpha] = 0$. Or, si, juste avant une mesure de A, l'état du système est $|\psi>$, la probabilité que la mesure fournisse le résultat a_α est :

$$p_\alpha = \mathrm{Tr}\,[|\psi> < \psi|\mathrm{P}_\alpha] = < \psi|\mathrm{P}_\alpha|\psi> \qquad (10\text{-}20)$$

et si $|\psi>$ est développée sur la base $\{|k, r>\}$ selon :

$$|\psi> = \Sigma_{i,s}\, c_{i,s}\, |i, s> \qquad (10\text{-}21)$$

alors

$$p_\alpha = \Sigma_{i,s;j,t}\, c^{\star}_{i,s}\, c_{j,t} < i, s|\mathrm{P}_\alpha|j, t> \qquad (10\text{-}22)$$

Mais, étant donné que $[\mathrm{Q}, \mathrm{P}_\alpha] = 0$, la formule (10-17) est également valable après substitution de P_α à A, et elle montre que tous les termes de (10-22) qui correspondent à $i \neq j$ sont nuls. Dans tout sous-espace H_i de l'espace de Hilbert correspondant à une valeur donnée de i, c'est-à-dire de la charge de supersélection, on peut alors choisir une base dans laquelle la matrice correspondant à P_α est diagonale (cette nouvelle base, $\{|i, r>\}$, est obtenue en diagonalisant la matrice dont l'élément général est $< i, s|\mathrm{P}_\alpha|i, t>$). Exprimé dans la base de H constituée par la réunion de ces nouvelles bases des H_i, tous les termes croisés dans la formule (10-22) sont nuls et p_α prend la forme

$$p_\alpha = \Sigma_{i,r}\, |c'_{i,r}|^2 < i, r|\mathrm{P}_\alpha|i, r> \qquad (10\text{-}23)$$

Ce résultat montre que, pour n'importe quelle observable A, les probabilités d'obtenir tel ou tel résultat sont les mêmes que celles correspondant au cas où nous aurions affaire, non à un cas pur, décrit par un vecteur d'état, mais à un mélange propre en proportions $|c'_{i,r}|^2$, de systèmes se trouvant dans les états $|i, r>$. Étant donné que la pierre d'achoppement, en ce qui concerne la possibilité d'une interprétation réaliste de la théorie, est constituée par la présence de tels termes croisés, à première vue leur disparition ici semble fournir *la* clé permettant de résoudre l'énigme de la mesure. L'idée serait de tout simplement postuler que dans les systèmes très complexes, tels que ceux ci-dessus appelés S + A, qui mettent en jeu un instrument macroscopique, nombre d'opérateurs hermitiens ne correspondent en fait à aucune observable (et sont donc dénués de sens physique), ce qui permet l'existence de charges de supersélection, et de faire l'hypothèse que la position de l'aiguille est une de ces dernières.

A priori, l'idée semble séduisante car, assurément, il est vrai qu'en pratique la grande majorité des grandeurs physiques concevables appartenant à de tels systèmes ne peuvent pas être mesurées. Mais il faut ici prendre garde car la notion de charges de supersélection ne renvoie pas à des mesures qu'il serait *en pratique* impossible d'effectuer. Elle est fondée, on l'a vu, sur l'hypothèse que certains opérateurs hermitiens ne peuvent absolument pas être interprétés comme correspondant à des grandeurs observables, fût-ce seulement en principe — autrement dit : ne sont que des abstractions mathématiques dénuées de toute correspondance avec les propriétés physiques des systèmes — et que *tous* les autres opérateurs hermitiens commutent avec les charges de supersélection. L'hypothèse que la coordonnée G de l'aiguille est vraiment une charge de supersélection implique donc en particulier que *l'hamiltonien* du système S + A, ou bien ne correspond à aucune grandeur physique de ce système, ou bien commute avec G. Or, c'est une des données fondamentales de la mécanique quantique que l'hamiltonien correspond à l'énergie totale, laquelle a toujours été considérée comme une grandeur physique essentielle. Compte tenu de ce fait, il est clair que la première de ces deux options impliquerait un total bouleversement de notre manière de comprendre la mécanique quantique et il est fort douteux qu'un tel changement puisse être introduit d'aucune manière cohérente. Reste donc l'idée que la coordonnée de l'aiguille, G, commute avec l'hamiltonien. Mais, comme il est bien connu (et comme on le vérifie des plus aisément...), une grandeur dynamique qui commute avec l'hamiltonien est une constante du mouvement. L'idée implique donc que pendant la durée du processus de mesure G ne devrait pas changer (ou, en d'autres termes, que l'évolution dans le temps du système S + A devrait laisser G dans le secteur q_i de supersélection où cette quantité se trouvait au départ). Manifestement, ceci est incompatible avec le rôle de G en tant que coordonnée d'instrument, vu que si l'aiguille ne se déplace pas au cours du processus, la mesure ne peut pas fournir des résultats qui différeraient les uns des autres.

Cette conclusion négative est, à l'évidence, tout à fait générale. Elle ne dépend pas de la nature précise de l'instrument A et, en particulier de la question de savoir si l'environnement de A est considéré comme étant lui-même une partie de A. Il est vrai que les intéressants développements passés en revue dans la section qui suit, et qui sont fondés sur l'idée de prendre très sérieusement en compte le rôle de l'environnement, sont parfois décrits dans un langage qui fait usage de l'expression « règles de supersélection ». Mais en toute rigueur, la notion qui, dans les développements dont il s'agit, est dénommée ainsi n'est pas la même que celle, ci-dessus décrite, à laquelle ce nom se rapporte d'ordinaire.

10-6. Le rôle de l'environnement

Une manière nouvelle et prometteuse d'attaquer le problème de la mesure est apparue au début des années soixante-dix quand des physiciens, en particulier H. Zeh, firent l'importante remarque [15] — sur laquelle nous reviendrons au chapitre 12 — qu'au niveau quantique, les systèmes macroscopiques ne peuvent jamais être considérés comme isolés. Il apparut, en effet, tout de suite que ceci ouvrait, dans ce domaine, des possibilités intéressantes. L'observation essentielle de Zeh est que les niveaux quantiques d'énergie de systèmes macroscopiques, même de toute petite taille, sont extrêmement voisins les uns des autres. Il s'ensuit que des transitions d'un niveau à l'autre peuvent être provoquées même par des champs extérieurs extrêmement faibles. Si faibles en vérité, que, comme le calcul détaillé le montre, même un infime grain de poussière perdu dans les espaces interstellaires ne peut être considéré comme restant isolé durant aucun laps de temps appréciable. En conséquence, dans la mesure où des tentatives théoriques telles que celles mentionnées dans la section précédente décrivent le système S + A comme isolé, elles ne peuvent plus être considérées comme adéquates. Il convient de les remplacer par des théories tenant explicitement compte de l'interaction entre l'instrument (macroscopique) A et son environnement *E*. *A priori* on peut alors espérer que, dans ces nouvelles théories, les difficultés A à D_2 de la section 10-1 prendront des formes moins aiguës. Peut-être même disparaîtront-elles.

Un exemple de telles théories est le modèle proposé par Zurek en 1982 [16] et que nous appellerons le « modèle de Zurek ». C'est un modèle simplifié à dessein, mais qui présente l'avantage de mettre clairement en évidence tant les aspects séduisants de telles théories que leurs points faibles. La grandeur à mesurer y est, tout comme dans la section 10-2, la composante z, $L = s_z$, du spin d'une particule S de spin $\frac{1}{2}$. Quant à la coordonnée d'appareil G, pour plus de simplicité on prend pour elle (image évidemment irréaliste) une variable dichotomique dont l'opérateur est supposé avoir les valeurs propres *non dégénérées* g_+ et g_-. Le processus de mesure est alors décrit au moyen d'un hamiltonien d'interaction $H^{A,S}$ n'opérant, comme dans la section 8-2, que durant un intervalle de temps très court et dont l'effet durant cet intervalle est symboliquement décrit par

$$|+\rangle \otimes |V_+\rangle \rightarrow |+\rangle \otimes |U_+\rangle \qquad (10\text{-}24a)$$

$$|-\rangle \otimes |V_+\rangle \rightarrow |-\rangle \otimes |U_-\rangle \qquad (10\text{-}24b)$$

où $|+\rangle$ ($|-\rangle$) est le ket propre de s_z correspondant à la valeur propre + 1 (– 1) en unités $\frac{\hbar}{2}$, $|U_+\rangle$ ($|U_-\rangle$) est le ket propre correspondant à g_+ (g_-) et

$$|V_\pm\rangle = 2^{-\frac{1}{2}}(|U_+\rangle \pm |U_-\rangle) \qquad (10\text{-}25)$$

(un $H^{A,S}$ ayant ces propriétés est aisément construit, sur le modèle du H′ de la section 10-2). Dans les relations (10-24), $|V_+\rangle$ représente manifestement l'état initial de « l'aiguille » alors que $|U_+\rangle$ et $|U_-\rangle$ décrivent ses deux états finals possibles, correspondant respectivement à $s_z = +1$ et $s_z = -1$. Notons que l'on peut se représenter « l'aiguille » comme étant elle-même une particule de spin $\frac{1}{2}$ et G comme étant sa composante z de spin, S_z, auquel cas son état initial est simplement celui correspondant à une valeur définie et égale à + 1 $\left(\text{toujours en unités } \frac{\hbar}{2}\right)$ de sa composante S_x selon Ox.

Bien entendu, à ce stade le modèle comporte encore toutes les difficultés mentionnées dans la section 10-1, et en particulier les difficultés B et D_1. Pour expliciter ces dernières, il suffit de supposer que le système est initialement préparé dans l'état :

$$|\phi_i\rangle = a\,|+\rangle + b\,|-\rangle \qquad (10\text{-}26)$$

(c'est-à-dire dans un état propre d'une composante de son spin autre que s_z), a et b étant deux nombres complexes satisfaisant à :

$$|a|^2 + |b|^2 = 1. \qquad (10\text{-}27)$$

La linéarité de l'équation de Schrödinger entraîne alors que :

$$|\phi_i> \otimes |V_+> \rightarrow |\Phi_f> \qquad (10\text{-}28)$$

avec :

$$|\Phi_f> = a\,|+> \otimes |U_+> + b\,|-> \otimes |U_-> \qquad (10\text{-}29)$$

de sorte que $|\Phi_f>$ a la forme générale du membre de droite de la relation (10-4), ce qui, bien entendu, soulève la difficulté D_1. En l'espèce, la valeur moyenne sur l'état $|\Phi_f>$ d'une observable telle que le produit $s_x\, S_x$ comporte alors des termes croisés de coefficients $a^\star b$ et $ab^\star$ qui la différencient de la valeur moyenne que cette même observable aurait si l'ensemble final était un mélange d'états $|+> \otimes |U_+>$ et $|-> \otimes |U_->$ en proportions $|a|^2$ et $|b|^2$ respectivement. A ce stade, autrement dit, le modèle présente la difficulté D_1 d'une manière très explicite.

Dans le but de lever cette difficulté, une interaction entre A et son environnement E est introduite dans le modèle. Afin de rendre les calculs simples, l'environnement en question est supposé être composé d'un très grand nombre de spins $\frac{1}{2}$ qui n'interagissent pas les uns avec les autres et qui commencent à interagir avec A à l'instant précisément $t_0 = 0$ où cesse l'interaction entre S et A. Et cette interaction A, E est décrite par l'hamiltonien d'interaction

$$H^{A,E} = \Sigma_k\, H_k^{A,E} \qquad (10\text{-}30)$$

$$H_k^{A,E} = g_k\,(|U_+><U_+| - |U_-><U_-|) \otimes (|u_+><u_+| - |u_-><u_-|)_k \otimes \prod_{j \neq k} 1_j$$

$$\equiv g_k S_z \otimes s_z^{(k)} \otimes \prod_{j \neq k} 1_j \qquad (10\text{-}31)$$

où $|u_+>_k$ et $|u_->_k$ sont les vecteurs propres de la composante z, $s_z^{(k)}$, du k-ième spin d'environnement. Pour plus de simplicité, il est également admis que les hamiltoniens libres de S, A et E sont nuls.

Si, au temps $t_0 = 0$ l'état du système composé S + A + E est

$$\Psi(0) = |\Phi_f> \otimes \prod_{k=1}^{N} (\alpha_k |u_+>_k + \beta_k |u_->_k) \qquad (10\text{-}32)$$

on voit alors tout de suite qu'au temps t cet état devient :

$$\Psi(t) = a\,|s_+> \otimes \prod_k [\alpha_k \exp(ig_k t)|u_+>_k + \beta_k \exp(-ig_k t)|u_->_k] +$$
$$b|s_-> \otimes \prod_k [\alpha_k \exp(-ig_k t)|u_+>_k + \beta_k \exp(ig_k t)|u_->_k] \qquad (10\text{-}33)$$

où :

$$|s_\pm> = |\pm> \otimes |U_\pm> \qquad (10\text{-}34)$$

L'opérateur statistique du système S + A — décrivant un *mélange impropre* de tels systèmes — est alors obtenu en prenant la trace partielle de $|\Psi(t)><\Psi(t)|$ sur l'espace de Hilbert de l'environnement et a la forme :

$$\rho = |a|^2|s_+><s_+| + |b|^2|s_-><s_-| +$$
$$z(t)\,ab^\star|s_+><s_-| + z^\star(t)\,a^\star b\,|s_-><s_+| \qquad (10\text{-}35)$$

où :

$$z(t) = \Pi_{k=1}^{N} [\cos 2\,g_k\,t + i\,(|\alpha_k|^2 - |\beta_k|^2) \sin 2\,g_k\,t] \qquad (10\text{-}36)$$

Pour N grand et pour des constantes de couplage g_k choisies quelconques, $z(t)$ devient vite extrêmement petit et le reste ensuite pendant très longtemps (en fait, un temps comparable à la durée d'un cycle de Poincaré). Cet effet, aujourd'hui désigné sous le nom de *décohérence*, signifie que dès un instant τ très proche de celui auquel l'interaction entre système et appareil prend fin, les éléments de matrice non diagonaux de ρ sont eux-mêmes devenus — et demeurent ensuite — très petits : assez petits, en fait, pour être négligeables en pratique. Dans ces conditions, on voit sans peine que la valeur moyenne, sur l'ensemble considéré, de toute observable appartenant au système S + A est la même que si cet ensemble était un *mélange propre* composé, en proportions $|a|^2$ et $|b|^2$, de deux sous-ensembles dans chacun desquels s_z et S_z auraient tous les deux des valeurs définies.

Le fait que les deux sous-ensembles en question soient caractérisés par des valeurs définies de S_z plutôt que par des valeurs définies de quelque autre observable d'instrument est dû bien entendu à la circonstance que $H^{A,E}$ commute avec S_z et non avec ces autres observables. En conséquence, on peut considérer que la prise en compte de l'interaction entre l'instrument et son environnement a permis de lever la difficulté B. Ou, du moins, on le peut si l'on estime que la distinction entre système et environnement va de soi, ce qui, à vrai dire, continue à faire problème. D'une certaine manière le modèle peut également être considéré comme satisfaisant aux conditions dont il a été dit dans la section 10-1 qu'elles sont nécessaires pour que le difficulté D_1 soit levée. Mais il n'y satisfait que concernant les observables appartenant à S, à A ou aux deux à la fois. Or, bien entendu, il existe des opérateurs hermitiens qui ne sont pas limités à n'opérer *que* dans l'espace de Hilbert $H^{S,A} = H^S \otimes H^A$ du système composé S + A ou *que* dans celui, H^E, de l'environnement mais agissent dans l'espace de Hilbert total $H^{S,A,E} = H^S \otimes H^A \otimes H^E$ correspondant au système complet étudié. Si certains de ces opérateurs correspondent à des observables la question doit être réexaminée.

Or, précisément, il se trouve que dans le modèle ici étudié il y a de tels opérateurs. Un exemple (d'Espagnat [17]) est celui de l'opérateur

$$M = s_x \otimes S_x \otimes \prod_{k=1}^{N} \otimes s_x^{(k)}. \qquad (10\text{-}37)$$

Pour montrer la chose, remarquons d'abord que lorsqu'un opérateur C est un produit tensoriel de deux opérateurs A et B correspondant à des observables définies sur deux sous-systèmes différents S_1 et S_2 d'un système plus vaste, la valeur moyenne $< \psi | C | \psi >$ de C sur n'importe quel $| \psi >$ décrivant un ensemble de tels systèmes plus vastes est égale, comme on le vérifie sans peine, à la valeur obtenue en prenant la valeur moyenne sur cet ensemble des produits des résultats de mesures de A et B séparément effectuées sur chaque paire S_1, S_2. Ceci montre que C est mesurable dans tous les cas où A et B le sont séparément et, bien entendu, ce résultat peut être étendu à un nombre arbitraire d'observables définies de cette manière. Dans le cas ici étudié, il est certes vrai qu'une mesure simultanée de s_x, S_x et tous les $s_x^{(k)}$ serait « fantastiquement » difficile à effectuer dès que le nombre N est un peu grand. Mais ce n'est là qu'une difficulté de pure « pratique ». En droit, de telles mesures simultanées sont concevables et en raison de ce qui a été ci-dessus montré il faut donc reconnaître qu'en principe au moins, un protocole de mesure de M peut être défini sans ambiguïté, ce qui fait qu'il paraît bien difficile de ne pas considérer M comme une observable.

L'intérêt de cette remarque est que la valeur moyenne de M sur un ensemble décrit par $\Psi(t)$ [équation (10-33)] est, à tout instant t, tout à fait différente de ce qu'elle serait si cet ensemble était l'un quelconque de ceux sur lesquels toute « variable d'instrument » S_z et, corrélativement, toute « quantité mesurée » s_z ont des valeurs bien définies. Cela tient au fait que, comme le calcul explicite le montre sans peine, M commute avec tous les $H_k^{A,E}$ et donc avec l'hamiltonien total, ce qui fait que sa valeur moyenne $<M>$ reste ce qu'elle était au temps $t=0$, à savoir

$$<M> = (a^\star b + b^\star a) \cdot \Pi_k\, (\alpha_k^\star \beta_k + \beta_k^\star \alpha_k) \qquad (10\text{-}38)$$

alors que, sur chacun des deux ensembles sur lesquels s_z et S_z ont des valeurs définies + 1 ou − 1, $<M>$ est égal à zéro. Si, techniquement, un expérimentateur était assez bien équipé pour pouvoir appliquer le protocole expérimental mentionné plus haut, et si nous supposons — ou tenons pour bien évident ! — qu'il serait libre de le faire, alors, s'il le faisait effectivement (et en supposant que les prédictions quantiques sont toutes correctes) il obtiendrait des résultats qui réfuteraient la conception du sens commun selon laquelle les systèmes macroscopiques ont toujours des positions macroscopiquement définies. M est un exemple d'observable « sensible », au sens défini dans la section 1-6.

Doit-on, dès lors, dire que l'idée ici examinée (la prise en compte du rôle de l'environnement en liaison avec le problème de la mesure) est sans intérêt ? Non, car il existe un mode de pensée plus subtil, au sein duquel l'idée en question semble ouvrir des perspectives intéressantes. Il se trouve, en effet, que dans le modèle très schématique ci-dessus décrit, l'*espace* ne joue aucun rôle. De fait, cette notion n'y a même pas été mentionnée. Par rapport aux situations réelles, il s'agit là d'une simplification des plus grossières. Les environnements physiques ont de l'extension dans l'espace et c'est là un des premiers traits qu'un modèle un tant soit peu plus réaliste devrait prendre en considération. Par exemple, le modèle ci-dessus pourrait être raffiné en supposant que le k-ième spin d'environnement se trouve à une distance L_k, proportionnelle à k, du lieu où se produit la mesure, et en faisant certaines modifications adéquates dans l'hamiltonien d'interaction. Un opérateur statistique ρ_p pourrait alors être défini en prenant une trace partielle sur les espaces de Hilbert de tous les spins d'environnement correspondant à $k>p$, où p est un nombre entier positif plus petit que N. Ce ρ_p décrit un système composé qui est « localisé » dans le sens qu'il ne s'étend pas dans l'espace plus loin que L_p (plus précisément : il décrit, bien sûr, un ensemble statistique de tels systèmes). Et l'on vérifie aisément que ρ_p peut être écrit conformément à la formule (10-35), la seule différence étant que $z(t)$, au lieu d'être donné par la formule (10-36), s'exprime au moyen d'une formule similaire, dans laquelle le produit ne court que de $k = p + 1$ à N mais qui implique encore pour z la propriété de devenir vite très petit. Dans ces conditions, il est manifeste que, s'agissant de n'importe quelle observable *définie sur ce système composé localisé* (de telles observables peuvent, elles aussi être dites « localisées »), les prédictions faites à partir de $|\Psi(t)>$ et celles faites à partir d'un mélange, en proportions $|a|^2$ et $|b|^2$, de systèmes ayant des valeurs définies de s_z et S_z sont, dans la pratique, les mêmes. En conséquence, on peut dire que la difficulté D_1 est essentiellement levée dans un modèle de ce type..., à condition qu'il soit décidé que ne sont pas *réellement* des observables les entités qui, en mécanique quantique ordinaire, sont appelées « observables » mais qui ne sont pas « localisées » dans le sens qui vient d'être exposé (en toute rigueur, le fait que les êtres humains sont localisés ne suffit pas à rendre ces entités-là inobservables étant donné que des mesures peuvent être faites par différents observateurs éloignés les uns des autres qui, ultérieurement, se rassemblent et comparent leurs carnets de notes).

Dans leur article de 1985 [18], auquel nous reviendrons au chapitre 12, Joos et Zeh ont suggéré l'idée que les propriétés classiques locales (ou tout au moins leurs apparences) ont leur origine dans le caractère non local de l'état quantique, contrastant avec le caractère local des êtres conscients. « Les termes d'interférence — écrivaient-ils — existent mais ils ne sont pas *là.* » Et plus loin : « La réduction du paquet d'ondes pourrait alors relever d'une hypothèse concernant la manière dont une réalité non locale est subjectivement appréhendée par un observateur local. » Les remarques qui précèdent peuvent, en un sens, être considérées comme des illustrations qualitatives de cette idée. On peut constater ici une intéressante convergence entre certaines inférences faites à partir de la théorie quantique de la mesure et certaines conclusions surtout tirées des théorèmes de Bell ([1], [19]) et consistant à distinguer entre une réalité *en soi* qui ne peut être décrite que comme non locale (la « réalité indépendante » dans ma terminologie) et l'expérience vécue par une communauté d'observateurs essentiellement *locaux* (la réalité empirique). Nous reviendrons sur ces questions.

Remarque 1

Notre objection, centrée sur la formule (10-38), à la tentative visant à réconcilier — *via* le concept d'environnement — la mécanique quantique avec l'idée qu'un système macroscopique a toujours une position macroscopiquement bien définie repose en fait sur deux notions. L'une d'elles est que la difficulté *pratique* qu'il peut y avoir à effectuer telle ou telle mesure ne doit pas entrer en ligne de compte lorsque l'on discute de questions fondamentales. Relativement à celles-ci, ce qui est significatif est seulement la question de savoir si un protocole de mesure peut être *défini* pour la mesure considérée. L'autre est que l'expérimentateur est libre de choisir à son gré l'observable qu'il mesurera. Ni l'une ni l'autre de ces deux notions ne s'impose du point de vue logique. En ce qui concerne la première, nous ferons connaissance plus loin avec certaines possibilités permettant de l'affaiblir un tant soit peu. En ce qui concerne la seconde, il a déjà été noté (au chapitre 1) qu'elle suppose en fait une différence qualitative entre le passé (conçu comme fixé) et le futur (conçu comme ouvert), et que cette différence peut être tenue pour injustifiablement centrée sur l'homme. Leur rejet est donc concevable. Mais il semble raisonnable d'exiger que si l'une d'elles est récusée, cela du moins soit fait de façon explicite.

Remarque 2

Tel, malheureusement, n'est pas toujours le cas. Si la plupart des physiciens qui ont contribué à l'édification de la théorie ici analysée — et particulièrement Zeh et Joos — ont pris grand soin de choisir des expressions qui reflètent bien la complexité épistémologique du problème, il y a aussi des exceptions. Dans son article de 1982, par exemple [16], Zurek écrivait que lorsque les éléments diagonaux de la matrice densité du système S + A sont petits, « les probabilités sur la diagonale de la matrice densité sont là *à cause de notre ignorance (c'est-à-dire de celle de l'observateur) concernant le résultat de la mesure. Celui-ci ne nous est pas encore connu mais il n'en est pas moins défini.* » (Les italiques sont de nous.) Ailleurs, dans le même article, il écrivait : « L'interaction avec l'environnement oblige le système a *être dans l'un des états propres de l'observable de son aiguille plutôt que dans quelque superposition arbitraire d'états propres.* » (Même remarque.) Plus récemment [20], il écrivait de nouveau que « les systèmes quantiques ouverts *se trouvent amenés dans des états* décrits par des paquets d'ondes localisés[1]. » (Même remarque.)

Il serait certainement erroné de penser que, sur le fond même de la question, il existe une réelle différence d'opinion entre Joos et Zeh

1. Il s'en est suivi un débat. On trouvera les textes de sept lettres commentant l'article cité de Zurek dans le numéro d'avril 1993 de *Physics Today* (pages 84 à 90), accompagnés de la réponse de Zurek.

d'un côté et l'auteur cité de l'autre. Plus précisément, on ne peut guère douter qu'en fin de compte, ce dernier adhère, au moins dans les grandes lignes, au point de vue très équilibré explicité par les premiers. Il n'en reste pas moins que, dans l'esprit des profanes, les phrases ci-dessus citées, qui risquent d'être prises à la lettre, pourraient bien suggérer une conception tout à fait fausse : celle selon laquelle la théorie justifierait vraiment l'idée qu'à la fin du processus l'aiguille de l'instrument est *réellement* dans tel ou tel macro-état, au sens absolu, ontologique, normalement donné au verbe « être ». Bien entendu, le fait que la « théorie environnementale de la mesure » ici étudiée n'accomplit véritablement rien de tel — sauf, éventuellement, si l'on renonce au libre-arbitre de l'expérimentateur, voir Remarque 1 — est reconnu par tous les physiciens qui travaillent sur le sujet[1]. Le plus vraisemblable est que certains d'entre eux considèrent cet aspect de la question comme philosophique et ne valant pas, par conséquent, d'être mentionné. Mais si une telle position se justifie, et est même saine, quand ce qui est en jeu est l'accord entre les prédictions théoriques et l'expérience, sa pertinence est à l'évidence contestable lorsqu'il s'agit de problèmes dans lesquels, comme ici, le sujet du débat n'est pas cet accord et où ce qui est recherché est essentiellement la compréhension de ce que le formalisme signifie.

10-7. L'« epsilonologie » n'est pas un recours

Même en physique classique on ne peut, en général, énoncer les données factuelles de façon *totalement* tranchée. Les valeurs des grandeurs dynamiques ne sauraient être précisées avec un nombre infini de décimales, aucun système physique ne peut y être dit « parfaitement » isolé, et ainsi de suite. En conséquence, il y a toujours certaines petites différences entre ce qu'un système est vraiment et sa description au moyen d'énoncés simples. En outre, des dispositifs expérimentaux élaborés peuvent en général être conçus, qui, s'ils étaient utilisés comme instruments de mesure, rehausseraient ces différences. Prenons l'exemple simple de deux systèmes massifs localisés dont la distance mutuelle est grande. Il est possible d'affirmer qu'en ce qui concerne la gravitation, ces deux systèmes sont isolés l'un de l'autre « à une très bonne approximation », et cela en dépit du fait qu'il est toujours possible d'imaginer des dispositifs de

1. C'est pourquoi la notion de « règles de supersélection induites par l'environnement » [16] a progressivement été remplacée par celle de *décohérence* (voir la section 12-3 ci-dessous). Sur toutes ces questions, l'échange de vues entre Hepp [21] et Bell [22], peut être étudié avec profit.

mesure des forces de gravitation assez sensibles pour détecter l'infime défaut d'isolation. Autre exemple, tout aussi élémentaire : celui de deux paquets d'ondes de forme gaussienne dont les centres sont éloignés d'une distance très supérieure à leurs largeurs moyennes. On peut dire que ces paquets d'ondes sont séparés à une très bonne approximation, et cela en dépit du fait qu'il est toujours possible d'imaginer des dispositifs de mesure conçus de manière à être tout spécialement sensibles aux amplitudes relatives à la région de l'espace où se recouvrent les queues de ces deux gaussiennes. Ce qui serait lu sur de tels appareils serait une « observable » qui prendrait, dans le cas considéré, une valeur extrêmement différente de celle qu'elle aurait si les paquets d'ondes étaient *strictement* séparés (c'est-à-dire s'ils se trouvaient éloignés l'un de l'autre à l'infini ou encore si, au lieu d'être gaussiens, ils avaient des supports finis et sans recouvrement mutuel).

La possibilité — manifeste en physique classique — de concevoir de tels dispositifs et de penser aux observables qu'ils définissent est parfois invoquée dans des tentatives visant à minimiser, voire à nier, la différence conceptuelle qui existe entre les mécaniques classique et quantique dans le domaine de la mesure. L'argument se présente essentiellement comme suit. Au départ, on y reconnaît l'existence, dans le cas quantique, d'« observables sensibles » telles que M [formule (10-37)] — c'est-à-dire d'observables à propos desquelles l'énoncé strict « l'ensemble des $S + A + E$ est un mélange propre de deux sous-ensembles » est grossièrement faux —, mais on souligne que ces observables sont extraordinairement difficiles, voire pratiquement impossibles, à mesurer. On fait alors valoir que si l'on allait jusqu'à prendre en considération des grandeurs à ce point « sophistiquées » il faudrait — en physique classique — en faire autant s'agissant des grandeurs dont il vient d'être question : c'est-à-dire des grandeurs dont la mesure réfuterait des énoncés simples (tels que : « les deux paquets d'ondes sont séparés ») pourtant bien utiles, voire indispensables, à la fois dans la vie courante et dans l'activité scientifique. On poursuit en notant qu'en physique classique l'existence de telles « observables » n'est, de fait, aucunement considérée comme invalidant nos assertions usuelles consistant à dire que tels ou tels systèmes sont isolés ou séparés les uns des autres « à une excellente approximation ». Pourquoi donc, demande-t-on, le même point de vue ne serait-il pas adopté en physique quantique ? On en conclut que l'existence d'observables telles que M ne doit pas nous empêcher de dire que, dans l'exemple considéré, l'ensemble final des systèmes $S + A + E$ est composé de deux sous-ensembles dont les éléments ont des valeurs définies de s_z et S_z à une excellente approximation.

En fait, toute les étapes de cette argumentation sont correctes sauf la dernière. La conclusion qui est énoncée à propos de la quasi-identité (en la matière) des cas classique et quantique est inexacte. Il y a entre eux une différence très importante, qui va maintenant être établie. Cette différence réside simplement en ceci, qu'en physique classique, un énoncé *tranché* qui porte sur des systèmes individuels et qui est réfutable par (et seulement par) des mesures d'observables « sophistiquées » (observables sensibles) peut normalement être remplacé par un énoncé non tranché mais strictement vrai, impossible à réfuter par aucune mesure, portant sur ces mêmes systèmes, alors qu'en mécanique quantique cela n'est généralement pas le cas. Dans ce qui précède, « non tranché » signifie : « exprimable par une inégalité et non par une égalité ».

Plus précisément, l'idée que nous voulons faire ressortir est la suivante. Dans, par exemple, le cas ci-dessus considéré de deux objets massifs, l'affirmation tranchée mais, nous l'avons vu, réfutable : « ces deux objets sont gravitationnellement isolés l'un de l'autre », peut être remplacée par l'affirmation, non tranchée mais strictement vraie : « l'énergie potentielle de gravitation entre les deux est inférieure à telle et telle valeur ». Il n'existe pas d'observable, sophistiquée ou non, dont la mesure réfuterait cette assertion. De même, dans l'exemple classique ci-dessus donné des deux paquets d'ondes gaussiens, l'affirmation tranchée mais réfutable qu'ils sont séparés l'un de l'autre peut être remplacée par l'affirmation, non tranchée mais strictement vraie, que les rapports de leur « produit scalaire » (au sens connu, usuel en physique quantique) à leurs normes au carré sont plus petits que telle et telle valeur. Dans le cas quantique ici étudié, au contraire, et aussi longtemps que — comme en physique classique — on s'astreint à traiter de systèmes *individuels*, tout remplacement similaire est impossible. Certes, un tel remplacement est possible lorsqu'il s'agit de pures abstractions mathématiques de type : fonctions d'onde ou kets. Assurément, dans le modèle considéré dans la section 10-6, l'affirmation tranchée mais réfutable : « l'ensemble final $S + A + E$ est composé des deux sous-ensembles que l'on a là considérés », peut être remplacée par l'affirmation, non tranchée mais strictement vraie : « le ket décrivant l'ensemble en question est une superposition quantique de deux kets, chacun d'eux décrivant l'un des sous-ensembles en question, de valeurs définies de s_z et S_z, et le produit scalaire des kets d'environnement correspondant est petit ». Mais cette affirmation-là peut-elle, à son tour, être remplacée par une affirmation non tranchée mais strictement vraie concernant *les systèmes physiques individuels eux-mêmes*, de telle sorte que l'inégalité exprimant cette affirmation porte bien sur une description physique de ces systèmes ? Cela impliquerait que les kets décrivant chaque sous-ensemble, tout en n'étant pas exactement des kets propres de s_z et S_z, en seraient néanmoins de bonnes approximations. A l'instant t l'un des sous-ensembles, composé d'approximativement $N|a|^2$ éléments, serait alors décrit, non par

$$|+> \otimes |U_+> \otimes |\chi_+> \qquad (10\text{-}39)$$

mais par un ket tel que :

$$(1-\varepsilon)\,|+> \otimes |U_+> \otimes |\chi'_+> + \varepsilon\,|-> \otimes |U_-> \otimes |\chi'_-> \qquad (10\text{-}40)$$

alors que l'autre, composé d'environ $N|b|^2$ éléments, serait décrit, non par :

$$|-> \otimes |U_-> \otimes |\chi_-> \qquad (10\text{-}41)$$

mais par :

$$(1-\eta)\,|-> \otimes |U_-> \otimes |\chi''_-> + \eta\,|+> \otimes |U_+> \otimes |\chi''_+> \qquad (10\text{-}42)$$

avec ε et η tous deux beaucoup plus petits que 1 (ici $|\chi_\pm>$ est mis pour les produits Π_k apparaissant dans les première et seconde lignes de la formule (10-33) et $|\chi'_\pm>$, $|\chi''_\pm>$ sont des kets librement adaptables de l'espace de Hilbert de l'environnement). L'espoir que l'on puisse remplacer l'affirmation, tranchée mais réfutable (et réfutée), que « l'ensemble final est constitué de deux sous-ensembles, les éléments de chacun desquels possèdent des valeurs définies de s_z et S_z » par une affirmation non tranchée mais irréfutable pourrait donc se réaliser si, et (semble-t-il) seulement si, l'on pouvait trouver des valeurs de ε et de η, et des kets $|\chi'_\pm>$ et $|\chi''_\pm>$, tels que l'assertion : « l'ensemble final est un mélange des deux sous-ensembles ci-dessus définis » soit rigoureusement irréfutable. Mais ceci est impossible puisque l'expression de la valeur moyenne de l'observable M ci-dessus considérée ne peut, prise sur n'importe lequel de ces ensembles, comporter un terme en $a^\star b + b^\star a$ qui soit de grandeur appréciable, et ne peut donc être identique à la valeur correcte, donnée par l'expression (10-38).

Dans des échanges de vues privés, les théoriciens avancent parfois que la difficulté principale qu'il y aurait à réconcilier une conception universellement valable de la théorie quantique conventionnelle avec le réalisme macroscopique proviendrait du fait que nos devanciers auraient trop demandé au réalisme en exigeant qu'une aiguille d'instrument se trouve toujours *exactement* dans un intervalle donné de la graduation. Ils inclinent à penser que le développement actuel de l'approche statistique des problèmes rend contestable une telle exigence et penchent vers l'idée que cela devrait fournir une clé pour la résolution de l'énigme de la mesure. Le contenu de la présente section montre qu'un tel espoir est vain. Il montre, autrement dit, que la différence conceptuelle existant entre les mécaniques classique et quantique dans le domaine de l'opération de mesure est une différence fondamentale, non susceptible d'être effacée par le pur et simple recours aux « epsilons ».

10-8. La représentation de Heisenberg nous aide-t-elle ?

A ce stade, il convient de se demander si nos difficultés à comprendre le processus de la mesure ne seraient pas liées au fait que nous utilisons la représentation de Schrödinger au lieu de celle de Heisenberg. Comme on l'a constaté aux chapitres 3 et 5, la réduction du vecteur d'état intervient dans les deux représentations. Mais dans celle de Schrödinger le vecteur (ou plus généralement l'opérateur) d'état a un double rôle. D'une part, il évolue dans le temps (selon l'équation de Schrödinger dépendante du temps) comme le fait le système lui-même, et est par conséquent tout naturellement considéré comme représentant la « réalité physique » — quel que soit le sens de cette expression — du système. Mais d'un autre côté, il décrit aussi notre *connaissance* du système : et c'est en raison de ce rôle-là qu'il doit être soudainement « réduit » (réduction du paquet d'ondes, Règles 10 ou 10a) lorsqu'une mesure faite sur le système change notre connaissance de ce dernier. Il serait à première vue concevable que cette dualité de rôle soit à l'origine des difficultés A à D_2 énumérée dans la section 10-1. Dans la représentation de Heisenberg — comme souligné par Unruh [23] — les deux rôles dont il s'agit se trouvent, au contraire, nettement séparés et dévolus à deux entités différentes. Les opérateurs dépendent du temps — de fait, ils obéissent aux mêmes équations que les grandeurs dynamiques correspondantes de la mécanique classique — et peuvent de ce fait être conçus comme *étant* les grandeurs physiques dynamiques. Quant au vecteur d'état, il est indépendant du temps aussi longtemps qu'aucune mesure n'est faite et change subitement lors d'une mesure, ce qui s'accorde parfaitement avec l'idée que son rôle est seulement de décrire notre *connaissance* du système physique. Du fait qu'elle distingue ainsi de façon très nette ce qui se produit dans le monde physique de l'éventuel accroissement de nos connaissances, on a le sentiment que la représentation de Heisenberg pourrait bien être le cadre dans lequel se résoudraient les difficultés ici étudiées.

Mais en va-t-il vraiment ainsi ? Pour étudier la chose, le mieux est de faire appel à un modèle simplifié (d'Espagnat [24]) dans lequel, comme dans la section 10-2, l'évolution des entités décrivant le système et l'instrument peut être calculée de façon exacte. Un tel schéma peut être obtenu en partant d'un modèle explicitement soluble décrit, comme c'est très généralement le cas, en représentation de Schrödinger et en le « traduisant » en représentation de Heisenberg. Un modèle simple de ce type a été proposé par A. Peres [25]. Il consiste en la mesure de la composante z, S_z, du spin d'une particule S de spin $\frac{1}{2}$, au moyen d'un instrument A de coordonnée d'appareil G. Les équations aux valeurs propres :

$$S_z \left| \pm \right> = \pm \left| \pm \right> \tag{10-43}$$

$$G \left| F_\pm \right> = g_\pm \left| F_\pm \right> \tag{10-44}$$

définiront les notations utilisées. On posera que la valeur initiale de G, au temps $t = 0$, est g_+ et que le processus de la mesure consiste dans le fait que si $S_z = +1$ $\left(\text{en unités } \frac{\hbar}{2}\right)$ la valeur de G reste inchangée alors que si $S_z = -1$ G est changé en $G = g_-$. Un hamiltonien d'interaction qui, conformément à l'équation de Schrödinger dépendante du temps, rend exactement compte du processus est

$$H' = \beta(t) \left| - \right> \left< - \right| \otimes P \tag{10-45}$$

où $\beta(t)$ est une fonction lisse du temps, de support compact $(0, t_1)$ satisfaisant à :

$$\int_0^{t_1} \beta(t)\, dt = \pi \tag{10-46}$$

et où P est l'opérateur de projection :

$$P = \frac{1}{2} (|F_+ > - |F_- >) (< F_+| - < F_-|) \quad (10\text{-}47)$$

en effet, avec

$$\Pi = |- > < -| \otimes P \quad (10\text{-}48)$$

l'opérateur d'évolution entre les temps 0 et t_1

$$U = U(t_1, 0) \quad (10\text{-}49)$$

prend [en vertu de l'équation (5-11)] la forme

$$U = \exp(-i\pi\Pi) = 1 - \Pi + \Pi \exp(-i\pi) = 1 - 2\Pi \quad (10\text{-}50)$$
$$= 1 - 2 |-> <-| \otimes P$$

et l'on vérifie aisément qu'avec :

$$|\psi_\pm (0) > = |\pm > \otimes |F_+ > \quad (10\text{-}51)$$

$$|\psi_\pm (t_1) > \equiv U |\psi_\pm (0) > = |\pm > \otimes |F_\pm > \quad (10\text{-}52)$$

ce qui est la forme désirée.

Dans ce modèle, la difficulté D_1 de la section 10-2 surgit, bien sûr, dès que l'on considère le cas d'une particule S dont le spin initial est polarisé selon une direction autre que O_z, c'est-à-dire décrit par une superposition linéaire

$$a |+ > + b |- > \quad (10\text{-}53)$$

d'états $|+ >$ et $|- >$; car, alors, la linéarité de l'équation de Schrödinger entraîne que le vecteur d'état de S + A au temps t_1 est nécessairement une superposition, avec les coefficients a et b, des états finals $|\psi_+ (t_1) >$ et $|\psi_- (t_1) >$, et un tel vecteur d'état, n'étant pas le produit tensoriel d'un ket appartenant à l'espace de Hilbert de S par un ket appartenant à l'espace de Hilbert de A, n'a pas d'interprétation physique. C'est la difficulté, que l'on connaît bien, de l'enchevêtrement.

La représentation de Heisenberg élimine-t-elle cette difficulté ? Pour tenter de répondre à cette question, « traduisons » maintenant le modèle en représentation de Heisenberg. Étant donné que l'on connaît U, cela est facile. La dépendance du temps des opérateurs de Heisenberg est fournie par la règle générale (5-18). Dans le cas spécifique ici étudié, les opérateurs qui nous intéressent, lesquels opèrent dans le produit tensoriel des espaces de Hilbert du spin et de l'instrument, sont, au temps zéro :

$$S_z(0) = s_z \otimes 1 \equiv (K_+ - K_-) \otimes 1 \qquad (10\text{-}54)$$

qui, si l'on pose :

$$K_\pm = |\pm><\pm|, \qquad (10\text{-}55)$$

décrit le spin de la particule, et :

$$G(0) = 1 \otimes (g_+ Q_+ + g_- Q_-) \qquad (10\text{-}56)$$

qui, si l'on pose :

$$Q_\pm = |F_\pm><F_\pm|, \qquad (10\text{-}57)$$

décrit l'« aiguille » de l'instrument et s'écrit aussi :

$$G(0) = g_+ P_+(0) + g_- P_-(0) \qquad (10\text{-}58)$$

où les :

$$P_\pm(0) = 1 \otimes Q_\pm \qquad (10\text{-}59)$$

sont, au temps 0, les opérateurs de projection de Heisenberg relatifs à notre problème.

La règle (5-18) (dont l'emploi est ici un peu simplifié du fait que U se trouve être hermitien, $U = U^+$) donne alors :

$$S_z(t_1) = S_z(0) \qquad (10\text{-}60)$$

et :

$$G(t_1) = g_+ P_+(t_1) + g_- P_-(t_1) \qquad (10\text{-}61)$$

où les $P_\pm(t_1)$, opérateurs de projection de Heisenberg au temps t_1, prennent la forme :

$$P_+(t_1) = K_+ \otimes Q_+ + K_- \otimes Q_- \qquad (10\text{-}62a)$$

$$P_-(t_1) = K_+ \otimes Q_- + K_- \otimes Q_+ \qquad (10\text{-}62b)$$

Bien entendu, les probabilités que tels ou tels résultats soient obtenus lorsque telles ou telles mesures sont effectuées sur, à la fois, S et A (au moyen de quelque super-instrument) sont les mêmes, qu'elles soient calculées en représentation de Heisenberg ou en représentation de Schrödinger, les deux représentations étant complètement équivalentes à cet égard comme on le sait. En ce qui concerne l'instant t_1, ceci se vérifie aisément au moyen des équations (10-62). Mais ce qui nous intéresse ici ce sont des questions telles que celle de l'enchevêtrement — le « chat de Schrödinger » — qui concernent *l'interprétation* de la théorie et, encore une fois, il est *a priori* tout à fait concevable que des problèmes de cette nature prennent des formes différentes dans l'une ou l'autre représentation. Même, il ne serait pas interdit d'espérer qu'ici — dans la représentation de Heisenberg — ils disparaissent.

A cet égard, une des premières leçons à tirer du modèle s'énonce ainsi : *oui*, dans cette représentation l'enchevêtrement prend bien une forme différente mais *non* il ne disparaît pas. Formellement, comme nous le savons bien, l'enchevêtrement schrödingerien consiste dans le fait que, dans les circonstances qui nous occupent, le ket qui, dans la représentation de Schrödinger, décrit le système S + A n'est pas un produit tensoriel. Ceci suggère une définition formelle de l'enchevêtrement propre à être étendue à d'autres représentations telles que celle de Heisenberg, et qui serait que le symbole représentant le système physique S + A dans de telles représentations n'y est pas un produit tensoriel. En vertu de cette définition, il est clair que l'enchevêtrement a également lieu en représentation de Heisenberg puisque, comme les équations (10-61) et (10-62) le montrent, à l'instant t_1, ni G ni les opérateurs de projection P_+ ne sont des produits tensoriels. Assurément, cet enchevêtrement à la Heisenberg est fort différent de celui à la Schrödinger, puisqu'il a lieu même dans des cas où, comme dans le présent modèle, l'état initial du système mesuré est un état propre de la grandeur physique mesurée. Mais dans la mesure où l'enchevêtrement est considéré comme constituant une difficulté, la remarque qui vient d'être faite peut difficilement être considérée comme affaiblissant celle-ci...

Un autre point digne de remarque est qu'au vu des équations (10-62), un adepte de l'interprétation ci-dessus considérée — celle selon laquelle les opérateurs de Heisenberg *sont* les grandeurs dynamiques — a à faire face à une bizarrerie conceptuelle dont la nature peut être explicitée comme suit. Comme on l'a vu, dans le modèle, S_z et G ont tous deux des valeurs définies à l'instant t_1 s'ils en avaient à l'instant 0. Cela étant, s'il était réellement légitime de dire, comme nous l'avons fait ci-dessus, qu'à l'instant 0 S_z (0) et G (0) [équations (10-54) et (10-56)] sont les représentations correctes des *attributs physiques* du système S + A, qu'est-ce qui interdirait à quelqu'un entrant dans notre laboratoire à l'instant t_1 et mis alors au courant de la situation à cet instant de procéder à ce moment comme nous l'avons fait, nous, à l'instant 0, autrement dit de construire, à l'instant t_1, une description du système S + A en termes d'opérateurs S_z et G qui seraient *tous deux* des produits tensoriels ? Si, concomitamment, cette personne décrivait notre (commune) connaissance du système composé, à l'instant t_1, au moyen d'un ket convenablement adapté à cette description-là, elle disposerait d'une description à la Heisenberg du système et de notre connaissance du système tout aussi adéquate que l'est celle que nous avons, nous, construite ci-dessus.

Étant donné qu'il s'agit du même système et de la même connaissance dans les deux cas, cette dualité de descriptions, qui n'a pas d'analogue en représentation de Schrödinger, est surprenante. A cette étape, le seul espoir de sauver l'idée que les opérateurs représentent la réalité physique du système et le ket notre connaissance de ce dernier semble être de rapprocher l'état de choses qu'on vient de présenter du fait que, lorsque nous décidons de représenter un vecteur par ses composantes, nous sommes libres de choisir à notre guise le système d'axes et que le jeu de nombres obtenu dépend de ce choix arbitraire. Cependant, dans le cas présent il n'existe pas d'analogue à la notation vectorielle. L'idée est quelquefois entretenue que les opérateurs de Heisenberg correspondraient précisément à cette notation indépendante du choix des axes. Mais ce qui précède prouve qu'il s'agit là d'une illusion.

En outre, l'analogie avec les composantes de vecteurs est, de toute manière, superficielle. En physique les vecteurs, dont les composantes sont des *nombres*, sont des quantités *classiques*. Et les symboles mathématiques, ρ, $\mathbf{E}$, $\mathbf{B}$, $\boldsymbol{r}$..., dont on fait usage en physique classique, qu'il s'agisse de vecteurs, de scalaires ou de quoi que ce soit, ont tous deux rôles. L'un, appelons-le le *rôle a*, est de servir à écrire les lois générales, telles que les équations de Maxwell, que l'on pose comme décrivant la *structure générale* du monde. L'autre, appelons-le le *rôle b*, est de désigner les valeurs que les grandeurs auxquelles ils réfèrent se trouvent avoir *en tels et tels cas particuliers* (les systèmes planétaires n'ont pas tous le même nombre de planètes, celles-ci ne sont pas toutes, à un instant donné, à la même place, etc.). Or, indéniablement, quand, en physique classique, nous affirmons qu'une mesure (supposée idéale) « nous fait seulement connaître quelles sont en fait les valeurs que se trouvent avoir les grandeurs dynamiques, ρ, $\mathbf{E}$, $\mathbf{B}$, $\boldsymbol{r}$..., de tel ou tel système physique particulier, sans aucunement les modifier » c'est au rôle *b* qu'implicitement nous nous référons, et non au rôle *a*. De même, pour qu'ait un sens l'affirmation (parallèle à la précédente) selon laquelle : « une mesure quantique, loin de changer les grandeurs dynamiques elles-mêmes — ici représentées par les opérateurs de Heisenberg tels que S_z (*t*) et G (*t*) — d'un système physique, ne fait que modifier la *connaissance* que nous en avons », il faudrait que ces opérateurs puissent être conçus comme jouant le *rôle b*, c'est-à-dire comme représentant des propriétés dynamiques que, dans telles ou telles circonstances, le système se trouve, de façon contingente, avoir. Mais tel n'est pas le cas. Dans notre modèle, ceci apparaît clairement à travers le fait que dans les équations qui décrivent, par exemple, G (*t*) [les équations (10-58) et (10-61)], les deux valeurs possibles de G, g_+ et g_-, figurent *toutes deux*. Certains auteurs semblent entretenir l'illusion que ces opérateurs auraient également le *rôle b*. Cela est dû sans doute au fait que, dans un cas comme celui ici considéré où deux systèmes viennent à entrer en interaction, il paraît hautement naturel de décrire, avant le début de celle-ci, le système total qu'ils constituent au moyen d'un produit tensoriel de deux opérateurs, dont chacun opère seulement dans l'espace de Hilbert d'*un seul* système. Cette détermination partielle des opérateurs mis en jeu déborde le cadre des formules générales dérivées du lagrangien de la théorie et semble prendre en compte certaines au moins des propriétés contingentes que les systèmes particuliers étudiés se trouvent avoir à l'instant donné. Mais, comme notre modèle simple le montre clairement, ceci n'est en fait pas le cas. La détermination partielle dont il s'agit n'est, en réalité, rien d'autre qu'un choix commode fait *par nous*. Dans le modèle, ce choix peut être fait soit à l'instant 0 soit à l'instant t_1 mais non aux deux, et il n'y a strictement aucune raison qui soit susceptible de nous amener à considérer que les propriétés physiques contingentes (autrement dit les grandeurs dynamiques) des systèmes en jeu rendent l'un de ces choix plus naturel que l'autre.

En fin de compte, par conséquent, on en arrive à la conclusion que les opérateurs de Heisenberg ne peuvent en aucune manière refléter les propriétés dynamiques contingentes de tel ou tel système physique, de sorte que si nous exigeons que les propriétés dynamiques dont il s'agit aient leurs correspondants dans la théorie, nous n'avons pas d'autre choix que d'attribuer ce rôle au vecteur d'état... qui devient dès lors quelque chose de plus qu'une simple *description de notre connaissance*. Et dans ces conditions, il n'est pas évident qu'en ce qui concerne l'énigme interprétationnelle, le passage de la représentation de Schrödinger à celle de Heisenberg nous fasse vraiment gagner quoi que ce soit. Mais ceci implique-t-il que les opérateurs de Heisenberg n'ont aucune correspondance avec la réalité ? Il n'en est rien. Leur rôle (dénommé *rôle a* ci-dessus) et leur utilité pour ce qui est de la formulation mathématique des *lois générales* de la théorie témoignent du contraire. Simplement, la réalité en question n'est pas la réalité contingente de tel ou tel système physique particulier. C'est la réalité *structurelle* du monde. On voit dès lors que l'existence et la fécondité de la représentation de Heisenberg sont en parfaite conformité avec la conception — développée ici dans des chapitres ultérieurs — selon laquelle le mot unique de « réalité » recouvre en fait deux concepts différents et qui sont tous deux riches de sens. Il y a, d'un côté, la réalité structurelle du monde, celle que l'on vient de mentionner, qui a été appelée « réalité indépendante », et, d'un autre côté, la réalité observable, contingente, de tel ou tel système particulier : celle dont nous « parlent » les fonctions d'onde, les matrices densité, etc. De tout ce qui a été vu dans les sections précédentes, il semble bien dès lors résulter de façon assez convaincante que cette « réalité empirique », comme nous l'avons déjà appelée, est intersubjective plutôt qu'objective au sens fort.

10-9. Mesures perturbantes effet Zenon[1]

Pour expliquer en quoi consiste l'« effet chien de garde » ou « effet Zénon » le mieux est de faire appel à un modèle simple, et, de nouveau nous en utiliserons un proposé par A. Peres [26]. Soit une particule de spin $\frac{1}{2}$, dont le spin est initialement dirigé selon Ox et qui se trouve plongée dans un champ magnétique constant B dirigé selon Oz. Le spin de la particule tend alors à effectuer un mouvement de précession autour de Oz dont la vitesse angulaire ω dépend de B, de sorte que le vecteur d'état de spin à l'instant t est

$$|\psi> = 2^{-\frac{1}{2}}(e^{i\omega t}|+> + |e^{-i\omega t}|->) \qquad (10\text{-}63)$$

où $|+>$ et $|->$ sont les vecteurs propres de σ_z correspondant aux valeurs propres $+1$ et -1 respectivement. Mais supposons maintenant qu'une mesure idéale de la composante x, S_x, du spin soit effectuée de façon répétitive, à des instants :

$$t_1 = \frac{T}{n}, t_2 = \frac{2T}{n}, \ldots t_n = T \qquad (10\text{-}64)$$

1. En première lecture, les sections 10-9 à 10-11 peuvent être passées.

et demandons-nous quelle est la probabilité, p, que ces mesures fournissent toutes la valeur + 1 comme résultat. Étant donné que le vecteur correspondant à cette valeur propre de S_x est :

$$|\xi> = 2^{-\frac{1}{2}}(|+> + |->) \quad (10\text{-}65)$$

la probabilité p_1 que la première mesure donne + 1 est :

$$p_1 = 2^{-1}\left|(<+| + <-|)(e^{i\omega t}|+> + e^{-i\omega t}|->)\right|^2 \quad (10\text{-}66)$$

$$= \cos^2 \omega \frac{T}{n} \quad (10\text{-}67)$$

En vertu de la Règle 10 du chapitre 3, le vecteur d'état est alors immédiatement changé, de nouveau, en $|\xi>$ [équation (10-65)]. La probabilité que la deuxième mesure donne elle aussi + 1 est donc également donnée par l'équation (10-67) et ainsi de suite. De sorte que :

$$p = \left(\cos^2 \frac{\omega T}{n}\right)^n \quad (10\text{-}68)$$

Pour $n \to \infty$

$$p \to 1 \quad (10\text{-}69)$$

ce qui implique que quand de telles observations répétées sont faites à intervalles infiniment rapprochés, elles empêchent purement et simplement le spin de tourner... Un argument similaire conduit à la conclusion que le fait de « surveiller de façon continue » (ou, plus précisément, d'observer de façon répétitive à des intervalles de temps infiniment voisins) une particule instable afin de vérifier qu'elle existe toujours, l'empêche de se désintégrer [27]. Pour des raisons assez claires ce phénomène est parfois désigné comme l'« effet chien de garde ». Quant aux autres noms : « effet Zénon » ou « paradoxe de Zénon quantique », ils renvoient au philosophe grec Zénon qui, en analysant par la pensée le mouvement d'une flèche en intervalles de temps de plus en plus courts, prétendait démontrer que la flèche ne pouvait atteindre la cible en un temps fini.

Et pourtant, dans la vie réelle, le fait de surveiller la flèche ne l'arrête pas. En vérité, cela ne ralentit même pas son mouvement.

L'assertion paradoxale émise par Zénon est aujourd'hui très généralement attribuée au fait qu'il ignorait tout des séries géométriques convergentes. Le cas présent serait-il similaire ? Aurions-nous, dans le calcul décrit ci-dessus, été induits en erreur, quand nous nous sommes référés à la réduction du paquet d'ondes *lors d'une mesure*, par quelque confusion que nous aurions faite entre physique et psychologie ? A première vue, ce doute a quelque pertinence. Montrons donc qu'un effet Zénon, au moins partiel, est en fait quelque chose de purement physique. Appliquons pour ce faire un modèle explicitement soluble [29] inspiré de celui décrit plus haut dans la section 10-2. Supposons donc que, durant un intervalle de temps très court compris entre les instants $t_{1-} = t_1 - \varepsilon$ et $t_{1+} = t_1 + \varepsilon$, le spin en précession interagit avec un instrument constitué comme décrit dans cette section, et que l'hamiltonien d'interaction H′ est alors si grand que, durant ce temps, l'interaction du spin avec le champ magnétique constant B peut être négligée en comparaison. Supposons en outre que le spin est, à l'instant $t_0 = 0$, dans l'état quantique :

$$|\phi_0> = \Sigma_m c_m |\phi_m> ; \quad (m = +1, -1) \qquad (10\text{-}70)$$

Dans le but de simplifier certaines formules, faisons un léger changement de notation par rapport à ce qui précède. Nous appellerons S_z (au lieu de S_x) la composante de spin qui est mesurée et, bien entendu, le champ magnétique qui induit la précession ne sera plus supposé être dirigé selon l'axe O_z (pour fixer les idées on pourra le supposer dirigé selon O_x, mais cette hypothèse ne joue aucun rôle dans ce qui suit).

Si l'on convient d'appeler U l'opérateur d'évolution décrivant l'évolution du spin entre les instants $t = t_0$ et $t = t_1$ et $|\Psi(t)>$ le vecteur d'état du système composé, on a :

$$|\Psi(0)> = g(\xi)\,|\phi(0)> \qquad (10\text{-}71)$$

$$|\Psi(t_{1-})> = g(\xi)\,U|\phi(0)> = \Sigma_m g(\xi)\,|\phi_m> < \phi_m|U|\phi_0> \qquad (10\text{-}72)$$

(puisque, durant ce laps de temps, U n'opère pas sur ξ), et :

$$|\Psi(t_{1+})> = \Sigma_m g(\xi - a_m)\,|\phi_m> < \phi_m|U|\phi_0> \qquad (10\text{-}73)$$

A partir de l'instant t_{1+} le spin précesse librement, jusqu'à ce qu'à un instant $t = t_{2-}$ il entre (c'est notre hypothèse) en contact avec un autre instrument tout à fait semblable au premier mais ayant un vecteur d'état $h(\eta)$ avec lequel il interagit de l'instant $t_{2-} = t_2 - \varepsilon$ à l'instant $t_{2+} = t_2 + \varepsilon$. A partir de là, nous devons considérer le vecteur d'état $|\Phi(t)>$ du système total composé du spin et des deux instruments. De l'équation (10-73) il suit :

$$|\Phi(t_{1+})> = h(\eta)\,\Sigma_m\, g(\xi - a_m)\,|\phi_m><\phi_m|U|\phi_0> \qquad (10\text{-}74)$$

d'où :

$$|\Phi(t_{2-})> = h(\eta)\,\Sigma_m\, g(\xi - a_m)\,|\hat{U}|\phi_m><\phi_m|U|\phi_0> \qquad (10\text{-}75)$$

où $\hat{U}$ est l'opérateur d'évolution décrivant l'évolution du spin de t_{1+} à t_{2-}. Cette équation peut aussi s'écrire :

$$|\Phi(t_{2-})> = \Sigma_{m,k}\, h(\eta)\, g(\xi - a_m)\,|\phi_k><\phi_k|\hat{U}|\phi_m> <\phi_m|U|\phi_0> \qquad (10\text{-}76)$$

d'où :

$$|\Phi(t_{2+})> = \Sigma_{m,k}\, h(\eta - a_k)\, g(\xi - a_m)\,|\phi_k><\phi_k|\hat{U}|\phi_m|> <\phi_m|U|\phi_0> \qquad (10\text{-}77)$$

La probabilité qu'après t_{2+} la valeur x soit trouvée pour ξ, la valeur y pour η, et — lors d'une dernière mesure non analysée ici — la valeur j ($j = \pm 1$) pour S_z, est donc :

$$p(x,y,j) = \left|\iint \delta(\eta - y)\,\delta(\xi - x) < \phi_j|\Phi(t_{2+})> d\eta d\xi\right|^2$$
$$= \left|\Sigma_m\, h(y - a_j)\, g(x - a_m) < \phi_j|\hat{U}|\phi_m><\phi_m|U|\phi_0>\right|^2 \qquad (10\text{-}78)$$

La probabilité que ξ soit trouvé dans l'intervalle $[\alpha]$, et η dans l'intervalle $[\beta]$ s'obtient en sommant ce $p(x, y, j)$ sur j ainsi que, sur x et y, dans les intervalles $[\alpha]$ et $[\beta]$. Elle vaut :

$$p(\alpha,\beta) = < \phi_0|U^+|(\Sigma_{m,n}|\phi_m> K^{\alpha\beta}_{mn} < \phi_n|)\, U\,|\phi_0> \qquad (10\text{-}79)$$

avec :

$$K^{\alpha\beta}_{mn} = < \phi_m|\hat{U}^+|\Sigma_j(|\phi_j> f^\beta_j < \phi_j)|\hat{U}|\phi_n> M^\alpha_{m,n} \qquad (10\text{-}81)$$

$$\mathrm{M}^{\alpha}_{m,n} = \int_{[\alpha]} g^{\star}(x - a_m)\, g(x - a_n)\, dx, \tag{10-82}$$

$$f_j^{\beta} = \int_{[\beta]} |h\,(y - a_j)\,|^2\, dy$$

A partir de ces formules, on obtient immédiatement les probabilités $p_{\xi}(\alpha)$ que ξ soit trouvé dans l'intervalle $[\alpha]$ quel que soit η et $p_{\eta}(\beta)$ que η soit trouvé dans l'intervalle $[\beta]$ quel que soit ξ en sommant sur toutes les valeurs possibles de l'autre variable. Notons qu'étendre ainsi α à toute la droite revient à remplacer la matrice deux par deux M d'éléments $\mathrm{M}^{\alpha}_{m,n}$ par la matrice deux-par-deux $(\mathrm{M}_{m,n})$ dont les éléments sont

$$\mathrm{M}_{1,1} = \mathrm{M}_{2,2} = 1$$

$$\mathrm{M}_{1,2} = \mathrm{M}_{2,1} = \int g^{\star}(x - a_1)\, g\,(x - a_2)\, dx \tag{10-83}$$

Pour des raisons qui apparaîtront bientôt, nous avons jusqu'ici considéré le cas général, dans lequel $g\,(x - a_1)$ et $g\,(x - a_2)$ ne sont pas rigoureusement orthogonaux. Quand ils le sont, ou, plus précisément, quand les fonctions $g(\xi)$ et $h(\eta)$ sont assez « pointues » et les intervalles entre deux a_k consécutifs assez grands pour que tant les recouvrements des fonctions $g\,(x - a_m)$ de différentes valeurs de m que ceux des fonctions $h\,(y - a_j)$ de différentes valeurs de j soient négligeables, on dit que les instruments sont « idéaux » (ou « parfaits »). Dans de tels cas, bien entendu, les formules précédentes se simplifient. Par exemple, posons $c_1 = +1$ et $c_2 = 0$ dans la formule (10-70) ; autrement dit, supposons qu'à l'instant $t_0 = 0$ S_z vaut +1 de sorte que $|\phi_0 > = |+ >$, et identifions de plus les intervalles $[\alpha]$ et $[\beta]$ aux demi-axes positifs Ox, Oy. Nous obtenons alors :

$$\mathrm{M}^{+}_{+,+} = 1,\ \mathrm{M}^{+}_{+,-} = \mathrm{M}^{+}_{-,+} = \mathrm{M}^{+}_{-,-} = 0 \tag{10-84a}$$

$$f_j^{+} = \delta_{j,+} \tag{10-84b}$$

de sorte que :

$$p\,(+,+) = |<+|\mathrm{U}|+>|^2 |<+|\,\hat{\mathrm{U}}\,|+>|^2 \tag{10-85}$$

$$p_{\eta}(+) = |\,<+|\,\hat{\mathrm{U}}\,|+>|^2 |<+|\mathrm{U}|+>|^2 + |<+|\,\hat{\mathrm{U}}\,|->|^2\, |<-|\,\mathrm{U}\,|+>|^2 \tag{10-86}$$

Ces formules sont intéressantes dans la mesure où elles diffèrent de ce qu'un argument simple (trop simple !) pourrait suggérer. Une personne proposant cet argument partirait de la remarque que, dans le modèle décrit dans la section 10-2, l'hamiltonien représentant l'interaction entre le spin et l'instrument est choisi de telle sorte que l'interaction en question ne modifie pas l'état de spin sur lequel elle nous renseigne. De là elle inférerait que, de façon générale, cette interaction n'a qu'un rôle passif d'enregistrement et n'affecte en rien le spin. Or, la formule (10-86) montre que cette conclusion n'est pas correcte car si elle l'était, si, réellement, le premier instrument n'avait rigoureusement aucun effet sur le spin, la probabilité p_η (+) serait égale à ce qu'elle est quand aucun instrument n'est présent, à savoir :

$$p'_\eta(+) = |<+|\hat{U}\, U|+>|^2 \qquad (10\text{-}87)$$

ce qui n'est pas le cas. De fait, bien que la formule (10-86) soit tout à fait élémentaire, ce qu'elle montre est, en un sens, encore plus éloigné du « sens commun » que ne l'est l'effet Zénon, attendu que, dans ce dernier, les *résultats* de toutes les (ici des deux) mesures successives sont pris en compte alors que la formule (10-86) s'applique au cas où c'est seulement *l'existence* de la mesure intermédiaire qui intervient. Quant à l'effet Zénon proprement dit, on le retrouve ici sans peine en généralisant la formule (10-85) à un nombre n très grand ($n \to \infty$) de mesures successives très rapprochées (voir aussi Home et Whitaker [28]). En fait, avec $t_1 - t_0 = t_2 - t_1 = \frac{T}{2}$, les membres de droite des formules (10-67) (avec $n = 2$) et (10-85) coïncident, comme on le vérifie bien aisément.

Tous les calculs présentés ci-dessus ont été effectués à partir de l'équation de Schrödinger appliquée à l'évolution dans le temps du système composé « système mesuré *plus* instruments ». Un point que, par conséquent, ils établissent sans conteste est qu'il n'y a rien de fondamentalement paradoxal dans l'effet Zénon quantique ou dans les effets similaires, puisqu'ils relèvent uniquement de l'équation de Schrödinger pour les systèmes composés, sans qu'il y ait lieu de faire intervenir aucune notion du type « accroissement de notre information » ou même « réduction du paquet d'ondes ».

10-10. Mesures imparfaites

Il est clair, en vertu de l'analyse qui précède, que l'effet Zénon quantique est tout aussi « physique » que n'importe quel autre et est dû aux interactions qui doivent nécessairement se produire entre le système mesuré et les instruments de mesure. Mais dans ces conditions, la notion même qui est à la racine de l'effet (un nombre infini de mesures ayant lieu en un temps fini) ne peut pas ne pas soulever certaines questions. Spécifiquement [29], supposons de nouveau que l'observable à mesurer est la composante z, S_z, du spin d'une particule de spin $\frac{1}{2}$ et supposons aussi que les mesures en question sont faites au moyen d'appareils de Stern et Gerlach. A vitesse donnée (non nulle) de la particule, si le nombre n d'instruments est augmenté, l'intervalle de temps T durant lequel l'ensemble de toutes les mesures successives doivent avoir lieu restant fixé, au-delà d'une certaine valeur de n les appareils de Stern-Gerlach devront manifestement être très proches les uns des autres. Mais si plusieurs dispositifs de ce type sont très voisins, leurs champs magnétiques doivent, à l'évidence, être très intenses si l'on veut que les deux faisceaux émanant de l'un d'eux soient bien séparés avant qu'ils n'atteignent le suivant. A la limite $n \to \infty$, T fini, ces champs devraient être de force infinie, ce qui, bien entendu, est une idéalisation non physique.

De telles considérations conduisent à admettre l'existence et même, dans certains cas, la nécessité de la mise en œuvre de mesures qui peuvent à bon droit être appelées « imparfaites », en ce sens que deux états de l'instrument correspondant à deux états voisins du microsystème mesuré peuvent ne pas être exactement orthogonaux. Il existe une théorie très élaborée de telles mesures, la théorie des Opérations et Effets. Elle est décrite dans la section suivante. Ici notons seulement que, de la manière dont il a été mis en œuvre dans les calculs explicités plus haut, le modèle de processus de mesure présenté dans la section 10-2 s'adapte bien à la description de telles mesures imparfaites dont il rend compte très simplement au moyen de fonctions d'onde $g(\xi)$ non suffisamment « ramassées » pour que leurs translatées $g(\xi - a_m)$ de a_m différents soient, à toutes fins utiles, orthogonales [29]. En guise d'exemple d'application de cette méthode, considérons le cas extrême dans lequel la première mesure est imparfaite au point que, pratiquement, elle n'est même pas une vraie mesure. Ceci signifie que les fonctions $g(\xi - a_m)$ coïncident presque. Supposant la seconde mesure « parfaite », c'est-à-dire que la relation (10-84b) est satisfaite, il vient :

$$M^{+}_{+,+} \approx M^{+}_{-,+} \approx M^{+}_{+,-} \approx M^{+}_{-,-} \approx 1 \qquad (10\text{-}88)$$

et, à l'aide de la formule (3-11) (développement de l'opérateur unité), on vérifie alors aisément que, avec les équations (10-84b) et (10-88), l'équation (10-85) donne :

$$p(+,+) \approx |<+|\hat{U}U|+>|^2 \qquad (10\text{-}89)$$

qui, si on la compare à l'équation (10-87), peut être interprétée comme signifiant que, dans ce cas, le comportement du système mesuré n'est influencé ni par le fait que la coordonnée du premier appareil s'est déplacée vers + Ox plutôt que vers – Ox, ni même, en fin de compte, par le fait que le système mesuré a interagi avec l'appareil en question.

D'un autre côté, il s'agit là bien entendu d'un cas limite. En général, s'agissant même d'instruments très « imparfaits », les fonctions translatées $g(\xi - a_m)$ seront assez loin de coïncider, de sorte que la valeur de $p(+, +)$ se trouvera être comprise entre celles des membres de droite des formules (10-85) et (10-89).

En conclusion : un effet Zénon total ne saurait être attendu et doit être considéré comme quelque chose d'essentiellement non physique, mais un effet Zénon *partiel* est au contraire très vraisemblablement, réel.

10-11. Le formalisme des Opérations et Effets

Le formalisme explicité dans la section 6-7 décrit les effets, sur un système quantique, d'une mesure effectuée sur ce système au moyen d'un instrument considéré comme *extérieur* au formalisme lui-même, dans le sens qu'un espace de Hilbert ne lui est pas attribué. Le seul espace de Hilbert qui y est pris en considération, tant avant qu'après l'acte de mesure, est celui du système quantique sur lequel la mesure est faite : d'où la nécessité de faire intervenir la réduction du paquet d'ondes. En outre, la mesure en question y est conçue comme idéale — ou « parfaite » — au sens que si, avant la mesure, le système mesuré se trouve dans un des états propres de la quantité mesurée, après la mesure il se trouve encore dans cet état, et l'instrument contient un enregistrement non ambigu de ce qu'est ce dernier. Comme on l'a vu, une telle description est fortement idéalisée et les processus de mesure véritables ont toutes les chances d'être plus ou moins « imparfaits ».

Il peut être utile dans certains cas de disposer d'un formalisme équivalent à celui de la section 6-7 — dans le sens que pour l'appliquer il ne soit pas nécessaire de faire explicitement usage d'une représentation quantique de l'instrument — même dans le cas de mesures *imparfaites*. Bien entendu, l'emploi et la signification d'un tel formalisme seront sujets aux mêmes limitations que ceux du formalisme de la section 6-7, à savoir que l'instrument devra être assez complexe — ou, autrement dit, assez lié à l'environnement — pour que les corrélations avec le système mesuré définies par des quantités telles que M [équation (10-37)] soient non mesurables en pratique.

Il n'en reste pas moins qu'il est intéressant de savoir si, dans ces conditions, une généralisation du type envisagé existe. La réponse est positive. Ce formalisme généralisé est celui dit *des Opérations et Effets* [30], [31]. En fait, comme nous allons le constater, il se trouve qu'il est quand même nécessaire de faire appel à une description quantique de l'instrument pour la *construction* du formalisme. Mais une telle référence à la nature quantique de l'instrument disparaît, on va le vérifier, du résultat : une fois construit, le formalisme peut être appliqué sans aucune référence à l'espace de Hilbert de l'instrument.

Comme il a été vu en plusieurs endroits et, en particulier, dans la section 8-3, ce n'est qu'à un *ensemble statistique* que l'on a le droit en toute rigueur d'associer un opérateur d'état ou une matrice densité. Il se trouve cependant des circonstances où on peut, sans inconvénient, simplifier un peu le langage et parler « du » système — et non de l'ensemble des systèmes — associé à un opérateur d'état donné. Tel est ici le cas et, pour édifier le formalisme (ce que nous ferons en suivant de près la présentation de la référence [31]), nous nous référerons donc à la notion de système plutôt qu'à celle d'ensemble. Considérons donc un processus de mesure dans lequel un système S, initialement décrit par l'opérateur d'état ρ, interagit avec un appareil de mesure A, initialement décrit par l'opérateur d'état ρ_A. Après l'interaction l'opérateur d'état du système composé S + A est :

$$\rho_{tot.} = U\rho \otimes \rho_A U^+$$

où U est l'opérateur d'évolution total.

Supposons alors qu'une observable G (de valeurs propres g_m) de l'instrument soit mesurée. Soient P_m les opérateurs de projection associés. D'après la formule (6-15), la probabilité d'obtenir le résultat g_m est :

$$p_m = \mathrm{Tr}\,[\rho_{tot.}\, 1 \otimes P_m] = \mathrm{Tr}\,[\rho \otimes \rho_A\, U^+ 1 \otimes P_m U] \qquad (10\text{-}90)$$

qui peut s'écrire :

$$p_m = \mathrm{Tr}_S\,[\rho F_m] \equiv \mathrm{Tr}_S\,[F_m\, \rho] \qquad (10\text{-}91)$$

avec :

$$F_m = \mathrm{Tr}_A\,[\rho_A\, U^+ 1 \otimes P_m U] \qquad (10\text{-}92)$$

où le symbole Tr_A (Tr_S) signifie la trace partielle prise dans l'espace de Hilbert de A (S) seulement, de sorte que F_m est un opérateur dans l'espace de Hilbert de S.

La formule (10-91) est semblable à la formule (6-15). La différence essentielle est que F_m n'est pas, en général, un opérateur de projection ($F_m^2 \neq F_m$). Les opérateurs tels que F_m sont appelés des *Effets*.

Supposons maintenant que notre observation de l'instrument A a fourni le résultat défini G_m. L'opérateur d'état ρ_m du système composé S + A juste après la mesure est alors donné par la formule (6-32) :

$$\rho_{m,\,\text{tot.}} = \frac{(1 \otimes P_m)\, \rho_{\text{tot.}}\, (1 \otimes P_m)}{p_m} \qquad (10\text{-}93)$$

Maintenant, rappelons-nous que notre but est seulement de décrire S, ce qui signifie que ce que nous voulons connaître est seulement l'opérateur d'état qui donne les probabilités $p_{\alpha'}$ des divers résultats possibles de mesures futures, faites sur S. Ces probabilités sont de la forme :

$$\text{Tr}\,[\rho_{m,\,\text{tot.}}\, P_{\alpha'} \otimes 1]$$

où les $P_{\alpha'}$ sont les opérateurs de projection correspondants. Et l'on vérifie sans peine que cela peut s'écrire :

$$\text{Tr}_S\,[\rho_m\, P_{\alpha'}] \qquad (10\text{-}93a)$$

avec :

$$\rho_m = \text{Tr}_A\,[\rho_{m,\,\text{tot.}}]$$

Par conséquent, en vertu de l'équation (10-93) :

$$\rho_m = \text{Tr}_A \frac{(1 \otimes P_m)\, \rho_{\text{tot.}}\, (1 \otimes P_m)}{p_m} \qquad (10\text{-}94)$$

A la normalisation près, le numérateur peut être considéré comme une application linéaire transformant l'opérateur d'état ρ du système avant la mesure en l'opérateur d'état après la mesure, ρ_m. Pour cette raison, la formule (10-94) est par convention écrite sous la forme :

$$\rho_m = \frac{\mathbf{F}\rho}{p_m} \tag{10-94a}$$

L'application :

$$\mathbf{F}\rho = \mathrm{Tr}_A\,[1 \otimes \mathrm{P}_m\, \rho_{\text{tot.}}\, 1 \otimes \mathrm{P}_m] \tag{10-95}$$

est dénommée *Opération*. Ainsi la formule (10-94a) — avec la définition (10-95) — généralise la formule (6-32) au cas des mesures imparfaites, de la même manière que la formule (10-91) généralise la formule (6-22). Noter que de l'équation (10-95), il suit que :

$$\mathrm{Tr}_S\,[\mathbf{F}\rho] = \mathrm{Tr}\,[1 \otimes \mathrm{P}_m\, \rho_{\text{tot.}}\, 1 \otimes \mathrm{P}_m] = \mathrm{Tr}\,[\rho_{\text{tot.}}\, 1 \otimes \mathrm{P}_m]$$

et la comparaison avec l'équation (10-90) montre que :

$$p_m = \mathrm{Tr}_S\,[\mathbf{F}\rho] \tag{10-96}$$

Étant donné que, comme on l'a vu, il faut tout spécialement s'attendre à avoir affaire à des mesures imparfaites dans les cas où les mesures sont répétées, il est intéressant d'examiner comment ce formalisme s'applique dans des cas de mesures répétées tels que celui que nous avons étudié dans la section précédente. A cet effet, écrivons d'abord la probabilité $p_\xi\,(\alpha)$ que l'aiguille du premier instrument soit trouvée dans l'intervalle $[\alpha]$. On constate aisément qu'en vertu des lois connues de la mécanique quantique « standard », cette probabilité est :

$$\int_{[\alpha]} d\xi\, \Sigma_m\, |\, g\,(\xi - a_m)\,|^2\, |< \phi_m\, |\mathrm{U}|\phi_0 >|^2$$

et le point qui nous intéresse est qu'elle peut aussi être écrite :

$$p_\xi\,(\alpha) = \mathrm{Tr}\,[\mathrm{F}_{[\xi,\,\alpha]}\rho_1]$$

où $\rho_1 = \mathrm{U}|\phi_0 > < \phi_0|\mathrm{U}^+$ est l'opérateur d'état de spin au temps t_{1-} et

$$\mathrm{F}_{[\xi,\,\alpha]} = \Sigma_m\, |\phi_m > \int_{[\alpha]} |g\,(\xi - a_m)\,|^2 < \phi_m| d\xi \tag{10-97}$$

est un Effet. Si l'aiguille du premier instrument est trouvée dans l'intervalle $[\alpha]$, alors l'état du système composé à t_{1+} est, au vu des formules (3-20) et (10-73) :

$$p_\xi(\alpha)^{-\frac{1}{2}}\int_{[\alpha]} d\xi'\, \delta(\xi-\xi')\, \Sigma_m\, g(\xi'-a_m)\,|\,\phi_m><\phi_m|U|\phi_0>$$

$$=p_\xi(\alpha)^{-\frac{1}{2}}\,\Sigma_m\, g(\xi-a_m)\,|\phi_m><\phi_m|U|\phi_0>$$

pour $\xi \in [\alpha]$ et zéro ailleurs, de sorte que l'opérateur d'état correspondant est :

$$p_\xi(\alpha)^{-1}\,\Sigma_{m,n}\, g(\xi-a_m)\, g^\star(\xi'-a_n)\,|\phi_m><\phi_m|\rho_1|\phi_n><\phi_n| \quad (10\text{-}98)$$

pour ξ et $\xi' \in [\alpha]$ et zéro ailleurs.

L'opérateur d'état du spin seul s'obtient à partir de l'expression (10-98) en prenant la trace partielle par rapport à la variable d'instrument ξ, ce qui implique de poser $\xi' = \xi$ et de sommer sur ξ. Il est donc égal à :

$$\rho_\alpha = \frac{\mathbf{F}_\alpha\, \rho_1}{p_\xi(\alpha)}$$

avec :

$$\mathbf{F}_\alpha\, \rho_1 = \Sigma_{m,n}\int_{[\alpha]} d\xi\, g(\xi-a_m)\, g^\star(\xi-a_n)\,|\phi_m><\phi_m|\rho_1|\phi_n><\phi_n| \quad (10\text{-}99)$$

$\mathbf{F}_\alpha$ est une Opération.

La deuxième mesure est identique à la première, de sorte que la probabilité conditionnelle pour que l'aiguille du deuxième instrument soit trouvée dans l'intervalle $[\beta]$ si celle du premier a été trouvée dans l'intervalle $[\alpha]$ est

$$p(\alpha|\beta) = \mathrm{Tr_S}\,[\mathrm{F'}_{[\eta,\beta]}\,\hat{\mathrm{U}}\,\rho_\alpha\,\hat{\mathrm{U}}^+].$$

où $\mathrm{F'}_{[\eta,\beta]}$ est un opérateur semblable dans sa forme à $\mathrm{F}_{[\xi,\alpha]}$, mais où $h(\eta)$ et β jouent les rôles de $g(\xi)$ et α, respectivement. Par conséquent, la probabilité jointe des deux mesures est :

$$p(\alpha,\beta) = p(\alpha\,|\,\beta)\, p_\xi(\alpha) = \mathrm{Tr_S}\,[\mathrm{F'}_{[\eta,\beta]}\,\hat{\mathrm{U}}\,\mathbf{F}_\alpha\,\rho_1\,\hat{\mathrm{U}}^+] \quad (10\text{-}100)$$

et on vérifie aisément que cette formule donne pour $p(\alpha, \beta)$ la même valeur que la formule (10-79).

Comme cette comparaison le confirme de façon claire, le formalisme des Opérations et Effets donne les mêmes prédictions d'observations que les règles usuelles de la mécanique quantique. Il paraît donc exclu qu'il puisse, par lui-même, lever aucune des difficultés conceptuelles énumérées dans la section 10-1. Il est vrai qu'en un sens, il en dissimule certaines. Mais c'est essentiellement parce qu'il est construit sur le modèle de la théorie des mesures idéales décrite dans la section 6-7 et parce que, comme cette théorie, il n'est valable que dans le cas où la possibilité de mesures futures portant sur des corrélations entre le système mesuré et des parties quantiquement décrites de l'instrument n'est même pas considérée.

Reconnaissons cependant que le formalisme des Opérations et Effets présente plus de flexibilité que les règles quantiques usuelles et que la question se pose donc de savoir si l'on ne pourrait pas tirer parti de cette flexibilité pour lever les difficultés mentionnées. La flexibilité dont il s'agit consiste dans le fait qu'à un seul et même Effet il est possible d'associer plusieurs Opérations distinctes, dont l'une seulement correspond aux prédictions quantiques relatives aux résultats de mesures à faire. Par exemple, au lieu de l'Opération (10-99) on pourrait considérer l'Opération

$$\mathbf{G}_\alpha \rho_1 = \Sigma_{m,n} \left(\int_{[\alpha]} d\xi \, | \, g(\xi - a_m) \, |^2 \right)^{\frac{1}{2}} \left(\int_{[\alpha]} d\xi \, | \, g(\xi - a_n) \, |^2 \right)^{\frac{1}{2}} | \phi_m > < \phi_m | \rho_1 | \phi_n > < \phi_n | \quad (10\text{-}101)$$

Celle-ci — effectivement prise en considération dans la référence [32] — reproduit bien l'Effet (10-97) pour ce qui est d'une mesure unique. Elle fournit donc la même probabilité, à savoir $p_\xi(\alpha)$, que $\mathbf{F}_\alpha$ en ce qui concerne la première mesure. Mais, bien entendu, elle donne un résultat différent du membre de droite de (10-100) en ce qui concerne la probabilité jointe $p(\alpha, \beta)$ des résultats de deux mesures consécutives. Le calcul rapporté dans la section précédente — calcul ayant fourni un résultat non ambigu — montre donc que le fait d'utiliser $\mathbf{G}_\alpha$ pour décrire des processus gouvernés par l'hamiltonien (10-9) impliquerait une violation des règles de prédiction de la mécanique quantique. Ceci fournit donc la réponse à la question ici considérée. Si l'on exige que les règles de prédiction, expérimentalement vérifiables, de la mécanique quantique ne soient pas altérées, la flexibilité du formalisme des Opérations et Effets ne peut pas être mise à contribution pour lever les difficultés conceptuelles énumérées dans la section 10-1.

10-12. Problèmes en théorie relativiste de la mesure

Comme on l'a constaté au chapitre 3, la mécanique quantique conventionnelle implique la réduction du paquet d'ondes (Règles 10 ou 10a). Les problèmes particuliers que toute tentative de théorie relativiste de la mesure doit affronter sont liés au fait qu'une telle réduction ne peut être purement locale. Toutes les probabilités qui se trouvent être associées à un ket donné en vertu de formules telles que (3-3) changent alors soudainement, y compris celles relatives à d'éventuelles mesures à effectuer en des endroits éloignés de celui où la mesure dont il s'agit est effectuée (si, par exemple, $\psi(\boldsymbol{x})$ est la fonction d'onde — supposée de support non ponctuel — d'une particule et si j'observe la particule comme étant au point $\boldsymbol{x}'$, la probabilité qu'elle soit trouvée n'importe où ailleurs devient subitement égale à zéro).

Ce fait a des conséquences étendues, qui ont été bien résumées par Fleming [33]. Par exemple, suivant I. Bloch [34], considérons deux régions d'espace-temps spatialement séparées, R_1 et R_2, dans chacune desquelles une mesure est effectuée sur un système à une seule particule. Ce système devant être décrit par une fonction d'onde $\psi(\boldsymbol{x}, t) = \langle \boldsymbol{x} | \psi(t) \rangle$, demandons-nous quelle est cette fonction en un point P situé hors de R_1 et de R_2 et sur une ligne du genre espace traversant l'une et l'autre régions. En vertu de cette géométrie, il existe des référentiels dans lesquels tout point d'espace-temps de R_1 est antérieur à tout point d'espace-temps de R_2. Dans un tel référentiel, F', le point d'espace-temps P, de coordonnées $\boldsymbol{x}'_0$, t'_0, se trouve situé *après* que la mesure située dans R_1 a été faite. En vertu de la Règle (10) ou (10a) (réduction), dans F' la fonction d'onde $\psi'(\boldsymbol{x}'_0, t'_0)$ doit alors dépendre de ce qui a été enregistré dans R_1 et ne peut dépendre de ce que sera le résultat de la mesure devant avoir lieu dans R_2, mesure qui n'a pas encore été faite. Mais il existe aussi des référentiels dans lesquels R_2 est totalement antérieur à R_1. Soient $\boldsymbol{x}''_0$, t''_0 les coordonnées d'espace-temps de P dans l'un, F'', de ces référentiels. Dans F'' la fonction d'onde $\psi''(\boldsymbol{x}''_0, t''_0)$ doit dépendre du résultat de la mesure faite dans R_2 et ne peut dépendre du résultat de celle faite dans R_1. Dès lors, $\psi'(\boldsymbol{x}'_0, t'_0)$ et $\psi''(\boldsymbol{x}''_0, t''_0)$ sont des fonctions qui dépendent de paramètres totalement différents et, manifestement, ne peuvent donc être liées par aucune transformation cinématique. Étant donné que les coordonnées $(\boldsymbol{x}'_0, t'_0)$ et $(\boldsymbol{x}''_0, t''_0)$ sont transformées de Lorentz mutuelles (rappelons-nous que ce sont les coordonnées d'un même point P dans F' et dans F'' respectivement) il semblerait nécessaire à la cohérence interne du formalisme que les fonctions d'ondes ψ' et ψ'' (qui décrivent le même système dans F′ et F″ respectivement) soient des transformées de Lorentz l'une de l'autre. Que cela soit impossible en raison de la remarque qu'on vient de faire doit donc apparaître comme une vraie difficulté.

Pour lever cette difficulté, l'idée suivante pourrait être envisagée. On poserait que, quand une mesure met en jeu une région R de l'espace-temps, la réduction du paquet d'onde induite par elle, au lieu d'être instantanée, se propage à la vitesse de la lumière, c'est-à-dire se produit le long du cône de lumière futur de R. Étant donné que ce cône de lumière a la même description dans tous les systèmes de référence, cette hypothèse restaure bien l'invariance de Lorentz. Mais, d'un autre côté, si le système est, par exemple, un électron et la mesure celle d'une position, l'hypothèse en question implique que, dans un référentiel donné F′, juste après une mesure effectuée au lieu $\boldsymbol{x}'_0$ et ayant fourni la réponse « oui » la charge électronique est tout entière concentrée en $\boldsymbol{x}'_0$, et que, cependant, la probabilité reste encore non nulle de trouver l'électron en d'autres lieux, suffisamment éloignés de $\boldsymbol{x}'_0$ pour n'avoir pas été atteints par la réduction. Si nous imaginons plusieurs observateurs au repos dans F′ et dispersés à des distances variables de $\boldsymbol{x}'_0$, il y a donc une chance non nulle que l'un d'eux observe l'électron. Si, ensuite, cet observateur se porte à la rencontre de celui qui était en $\boldsymbol{x}'_0$ et si les deux comparent leurs carnets de notes, ils devront conclure que la charge électrique n'est pas conservée...

L'idée (avancée par Hellwig et Kraus [35]) selon laquelle la réduction intervient au long du cône de lumière non *futur* mais *passé* de R est-elle, elle, susceptible de lever la difficulté ? Aharonov et Albert ont montré [36] qu'il n'en est rien. Un de leurs arguments consiste à considérer un électron retenu par un potentiel en forme de double puits et se trouvant dans une superposition quantique à coefficients égaux de deux fonctions d'onde dont chacune est nulle dans l'un des puits. Si une mesure de position est effectuée dans un des puits a un certain instant t_0 (dans le référentiel des puits) et si son résultat est positif, alors, font-ils observer, selon l'idée de Hellwig et Kraus il devrait y avoir des instants antérieurs à t_0 auxquels la probabilité était seulement $\frac{1}{2}$ que l'électron fut trouvé dans ce puits-là si un test de présence y avait été fait, alors que, à un tel instant, la probabilité de le trouver dans l'autre puits était déjà nulle. Qui plus est : sur un système de deux particules de spins $\frac{1}{2}$ se trouvant dans un état de spin total nul et dont chacune est « coincée » dans l'un de ces puits ils ont pu montrer les faits suivants. Bien que le spin total soit une observable non locale, il n'en est pas moins possible de vérifier expérimentalement, à n'importe quel instant antérieur à celui, t_1, où une mesure est faite sur l'une des particules — et sans, pour autant, perturber le système — que le spin total a bien encore la valeur zéro. Cela n'est pas compatible avec l'implication de l'idée de Hellwig et Kraus qui consiste en ce que, dans le puits où la mesure n'a pas été faite, la réduction a déjà eu lieu à un tel instant (voir fig. 10-1, où t_0 désigne un tel instant).

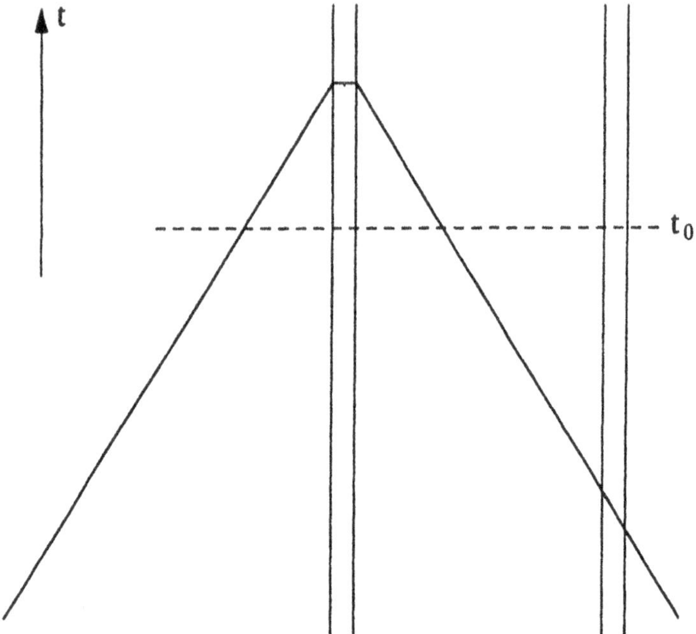

Fig. 10-1. Un potentiel en forme de double puits. Voir texte.

Aharonov et Albert ont fait remarquer que, nonobstant ces difficultés, aucune réelle violation de la théorie de la relativité n'a vraiment lieu — du moins si l'on conçoit cette théorie comme étant essentiellement de nature opératoire — et cela en raison du fait que de tels « processus violant la covariance de Lorentz » ne peuvent entraîner ni transferts d'énergie ni transferts d'information à vitesse supraluminale. Dans un premier temps ils suggérèrent, au vu de ceci, que dans le domaine relativiste tout le formalisme des vecteurs d'état soit abandonné, et que le calcul des probabilités de résultats de mesures bien spécifiées soit effectué par des méthodes plus abstraites. Plus tard [37] ils soulignèrent le fait qu'en dépit des apparences, le processus de la mesure *est* covariant. Sa covariance peut être rendue manifeste en décrivant les états, non plus par des vecteurs d'état mais — à la manière introduite naguère par Tomonaga et Schwinger — au moyen de fonctionnelles définies sur l'ensemble des surfaces du genre espace. Pour le cas des deux particules de spin $\frac{1}{2}$ les calculs explicites ont été faits par Ghose [38]. Pour le cas général, Fleming [33] a proposé une théorie qui confère un rôle particulier à certaines surfaces de ce type, à savoir des hyperplans, et qui conduit à la même conclusion générale.

Ces développements doivent être pris en considération et conduisent à la conclusion que, tout bien considéré, le processus de la mesure peut être tenu pour formellement covariant. Mais ceci n'implique pas — il s'en faut même de beaucoup — que nulle leçon n'est à tirer des difficultés ci-dessus passées en revue.

Pour bien comprendre en quoi ces leçons consistent, il convient de comparer les cas relativiste et non relativiste sur le point spécifique suivant. En mécanique quantique non relativiste, soit E un cas pur, au sens défini dans la section 6-2. En d'autres termes, soit E un ensemble statistique de systèmes décrit — à un instant t — par un vecteur d'état. Supposons en outre que ce vecteur d'état $|\psi>$, soit l'un des kets propres $|\psi_{k,r}>$, correspondant à la valeur propre a_k, d'une certaine observable A. La formule (3-3) nous montre alors que si nous mesurions A immédiatement après t, nous obtiendrions certainement le résultat a_k, ce qui signifie bien entendu que nous *savons* à l'avance ce que serait le résultat d'une telle mesure. Comme on l'a vu dans la section 4-3, nous pouvons, dans ces conditions, affirmer sans incohérence aucune qu'au temps t et sur chaque élément de E considéré séparément, A *a* la valeur en question, à savoir a_k. Du moins une telle assertion n'entre-t-elle en conflit ni avec les règles générales de la mécanique quantique (non relativiste), ni avec l'une quelconque des informations particulières dont nous disposons. Il est vrai que rien ne nous force à émettre une proposition « réaliste » de cette nature et que, pour faire des prédictions relatives aux résultats de mesures ultérieures, quelles qu'elles soient, l'assertion en question est superfétatoire, dès que $|\psi>$ est connu. Il n'en est pas moins vrai que des assertions de ce type, dans lesquelles aucune référence à la manière dont l'information a été obtenue ou sera utilisée n'est sous-entendue, sont dans bien des cas tout à fait naturelles. Les énoncés du type « l'énergie de tel ou tel atome d'hydrogène, dont on sait qu'il est dans son état fondamental (ou dans n'importe quel autre état), est telle ou telle » sont des assertions de ce type. On s'attendrait à ce que de semblables assertions réalistes puissent être légitimées de cette manière également en physique quantique *relativiste* (et cela d'autant plus qu'il en existe en théorie relativiste *classique*, au moins en ce qui concerne les événements). Mais les difficultés passées en revue vers le début de cette section montrent que tel n'est pas le cas.

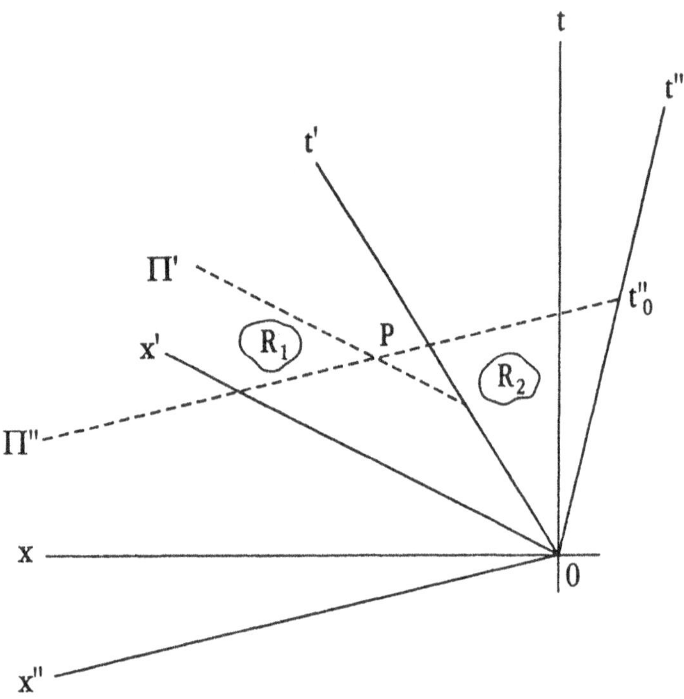

Fig. 10-2. Deux hyperplans, Π′ et Π″, contenant tous deux le point P et tels que pour Π′ R_1 *soit entièrement dans le passé et* R_2 *entièrement dans le futur*, et vice-versa en ce qui concerne Π″. Voir texte.

L'étendue des changements qu'il faut apporter aux conceptions ainsi axées sur le réalisme peut être appréciée au moyen d'un recours aux hyperplans de Fleming [33]. Cet auteur considère en particulier deux hyperplans, appelons-les Π′ et Π″, contenant tous deux le point P de la figure 10-2 et tels que pour l'un d'eux, disons Π′, R_1 se trouve totalement dans le passé (tous les points d'espace-temps de R_1 ont une coordonnée temps négative dans le référentiel où tous les points de Π′ sont simultanés) et R_2 se trouve entièrement dans le futur ; et vice-versa concernant Π″. Il reconnaît que (comme noté ci-dessus) dans ces conditions, la fonction d'onde $\psi'(\boldsymbol{x}'_0, t'_0)$ décrivant le système considéré dans le référentiel F'' où Π'' correspond à un temps t' constant est totalement différente de la fonction d'onde

$\psi''(x_0'', t_0'')$ décrivant le même système dans un référentiel F'' où Π'' correspond à t'' = constante. Mais, fait-il observer, ces fonctions d'onde fournissent les amplitudes de probabilité relativement à la position de la particule à un instant défini dans chaque référentiel, et pour vérifier expérimentalement la véracité des prédictions correspondant à de telles amplitudes de probabilité il est nécessaire de faire appel à des instruments appropriés à la détection de la particule à un instant déterminé. Dans deux référentiels en mouvement relatif, tels que F′ et F″, de telles détections impliquent deux dispositifs expérimentaux différents et, en fait, mutuellement incompatibles. *En conformité avec l'exigence bohrienne de prise en considération de l'ensemble du dispositif expérimental,* Fleming affirme que dès lors il n'y a aucune raison de s'attendre à ce qu'il y ait une relation cinématique quelconque entre $\psi'(x_0', t_0')$ et $\psi''(x_0'', t_0'')$.

Nous nous sommes déjà intéressés aux limites auxquelles se heurtent les possibilités d'interprétation réaliste de la mécanique quantique. C'est à l'étape ici atteinte que nous découvrons les limites *supplémentaires* qui, du fait des contraintes relativistes, viennent s'ajouter à celles déjà connues. Comme on vient de le noter, dans le cas non relativiste, si $\psi(x, t)$ est, au temps t, un vecteur propre, correspondant à la valeur propre, a_k, d'une observable A, le fait de savoir qu'un système S (ou un ensemble E de systèmes) se trouve être descriptible par ce $|\psi>$ nous permet de considérer comme valide l'assertion selon laquelle, à l'instant t et sur cet S (ou dans cet E), A *a* la valeur a_k, *point final.* Si $|\psi(x, t)>$ se trouve être le vecteur propre commun à un ensemble complet d'observables qui commutent, le fait de savoir que S (ou E) est descriptible par $|\psi>$ permet de même de considérer comme valable l'assertion que, au temps t et sur cet S (ou dans cet E), toutes ces observables *ont* des valeurs définies *point final* (avec le corollaire que $|\psi>$ lui-même apparaît alors comme étant, en quelque manière, réel). Ici et plus haut, l'expression « point final » vise bien entendu à faire comprendre qu'il n'est nul besoin de spécifier sous quelles conditions dépendantes de l'observateur l'assertion en question a un sens et est juste : c'est incontestablement là une condition que l'on s'attend à voir remplie par toute assertion prétendant porter sur « les objets tels qu'ils sont vraiment ». Or, comme nous venons de le constater, dès que les exigences relativistes sont prises en compte, cette condition n'est remplie par aucune des assertions du type de celles que nous avons ici considérées. En leur lieu et place nous avons trouvé, avec Fleming, des conditions à la Bohr dont il sera question plus en détail au chapitre suivant mais qui introduisent manifestement — *via* des références à des arrangements expérimentaux mutuellement exclusifs — une certaine dépendance par rapport à des circonstances dépendant de l'état (tout au moins « de mouvement ») de l'observateur.

Notre conclusion doit donc être que, nonobstant la covariance formelle du processus, les systèmes quantiques relativistes — ainsi que l'écrivent Aharonov et Albert [36] — ne peuvent pas « être décrits, même à des instants où le système n'est pas observé, en termes de quelque sous-ensemble de leurs variables physiques observables ». Une telle conclusion n'affecte en rien le pouvoir prédictif de la théorie. Mais elle affecte indubitablement ses possibles interprétations. Pour citer une fois encore ces mêmes auteurs : « même si l'on peut prédire avec certitude que n'importe quelle mesure de la charge totale du système donnera comme résultat *e*, il n'en est pas moins vrai que ni cette charge ni aucune autre propriété physique ne peut de façon tout à fait cohérente être attribuée à l'état... » du système lui-même.

Références

1. B. d'Espagnat, *Conceptual Foundations of Quantum Mechanics,* Reading, Mass., Addison-Wesley, 1971, 2e ed., 1976.
2. B. d'Espagnat, *Reality and the Physicist*, Cambridge, Cambridge University Press, 1989.
3. J.M. Jauch, *Helv. Phys. Acta* **37**, 293 (1964).
4. F. London, E. Bauer, *La Théorie de l'observation en mécanique quantique,* Paris, Hermann & Cie, 1939.
5. E.P. Wigner, *Symetries and Reflections,* Bloomington, Indiana University Press, 1967.
6. K. Gottfried, *Quantum Mechanics*, chapitre 20, New York, W.A. Benjamin Inc., 1966.
7. J.S. Bell, *Against « Measurement »*, in *Sixty Two Years of Uncertainty*, A.I. Millered., New York, Plenum Press, 1990.
8. E.P. Wigner, *Z. Phys.* **133,** 101 (1952).
9. H. Araki, M. Yanase, *Phys. Rev.* **120,** 622 (1961).
10. A. J. Leggett, *Contemp. Phys.* **25,** 583 (1984).
11. A.J. Leggett, *The Current Status of Quantum Mechanics at the Macroscopic Level,* in *Proceedings of the 2nd International Symposium Foundations of Quantum Mechanics in the Light of New Technology*, N. Namiki ed., Tokyo, Physical Society of Japan, 1987.
12. H. Primas, *Chemistry, Quantum Mechanics and Reductionism*, Berlin, Springer-Verlag, 1981.
13. W. Heisenberg, *Physics and Philosophy,* New York, Harper and Brothers, 1958.
14. B. d'Espagnat, *Nuovo cim.*, Supplemento, **4,** 828 (1966).
15. H. Zeh, *Foundations of Physics,* **1,** 67 (1970).
16. W.H. Zurek, *Phys. Rev.* **D 26,** 1862 (1982).

17. B. d'Espagnat, *Found. Phys.* **20**, 1147 (1990).
18. E. Joos, H.D. Zeh, *Z. Phys.* **B59**, 223 (1985).
19. B. d'Espagnat, *A la recherche du réel*, le regard d'un physicien, Gauthier-Villars, 1979 (3e éd., Agora, Presse-Pocket, 1991).
20. W.H. Zurek, *Phys. Today*, octobre 1991, p. 36.
21. K. Hepp, *Helv. Phys. Acta* **45**, 237 (1972).
22. J.S. Bell, *Helv. Phys. Acta* **48**, 93 (1975).
23. W.G. Unruh, « Quantum Measurement », in *New Techniques and Ideas in Quantum Measurement Theory, Annals of the New York Academy of Sciences*, **480**, 242 (1986).
24. B. d'Espagnat, *Found. Phys.* **22**, 1495 (1992).
25. A. Peres, « When is a Quantum Measurement », in *New Techniques and Ideas in Quantum Measurement Theory, Annals of the New York Academy of Sciences*, **480**, 242 (1986).
26. A. Peres, *Am. J. Phys.*, **48**, 931 (1980).
27. B. Misra, D. Sudarshan, *J. Math. Phys.* (N.Y.), **18**, 756 (1977).
28. D. Home, M.A.B. Whitaker, *J. of Phys.* **A 25**, 657 (1992).
29. B. d'Espagnat, *Found. Phys.*, **16**, 351 (1986).
30. K. Kraus, *States, Effects and Operations : Fundamental Notions of Quantum Theory*, Berlin, Springer Verlag, 1983.
31. S.L. Braunstein, C.M. Caves, « Quantum Rules : an Effect can have more than one Operation », *Found. Phys. Lett.*, avril 1988.
32. A. Barchielli, L. Lanz, G.M. Prosperi, *Nuovo Cim.* **72B**, 79 (1982).
33. G.N. Fleming, in *The Mini-Course and Workshop on Fundamental Physics*, conférence donnée au Colegio Universitatión de Humacao, Universidad de Puerto-Rico, 1985.
34. I. Bloch, *Phys. Rev.* **156**, 1377 (1967).
35. K.E. Hellwig, K. Kraus, *Phys. Rev.* **D 1**, 566 (1970).
36. Y. Aharonov, D.Z. Albert, *Phys. Rev.* **D 21**, 3316 (1980) ; *Phys. Rev. D* **24**, 359 (1982).
37. Y. Aharonov, D.Z. Albert, *Phys. Rev. D* **29**, 228 (1984).
38. P. Ghose, in *Bell's Theorem and the Foundations of Physics*, Proceedings of the International Conference in Memory of John Bell Held in Cesena, 7-10 octobre 1991, Singapour, World Scientific Publishing Compagny, 1993.

11

Variations sur un thème bohrien

Ce chapitre tente une analyse des idées directrices proposées par Bohr pour résoudre, sur le plan épistémologique, les problèmes conceptuels posés par la mécanique quantique conventionnelle (pas de variables cachées). Certaines théories plus récentes, apparentées à ces idées, y sont également résumées.

11.1. Définition à la Bohr des propriétés dynamiques

Nombre de philosophes du XXe siècle — les positivistes du Cercle de Vienne au premier chef — ont fort justement souligné que les verbes « être » et « avoir » servent trop souvent à construire des phrases qui semblent au premier abord avoir un sens mais qui, à l'examen, se révèlent n'en avoir aucun. Ceci est particulièrement vrai en physique, où beaucoup de concepts familiers, utiles dans la vie courante, s'avèrent n'avoir qu'un domaine limité de validité. La phrase « les électrons sont jaunes » est un exemple classique de ce genre d'abus conceptuel. La critique qu'en font les physiciens n'est pas qu'elle serait simplement conjecturale ; elle n'est pas que « nous ne savons pas si les électrons sont jaunes, rouges ou gris ». Elle est bien plus fondamentale. Elle consiste en ce que, si nous pensons avoir une notion claire de ce en quoi consiste la propriété « être jaune » dans le cas d'objets macroscopiques, nous ne pouvons même pas la définir relativement aux électrons. De sorte qu'aller dire qu'ils *ont* cette propriété n'a, tout simplement, aucun sens.

En la matière, il faut par conséquent être prudent. Et cela d'autant plus que nous n'avons pas une connaissance infuse de ce qui, en fait, fixe le domaine de validité d'un concept. En général, bien entendu, ce domaine de validité est déterminé, au moins en partie, par la nature même des objets en jeu. Mais il peut également l'être pour une part par des données contingentes, extérieures aux objets eux-mêmes. En particulier, ce pourrait bien être le cas en ce qui concerne le concept « valeur d'une grandeur physique dynamique ». Et de fait, déjà dans la section 4-3 ci-dessus, la question a été examinée de savoir sous quelles conditions le verbe « avoir » peut être utilisé dans des phrases telles que « sur le système S la grandeur A a la valeur *a* ». Une condition nécessaire — encore assez peu contraignante — est bien entendu (comme souligné à cet endroit) qu'une possibilité existe de mesurer A sur des systèmes suffisamment semblables à S. En fait, cette condition doit même être considérée comme étant partie inhérente de la définition même de A. On l'exprime le plus souvent en disant que la définition des propriétés doit être une définition opératoire, ce qui élimine d'emblée les assertions du type « les électrons sont jaunes ».

On peut dire que, durant l'âge classique de la physique, la (nécessaire) condition d'opérationnalité qui vient d'être rappelée fut, en pratique, considérée comme suffisante. Si une grandeur pouvait ainsi être « opératoirement » définie relativement à un type donné de systèmes — comme cela est, par exemple, le cas en ce qui concerne la grandeur « quantité de mouvement » relativement aux « point matériels » — alors, pensait-on, on pouvait se sentir assuré que sur n'importe quel système de ce type-là la propriété en question avait une valeur définie ; que, dans notre exemple, n'importe quel « point matériel » avait, à tout instant, une quantité de mouvement — connue ou inconnue — bien définie. Confrontés à la mécanique quantique, les physiciens se sont vus contraints à plus de prudence. Il est bien vrai que la quantité de mouvement d'un électron peut être mesurée, mais le physicien quantique n'en infère pas qu'un électron a, en toutes circonstances, une quantité de mouvement, connue ou inconnue, bien définie.

C'est la raison pour laquelle, déjà dans la section 4-3, la nécessité a été envisagée d'ajouter une autre condition : que nous ayons une connaissance certaine du résultat qui serait obtenu lors de la mesure si elle était faite. Par exemple, dans le cas d'électrons de haute énergie produits par un accélérateur de particules, ce dernier est en général réglé de telle sorte que l'expérimentateur connaît le résultat qu'il obtiendrait s'il s'avisait de mesurer la quantité de mouvement de ces électrons. S'il estime que la condition que l'on vient d'énoncer est suffisante, cette connaissance l'autorise à affirmer que les quantités de mouvement des électrons en question *ont*, toutes, la valeur correspondant à ce résultat. Nous insistons sur l'usage ici fait du conditionnel : « *si* la mesure *était* faite », « le résultat qui *serait* obtenu », etc. L'emploi de ce conditionnel sous-entend des considérations de nature contrafactuelle puisque, vu la manière dont les électrons sont préparés, l'expérimentateur est autorisé à parler de la quantité de mouvement de l'électron, même dans les cas où il ne la mesure pas et n'a pas l'intention de la mesurer. Pour cette raison, nous désignerons cette méthode de définition par le nom de méthode contrafactuelle. Cette manière contrafactuelle de définir le sens de phrases telles que : « la valeur de la quantité de mouvement de cet électron est tant » est celle qui est implicitement adoptée par quasiment tous les manuels lorsqu'ils présentent la mécanique quantique.

Mais est-ce celle que Niels Bohr avait présente à l'esprit ? En dépit de certains points un peu obscurs dans ses écrits, il y a de très bonnes raisons d'en douter. Et par conséquent, il paraît nécessaire de faire une distinction nettement tranchée entre la mécanique quantique conventionnelle — ou mécanique quantique des manuels — d'un côté et les conceptions de Niels Bohr de l'autre. De fait, l'un des points que Bohr soulignait toujours avec force était la nécessité où il estimait que nous nous trouvons de toujours référer à la totalité du dispositif expérimental chaque fois que nous parlons d'un phénomène atomique. Et, comme l'implique l'usage même du mot « totalité » et comme les divers contextes de cette assertion si fréquente chez Bohr le montrent bien, le dispositif expérimental dont il est là question ne se limite pas au seul appareillage de production (à l'accélérateur dans notre exemple). De fait, Bohr a même posé en principe [1] que le mot de « phénomène » devait seulement être employé « pour rapporter des données d'observation obtenues sous des conditions rigoureusement définies, et dont la description requiert celle de *tout* le dispositif expérimental » ; et, corrélativement, il a catégoriquement rejeté, comme inadéquat, l'expression courante : « créer, par une mesure, les attributs physiques d'un système ». Étant donné que, dans l'exemple précédent de l'accélérateur à l'électrons, la valeur précise de la quantité du mouvement de l'électron peut être considérée comme due à une mesure de cette quantité automatiquement faite par l'accélérateur lui-même, il est clair que même si (pour autant que nous le sachions) Bohr n'a jamais explicitement considéré l'exemple dont il s'agit, son rejet de la phrase mise ci-dessus entre guillemets l'aurait nécessairement conduit à rejeter, dans un tel cas, l'idée que les électrons sortant de l'accélérateur *ont*, au titre d'attribut physique, une quantité de mouvement bien définie.

Il est vrai — hélas ! — que ce point n'est pas tout à fait aussi manifeste qu'on vient de le dire. Dans sa réponse à E.P.R. [2], Bohr considéra un système de deux particules dont la somme des quantités de mouvement et la différence des coordonnées de position sont connues et il écrivit : « dans cet arrangement, [...] il est clair qu'une seule et unique mesure subséquente, soit de la position soit de la quantité de mouvement d'une des particules déterminera automatiquement la position ou, respectivement, la quantité du mouvement de l'autre ». Étant donné qu'il est bien certain que Bohr ne considérait pas ces quantités comme (toutes deux) prédéterminées (de concert) avant toute mesure, cette phrase ne peut être interprétée comme signifiant que la mesure en question ne fera que nous *informer* de la valeur que la grandeur physique correspondante *a et avait précédemment* sur l'autre particule. Par conséquent, à première vue, elle paraît signifier que la mesure faite sur l'une des particules a bien *créé*, sur l'autre particule, l'attribut physique consistant en la possession d'une position définie (ou d'une quantité de mouvement définie, selon le cas) en contradiction manifeste avec le rejet exprimé, on l'a vu, par Bohr lui-même de toute idée d'une création d'un attribut physique par une mesure. Il s'agit là d'un exemple des difficultés qu'il y a parfois à rassembler en un tout cohérent le contenu des assertions qualitatives de Bohr. En fait, dans le cas présent, nous n'avons pas, semble-t-il, d'autre choix que de décider par nous-même laquelle de ces deux affirmations de Bohr, apparemment mutuellement contradictoires, nous considérerons comme représentant la véritable doctrine bohrienne. Il apparaît alors que le choix raisonnable consiste à privilégier les énoncés d'ordre général de cet auteur, ceux qu'il a couché par écrit dans le but d'expliquer telles qu'il les comprenait les idées directrices de la nouvelle physique, par rapport à une assertion qu'il a, peut-on dire, formulée incidemment, seulement, peut-être, dans le but de se faire comprendre aisément et rapidement en un point de son argumentation qui ne concernait pas directement la question de la création d'attributs physiques par la mesure. Faisant ce choix, nous interpréterons dorénavant la dernière phrase citée de Bohr comme signifiant que, sous les conditions énoncées, si une mesure de la grandeur physique en question était faite sur la seconde particule, tel et tel résultat, bien défini, serait obtenu. C'est là une proposition contrafactuelle mais nous ne la considérerons pas comme *définissant* un attribut physique de la particule dont il s'agit. De fait, nous pouvons dire qu'en raison des corrélations strictes qui caractérisent l'exemple E.P.R., il existe deux manières équivalentes de mesurer, disons, la quantité de mouvement de l'une des deux particules en jeu : soit la mesurer directement, soit la mesurer indirectement en mesurant la quantité de mouvement de l'autre. Et nous pouvons alors poser que nous n'avons le droit de parler de la valeur de cette quantité de mouvement que si le dispositif expérimental complet rend possible soit l'une soit l'autre de ces deux opérations.

En interprétant les assertions de Bohr de cette manière, nous sommes — semble-t-il — fidèles à l'esprit d'ensemble de son approche, exprimé par ses énoncés épistémologiques généraux. Et nous touchons alors du doigt le caractère pour lui crucial du rôle des instruments d'observation dans la création des conditions sous — et seulement sous — lesquelles un énoncé du type « telle ou telle grandeur dynamique *a* telle ou telle valeur » a un sens. Cela nous permet d'apprécier la justesse d'une affirmation de Léon Rosenfeld qui, commentant les vues de Bohr, écrivait que, selon elles, l'existence du quantum d'action « impose une limite à l'analyse de l'interaction entre le système et l'appareillage qui fixe les circonstances dans lesquelles nous l'observons : c'est donc maintenant le tout indivisible formé par le système *et les instruments d'observation* [c'est nous qui soulignons] qui définit le " phénomène ". A l'échelle atomique, les phénomènes doivent ainsi être conçus en bloc... » [3].

En guise de commentaire, on peut remarquer que si un concept tel que celui de propriété physique dynamique ne peut avoir de sens qu'en connexion avec un agencement donné des instruments d'observation, alors, manifestement, il ne peut être question de faire appel à aucune conditionnalité ou contrafactualité pour la définition de ces propriétés. Le fait que seules ont un sens les propriétés d'un système individuel qui sont associées à un agencement donné exclut, en effet, toute possibilité de définir une propriété dynamique de ce système par référence à ce que serait le résultat d'une mesure effectuée au moyen d'un agencement non effectivement en place.

Comme on le voit, les conditions sous lesquelles Bohr considérait que cela a un sens de parler de la valeur qu'une grandeur dynamique *a* sur un système microscopique semblent avoir été encore plus limitatives que celles mentionnées ci-dessus en relation avec la mécanique quantique conventionnelle des manuels. Et j'ai naguère attiré l'attention [4] sur le fait qu'à cet égard, les conceptions de Bohr présentent une parenté assez étroite avec celles défendues par des philosophes tels que Carnap et Hempel [5] au sujet du problème de la définition des propriétés. La question sur laquelle ces auteurs se penchaient était de savoir comment construire des définitions « opérationnelles » des termes dits « de disposition », c'est-à-dire des termes tels que « magnétique » « soluble », etc., qui décrivent une propriété que des systèmes physiques peuvent avoir de se comporter de telle et telle manière lorsqu'ils sont soumis à telles ou telles conditions. A première vue la chose paraît simple, voire élémentaire. La définition du sens de l'assertion « cet objet est soluble dans l'eau » qui consiste à poser qu'il est identique à celui de l'affirmation « si cet objet reste immergé un certain temps dans l'eau, il s'y dissout » paraît tout à fait adéquate. Mais, selon la logique formelle élémentaire (calcul des propositions), la proposition « si *a* alors *b* » équivaut à « soit *non-a* soit *b* ». Autrement dit, sa valeur de vérité n'est *non* que si *a* a la valeur de vérité *oui* et *b* la valeur de vérité *non*. Elle est *oui* dans les trois autres cas possibles. En particulier, elle est *oui* dans tous les cas où *a* a la valeur de vérité *non* ce qui, selon la définition ici considérée, impliquerait que tout objet qui n'est pas immergé dans l'eau est soluble dans l'eau. Manifestement, ce n'est pas là l'idée que nous cherchions à définir.

Afin d'éviter de telles absurdités, la plupart d'entre nous accepteraient très volontiers de remplacer l'interprétation à base de logique formelle élémentaire par une autre plus appropriée, à savoir une interprétation mettant en jeu l'idée de nécessité : autrement dit, par l'idée que, même si l'objet en question n'est pas effectivement immergé, sa nature physique est telle que s'il l'était (un temps suffisant) il se dissoudrait. Ils soutiendraient que c'est cela qu'en réalité nous voulons dire quand nous affirmons que l'objet est soluble ; et, bien entendu, ils conviendraient aussi que, dans un tel contexte, la notion de nécessité est manifestement reliée à celle de contrafactualité. En conséquence, les partisans de cette manière de voir les choses se trouveraient en bon accord avec les tenants de ce que nous avons appelé plus haut le procédé contrafactuel de définition des propriétés dynamiques des micro-systèmes.

Mais Carnap, Hempel et leurs émules nourrissaient sur ce point des réserves, issues du fait que leur philosophie d'ensemble s'appuyait beaucoup sur la logique formelle conventionnelle, que les notions de nécessité et de contrafactualité appartiennent formellement à une discipline plus complexe et moins universellement reconnue, dite « logique modale », et que, pour ces raisons et d'autres, ils estimaient qu'il importait de faire le moins possible usage de ces notions-là. En conséquence, concernant la définition des termes de disposition, ils rejetèrent le procédé de définition « de bon sens » ci-dessus décrit et proposèrent de le remplacer par ce qu'ils appelèrent le « procédé des définitions partielles ». Essentiellement, ce procédé consiste à ne prendre en considération que des états de fait effectivement réalisés. Le magnétisme, par exemple, se manifeste (comme on l'a noté au chapitre 1) dans divers types d'expériences qui font appel à différents types de montages expérimentaux. Dans le cadre du procédé des définitions partielles, le sens de l'assertion « l'objet X est magnétique » n'est défini que dans les contextes correspondants. C'est un point qui prête à discussion que celui de savoir si le procédé est aussi satisfaisant que l'espéraient ses inventeurs. On doit bien reconnaître que son application à certains termes de disposition (le mot « soluble » par exemple) ne va pas tout à fait de soi... Mais enfin la méthode est, dans bien des cas, applicable et les logiciens la prirent au sérieux, principalement en raison du caractère à leurs yeux très positif qu'elle présentait de pouvoir être formalisée uniquement au moyen de l'outil hautement précis et de validité incontestée qu'est la logique symbolique ordinaire (non modale). Son existence montre tout au moins que des problèmes tels que ceux qui concernent la définition de propriétés de disposition peuvent être traités d'une manière rationnellement cohérente sans que soit faite la moindre référence, explicite ou implicite, à la contrafactualité. On ne voit pas pourquoi on n'essayerait pas d'adapter ce procédé des définitions partielles à la définition des valeurs des propriétés dynamiques des micro-systèmes. Et, de fait, l'approche bohrienne ci-dessus décrite revient précisément à faire cela [4] puisque le rôle qu'elle assigne aux instruments d'observation est, à l'évidence, l'analogue de celui que jouent les conditions opératoires sous lesquelles, dans le schéma de Carnap et Hempel, les termes de disposition prennent leur sens. Pour pouvoir nous y référer, il sera utile de disposer d'un nom pour désigner un tel procédé de définition des propriétés dynamiques. Nous l'appellerons le *« postulat de Bohr »* (« postulat » parce que, comme on l'a constaté dans les pages qui précèdent, il existe, pour définir les valeurs des propriétés dynamiques, des procédés généraux autres que celui-là ; ce qui montre que nous n'avons pas ici affaire à une méthode qui serait imposée par la seule logique).

Le « postulat de Bohr »

Un système quantique n'a pas, en soi, de propriétés dynamiques qui lui soient propres (il est donc erroné de le concevoir comme en ayant telles ou telles, qui ne nous seraient pas connues). Quand il est associé à un dispositif expérimental bien défini, il peut être dit avoir la propriété dynamique dont ce dispositif permet la mesure. L'événement-mesure proprement dit (l'interaction effective avec l'instrument) peut alors être considéré comme nous révélant la valeur que cette propriété dynamique « a » sur le système.

Remarque 1. L'expression « postulat » de Bohr peut, à première vue, paraître surprenante. Assurément, Bohr lui-même ne considérait pas la nécessité de tenir compte des instruments d'observation pour définir les propriétés d'un système comme un pur et simple postulat. Il la concevait comme une conséquence de la théorie physique elle-même : plus particulièrement du caractère fini du quantum d'action. Sur ce point, toutefois, il se trompait. Un seul contre-exemple suffit à l'établir : la théorie de l'onde pilote de Louis de Broglie et David Bohm. Comme on le verra au chapitre 13, cette théorie reproduit quantitativement de façon exacte toutes les prédictions expérimentalement vérifiables de la mécanique quantique élémentaire. Et même si cette théorie « à variables cachées » est non locale et « contextualistique » (voir chapitre 13), il n'en reste pas moins qu'en elle le point représentatif dans l'espace de configuration (l'espace à 3N dimensions des coordonnées des N particules composant le système) a, à chaque instant, une position et une vitesse bien déterminées, sans qu'il soit nécessaire de faire intervenir la notion d'instrument de mesure à leur sujet. Il est vrai que, pour des raisons qui seront exposées plus loin, on peut très sérieusement douter que cette théorie soit plus qu'un ingénieux modèle n'ayant qu'un faible pouvoir de conviction. Mais ici la question en jeu n'est pas celle-là. En tant que contre-exemple montrant que le point de vue de Bohr n'est rien d'autre qu'un postulat (même si c'en est, peut-être, un d'excellent !) le modèle en question remplit tout à fait bien son rôle.

Remarque 2. Manifestement le postulat de Bohr exclut (comme étant « métaphysique ») toute idée d'attribuer par la pensée à un système quantique des variables « possédées par lui » indépendamment de toute visée observationnelle (en particulier il balaie « d'un revers de main » l'hypothèse des variables cachées et, en même temps, il s'accorde bien avec l'hypothèse de complétude faible telle qu'elle est définie dans la section 4-2, remarque 3). Une importante conséquence de ceci est que, en vertu de ce postulat, une mesure effectuée sur un système quantique est chose fort différente de ce que, dans la vie courante, nous considérons comme étant une opération de mesure. En effet, le postulat interdit de penser que la mesure ne ferait qu'enregistrer une propriété possédée antérieurement par le système indépendamment des conditions externes auxquelles, pour cette mesure, nous le soumettons. Corrélativement, il implique que, contrairement à ce qui se passe « dans la vie courante » et pour les système « ordinaires », il est dénué de sens de faire une distinction tranchée entre l'état objectif contingent de tel ou tel système quantique (le jeu de toutes les valeurs de variables dynamiques qu'il se trouve avoir à l'instant considéré) et les conditions définissant les types de prédiction qu'il est possible de faire le concernant (avec toute les connotations anthropocentriques que le mot « prédiction » implique). Cette dernière conséquence joua un rôle de premier plan dans la réponse [2] que fit Bohr à E.P.R., il convient donc de lui donner, à elle aussi, un nom. Appelons-la *le corollaire de Bohr.* Le corollaire de Bohr peut être exprimé en des termes empruntés quasi littéralement au texte de la réponse dont il s'agit.

Le corollaire de Bohr

Les conditions qui définissent les types possibles de prédictions concernant le comportement futur d'un système quantique sont partie inhérente de la description de tout phénomène auquel l'expression « réalité physique » peut valablement être attachée.

Commentaire

Depuis l'apparition du théorème de Kochen et Specker et de l'« autre théorème » de Bell (non pas « Bell 2 » , ni « Bell 3 », mais le théorème auquel allusion est faite dans la section 13-4 ci-dessous : référence [10] du chapitre 13), lesquels, l'un et l'autre, démontrent la contextualité, il existe des raisons sérieuses de considérer que ce qui a ci-dessus été appelé « le corollaire de Bohr », tout en restant un peu du domaine de la conjecture, n'en traduit pas moins assez fidèlement des conséquences nécessaires (bien que non immédiatement manifestes) du jeu des règles de prédiction qui forment l'ossature de la mécanique quantique. Mais ces théorèmes ne datent que des années soixante. Au temps de Bohr, les raisons en question n'étaient pas connues. Bien que, dans sa réponse à E.P.R., Bohr ait posé le corollaire ci-dessus énoncé comme étant une vérité établie, à l'époque, en fait, ce n'en était pas une. Assurément elle se déduisait du « postulat de Bohr » que nous avons explicité. Mais celui-ci n'était, encore une fois, qu'un postulat. On peut donc à bon droit se demander ce qu'il faut admirer le plus : l'extraordinaire intuition de Bohr, qui lui permit de deviner les idées qui devaient s'avérer justes, ou le « culot » splendide avec lequel il énonça un simple postulat comme s'il s'agissait d'une vérité établie.

Remarque 3. Dans la forme, l'analyse des conceptions de Bohr que l'on vient de lire se différencie de celle qui en est souvent présentée en ce qu'elle ne met pas, ou du moins pas explicitement, la notion de *complémentarité* au premier plan. Mais il ne faudrait pas que ce constat nous conduise à sous-estimer l'importance qu'eut ce concept dans la pensée de Bohr. Comme on le sait (chapitre 1), la complémentarité au sens de Bohr est l'idée que, quoi que puisse être l'entité nommée par nous « réalité quantique », on ne saurait exhaustivement la décrire par la spécification des valeurs d'*un seul* jeu de grandeurs dynamiques simultanément mesurables ; et qu'en fait une dualité — au moins — de tels jeux, composés de grandeurs incompatibles d'un jeu à l'autre, est nécessaire à cet effet. Assurément, si par l'expression « les valeurs » nous entendons simplement les résultats que peuvent fournir les *mesures* de telles grandeurs, la complémentarité est une conséquence directe du formalisme quantique lui-même, et on la retrouve donc dans n'importe quelle interprétation. Cependant, dans la mécanique quantique conventionnelle — à la von Neumann — elle apparaît comme n'étant que cela : une simple *conséquence* — remarquable mais finalement d'utilité assez restreinte — du formalisme en question. Dans la pensée de Bohr, bien au contraire, elle joue un rôle central et, selon la thèse ici défendue, cela est dû au rejet, tout à fait strict chez Bohr, du procédé de définition par contrafactualité, rejet qui l'a contraint à définir les éléments de la théorie pour lui les plus fondamentaux — les valeurs des grandeurs dynamiques — en référant directement aux montages expérimentaux.

11-2. Bohr et E.P.R.

On l'a noté : ce que, ci-dessus, nous avons appelé le « corollaire de Bohr » a joué un rôle essentiel dans la réponse donnée par Bohr à E.P.R. Il n'est pas sans intérêt d'analyser ce rôle plus en détail. Cela pourra nous procurer une compréhension plus approfondie du « postulat de Bohr » et de son corollaire ainsi que, par la même occasion, des raisons qui firent que cette réponse de Bohr ne put pas convaincre les esprits qui, tels Einstein, rejetaient (implicitement) le postulat.

Il y a avantage à faire une telle analyse, non pas à partir de l'exemple utilisé tant par E.P.R. que par Bohr dans les articles originaux de 1935, mais bien à partir de l'exemple standard — aux deux spins — de Bohm, introduit ici en section 9-1. Reprenons donc celui-ci, avec les notations déjà utilisées. De concert avec leur célèbre critère, E.P.R., comme il a été exposé, postulèrent ce que nous avons dénommé la séparabilité einsteinienne (la situation réelle, de fait, dans la région d'espace-temps R_V ne peut être affectée par quoi que ce soit qui est fait dans une région d'espace-temps R_U spatialement séparée de R_V) ou, plutôt, une idée apparentée de non-interaction à distance. Selon Bohr, la question est : E.P.R. ont-ils adéquatement (c'est-à-dire sans ambiguïté) formulé cette seconde idée ? Ou, en clair, la séparabilité einsteinienne et les idées apparentées sont-elles des notions véritablement défendables quand on a affaire à des systèmes quantiques ? En substance, ce que Bohr affirma c'est qu'elles ne le sont pas. Certes, concéda-t-il, il ne saurait être question d'une perturbation mécanique subie par le système V dans R_V, et provenant du système U dans R_U. Mais, disait-il, la mesure effectuée dans R_U n'en modifie pas moins les conditions définissant les types possibles de prédiction relatives au comportement futur de V. Dans l'exemple standard de Bohm, comme Andås et Gjφtterud [6] l'ont fait remarquer, les conditions en question se ramènent à la conservation du spin total. En effet, (a) aussi longtemps que cette conservation existe elle a pour conséquence qu'il est possible de prédire le résultat de la mesure future d'une composante quelconque du spin de V en faisant d'abord une mesure de la composante correspondante du spin de U, et (b) cette conservation est « modifiée » (ici, elle est tout simplement détruite) par toute mesure effectivement faite d'une composante bien spécifiée du spin de U. Si l'on admet la validité du « corollaire de Bohr », on doit dès lors reconnaître que cette mesure — faite sur U — modifie effectivement un élément inhérent à quoi que ce soit qui puisse être appelé la « réalité » de V. Ce qui fait que le critère E.P.R. ne peut être appliqué.

D'un autre côté, on peut constater sur cet exemple que la validité de la conclusion qui vient d'être exprimée dépend crucialement du fait que l'on accepte le corollaire de Bohr, et donc, en dernière analyse, sans doute aussi le postulat de Bohr, qui donne une base logique à celui-ci. Pour tirer ce point tout à fait au clair considérons un modèle très naïvement réaliste — nous l'appellerons le « modèle M » — dans lequel la conclusion dont il s'agit n'est pas exacte. Dans le modèle M, les deux spins ne sont rien d'autre que deux petites fléchettes U et V qui quittent la source dans des directions et avec des orientations opposées et conservent l'une et l'autre leurs orientations respectives jusqu'au moment où chacune d'elles entre en interaction avec un instrument de mesure. Supposons en outre que chaque instrument ne mesure que le *signe* de la composante de spin le long de la direction qu'il définit et qu'en même temps il réoriente ce spin (c'est-à-dire la fléchette elle-même) dans la direction en question. Enfin, supposons que nous ayons affaire à un ensemble statistique de telles paires de fléchettes qui soit isotropiquement distribué dans l'espace.

Dans le modèle M comme dans l'exemple standard de Bohm, une corrélation stricte (négative) est prédite entre les résultats des « mesures de spin » ainsi définies effectuées selon la même orientation sur les composantes U et V d'une même paire. Cela peut d'exprimer, dans le langage de Bohr, en disant que, dans le modèle M, le fait que les deux fléchettes sont orientées en opposition constitue une condition définissant des types possibles de prédiction concernant le comportement futur de V (ici, ce qu'il adviendra de V lors d'une mesure de telle ou telle composante de son « spin »), à partir de mesures appropriées que l'on pourrait faire sur U. On doit donc reconnaître qu'une telle condition est présente aussi bien dans le modèle M que dans le modèle standard de Bohm. Qui plus est, dans le modèle M comme dans l'exemple de Bohm, la condition dont il s'agit est modifiée (la possibilité d'effectuer la prédiction en question disparaît) par toute mesure *effectivement* faite d'une composante de U, puisque cette dernière détruit la corrélation existant initialement entre les orientations des deux fléchettes d'une même paire. En conséquence, le corollaire de Bohr nous obligerait à concéder que, dans le modèle M aussi, la mesure effectuée sur U modifie un élément inhérent à quoi que ce soit pouvant recevoir l'appellation de « réalité physique » du système V.

Mais d'un autre côté, il est bien clair que, s'agissant du modèle M, cette conclusion est absurde. La mesure effectuée sur U ne perturbe que U. Des montages expérimentaux reproduisant le modèle M peuvent facilement être construits et, en les regardant fonctionner, aucun individu sensé ne songerait à dire que la modification entraînée par cette mesure modifie également V. En d'autres termes, personne n'accepterait de considérer que la modification induite par cette mesure dans les « conditions permettant de déduire du résultat d'une mesure appropriée que l'on ferait sur U une prédiction concernant une composante quelconque du spin de V » constitue une modification des propriétés objectives de V. Chacun dirait que la modification en question concerne seulement notre *connaissance* du système V. Autrement dit, mis en face d'une réalisation matérielle du modèle M, chacun de nous rejetterait l'idée de lui appliquer le corollaire de Bohr, et donc bien sûr, aussi, en bonne logique, le postulat de Bohr.

Il va sans dire que le modèle M est un modèle à « variables cachées » qui (contrairement à celui de l'onde pilote !) est trop simple pour reproduire toutes les prédictions observationnelles de la mécanique quantique, y compris même celles relatives seulement à l'exemple standard de Bohm. En particulier, il échoue à ce faire en ce qui concerne les prédictions de corrélations entre résultats de mesures de spin dans des directions ni parallèles ni orthogonales l'une à l'autre. Et les arguments développés au chapitre 9 montrent de façon conclusive qu'aucun raffinement du modèle qui préserverait à la fois la séparabilité einsteinienne et le critère E.P.R. ne saurait remédier à cette difficulté. Mais l'impossibilité de faire cela, même au prix de l'introduction de variables cachées, est un cas particulier du théorème de Bell. La non-séparabilité ne peut pas être démontrée au moyen d'une pure et simple référence qualitative à la Bohr à l'existence du quantum d'action sauf si, en outre, on pose le postulat de Bohr ou si une certaine forme de complétude est supposée. Il semble donc y avoir une sorte de cercle vicieux au sein de la tentative de réfutation de E.P.R. faite par Bohr. Aussi est-il impossible de suivre les auteurs cités ci-dessus [6] quand ils affirment que le théorème de Bell est superflu, la séparabilité einsteinienne ayant déjà été réfutée par Bohr.

En ce qui concerne, plus généralement, la controverse Bohr-E.P.R., il résulte de l'analyse ci-dessus que ce que Bohr parvint effectivement à faire a été de montrer que sa *propre* approche était logiquement cohérente. En d'autres termes, il put montrer que ses hypothèses ne comportaient pas de contradictions internes et que, si on les posait, elles entraînaient bien une forme de complétude. Ce que Bohr *ne* parvint *pas* à faire (même si la plupart des physiciens de son époque semblent avoir cru qu'il y était parvenu), ce fut de montrer que son approche à lui était *la seule* à être compatible avec les données quantiques, et que, en particulier, celle de E.P.R. ne l'était pas. Car son approche postulait, dès le départ, des idées qui, certes, impliquaient sa conclusion (à savoir que la réalité des objets est influencée par des conditions fixées en des lieux dont ces objets peuvent éventuellement être arbitrairement distants, autrement dit, une sorte de non-séparabilité), mais, étant simplement postulées, ces idées ne s'imposaient pas. Et, encore une fois, la pure et simple existence de la théorie de l'onde pilote (voir chapitre 13 ci-dessous) suffit à prouver qu'au moins « en droit », toutes les prédictions expérimentalement vérifiables de la mécanique quantique élémentaire peuvent être retrouvées sur la base d'idées générales sérieusement en désaccord avec les points de départ de Bohr[1].

11-3. Les objets et le critère de vérité dans l'approche de Bohr

Dans l'approche de Bohr, et particulièrement dans l'interprétation ci-dessus donnée de ses conceptions concernant les propriétés dynamiques des micro-systèmes, un rôle essentiel du point de vue épistémologique est imparti aux instruments d'observation. Par hypothèse, leur agencement peut être décrit « tel qu'il est, point final ». Entendons que les valeurs de certaines au moins de leurs propriétés dynamiques contingentes — coordonnées de position et d'orientation, etc. — sont des concepts présentant par eux-mêmes un sens, et dont, autrement dit, les définitions ne sont en rien conditionnées par le positionnement de quelque jeu de « super-instruments » au moyen desquels nous serions supposés les observer. Selon les termes de Bohr lui-même, ils doivent être décrits « en termes purement classiques ». Ce qui implique que dans les conceptions bohriennes, les problèmes relatifs à la « coupure classique-quantique » rencontrés par nous en section 10-1 (lors de la discussion de la brisure de la chaîne de von Neumann) revêtent une tournure bien particulière. A leur sujet, il est essentiel de noter qu'à l'endroit où Bohr fait l'analyse conceptuelle de certaines expériences de pensée mettant des diaphragmes mobiles en jeu, ce qu'il suggère à leur égard est que les instruments et leurs parties doivent être pensés, soit comme des systèmes classiques, soit comme des systèmes quantiques, non pas du tout selon les propriétés physiques qu'ils peuvent avoir mais bien selon notre *point de vue* les concernant. Ils sont des systèmes quantiques si nous effectuons sur eux des observations par l'entremise

1. L'assertion à laquelle nous avons donné le nom de « corollaire de Bohr » ne fut précisément énoncée et utilisée par lui que quand il eut à répondre à E.P.R. Étant donné que cette réponse de Bohr est l'un des principaux textes exprimant ses vues, certains physiciens ont tendance à la considérer comme contenant l'essentiel de l'approche bohrienne. De ce point de vue, on peut conjecturer que, peut-être, Bohr postulait seulement le contenu de l'assertion dont il s'agit, et non pas ce que nous avons appelé le « postulat de Bohr ». Mais il est douteux qu'un schéma logiquement cohérent puisse être édifié sur cette base et, de toute manière, l'examen d'*autres* textes de Bohr suggère fortement, comme indiqué dans la section 11-1, qu'il fit effectivement l'hypothèse là appelée son « postulat ».

d'autres instruments. Ils sont des systèmes classiques si nous nous servons d'eux pour faire des observations.

Ceci, bien entendu ne va pas sans soulever de délicats problèmes, qui touchent à la notion d'objet tout autant qu'à celle d'instrument. Quelle est la « partie » d'un phénomène qui peut être proprement dénommée « l'objet » (quantique) ? Cette question a été débattue. Ici l'on notera simplement comment J. Roldàn [7] a contribué à jeter sur elle quelque lumière. Cet auteur remarque tout d'abord que, bien entendu, s'agissant de n'importe quel phénomène bien spécifié, nous tenons pour nécessaire de distinguer entre les instruments d'observation et « tout le reste ». Mais son idée est qu'il nous faut nous garder d'aller hâtivement identifier ce « reste » à l'objet, comme nous pourrions être tentés de le faire. A sa suite, appelons-le seulement « l'intérieur » du phénomène. Son point essentiel est que, comme nous l'avons déjà noté, la limite entre l'instrument et l'« intérieur » dépend de la nature de l'instrument considéré. Dans une expérience à deux fentes mettant en jeu un diaphragme mobile (et du type considéré par Bohr), cette limite laisse le diaphragme du côté de l'« intérieur ». Au contraire, dans le cas où ce même diaphragme est fixé rigidement à son support, elle le laisse du côté de l'instrument. Par conséquent, c'est seulement dans ce second cas que l'« intérieur » coïncide avec la particule diffractée et peut donc, d'une manière appropriée, être appelé « l'objet ». Ainsi, pour parvenir, dans le cadre des conceptions de Bohr, à une définition générale convenable de « l'objet », il nous faut faire un pas de plus. Roldàn suggère de définir l'objet comme étant le caractère de « l'intérieur » qui reste le même quand deux phénomènes complémentaires sont considérés. Dans le présent exemple, les phénomènes mettant en jeu des diaphragmes mobile et fixe sont, d'une certaine manière, complémentaires au sens de Bohr et leurs « intérieurs » ont une partie commune, à savoir la particule. On voit donc (ce qui n'était pas évident au départ) que même dans le cadre de l'approche de Bohr, la notion d'objet quantique peut être conservée.

Quant aux problèmes délicats concernant la nature des instruments, ils sont, dans l'approche de Bohr, étroitement entremêlés à des problèmes épistémologiques fondamentaux, aussi ne les analysera-t-on pas à cette étape. Dans la fin de cette section et dans les suivantes, l'existence d'instruments classiquement descriptibles est tout simplement tenue pour acquise, exactement comme dans les écrits de Bohr, et nous focalisons notre attention sur d'autres points. Celui qui est abordé ici est relatif aux différences d'ordre conceptuel qu'ont entre elles les définitions « à la Bohr » et contrafactuelle des propriétés dynamiques et aux différences entre approches théoriques fondées sur chacun de ces deux points de vue. Pour mettre en lumière l'importance des différences dont il s'agit, il suffit d'observer ceci : alors qu'aussi bien en physique classique qu'en mécanique quantique « des manuels » le critère de vérité énoncé en section 1-6 est tenu pour valable (et essentiel), au niveau quantique il n'a, dans la conception de Bohr, tout simplement pas de sens. La chose tient à ce qu'il réfère, non pas uniquement à la mesure effectivement faite, mais aussi à celles qui pourraient l'être, ce qui n'est pas compatible avec le rejet implicite, chez Bohr, de l'approche contrafactuelle dans la définition même de ce que recouvrent les mots « propriété dynamique ». De ce que nous avons vu, il découle que quand on fait appel au postulat de Bohr pour définir les valeurs des propriétés dynamiques, l'attribution au système quantique de telle ou telle propriété dynamique bien définie (dont la mesure fera connaître la valeur) est essentiellement un acte mental : acte « innocent » et fort utile lorsqu'est en place le dispositif expérimental correspondant, mais acte inacceptable du point de vue de la cohérence logique de la théorie lorsque c'est un *autre* dispositif expérimental qui l'est, incompatible avec le précédent.

Par contraste, en mécanique quantique conventionnelle le critère de vérité de la section 1-6 est, encore une fois, normalement tenu pour valable. De fait, dans cette discipline, la quasi-totalité des développements théoriques des quelque soixante dernières années se fondèrent sur les outils mathématiques — et, de ce fait, sur des hypothèses d'ordre général — énoncées par Paul Dirac et John von Neumann : et, en particulier, sur l'idée qui leur est sous-jacente que les systèmes quantiques peuvent, dans certaines circonstances, avoir des propriétés dynamiques propres, indépendamment de la nature des instruments au moyen desquels ces systèmes seront observés. Selon notre analyse, cela implique que les théories ainsi édifiées sont au moins en partie fondées sur des définitions contrafactuelles et qu'en conséquence le critère de vérité y est normalement tenu pour valable. En fait, dans l'analyse du rôle de l'environnement donnée en section 10-6, c'est une application (implicite) de ce critère qui nous a conduit à la conclusion là exprimée. Comme on s'en souvient, cette conclusion est que l'énoncé : « les systèmes macroscopiques ont toujours des positions macroscopiquement bien définies », ne peut pas être vrai si l'hypothèse de complétude est faite et si l'on donne son sens habituel — autrement dit « ontologique » — au verbe « avoir ». Manifestement, la première des deux suggestions esquissées dans la section 10-6 (Remarque 1) en vue de lever, ou du moins d'atténuer, cette difficulté revient à affaiblir d'une manière bien définie ce critère de vérité. Cette suggestion sera précisée et développée dans le chapitre 15.

D'un autre côté, certaines vues théoriques récentes peuvent être considérées comme représentant un retour partiel à la thèse générale de Bohr et en particulier à l'idée très bohrienne de définir les propriétés dynamiques des systèmes quantiques par référence aux instruments d'observation. Tel est le cas, dans une certaine mesure, de la « théorie des histoires cohérentes » de Griffiths (dans sa première version au moins), et plus manifestement encore, de la « théorie des logiques cohérentes » d'Omnès, deux théories brièvement analysées ci-dessous. Compte tenu de ce qui précède, il faut alors s'attendre à ce que, dans ces théories, notre critère de vérité de la section 1-6 puisse ne pas être applicable en l'état et soit à remplacer par un critère différent. Cette question-là sera examinée dans les sections 11-4 et 15-4.

11-4. Remarques concernant les théories de Griffiths et d'Omnès

On ne saurait rendre justice en quelques pages à ces deux intéressantes théories et le lecteur qui en désire une vue complète est invité à se référer aux articles originaux [8], [13], [9], [15]. Ici on se bornera à en signaler les principaux traits distinctifs et à tenter de discerner le type de « réalité » qu'elles peuvent légitimement être supposées décrire.

a) L'approche de Griffiths

Plus haut (*cf.* en particulier les sections 1-6 et 4-4 ainsi que la Remarque 3 du chapitre 3), on a constaté que, dans la théorie quantique telle qu'elle est présentée dans les manuels, l'opération conventionnellement appelée « mesure » n'est pas vraiment une mesure au sens familier classique : en règle générale, elle nous informe de la valeur que la grandeur mesurée a *après*, et non pas *avant* l'opération en question.

Il ne saurait, pour Griffiths, en aller ainsi. Cet auteur attend d'une mesure qu'elle nous « révèle une propriété qui existait déjà ».Il mit donc cette exigence au départ de son analyse et elle le conduisit à proposer un formalisme théorique conceptuellement très différent de la mécanique quantique conventionnelle bien qu'il fasse usage des mêmes outils mathématiques et qu'il se propose de reproduire à l'identique ses résultats (expérimentalement confirmés comme l'on sait). En guise d'introduction à ce formalisme, imaginons un instant un monde classique mais indéterministe. Un monde dans lequel, par exemple, si l'on fait tomber une bille sur une épingle plantée horizontalement dans un mur, il y a une probabilité *intrinsèque* qu'elle soit déviée vers la droite et une probabilité *intrinsèque* qu'elle soit déviée vers la gauche, où « intrinsèque » signifie que, des deux événements possibles, rien ne détermine à l'avance celui qui se produit réellement (il n'y a pas de petits paramètres dont les valeurs, inconnues de nous, prédétermineraient en fait l'événement). La bille, bien entendu, peut être supposée subir successivement des interactions avec plusieurs épingles. Ce qui implique qu'elle aura une histoire bien définie, qui différera en général de celle d'une autre bille se trouvant initialement dans le même état et tombant sur le même réseau d'épingles. Chacune de ces histoires a une probabilité déterminée, qu'une théorie de l'effet devrait nous permettre de calculer. Il va sans dire qu'à chaque instant, une bille donnée n'a jamais qu'*une seule* des diverses positions permises par le dispositif et qu'un instantané pris à cet instant, c'est-à-dire une mesure de cette position, ne ferait que révéler cette dernière, sans, en aucune manière, la créer. En un sens, la théorie de Griffiths est une tentative visant à édifier un formalisme quantique qui, sur le plan conceptuel, ressemblerait autant qu'il se peut à une telle théorie classique non déterministe.

Pour cela, cet auteur porta son attention sur les notions ci-dessus considérées d'*histoires* et de *probabilités d'histoires*. Pour lui, les histoires sont fondamentalement des successions d'événements, où par « événement » il faut comprendre l'état de fait du système à un instant donné, caractérisé par les valeurs que certaines observables y ont. En ce qui concerne la loi de probabilité des histoires, il reprit essentiellement pour l'exprimer la formule connue de Wigner [équation (6-38)] qu'il redécouvrit et *réinterpréta*. En mécanique quantique conventionnelle, cette formule fournit, comme nous le savons, la probabilité pour que, si des mesures successives sont faites d'observables A, B, ..., à des instants spécifiés t_1, t_2, ..., les résultats de ces mesures soient a_j, b_k, ... Son programme « réaliste » imposait à Griffiths de postuler que la formule en question fournit la probabilité (composée) pour « que la grandeur dynamique A *ait* la valeur a_j à l'instant t_1 *et* que la grandeur dynamique B *ait* la valeur b_k à l'instant t_2 *et* etc. ».

Bien entendu, les probabilités de résultats de mesure fournies par la formule de Wigner ne sont pas toutes susceptibles d'une telle interprétation « réaliste ». Celles qui le sont sont dites référer à des « histoires cohérentes ». Les conditions nécessaires à la cohérence d'une histoire ont été écrites par Griffiths. Elles peuvent être établies de différentes manières, certaines plus formelles que d'autres. L'identité qui vient d'être notée entre les formules de Wigner et de Griffiths peut être utilisée pour les obtenir — tout au moins dans les cas les plus simples — d'une manière tout à fait directe.

A cet effet (d'Espagnat [10]), considérons, dans le cadre de la conception traditionnelle, une expérience X dans laquelle deux observables, A de valeurs propres $\{a_j\}$ et B de valeurs propres $\{b_k\}$ sont mesurées successivement, à des instants t_1 et t_2 respectivement, mais où seul le *second* des deux résultats est enregistré. Et comparons-la avec une expérience Y dans laquelle seule la seconde mesure est effectuée. Il est clair qu'en général, la probabilité d'obtenir le résultat b_k à l'instant t_2 est différente dans les deux cas car, dans l'expérience X, l'état du système est modifié en raison de son interaction « matérielle » avec l'instrument de mesure de A. Il peut cependant y avoir des cas où les deux probabilités sont égales. Ce n'est que dans ces cas que l'on peut dire que *si*, dans l'expérience Y, A *avait* été mesuré (mais sans enregistrement du résultat : autrement dit si Y avait été X) rien n'aurait été changé en ce qui concerne le résultat de la mesure B. Ce n'est donc que dans ces cas-là que nous pouvons nous tenir pour assurés que si, à propos de l'expérience Y, nous disons « à l'instant t_1 la quantité non observée A *avait* une valeur définie que nous ignorons » cette assertion, même si elle n'a pas de sens aux yeux d'un opérationnaliste de stricte obédience, est, du moins, une assertion *anodine*, non incompatible avec le reste de ce que nous savons. Une condition de ce type doit par conséquent être satisfaite pour que soit possible (au moins en ce qui concerne l'« événement » $A = a_j$ dans l'histoire de l'expérience Y) une interprétation réaliste à la Griffiths de la suite d'« événements » considérée.

Au vu de la formule (6-38) de Wigner, cette condition s'écrit :

$$\Sigma_j \operatorname{Tr}[P_k^B P_j^A \rho P_j^A] = \operatorname{Tr}[P_k^B \rho] \tag{11-1}$$

puisque, manifestement, dans cette relation le membre de droite est la probabilité que, dans l'expérience Y, le résultat de la mesure de B soit b_k, alors que le membre gauche est, dans l'expérience X, la probabilité de ce même résultat quel que soit celui, non enregistré par hypothèse, de la mesure de A (on a tenu compte du fait que, les divers résultats possibles de la mesure de A étant mutuellement exclusifs, c'est la *somme* sur toutes les probabilités des événements combinés comportant, pour B, le résultat b_k qui donne la probabilité cherchée). Dans (11-1) P_j^A est, bien entendu, l'opérateur de projection (de Heisenberg) sur le sous-espace propre correspondant à la valeur propre a_j de A et même chose concernant P_k^B. Compte tenu du fait que :

$$\Sigma_j P_j^A = 1 \tag{11-2}$$

le membre de droite de l'équation (11-1) peut s'écrire :

$$\Sigma_{j,j'} \mathrm{Tr}\,[\mathrm{P}_k^{\mathrm{B}} \mathrm{P}_j^{\mathrm{A}} \rho \mathrm{P}_{j'}^{\mathrm{A}}] \tag{11-3}$$

$$= \Sigma_j \mathrm{Tr}\,[\mathrm{P}_k^{\mathrm{B}} \mathrm{P}_j^{\mathrm{A}} \rho \mathrm{P}_j^{\mathrm{A}}] + \Sigma'_{j,j'} \mathrm{Tr}\,[\mathrm{P}_k^{\mathrm{B}} \mathrm{P}_j^{\mathrm{A}} \rho \mathrm{P}_{j'}^{\mathrm{A}}] \tag{11-4}$$

où Σ' signifie une sommation portant seulement sur des valeurs *différentes* de j et j'. Ceci entraîne que la condition (11-1), dénommée *condition de cohérence* peut être réécrite :

$$\Sigma'_{j,j'} \mathrm{Tr}\,[\mathrm{P}_k^{\mathrm{B}} \mathrm{P}_j^{\mathrm{A}} \rho \mathrm{P}_{j'}^{\mathrm{A}}] = 0 \tag{11-5}$$

Noter que, vu que, pour tout opérateur, A, $\mathrm{Tr}\,\mathrm{A} = [\mathrm{Tr}\,(\mathrm{A}^+)]^\star$ et que, pour n'importe quelle paire A, B d'opérateurs, $\mathrm{Tr}\,(\mathrm{AB}) = \mathrm{Tr}\,(\mathrm{BA})$, on a :

$$\mathrm{Tr}\,[\mathrm{P}_k^{\mathrm{B}} \mathrm{P}_j^{\mathrm{A}} \rho \mathrm{P}_{j'}^{\mathrm{A}}] = \mathrm{Tr}\,[\mathrm{P}_{j'}^{\mathrm{A}})^+ \rho^+ (\mathrm{P}_j^{\mathrm{A}})^+ (\mathrm{P}_k^{\mathrm{B}})^+]^\star$$

$$= \mathrm{Tr}\,(\mathrm{P}_k^{\mathrm{B}})^+ (\mathrm{P}_{j'}^{\mathrm{A}})^+ \rho^+ (\mathrm{P}_j^{\mathrm{A}})^+]^\star \tag{11-6}$$

ce qui peut être réécrit en supprimant les signes $^+$ puisque les opérateurs de projection et l'opérateur d'état sont hermitiens ; de sorte que la condition de cohérence (11-5) peut aussi s'écrire :

$$\mathrm{Re}\,\Sigma'_{j,j'} \mathrm{Tr}\,[\mathrm{P}_k^{\mathrm{B}} \mathrm{P}_j^{\mathrm{A}} \rho \mathrm{P}_{j'}^{\mathrm{A}}] = 0 \tag{11-7}$$

Ce qui effectivement, pour ce cas simple, est une des formes de la condition de cohérence. Quand les conditions de cohérence sont satisfaites, les probabilités considérées ont le sens suivant. Soit un système quantique sur lequel une mesure initiale est effectuée à l'instant t_0 (définissant ainsi l'opérateur d'état ρ) et une mesure finale est effectuée à l'instant t_f. Et, dans l'intervalle entre ces deux temps, considérons une suite d'instants t_1, t_2, ..., à chacun desquels nous associons l'idée d'une grandeur dynamique A_1, A_2, ..., ces diverses observables n'étant pas nécessairement compatibles les unes avec les autres. Si les conditions de cohérence sont satisfaites nous pouvons, sans pour autant faire apparaître des incompatibilités entre prédictions vérifiables calculées de telle ou telle manière, penser les grandeurs dynamiques en jeu comme ayant effectivement, aux instants correspondants, des valeurs bien définies, même si elles sont inconnues (le cas simple ci-dessus analysé correspond à $f = 2$), de sorte qu'au moins en un certain sens, limité, on peut penser le système lui-même comme ayant une histoire ; bien que, naturellement, cette histoire ne soit pas déterminée puisqu'il existe seulement une *probabilité*, exprimée par la formule de Wigner (6-38), pour qu'elle soit réalisée.

Noter que si nous faisons $t_f = t_2$, choisissons t_1 comme étant un instant précédant immédiatement t_2, et décidons de considérer la *même* observable, C, de spectre de valeurs propres $\{c_k\}$, aux instants t_1 et t_2 [c'est-à-dire si, dans la formule (6-38) nous identifions A *et* B à l'observable C], alors (au moyen de cette même formule) nous pourrons facilement montrer que (comme on s'y attendait !) la probabilité conditionnelle :

$$\text{Prob. } [\mathrm{A} = c_k \ si \ \mathrm{B} = c_k] \tag{11-8}$$

est égale à 1. En mécanique quantique conventionnelle, cela signifie seulement que si C est mesuré deux fois de suite au cours d'un intervalle de temps infiniment court, les résultats des deux mesures doivent être les mêmes. Selon les vues de Griffiths (et si les conditions de cohérence sont remplies), cela signifie manifestement autre chose puisqu'à l'instant t_1 il est supposé qu'aucune mesure n'est effectuée : cela doit en fait signifier qu'à l'instant t_1 l'observable C avait déjà la valeur c_k que la mesure au temps t_2 nous révèle. Cette conclusion se généralise aisément au cas de n'importe quelle histoire cohérente mettant en jeu plus de deux instants, ce qui confirme que la théorie satisfait bien à la condition requise par Griffiths et rappelée au début de cette section.

Mais, bien entendu, l'expérience passée nous apprend qu'édifier une interprétation réaliste libre d'incohérences de la mécanique quantique n'est pas une petite affaire, de sorte que l'on ne sera pas surpris d'apprendre que la théorie de Griffiths rencontre, en certains points, des difficultés. Une difficulté grave, reconnue par Griffiths lui-même, peut se décrire de manière simple au moyen, encore une fois, de l'exemple standard dû à Bohm de deux particules U et V de spin $\frac{1}{2}$ qui se séparent après avoir été mises au temps 0 dans un état de spin total nul. Dans ce cas, la probabilité qu'à un instant $t_2 > 0$ une mesure de la composante S_b^V du spin de V selon la direction $\boldsymbol{b}$ fournisse le résultat $m_b \left(= \pm \frac{1}{2}\right)$ ne dépend pas du fait qu'une mesure (toujours sans enregistrement du résultat) est ou non effectuée sur U à un instant $t_1 < t_2$. On doit par conséquent s'attendre (d'après l'argument donné plus haut) à ce que l'histoire $\left\{S_a^U = m_a \text{ en } t_1, S_b^V = m_b \text{ en } t_2\right\}$ soit cohérente et, effectivement, elle l'est. La même chose est vraie d'histoires plus complexes telles que $\left\{S_a^U = m_a \text{ à } t_{1/2}, \quad S_a^U = m_a \text{ à } t_1, \quad S_b^V = m_b \text{ à } t_{3/2}, \quad S_b^V = m_b \text{ à } t_2\right\}$, avec $0 < t_{1/2} < t_1 < t_{3/2} < t_2$, et est également vraie, en raison de la corrélation stricte induite par l'état initial, s'agissant d'histoires telle que, par exemple,

$$H_1 \equiv \left\{ S_{\boldsymbol{a}}^{U} = m_{\boldsymbol{a}} \text{ à } t_{1/2},\ S_{\boldsymbol{a}}^{V} = -m_{\boldsymbol{a}} \text{ à } t_{1/2},\ S_{\boldsymbol{a}}^{U} = m_{\boldsymbol{a}} \text{ à } t_1,\ S_{\boldsymbol{b}}^{V} = m_{\boldsymbol{b}} \text{ à } t_2 \right\} \quad (11\text{-}9a)$$

et :

$$H_2 \equiv \left\{ S_{\boldsymbol{b}}^{U} = -m_{\boldsymbol{b}} \text{ à } t_{1/2},\ S_{\boldsymbol{b}}^{V} = m_{\boldsymbol{b}} \text{ à } t_{1/2},\ S_{\boldsymbol{a}}^{U} = m_{\boldsymbol{a}} \text{ à } t_1,\ S_{\boldsymbol{b}}^{V} = m_{\boldsymbol{b}} \text{ à } t_2 \right\} \quad (11\text{-}9b)$$

(ici on peut imaginer que les mesures de $S_{\boldsymbol{a}}^{U}$ et $S_{\boldsymbol{b}}^{V}$ sont effectivement faites aux instants t_1 et t_2 respectivement : la cohérence des histoires H_1 et H_2 se démontre alors au moyen d'une généralisation immédiate de l'argument précédent). En outre, dans ce cas les probabilités conditionnelles pour que, à l'instant $t_{1/2}$, les composantes de spin de U et V selon les directions $\boldsymbol{a}$ et $\boldsymbol{b}$ aient les valeurs $m_{\boldsymbol{a}}$, $m_{\boldsymbol{b}}$, $-m_{\boldsymbol{a}}$ ou $-m_{\boldsymbol{b}}$ *sous les conditions que*, en t_1, $S_{\boldsymbol{a}}^{U}$ a la valeur $m_{\boldsymbol{a}}$ et, en t_2, $S_{\boldsymbol{b}}^{V}$ a la valeur $m_{\boldsymbol{b}}$, sont aisément obtenues par la même méthode que plus haut. Comme, intuitivement, on s'y attend, on trouve ainsi, en notant, ici encore, $(X \mid Y)$ la « probabilité de X si Y » :

$$(S_{\boldsymbol{a}}^{U} = m_{\boldsymbol{a}} \text{ à } t_{1/2} \mid x \,\&\, y) = 1 \qquad (11\text{-}10a)$$

$$(S_{\boldsymbol{b}}^{V} = m_{\boldsymbol{b}} \text{ à } t_{1/2} \mid x \,\&\, y) = 1 \qquad (11\text{-}10b)$$

$$(S_{\boldsymbol{b}}^{U} = -m_{\boldsymbol{b}} \text{ à } t_{1/2} \mid x \,\&\, y) = 1 \qquad (11\text{-}11a)$$

$$(S_{\boldsymbol{a}}^{V} = -m_{\boldsymbol{a}} \text{ à } t_{1/2} \mid x \,\&\, y) = 1 \qquad (11\text{-}11b)$$

où x et y sont des abréviations servant à désigner les événements $(S_{\boldsymbol{a}}^{U} = m_{\boldsymbol{a}} \text{ à } t_1)$ et $(S_{\boldsymbol{b}}^{V} = m_{\boldsymbol{b}} \text{ à } t_2)$ respectivement et où & signifie « et ». La validité des relations (11-11a) et (11-11b) est due, bien entendu, au fait que ρ décrit un état de spin total nul, ce qui implique des corrélations strictes entre les composantes de spin de U et V selon n'importe quelle direction.

L'inévitable paradoxe, dans cette théorie, est que, sous les conditions énoncées, x et y sont tous deux vrais, de sorte que les équations (11-10a) et (11-11a) impliquent qu'à l'instant $t_{1/2}$, $S_{\boldsymbol{a}}^{U}$ et $S_{\boldsymbol{b}}^{U}$ ont tous deux des valeurs bien définies. Et cependant, dans tous les cas où $\boldsymbol{a}$ est différent de $\boldsymbol{b}$, ceci est impossible puisque, dans la théorie de Griffiths comme dans la mécanique quantique conventionnelle, le fait que des grandeurs physiques ont toutes des valeurs bien définies est nécessairement associé à un opérateur de projection dans un espace de Hilbert, alors qu'aucun opérateur de projection ne peut être associé à la conjonction des deux faits ci-dessus considérés.

Tout en concédant que cette difficulté existe bien, Griffiths a néanmoins soutenu que les équations (11-10a) et (11-11a) sont toutes deux correctes, et a prétendu qu'en dépit de cela (et toujours en supposant x et y vraies) la proposition :

$$[(S_{\boldsymbol{a}}^{U} = m_a \text{ à } t_{1/2}) \,\&\, (S_{\boldsymbol{b}}^{U} = -\, m_b \text{ à } t_{1/2})], \qquad (11\text{-}11c)$$

est, elle, dénuée de sens. On doit très franchement faire observer [10], [11] que ceci est logiquement impossible. Pour le bien voir, notons d'abord que dès qu'une proposition D *entraîne* une proposition B, il s'en suit logiquement (les logiciens appellent cela *modus ponens*) que si l'on considère un système S sur lequel D se trouve être vraie, alors B est nécessairement vraie sur ce système. Remarquons ensuite que si deux propositions B et B' sont vraies (et par conséquent ont un sens) il s'ensuit, dans toutes les logiques connues, que la proposition (B & B'), qui est la conjonction des deux, est elle aussi vraie, donc possède un sens. Dans ces conditions, si les propositions D, B et B' sont telles que D implique B et que D implique également B', et si l'on considère un système S sur lequel D est vraie, alors, sur S, la proposition (B & B') est *nécessairement* vraie, donc pourvue d'un sens. En fait, l'affirmation contraire, qui équivaut à l'assertion de Griffiths après identification appropriée des symboles, ne pourrait être vraie qu'au sein de quelque logique non encore développée et dont on ne sait même pas si et comment on pourrait la rendre cohérente.

Notons que l'objection qui précède peut aussi être développée [10] sur l'exemple plus simple encore d'une seule particule de spin $\frac{1}{2}$ dont les composantes de spin S_a et S_b selon deux directions différentes $\boldsymbol{a}$ et $\boldsymbol{b}$ sont mesurées à deux instants différents t_1 et t_2 respectivement, avec les résultats m_a et m_b. Appelant x et y les propositions ($S_a = m_a$ à t_1) et ($S_b = m_b$ à t_2) respectivement, un raisonnement identique au précédent montre que les équations

$$(S_a = m_a \mid x \,\&\, y) = 1 \qquad (11\text{-}12a)$$

et

$$(S_b = m_b \mid x \,\&\, y) = 1 \qquad (11\text{-}12b)$$

sont toutes deux vraies, où les propositions dans les membres de gauche des parenthèses sont relatives à un instant quelconque situé entre t_1 et t_2. Et, bien entendu, cette assertion tombe sous le coup de la même critique que plus haut.

En deux articles [12], [13] plus récents que ceux qui sont ci-dessus cités, Griffiths a poussé plus loin et en partie modifié sa théorie, pour beaucoup afin de répondre à l'objection qui précède. Sur ce point précis, le plus explicite de ces deux documents est [13]. Ce qui en ressort est que l'approche de Griffiths ne peut être considérée comme exempte d'incohérence qu'au prix de changements fondamentaux dans notre manière usuelle de penser.

Essentiellement, ces modifications sont les suivantes :

a) Il nous faut accepter l'idée qu'une histoire dans laquelle le chat de Schrödinger finit dans un état de superposition quantique « vivant » et « mort » compte parmi celles qui peuvent parfaitement être physiquement vraies.

b) La notion même de vérité est relative. Pour cette raison Griffiths l'écrit Vérité. Mais la majuscule ne signifie nullement qu'elle serait *plus* absolue que la bonne vieille vérité. En fait, c'est tout le contraire : la Vérité (y compris celle qui concerne les événements macroscopiques du passé) est totalement relative à ce que nous « préférons discuter ». Elle coïncide pour une large part avec ce qu'Omnès dénomme « fiabilité à l'intérieur d'une logique cohérente donnée » (voir plus bas), mais entre les deux notions il existe une différence importante à propos du statut des événements macroscopiques.

c) La théorie de Griffiths concerne des systèmes clos. Une histoire cohérente étant donnée, elle nous autorise à nous demander ce que nous verrions si nous mesurions ceci ou cela (ou, plus généralement, quelle probabilité il y a que le résultat de cette mesure soit ceci ou cela), *seulement* si la question ne viole pas les conditions de cohérence relatives à cette histoire. Ceci fait contraste avec la formulation conventionnelle — opérationnaliste — de la mécanique quantique, où la question dont il s'agit peut *toujours* être légitimement posée.

La relativité de la Vérité, telle qu'elle est définie au point b), peut être réputée lever l'objection ci-dessus décrite sur la base des équations (11-10), (11-11). Mais elle est un prix élevé à payer pour cela... Plus généralement, le caractère franchement inquiétant des points a), b) et c) peut difficilement être nié. Il conduit à douter que l'élément positif inhérent à l'approche de Griffiths vaille le prix d'avoir à les accepter. La motivation principale avancée par Griffiths en faveur de l'acceptation consiste en son assertion que dans ces conditions, la localité est sauvée et qu'à ses yeux il est préférable de sauver la localité plutôt que la logique aristotélicienne et le caractère absolu de la vérité. Or, assurément, Griffiths est dans le vrai lorsqu'il fait observer que sa théorie rompt de façon très radicale avec les hypothèses sous lesquelles les théorèmes de Bell sont démontrés et que la localité peut, de cette façon, être formellement sauvée. Mais il est loin d'être aussi clair que le réalisme puisse être sauvé en même temps que la localité car c'est une exigence de base du réalisme (traditionnel) que celle qui pose qu'il y a des faits qui sont vrais tout à fait indépendamment des conventions que nous choisissons de faire relativement aux familles d'histoires cohérentes que nous préférons discuter. Renoncer à cette exigence revient à avancer une théorie nouvelle, dans laquelle la physique ne décrit pas la réalité au sens que les réalistes donnent à ce terme. La théorie de la réalité empirique, développée indépendamment, et qui sera exposée au chapitre 15, consiste pour une part dans l'idée qu'il convient de sauter ce pas, en étant conscient qu'on le saute.

b) La théorie d'Omnès

La théorie d'Omnès est, surtout en sa version première [9], fortement inspirée de celle de Griffiths et sa structure formelle est, pour l'essentiel, celle de cette dernière. Cela nous dispense d'avoir à décrire cette structure dans le détail. Entre les deux auteurs, il existe toutefois une différence remarquable. Alors qu'au départ Griffiths s'est manifestement proposé d'édifier une théorie « réaliste » (une théorie compatible avec le *réalisme physique*), l'approche d'Omnès a, dès le début, été nettement plus formelle. C'est dans cet esprit que, tout d'abord, il dénomma « représentations cohérentes de la logique » (ou, plus brièvement, « logiques cohérentes ») l'équivalent ou peu s'en faut des « histoires cohérentes » de Griffiths. Contrairement aux « logiques quantiques » de Birkhoff et autres, ces « logiques cohérentes » sont booléennes, et un usage de mesures (au sens mathématique) très semblable à celui que Griffiths fait des probabilités (y compris des probabilités conditionnelles) permit à Omnès d'y définir la notion d'implication (symbole $\Rightarrow$) de telle manière que, sauf en ce qui concerne des cas spéciaux qui n'entrent pas en jeu ici, toute relation portant sur des probabilités conditionnelles $(X \mid Y)$ et de la forme :

$$(X \mid Y) = 1$$

vraie en théorie de Griffiths est vraie aussi en théorie d'Omnès, où elle s'écrit :

$$Y \Rightarrow X.$$

En conséquence, il est clair que l'objection décrite ci-dessus à propos des équations (11-10a) et (11-11a) réapparaît ici, en ce que, alors que

$$x \,\&\, y \Rightarrow (S^{U}_{a} = m_a \text{ à } t_{1/2}) \tag{11-13}$$

$$x \,\&\, y \Rightarrow (S^{U}_{b} = -\, m_b \text{ à } t_{1/2}) \tag{11-14}$$

cependant, à cause de la complétude :

$$x \,\&\, y \not\Rightarrow [(S^{U}_{a} = m_a \text{ à } t_{1/2}) \,\&\, (S^{U}_{b} = -\, m_b \text{ à } t_{1/2})] \tag{11-15}$$

puisque l'assertion entre crochets ne correspond à aucun opérateur de projection, ce qui fait que les deux propositions ($S^{U}_{a} = m_a$ à $t_{1/2}$) et ($S^{U}_{b} = -\, m_b$ à $t_{1/2}$) ne peuvent être vraies toutes deux à la fois. Ceci prouve (d'Espagnat [11]) qu'ou bien la théorie est incohérente, ou bien (au mieux) elle est incomplète. En fait, il lui manque un « critère restrictif de la vérité d'une propriété » qui aurait pour effet que les propositions dont il s'agit, tout en participant d'une certaine manière à la vérité (du fait qu'elles ne conduisent jamais à des auto-contradictions) ne sont pas vraies au sens propre du terme. Une possible formulation qualitative d'un tel critère — différente de, bien que compatible avec, le critère général de vérité énoncé au chapitre 1 — est celle-ci [11] :

Critère restrictif de vérité 1 (C.R.V.1)

Un énoncé portant sur une propriété attachée à un système physique ne peut être dit « vrai » que s'il est valable par lui-même, c'est-à-dire indépendamment de la manière dont nous choisissons d'associer l'idée qu'il exprime à d'autres idées.

Dans l'exemple ci-dessus considéré, la proposition ($S^{U}_{a} = m_a$ à $t_{1/2}$) est vraie à l'intérieur d'une certaine logique cohérente L_1, correspondant à l'histoire H_1 [formule (11-9a)] mais elle ne peut être ajoutée à certaines autres logiques cohérentes (telles que la logique L_2, correspondant à une histoire H'_2 obtenue à partir de H_2 en y changeant $t_{1/2}$ en quelque instant $t_{3/4} > t_{1/2}$). Autrement dit, associée à L'_2 elle rendrait L'_2 incohérente. Dans ces condition, C.R.V.1 implique évidemment que la proposition en question ne peut être qualifiée de vraie.

Et cependant, comme déjà noté, des propositions qui, comme celle-ci, sont des éléments d'une logique cohérente participent à un certain degré de la notion de vérité (ou de fausseté). Il a été proposé (d'Espagnat [11]) que ce soit essentiellement pour désigner de telles propositions que soit utilisée l'expression *« propositions fiables »* (*relia-*

ble, en anglais), antérieurement introduite par Omnès [9][1] avec un sens moins spécifique : et, en conséquence, de ne parler que de « *proposition "fiables"* [on dit aussi *"dignes de foi"* [14]] *à l'intérieur de telle ou telle logique cohérente* ».

Mais dans ces conditions, une question surgit : y a-t-il des propositions vraies, et, si oui, quelles sont-elles ?

Dans l'approche d'Omnès, un premier élément de réponse est que, selon lui, il existe des *faits*, c'est-à-dire des phénomènes descriptibles classiquement. Il fonde cette thèse sur la théorie de l'engendrement de propriétés classiques de macrosystèmes par interaction de ceux-ci avec leur environnement, théorie dont une analyse critique sera faite au chapitre 12. Ici, cependant, afin de suivre le déroulement de l'argumentation, acceptons provisoirement, en tant qu'« hypothèse de travail », la notion de *faits*. Alors, au moyen des deux notions de *faits* et de *propositions dignes de foi*, l'idée directrice de C.R.V.1 peut être exprimée d'une façon un peu plus précise en disant que, pour être *vraie*, une proposition doit être digne de foi dans n'importe quelle logique cohérente contenant tous les faits vrais. Dans le détail, pour que la théorie soit rigoureusement cohérente, quelques précautions supplémentaires doivent, en outre, être prises qui l'ont effectivement été par Omnès dans la version actuelle [15] de sa théorie (modifiée par rapport à [9]). Pour pouvoir nous y référer, donnons un nom à la version finale ainsi élaborée du critère. Appelons-la « Critère restrictif de vérité 2 ». Pour l'exprimer (des détails plus complets peuvent être trouvés dans la référence [15]), Omnès commence par définir une classe particulière de logiques, celles qui contiennent tous les faits *plus*, éventuellement, certaines autres propositions. Il les appelle « logiques sensées » et fait l'hypothèse de leur cohérence. Son critère s'explicite alors comme suit :

Critère restrictif de vérité 2 (C.R.V.2)

(a) Il est posé que les faits sont vrais.

(b) Pour qu'une autre propriété a *soit vraie, il faut qu'elle satisfasse aux conditions suivantes :*

(i) On peut ajouter a *à n'importe quelle logique sensée sans compromettre la cohérence de celle-ci.*

(ii) Dans toutes les logiques ainsi augmentées a *est logiquement équivalente à un fait classique*[2].

1. Déjà dans son premier article sur le sujet [9], Omnès utilisait le terme de « fiable » *(reliable)* en parallèle avec le terme usuel de « vrai ». Dans cette première version, cependant, il n'explicitait pas d'une manière satisfaisante les cas dans lesquels on devait employer l'un ou l'autre des deux mots.

2. Deux propositions a et b sont dites logiquement équivalentes si $a \Rightarrow b$ et $b \Rightarrow a$.

Il est clair que C.R.V.2 est très restrictif. En vérité, il l'est au point que la question se pose de savoir s'il existe des propositions vraies autres que les faits. Qu'en est-il, en particulier, du résultat d'une mesure (quantique) ? A cet égard, une distinction doit bien sûr être faite entre la *position de l'aiguille*, qui est un fait, et toute propriété susceptible d'être corrélativement attribuée au système quantique lui-même. Selon les assertions d'Omnès, il est, dans sa théorie, cohérent d'affirmer qu'à l'instant exact où la mesure commence, la proposition que la quantité mesurée *a bien* la valeur que la mesure révélera est vraie. Vraies aussi, bien entendu, sont les propositions décrivant les propriétés classiques actuelles, ainsi que les propositions relatives à celles des propriétés classiques passées qui peuvent être reconstruites par un enchaînement déterministe à partir d'enregistrements de propriétés classiques actuelles. Mais il apparaît (Omnès [15]) que cette liste est exhaustive. Toutes les autres propositions portant sur des systèmes quantiques et qui sont considérées comme étant vraies en mécanique quantique conventionnelle ne sont que « fiables » (ou « dignes de foi ») dans la théorie d'Omnès.

Ceci est de grande portée en ce qui concerne le sens possible des phrases qui apparaissent dans la théorie. Bien que, dans cette dernière, un usage extensif soit fait de mots tels que « propriété » ou « état », appliqués souvent à des systèmes quantiques microscopiques, ces mots ne sont pas, dans ce contexte, entendus au sens habituel. Quand, tant dans le langage ordinaire que dans le cadre de la mécanique quantique conventionnelle *des manuels*, nous parlons d'une propriété P d'un système physique microscopique S, tel qu'un atome ou un proton, nous entendons d'ordinaire par là (à tort ou à raison), entre autres choses, qu'il y a toute une variété de circonstances sous lesquelles la proposition « le système S a la propriété P » peut légitimement être qualifiée de vraie ; et nous tenons pour évident que si P *est* vraie à un certain instant *t*, l'état de choses ainsi décrit ne dépend en rien de la question de savoir si, à l'instant *t*, S est ou non sur le point d'interagir avec un instrument d'observation adapté à la mesure de P. En d'autres termes, nous estimons que P demeurerait vraie même si, sans rien modifier d'autre, nous enlevions cet instrument. A l'évidence, ceci n'est pas davantage le cas dans la théorie d'Omnès que ce ne l'est dans l'interprétation de Bohr de la mécanique quantique puisque, dans ces deux approches, la présence de l'instrument est une condition nécessaire pour qu'il soit même possible que P soit *vraie.*

En conséquence, tel qu'il est utilisé dans la théorie d'Omnès, le mot « état » peut prêter à malentendu, puisque, dans le langage ordinaire, quand nous disons qu'un système est dans tel ou tel état, nous entendons entre autres choses qu'il a certaines propriétés, et puisque l'affirmation qu'il les a est alors considérée comme vraie. La théorie d'Omnès rompt avec une telle acception du mot d'une manière assez radicale. Les « états » qu'elle décrit au moyen de vecteurs ou d'opérateurs d'état obéissent aux règles familières (produits tensoriels, évolution dans le temps selon l'équation de Schrödinger, etc.) mais seulement en tant qu'outils mathématiques ne pouvant être pensés comme reflétant la donnée de fait que telles et telles propriétés sont vraies sur le système considéré (ni, *a fortiori*, sur l'ensemble statistique des systèmes considérés). L'exemple « à un seul spin » utilisé plus haut, dans lequel une particule de spin $\frac{1}{2}$ est supposée être à l'instant t_1 dans l'état $|u_a>$ correspondant à $S_a = +\frac{1}{2}$ et dont la composante S_b est mesurée à quelque instant ultérieur t_2, peut être utile pour illustrer ce point. Là, la loi d'évolution quantique habituelle implique que la particule reste dans l'état $|u_a>$ jusqu'à ce qu'elle interagisse avec quelque chose. Et cependant, en théorie d'Omnès il n'est pas permis, on vient de le voir, de considérer que durant ce temps (c'est-à-dire de t_1 à t_2) la proposition « S_a est égal à $+\frac{1}{2}$ » est *vraie*. L'« état » au sens mathématique du terme n'est donc en aucune manière une description de « l'état dans lequel le système se trouve » au sens normalement donné à cette expression : de sorte que — de même, il est vrai, que dans d'*autres* interprétations élaborées de la mécanique quantique — cet « état » ne peut ici être conçu comme « quelque chose de réel ».

Dans la section 11-1 la parenté entre le point de vue de Bohr et la méthode des définitions partielles a été notée. Il est clair qu'une parenté similaire existe entre cette dernière méthode et les conceptions d'Omnès puisque, là aussi, une propriété d'un microsystème ne peut être vraie que si un instrument est en place, destiné à la mesurer. Il est clair aussi qu'Omnès, tout comme Bohr avant lui, est conduit à écarter, au moins implicitement et dans le domaine microscopique, la méthode de définition contrafactuelle des propriétés qui nous est tellement naturelle dans la vie courante. Cela les a conduit l'un et l'autre à des points de vue qui peuvent à bon droit être considérés comme paradoxaux, tel celui consistant, justement, à dire qu'une propriété peut cesser d'être vraie si et quand on enlève l'instrument avec lequel le système était sur le point d'interagir. Les suivre jusque-là implique de renoncer à la contrafactualité d'une manière vraiment radicale...

Mais d'un autre côté, ces paradoxes ne sont pas des apories. Ils ne sont paradoxes que par rapport à nos manières normales de penser, qui comportent la croyance dans le libre choix concernant l'avenir, l'immutabilité du passé et ainsi de suite. En conséquence, le fait que la théorie ici étudiée a *pu* être construite sans incohérence apparaît comme corroborant une donnée qui devient de plus en plus claire à l'époque contemporaine : le fait que, contrairement à ce qui nous paraît intuitivement vrai, la pensée rationnelle n'est aucunement liée par l'« évidence » apparente de telles ou telles notions. En cela aussi, bien entendu, elle est en phase avec l'enseignement de Bohr.

Mais il y a encore une autre leçon, plus précise, à tirer de cette théorie. Elle concerne, elle aussi, ce que l'on a appelé la définition « à la Bohr » des propriétés dynamiques. Dans les écrits de Bohr, cette méthode de définition n'est décrite que de manière qualitative, au moyen d'assertions d'une très grande généralité, et, lorsque l'on cherche à rendre de tels énoncé plus précis on se heurte souvent à une difficulté conceptuelle. Celle-ci réside dans le fait que, dans le cas simple où l'opérateur relatif à la quantité mesurée A commute avec l'hamiltonien du système, cette « définition à la Bohr » semble impliquer que A possédait déjà une valeur bien définie (celle que la mesure révélera) en des temps antérieurs à, et séparés par un intervalle de temps fini de, l'instant où a lieu la mesure. Si tel était vraiment le cas, de vrais paradoxes logiques pourraient bien apparaître. L'un des attraits de la théorie d'Omnès est que, en changeant la vision de Bohr en une théorie précise, elle permet d'affirmer que l'implication en question n'est pas, en fait, juste. Notons que l'on peut voir clairement la raison qui fait qu'elle ne l'est pas (d'Espagnat [14]) en reprenant en sens inverse l'« exemple à un seul spin » ci-dessus considéré, c'est-à-dire en étudiant en détail ce qui peut être dit concernant la seconde mesure.

Toute mesure dure un peu de temps. Supposons donc que celle-ci se déroule entre les instants t_2 et $t_2 + \Delta t_2$. La théorie d'Omnès nous dit qu'à l'instant t_2, la proposition P : $(S_b = m_b)$ [que nous noterons alors P (t_2)] est vraie. Mais est-elle vraie à un instant $t_2 - \varepsilon$? Pour répondre à cette question nous devons rechercher si oui ou non il existe une logique cohérente à laquelle la proposition P $(t_2 - \varepsilon)$ *ne peut pas* être ajoutée sans que cette cohérence soit détruite. En l'espèce, la réponse est que de telles logiques existent. Un exemple est la logique cohérente :

$$L \equiv \{(S_a = m_a \text{ à } t_1), (S_a = m_a \text{ à } t_2 - \varepsilon/2), (S_b = m_b \text{ à } t_2)\} \qquad (11\text{-}16)$$

(en effet, on vérifiera aisément que si nous insérions un instrument I de mesure de S_b à l'instant $t_2 - \varepsilon$ la pure et simple interaction de I avec le système modifierait les probabilités des événements suivants). En conséquence, la proposition P $(t_2 - \varepsilon)$ n'est pas *vraie*. Elle est seulement « fiable » ou « digne de foi » dans certaines logiques. Bien entendu, l'un des aspects les plus importants de la théorie d'Omnès *modifiée* [15] — à savoir la radicale limitation des types de propositions qui peuvent être « vraies » — peut être considéré comme étant la généralisation de cette remarque.

En conclusion, nous constatons qu'un *critère restrictif de vérité* tel que (si l'on veut être vraiment précis) C.R.V.2 est un élément essentiel de (la version actuelle de) la théorie d'Omnès, puisque c'est lui, entre autres, qui la rend exempte de contradictions. Étant donné la façon radicale dont ce critère limite la classe des propositions vraies, il est clair que la théorie dont il s'agit ne saurait, en l'état, être interprétée comme fournissant une possibilité de réconciliation de la mécanique quantique avec l'objectivité forte. Autrement dit, elle ne peut être classée parmi les théories ontologiquement interprétables (voir le chapitre 13). D'un autre côté, la précision formelle de son contenu fait d'elle un outil suggestif et efficace dans le domaine de recherches qui nous occupe dans ce livre, à savoir la zone frontière entre la physique et l'épistémologie. Et de fait, nous ferons plus loin un appréciable usage du formalisme de cette théorie à l'endroit (chapitre 15) où nous proposerons et discuterons la notion — centrale dans notre analyse — de *réalité empirique.*

Références

1. N. Bohr, *Atomic Physics and Human Knowledge*, New York, Science Editions, 1961.
2. N. Bohr, *Phys. Rev.* **48**, 696 (1935).
3. L. Rosenfeld, in *Louis de Broglie, physicien et penseur*, Paris, Albin Michel, 1953.
4. B. d'Espagnat, *A la recherche du réel, le regard d'un physicien*, Gauthier-Villars, 1979 (3e ed., Agora, Presse-Pocket, 1991) ; *Une incertaine réalité : le monde quantique, la connaissance et la durée*, Gauthier-Villars, 1985.
5. C.G. Hempel, « Methods of Concept Formation Science », *International Encyclopedia of United Science*, University of Chicago Press.
6. H.E. Andås, O.K. Gjϕtterud, *Found. Phys. Lett.* **6** (1), 55 (1993).
7. J. Roldàn, *Langage, mécanique quantique et réalité. Un essai sur la pensée de Niels Bohr*, Thèse de doctorat, Université de Paris, Panthéon-Sorbonne, 1991.
8. R. Griffiths, *J. Stat. Phys.* **36**, 219 (1984).
9. R. Omnès, *J. Stat. Phys.* **53**, 893, 933, 957 (1988).
10. B. d'Espagnat, *Phys. Lett.* **A 124**, 204 (1987).
11. B. d'Espagnat, *J. Stat. Phys.* **56**, 747 (1989).
12. R. Griffiths, *Phys. Rev. Lett.*, **70**, 2201 (1993).
13. R. Griffiths, *Found. Phys.* (sous presse).
14. B. d'Espagnat, *Found. Phys.* **20**, 1147 (1990).
15. R. Omnès, *Rev. Mod. Phys.* **64**, 339 (1992).

12

La mécanique quantique en tant que théorie universelle ; apparences classiques dans un monde quantique

Ce chapitre est consacré à une analyse critique des aspects essentiels de trois théories — ou, pour mieux dire, de trois familles de théories — qui, pour différentes qu'elles soient, se fondent cependant toutes sur la même idée directrice. Essentiellement, celle-ci est que si (comme le supposent les auteurs de ces développements) la mécanique quantique est applicable au tout du monde, cela nécessite qu'elle soit exprimable sans que référence soit faite à des instruments classiques situés en dehors du système analysé, et corrélativement que, d'une manière ou de l'autre, elle rende compte de l'émergence des apparences classiques au sein de ce monde. Les théories auxquelles nous nous intéresserons sont la théorie des états relatifs d'Everett, la théorie des apparences classiques induites par l'environnement (Zeh, Joos, Zurek, Unruh, Caldeira et Leggett...) — que, pour abréger, nous appellerons souvent simplement la « théorie de l'environnement » — et la théorie cosmologique de Gell-Mann et Hartle.

12-1. La théorie des états relatifs

L'interprétation de la mécanique quantique due à H. Everett et dénommée par lui « théorie des états relatifs » se trouve exposée en détail dans nombre d'articles et de manuels [1], [2] ce qui nous permet de nous en tenir ici à ses aspects essentiels. Soulignons cependant pour commencer que cette théorie fait l'objet d'interprétations diverses. Certains, comme Bryce De Witt, l'appellent « théorie des mondes multiples ». D'autres, tels Everett lui-même la plupart du temps, la décrivent plutôt comme la théorie d'*un seul* Univers se ramifiant. Ici, pour être bref, nous nous en tiendrons à la seconde interprétation, qui paraît la plus prometteuse.

L'une des idées-forces d'Everett semble avoir été d'inclure les observateurs et leurs consciences, en tant que systèmes purement physiques, dans la théorie. A cette fin, il fit l'hypothèse que l'Univers dans son ensemble, y compris, donc, tous les observateurs, est entièrement décrit par une fonction d'onde dénommée « fonction d'onde de l'Univers ». Cette fonction d'onde — ou, si l'on préfère, ce vecteur d'état — satisfait à la première loi d'évolution de la mécanique quantique (l'équation de Schrödinger ou ses généralisations). En d'autres termes, aucune « réduction du paquet d'ondes » n'a jamais lieu.

Au vu de nos discussions précédentes, et particulièrement de celles du chapitre 10, une telle prise de position semble, au premier abord, des plus étranges. Même dans un Univers simplifié, consistant en un système S et un instrument A, l'évolution devrait en général conduire à un état dans lequel l'aiguille de A serait « répartie » sur plusieurs de ses positions macroscopiquement distinctes possibles. De même, si le système A incluait un observateur, celui-ci serait conduit à se trouver dans un état quantique comportant une superposition d'états de conscience différents. L'originalité de la théorie dont il s'agit est qu'elle accepte sereinement ces implications, pour absurdes qu'elles puissent paraître. Oui, nous dit-elle, des interactions « du type mesure » ont constamment lieu entre les divers constituants de l'Univers. Oui, en conséquence, cet Univers va continuellement se ramifiant en branches. Oui, nous-mêmes, en tant qu'éléments de cet Univers, nous nous ramifions ainsi, constamment.

A ceux d'entre nous qui objecteraient que nous ne nous sentons en rien « ramifiés », les avocats de la théorie en question ont une réponse toute prête : ils démontrent en effet que, dans la mesure où nous pouvons être considérés comme des automates, *les lois mêmes de la mécanique quantique nous empêchent d'enregistrer la moindre trace de cette ramification (donc, vraisemblablement, d'en sentir les effets).* Comme il s'agit manifestement là d'un point essentiel, montrons en premier lieu qu'effectivement cette conclusion découle bien des principes de la théorie.

A cette fin, considérons de nouveau notre monde simplifié, dans lequel existent seulement un système S, de vecteur d'état $|\psi>$, et un instrument A, dont les vecteurs d'état possibles sont $|m, r>$ et leurs combinaisons linéaires. Dans la mesure où les observateurs sont de simples automates, A peut, bien entendu, être aussi bien un observateur. Supposons de plus que si, initialement

$$|\psi> = \Sigma_m c_m |\psi_m>$$

l'évolution dans le temps des systèmes S et A est décrite, comme dans le chapitre 10, par la transition

$$(\Sigma_m c_m |\psi_m>) \otimes |0, r> \rightarrow \Sigma_m c_m |\psi_m> \otimes |m, s_{m,r}> \quad (12\text{-}1)$$

Soulignons que, contrairement à ce qui est le cas au chapitre 10, les vecteurs d'état figurant en (12-1) décrivent, non pas des ensembles statistiques, mais bien *un seul* système S + A, à savoir l'Univers simplifié considéré. Soulignons aussi que, corrélativement, dans un processus simple tel que celui décrit par (12-1) il n'y a pas encore place pour des considérations statistiques.

A la suite d'Everett, réécrivons le membre de droite de (12-1) selon :

$$\Sigma_m \mid \psi_m > \otimes \mid \phi_m > \qquad (12\text{-}2)$$

où :

$$\mid \phi_m > = c_m \mid m, s_{m,r} > \qquad (12\text{-}3)$$

est ce que cet auteur appelle un « état relatif » de l'instrument. Manifestement, (12-2) associe tout $\mid \phi_m >$ de m donné au $\mid \psi_m >$ de même valeur de m. C'est la raison pour laquelle $\mid \phi_m >$ est dit « relatif » à $\mid \psi_m >$ et inversement. Lorsque tous les c_m sont nuls sauf l'un d'eux, par exemple c_1, (12-2) peut, bien entendu, être interprété de manière très simple, en disant que S est dans l'état $\mid \psi_1 >$ et que, corrélativement, A est dans l'état $\mid \phi_1 >$. En revanche, lorsque plusieurs c_m sont différents de zéro, la relation entre $\mid \psi_m >$ et $\mid \phi_m >$ ne peut plus simplement être décrite en recourant à la notion familière de corrélation puisque l'on ne dispose pas ici de l'élément statistique. Il n'en reste pas moins que (12-2) implique formellement une association entre vecteurs d'état de S et vecteurs d'état de A, et cela va nous permettre de poursuivre l'argumentation.

L'étape suivante consiste à considérer des processus de mesure itérés, pouvant être symbolisés par la relation

$$(\Sigma_m c_m \mid \psi_m >) \otimes \mid a_0 > \otimes \mid b_0 > \rightarrow$$

$$(\Sigma_m c_m \mid \psi_m > \otimes \mid a_m >) \otimes \mid b_0 > \rightarrow$$

$$\Sigma_m c_m \mid \psi_m > \otimes \mid a_m > \otimes \mid b_m > \qquad (12\text{-}3a)$$

Dans cette catégorie de processus figurent les mesures, par un second instrument B, de la « position de l'aiguille » d'un premier instrument A après qu'une mesure a été effectuée sur S au moyen de A. Y figurent aussi les processus de mesures répétées, dans lesquelles B mesure une seconde fois sur S l'observable que A a déjà mesurée.

Bien entendu, B et A peuvent alors être considérés comme étant deux parties d'un même instrument, de sorte que (12-3a) décrit aussi la pure et simple répétition d'une mesure déjà effectuée. Les états $c_m \mid a_m > \otimes \mid b_m >$ qui apparaissent dans (12-3a) ne sont alors rien d'autre que les états relatifs de l'instrument. Et, en dépit du fait que n'a lieu aucune « réduction du vecteur d'état », la simple inspection de (12-3a) révèle que l'association formelle dont il était question plus haut existe entre les résultats fournis par les deux instruments ou parties d'instruments. En d'autres termes, à un $\mid \psi_m >$ donné (12-3a) associe sans ambiguïté des états relatifs de A et de B affectés du même indice *m*. Quand tel est le cas, nous dirons que *par définition* « les résultats des deux mesures sont en accord l'un avec l'autre ». Le branchement a lieu, mais nulle trace n'en apparaît.

Des questions plus complexes peuvent être considérées. Supposons, par exemple, qu'un système composé S se sépare en deux parties U et V, comme dans l'exemple du chapitre 8 ; que U et V s'éloignent à grande distance l'une de l'autre ; qu'une grandeur L^U soit mesurée sur U par un instrument A qui imprime le résultat sur une bande enregistreuse ; qu'une quantité L^V — strictement corrélée avec L^U — soit, de même, mesurée sur V par un instrument B ; et que, pour finir, A mesure la valeur enregistrée dans la mémoire de B et la compare avec la valeur qu'il a lui-même enregistrée dans sa mémoire lors de sa mesure de L^U. En raison de la correspondance bi-univoque ici supposée entre L^U et L^V (la corrélation stricte ci-dessus mentionnée), il faut que les deux résultats obtenus par A soient en accord. Pour vérifier que tel est bien le cas, décrivons le système U + V par (en des notations évidentes) :

$$\Sigma_m \mid c_m \mid u_m > \otimes \mid v_m > . \qquad (12\text{-}4)$$

D'autre part, notons $\mid b_i >$ les états possibles de l'instrument B, et $\mid a_{j,\,k} >$ ceux de l'instrument A. Dans $\mid b_i >$ la valeur $i = n$ correspond à l'état dans lequel B aboutirait en conséquence de son interaction avec V si tous les c_m étaient nuls sauf celui d'indice $m = n$. Dans $\mid a_{j,\,k} >$ l'indice *j* a la même signification (mais par référence à A et U) et l'indice *k* réfère de la même manière à la mesure faite par A sur B : il prend la valeur $k = p$ si B est observé par A comme étant dans l'état $\mid b_p >$. Alors, si l'état initial est :

$$\mid a_{0,\,0} > \otimes \mid b_0 > \otimes\ \Sigma_m\, c_m \mid u_m > \otimes \mid v_m > \qquad (12\text{-}5)$$

les états juste après les premier, deuxième et troisième processus de mesure sont décrits respectivement par :

$$\Sigma_m c_m \mid a_{m,0} > \otimes \mid b_0 > \otimes \mid u_m > \otimes \mid v_m > \qquad (12\text{-}6a)$$

$$\Sigma_m c_m \mid a_{m,0} > \otimes \mid b_m > \otimes \mid u_m > \otimes \mid v_m > \qquad (12\text{-}6b)$$

$$\Sigma_m c_m \mid a_{m,m} > \otimes \mid b_m > \otimes \mid u_m > \phi \mid v_m > \qquad (12\text{-}6c)$$

ceci étant une pure et simple conséquence de la loi d'évolution du vecteur d'état total telle que dictée par l'équation de Schrödinger.

Le fait que le *même* indice *m* apparaisse deux fois dans le premier facteur de l'équation (12-6c) montre qu'effectivement les deux résultats obtenus par A sont bien en accord, comme nous notions qu'ils doivent l'être. En outre, il a été prouvé [2], [3] que l'interprétation statistique habituelle *émerge du formalisme lui-même*, pourvu seulement que soit faite l'hypothèse — qui paraît hautement naturelle ! — que les vecteurs d'état de norme zéro correspondent a des branches qui, dans la réalité, n'existent pas (pour une preuve, voir par exemple la référence [4]). Des arguments dignes de considération ont été avancés, visant à montrer que cette hypothèse n'est pas aussi « innocente » qu'elle le semble au premier abord, mais nous n'entrerons pas ici dans ce débat.

L'originalité de cette théorie tient, bien sûr, dans le fait que dans des équations telles que (12-4) toutes les « branches » $|u_1 > \otimes \mid v_1 >$, $\mid u_2 > \otimes \mid v_2 >, \ldots, \mid u_n > \otimes \mid v_n >$ existent simultanément. Cette assertion peut toutefois se comprendre de deux manières fort différentes. L'une revient à l'interpréter comme signifiant que, matériellement parlant, ni le nombre des systèmes ni celui des instruments ne restent constants au cours du processus : lors d'un événement du type « mesure », chacun d'eux se trouve multiplié par N, N étant le nombre de branches figurant dans le processus. Cette solution est celle privilégiée par De Witt. L'autre possibilité, la seule qui sera considérée ici comme on l'a dit, consiste à poser (ce qui paraît plus naturel !) que les nombres de systèmes et d'instruments restent constants. Cette interprétation semble bien avoir été celle qu'Everett lui-même avait dans l'esprit, et c'est elle aussi que la plupart d'entre nous accepteraient avec le moins de réticence, au moins quand S et A sont deux systèmes quantiques. Mais lorsque l'on en vient à la question de savoir si cette conception doit être étendue à des systèmes dont la partie A comporte un observateur conscient, une difficulté apparaît. Elle concerne le fait indéniable que nous avons des impressions bien définies (même si elles sont illusoires). Si nous voulons écarter toute notion de « réduction du paquet d'ondes » il semble que, dès lors, deux possibilités seulement nous soient ouvertes. Décrivons ici celle qu'Everett semble avoir favorisé (bien qu'il n'ait guère explicité la chose). L'autre sera décrite dans la section suivante.

La solution qu'Everett paraît avoir privilégiée est de considérer que l'un des termes de la fonction d'onde de S + A correspond en quelque manière à un « état de conscience » affectant la mémoire de l'observateur. Ceci signifie que lorsque la fonction d'onde a la forme (12-1) plusieurs c_m étant non nuls, Everett doit faire la supposition que A possède une propriété définie — à savoir, justement, cet « état de conscience » — dont une caractéristique remarquable est qu'elle peut (et doit !) être mise en correspondance avec *un* terme seulement du vecteur d'état du système. Cette hypothèse s'écarte considérablement des règles générales de la mécanique quantique conventionnelle, lesquelles impliquent (voir section 4-3 et la Règle 9 du chapitre 3) qu'une observable n'a de valeur définie sur un système que lorsque celui-ci est dans un état propre de cette observable. Il est clair, par conséquent, que l'approche d'Everett revient à considérer la « conscience » — ou l'« état de conscience » — comme une propriété dont la nature est qualitativement différente de celle des propriétés physiques ordinaires telles qu'on les conçoit en mécanique quantique conventionnelle (où, par exemple, on ne se représente pas la position d'une particule comme ayant une valeur définie quand la fonction d'onde est étendue). En fait, il est difficile, pour cette raison, de ne pas concevoir un tel « état de conscience » comme une sorte de variable « supplémentaire » — ou « cachée » — bien que d'une nature particulière (bien entendu, le qualificatif « caché » est particulièrement inadapté dans ce contexte, et n'y doit être pris que dans son sens purement « technique »). Cela implique en particulier que, contrairement semble-t-il à l'attente de son auteur, l'approche d'Everett ne réduit pas l'esprit à un processus quantique ordinaire. D'un autre côté, il convient de noter que, si l'on accepte cette manière de voir, alors, comme montré plus haut, la théorie rend vraiment compte de l'accord intersubjectif consistant dans le fait que nous tombons en général d'accord pour dire que nous voyons ou non une théière sur la table (*cf.* chapitre 1) ou que nous observons l'aiguille de l'instrument dans tel ou tel intervalle de la graduation. Une description du type (différent) de « théories de la conscience » auquel on parvient lorsqu'on universalise la notion de variables supplémentaires sera donnée dans la section 16-6.

La théorie d'Everett soulève beaucoup de problèmes d'une nature semi-technique. L'un des deux principaux porte sur la possibilité de *déduire* strictement la règle des probabilités (Règle 3, section 3-1) des concepts de base de la théorie. L'autre, déjà rencontré dans la section 10-1, est de savoir ce qui détermine la base, dans l'espace de Hilbert, selon laquelle nos consciences se divisent en branches. Ces deux problèmes, intéressants mais difficiles, ont été étudiés dans le détail par nombre d'auteurs. On ne peut vraiment dire qu'ils ont été résolus d'une manière satisfaisante et qui fasse l'unanimité. Néanmoins, au vu de tous ces efforts, ils apparaissent aujourd'hui comme solubles. Pour plus d'information sur la question, le lecteur pourra se reporter au travail détaillé et exhaustif de Y. Ben Dov [5].

12-2. Un modèle explicitement dualiste

Comme nous l'avons noté ci-dessus, dans la théorie d'Everett il paraît impossible de réduire la conscience à un simple phénomène physique. C'est une raison suffisante pour s'intéresser à l'existence d'une autre interprétation, explicitement dualiste celle-là, de cette théorie (d'Espagnat [4], chapitre 23) : une interprétation qui considère explicitement la conscience comme différente de cette réalité physique que la mécanique quantique est censée décrire.

Dans une telle approche, on ne voit pas pourquoi on identifierait la conscience à une fonction d'onde ou à tel ou tel terme d'une fonction d'onde. Décrivons par conséquent l'évolution d'un système composé S + A, où A possède une conscience C, par le système de relations :

$$\Sigma_m c_m \mid \psi_m > \mid a_0 > \;\rightarrow\; \Sigma_m c_m \mid \psi_m > \mid a_m > \qquad (12\text{-}7)$$

$$C_0 \rightarrow C_m \qquad (12\text{-}7a)$$

où les symboles C_0 et C_m représentent les états initial et final respectivement de la conscience C de A (pour plus de simplicité, dans les kets décrivant A les indices de dégénérescence ont été omis).

Quand un observateur effectue des mesures sur plusieurs — disons, sur un nombre important — de systèmes identiques $S^{(1)}$, $S^{(2)}$, ..., $S^{(M)}$ qui, initialement, sont tous dans le même état, l'équation (12-7), selon le formalisme d'Everett, se généralise en :

$$(\Sigma_m c_m \mid s_m^{(1)} >)\,(\Sigma_n c_n \mid s_n^{(2)} >)\ldots(\Sigma_r c_r \mid s_r^{(M)} >) \mid a_{0,\,0,\,\ldots,\,0} > \;\rightarrow$$

$$\Sigma_{m,\, n,\, \ldots,\, r}\, c_m\, c_n, \ldots, c_r \,|\, s_m^{(1)} > |\, s_n^{(2)} > \ldots |\, s_r^{(M)} > |\, a_{m,\, n,\, \ldots,\, r} > \qquad (12\text{-}8)$$

Mais dans le présent modèle, l'état de conscience de A n'est en correspondance qu'avec un seul des kets $|a_{m,\, n,\, \ldots,\, r} >$. Or, il a été montré — c'est un élément constitutif de la preuve (références [2], [3] à laquelle allusion a été faite un peu en-dessous de l'équation (12-6c) — que quand le nombre M, de système S tend vers l'infini, dans le ket $|a_{m,\, n,\, \ldots,\, r} >$, tout se passe comme si le nombre relatif d'indices m, n, ..., r ayant une certaine valeur p tendait vers $|c_p|^2$. Ici, ce résultat implique que la conscience C de l'observateur contient $M|\, c_p|^2$ « marques », indiquant qu'il a eu l'impression d'interagir avec un système dans l'état $|s_p >$. Par conséquent, ce modèle reproduit exactement les prédictions de la théorie conventionnelle.

D'un autre côté, cependant, le modèle présente aussi des traits qui lui sont propres, dont l'un, au moins, est assez surprenant. Il concerne un phénomène de corrélation à distance auquel on suppose que deux observateurs conscients prennent part et dans lequel l'un d'eux, A, s'informe de l'impression que l'autre, B, a éprouvée, et cela de la manière décrite ci-dessus — pour ce qui est des instruments — par les relations (12-5) à (12-6c). Pour fixer les idées, supposons que les deux mesures, effectuées l'une par A et l'autre par B, ont lieu dans des régions d'espace-temps spatialement séparées l'une de l'autre (au sens relativiste, voir chapitre 9) et que A s'informe plus tard, par des moyens conventionnels, de l'impression que B a ressentie. Dans ces conditions, étant donné que toutes les branches de la fonction d'onde totale sont simultanément présentes (pas de réduction de la fonction d'onde) et que, lorsque B effectue sa mesure, il n'a aucun moyen d'être informé du résultat obtenu par A et vice-versa, il serait tout à fait arbitraire et injustifié de supposer que les impressions reçues par A et par B proviennent de la même branche de la fonction d'onde. Dans le modèle, il est donc naturel de considérer qu'elles viennent de branches différentes et sont, par conséquent, différentes et non corrélées. Autrement dit, dans un référentiel dans lequel l'ordre de succession des mesures dans le temps est celui que l'on a considéré lors de l'écriture des relations (12-6), l'expression (12-6a) se trouve remplacée par le système :

$$\Sigma_m\, c_m \,|\, a_{m,\, 0} > \otimes \,|\, b_0 > \otimes \,|\, u_m > \otimes \,|\, v_m > ; \qquad C_i^{(A)}, \quad C_0^{(B)}$$

où $C_i^{(A)}$ signifie que l'état de conscience de A est celui qui correspond à la branche $m = i$. De même, l'expression (12-6b) est remplacée par le système :

$$\Sigma_m c_m \mid a_{m,0} > \otimes \mid b_m > \otimes \mid u_m > \otimes \mid v_m > ; \qquad C_i^{(A)}, \quad C_j^{(B)}$$

où j n'a aucune raison d'être égal à i.

Mais cela signifie-t-il que, dans l'exemple considéré, une violation de l'accord intersubjectif entre A et B est prédite par le modèle, en contradiction avec les règles de prédiction de la mécanique quantique ? Il n'en est rien, car A ne peut jamais *savoir* que B n'a pas les mêmes impressions que lui. La raison en est que tout transfert d'information entre B et A — y compris même la réponse de B à une question posée par A — a nécessairement lieu par des moyens physiques. Elle prend inévitablement la forme d'une mesure faite par A sur B (plus précisément : sur les systèmes neuronal et de communication de B), dont la description physique relève totalement de la fonction d'onde. Dans ces conditions, comme on l'a déjà vérifié *via* la relation (12-6c), A reçoit nécessairement une réponse en accord avec ce qu'il a lui-même perçu. Mais dans le présent cadre conceptuel il n'y a aucune raison pour que cet accord apparent corresponde à rien de réel.

Dans la section 1-4, le problème de l'accord intersubjectif a été abordé en des termes généraux et philosophiques et l'on a noté que la mécanique quantique en propose une solution formelle différente de la réponse « réaliste » usuelle, celle consistant à dire que « nous voyons tous une théière sur la table parce que *il y a vraiment* une (seule) théière sur la table ». Toutefois, la solution à laquelle, là, nous nous référions renvoyait à la notion de réduction du paquet d'ondes et/ou, plus généralement, à l'idée qu'existent des instruments classiques se trouvant hors du cadre de ce qui est descriptible par la mécanique quantique. Ici, nous nous trouvons devant un exemple de solution autre, ne mettant en jeu ni la réduction du paquet d'ondes ni la notion d'instruments classiques et où la totalité du monde physique est décrite en termes purement quantiques. Mais ce modèle ne restaure pas pour autant l'explication réaliste — l'explication « du sens commun » — de l'accord intersubjectif. Il est intéressant de constater que, bien au contraire, il fait de cet accord une simple apparence.

Remarque. Albert et Loewer [7] (voir aussi Albert [6]) ont proposé une modification de ce modèle fondée sur l'hypothèse qu'à tout système physique susceptible d'éprouver des sensations sont associées non pas une conscience mais une infinité de consciences. Jointe à certaines autres hypothèses, celle-ci, indiquent-ils, a, dans leur théorie, l'intéressante et surprenante conséquence de restaurer le principe de localité. Ceci — comme l'expliquent ces auteurs eux-mêmes — ne représente en rien une violation des théorèmes de Bell car ces derniers présupposent certaines données de fait concernant les résultats d'une paire de mesures : ces résultats sont tenus pour être des faits physiques de sorte que toute corrélation stricte entre eux est également un fait physique. Mais, comme il appert des développements précédents, tel n'est pas ici le cas. Même dans le modèle décrit explicitement dans cette section, où A et B n'ont chacun qu'une seule conscience, il n'y a pas de corrélation de fait entre ce que chacun d'eux observe. La corrélation existe seulement entre l'état de conscience de B et l'idée que A se forme de ce que B a observé. Mais cette idée, il la fonde sur des informations qu'il recueille par des moyens physiques « normaux », n'impliquant aucune violation de la causalité locale.

12-3. Émergence d'apparences classiques dues à l'environnement

Dans le résumé qui précède de l'approche d'Everett, un point doit être explicité. Il paraît clair que, pour que les états de conscience aient une assise un peu solide, un processus de traitement et de mise en réserve de données — processus nécessairement associé à des systèmes un peu complexes, de type machine ou de type cerveau —, est nécessaire. En un sens, Everett lui-même l'a reconnu (il a fait appel au concept de mémoire). Il faut bien dire cependant qu'il n'a pas véritablement expliqué comment des faits et des données assez stables et bien définis pour pouvoir être en rapport avec des états de conscience déterminés émergent du « magma » de la fonction d'onde de l'Univers. La théorie ci-dessous examinée, et qui concerne précisément ce point, peut être considérée comme comblant en partie ce vide. Mais, bien entendu, elle est surtout intéressante en elle-même.

Il a été noté dans la section 10-4 que, contrairement à ce qui fut parfois conjecturé, la solution du problème de la mesure ne peut provenir simplement du fait que, l'instrument d'observation étant macroscopique, son état initial ne peut être exactement connu. En effet, il est impossible, comme on l'a souligné, de rendre compte sur cette seule base de la disparition des termes d'interférence qui créent problème. Étant donné qu'il n'existe pas de frontière nette entre l'instrument et son environnement, le même argument montre aussi que cette disparition ne peut être provoquée par le caractère « incontrôlable » de l'influence de l'environnement sur le système mesuré.

Étant donné que les mesures sont effectuées au moyen d'instruments dont les propriétés sont considérées comme « classiques », le problème de la mesure est, à l'évidence, étroitement lié à celui, plus général, qui est d'expliquer l'existence des propriétés classiques des objets macroscopiques (y compris même, à la limite, celles des grandes bio-molécules) ; et l'on peut donc s'attendre que ce qui est vrai du premier de ces deux problèmes le soit également du second. Autrement dit, il y a peu de chances qu'une référence au caractère incontrôlable de l'influence du monde extérieur puisse suffire à rendre compte des propriétés classiques des systèmes macroscopiques. De fait, la théorie qui va être analysée, due à Zeh, Joos, Zurek et d'autres [8], [9], [10], [11], adopte le point de vue opposé. Son idée directrice est la suivante. Le système macroscopique — appelons-le S — modifie l'état de l'environnement essentiellement à la manière dont, dans une opération de mesure, le système mesuré modifie l'état de l'instrument (plus, bien sûr, celui de l'environnement). Le vecteur d'état de S s'enchevêtre, en conséquence, avec celui de l'environnement de sorte que l'opérateur d'état ρ_s correspondant à S seul (obtenu en prenant une trace partielle sur l'espace de Hilbert de l'environnement) n'est plus un opérateur de projection. Comme dans la théorie correspondante de la mesure (voir les sections 10-1 et 10-6), il est tel qu'un ensemble statistique de tels systèmes est un *mélange impropre*. Si, maintenant, nous décidons d'oublier l'existence de grandeurs (telles que M dans la section 10-6) dont les mesures pourraient éventuellement révéler l'enchevêtrement, il nous est loisible, au moins en vue d'objectifs opératoires, d'identifier par la pensée mélange impropre et mélange propre, de dire que l'ensemble dont il s'agit est un mélange propre de sous-ensembles et que les observables appartenant aux éléments de ces derniers et dont les vecteurs propres sont vecteurs propres de ρ_s ont des valeurs bien définies. Dans des conditions appropriées, ces observables coïncideront (peut-on espérer) avec les grandeurs classiques familières.

Comme on le voit, cette approche innove en deux sens. D'une part elle attribue le fait que certains systèmes présentent des attributs du type de ceux que nous appelons classiques, non à des propriétés qui seraient inhérentes à ces systèmes eux-mêmes (comme on le suppose en physique classique) mais seulement au fait que ces systèmes interagissent avec leur environnement d'une manière non négligeable. D'autre part, selon cette approche, ce qui joue ce n'est pas l'influence de l'environnement sur le système (influence qui, en un sens et à la limite, pourrait même être tenue pour négligeable, comme l'est celle de l'instrument sur le système dans les processus de mesure idéaux, voir section 10-2). Comme souligné par Joos et

Zeh [9] c'est, d'une certaine manière, le contraire : l'influence du système sur l'environnement.

La manière dont ces idées générales s'appliquent en ce qui concerne l'une des observables les plus importantes, la position, peut être décrite comme suit (Joos [12]). Considérons un objet libre, petit mais cependant macroscopique, comme par exemple un grain de poussière « perdu » dans les espaces intersidéraux. Ce grain n'est, en réalité, pas totalement isolé. Il est, en particulier, heurté par des photons du rayonnement cosmique résiduel en équilibre thermique à 3°K. Sans doute l'est-il aussi par d'autres particules, qu'il diffuse. Considérons une de ces dernières et soit $|\chi>$ son vecteur d'état avant collision. Après la collision son vecteur d'état, $|\chi_{\boldsymbol{x}}>$, dépendra de la localisation $\boldsymbol{x}$ du centre de masse du grain de poussière. Si cette localisation était infiniment précise, une telle transition pourrait être décrite par :

$$|\boldsymbol{x}> \otimes |\chi> \rightarrow |\boldsymbol{x}> \otimes |\chi_{\boldsymbol{x}}> \qquad (12\text{-}9)$$

relation dans laquelle la masse du grain de poussière est prise comme étant infinie, de sorte que la collision est sans recul ($|\boldsymbol{x}>$ reste inchangé). Dans (12-9) la flèche symbolise l'évolution dans le temps du système composé, telle que régie par l'équation de Schrödinger dépendante du temps, essentiellement comme dans la relation (10-2). Quand le grain de poussière se trouve, non pas dans un état propre de l'opérateur « position de son centre de masse » mais bien dans un état décrit par un vecteur d'état $|\phi>$ tel que $<\boldsymbol{x}|\phi>$ ne soit pas une fonction delta (ce qui, bien sûr, est le cas général), la linéarité de l'équation de Schrödinger implique, comme dans le cas de l'opération de mesure [*cf.* équation (10-4)] que :

$$\begin{aligned} |\phi> \otimes |\chi> &\equiv \int d\boldsymbol{x}\, |\boldsymbol{x}><\boldsymbol{x}|\phi> \otimes |\chi> \rightarrow \\ & \int d\boldsymbol{x} <\boldsymbol{x}|\phi>|\boldsymbol{x}> \otimes |\chi_{\boldsymbol{x}}> \qquad (12\text{-}10) \\ &\equiv \int d\boldsymbol{x}\, \phi(\boldsymbol{x})\, |\boldsymbol{x}> \otimes |\chi_{\boldsymbol{x}}> \end{aligned}$$

où l'on a fait usage des équations (3-3d) et (3-17). L'opérateur d'état ρ du système composé est alors $|\Psi><\Psi|$, où $|\Psi>$ est le membre de droite de l'équation (12-10). En conséquence :

$$\rho = \iint d\boldsymbol{x}\, d\boldsymbol{x}'\, \phi(\boldsymbol{x})\, \phi^*(\boldsymbol{x}')\, |\boldsymbol{x}><\boldsymbol{x}'| \otimes |\chi_{\boldsymbol{x}}><\chi_{\boldsymbol{x}'}| \qquad (12\text{-}11)$$

Étant donné que nous ne nous intéressons qu'au comportement du grain de poussière, nous pouvons effectuer nos calculs uniquement à l'aide de son opérateur d'état ρ_s qui, comme nous le savons (section 7-2), est la trace partielle de ρ sur l'espace de Hilbert de la particule diffusée. D'où, d'après (7-11) :

$$\rho_s = \iint dx\, dx'\, \phi(x)\, \phi^\star(x') \,|\, \boldsymbol{x} >< \boldsymbol{x}' \,|\, < \chi_{x'} \,|\, \chi_x > \qquad (12\text{-}12)$$

La relation (6-23) fournit alors la matrice densité correspondante, que nous appellerons aussi ρ_s :

$$\begin{aligned}\rho_s(\boldsymbol{x}'', \boldsymbol{x}''') &= \iint d\boldsymbol{x}\, d\boldsymbol{x}'\, \phi(\boldsymbol{x})\, \phi^\star(\boldsymbol{x}')\, \delta(\boldsymbol{x} - \boldsymbol{x}'') \\ &\quad \delta(\boldsymbol{x}' - \boldsymbol{x}''') < \chi_{x'} \,|\, \chi_x > \qquad (12\text{-}13) \\ &= \phi(\boldsymbol{x}'')\, \phi^\star(\boldsymbol{x}''') < \chi_x''' \,|\, \chi_x'' >\end{aligned}$$

On voit dès lors qu'en raison du fait que le grain de poussière rencontre et diffuse des photons et/ou d'autres particules, la matrice densité décrivant l'état de son centre de masse, qui serait :

$$\rho_s = \phi(\boldsymbol{x})\, \phi^\star(\boldsymbol{x}') \qquad (12\text{-}14)$$

si le grain était isolé, est, en fait :

$$\rho_s = \phi(\boldsymbol{x})\, \phi^\star(\boldsymbol{x}') < \chi_{x'} \,|\, \chi_x > \qquad (12\text{-}15)$$

Le facteur multiplicatif $< \chi_{x'} \,|\, \chi_x >$, en tant que produit scalaire de deux états diffusés par deux centres de diffusion situés en des positions $\boldsymbol{x}$ et $\boldsymbol{x}'$ différentes, est, bien entendu, petit dès que $|\boldsymbol{x}' - \boldsymbol{x}|$ est grand. On peut montrer qu'il est approximativement égal à zéro dès que $|\boldsymbol{x}' - \boldsymbol{x}| \gg \lambda$, λ étant la longueur d'onde de la particule incidente. Mais même des particules diffusées lentes peuvent modifier appréciablement ρ_s s'il y en a suffisamment à être diffusées par unité de temps. Dans le cas de particules diffusées distribuées au hasard (par exemple, des photons), Joos et Zeh ont calculé à partir de la formule (12-15) que si un très grand nombre de diffusions de ce type ont lieu, l'effet d'ensemble est un amortissement exponentiel du type :

$$\rho_s(\boldsymbol{x}, \boldsymbol{x}', t) = \rho_s(\boldsymbol{x}, \boldsymbol{x}', 0) \exp[-\Lambda t (\boldsymbol{x} - \boldsymbol{x}')^2] \qquad (12\text{-}16)$$

avec un *taux de localisation*, Λ, donné par :

$$\Lambda = k^2 \sigma_{\text{eff.}} \frac{\text{N}v}{8\pi^2} \text{V} \qquad (12\text{-}17)$$

où k est le nombre d'onde des particules incidentes, $\sigma_{\text{eff.}}$ est une section efficace type et $\frac{\text{N}v}{\text{V}}$ représente le flux incident. Pour un grain de poussière de rayon 10^{-5} cm, la radiation cosmique de fond, considérée seule, donne $\Lambda = 10^{-6}\ \text{cm}^2\ \text{s}^{-1}$, la radiation thermique à température de la pièce donne $\Lambda = 10^{12}\ \text{cm}^2\ \text{s}^{-1}$ et la diffusion des molécules d'air donne $\Lambda = 10^{19}\ \text{cm}^2\ \text{s}^{-1}$ dans le vide le plus parfait réalisable au laboratoire. (Nombres empruntés à Joos [12].) A l'évidence, lorsque Λ est grand le facteur exponentiel dans (12-16) a pour effet d'aplatir ρ_s parallèlement à la diagonale principale dans l'espace $\boldsymbol{x}$, $\boldsymbol{x}'$ (à six dimensions) des coordonnées.

Reste à savoir quel est le *sens physique* d'une telle modification de la matrice densité. C'est là une question d'ordre général. Son intérêt n'est aucunement limité à la théorie ici étudiée. Mais cette théorie nous donne l'occasion de l'examiner en détail.

A cette fin, considérons d'abord le cas simple, mais très idéalisé, d'une fonction d'onde (normée) $\psi(x)$ constante dans un certain intervalle et nulle ailleurs. Plus précisément soit :

$$\psi(x) = \begin{cases} (\text{N}a)^{-\frac{1}{2}} & \text{si } 0 < x < \text{N}a \\ 0 & \text{ailleurs.} \end{cases} \qquad (12\text{-}18)$$

N étant un nombre entier positif.

La matrice densité correspondante :

$$\rho = \psi(x)\, \psi^\star(x') \qquad (12\text{-}19)$$

est alors égale à Na à l'intérieur du carré ($0 < x < \text{N}a$, $0 < x' < \text{N}a$) et nulle ailleurs.

Afin de simuler le passage de la relation (12-14) à la relation (12-15) (c'est-à-dire l'« aplatissement » de ρ le long de la diagonale principale) remplaçons ce ρ par une matrice ρ' telle que

$$\rho'(x, x') \propto \rho(x, x')$$

quand le point P de coordonnées x, x' se trouve à l'intérieur d'un quelconque des petits carrés définis par $(n-1)\,a < x < na$ et

$(n-1)\, a < x' < na$, n étant un entier positif $n = 1, \ldots, \mathrm{N}$ (ces carrés sont manifestement alignés selon la diagonale principale $x = x'$) ; et :

$$\rho'(x, x') = 0$$

quand P est ailleurs. La matrice densité ainsi définie peut manifestement s'écrire :

$$\rho' = \Sigma_n \mathrm{N}^{-1}\, \psi_n(x)\, \psi_n{}^{\star}(x') \qquad (12\text{-}20)$$

avec :

$$\psi_n(x) = \begin{cases} a^{-\frac{1}{2}} & \text{si } (n-1)\, a < x < na \\ 0 & \text{ailleurs.} \end{cases} \qquad (12\text{-}21)$$

Lorsque nous nous proposons de calculer la probabilité pour que la particule décrite soit trouvée dans tel ou tel intervalle, nous pouvons, bien entendu, utiliser ρ' à la place de ρ, puisque nous devons alors poser $x' = x$. D'un autre côté, l'équation (12-20) peut aussi s'écrire :

$$\rho' = \Sigma_n\, p_n\, \psi_n(x)\, \psi^{\star}{}_n(x') \qquad (12\text{-}22)$$

avec :

$$p_n = \mathrm{N}^{-1} \equiv \int_{-\infty}^{+\infty} |\, \psi_n\,|^2\, dx$$

et peut donc être interprétée comme décrivant un mélange avec probabilités p_n d'états ψ_n, chacun de ces états étant localisé à l'intérieur d'un intervalle $[(n-1)\, a, na]$ beaucoup plus étroit que celui, $[0, \mathrm{N}a]$ dans lequel l'est l'état original ψ.

Ce qui précède constitue une indication en faveur de l'idée qu'une décroissance des termes non diagonaux d'une matrice densité de position [telle que celle qui correspond au remplacement de la formule (12-14) par la formule (12-15)] pourrait bien équivaloir au remplacement d'un ensemble de particules faiblement localisées par un ensemble dans lequel les particules seraient individuellement localisées d'une manière plus précise. Il ne s'agit là, toutefois, que d'une simple indication, et nous allons constater qu'en réalité les choses ne sont pas aussi simples. Ce qui découle d'une manière *nécessaire* du fait qu'une matrice densité est aplatie selon la diagonale principale, ce n'est pas véritablement cela : c'est un état de choses que nous considérons d'ordinaire comme étant *conséquence* d'une telle localisation, mais qui peut fort bien être dû à une autre cause. C'est le fait que les termes d'interférence sont affaiblis ou supprimés.

Le fait qu'ils le sont peut être montré de la façon suivante. Supposons que des particules se propagent selon Ox et soit :

$$\Pi_\alpha(z) = \begin{cases} 1 \text{ si } & \frac{1}{2}[-a-(-1)^{\alpha+1}\Delta z] < z \\ & < \frac{1}{2}[a-(-1)^{\alpha+1}\Delta z] \\ 0 & \text{ailleurs} \end{cases} \tag{12-23}$$

avec $\alpha = 1$ ou 2. Dans une expérience du type de Young, Π_1 et Π_2 décrivent donc les ouvertures des deux fentes de largeur a, distantes l'une de l'autre de Δz et pratiquées dans un diaphragme d'abscisse $x = 0$. Si, avant qu'il n'atteigne le diaphragme, l'ensemble des particules considérées est décrit par la matrice densité :

$$\rho(z, z') \tag{12-24}$$

juste au-delà il doit être décrit par :

$$\rho'(z, z') = \mathrm{N}\,[\Pi_1(z) + \Pi_2(z)]\,\rho(z, z')\,[\Pi_1(z') + \Pi_2(z')] \tag{12-25}$$

où N est un facteur de normalisation (notons qu'ici, comme au chapitre 2, seule la variable z est considérée comme quantique, le mouvement selon Ox étant implicitement traité comme s'il s'agissait d'un mouvement classique). La matrice densité $\rho''(z, z')$ à une abscisse x_1 au-delà de l'écran s'obtient à partir de $\rho'(z, z')$ au moyen de la formule (6-17) (plus précisément : de sa « traduction » en termes de matrice densité). En raison du fait que les opérations ci-dessus sont linéaires, cette matrice densité $\rho''(z, z')$ est, comme ρ', une somme de quatre termes, correspondant à $(\alpha, \alpha') = (1, 1), (1, 2), (2, 1)$ et $(2, 2)$ respectivement. Et, bien entendu, elle ne conduit à l'existence de franges d'interférence que si les termes $\alpha' \neq \alpha$ ne sont pas nuls, ce qui implique qu'il doit en être de même dans l'équation (12-25). Mais d'autre part, dans le membre de droite de (12-25), un terme tel que :

$$\Pi_1(z)\,\rho(z, z')\,\Pi_2(z') \tag{12-26}$$

ne peut manifestement avoir une valeur appréciable que si ρ lui-même est appréciable pour au moins *certaines* valeurs de z et z' satisfaisant à $|z-z'| > \Delta z - a$. Ce qui démontre que l'aplatissement de la matrice densité le long de la diagonale principale supprime effectivement des franges d'interférence qui, autrement, auraient existé.

Cela nous ramène à la question de la localisation. Dans une expérience à deux fentes du type de Young, un moyen évident de garantir qu'il n'y aura pas de franges d'interférence serait, bien entendu, de n'envoyer sur le diaphragme que des pinceaux dont les fonctions d'onde seraient localisées en z à mieux que Δz près. Toutefois, il n'est aucunement prouvé que cette condition suffisante soit aussi une condition nécessaire. Et, en fait, il n'en est rien. Il existe des mélanges dont certains éléments ne sont localisés en z que beaucoup moins bien et dont la matrice densité est cependant suffisamment aplatie le long de la diagonale principale pour que toute production de franges soit interdite. Un exemple intéressant d'un tel état de choses est le cas dans lequel la matrice densité décrivant notre ensemble statistique de grains de poussière est une gaussienne de la forme :

$$\rho_s = \mathrm{K} \exp \{-[\mathrm{A}y^2 + \mathrm{C}z^2]\} \tag{12-27}$$

avec :

$$y = x - x' \; ; \; z = x + x' \tag{12-28}$$

où les conditions :

$$\mathrm{A} \approx \Lambda t \tag{12-29}$$

$$\mathrm{C} \ll \mathrm{A} \tag{12-30}$$

doivent être remplies pour que ρ_s soit un exemple de matrice du type de la matrice ρ_s figurant dans l'équation (12-16).

ρ_s est manifestement tel qu'aucun diaphragme de Young de $\Delta z - a \gg \mathrm{A}^{-\frac{1}{2}}$ ne peut induire l'apparition de franges d'interférence. Et cependant si, avec Joos et Zeh, nous diagonalisons ρ_s nous obtenons

$$\rho_s = \Sigma_n p_n \, \phi_n(x) \, \phi_n^{\star}(x') \tag{12-31}$$

où

$$p_n = \frac{2\,\mathrm{C}^{\frac{1}{2}}}{\mathrm{A}^{\frac{1}{2}} + \mathrm{C}^{\frac{1}{2}}} \left(\frac{\mathrm{A}^{\frac{1}{2}} - \mathrm{C}^{\frac{1}{2}}}{\mathrm{A}^{\frac{1}{2}} + \mathrm{C}^{\frac{1}{2}}} \right)^n \tag{12-32}$$

et où les ϕ_n sont les fonctions propres de l'oscillateur harmonique :

$$\phi_n(x) = \mathrm{N}\,\mathrm{H}_n\,[2\,(\mathrm{AC})^{\frac{1}{2}}\,x\,]\ \exp.\ [-2\,(\mathrm{AC})^{\frac{1}{2}}\,x^2] \qquad (12\text{-}33)$$

(les H_n étant les polynômes de Hermite). A l'évidence, quand $\mathrm{C} \ll \mathrm{A}$ les domaines dans lesquels ces ϕ_n ont des valeurs appréciables sont beaucoup plus grands que $\mathrm{A}^{-\frac{1}{2}}$, et si $\Delta z - a < 2^{-\frac{1}{2}}\,(\mathrm{AC})^{-\frac{1}{4}}$ chacun des sous-ensembles correspondant à une valeur donnée de n donnerait, s'il était seul, naissance à des franges d'interférence. Qualitativement, si nous considérons les expressions de ces ϕ_n, nous devons donc reconnaître, toujours avec Joos et Zeh, que ces ϕ_n ne sont pas des fonctions d'onde appropriées à la description de particules localisées. Notons en outre que, bien entendu, ces fonctions sont orthogonales les unes aux autres mais que, contrairement à ce qui était le cas des ψ_n [formule (12-21)] dans l'exemple élémentaire précédent leurs supports ne sont pas disjoints.

A première vue, ce résultat est décevant. Il peut donner l'impression que la théorie considérée n'est pas capable de conduire à la localisation, ou du moins, pas à une localisation qui soit suffisante et du type escompté. La difficulté n'est cependant pas tout à fait aussi grande qu'on pourrait le craindre. Un point très important, bien que — à notre connaissance — il n'ait pas été mentionné dans la littérature spécialisée consacrée à cette question, est en effet que le formalisme même que l'on vient de passer en revue donne la *possibilité* d'une localisation plus grande que celle suggérée par les ϕ_n de la formule (12-33). Ceci résulte d'un fait très général, signalé au chapitre 6 : une matrice densité au sens restreint du terme — c'est-à-dire une matrice densité non représentative d'un opérateur de projection — correspond non pas à un seul mais à plusieurs (en fait à une infinité de) mélanges propres différents, en ce sens qu'elle constitue une représentation adéquate de chacun d'eux. Autrement dit : dès qu'il n'est pas exigé que les ϕ_α soient mutuellement orthogonaux, tout opérateur statistique ρ peut être exprimé sous la forme (6-1) d'une infinité de manières différentes. Une question pertinente est alors : dans le cas de notre ρ_s aplati, existe-t-il un choix de ϕ_α et de poids associés p_α tel que ce ρ_s puisse s'exprimer par eux, les ϕ_α étant « suffisamment » localisés, c'est-à-dire localisés avec une « marge » inférieure ou égale à $\mathrm{A}^{-\frac{1}{2}}$?

La réponse est que *oui*, il existe au moins un tel choix. On l'obtient en changeant α en une variable indicielle X continue et en posant (à des facteurs de normalisation près) :

$$\phi\,(x, \mathrm{X}) = \exp\,[-2\,\mathrm{A}\,(x - \mathrm{X})^2] \qquad (12\text{-}34)$$

$$p(X) = \exp(-DX^2)$$

avec D ≪ A : car l'expression (6-1) s'écrit alors :

$$\rho_s(x, x') = \int dX \exp[-2A(x-X)^2] \exp(-DX^2) \exp[-2A(x'-X)^2] \quad (12\text{-}35)$$

c'est-à-dire (de nouveau, à des facteurs de normalisation près)

$$\rho_s(x, x') \cong \exp\{-[A(x-x')^2 + \frac{AD}{4A+D}(x+x')^2]\}$$

On retrouve alors l'expression (12-27) en posant :

$$C = D\left(4+\frac{D}{A}\right)^{-1}$$

et, avec D ≪ A, la « condition d'aplatissement » C ≪ A est satisfaite. Assurément, les $\phi(x, X)$, où X sert d'« indice » continu, ne sont pas orthogonaux les uns aux autres. Mais il n'y a pas de raison contraignante pour qu'ils le soient.

Il importe d'essayer de déterminer ce que l'analyse qui précède a établi et ce qu'elle doit abandonner à l'activité d'une spéculation de nature plus ou moins « conceptuelle », pour ne pas dire « philosophique ». Ce qu'elle a établi de façon stricte, c'est que si un *ensemble statistique* de grains de poussière (pour nous en tenir à notre exemple) interagit avec son environnement à la manière dont, comme nous l'avons vu, il doit nécessairement le faire, et si nulle mesure mettant cet environnement lui-même en jeu n'est supposée faite [d'où la possibilité de prise de trace partielle conduisant à la formule (12-12)], alors l'ensemble en question ne peut pas être distingué d'un mélange propre d'ensembles E_X de grains de poussière tel que chaque E_X est un cas pur, décrit par la fonction d'onde correspondante $\phi(x, X)$ [formule (12-34)] et, par conséquent, approximativement localisé à l'intérieur d'un domaine d'extension $A^{-\frac{1}{2}}$ autour du point X (ce qui, bien sûr, rend bien compte de notre précédent résultat, à savoir qu'aucune frange d'interférence ne peut être observée dans une expérience de type Young dans laquelle la distance entre les deux fentes est supérieure à $A^{-\frac{1}{2}}$).

Notre analyse va-t-elle plus loin ? Et désirerions-nous qu'elle aille plus loin ? A cette seconde question nous serions tentés de répondre *oui*, puisque après tout notre grain de poussière représente ici la classe des systèmes macroscopiques et que les systèmes macroscopiques existent individuellement. En conséquence, si nous avions pu montrer que, dans les conditions considérées, un grain de poussière individuel doit apparaître comme localisé cela aurait été encore mieux. Mais de cela la présente théorie, manifestement, n'est pas capable, tout simplement parce qu'elle traite exclusivement d'ensembles statistiques : de sorte qu'elle ne dit rien des systèmes individuels, ni qu'ils sont localisés ni qu'ils ne le sont pas ! Il est vrai que, dans la plupart des problèmes, le fait que la théorie quantique est fondamentalement une théorie portant sur des ensembles statistiques n'apparaît pas comme une limitation significative de sa puissance. On peut, en général, faire abstraction de ce « détail ». Mais ici la situation est différente. Comme on vient de le noter, il existe nombre de mélanges propres qui sont décrits par la matrice densité ρ_s associée à notre ensemble statistique de grains de poussière, et la plupart d'entre eux sont composés de sous-ensembles « cas purs » qui ne sont pas, ou sont insuffisamment, localisés. Choisir arbitrairement, comme nous l'avons fait, celui (ou ceux) qui a (ont), cette propriété, et poser qu'il suffit qu'un seul l'ait pour rendre compte de la localisation en question suppose une démarche intellectuelle supplémentaire, qu'il nous faut ici faire et qui n'a pas réellement son équivalent dans les applications usuelles de la mécanique quantique. Si un démon intelligent, qui connaîtrait l'équation de Schrödinger, etc., mais ne posséderait pas la notion de localité, effectuait lui-même les calculs rapportés plus haut, il n'y aurait manifestement pas de raison pour que leur résultat le pousse à construire cette notion. Quand nous étudierons la question de savoir ce qui, dans la connaissance humaine, provient du « monde extérieur » et ce qui provient de « nous-même », c'est là un point dont il nous faudra tenir compte.

Comme on le sait, l'équation de Schrödinger prévoit qu'un paquet d'ondes décrivant le centre de masse d'un objet libre s'étale spontanément au cours du temps. Les calculs ci-dessus rapportés doivent être améliorés de façon à tenir compte de cet étalement naturel, qui contrebalance l'effet qu'ils prédisent. Joos et Zeh ont étudié ce point et montré qu'en général, l'effet dû à l'environnement l'emporte sur celui dû à la dynamique interne du système. Plus précisément, ils introduisent une *longueur de cohérence* qui mesure la distance au-delà de laquelle le grain ne devrait pas induire d'effets d'interférence et qui, selon l'équation (12-16), est :

$$b = (8\,\Lambda\, t)^{-\frac{1}{2}} \qquad (12\text{-}36)$$

dans le modèle simplifié, et ils montrent que sa valeur limite pour les temps grands, une fois dynamique interne et recul dûment pris en compte, est non pas nulle mais égale à la longueur d'onde thermique de de Broglie du grain de poussière (c'est-à-dire à la longueur d'onde $\lambda = \frac{h}{mv}$ où m est la masse du grain et v sa vitesse thermique moyenne), quantité très petite en général (10^{-14} cm pour un grain de poussière de rayon 10^{-5} cm à la température ambiante).

Pour des raisons évidentes (manque de place en particulier), il est impossible de passer ici en revue les travaux considérables et de grande portée effectués sur ces questions par Caldeira et Leggett [10], Primas [13], Zurek [11], Unruh [14] et quelques autres. C'est précisément parce qu'ils sont importants qu'ils ne peuvent être résumés en quelques pages. Tous tendent à montrer que l'interaction des systèmes macroscopiques avec leur environnement contribue grandement à créer les apparences d'un monde classique. C'est là un résultat d'une grande portée car — comme pourrait le noter le philosophe — pourquoi une apparence serait-elle dite « simple apparence » s'il est possible de montrer qu'elle est universelle et la même pour tous ? D'un autre côté, gardons-nous cependant d'interpréter ce résultat d'une manière hâtive et non justifiée. On ne peut et on ne doit pas lui conférer une signification ontologique. Cette importante vérité découle de nombre des points détaillés plus haut. Nous y reviendrons.

12-4. Remarques concernant la théorie quantique cosmologique de Gell-Mann et Hartle

La remarquable efficacité avec laquelle, en toutes sortes de domaines, la théorie quantique permet de faire des prédictions confirmées par l'expérience est, bien entendu, pour nombre de physiciens, une incitation à la recherche d'une théorie quantique de l'Univers dans son ensemble, et il n'est donc pas surprenant qu'un certain nombre de tentatives différentes aient été faites dans cette direction. La théorie d'Everett fut la première mais, comme nous l'avons expliqué dans la section 12-1, on ne peut la tenir pour satisfaisante à cent pour cent car elle ne rend pas adéquatement compte du fait que nos impressions sont définies et, plus généralement, de l'apparence classique du monde. Les théories de Griffiths et d'Omnès vont dans le même sens et, comme nous l'avons vu, elles rencontrent des difficultés similaires, qu'elles ne peuvent surmonter qu'au prix de l'introduction de nouvelles formes de logique. Plus récemment, Gell-Mann et Hartle ont proposé un schéma [15] qui présente un certain nombre de points communs avec les modèles de Griffiths et d'Omnès mais dans lequel la nécessité d'une nouvelle logique n'apparaît pas, ou, du moins, n'est pas explicitement mentionnée. Il pourrait bien se faire que le schéma dont il s'agit, loin d'être le dernier de la série, soit suivi d'autres théories visant le même objectif. Pour cette raison, nous n'entrerons pas ici dans le détail de son formalisme. Nous mentionnerons seulement ce qui, dans cette approche, concerne le plus directement le problème de la relation entre notre conscience et l'Univers.

La ressemblance entre le formalisme de ce schéma et celui de la théorie de Griffiths viendra, au départ, à notre aide. En effet Gell-Mann et Hartle font usage d'une condition qui est essentiellement équivalente à celle proposée par Griffiths sous le nom de *consistency condition*, expression traduite plus haut par « condition de cohérence ». Petit accident sémantique qui ne nous arrêtera pas : il nous faut ici, nous, Français, changer de langage car Gell-Mann et Hartle ont eu l'idée, pour nous source possible de confusion, de donner à leur condition – très voisine, on vient de le dire, de la *consistency condition* de Griffiths — le nom de condition de décohérence (*décoherence condition*). Pour l'essentiel, cette condition (qu'on l'appelle « de cohérence », « de décohérence » ou autrement) généralise la condition (11-5) de Griffiths à un nombre, *n*, grand d'événements ordonnés dans le temps [la relation (11-5) correspond à $n = 2$]. A une suite d'opérateurs de projection P_j^A, P_k^B, P_l^C, ..., ils donnent, par définition, le nom d'*histoire*. Mais à une telle « histoire » on ne peut pas, en général, attribuer une probabilité : pas plus que, dans une expérience à deux fentes, on ne peut, en général, attribuer une probabilité à chacune des deux histoires correspondant au passage de la particule par l'une ou l'autre des deux fentes. Ceci, nous le savons, est dû au fait que — dans l'hypothèse de non-existence de variables cachées — une telle attribution est incompatible avec l'existence des termes croisés engendrant les franges.

En divers endroits du chapitre 10, il a été noté que, selon une opinion apparemment entretenue par la majorité des physiciens intéressés par le problème de la mesure, une condition suffisante pour qu'une théorie de la mesure soit satisfaisante serait qu'il découle d'elle que les termes croisés de ce type sont petits ou nuls. C'est là aussi, semble-t-il, le point de vue de nos auteurs. Dans l'exemple des deux fentes, une telle condition serait, par exemple, que les fentes soient suffisamment larges, ce qui n'est rien d'autre qu'une condition de *coarse graining* concernant le point où la particule traverse le plan du diaphragme. Dans le formalisme des opérateurs de projection, un tel *coarse graining* se traduit en disant qu'une « histoire » est un *coarse graining* d'une autre si certains des P_α représentant la première « histoire » sont des sommes de P_α représentant la seconde. Et l'on peut montrer que, dans ce formalisme, la disparition des termes d'interférence correspond au cas où la condition de décohérence est satisfaite (bien que la décohérence puisse avoir lieu sous des conditions plus générales). Les histoires correspondantes sont alors — dans le langage de Griffiths — des histoires « cohérentes » *(consistent histories)* et on peut leur attribuer des probabilités, dont les valeurs sont fournies par la formule de Wigner (6-38).

Munis de ce résumé schématique des idées essentielles de la théorie de Gell-Mann et Hartle, nous pouvons tenter d'analyser son arrière-plan épistémologique à la lumière du contenu des précédents chapitres ainsi que des sections 12-1 et 12-3.

Plusieurs points doivent retenir notre attention. L'un d'eux concerne la nature de ce *coarse graining* qui, si l'on suit les auteurs, est une condition nécessaire pour la décohérence et donc pour que des histoires « décohérentes » (c'est-à-dire *consistent* au sens de Griffiths) puissent même être considérées. Comme ils l'écrivent euxmêmes, une théorie sans aucun *coarse graining* serait spécifiée en donnant les valeurs d'un ensemble complet d'opérateurs à chaque instant, et il y a donc au moins trois types possibles de *coarse graining*, consistant, soit (1) à spécifier les observables, non pas à chaque instant mais à certains instants seulement, soit (2) à spécifier, à un instant donné quelconque, non pas un ensemble complet d'observables mais seulement certaines d'entre elles, soit (3) à, pour ces observables, spécifier non pas des valeurs précises mais seulement des domaines de valeurs.

Une question pertinente est alors : « ces trois types de *coarse graining* sont-ils objectifs ou subjectifs ? » Étant donné que leurs définitions, qui viennent d'être données, sont manifestement subjectives la question est plutôt « peuvent-ils — ou, tout au moins, certains peuvent-ils — être *également* conçus, au moins en telles ou telles circonstances, comme objectifs ? »

Pour éclairer la nature de cette question et sa portée considérons par exemple les histoires avec observables spécifiées à un seul instant. La condition de décohérence est alors la relation (11-5) après suppression du symbole P_k^B, et cette relation est automatiquement satisfaite. Dans la terminologie des auteurs, cela est dû à un *coarse graining* du type (1). Ce *coarse graining* est à l'évidence subjectif, et l'on ne voit pas comment il pourrait être rendu objectif. Rien ne nous empêcherait de considérer aussi d'autres instants. Le cas des deux fentes rend ceci tout à fait clair. Assurément, si la *seule* observable que nous décidons de prendre en considération est la position de la particule *lorsqu'elle traverse le plan du diaphragme*, la formule :

$$p_j = \mathrm{Tr}\,[\rho P_j^A]\,; \qquad (j = 1, 2)$$

fournit bien la probabilité p_j pour que si des compteurs étaient placés à l'arrière immédiat de chacune des fentes, le compteur j fût trouvé ayant fonctionné. Et donc, si, une fois pour toutes, nous avons décidé que, sur des systèmes d'un tel type, nous ne ferons *jamais* d'autres mesures, rien ne peut nous empêcher de penser que dans un ensemble statistique de N particules, il y en a Np_j qui, vraiment, passent par la fente j. Mais ceci, bien évidemment, n'implique en rien que dans l'expérience habituelle , où ces compteurs ne sont pas présents et dans laquelle nous observons les impacts sur l'écran, la particule passe vraiment soit par la fente 1 soit par la fente 2. Au contraire, nous savons très bien qu'une telle description n'est pas valable. Autrement dit, le *coarse graining* ici considéré n'est objectif, dans aucun sens du terme. Il résulte de notre décision individuelle, ce qui fait que, dans le langage défini au chapitre 1, il n'est objectif ni au sens fort, ni même au sens faible. En conséquence, le fait que les deux histoires correspondantes (passage par une fente ou par l'autre) soient « décohérentes » n'est, lui non plus, ni fortement ni même faiblement objectif. C'est un fait purement subjectif. Des remarques semblables pourraient être faites en ce qui concerne les deux autres types, (2) et (3), de *coarse graining*. Ne spécifier que certaines observables ou que certains domaines de valeur pour ces observables est manifestement un processus tout subjectif, et la question de savoir si, dans certains cas, il correspond à un fait objectif reste totalement ouverte.

Dans l'article ici examiné, les auteurs ne proposent aucune distinction entre *coarse graining* objectif et subjectif (pour ne pas même parler de celle, plus subtile, entre objectivités forte et faible). Mais ils introduisent néanmoins une idée qui va dans le même sens lorsqu'ils écrivent : « Nous avons l'impression que l'Univers présente [...] un ensemble d'histoires décohérentes, *indépendantes de nous* [c'est moi qui souligne], définissant comme une sorte de domaine classique. » Et il est tout à fait clair qu'ils prennent en considération des conditions dans lesquelles, effectivement, ils pensent pouvoir interpréter le *coarse graining* et la décohérence comme étant objectifs. Cela est manifeste dans les exemples qu'ils considèrent, à savoir la localisation de la Lune ou d'un grain de poussière type, où ils attribuent la décohérence à l'interaction de l'objet macroscopique considéré avec son environnement et renvoient pour cela au travail de Joos et Zeh que nous avons présenté. Développant ce type d'arguments, ils posent que des « ensemble quasi locaux maximaux » d'histoires décohérentes peuvent être définis de telle manière que la notion d'orbites à peu près classiques ait un sens pour les systèmes correspondants.

Mais l'objectivité ainsi apparue est-elle forte ou faible ? La référence que les auteurs font à la « théorie de l'environnement » de Joos et Zeh nous autorise à citer quelques assertions faites par ces derniers dans leur article, ci-dessus analysé, de 1985 [9] : « les termes d'interférence existent toujours, écrivent-ils. Il n'est pas question de prétendre que l'interaction avec l'environnement puisse décrire une non-unitarité affectant le système "total". » Et encore : « La réduction du paquet d'ondes pourrait alors être fondée sur une hypothèse concernant la manière dont une non-localité est subjectivement ressentie par un observateur local. » Cette référence à la localité des *observateurs* est typique de ce que nous avons appelé l'objectivité « faible », et, dans la théorie cosmologique de Gell-Mann et Hartle, il serait, en fait, difficile de découvrir — touchant à cette question de l'objectivité — quoi que ce soit allant plus loin que ce que Joos et Zeh ont pu établir dans leur article ; de sorte que nous devons considérer que la théorie cosmologique en question n'est objective que dans le sens faible. Et, de fait, cela pourrait bien être le point de vue tacitement adopté par ses auteurs puisque, au seul endroit de leur article où ils mentionnent le problème de la non-localité, leur argument pour l'écarter est le suivant : « en ce qui concerne le réalisme local auquel Einstein aspirait, la difficulté n'est pas la *localité* mais le *réalisme* ».

Mais si tel est vraiment le point de vue de Gell-Mann et Hartle — si, en d'autres termes, la science n'est vraiment, à leurs yeux, qu'une description de la « réalité empirique » telle que définie au chapitre 1 (et discutée dans le détail au chapitre 15, ci-dessous) — alors la question se pose de savoir si oui ou non cette conception est logiquement compatible avec leur dessein affiché de construire une théorie de l'Univers dans son ensemble, *pensée comprise*.

Examinons ce point plus en détail. Les auteurs adoptent l'idée que, individuellement aussi bien que collectivement, nous ne sommes rien d'autre que des systèmes complexes et adaptatifs du type de ceux qu'ils appellent IGUS (*Information Gathering and Utilizing Systems* : Systèmes rassemblant et utilisant de l'information). Les IGUS font usage des probabilités que présentent les diverses histoires possibles. Autrement dit, ils se servent d'histoires décohérentes. De fait, ils opèrent par la pensée des *coarse graining* supplémentaires sur un domaine déjà classique (ou, plus exactement « quasi classique », voir l'article cité pour les détails) d'histoires possibles. Ceci conduit les auteurs à l'assertion : « Les IGUS, êtres humains compris, n'occupent aucune place particulière et ne jouent aucun rôle privilégié dans les lois de la physique. Ils ne font qu'utiliser les probabilités fournies par la mécanique quantique dans le contexte d'un domaine quasi classique. »

Le sens de cette assertion serait tout à fait clair au sein d'une conception réaliste ; et quand on la lit, on lui confère donc presque automatiquement une signification réaliste. La pensée est alors conçue comme émergeant d'une réalité logiquement première par rapport à elle. En particulier, l'émergence d'ensembles quasi classiques maximaux d'histoires décohérentes est conçue comme antérieure (logiquement tout autant que chronologiquement) à celles des IGUS, et donc de la conscience. Ceci, cependant, ne s'accorde nullement avec la manière dont Joos et Zeh comprennent, eux, l'émergence des propriétés classiques puisque, comme on l'a vu, ils conçoivent celle-ci comme résultant d'une propriété de localité que *la conscience* est supposée avoir. Étant donné que l'argument fondamental invoqué par Gell-Mann et Hartle en faveur de leur notion d'histoires *objectivement* décohérentes (par opposition à celles qui le sont uniquement en raison de nos choix arbitraires de *coarse graining*) est précisément le fait que la théorie de Joos et Zeh conduit à cette décohérence, Gell-Mann et Hartle sont tout à fait logiques avec eux-mêmes quand ils écartent le réalisme (au sens habituel de réalisme métaphysique) comme on a vu ci-dessus qu'ils le font explicitement. En revanche la cohérence, au sein de leur théorie, de l'assertion que l'on vient de citer, celle selon laquelle « les IGUS n'occupent aucune place particulière et ne jouent aucun rôle privilégié dans les lois de la physique » est — pour dire le moins — plus difficile à discerner. Il n'est plus possible de comprendre cette assertion de la manière qui, au premier abord, paraissait évidente et il est très loin d'être clair qu'aucune autre interprétation puisse légitimement lui être impartie. L'article en question ne contient pas la moindre indication susceptible de suggérer une réponse.

Remarque. Bien entendu, nous pourrions tenter de lever nous-même la difficulté par nos moyens propres, en ajoutant à la théorie tel ou tel élément non explicité par ses auteurs et/ou en modifiant légèrement, si nécessaire, tel ou tel de ses énoncés. Il est clair que si nous rendions la théorie fortement objective, la difficulté serait levée. Et de fait, comme nous avons pu, au passage, le constater, certaines assertions des auteurs donnent à penser qu'ils pourraient avoir eu une visée implicite voisine de celle-là. Mais, d'un autre côté, dans une théorie objective au sens fort, il paraît difficile de se passer de l'idée qu'au moins *certains* systèmes physiques se trouvent à tout instant (dans un référentiel donné) dans un *état objectif* bien défini. Il est impossible d'identifier systématiquement ces états avec les états quantiques de la représentation de Schrödinger de la mécanique quantique puisque, dans un processus de mesure, l'état quantique du système S + A (système mesuré *plus* appareil) est en général, après l'interaction, une superposition quantique d'états macroscopiquement distincts. En outre, comme on l'a vu en section 10–8, le passage à la représentation de Heisenberg n'est pas, sur ce point, d'un réel secours. Il semble donc que, pour atteindre le but visé, il soit nécessaire d'introduire un concept *d'état* étranger à la physique quantique conventionnelle. Le nom d'« état dynamique » a été proposé par certains physiciens pour désigner un concept d'état fort voisin de celui qui semble ici approprié. Sur de tels « états dynamiques », il en sera dit davantage au chapitre 13. Ici, contentons-nous de souligner qu'un tel concept soulève des questions délicates, de sorte que son usage ne devrait pas demeurer implicite. Étant donné qu'aucune notion de cette espèce n'est mentionnée, fût-ce seulement par allusion, dans l'article cité des auteurs, la conclusion qui précède, à savoir que leur théorie n'est que faiblement objective, semble s'imposer.

Références

1. H. Everett III, *Rev. Mod. Phys.* **29**, 454 (1957).
2. B.S. De Witt, R.D. Graham, *The Many-Worlds Interpretation of Quantum Mechanics*, Princeton University Press, N.J., 1973.
3. B. De Witt, in *Batelle Rencontres I, 1967, Lectures in Mathematics and Physics*, M. De Witt, J.A. Wheeler eds., New York, W. A. Benjamin, 1968.
4. B. d'Espagnat, *Conceptual Foundations of Quantum Mechanics, op. cit.*
5. Y. Ben Dov, *Versions de la mécanique quantique sans réduction de la fonction d'onde : la théorie d'Everett et l'onde pilote*, Thèse de doctorat, Université Paris-VII, 1987.
6. D. Z. Albert, *Quantum Mechanics and Experience*, Cambridge, Mass., Harvard University Press, 1992.
7. D. Z. Albert, B. Loewer, *Synthese 12* (1988).
8. H. D. Zeh, *Found. Phys.* **1**, 69 (1970).
9. E. Joos, H. D. Zeh, *Z. Phys.* **B59**, 223 (1985).
10. A. O. Caldeira, A.J. Leggett, *Phys. Rev.* **A 31**, 1057 (1985).
11. W. H. Zurek, in *Frontiers of Nonequilibrium Statistical Physics*, G. T. Moore, M. O. Scully eds., New York, Olenum, 1986.
12. E. Joos, « Quantum theory and the appearance of a classical world », in *New Techniques and Ideas in Quantum Measurement Theory, Annals of the New York Academy of Sciences*, **480**, 242 (1986).
13. H. Primas, *Chemistry, Quantum Mechanics and Reductionism*, Berlin, Springer-Verlag, 1981.
14. W. G. Unruh, W. H. Zurek, *Phys. Rev.* **D 40**, 1071 (1989).
15. M. Gell-Mann, J. B. Hartle, *Quantum Mechanics in the Light of Quantum Cosmology*, Proceedings of the Santa Fe Institute Workshop on complexity, Entropy and the Physics of Information, mai 1989.

13

Approches ontologiques (variables cachées, etc.)

« Je vis “l’impossible” réalisé. » C’est en ces termes [1] que John Bell décrivit l’intense surprise qui fut sienne quand, en 1952, il lut les articles de Bohm [2], qui venaient alors d’être publiés.

Pourquoi « l’impossible » ? Parce qu’à l’université, Bell avait, comme nous tous, recueilli de ses professeurs un message que Feynman, plus tard encore, devait avec brio énoncer comme suit : « personne ne peut expliquer plus que nous n’avons ici expliqué [...]. Nous n’avons pas la moindre idée d’un mécanisme plus fondamental duquel les résultats qui précèdent [les franges d’interférence] pourraient découler ! » Si vraiment nous devons en croire Feynman (et Banesh Hoffmann, et bien d’autres, qui exprimèrent la même idée dans nombre d’ouvrages, tant de vulgarisation que savants), la théorie de Bohm ne saurait exister.

Et pourtant, elle existe, et est même plus ancienne que les articles de Bohm eux-mêmes. De fait, l’idée de base qui la sous-tend fut énoncée dès 1927 par Louis de Broglie [3] dans un modèle appelé par lui « théorie de l’onde pilote ». Étant donné que cette théorie fournit des explications de ce qui, en « haut lieu », est déclaré inexplicable, elle vaut d’être prise en considération, même par les physiciens qui (comme c’est le cas de l’auteur de ce livre) ne pensent pas qu’elle nous donne la réponse finale à la question de savoir « comment le réel, réellement, est ». Dans le présent chapitre ses aspects principaux sont exposés, conjointement avec les difficultés qui en sont les contreparties. Partant de là, nous examinerons d’autres théories axées sur les mêmes visées ontologiques, ainsi que des problèmes plus généraux, concernant la localité au sein d’une vision réaliste des choses.

13-1. La théorie de l’onde pilote (Louis de Broglie, David Bohm)

On doit au même John Bell un exposé concis et clair [4], [5] de cette théorie. A cet effet, il fait appel à un modèle simplifié dans lequel le monde entier n'est constitué que d'un certain nombre N de particules soumises à des forces mutuelles décrites par l'hamiltonien

$$H = \Sigma_n \frac{\boldsymbol{p}_n^2}{2M_n} + \Sigma_{m>n} V_{m\,n} (\boldsymbol{r}_m - \boldsymbol{r}_n) \tag{13-1}$$

La « fonction d'onde de l'Univers », $\psi(r, t)$, où le symbole r représente l'ensemble de tous les $\boldsymbol{r}$, évolue dans le temps selon l'équation :

$$\frac{\partial}{\partial t} \psi(t) = - iH\, \psi \tag{13-2}$$

Une conséquence purement mathématique de ceci est que :

$$\frac{\partial}{\partial t} \rho(r, t) + \Sigma_n \frac{\partial}{\partial \boldsymbol{r}_n} \boldsymbol{j}_n(r, t) = 0 \tag{13-3}$$

où :

$$\rho(r, t) = |\, \psi(r, t)\, |^2 \tag{13-4}$$

$$\boldsymbol{j}_n(r, t) = M_n^{-1}\, \mathrm{Im}\left(\psi^\star(r, t) \frac{\partial}{\partial \boldsymbol{r}_n} \psi(r, t) \right) \tag{13-5}$$

Jusqu'à ce point, nous n'avons eu affaire qu'à la théorie quantique conventionnelle. L'idée de l'« onde pilote » est que cette fonction d'onde de l'Univers « pilote » les particules. Ces dernières ont, à chaque instant, des positions et des vitesses bien définies. On désignera ces positions par les symboles $\boldsymbol{x}_1, \boldsymbol{x}_2, ..., \boldsymbol{x}_N$ en correspondance biunivoque avec les $\boldsymbol{r}$, et l'on posera comme hypothèse que leurs vitesses sont :

$$\frac{d}{dt} \boldsymbol{x}_n = \boldsymbol{j}_n(x, t) / \rho(x, t) \tag{13-6}$$

On a dès lors affaire à un système déterministe, où tout est fixé à l'avance par les valeurs initiales de la configuration x et par la fonction d'onde ψ ; cette dernière (ou, plus exactement sa « partie réelle » et sa « partie imaginaire », séparément) étant considérée(s) comme « tout aussi réelle et objective — nous dit Bell — que, par exemple, les champs de la théorie classique de Maxwell. »

Imaginons maintenant un ensemble statistique (du type de Gibbs) d'univers, dans lequel, au temps zéro, la configuration x est distribuée selon la densité de configuration :

$$\rho(x, o) \tag{13-7}$$

Une conséquence des équations (13-3) et (13-6) est alors que, à tout instant t, la configuration x se trouve distribuée avec la densité :

$$\rho(x, t) \tag{13-8}$$

de sorte qu'un hypothétique observateur extérieur qui considérerait notre ensemble gibbsien d'univers verrait, à chaque instant, exactement ce que, selon les axiomes de la mécanique quantique, il observerait s'il effectuait des mesures idéales simultanées des positions de toutes les particules sur tous les univers de cet ensemble.

Jusqu'ici tout est clair. Surgit cependant la question : le fait que la théorie fournit des distributions sur un hypothétique ensemble statistique d'univers a-t-il un intérêt quelconque, étant donné qu'il n'y a qu'un seul Univers ? Les réponses que Bohm et Bell donnent à cette question sont substantiellement les mêmes et coïncident avec celle que, sans doute, Gibbs aurait fournie de son côté. Bell s'exprime sur ce point de manière très claire, par le biais d'une comparaison mettant en jeu la trace d'une particule alpha dans une chambre à bulles ou une émulsion. D'un certain point de vue fait-il observer, une telle trace est un événement individuel. Mais c'est aussi tout un ensemble de diffusions élémentaires. Quand les traces sont considérées comme des événements individuels, chacune d'elles constitue *un* résultat expérimental. Pour vérifier l'exactitude des probabilités prédites par la théorie nous avons alors, en principe, besoin d'un ensemble statistique de telles traces. Mais si ce à quoi nous nous intéressons est, disons, la probabilité d'une diffusion élémentaire sous tel ou tel angle, alors une seule trace, si elle est assez longue, peut nous suffire. En effet, elle peut, dans cette visée, être conçue comme une collection de *beaucoup* de résultats expérimentaux individuels (de diffusions élémentaires). Assurément, parmi les traces, de temps à autre il y aura des « monstres ». Des traces où toutes les diffusions élémentaires ont lieu vers le haut, ou vers le bas, etc. Mais une trace *typique* présentera des angles de diffusion dont — si la théorie est juste — la distribution statistique sera en accord avec les prédictions théoriques. Dans l'analogie ainsi développée par Bell, une trace correspond à un univers. En principe, pour mettre à l'épreuve les prévisions théoriques aussi bien de la mécanique quantique conventionnelle que de la théorie de l'onde pilote, nous aurions besoin de tout un ensemble statistique à la Gibbs d'univers. Mais si nous postulons que notre Univers réellement existant est typique, de la même manière qu'une trace choisie au hasard est supposée être typique, alors les prédictions en question sont valables aussi en ce qui concerne les distributions statistiques à *l'intérieur* de notre Univers.

En conséquence, et, en tout cas, relativement au monde simplifié considéré ici, les hypothèses (13-6) et (13-7) garantissent, si notre Univers est typique dans le sens que l'on vient de dire, que le comportement déterministe de ses particules composantes sera tel que leur distribution coïncidera à tout instant avec la distribution quantique (13-8). En particulier, par conséquent, la théorie considérée fournit une « explication » quantitative de l'existence des franges d'interférence dans l'expérience des deux fentes, de leur disparition lorsqu'une des fentes est obturée, et ainsi de suite.

Remarque 1. Bien que les présentations de la théorie de « l'onde pilote » données par Louis de Broglie, David Bohm et John Bell soient essentiellement équivalentes en ce qui concerne les idées de base, certaines différences entre elles n'en existent pas moins touchant l'importance relative des divers concepts auxquels la théorie fait, ou peut faire, appel. Entre les approches de Bohm et de Bell, une de ces différences concerne le « statut » de la fonction d'onde. Certes, chacun des deux la considère comme réelle et décrit ses parties réelle et imaginaire comme étant des « champs ». Mais dans les descriptions à visée pédagogique que Bohm fait de sa théorie, il souligne souvent le fait que ces champs découlent d'un « potentiel quantique » qui — dans la théorie — vient se surajouter aux potentiels classiques et dont, par conséquent, le rôle paraît, à premier vue, être seulement de modifier, par rapport à la théorie classique, les interactions entre particules. Dans l'approche de Bell, au contraire, les champs en question se voient conférer un statut tout à fait primordial, les mettant sur le même pied de réalité que les particules. Cette différence a quelque ressemblance avec celle, bien connue, qui existe entre la conception newtonienne du champ de forces et la conception maxwellienne — ou de Faraday — de ce qu'est réellement un champ. Mais pour des raisons qui vont apparaître, cette analogie est un peu superficielle et, en fait, nous n'avons ici affaire qu'à une différence relativement mineure de points de vue. Différence qui, cependant, n'est pas totalement inexistante. En ce qui concerne, par exemple, le problème de la localité, si nous adoptons le point de vue de Bell le simple fait que la fonction d'onde d'un système de N particules, au lieu d'être composée de fonctions d'un point, est en général une fonction des N points non constituée d'un simple produit de fonctions d'un seul point, conduit immédiatement à la conclusion que la réalité est non locale. Dans l'approche de

Bohm, cette conclusion n'est pas aussi immédiatement évidente (bien que, bien entendu, elle y soit vraie aussi, en vertu du fait qu'en général le potentiel quantique ne décroît pas quand la distance croît).

La raison qui fait que la différence dont il s'agit n'est guère plus que formelle vaut d'être indiquée. Elle réside dans le fait — volontiers souligné par Bohm — que dans la théorie de celui-ci, le potentiel quantique dépend de l'état du système entier d'une manière qui ne se réduit pas à une pure et simple interaction préassignée, indépendamment de la configuration de l'ensemble, aux particules entrant en jeu. Autrement dit, contrairement à ce qui est le cas dans, par exemple, la théorie newtonienne de la gravitation, la connaissance (a) des propriétés dynamiques des corps, de leurs positions relatives dans l'espace, etc. et (b) des lois générales gouvernant les forces (fonction hamiltonienne, etc.), à supposer même que nous l'ayons, ne suffirait pas à nous procurer une connaissance véritable du système considéré. Pour l'avoir, il nous faudrait être informé de l'« état quantique », c'est-à-dire de la fonction d'onde, du système tout entier et cette connaissance ne découle pas de celle des quantités qui viennent d'être mentionnées. Par exemple, comme Bohm et Hiley l'ont souligné [7], dans l'atome d'hydrogène le potentiel quantique dans l'état s ne dépend que de la distance r alors que dans une superposition d'états s et p il dépend aussi des coordonnées angulaires relatives θ et ϕ. Manifestement, il n'y a pas de fonction préassignée de $\boldsymbol{r}$ qui représente à la fois l'interaction des deux particules dans l'état s et leur interaction dans l'état p. Ceci montre bien que, dans l'approche de Bohm comme dans celle de Bell, les parties réelle et imaginaire de la fonction d'onde — autant dire, la fonction d'onde elle-même — sont à considérer comme tout aussi « réelles » et primordiales que les particules. La théorie se voit ainsi conférer un caractère de globalité que Bohm et Hiley considèrent comme distinct de la non-localité. Cette dernière, en effet, serait là même si potentiels et champs n'étaient que des émanations des particules, puisque le potentiel quantique ne dépend pas de la distance. Manifestement, la globalité telle que l'on vient de la définir dépasse ce cadre.

Remarque 2. Le trait le plus marquant de la théorie est sans doute qu'elle est déterministe. Mais elle en présente un autre, qui, à la réflexion, paraît plus important encore : c'est que, dans ses axiomes, ne figure aucune référence aux observateurs, aux mesures ou à quoi que ce soit de similaire. A l'évidence, c'est là, conceptuellement parlant, une différence considérable entre la théorie de l'onde pilote et la théorie quantique conventionnelle des manuels. Dans notre langage nous dirons que cette dernière est une théorie *objective au sens faible* — ou *intersubjective* — tandis que la théorie de l'onde pilote est, elle, *objective au sens fort.*

13-2. Difficultés

Comme on le sait, elles sont multiples. Celle qui est mentionnée le plus souvent est la suivante. Alors que les formules de cette théorie sont très nettement plus compliquées que celles de la théorie conventionnelle, et que la théorie elle-même est moins flexible et moins adaptable au traitement de problèmes nouveaux, il se trouve que, même dans les domaines où elle est applicable, personne, jusqu'ici, n'a pu en extraire une prédiction expérimentalement vérifiable non déjà fournie par la théorie conventionnelle et que l'expérience, effectivement, ait vérifiée. Mais il y a aussi d'autres difficultés, plus fondamentales.

L'une des principales concerne la relativité. Telle que nous l'avons décrite, la théorie est manifestement non relativiste. La formule (13-6) n'assigne pas de limite à la vitesse qu'une particule peut avoir. A première vue, rien dans tout cela de particulièrement préoccupant. Après tout, la mécanique quantique conventionnelle est non relativiste elle aussi : or, en ce qui la concerne, il a été, dans une large mesure, possible de remédier à ce défaut. On y est parvenu en généralisant la théorie en théorie quantique *des champs*. Ici, toutefois, la difficulté est plus sérieuse, et cela tient au fait — présenté plus haut comme étant à son avantage ! — que la théorie est à objectivité forte. Comme il a été vu au chapitre 9, aucune théorie à objectivité forte et satisfaisant à la causalité locale (et à l'indépendance à l'égard des paramètres au sens large défini en section 8-2) ne peut reproduire toutes les prédictions quantiques. En conséquence, toute théorie à objectivité forte qui fournit bien ces prédictions doit être non locale, et doit dès lors nécessairement entrer quelque part en conflit avec la relativité. La raison qui fait que dans les généralisations relativistes de la mécanique quantique conventionnelle cette difficulté n'apparaît pas réside dans le fait que celles-ci ne sont qu'à objectivité faible. En effet, la non-séparabilité n'ouvrant pas la voie au transfert de *signaux* plus rapides que la lumière, des théories à objectivité faible obéissant à la règle relativiste de non-propagation supraluminale des *signaux* demeurent possibles. Leur éventuelle validité n'implique aucune contradiction avec la violation de la causalité locale.

Des difficultés de cette espèce réapparaissent, bien entendu, dans toutes les (nombreuses) tentatives qui furent faites en vue de réconcilier la relativité avec les théories à variables cachées, au prix de quelque altération de l'une ou des autres. Un exemple de telles tentatives est le modèle dédié par Bell à Bohm dans l'ouvrage consacré à celui-ci [8]. Ce modèle présente la propriété remarquable de reproduire exactement toutes les prédictions de la relativité vérifiables en droit par l'expérience, telles que le rétrécissement des règles, le ralentissement des horloges, etc. Et cependant, dans sa formulation même il fait appel à la notion d'un temps universel *réel* et à celle d'un espace euclidien *réel.* Il nous est, cela va de soi, impossible à *nous* de savoir si nous sommes ou non au repos dans cet espace, car les phénomènes ont pour nous la même apparence dans tous les repères galiléens, conformément à la relativité. Et cependant, puisque cet espace est *l*'espace véritable, la question : « sommes-nous, ou non, au repos dans celui-ci ? » ne peut, en toute logique, être dite dénuée de sens. Ceci illustre bien à la fois les possibilités et les limites de ce type de théories. Pour la recherche, viser l'objectivité forte est certes un puissant aiguillon. Mais le réel paraît organisé de si étrange façon que même les tentatives conduites, dans ce but, avec toute la rigueur scientifique souhaitable, conduisent à des vues qui participent un peu de l'arbitraire de la métaphysique traditionnelle.

On peut, il est vrai, estimer que cet aspect peu satisfaisant de la théorie de l'onde pilote est plus que compensé par sa grande clarté conceptuelle. Remarquable, en effet, est la manière dont elle explique uniquement à l'aide de concepts familiers — corpuscules classiques et forces —, un phénomène tel que celui des franges d'interférence, que la plupart des auteurs persistent à proclamer inexplicable par de telles voies. Dans les livres de Bohm, par exemple, figurent des dessins de trajectoires de particules ayant traversé un diaphragme percé de deux fentes. Ils montrent très clairement comment ces trajectoires sont affectées par le potentiel quantique et comment celui-ci les amène progressivement à se regrouper de telle manière que des franges doivent apparaître sur un écran placé à quelque distance derrière le diaphragme. D'un autre côté, on doit aussi être conscient du fait qu'en réalité, la simplicité conceptuelle de la théorie est loin d'être aussi grande que cet exemple simple le donne à croire. Ceci, encore une fois, est dû au caractère non local de la théorie et est bien illustré par une expérience légèrement plus complexe qui met en jeu ce que l'on appelle l'« interférométrie à deux particules » (*cf.* section 9-7 : références [23], [24] et [25], et les références données dans ces articles). L'idée directrice [9] de ce domaine expérimental récemment ouvert est de faire usage de paires de particules séparées du point de vue spatial et quantiquement enchevêtrées. Au sortir de la source, quatre faisceaux de telles particules sont sélectionnés, deux d'entre eux étant combinés interférométriquement en un certain lieu, et les deux autres en un autre. Lorsque des variateurs de phase sont disposés dans ces faisceaux, on observe une variation concomitante des taux de comptage des *coïncidences* entre deux impacts en lieux différents, alors que les taux de comptage en un seul et même lieu restent, eux, fixes. L'expérience est conceptuellement similaire à une double expérience à deux fentes, dans laquelle les deux diaphragmes et les deux écrans sont symétriquement disposés par rapport à la source, avec, toutefois, la différence que chaque paire d'impacts doit être analysée quantitativement, car c'est la *différence* des abscisses de ces impacts qui varie de façon sinusoïdale (un histogramme de ces différences montre que certaines sont plus fréquentes que d'autres). C'est un exercice simple de mécanique quantique conventionnelle que de montrer que le phénomène décrit est parfaitement en accord avec ce que cette théorie prédit. Et, étant donné que c'est là un type de phénomènes pour lequel la théorie de l'onde pilote fournit, en droit, des prédictions — et que celles-ci sont obligatoirement les mêmes que celles de la théorie conventionnelle —, les effets que l'on vient de décrire doivent nécessairement découler aussi de cette théorie. Mais dans ce nouveau contexte expérimental, il n'est plus possible d'évoquer un pilotage de chacune des deux particules de la paire par un champ ou un potentiel prédéterminé. L'espace de configuration est à six dimensions et c'est le point représentatif *dans cet espace-là* qui est guidé par le champ quantique (c'est-à-dire par la fonction d'onde à six variables). Dans chaque cas individuel, il est encore possible de définir la trajectoire de chaque particule comme étant la projection de la trajectoire à six dimensions sur l'espace à trois dimensions approprié... et, si nous le voulions, nous pourrions encore penser la particule comme guidée par un champ dans ce dernier. Mais alors ce champ lui-même n'est plus déterminé uniquement par le positionnement général de l'appareillage et la fonction d'onde initiale. Il dépend aussi de ce qui arrive à l'autre particule ou, pour le dire autrement, il dépend aussi de la position initiale précise, « cachée », de cette autre particule. De sorte que l'image d'un pilotage de la particule considérée, dans l'espace « réel » à trois dimensions, par un champ ou un potentiel perd complètement, dans ce cas, la force explicative intuitive qui faisait son attrait dans le cas simple par nous considéré en premier lieu.

Un autre inconvénient de la théorie est partagé par elle avec tout schéma visant à l'objectivité forte. C'est le fait que toute théorie de ce type doit à l'évidence spécifier une fois pour toutes quelles sont les entités qui y sont tenues pour « réelles ». Cette rigidité peut se révéler être un handicap sérieux lorsque des avancées scientifiques obligent à telles ou telles généralisations. A titre d'exemple, considérons la théorie quantique des champs. Dans le cadre des conceptions quantiques usuelles, elle ne représente qu'un « pas de plus », effectué dans la même direction générale que les précédents, c'est-à-dire permettant d'appliquer les axiomes quantiques généraux à un ensemble toujours plus étendu de phénomènes. Le formalisme est généralisé, mais ses idées fondamentales demeurent les mêmes. Dans le cas de la théorie de l'onde pilote ou des autres théories à variables cachées, la situation est radicalement différente car, là, effectuer la transition vers les champs quantiques et s'efforcer ainsi de rendre compte des phénomènes de création et d'annihilation exige l'abandon de l'idée que les particules sont les réalités de base — les « étants » *(beables)* dans le langage de Bell — ayant des coordonnées réelles, des vitesses réelles et ainsi de suite. A la place, on peut poser que les « étants » sont, comme proposé par Bohm et Hiley [7] pour le cas des champs bosoniques, les valeurs des différents champs en chaque point, ou encore, comme suggéré par Bell [8], les densités fermioniques en chaque point. Mais, considérées du point de vue qui est celui des auteurs de ces théories — à savoir, le réalisme conventionnel — ces modifications reviennent à proposer chaque fois une théorie radicalement différente, puisque la réalité de base n'y est, de l'une à l'autre, jamais la même. Des changements aussi radicaux dans l'image qu'on se fait du monde incitent à se demander quand et si le bouleversement s'arrêtera.

Un autre point conceptuellement un peu délicat dans cette théorie concerne la notion d'*état*. Il s'agit ici d'une distinction, qui, très certainement, s'impose, entre l'état objectif *complet* et l'état objectif *empirique*. Le problème auquel on fait allusion ici révèle de façon claire son existence lorsque l'on considère la manière dont la théorie est amenée à décrire une opération de mesure. Considérons l'opération de mesure d'une composante d'un spin $\frac{1}{2}$ au moyen d'un dispositif de Stern et Gerlach. Pensons d'abord, simplement, à la particule. A une distance de l'électro-aimant telle que les deux faisceaux soient bien séparés dans l'espace, celle-ci, dans la théorie de l'onde pilote, se trouve nécessairement dans l'un des deux faisceaux. Mais d'un autre côté, sa fonction d'onde — laquelle, nous l'avons vu, est tout aussi réelle que la particule — est non nulle dans chacun des deux faisceaux. Si, maintenant, nous supposons qu'un compteur est présent dans l'un et dans l'autre, la situation demeure qualitativement la même. Le point représentatif de l'espace de configuration du système total se trouve maintenant soit dans l'une soit dans l'autre de deux régions distinctes de cet espace, donnée que la théorie met en correspondance avec le fait que soit l'un soit l'autre des deux compteurs a fonctionné (s'est déchargé), l'autre demeurant en son état initial. Mais en même temps, la fonction d'onde du système total a été altérée dans les *deux* régions : de sorte que la correspondance que l'on vient de poser n'est vraiment juste que si l'on décide de considérer que l'état objectif de chacun des compteurs est déterminé par le point représentatif et *seulement* par lui ; ce qui signifie que l'état en question ne dépend aucunement de la fonction d'onde (c'est-à-dire du prétendu « état quantique ») : deux systèmes qui auraient le même point représentatif seraient strictement identiques en ce sens, même si leurs « états quantiques » étaient différents.

A première vue, cela paraît hautement étrange puisque, par exemple, dans le cas des compteurs, nous avons coutume d'associer le fait qu'un compteur s'est ou non déchargé avec l'idée que certains de ses atomes sont passé d'un état excité à leur état fondamental, phénomène mettant au premier chef en jeu les états quantiques et les fonctions d'onde. Et cependant, au moins selon les vues de John Bell (1988, échange de vues privé avec l'auteur) c'est là *la* manière correcte de comprendre la théorie. Il convient dès lors de dénier aussi bien à l'énergie (qui est en correspondance étroite avec les états quantiques stationnaires) qu'aux autres grandeurs dites « observables » de la mécanique quantique — à la seule exception de la position — la qualité de quantités physiques réelles concourant à spécifier l'état objectif d'un système. Ainsi, selon cette conception, le point représentatif d'un compteur fournit à lui seul une spécification complète de la *réalité* de ce compteur. Mais — prenons y garde ! — ceci n'est juste, qu'en ce sens que nous n'avons accès qu'à cette réalité-là, et non à la fonction d'onde ou aux « champs », et que donc, comme nous l'avons déjà noté, nous devons considérer comme identiques deux compteurs, ou, plus généralement, deux systèmes, qui ont le même point représentatif (pour cette raison, Bell soutenait que l'expression « variables cachées » est un contresens et que ces quantités devraient être appelées « variables exposées »). Mais d'un autre côté, et toujours selon cette théorie, une telle réalité n'est pas la réalité de l'Univers puisque, pour le redire encore une fois, la fonction d'onde de l'Univers est aussi une réalité. La conclusion de cette analyse est donc que, même si l'objectivité forte de la théorie n'est pas niable, le mot « réalité » n'en a pas moins, là comme ailleurs, deux acceptions : d'une part la « réalité de la fonction d'onde de l'Univers et du point représentatif de celui-ci » qui peut être identifié à la « réalité indépendante », et, d'autre part, la « réalité des compteurs et autres systèmes ». Celle-ci, ci-dessus considérée, est la part de la réalité indépendante qui nous est accessible *parce que nous sommes ainsi constitués*, et elle peut, pour cette raison, être identifiée à la « réalité empirique ». La distinction bien connue que faisait David Bohm entre ce qu'il appelait les ordres « implicite » et « explicite » est bien entendu proche de celle-là.

13-3. La théorie de l'onde pilote comme laboratoire théorique

Le caractère spéculatif de la théorie de l'onde pilote est évident et reconnu même par ses plus chauds partisans. Mais les physiciens, y compris ceux qui ne voient pas en elle une description fidèle de ce qui « vraiment est », peuvent cependant la trouver utile lorsqu'ils tentent d'interpréter la théorie quantique. La raison en est que, dans une telle entreprise, on est conduit à considérer maintes situations dans lesquelles la ligne de démarcation entre le subjectif et l'objectif ne saute pas aux yeux d'emblée, et que cela engendre facilement des confusions. Dans la théorie de l'onde pilote les choses sont plus claires, étant donné que tout est objectif...

Un exemple instructif de possible usage à cette fin de la théorie est la description que Bell a fourni [10] des traits de non-localité qu'elle comporte. A cette fin, il fit, dans cette théorie, un calcul explicite des corrélations à distance qui s'observent entre les composantes z de spin, S_z^U, S_z^V de deux particules U et V de spin $\frac{1}{2}$ produites à la source dans un état corrélé (par exemple l'état singulet). A cet effet, il lui fallait d'abord trouver le moyen de décrire de telles composantes de spin au sein de la théorie de l'onde pilote. Il y parvint en introduisant l'hamiltonien d'interaction :

$$H = -i\, g(t)\, \sigma \frac{\partial}{\partial r} \tag{13-9}$$

où σ est la matrice de Pauli correspondant à la composante de spin choisie, disons S_z, et r la « coordonnée d'aiguille » de l'instrument. Pour plus de simplicité, nous pouvons supposer qu'il n'y a pas d'autres termes dans l'hamiltonien et que le couplage $g(t)$ provient du passage de la particule, suivant une trajectoire classique, à travers l'instrument. Soit :

$$\psi_m(0) = \phi(r) \,|\, m > \tag{13-10}$$

l'état initial, où $\phi\ (r)$ est un paquet d'ondes très étroit, centré sur $r = 0$ et où $|\, m >$ ($m = 1{,}2$) est un ket propre de S_z. La solution de l'équation de Schrödinger :

$$\frac{\partial \psi}{\partial t} = -i\mathrm{H}\,\psi \tag{13-11}$$

est :

$$\psi_m(t) = \phi\big(r - (-1)^m\,\alpha(t)\big)\,|\,m > \tag{13-12}$$

où

$$\alpha(t) = \int_o^t g(t')\,dt' \tag{13-13}$$

Nous pouvons maintenant considérer un état initial ψ (0) qui soit une superposition linéaire de deux états initiaux possibles (13-10) :

$$\psi(0) = \Sigma_m\, a_m\, \psi_m \tag{13-14}$$

A l'instant t, cet état se change en la superposition correspondante d'états (13-12) et, après un intervalle de temps t que l'on peut supposer court, les deux composantes se séparent dans l'espace r. Pour tirer de ce modèle une description du comportement de la particule qui, dans la théorie de l'onde pilote, reproduise au moins qualitativement les traits essentiels de l'expérience de Stern et Gerlach, Bell postula tout simplement que dans ce modèle la densité et le courant sont respectivement donnés par (13-4) et par :

$$j(r, t) = \psi^\star(r, t)\, g\, \sigma\, \psi(r, t) \tag{13-15}$$

Le mouvement de x est alors déterminé par une équation analogue à (13-6), à savoir :

$$\frac{dx}{dt} = g(t)\,\frac{\Sigma\,|\,a_m\,|^2\,|\phi\big(x - (-1)^m\,\alpha\big)\,|^2\,(-1)^m}{\Sigma\,|\,a_m\,|^2\,|\,\phi\big(x - (-1)^m\,\alpha\big)\,|^2} \tag{13-16}$$

Dès que α (t) devient plus grand que la demi-largeur de ϕ, aucune valeur de x ne peut être trouvée qui rendrait différents de zéro l'un et l'autre des deux termes du numérateur (et ceux, par le fait même, du dénominateur). Dès que les paquets d'ondes se sont séparés, l'un des deux termes est donc, à x donné, nul, aussi bien au numérateur qu'au dénominateur. Par conséquent, on a ici essentiellement le même effet que dans la représentation avec réduction du paquet d'ondes. Et bien que, en chaque événement individuel, la trajectoire suivie par la particule soit déterminée par la valeur initiale de x, il n'en reste pas moins que, dans un ensemble statistique, les effets observés seront — en vertu de l'argument général développé dans la section 13-1 — statistiquement répartis conformément à la distribution de probabilités prédite par la théorie conventionnelle.

Cela étant, tournons-nous maintenant vers le problème à deux particules qui nous occupe. Soient r_1 et r_2 les coordonnées de celles-ci. Si l'état initial est :

$$\psi_{mn}(t) = \phi(r_1)\, \phi(r_2) \mid m > \mid n > \tag{13-17}$$

la résolution de l'équation de Schrödinger donne :

$$\psi_{mn}(t) = \phi\big(r_1 - (-1)^m \alpha_1\big)\, \phi\big(r_2 - (-1)^n \alpha_2\big) \mid m > \mid n > \tag{13-18}$$

où α_1 (t) et α_2 (t) sont définis au moyen de formules similaires à (13-14), mettant en jeu des couplages dépendant du temps g_1 et g_2 entre chacune des particules et l'instrument (l'électro-aimant) correspondant. Dans le cas où l'état quantique est une superposition du type

$$\psi(t) = \Sigma\, a_{mn}\, \psi_{mn} \tag{13-19}$$

la formule (13-6) fournit alors, d'une manière analogue au cas (13-16),

$$\frac{d}{dt} x_1 = g_1 \frac{\Sigma_{mn} (-1)^m \mid a_{mn} \mid^2 \mid \phi\big(x_1 - (-1)^m \alpha_1\big) \mid^2 \mid \phi\big(x_2 - (-1)^n \alpha_2\big) \mid^2}{\Sigma_{mn} \mid a_{mn} \mid^2 \mid \phi\big(x_1 - (-1)^m \alpha_1\big) \mid^2 \mid \phi\big(x_2 - (-1)^n \alpha_2\big) \mid^2} \tag{13-20}$$

ainsi qu'une formule similaire concernant x_2. Ces expressions se simplifient considérablement dans le cas où les a_{mn} se factorisent : $a_{mn} = b_m\, c_n$. Les facteurs relatifs à la seconde particule se cancellent alors mutuellement dans (13-20) (et vice-versa concernant x_2) de sorte que nous avons alors affaire au mouvement de deux particules indépendantes, mouvement du type précédemment décrit. En revanche, lorsque les spins sont corrélés, lorsque, par exemple, les deux particules se trouvent initialement dans un état s, les a_{mn} ne se factorisent pas et il suit alors de (13-20) que le comportement de x_1 dépend, non seulement de sa valeur initiale et du programme α_1 du premier instrument, mais également de la valeur initiale x_2 et, ce qui est plus remarquable encore, *du programme* α_2 *du second instrument, lointain* (et vice-versa). Autrement dit, dans le détail la dynamique est très hautement non locale.

Cette non-localité a une conséquence remarquable concernant les corrélations strictes qui se manifestent (conformément à toutes les théories et au « bon sens » !) lorsque, par exemple, les composantes z de spin de deux particules de spin $\frac{1}{2}$ se trouvant dans un état s sont mesurées en des lieux éloignés l'un de l'autre. Cette conséquence est que les corrélations dont il s'agit reçoivent une explication qui est totalement différente en théorie de l'onde pilote de ce qu'elle est en théorie classique. En mécanique classique, les corrélations en question sont conçues comme s'établissant à la source. Les valeurs initiales de x_1 et x_2 sont telles que lorsque chaque particule interagit avec un instrument approprié, la première doit aller vers les z positifs et la seconde vers les z négatifs ou vice-versa ; et le fait que la première doit aller, disons, vers le haut ne dépend en rien des structure, position et programme de l'instrument avec lequel l'autre particule interagira. Dans la théorie de l'onde pilote, tout au contraire, la corrélation n'est ni exclusivement ni même primordialement déterminée par les conditions initiales au voisinage de la source. Elle est la conséquence de tout un réseau de causes complexes qui incluent les influences combinées exercées par chacun des deux instruments sur chacune des deux particules. Il est intéressant et instructif de constater que dans un modèle qui, comme celui-ci, est totalement intelligible en termes d'objectivité *forte* — dans des termes, autrement dit, qui ne comportent aucune référence à des concepts subjectifs ou intersubjectifs tels que celui de « mesure » — l'introduction de la notion d'influences ne décroissant pas avec la distance apparaît comme inévitable. En particulier, le modèle est susceptible d'aider certains physiciens à mieux comprendre — et donc mieux jauger — la substance des critiques émises par Bohr à l'encontre du critère E.P.R. de réalité, dans lesquelles il référait (voir le chapitre 11) aux « conditions mêmes qui définissent les types possibles de prédiction » et suggérait que même des conditions définies par l'instrument n° 2 peuvent n'être pas sans portée concernant les prédictions relatives au système n° 1. Bien entendu, l'objectivité forte du présent modèle n'aurait pas séduit Bohr. Mais justement : ce qu'il est intéressant de noter c'est que, même quand est adopté un point de vue totalement différent du sien, des résultats finalement tout à fait en harmonie avec ce qu'il affirmait sont obtenus. La seule différence importante est que Bohr suggérait seulement l'existence d'une influence sur les *types* de prédictions pouvant être faites (position *ou* quantité de mouvement *ou*...) alors qu'ici nous avons affaire à une influence portant sur les *valeurs* mêmes des grandeurs dynamiques en jeu.

Pour rester sur le sujet « comment comprendre Bohr » (sur lequel nous reviendrons), notons encore qu'à cet égard une comparaison spécifique entre l'approche de ce dernier et celle de Bohm et des autres « réalistes » n'est pas inutile. Elle concerne un point d'épistémologie, relatif au mode de définition des concepts et à leur usage. Contrairement à d'autres penseurs (mathématiciens ou philosophes) à tournure d'esprit réaliste, tous ces physiciens ont en commun l'idée que, pour posséder un sens scientifique, un concept doit être *opératoirement* défini, c'est-à-dire défini par référence à une manière concevable de le mesurer. En d'autres termes, la différence entre Bohr et, par exemple, Bohm n'est pas que l'un ferait usage de ce critère et les autres non. On doit la chercher ailleurs. Mais elle se laisse aisément découvrir. Elle consiste en ce que, lorsque Bohm et les autres réalistes se sont assurés qu'un concept peut ainsi être référé à une opération de mesure bien spécifiée — les concepts de position et de vitesse sont manifestement dans ce cas — ils estiment que l'on peut lui faire confiance « point final ». Autrement dit, ils considèrent qu'on peut alors en faire usage également dans d'autres contextes, qui ne font pas intervenir cette opération de mesure-là et peuvent même être incompatibles avec elle. C'est ainsi, par exemple, que la théorie de l'onde pilote fait usage du concept de position, même pour décrire des situations dans lesquelles aucune mesure de position n'est envisagée. Comme on le sait, Bohr — et c'est là la différence — adopte (sans le dire tout à fait explicitement) une attitude différente. Il estime qu'un concept ne peut être utilisé sans témérité que dans les situations dans lesquelles la mesure qui sert à le définir est réellement faite.

Mais la caractéristique la plus intéressante de la théorie de l'onde pilote est sans doute que celle-ci permet de lever la « difficulté et/ou » mentionnée en section 10-1. Cela est tout simplement dû au fait qu'il n'y a, dans cette théorie, qu'un seul point représentatif, de sorte que, lorsque le support de la fonction d'onde se compose de plusieurs régions disjointes R_1, R_2, etc., de l'espace, le point représentatif est nécessairement soit dans R_1, soit dans R_2, etc. La difficulté est-elle, de ce fait, *totalement* levée ? On peut répondre oui, mais seulement si l'on prend garde de ne pas oublier que, comme on l'a noté à plusieurs reprises, le point représentatif ne décrit qu'une partie ou un aspect — l'aspect « visible » — du réel et que ce réel lui-même — à savoir, dans le modèle, la fonction d'onde de l'univers *plus* le point représentatif de ce dernier — est irrémédiablement non local... et ignore, dès lors, le « ou » radical.

Remarque 1. Il est difficile de savoir si oui ou non la théorie cosmologique de Gell-Mann et Hartle (section 12-3) est à considérer comme une théorie visant à décrire fidèlement « ce qui existe », comme c'est explicitement le cas de celles que nous avons passé en revue dans ce chapitre. Au chapitre 12, on a exposé les raisons qui militent en faveur d'une réponse négative. Comme nous l'avons déjà noté, il semble que, de toute manière, les auteurs de la théorie n'aient pas désiré se commettre en faveur du réalisme puisque, s'estimant, en un certain point, placés devant la nécessité d'avoir à opter entre réalisme et localité, ils ont affirmé clairement leur préférence pour la seconde. D'un autre côté, il est un peu difficile de saisir comment une théorie dont le propos est de décrire l'Univers pourrait éviter toute présupposition ontologique et, de fait, les mots mêmes — celui d'*histoire* en particulier — qui sont employés dans celle-ci laissent entendre qu'elle repose sur une telle présupposition. De fait, ses auteurs paraissent même avoir implicitement estimé que de toutes les histoires cohérentes possibles qu'ils introduisent, une seule a *réellement* lieu. Si cette interprétation est la bonne, alors, comme le notent Bohm et Hiley [7], leur théorie est comparable à celle de l'onde pilote au moins en un point, à savoir que l'une et l'autre considèrent la fonction d'onde (ou la matrice densité) comme n'étant pas une description complète de la réalité. La différence (très significative) entre les deux serait alors seulement que dans la théorie de l'onde pilote les « étants » additionnels sont très clairement désignés et sont étrangers à l'espace de Hilbert (ce sont les coordonnées du « point représentatif »), alors que dans la théorie de Gell-Mann et Hartle ils n'émergent comme tels — comme « étants » — qu'indirectement, *via* la notion d'opérateurs de projection à *coarse graining*, opérateurs qui, bien évidemment, sont définis comme opérant dans l'espace de Hilbert. La plupart des physiciens ayant l'esprit tourné vers les mathématiques considérerons sans doute cela comme donnant à la théorie en question une beauté formelle dont est dépourvue la théorie de l'onde pilote. Mais d'un autre côté, ceux des physiciens qui aspirent à la netteté conceptuelle plus encore qu'à la pure beauté mathématique estimeront sans doute que sur la question du réalisme — en particulier touchant au problème « localité ou non-localité » — la théorie de l'onde pilote est, des deux, celle dont la cohérence est le moins discutable sur le plan des idées de base.

Remarque 2. Pour conclure cette section par une remarque très générale, on notera que la non-localité met un terme aux espoirs, nourris durant un temps, de faire des *événements* les éléments mêmes du réel. Dans les temps pré-relativistes ce rôle était dévolu à la notion — statique — d'objets matériels. Et, selon cette conception, le mouvement apparaissait comme n'étant qu'une simple propriété, momentanée et secondaire, des objets. La relativité restreinte mit cette vue à bas, érigea la notion — essentiellement dynamique — d'événements en notion primordiale et ramena les objets au statut de simples combinaisons d'événements (tubes « genre temps »). Pendant tout un temps, physiciens et philosophes purent conjecturer que ce bouleversement était définitif, autrement dit, que les éléments constitutifs de l'Univers avaient finalement été trouvés. Toutefois, les événements sont strictement, et par définition même, locaux. La découverte du fait que toute théorie réaliste (autrement dit, à objectivité forte) *doit* être non locale montre par conséquent qu'une telle conjecture était illusoire.

13-4. La contextualité

Les théorèmes de Bell et les notions correspondantes, non-séparabilité, non-localité, etc., ont été passés en revue au chapitre 9. Ce sont, nous le savons, des données générales, applicables à toute théorie qui reproduit les prédictions de la mécanique quantique, que ces théories soient ou non à variables cachées. Le but de la présente section est de faire connaître au lecteur l'existence d'une autre notion, la contextualité, qui est moins générale que celles que l'on vient de mentionner car elle concerne essentiellement les théories à variables cachées déterministes, mais qui, dans ce cadre-là, est plus restrictive encore que la non-localité.

Pour définir la notion dont il s'agit, considérons un système physique S décrit par une fonction d'onde ψ et (comme dans la section 13-1) par un point représentatif x dans l'espace de configuration. Soient A, B et C trois observables définies sur S et supposons que B et C sont toutes deux compatibles avec A, mais non nécessairement compatibles entre elles. Supposons que, sur S, l'on mesure A en même temps, soit que B soit que C. Le résultat de cette mesure dépend bien entendu de ψ et de x, mais à première vue on s'attendrait à ce qu'il ne dépende pas du choix — soit B soit C — de l'autre observable mesurée. Plus généralement, on s'attendrait à ce que, dans une théorie déterministe, la mesure d'une observable fournisse la même valeur quel que soit le « contexte », c'est-à-dire tout à fait indépendamment des autres mesures, compatibles avec celle-là, que l'on peut éventuellement décider de faire conjointement. A une théorie dans laquelle cette condition est toujours remplie, il paraît adéquat d'attacher le qualificatif « non contextualiste ». Inversement une théorie dans laquelle ce n'est pas le cas sera dite « contextualiste ». Cette convention de langage faite, nous pouvons énoncer le théorème suivant [10], [11], [12] : *Toute théorie déterministe à variables cachées reproduisant exactement les prédictions quantiques observables est nécessairement contextualiste.*

La démonstration de ce théorème ne sera pas donnée ici, mais on en commentera sa portée.

Soulignons en premier lieu que, pour surprenante qu'elle soit, la contextualité est pleinement dans la ligne d'une des grandes intuitions des pères fondateurs. Alors que les observables A et B peuvent être mesurées conjointement, c'est-à-dire au moyen d'un seul et même dispositif expérimental (s'il est assez complexe pour cela) — et même chose, bien sûr, concernant A et C —, quand B et C ne commutent pas il ne peut exister aucun dispositif expérimental qui permettrait de faire à la fois les trois mesures de A, de B et de C. Il est clair, dans ces conditions, qu'on *ne peut même songer* à vérifier si, oui ou non, la mesure de A fournit le même résultat quand elle est faite en même temps que celle de C que quand elle est faite en même temps que celle de B. La contextualité peut donc être vue comme étant (chose assez remarquable) une *généralisation à des théories d'un type explicitement rejeté par Bohr,* de l'assertion bien connue de ce dernier selon laquelle deux arrangements expérimentaux différents définissent deux phénomènes différents.

En deuxième lieu, on peut se demander dans quelle mesure la contextualité apparaît comme une généralisation des théorèmes de Bell et de la non-localité. La réponse est simple. Ce que prouvent les théorèmes de Bell est que le résultat de la mesure d'une composante du spin de la particule U selon une certaine direction $\boldsymbol{n}$ dépend, non pas seulement de $\boldsymbol{n}$ et des variables cachées du système, mais aussi de quelle composante du spin de la particule-partenaire V est mesurée (à supposer que l'une d'elles le soit). Manifestement, il s'agit d'un exemple de contextualité, dans lequel le rôle de A est joué par la composante $S_{\boldsymbol{n}}^{U}$ du spin de U selon $\boldsymbol{n}$ et ceux de B et de C par, respectivement, les composantes du spin de V mesurées conjointement avec $S_{\boldsymbol{n}}^{U}$ dans l'un et l'autre montage expérimental. Par conséquent, les théories déterministes à variables cachées qui sont non locales au sens des théorèmes de Bell sont, par le fait même, contextualistes.

Toutefois, la contextualité des théories déterministes à variables cachées reproduisant les prédictions quantiques observables se manifeste aussi dans le cadre de certains problèmes où la notion de distance spatiale ne joue aucun rôle particulier. Un exemple remarquable est le problème étudié par Kochen et Specker [11]. Il est fondé sur le fait connu que, dans le cas du spin 1 — et quel que soit, bien sûr, le référentiel orthonormé choisi —, les trois opérateurs S_x^2, S_y^2 et S_z^2 représentant les carrés des trois composantes du vecteur spin se trouvent commuter entre eux, ce qui implique qu'ils commutent aussi avec $\mathbf{S}^2$. Étant donné que $\mathbf{S}^2 = 2$, ceci implique que l'un des S_i^2 ($i = x, y, z$) est nécessairement nul et que les deux autres doivent être égaux à 1. Au sein d'une théorie à variables cachées déterministe nous nous attendrions donc très naturellement à ce que, pour tout jeu complet de valeurs des variables cachées, il existe un ensemble M de directions $\boldsymbol{n}$ dépendant du jeu en question et tel que :

$$S_{\boldsymbol{n}}^2 = 0 \text{ et donc } 1 - S_{\boldsymbol{n}}^2 = 1 \text{ si } \boldsymbol{n} \text{ fait partie de M}$$

$$S_{\boldsymbol{n}}^2 = 1 \text{ et donc } 1 - S_{\boldsymbol{n}}^2 = 0 \text{ si } \boldsymbol{n} \text{ ne fait pas partie de M.}$$

Or, justement, ce que Kochen et Specker ont pu établir c'est que c'est impossible. Ce résultat ne prouve pas qu'il n'existe pas de théorie à variables cachées déterministe reproduisant les prédictions quantiques, mais il démontre [12] qu'il est impossible que dans de telles théories les variables cachées confèrent sans ambiguïté une valeur à $S_{\boldsymbol{n}}^2$, pour chaque direction $\boldsymbol{n}$. En fait, elles ne confèrent une telle valeur aux $S_{\boldsymbol{n}}^2$ que lorsque *les deux autres* directions de l'espace qui, avec $\boldsymbol{n}$, forment un trièdre trirectangle ont au préalable été spécifiées. Si $S_{\boldsymbol{n}}^2$ est égal à 1 pour un certain jeu complet de variables cachées et une certaine spécification de ces directions, $S_{\boldsymbol{n}}^2$ peut très bien être égal à zéro pour le même jeu de variables cachées et une autre spécification des directions en question, obtenue en faisant tourner le trièdre de référence autour de $\boldsymbol{n}$.

Remarque. Ce qui précède concerne seulement les théories à variables cachées *déterministes*. La notion de contextualité a pu être généralisée par S. M. Roy et Virendra Singh [13] à des théories à variables cachées non déterministes (stochastiques). Plus précisément, ces auteurs ont proposé une définition naturelle de la notion de théories à variables cachées stochastiques non contextualistes, et ils ont pu prouver qu'il y a des systèmes quantiques pour lesquels certaines prédictions quantiques expérimentalement vérifiables ne peuvent être reproduites par aucune telle théorie.

13-5. Autres approches

Les théories mettant des variables cachées en jeu ne sont pas les seules susceptibles d'être interprétées comme étant des descriptions fidèles de « ce qui est » (autrement dit, comme des « théories ontologiques »). En particulier, nombre de physiciens ont étudié la possibilité d'édifier des théories ontologiques dans lesquelles le vecteur d'état constituerait à lui seul une spécification complète de l'état physique du système. Dans une telle approche, la difficulté essentielle qui se présente est celle, bien entendu, que soulève la réduction du paquet d'ondes. Comme cette difficulté est, à l'évidence, en relation avec la linéarité de la théorie, on peut penser qu'une manière de la tourner serait de modifier légèrement et de façon appropriée l'équation d'onde de Schrödinger, ou l'équation (6-18) régissant l'évolution de l'opérateur d'état, en y introduisant des termes non linéaires. Plusieurs modèles ont été construits selon ce schéma, ce qui fait qu'il n'est pas possible de rendre ici justice à tous. Philip Pearle, par exemple, proposa naguère un modèle [14] dans lequel le terme non linéaire en question a l'effet suivant. Si le vecteur d'état d'un système macroscopique est une superposition de vecteurs d'état macroscopiquement distincts, ce terme non linéaire entraîne très rapidement l'amplitude de l'un de ces vecteurs d'état vers l'unité et celles des autres vers zéro. Pearle suggéra, à l'époque, que ce sont les angles de phase des amplitudes immédiatement après une mesure qui déterminent quelle est l'amplitude qui est ainsi entraînée vers la valeur 1. Un peu plus tard, il introduisit [15] un mécanisme différent de détermination : une source à fluctuations aléatoires.

D'autres théories se fondent sur des idées dont le point de départ est assez différent. Celle de Ghirardi, Rimini et Weber (G.R.W.) [16] consiste à remplacer l'équation (6-18), gouvernant l'évolution dans le temps de l'opérateur d'état représentatif d'un ensemble statistique de systèmes par :

$$i\hbar \frac{d}{dt}\rho = [H, \rho] - i\hbar\lambda\big(\rho - T(\rho)\big) \qquad (13\text{-}21)$$

où λ est un paramètre numérique choisi de façon appropriée et où $T(\rho)$ est défini de telle manière que l'équation (13-21) conserve la trace mais décrive une évolution dans laquelle un cas pur se change en un certain mélange propre bien défini. Cette équation est donc compatible avec l'hypothèse que les divers éléments de la superposition perdent de leur cohérence au fur et à mesure que s'écoule le temps. Dans la théorie, il est supposé en outre que ceci se produit au hasard, et par le biais d'une localisation consistant dans le fait qu'une fonction d'onde étalée dans l'espace se transforme spontanément en une fonction d'onde réduite, considérablement plus ramassée. Plus précisément (voir aussi Bell, référence [6], chapitre 22), il est postulé que la fonction d'onde $\psi(x)$ d'une particule unique évolue selon l'équation de Schrödinger habituelle sauf aux instants où elle effectue un « saut » qui l'amène à l'état « réduit » :

$$\psi'(x) = [\mathrm{N}(z)]^{-1}\,\psi(x)\exp\left[-\left(\frac{\alpha}{2}\right)(x-z)^2\right] \qquad (13\text{-}22)$$

où N (z) est tel que ψ' soit normé à l'unité et où la largeur de la gaussienne est donnée par :

$$\alpha^{-\frac{1}{2}} = 10^{-5}\ \text{cm} \tag{13-23}$$

Le centre, z, de cette réduction surgit au hasard, selon une distribution en probabilité donnée par :

$$|\mathrm{N}(z)|^2\, dz \tag{13-24}$$

et la probabilité, λ, par unité de temps d'un saut est telle que λ^{-1} soit de l'ordre de 10^{16} sec. Dans le cas où la fonction d'onde ψ consiste en une superposition de plusieurs paquets d'ondes relativement bien séparés les uns des autres, c'est vers le centre de l'un de ces paquets d'ondes que la réduction a le plus de chances de se produire, cela s'expliquant par le fait que, ψ' devant être normé à 1, N (z) est nécessairement petit dans tous les cas où le centre de la gaussienne se trouve éloigné des paquets. On peut alors montrer que l'équation d'évolution de l'opérateur d'état représentant un ensemble statistique de telles particules (sans sélection) a bien la forme (13-21).

Il a été montré par G.R.W. que, lorsqu'on considère la fonction d'onde non plus d'une particule unique mais d'un système de n particules composant un solide, celui-ci étant dans une superposition quantique de plusieurs états, la théorie induit une évolution de l'opérateur d'état décrite, elle aussi, par l'équation (13-21) mais avec λ remplacé par $n\lambda$. En conséquence, alors que la fonction d'onde d'une particule unique n'est affectée qu'après un temps extrêmement long, de l'ordre de λ^{-1}, la fonction d'onde d'un solide est, elle, réduite au bout d'un temps très court, de l'ordre de $(n\lambda)^{-1}$. Le problème conceptuel posé par la superposition quantique d'états macroscopiques macroscopiquement distincts qui résulte, par exemple, d'une opération de mesure reçoit ainsi une solution séduisante.

Comme toute théorie à visées « ontologiques », celle-ci, bien entendu, présente des difficultés. L'une d'elles consiste en ce que, du fait que le processus de réduction rend le paquet d'ondes plus étroit, il augmente son énergie. Cependant, avec les valeurs ci-dessus indiquées pour les paramètres α et λ, cet accroissement d'énergie reste inobservable. Une autre difficulté est, bien entendu, que les valeurs en question ont été choisies purement *ad hoc*. Une suggestion intéressante a été proposée par Karolyhasy [17], [18], [19], visant à expliquer la réduction par référence à des limitations dans la netteté des structures de l'espace-temps, obtenues elles-mêmes en combinant les relations d'indétermination de Heisenberg avec la gravitation. En principe, cette approche devrait permettre de relier les valeurs de paramètres tels que α et λ aux constantes universelles et en particulier à la constante G de la gravitation. Les articles ci-dessus cités décrivent quelques suggestives avancées dans cette direction. Mais dans la théorie G.R.W. la réduction du vecteur d'état n'est traitée, au contraire, que d'une manière phénoménologique.

Étant donné que, dans la théorie G.R.W., la fonction d'onde spécifie entièrement l'état physique du système, cette théorie est évidemment non locale. C'est ainsi, par exemple, qu'une paire de particules de spin $\frac{1}{2}$ produite dans un état singulet restera, selon toute probabilité, dans cet état pendant un temps extrêmement long, et s'y trouvera donc encore à des instants où les particules ont des chances appréciables d'être observées en des lieux très distants l'un de l'autre. Toutes les considérations développées dans les chapitres 8 et 9 s'appliquent dès lors à ce cas. Jointe au fait que la théorie est à visée ontologique, une telle circonstance laisse prévoir que les tentatives visant à rendre cette théorie covariante relativiste se heurteront à de sérieuses difficultés.

De très intéressants progrès dans cette direction ont malgré tout été faits, non pas dans le cadre de la théorie G.R.W. proprement dite mais dans celui d'une combinaison de celle-ci avec les tentatives plus anciennes de Pearle, combinaison proposée par Pearle et par Gisin [20] et développée par Pearle, Ghirardi, Grassi, Rimini et d'autres auteurs [21] sous le nom de théorie de la *localisation continue spontanée* (C.S.L.). Dans cette théorie, la réduction du vecteur d'état est provoquée par des variables fluctuant au hasard. La théorie C.S.L. présente la plupart des avantages de la théorie précédente mais peut, en outre, être mise sous une forme compatible sinon avec l'invariance relativiste proprement dite, du moins avec une forme affaiblie de celle-ci, appelée « invariance stochastique relativiste » par les auteurs précités parce que *l'ensemble statistique* des résultats expérimentaux prévus est indépendant du référentiel choisi. Dans notre langage, nous dirions que la théorie ainsi construire a l'invariance relativiste *au sens faible*. Malheureusement, toutefois, même ce résultat partiel — qui n'atteint pas tout à fait à ce qu'un réaliste est en droit d'attendre d'une théorie invariante relativiste — n'a pu être obtenu qu'en remplaçant la fonction de localisation gaussienne de la théorie initiale par quelque entité plus locale, et ceci impartit au modèle la propriété hautement fâcheuse de prévoir une création d'énergie par unité de volume non plus finie et négligeable comme dans la théorie non relativiste, mais bien infinie.

Si l'on se rallie à l'idée que, d'une manière ou d'une autre, cette difficulté sera levée (la question est activement étudiée par plusieurs groupes), alors une telle théorie C.S.L. relativiste peut [21] être rendue compatible avec le macro-objectivisme. Mais qu'en est-il en ce qui concerne le micro-objectivisme ?

Le problème est très semblable à celui que nous avons étudié dans la section 10-12 et doit être à peu près analysé de la même manière. On peut, par exemple, reprendre l'exemple considéré par Aharonov et Albert d'un électron confiné dans un double puits de potentiel et qui se trouve dans une superposition, avec des amplitudes égales, de deux fonctions d'onde indépendantes du temps, l'une étant nulle dans un des puits, l'autre dans l'autre. (Nous supposons ces puits extrêmement étroits et très éloignés l'un de l'autre.) Si une mesure de position de l'électron est effectuée dans le puits numéro un (WI) à un instant t_1, mesuré dans le référentiel F où les puits sont au repos, et si son résultat est « non », la probabilité qu'aurait une éventuelle mesure de position de ce même électron effectuée dans le puits

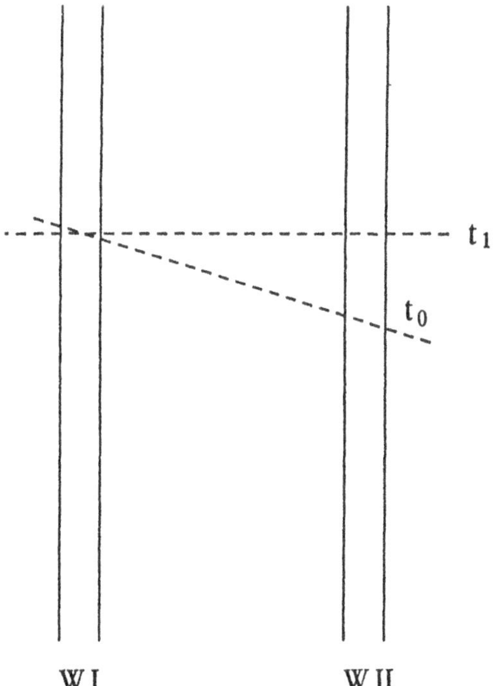

Fig. 13-1. Un double puits de potentiel et deux hyperplans du genre espace dont l'intersection coupe le puits W_1. Voir texte.

numéro deux (WII) de fournir le résultat « oui » est égale à $\frac{1}{2}$ aux points d'espace-temps $\{t < t_1$ & WII$\}$ et à 1 aux points d'espace-temps $\{t > t_1$ & WII$\}$. On serait donc tenté de dire (vu l'absence de variables cachées « positions » dans cette théorie) que l'interaction système-instrument qui se produit en WI a pour effet de faire naître, au *point* $\{t = t_1$ & WII$\}$, la propriété « l'électron est dans WII ». Mais, d'un autre côté, il existe des référentiels F' en mouvement uniforme et lent par rapport à F tels qu'un hyperlan $t' = C^{te}$ dont l'intersection avec l'hyperplan $t = t_1$ coupe WI, coupe lui-même WII à un « instant de F » $t_0 < t_1$ (fig. 13-1). Du point de vue d'un observateur de F', la probabilité qu'aurait une mesure de position de l'électron faite dans WII de fournir la réponse « oui » est $\frac{1}{2}$ en tous les points de l'espace-temps $\{t < t_0$ & WII$\}$, et elle est 1 en tous les points de l'espace-temps $\{t > t_0$ & WII$\}$. Par conséquent, le même type de raisonnement ferait dire que c'est déjà à l'instant t_0 que naît la propriété en question. De cette « ambiguïté » — comme ils disent — Ghirardi, Grassi et Pearle [21] concluent qu'en ce qui concerne les micro-objets, aucune émergence de propriété objective ne peut avoir lieu dans une région spatio-temporelle *R*, qui soit conséquence d'une mesure effectuée dans une région spatio-temporelle séparée de *R* du point de vue spatial.

La question des interactions à distance sera examinée ultérieurement d'une manière plus générale (section 16-2). Ici, observons seulement que, compte tenu de l'ambiguïté que l'on vient de noter, l'« invariance relativiste stochastique » de la théorie ne suffit pas à l'affranchir de toute incohérence vis-à-vis de la relativité. Reste, en effet, le fait que dans une théorie qui, comme celle-ci, prétend décrire non pas seulement des apparences intersubjectives mais bien la réalité elle-même, aucun énoncé portant sur un « événement physique » — au sens relativiste, donc « local » du terme — ne saurait être vrai dans un certain référentiel et faux dans un autre[1]. En conséquence, l'ambiguïté dont il vient d'être question n'est, en définitive, pas acceptable. Ce qui, donc, paraît vraisemblable, c'est que si l'on désire à toute force une théorie décrivant des *étants* véritables, il faut en acquitter le prix, c'est-à-dire admettre (comme Bell, nous l'avons vu, l'a suggéré [8]) l'existence d'*une seule* « vraie » division de l'espace-temps en espace et temps. Dans une telle conception, étant

1. Des considérations similaires à celles-ci, mais fondées sur l'analyse quantitative d'une expérience de pensée bien définie, ont récemment été développées par L. Hardy, *Phys. Rev. Lett.* **68**, 2981 (1992).

donné qu'il existe un espace euclidien réel et un temps newtonien réel, la réalité elle-même n'est pas structurée selon le schéma relativiste. Mais les phénomènes, en revanche — l'ensemble de ce que perçoivent les observateurs — y obéissent à la relativité : comme on le sait, la contraction des longueurs, le ralentissement des horloges etc., y apparaissent exactement comme la relativité nous dit qu'ils doivent être observés. Il semble assez clair que la théorie ici examinée satisfait au moins à la condition de pouvoir être dite « relativiste » dans ce sens-là. Et s'il s'avère que c'est le seul dans lequel elle puisse l'être, alors, bien sûr, cela viendra étayer l'idée (déjà exprimée dans cet ouvrage) selon laquelle la « réalité indépendante » et la « réalité empirique » sont bien des notions différentes, et qu'il importe par conséquent de les distinguer dans le langage.

13-6. Les interprétations dites statistiques

Dans la littérature spécialisée relative aux interprétations de la mécanique quantique, une place considérable est accordée, sous les noms de théories *statistiques* ou *stochastiques*, ou encore *ensemblistes* (*ensemble theories*, en anglais), à des développements axés, pour l'essentiel, sur la thèse que les difficultés conceptuelles accompagnant la mécanique quantique peuvent être levées d'une manière finalement fort simple, à la condition d'admettre que la mécanique quantique décrit, non pas des systèmes physiques *individuels* mais seulement des *ensembles statistiques* de systèmes. Une analyse critique fouillée [22] de cette approche a récemment paru, que le lecteur consultera pour tout détail complémentaire. Ici n'est proposé qu'un examen relativement rapide de la question.

Pour la clarté de l'exposé, il faut d'abord noter qu'en soi la condition dont il s'agit est encore vague. On doit la préciser et ses avocats ne manquent pas de le faire. En conséquence, elle prend différentes formes, qui peuvent schématiquement être regroupées sous trois rubriques différentes, qui correspondent en fait à trois interprétations de la mécanique quantique. Ce sont :

a) *L'hypothèse des valeurs initiales préassignées* (V.I.P.) selon l'expression de Home et Whitaker (références [22]et [23]) : *à tout instant, chacune des grandeurs physiques d'un système quantique a une valeur bien définie, qui est précisément celle que révélerait (sans ambiguïté) une mesure de cette grandeur.*

b) *L'hypothèse des variables cachées.* C'est l'hypothèse déjà considérée sous cette appellation dans plusieurs des chapitres précédents. Bien entendu, l'hypothèse V.I.P. n'est qu'un cas particulier de celle des variables cachées. Cette dernière est plus générale en ce qu'elle laisse ouverte la possibilité qu'il y ait non-localité et celle, voisine, qu'il y ait contextualité au sens défini en section 13-4. Notons que, comme on l'a vu au chapitre 9, toute théorie à variables cachées n'est pas nécessairement déterministe.

c) *L'hypothèse ensembliste minimale,* comme P. Gibbins [24] l'a dénommée : *la théorie quantique est une théorie dont les référents sont des ensembles statistiques et une fonction d'onde est une représentation complète d'un tel ensemble : il n'y a pas de variables cachées.*

Malheureusement, la plupart des adeptes de l'interprétation statistique n'ont pas véritablement précisé — ou n'ont pas précisé suffisamment — s'ils l'entendaient dans le sens de l'hypothèse (a), ou dans celui de l'hypothèse (b), ou même peut-être dans le sens de l'hypothèse (c). Et, pis encore, ils ont parfois implicitement sauté d'une hypothèse à l'autre en fonction de la difficulté particulière qu'ils se proposaient de lever. A un certain endroit, Ballentine, par exemple [25], définit l'interprétation statistique qu'il fait sienne en écrivant : « Un vecteur d'état décrit certaines propriétés statistiques d'un ensemble statistique de systèmes semblablement préparés. Les systèmes individuels possèdent des valeurs définies, bien que, éventuellement, inconnues, de certaines observables fondamentales (telles que la position), lesquelles valeurs ne sont pas décrites par le vecteur d'état sauf si celui-ci se trouve être vecteur propre de cette observable. » Comme Home et Whitaker le font remarquer, il s'agit là sans conteste d'une hypothèse de variables cachées. Dans cet article, l'auteur cité ne la range cependant pas sous cette rubrique, et, ailleurs [26], il écrit même que toute théorie à variables cachées qui reproduit exactement les résultats de la mécanique quantique doit, en raison du théorème de Bell, être tenue pour *physiquement déraisonnable.* Ceci rend son argumentation peu claire et même, prise en bloc, incohérente. Il semble ne pas s'être aperçu du fait que toute interprétation statistique du type de celle qu'il préconise tombe inévitablement dans la catégorie de celles auxquelles les théorèmes de Bell s'appliquent.

De semblables défauts de cohérence affectent les nombreuses tentatives faites en vue de rendre compte du *processus de la mesure* au moyen de l'interprétation statistique. Il a, à maintes reprises, été affirmé par certains auteurs que, contrairement au schéma de von Neumann, l'interprétation en question permet de rendre compte sans problème de ce qui se passe durant ce processus et en particulier du fait que l'aiguille de l'instrument se trouve toujours dans une position macroscopiquement bien définie. Bien entendu, cette assertion est juste — elle est même évidente — si l'interprétation statistique est identifiée à l'hypothèse (a), celle des *« valeurs initiales préassi-*

gnées », comme le suggèrent implicitement — voire explicitement, (*cf.* référence [26]) — tels ou tels partisans de ce type d'explication. Mais réconcilier l'hypothèse V.I.P. avec la contextualité et la non-localité paraît tout à fait impossible. En outre, cette même hypothèse se heurte à une assez sérieuse objection, qui, en substance, est connue depuis longtemps. Celle-ci est liée au célèbre argument de von Neumann visant à réfuter toute existence de variables cachées. Comme il est bien connu, cet argument se fonde sur deux hypothèses. L'une d'elles, qui a déjà été discutée au chapitre 7, est que, pour certaines classes de systèmes au moins, tout opérateur hermitien représente une observable. L'autre — appelons-la le « postulat v.N. » — est qu'étant donné une combinaison linéaire à coefficients réels d'opérateurs hermitiens, la valeur moyenne de l'observable que cette combinaison représente est la combinaison linéaire des valeurs moyennes des observables représentées par chacun des opérateurs. Il se trouve qu'en raison de la formule (5-6), le postulat v.N. est vrai lorsque les valeurs moyennes en question sont prises sur des ensembles statistiques qui sont des états quantiques, c'est-à-dire représentables par un vecteur ou un opérateur d'état. Ainsi, supposons par exemple que les deux observables sont, l'une l'énergie cinétique $T = \frac{p^2}{2m}$ et l'autre l'énergie potentielle $W(x)$ d'une particule. La somme $E = T + W$ de ces deux opérateurs correspond à l'énergie totale (non relativiste) de la particule et, si ψ est l'état quantique dans lequel cette particule se trouve, la même relation linéaire :

$$< \psi|E|\psi > = < \psi|T|\psi > + < \psi|W|\psi >$$

est, à l'évidence, vraie entre valeurs moyennes. La réfutation proposée par von Neumann de l'hypothèse des variables cachées était fondée sur une extension de ce « postulat v.N. » aux hypothétiques états dénués de dispersion et, comme Bell l'a souligné [10], cette réfutation n'est pas valable en général car il n'existe, en fait, aucune raison pour qu'une telle extension s'impose. En revanche, la réfutation en question *est* valable dans le cadre de l'hypothèse V.I.P. Reprenons l'exemple précédent. Selon l'hypothèse V.I.P., chacun des éléments S_i de l'ensemble statistique considéré (autrement dit chacune des particules de l'ensemble) a une énergie potentielle W_i, une énergie cinétique T_i et une énergie totale E_i qui coïncident par hypothèse avec les valeurs que fourniraient d'éventuelles mesures de ces quantités si de telles mesures étaient faites ; et ces quantités sont bien évidemment liées par la relation $E_i = W_i + T_i$. Sur un hypothétique état à dispersion nulle supposé décrire un ensemble composé de répliques à l'identique de S_i, la valeur moyenne de chacune des trois grandeurs E, W et T ne peut, à l'évidence, que coïncider avec la valeur de cette grandeur sur S_i. La relation qui lie les valeurs moyennes $< E >$, $< W >$ et $< T >$ définies sur les hypothétiques ensembles à dispersion nulle est donc nécessairement $< E > = < W > + < T >$, c'est-à-dire la même relation linéaire que celle (voir ci-dessus) qui lie entre eux les opérateurs correspondants. Autrement dit : l'hypothèse V.I.P. entraîne nécessairement l'extension aux ensembles dénués de dispersion du « postulat v.N. » (qui, dans ce cadre, n'est plus dès lors un postulat mais bien un théorème). La réfutation par von Neumann de l'hypothèse des variables cachées (réfutation non reproduite ici mais qu'on trouvera dans son ouvrage) ne peut donc, sous l'hypothèse V.I.P., être tournée qu'en faisant l'hypothèse que suffisamment d'opérateurs hermitiens ne représentent pas d'observables ; ou, si l'on préfère, que d'assez nombreuses règles de supersélection opèrent dans le type de systèmes considéré. L'hypothèse est *ad hoc* et sa nécessité, même si l'on fait abstraction des autres difficultés, réduit considérablement la plausibilité de l'hypothèse V.I.P.

Assurément, on peut lever ces difficultés en se tournant vers une théorie à variables cachées plus générale — contextualiste — telle que la théorie de l'onde pilote. Mais ceci, on l'a vu, suppose que l'on admette la non-localité. De plus, donner à une théorie à variables cachées le nom de « théorie statistique » serait un peu trompeur étant donné que cela reviendrait à exalter la notion d'ensemble statistique alors qu'en fait cette notion ne joue dans ces théories qu'un rôle secondaire, le rôle principal étant tenu par la notion même de variable cachée et par celle de contextualité.

Une autre manière d'aborder la théorie de la mesure consisterait à identifier l'interprétation statistique à l'hypothèse ensembliste minimale, définie en (c) ci-dessus. Comme on le sait, certains partisans de l'interprétation en question paraissent parfois pencher en faveur d'une telle idée. Leur thèse est, semble-t-il, que le membre de droite de la relation (10-4) signifie seulement que la fréquence relative, sur l'ensemble statistique des systèmes, avec laquelle *on trouvera* l'instrument de mesure dans l'état macroscopique d'indice m est $|a_m|^2$. La question, cependant, se pose de savoir ce que cette assertion signifie véritablement. On peut la comprendre comme signifiant seulement que si *on regarde* les aiguilles d'instrument de tout un ensemble de systèmes S + A préparés de façon semblable *on en verra* une proportion $|a_m|^2$ d'entre elles gisant dans l'état macroscopique m. Mais ainsi formulée, l'hypothèse — parfois, à tort ou à raison, appelée « l'hypothèse d'Einstein » — est, comme Jammer [27] l'a noté, indistinguable de la règle de Born (Règle 6 du chapitre 3) qui prédit que la probabilité du résultat indicié *m* d'une mesure effectuée sur un système individuel est $|a_m|^2$ puisque les probabilités quantiques sont identifiables aux fréquences relatives sur des ensembles de Gibbs arbitrairement peuplés. Une autre interprétation de l'assertion en question serait de dire que, dans l'ensemble statistique décrit par le membre de droite de (10-4), il y a *vraiment*, même avant que quiconque n'en prenne connaissance, une proportion $|a_m|^2$ d'aiguilles d'instruments se trouvant dans l'état macroscopique *m*. Mais il apparaît comme très contestable que cette conception soit compatible avec l'interprétation ensembliste minimale que nous nous proposions d'étudier, et selon laquelle il n'y a de variables cachées d'aucune espèce. Cette non-existence des variables cachées ne peut en effet que signifier que tous les systèmes qui ont la même fonction d'onde — donc, en particulier, tous les éléments S + A de l'ensemble final — sont identiques, puisque rien ne les différencie les uns des autres. Il est difficile de saisir comment cela pourrait se concilier avec le fait que les aiguilles ne sont pas toutes dans le même intervalle de graduation. En d'autres termes : dire d'un système individuel qu'il appartient à un ensemble statistique décrit par un certain vecteur d'état c'est, dans ce contexte et comme Sudbery [28] l'a souligné, affirmer exactement la même chose que de dire que le système est dans l'état que ce vecteur décrit. Puisque nous sommes ici en train de considérer que certains des systèmes S + A initiaux passent dans un état décrit par un seul des termes de (10-4), nous devons admettre que les états de ces systèmes, considérés individuellement, subissent un changement véritable, comme la réduction du paquet d'ondes le suggère. Mais nous sommes alors ramenés à ce que nous avons appelé la mécanique quantique conventionnelle des manuels, jointe à une hypothèse réaliste concernant les états finals en question. Cependant, nous avons constaté très en détail au chapitre 10 que cette manière de voir comporte plusieurs difficultés. L'expression « interprétation statistique » n'est pas le talisman qui pourra les faire se dissoudre.

En résumé, on peut conclure que, tout bien considéré, les tentatives faites en vue de développer l'interprétation statistique n'ont pas, jusqu'ici, contribué à une meilleure compréhension des fondements conceptuels de la mécanique quantique.

Remarque. De récentes avancées très remarquables dans la théorie dite du *chaos classique* ont conduit certains esprits à estimer que cette théorie devrait, un jour, permettre de donner de la mécanique quantique une interprétation réaliste entièrement formulable en termes de mouvements (plus ou moins désordonnés) d'objets *localisés*. Les contenus du chapitre 9 ci-dessus et de celui-ci prouvent que c'est là une illusion.

13-7. « États dynamiques »

Dans toute théorie ontologiquement interprétable, pour que des états objectifs de systèmes physiques individuels puissent être définis, des éléments doivent être ajoutés à la mécanique quantique conventionnelle. Dans le cas de la théorie de l'onde pilote (*alias* théorie de Bohm) ces éléments (ou « variables », ou « paramètres ») supplémentaires sont les positions des particules, c'est-à-dire des quantités physiques qui, dans le formalisme de la mécanique quantique, ne correspondent, à strictement parler, à aucun opérateur défini sur un espace de Hilbert. Un premier type de théories ontologiquement interprétables peut être défini comme composé des assez nombreuses (*cf.* Belinfante [12]) théories construites sur cette base. Conventionnellement, on les appelle « théories à variables cachées » (bien que certains de leurs partisans aient, comme on le sait, fait valoir que cette appellation est trompeuse puisque, tout au contraire, ces variables sont celles qui sont appréhendées directement).

Par contraste, les éléments supplémentaires de certaines autres théories ontologiquement interprétables — que nous dirons être du deuxième type — sont (les valeurs de) certaines grandeurs physiques qui, dans le formalisme quantique, correspondent à des opérateurs de l'espace de Hilbert. Tel serait, par exemple, le cas de la théorie de Gell-Mann et Hartle si on cherchait à l'interpréter comme une théorie à objectivité forte : car, comme on l'a déjà noté, les paramètres qui, dans cette hypothèse, spécifieraient *quelle est* l'histoire qui a *réellement* lieu seraient simplement certaines valeurs propres particulières de certains opérateurs de projection, opérateurs qui, à l'évidence, opèrent bien dans l'espace de Hilbert. Tel est également le cas en ce qui concerne une théorie proposée — avec certaines nuances propres à chacun des auteurs — par Simon Kochen [29], Richard Healey [30], Dennis Dieks [31] et Baas van Fraassen [32], et que l'on appelle quelquefois « théorie K.H.D.F. » ou « théorie modale ». Son idée directrice est d'introduire une distinction entre deux notions, appelées *état quantique* et *état dynamique* par Healey. L'état quantique est, dans ce modèle comme en mécanique quantique conventionnelle, une description des dispositions en probabilité d'un système, alors que l'état dynamique consiste essentiellement en une spécification d'attributions de valeurs de vérité à des phrases du type « S *a* F », où F est une propriété quantique pouvant appartenir au système S. Selon ce modèle, si l'équation aux valeurs propres d'une certaine observable A est :

$$A \mid k, r > = a_k \mid k, r >$$

l'état dynamique d'un système S peut — sous certaines conditions à préciser — être un état dans lequel la proposition A = a_k est vraie, même dans des cas où le vecteur d'état de S soit n'existe pas (si S est partie d'un système plus vaste se trouvant dans un état enchevêtré) soit n'est aucun des $\mid k, r >$. Cela signifie que l'état dynamique est une description plus fine de l'état dans lequel S *est réellement* que ne l'est — si tant est qu'il soit rien de tel ! — l'état quantique. En ce sens, l'état dynamique de Healey et autres est une notion très voisine de celle, considérée plus haut, d'état objectif. Le parallèle avec la théorie de l'onde pilote, au moins dans la version qu'en donne Bell, est encore renforcé par le fait qu'en théorie K.H.D.F., alors que ce que nous appréhendons directement est l'état dynamique, le comportement physique du système est entièrement gouverné par l'état quantique. Une différence est, comme déjà noté, que cette approche ne fait, en un sens, pas intervenir de variables supplémentaires non quantiques puisque, contrairement à la grandeur physique *position* de la théorie de l'onde pilote, l'observable A correspond bien, au strict sens mathématique de la chose, à un opérateur dans l'espace de Hilbert. Mais la théorie implique quand même l'idée d'attribuer des valeurs précises à des grandeurs auxquelles, dans le cas général et selon la mécanique quantique conventionnelle, on n'en attribuerait pas. En d'autres termes, la théorie K.H.D.F. est, à tout le moins, une théorie « à variables supplémentaires », tout comme la théorie de l'onde pilote, version Bell. Étant donné qu'en pratique, au prix il est vrai d'une indéniable entorse à la rigueur mathématique, les grandeurs position et quantité de mouvement *peuvent* être traitées comme si elles étaient descriptibles au moyen d'opérateurs de l'espace de Hilbert, cette différence-là entre les théories de nos premier et deuxième types n'est pas vraiment considérable. On peut en noter une autre, un peu plus importante : contrairement aux premières, les théories du second type n'attribuent pas par principe une valeur bien définie à *toute* authentique grandeur dynamique, alors que celles du premier type définissent — au moins « dans l'abstrait » — de telles valeurs. Mais bien entendu, tous ces modèles ou théories sont contextualistes et non locaux, au moins en ce sens qu'ils décrivent un monde contenant des systèmes composés ayant des propriétés dynamiques irréductibles bien qu'ils soient constitués de composants dispersés du point de vue spatial (en d'autres termes, ils violent le principe de divisibilité par la pensée). Ceci, bien entendu, est vrai aussi des théories constituant ce que l'on peut considérer comme représentant un troisième type, à savoir celles qui, à l'instar des théories G.R.W. et C.S.L., conçoivent la réalité comme étant décrite directement par la fonction d'onde, sans adjonction de variables cachées véritables. Notons par parenthèse que même dans ces dernières théories, il existe des « éléments dynamiques supplémentaires ». Ce sont les paramètres qui spécifient dans lequel des états réduits possibles le système physique se trouve réellement, juste après un « saut au hasard ».

On n'a ci-dessus donné qu'un aperçu très schématique et purement qualitatif des idées directrices de la théorie K.H.D.F. Pour entrer un peu plus dans le détail, résumons ici rapidement la présentation qu'en fait Dieks dans la référence [33]. Les conditions dans lesquelles un système S_1 possède ce que l'on a ci-dessus appelé un « état dynamique » sont par lui spécifiées par référence au théorème de Schmidt. Ce théorème concerne des systèmes physiques composés de deux sous-systèmes S_1 et S_2 et dont l'espace de Hilbert H est donc un produit tensoriel $H_1 \otimes H_2$ des espaces de Hilbert de ces deux systèmes. Il nous informe qu'il existe toujours une décomposition *bi-orthonormée* de n'importe quel vecteur d'état de H.

$$|\psi> = \Sigma_k c_k |\psi_k> \otimes |R_k> \qquad (13\text{-}25)$$

avec $<\psi_i|\psi_j> = \delta_{i,j}$; $< Ri | Rj > = \delta_{i,j}$, (indices de dégénérescence omis), laquelle décomposition est unique dans tous les cas où il n'y a pas deux $|c_k|^2$ qui soient égaux. Dans le cas d'une interaction de type « mesure » entre un système et un instrument, le théorème de Schmidt suggère une manière, différente de celle exposée en section 12-6, d'expliquer l'existence d'une « base d'appareil » privilégiée (cette idée a naguère été explorée, en particulier par Zeh [34]). Mais il est concevable aussi (et c'est ce que fait Dieks) de chercher à utiliser ce théorème aux fins de construire une théorie ontologiquement interprétable selon le schéma exposé plus haut. L'idée est de considérer que, quand on a affaire à une décomposition bi-orthonormée telle que (13-25), la grandeur dynamique observable dont les $|\psi_k>$ sont les kets propres a, sur le système S_1, une valeur bien définie, à savoir l'une de ses valeurs propres possibles (et, sur le système S_2, c'est la grandeur physique correspondante, celle de vecteurs propres $|R_k>$, qui a une valeur bien définie, celle repérée par la même valeur de k). Mais notons bien que l'hypothèse de complétude de la section 4-3 n'est pas ici faite : le sous-ensemble constitué des systèmes S_1 qui ont cette propriété n'est pas quantiquement (en particulier du point de vue de son évolution future) décrit par $| \psi_k >$.

Comme Dieks [33] le fait observer, si l'on cherche à expliquer pourquoi les descriptions faites en termes de physique classique sont à ce point efficaces au niveau de notre expérience quotidienne, on peut, dans cette visée, combiner de manière naturelle le schéma que l'on vient de dire avec la théorie de l'environnement (*alias* de la décohérence). Le point essentiel à cet égard est que — comme nous l'avons prouvé dans la section 10-6 pour ce qui touche au problème de la mesure et dans la section 12-13 en ce qui concerne le problème plus général de l'apparence classique des choses — quand un système interagit de façon répétée avec son environnement, les facteurs du type de $< \chi x' | \chi x >$ dans la formule (12-15), qui correspondent au facteur $z\ (t\ )$ dans l'équation (10-35), deviennent vite très petits, ce qui revient à dire qu'une décomposition bi-orthonormée approximative du vecteur d'état total — les rôles de S_1 et S_2 étant joués respectivement par le système et l'environnement — tend à s'établir rapidement. En conséquence, si l'on considère un ensemble statistique de tels systèmes $S_1 + S_2$, l'ensemble E_1 des systèmes S_1, bien qu'il soit un mélange impropre, en est quand même un dans chaque élément duquel, selon la théorie K.H.D.F., la grandeur dynamique ayant les $\{| \psi_k >\}$ pour kets propres a une valeur bien définie. A première vue, cela paraît satisfaire à une requête que nous avons formulée vers la fin de la section 12-3 et qui était que, là où il s'agit de rendre compte des propriétés classiques des systèmes macroscopiques, la théorie soit capable de fournir de l'information portant sur les systèmes *considérés individuellement.* Mais d'un autre côté, un point important mis en lumière dans la section 12-3 [formule (12-33] et texte qui la suit) doit ici être gardé présent à l'esprit. Il s'agit du fait que les kets propres $| \psi_k >$ de la matrice densité décrivant E_1 ont beau être orthogonaux (ou presque), cela *ne suffit pas*, en général, à entraîner le type de localisation requis concernant, par exemple, des aiguilles d'instruments.

En résumé : l'idée de faire appel au théorème de Schmidt est séduisante, et le schéma K.H.D.F. peut certainement être considéré comme un des plus attrayants parmi les modèles ontologiquement interprétables. Il ne faut toutefois pas oublier que, en son état actuel du moins, il est essentiellement non relativiste, que le problème consistant à définir sans ambiguïté la distinction entre les deux systèmes S_1 et S_2 (difficulté A, section 10-1) n'y semble pas être véritablement résolu et que, quand le théorème de Schmidt est utilisé, la sérieuse difficulté que nous venons de mettre en évidence se double d'une autre, consistant en ce que les formules décrivant l'évolution dans le temps de chaque système sont redoutablement compliquées (voir [34]). Certains autres points délicats concernant le schéma K.H.D.F. sont analysés par Albert et Loewer [35].

13-8. Réalisme lointain et conclusion

L'ensemble des modèles passés en revue dans ce chapitre ne constitue qu'un échantillon — représentatif, on l'espère tout de même — des théories quantiques ontologiquement interprétables proposées dans la littérature spécialisée. En fait, une revue exhaustive des très nombreuses suggestions qui ont été faites dans ce domaine serait tout à fait impossible à mener à bien. D'un autre côté, tous ces modèles — entendons, bien sûr, tous ceux qui sont compatibles avec les données expérimentales et sont intrinsèquement cohérents — ont nécessairement certains traits en commun, qui résultent de contraintes d'ordre général, telles que la non-localité. Ces contraintes ont pour effet que, selon ces théories, la réalité indépendante — qui, par hypothèse, « existe » (ou « est ») — doit avoir des propriétés extrêmement différentes de celles que nous (c'est-à-dire non seulement la plupart des scientifiques mais même, parmi eux, la plupart des théoriciens, au moins quand ils sont loin de leur table de travail) attribuons normalement au monde physique. J'ai appelé « réalisme lointain » [36] cette version du réalisme. Au vu de ce que la physique nous a appris, quiconque ne se range pas, ouvertement ou implicitement, sous la bannière de l'idéalisme radical doit accepter le réalisme *lointain* ainsi défini. Mais, en son sein, au moins trois conceptions différentes peuvent être considérées. La réalité indépendante peut être tenue, soit pour connaissable, soit pour inconnaissable, soit pour voilée. Bien entendu, toutes les théories ontologiquement interprétables appartiennent par définition au premier groupe (les deux autres seront distingués l'un de l'autre et analysés en détail au long des chapitres qui suivent).

Ce qui fait l'attrait de ces théories, c'est le fait que, étant à objectivité forte, elles peuvent, tout comme la bonne vieille physique classique, être conçues comme levant le voile des apparences et décrivant « ce qui, réellement, est » (la réalité indépendante dans notre langage). Mais, paradoxalement, c'est là aussi leur plus grande source de faiblesse : car il y a plusieurs théories de ce type, que l'expérience paraît bien incapable de départager, alors que les *représentations de la réalité (indépendante)* qu'elles nous donnent sont parfaitement incompatibles entre elles. D'autres difficultés, en particulier du côté de la relativité, seront discutées dans le prochain chapitre, où des raisons d'ordre général d'être sceptique à leur égard seront également résumées. Soulignons cependant que, même s'il nous est impossible de donner notre adhésion à telle ou telle de ces théories à l'exclusion de toutes les autres, leur existence même est précieuse et pleine d'intérêt. En effet, comme il apparaîtra clairement plus loin, elles constituent de très utiles « laboratoires théoriques » permettant d'explorer le sens et la portée d'idées théoriques nouvelles — la non-séparabilité, etc. — que la physique récente nous contraint à prendre au sérieux et qui débordent des cadres tant du sens commun que des conceptions scientifiques usuelles.

Ces théories ont encore un autre intérêt. Lorsque nous les confrontons mentalement avec les diverses formes de la physique quantique conventionnelle — à objectivité faible par conséquent — nous réalisons beaucoup plus nettement à quel point certains mots couramment utilisés, tels que ceux de « nature » ou de « monde », sont en fait vagues et trompeurs. C'est ainsi, par exemple, que le mot « monde », qui peut servir à désigner aussi bien la réalité empirique que la réalité indépendante, est parfois utilisé par des philosophes proclamant leur adhésion totale à l'empirisme dans des contextes où il ne peut référer à quoi que ce soit d'autre que la réalité indépendante. Cette ambiguïté de langage peut être considérée comme un symptôme de ce qu'Einstein condamnait comme « la maladie de la philosophie contemporaine » et la face négative de la — par ailleurs si positive — critique qu'on doit à Hume. Il s'agit de la « terreur de la chute dans la métaphysique » [37], terreur qu'il considérait comme étant grosse de confusion. Les auteurs de théories ontologiquement interprétables refusent la confusion en question. Ils ne se laissent pas aller à raisonner comme si les théories et les concepts qui ne sont objectifs qu'au sens faible l'étaient aussi au sens fort. En cela, ils donnent un salutaire exemple de lucidité à bien des philosophes et physiciens.

Références

1. J.S. Bell, *Found. Phys.* **12**, 989 (1982), repris dans référence [6].
2. D. Bohm, *Phys. Rev.* **85**, 165, 180 (1952).
3. L. de Broglie, *J. Phys.* **5**, 225 (1927).
4. J. S. Bell, *International Journal of Quantum Chemistry : Quantum Chemistry Symposium*, **14**, 9 (1980), repris dans référence [6].
5. J. S. Bell, in *Quantum Gravity 2*, C. Isham, R. Penrose, D. Sciama éds., Oxford, Clarendon Press, 1981, repris dans référence [6].
6. J. S. Bell, *Speakable and Unspeakable in Quantum Mechanics*, Cambridge, Cambridge University Press, 1987, chapitre 7.

7. D. Bohm, B. Hiley, *The Undivided Universe*, Londres, Birbeck College preprint, 1982.
8. J. S. Bell, in *Quantum Implications, Essays in Honour of David Bohm*, B. Hiley, F. Peat eds., Londres, Routledge and Kegan Paul, 1987, repris dans référence [6].
9. M. Horne, A. Shimony, A. Zeilinger, *Two-particle Interferometry, Nature*, **347**, 429 (1990).
10. J. S. Bell, *Rev. Mod. Phys.* **38**, 447 (1966).
11. S. Kochen, E.P. Specker, *J. Math. Mech.* **17**, 59 (1967).
12. F. Belinfante, *A Survey of Hidden-Variables Theories*, Oxford, Pergamon Press, 1973.
13. S. M. Roy, Virendra Singh, « Quantum Violation of Stochastic Non-contextual Hidden Variable Theories », *Tata Institute of Fundamental Research preprint* 92-15, 1992.
14. P. Pearle, *Phys. Rev.* **D 13**, 857 (1976).
15. P. Pearle, *International Journal of Theoretical Physics* **48**, 489 (1979).
16. G. C. Ghirardi, A. Rimini, T. Weber, *Phys. Rev.* **D 34**, 470 (1986).
17. F. Karolyhazy, « Gravitation and Quantum Mechanics of Macroscopic Bodies », Thèse, *Magyar Fisikai Foloirat* **22**, 23, 1974.
18. F. Karolyhazy, A. Frenkel, B. Lukacs, in *Physics as Natural Philosophy*, A. Shimony, H. Feshbach éds., Cambridge, M.I.T. Press, 1982, in *Quantum Concepts of Space and Time*, R. Penrose et C. J. Isham eds., Oxford, Clarendon Press, 1986.
19. A. Frenkel, *The Reduction of the Schrödinger Wave Function and the Emergence of Classical Behavior*, Budapest, KFKI preprint 17/A, 1988.
20. P. Pearle, *Phys. Rev.* **A 39**, 2277 (1989) ; *Sixty-Two Years of Uncertainty*, A. I. Miller ed., New York, Plenum Press, 1990, p. 193 ; N. Gisin, *Helv. Phys. Acta* **62**, 363 (1989).
21. G. C. Ghirardi, R. Grassi, P. Pearle, *Symposium on the Foundations of Modern Physics 1990*, Singapour, World Scientific, 1991, p. 109 ; *Found. Phys.* **20**, 1271 (1990).
22. D. Home, M. A. B.Whitaker, « Ensemble Interpretations of Quantum Mechanics, a Modern Perspective », in *Physics Reports*, **210**, 225 (1992).
23. D. Home, M. A. B. Whitaker, *Phys. Lett.* **A 115**, 81 (1986).
24. P. Gibbins, *Particles and Paradoxes*, Cambridge, Cambridge University Press, 1987.
25. L. E. Ballentine, *Am. J. Phys.* **54**, 81 (1973).
26. L. E. Ballentine, *Rev. Mod. Phys.* **42**, 385 (1970).
27. M. Jammer, *The Philosophy of Quantum Mechanics*, New York, Wiley, 1974.
28. A. Sudbery, in *Quantum Concepts in Space and Time*, R. Penrose, C. J. Isham eds., Oxford, Clarendon Press, 1986.
29. S. Kochen, *A New Interpretation of Quantum Mechanics. Symposium on the Foundations of Modern Physics*, Singapour, 85, World Scientific, 1985.
30. R. Healey, *Philosophy of Quantum Mechanics, An Interactive Interpretation*, Cambridge University Press, 1989.
31. D. Dieks, *Synthese* **82**, 127 (1990).
32. B. van Fraassen, in *Current Issues in Quantum Logic*, E. Beltramelli, B. van Fraassen éds., New York, Plenum, 1981.

33. D. Dieks, *Continuous Wave Function and Discreete Physical Properties*, in *Erwin Schrödinger Philosophy and the Birth of Quantum Mechanics*, M. Bitbol, O. Darrigol éds., Gif-sur-Yvette, Éditions Frontières, 1992.
34. H. Zeh, *Foundations of Physics*, **3**, 109 (1973).
35. D. Albert, B. Loewer, in *Symposium on the Foundations of Modern Physics 1990*, P. Lahti, P. Mittelstaedt éds., Singapour, World Scientific, 1991.
36. B. d'Espagnat, *A la recherche du réel, le regard d'un physicien*, Gauthier-Villars, 1979, 53e éd., Agora, Presse-Pocket, 1991).
37. A. Einstein, in *The Philosophy of Bertrand Russell*, Evanton, Ill., North Western University Press, 1944.

14

Le réalisme ouvert

Le thème que nous abordons appelle deux remarques préliminaires. La première concerne le mot « réalisme ». Bien qu'aux yeux de beaucoup la physique soit « la science de la réalité physique », il reste que les mots « réalité », « réalisme », etc., sont, à proprement parler plus philosophiques que scientifiques. Aussi le présent chapitre doit-il nécessairement comporter un volet philosophique. Mais d'un autre côté, il doit aussi, cela va de soi, tenir compte du contenu — purement scientifique — de tous les chapitres qui précèdent. En conséquence, ce qu'il proposera sera une combinaison de philosophie et de physique.

La seconde remarque est d'ordre plus pratique. Afin de rendre clair le fil des idées ici défendues, il sera procédé en quatre étapes. Dans la section 1 (première étape), c'est la *structure* de l'argumentation qu'on exposera. Dans les sections 2 à 6 (deuxième étape), les aspects principaux de chaque maillon de la chaîne seront décrits. Au fil des sections 7 à 11 (troisième étape), nous reconsidérerons chacun de ces éléments en particulier et entrerons, à leur sujet, dans certains détails complémentaires, qui ne sont pas indispensables à l'intelligence du raisonnement dans son ensemble mais dont, pour des raisons de rigueur, l'explicitation peut à bon droit être demandée par les philosophes. Enfin, dans la section 12 (quatrième étape), des conclusions seront tirées.

14-1. Structure de l'argumentation de ce chapitre

Elle consiste à répondre successivement aux trois questions que voici :

1. *Quelles sont les énigmes essentielles ?*

La réponse sera qu'elles sont au nombre de deux : *l'objectivité faible* et la *non-séparabilité*.

On connaît déjà le sens de ces expressions. Rappelons seulement que ni l'une ni l'autre de ces « énigmes » n'existe en physique classique. Et que leur présence en physique quantique est ce qui explique qu'alors que les règles quantiques de prédiction fonctionnent remarquablement bien, leur interprétation en termes de ce que les philosophes appellent parfois « la réalité extérieure » soulève des problèmes considérables. D'où le surgissement de notre deuxième question :

2. *En fin de compte, avons-nous besoin d'une réalité ?*

Ce sera là la partie philosophique du chapitre. Notre réponse sera positive, ce qui nous conduira à notre troisième question :

3. *Cette réalité est-elle intelligible ?*

Pour répondre à cette question, il faut chercher à évaluer le degré de pertinence de la prétention de certains physiciens à décrire les choses « telles qu'elles sont vraiment » sans, pour autant, violer les prédictions d'observation de la mécanique quantique. Essentiellement, cette prétention se fonde soit sur une explication construite à partir de cette mécanique — et présentée comme « réaliste » — des aspects classiques des macro-objets (aiguilles d'instruments comprises), soit sur telle ou telle *reformulation ontologique* des règles générales de cette mécanique. A partir de l'analyse détaillée — développée dans les précédents chapitres — de ces deux familles de théories, nous parviendrons en fin de compte à la conclusion que, tout bien considéré, le degré de plausibilité des tentatives — de l'un et l'autre type — dont il s'agit est peu élevé.

Ce qui découle de cela, c'est que, selon toutes probabilités, le réel est soit inconnaissable soit voilé. Un examen ultérieur de la question nous conduira à la conclusion qu'il est voilé.

14-2. Les énigmes principales, revue sommaire

Résumons ici quelques données connues.

a) Objectivité faible

Bien entendu, tous les énoncés de la physique sont objectifs. Mais cette affirmation, tout en étant pleinement exacte, est moins claire qu'il ne semble au premier abord du fait que (section 1-6) il existe deux types distincts d'objectivité, la *forte* et la *faible*. Les énoncés à objectivité forte sont ceux qu'un réaliste conventionnel peut interpréter (et donc interprète effectivement) comme portant sur le réel. Entendons : comme décrivant fidèlement, tels qu'ils sont vraiment, les traits (généraux et particuliers) d'une « réalité extérieure » dont l'existence — c'est la thèse réaliste de base — est indépendante tant de notre existence que de notre savoir. Mis à part certaines assertions de la thermodynamique statistique classique, tous les énoncés fondamentaux de la physique classique sont objectifs dans ce sens fort. Et il fut une époque où l'on pouvait raisonnablement considérer comme vraisemblable que cet état de choses se perpétuerait, que même la thermodynamique serait un jour reformulée en termes fortement objectifs, et que toutes les théories à venir seraient également dans ce cas. Mais ce n'est pas ce qui se produisit en fait. En particulier, certains axiomes de la mécanique quantique conventionnelle des manuels ne jouissent pas de l'objectivité forte. Ils réfèrent, par exemple, et de manière fondamentale, à l'opération de mesure : entendons, à l'idée même de cette opération, indépendamment de la question de savoir quel individu l'effectue. De tels énoncés doivent-ils être considérés comme « subjectifs » ? Certes non, puisqu'ils sont valables pour n'importe qui. Nous avons donc ici affaire à une classe d'énoncés qui ne sont ni fortement objectifs ni subjectifs. Ce sont les énoncés que nous avons appelés « à objectivité faible » au chapitre 1, où une analyse un peu plus poussée de la distinction entre objectivité forte et faible a même déjà été esquissée. D'un point de vue philosophique, une telle analyse doit cependant être poussée plus loin et ceci sera fait dans la section 14-7. Au même endroit sera aussi examinée la question cruciale de savoir si des versions plus élaborées de la mécanique quantique ou de la théorie de la mesure — telles que celles dont nous avons pris connaissance aux chapitres 10 à 12 — sont susceptibles de restaurer l'objectivité forte. La réponse sera négative.

b) La non-séparabilité

La physique classique (comme, pratiquement, toutes les autres sciences) fut édifiée sur la notion extraordinairement féconde d'*analyse*. Entendons, non pas seulement l'analyse mathématique mais aussi bien l'analyse *conceptuelle*, *physique* : l'idée que nous devons chercher à nous représenter un système physique comme composé de parties distinctes et que, lorsque les « lois de forces » sont connues, une connaissance exhaustive de ces parties fournit *ipso facto* la connaissance du tout qu'elles forment. C'est cette idée que nous avons appelée « principe de divisibilité par la pensée » (section 8-1). Or, comme Schrödinger fut sans doute le premier à le constater (ou, en tout cas, à nettement l'expliciter), l'idée d'une complète divisibilité par la pensée ne s'accorde pas bien avec la mécanique quantique. On le constate très clairement dans le cadre du formalisme élémentaire qui, pour décrire un système composé de plusieurs particules, utilise la « fonction d'onde à plusieurs particules » correspondante. Dans ce cadre, en effet, même si, au départ, on a affaire à une fonction d'onde simple produit de fonctions d'onde — approximativement localisées — à une particule, l'évolution induite par l'équation de Schrödinger dépendante du temps a pour effet qu'au bout d'un certain temps, la fonction d'onde du système *n'est plus* un produit de fonctions à une particule. Ce qui fait qu'alors il n'est plus possible d'attribuer à chaque particule une fonction d'onde individuelle (et donc, *a fortiori*, de penser cette particule comme occupant une région distincte de l'espace). Cet effet a, on le sait déjà, été appelé *enchevêtrement* par Schrödinger.

Certains physiciens ont cru pouvoir sauver la divisibilité par la pensée en décidant de décrire les particules, non plus au moyen de fonctions d'onde ou de kets mais bien au moyen d'opérateurs d'état (ou de « matrices densités »). Ils faisaient valoir que, dans l'état final ici considéré, chacune des particules, même s'il est vrai qu'elle n'a pas de fonction d'onde, a sa propre matrice densité. La remarque est, bien sûr, valable. Mais elle ne restaure pas la validité du principe de divisibilité par la pensée. La raison en est que, comme nous l'avons vu dans la section 8-1, la connaissance des matrices densités de chaque particule individuelle ne nous procure pas (même si nous connaissons parfaitement l'hamiltonien, etc., c'est-à-dire les « lois des forces ») la connaissance du tout qu'elles forment, puisqu'elle n'implique pas la connaissance des *corrélations* entre ces particules (alors que, bien loin d'être des abstractions, ou de simples vues de l'esprit, ces corrélations sont accessibles à l'expérience). C'est là quelque chose de tout à fait différent de ce que l'on savait, on croyait savoir, autrefois. En vérité, selon un mot attribué à Hermann Weyl, « la mécanique quantique est la première théorie holistique qui marche ».

Bien entendu, au nombre des grandes questions que pose la mécanique quantique, il conviendrait de compter aussi celle, redoutable, consistant à tenter de rendre compte de ce qui se passe réellement lors d'un processus de mesure, quand nous cherchons à décrire les instruments comme étant des systèmes physiques ordinaires. Dans le schéma esquissé ci-dessus, ce problème n'a pas été mentionné à part, tout simplement parce que (comme on l'a constaté au chapitre 10) il n'est, en un sens, qu'un cas particulier du problème général de l'enchevêtrement, ou de la non-divisibilité par la pensée. Contrairement à ce qu'Einstein semble, un temps, avoir pensé, les théories dites « ontologiquement interprétables » (chapitre 13) ne permettent pas d'évacuer le problème posé par la non-divisibilité par la pensée. Comme les théorèmes de Bell l'ont montré, ces théories ne font que déplacer l'énigme. Chez elles, celle-ci prend la forme d'une violation de la causalité locale (chapitre 9). Le nom générique de « *non-séparabilité* » a été proposé — et paraît adéquat — pour couvrir à la fois l'un et l'autre avatar du problème ainsi apparu.

En résumé, l'objectivité faible et la non-séparabilité sont deux traits fondamentaux de la mécanique quantique qui ne s'accordent en rien avec nos conceptions habituelles et nous obligent donc à modifier celles-ci. Mais il faut remarquer que ce sont des énigmes seulement aux yeux de qui prend au sérieux la notion de « réalité extérieure » (pour utiliser le terme standard, aussi inadéquat qu'il puisse être). Ces traits ne diminuent ni ne modifient en rien la puissance opératoire de la théorie (on a remarqué que la non-divisibilité par la pensée ne peut pas être utilisée pour transmettre des signaux, voir la section 8-2). De sorte que reconnaître leur existence et leur importance nous conduit tout naturellement à nous poser la question suivante : en définitive, *avons-nous même besoin* du concept d'une réalité extérieure (ou, pour mieux dire, d'une réalité « indépendante », d'un « réel ») ?

14-3. Avons-nous besoin d'un « réel » ?

On peut considérer que les premiers doutes sérieux à ce sujet remontent à Berkeley, sans oublier pourtant que Descartes fut, en la matière, un précurseur. Comme nous le savons, l'idée prit alors corps que des notions aussi générales que celles d'Être, de choses-en-soi, etc., sont finalement inutiles, superfétatoires et « par conséquent » non valables. Et que, tout bien considéré, c'est seulement à partir de l'expérience humaine qu'il est possible de définir quoi que ce soit qu'il soit légitime de nommer « réel ». Ainsi parle la philosophie qu'au chapitre 1 nous avons appelée « idéalisme radical » ou « phénoménisme radical ». En vérité, on peut dire que les doctrines philosophiques modernes ou contemporaines qui connurent hier — ou connaissent aujourd'hui — la vogue la plus grande participent de l'idéalisme dans une mesure plus considérable et à un niveau plus fondamental que la plupart de leurs partisans ne se l'avouent à eux-mêmes. Résumons brièvement une fois encore l'argumentation qu'un défenseur de cette ligne générale de pensée peut avancer.

A sa base, on trouve le fait qu'une grande part du contenu même de nos sensations dépend beaucoup de nos organes sensitifs.

Dès lors, nous dit-on, il est naturel de considérer que ce que nous percevons n'est pas l'objet physique que nous croyons percevoir mais bien une image mentale de celui-ci.

Mais dans ces conditions, fait-on valoir, pourquoi aller croire à l'existence des objets extérieurs ? Nous ne devrions donner une signification qu'aux entités définies par un mode opératoire. Le mot d'*existence* n'a donc pas de sens par lui-même. Il n'en reçoit un que dans des cas bien spécifiques, par référence à notre expérience. Et corrélativement, les concepts généraux tels que ceux d'*espace*, de *temps*, de *causalité*, dont nous nous servons pour décrire notre expérience ne correspondent pas à des éléments structurels d'une réalité *en soi*. Ce sont des *modes a priori* de notre sensibilité ou de notre entendement (Kant).

Ainsi se présente l'argumentation de ces philosophes, dont la doctrine, comme on vient de le noter, participe fortement, en fait, de l'idéalisme. Il vaut la peine de remarquer que nombre de physiciens ont, au moins un temps, nourri des idées assez proches de celles-ci. Parmi les plus notoires, on peut citer tant le jeune Einstein que le jeune Heisenberg. D'un autre côté, il est également bien connu que, dans leur âge mûr, beaucoup d'entre eux évoluèrent vers une position très nettement plus nuancée. Tel fut, par exemple, le cas d'Einstein, qui devint un authentique réaliste. Et, à un degré moindre, tel fut aussi le cas de Heisenberg, lorsqu'il introduisit ses *potentia*. Ceci peut être considéré comme une indication que l'approche, néo-kantienne, de l'idéalisme radical n'est pas totalement satisfaisante. Et, de fait, elle a à faire face à de très sérieuses objections, comme on a commencé à s'en apercevoir au cours des précédents chapitres. Ce qui est prétendu ici, ce n'est ni que ces objections sont nouvelles (dans un domaine à ce point exploré il n'existe sans doute pas d'arguments réellement nouveaux) ni qu'on doit les considérer d'emblée comme justes, sans autre forme de procès. Mais elles sont, malgré tout, significatives. A ce stade, notons seulement en quoi elles consistent. L'analyse fine et la discussion de chacune d'entre elles sera entreprise plus loin (sections 14-8 et 14-10). Les voici.

a) Kantisme et néo-kantisme conduisent l'un et l'autre tout naturellement à l'idée que, puisque les lois physiques procèdent, en définitive, des modes *a priori* de notre sensibilité et de notre entendement, ces lois doivent être entièrement formulables au moyen de concepts reflétant fidèlement cette sensibilité et prolongeant naturellement le « bon sens » : à l'aide, autrement dit, des seuls concepts « visualisables ». Certains historiens des sciences, A. Miller par exemple [1], estiment avoir des raisons de penser que s'être trop fiés au kantisme ou au néo-kantisme peut avoir gêné dans leur recherche certains des physiciens qui, durant le premier quart de ce siècle, assumèrent la tâche d'édifier la théorie des processus atomiques.

b) Il arrive que nous, théoriciens, nous construisions des théories vraiment magnifiques tant elles sont rationnelles et élégantes... et que l'expérience, pourtant, les réfute. Quelque chose dit : « non ». Ce « quelque chose » ne peut être « nous ». Il faut donc qu'il y ait quelque chose qui ne soit pas « nous ».

c) L'approche dont il s'agit fait manifestement de la *connaissance* et de l'*expérience* des concepts logiquement antérieurs à l'*existence*. Et cependant, il semble tout à fait impossible d'attribuer une quelconque signification au mot même de « connaissance » sans par là même postuler — tout au moins implicitement — l'*existence* d'au moins quelqu'un ou quelque chose, enfin, disons, d'un existant quelconque, *qui connaît.* En d'autres termes l'ordonnancement logique postulé dans l'approche ici discutée ne paraît pas être logiquement compatible avec le minimum que normalement nous attendons d'une théorie présentée comme ayant un sens.

d) L'accord intersubjectif peut paraître difficilement explicable si nulle référence n'est faite à des choses, êtres, entités ou Dieu sait quoi d'autre, existant en dehors de nous.

On l'a déjà noté : ces arguments — et quelques autres — doivent être soumis au feu de la critique avant que l'on puisse s'appuyer réellement sur eux. Dans une certaine mesure, nous l'avons déjà fait au chapitre 1, et des développements additionnels sur ce point seront présentés dans les sections de compléments 14-8 et 14-9. Pour plus de clarté dans l'exposé, on anticipera ici sur le résultat de cette analyse délicate et, inévitablement, fastidieuse. Ce résultat est, tout compte fait, positif. Il ne peut pas, semble-t-il, être cohérent de se passer complètement de la notion d'un réel logiquement antérieur à la connaissance. Il convient de donner un nom à cette position. On l'appellera le « réalisme ouvert ».

Réalisme ouvert

Il y a « quelque chose » (ce « quelque chose » est-il l'ensemble de tous les objets, celui de tous les atomes, celui de tous les événements, Dieu, l'ensemble des Idées platoniciennes ? A ce stade, nous dirons seulement « quelque chose ») dont l'existence ne procède pas de l'existence de l'esprit humain.

Certains estimeront que les arguments esquissés plus haut rendent le réalisme ouvert extrêmement plausible. D'autres parleront de postulat. Pour significatif qu'il soit, ce point n'est pas, dans notre présente argumentation, celui qui importe le plus. Ce qui est tout à fait essentiel c'est qu'en tout cas, *aucun postulat autre que celui-ci (si c'en est un) ne sera nécessaire pour les développements qui vont suivre.* Ce que l'on veut dire par là c'est que, contrairement à beaucoup de réalistes conventionnels, nous ne postulons rien relativement à la nature de « ce qui est » : pas même qu'il peut être connu par l'homme ; mais pas davantage qu'il est inconnaissable ! Nous laissons simplement la question ouverte. Nous considérons qu'il en faut chercher la réponse, non pas dans les thèses d'un quelconque système philosophique mais bien dans l'analyse de ce que le savoir factuel — en particulier scientifique — peut nous apprendre.

Dans ces conditions, il est difficile de trouver, pour « ce qui existe » — ou « est » — un nom assez « neutre » pour qu'il n'aille pas insidieusement nous faire concevoir son référent sous des traits qu'au stade encore peu avancé de notre enquête il serait tout à fait téméraire et prématuré de lui attribuer. Les noms les moins « compromettants » — à cet égard — paraissent être ceux, pris ici comme synonymes, de « réel » et de « réalité indépendante », cette dernière expression ne signifiant pas que l'homme ne peut agir sur elle, mais seulement que son existence ne procède pas de celle de l'homme.

14-4. Le réel est-il atomisable ?

Dans l'acception — certes assez peu élaborée — que nous attribuons ici au mot atomisme, celui-ci renvoie à la théorie selon laquelle la réalité ultime, le réel, est constituée de myriades d'entités simples. La question formant le titre de ce chapitre peut donc être précisée sous la forme : « est-il vrai que l'Être est éparpillé en une multitude d'éléments premiers ? Le *multitudinisme*, autrement dit, est-il à la base de tout ? »

Telle qu'elle est présentée, tant dans les manuels élémentaires que dans les livres de vulgarisation, la physique paraît imposer implicitement à cette question une réponse positive et sans appel. Les données rassemblées dans les chapitres précédents favorisent cependant une conception toute différente et même opposée. Sans passer en revue ce qui a été ci-dessus noté sur le sujet, attirons seulement l'attention sur le fait suivant. La physique quantique *relativiste* — sous sa forme privilégiée de *théorie quantique des champs* — concourt, elle aussi, à faire estimer que l'atomisme philosophique — le « multitudinisme » — est fondamentalement erroné.

Ce point n'est peut-être pas immédiatement évident, même aux yeux des « professionnels » de cette physique — à savoir les physiciens des hautes énergies — car il se trouve que le langage dans lequel leur discipline s'exprime d'ordinaire est celui d'une sorte d'atomisme implicite, et que les outils dont ils font un constant usage — les diagrammes de Feynman — paraissent référer aux particules en tant qu'entités existant *en soi.* Mais un peu de réflexion ne peut que les conduire à reconnaître : premièrement que les diagrammes de Feynman ne sont que les descriptions graphiques imagées de procédés de calcul visant à prédire avec quelles probabilités tels ou tels résultats de mesures seront obtenus (dans telle circonstance ou telle autre) ; et secondement que ces procédés sont en totalité des *conséquences* de la théorie quantique des champs. De sorte que si notre souci est d'ordre conceptuel ; s'il est de mieux cerner la vraie nature des réalités que l'on suppose — ou espère ! — être sous-jacentes aux calculs en question, c'est vers la structure même de la théorie quantique des champs qu'il convient de se tourner[1]. Or ce qui, d'un point de vue philosophique, est de beaucoup le trait le plus remarquable de cette théorie, c'est qu'elle réduit la notion — impossible à traiter sur le plan scientifique — de « création » à celle, beaucoup plus maniable, de « changement d'état ». Et ce qui nous ramène à la question ici discutée c'est que cette théorie y parvient en posant comme *premiers* des concepts référant à un petit nombre d'entités générales — tels les champs associés aux divers *types* de particules — et comme *dérivé* le concept de particule individuelle. En conséquence, si nous cherchons quels concepts — ou quels « algorithmes mathématiques » — pourraient, dans cette théorie, être identifiés comme référant à une ou des « réalités de base », nous n'en pouvons trouver aucun sauf, éventuellement, celui de l'élément dont l'état change lorsqu'une particule est créée ou annihilée. Cet élément n'est autre que le vecteur d'état de l'« espace de Fock ». Mais, dans la théorie, il n'y a pas des myriades et des myriades de tels éléments. Il n'y en a qu'un seul ! Ce qui signifie que, du point de vue conceptuel, la théorie est aussi éloignée du multitudinisme qu'il est pensable que puisse l'être une théorie.

A première vue, on pourrait objecter à cette argumentation que même si la « réalité de base » est *une* — une sorte de *materia prima* — malgré tout elle se matérialise en myriades de particules et qu'il n'y a guère de raison de ne pas considérer chacune de ces particules comme étant « réelle », au sens communément tenu pour valable du terme. Mais si l'on se penche plus en détail sur la structure de la théorie quantique des champs, on s'aperçoit que la critique ne tient pas. Car cette théorie reprend à son compte tous les axiomes qui sont à la base de la mécanique quantique ordinaire, y compris, en particulier, a) la correspondance entre opérateurs et observables et b) les Règles 5 et 6 du chapitre 3, lesquelles associent les valeurs propres de certains opérateurs, non point du tout à des attributs réellement *possédés* par les systèmes quantiques mais aux *résultats* de *mesures* éventuellement faites ou à faire de telles ou telles observables. Étant donné que, en théorie quantique des champs, la quantité « nombre de particules dans tel ou tel état » n'est rien d'autre que l'une de ces observables (associée à un opérateur lui-même simple combinaison des opérateurs-champs), on doit, pour des raisons élémentaires de cohérence, la considérer elle aussi, non pas comme

1. Ce qui, en particulier, éclaire une question parfois considérée comme délicate : celle du statut épistémologique des particules virtuelles. Les particules virtuelles des diagrammes de Feynman ne sont pas autre chose que les représentations graphiques de *dénominateurs* présents dans certaines des formules qui, en théorie quantique des champs, fournissent les valeurs des probabilités d'observation des phénomènes étudiés.

associée à un attribut *possédé* par quelque sous-jacente réalité mais bien comme étant le résultat possible d'une certaine mesure éventuelle. En d'autres termes, la théorie quantique des champs nous force à considérer que *l'existence* (contingente) de telle ou telle particule n'est pas quelque chose d'intrinsèquement différent d'une simple propriété dynamique. Qu'en fait elle n'est rien de plus fondamental qu'une simple valeur propre d'observable et que, comme tout autre valeur propre en mécanique quantique ordinaire, elle caractérise, non pas une détermination que la réalité aurait, mais seulement le résultat, effectif ou seulement possible, d'une *mesure* (c'est-à-dire qu'elle est, dans le cas général, une entité du même type que — en mécanique quantique élémentaire — la position non encore mesurée d'une particule représentée par une fonction d'onde étendue). Par conséquent, redisons-le, il existe une considérable dissonance entre l'atomisme tel que défini ci-dessus et la théorie des champs conventionnelle.

Il va de soi que ni la description par « zigzags de Feynman » des créations et annihilations de paires ni la technique feynmanienne des « intégrales de chemin » n'ouvrent des possibilités de réfutation de ce qui précède. L'une et l'autre sont des techniques de calcul « internes » à la théorie quantique des champs. Elles dérivent une part de leur efficacité du fait qu'elles sont allégoriquement formulées dans un langage pseudo-réaliste qui les rend très évocatrices, mais les images qu'elles suscitent ne sauraient être littéralement interprétées. Ainsi, par exemple, dans la technique des intégrales de chemin, pour connaître la probabilité de *certains* résultats d'observations futures il faut, comme on le sait, faire une sommation, non pas sur les probabilité relatives à chaque chemin — comme l'interprétation littérale inviterait à le faire — mais sur les *amplitudes* de probabilité. Or, ce qui décide laquelle des deux opérations doit être faite (sommer sur les probabilités ou sommer sur les amplitudes) c'est le fait que *nous* pouvons ou non (*via* quelque mesure) acquérir une connaissance du « chemin qui a été pris » : une « règle du jeu » qui, de toute évidence, n'est objective qu'au sens faible.

14-5. Le réel est-il connaissable ?

C'est une question qui, on l'a dit, doit-être étudiée à la lumière de la physique. Son libellé précis est le suivant : dispose-t-on actuellement, ou peut-on nourrir un espoir raisonnable de disposer dans l'avenir, d'une théorie à la fois ontologiquement interprétable et suffisamment convaincante pour pouvoir être dite « scientifiquement établie » ? Explicitons ici les raisons qui font que la réponse *non* semble s'imposer, et, pour cela, considérons rapidement les propositions actuellement « sur le marché ».

a) Notons d'abord en quelques mots l'existence de deux approches qui sont quelquefois — par erreur — comprises comme susceptibles d'une interprétation ontologique. L'une d'elles est une « lecture » parfois suggérée (*cf.* par exemple Feyerabend [2]), mais erronée, de Niels Bohr. Son idée est d'identifier la thèse bohrienne à la conception philosophique souvent appelée « macro-objectivisme », conception selon laquelle, contrairement aux microscopiques, les objets macrocospiques obéissent rigoureusement à la physique classique et sont donc tout aussi « ontologiquement interprétables » que l'étaient les systèmes physiques à l'époque où la physique classique était tenue pour être *la* vraie théorie. Une telle identification n'est pas possible, comme on l'a vu (chapitre 11), en particulier en raison du fait que dans, par exemple, les expériences de pensée mettant en jeu des diaphragmes mobiles, Bohr [3] place certains éléments du dispositif — ces diaphragmes mobiles, précisément — soit du côté de l'instrument soit du côté de l'objet (quantique) et cela, non pas du tout selon les propriétés physiques qu'ils peuvent, ou non, avoir, mais bien selon *l'usage qui en est fait* : selon qu'ils servent ou non en qualité de parties d'instruments. Comme Bohr lui-même l'a précisé : une *distinction logique* [4] est par là introduite entre les instruments et les objets quantiques. Or, manifestement, une distinction *logique ne* saurait être assimilée à une différenciation fondée sur le plus ou moins grand degré de complexité des systèmes, c'est-à-dire sur leur caractère « macro » ou « micro ». En outre, ce point se voit explicitement confirmé par Bohr lui-même quand il écrit : « La description [...] a un caractère parfaitement objectif *en ce sens* [c'est nous qui soulignons] qu'aucune référence explicite n'est faite à un quelconque observateur individuel » [4]. Cette phrase caractérise exactement ce que nous avons appelé l'« objectivité faible » et montre donc que c'est celle-ci, et non l'objectivité forte, que Bohr recherchait. Autrement dit, l'approche de Bohr ne visait pas à réconcilier — et, effectivement, ne réconciliait pas — la mécanique quantique avec le réalisme (pour plus de détails voir sections 11-1 à 11-3). Dans la mesure où des théories telles que, par exemple, celle d'Omnès peuvent être considérées comme des formulations des conceptions de Bohr plus précises que celle de Bohr lui-même (voir section 11-4), la même remarque devrait s'appliquer aux objectifs vrais des auteurs de ces théories, même si ceux-ci ne jugent pas toujours opportun de souligner ce point comme nous le faisons ici.

L'autre idée, qui est quelquefois interprétée par erreur de la même manière, est la théorie du rôle de l'environnement due à Zeh, Joos [5] et d'autres ; elle a été étudiée au chapitre 12. Certes, les niveaux d'énergie des corps macroscopiques sont à ce point proches les uns des autres qu'un tel corps ne peut jamais être considéré comme isolé. Certes les variables d'environnement — dont les corrélations avec celles du corps révéleraient, si on pouvait les mesurer, l'impossibilité de toute attribution de propriétés classiques bien définies à ce dernier — ne sont pas mesurables *dans la pratique*. Mais indéniable est aussi le fait (*cf.* section 10-6) que de telles variables et de telles corrélations pourraient *en principe* être mesurées (les protocoles expérimentaux correspondants peuvent être définis sans ambiguïté ; et les corrélations entre résultats de mesures faites en des lieux éloignés pourraient, en principe, être constatées *plus tard*, en comparant les carnets de notes des deux expérimentateurs, même si les mesures ont été effectuées dans des régions de l'espace-temps spatialement séparées). Répétons-le, ceci (en vertu de l'argument type « chat de Schrödinger » présenté en section 10-6) interdit l'interprétation de la théorie en termes d'objets munis, en toutes circonstances, de propriétés dynamiques leur appartenant en propre. Ce point, il est vrai, vaut d'être examiné encore plus en détail. Toutefois, le faire ici pourrait nous faire perdre le fil de l'argument. Aussi devrons-nous revenir une fois de plus sur le sujet, ce qui sera fait en section 14-10. Anticipant sur la conclusion qui sera alors proposée, nous pouvons d'ores et déjà considérer que le titre d'un des articles de Joos : « *L'apparence* d'un monde classique » [6] constitue le meilleur condensé possible du statut épistémologique de la théorie en question.

b) Restent, alors, les approches *non* conventionnelles étudiées au chapitre 13, à savoir, la théorie de l'onde pilote, certaines théories à variables cachées (K.H.D.F., C.S.L.) et les autres théories à réduction spontanée. A elles peut vraiment s'appliquer le qualificatif « ontologique ». Elles sont toutes extrêmement intéressantes : au premier chef, bien sûr, du fait qu'elles restaurent l'objectivité forte. D'un autre côté cette caractéristique, qui est leur point fort, se trouve être aussi leur point faible. Ce paradoxe tient, en particulier, au fait qu'il y a dans ces théories l'équivalent de la non-divisibilité par la pensée, à savoir la non-localité (théorèmes de Bell) et que celle-ci est, en fait, nettement plus gênante dans leur cas qu'elle ne l'est dans le cadre de la mécanique quantique conventionnelle. Cela est dû au fait que (*cf.* section 8-2) pas plus que la non-divisibilité par la pensée, la non-localité ne rend possible une transmission supraluminale de signaux. Ceci, lorsque l'on a affaire à une théorie non locale qui n'est qu'*à objectivité faible*, fait qu'on peut parler d'une *coexistence pacifique* (selon les termes de Shimony et de Redhead) entre elle et la théorie de la relativité, conçue elle aussi comme à objectivité faible. Lorsqu'au contraire on a affaire à une théorie à objectivité forte, une telle échappatoire n'est plus possible. Alors, en effet, pour la cohérence, la relativité doit, elle aussi, être comprise comme étant à objectivité forte : de sorte que ce ne sont plus seulement les « signaux » qui doivent se propager à des vitesses non supérieures à celle de la lumière, mais bien toutes les « influences » quelle qu'elles soient, ce qui n'est guère (ou pas du tout) en accord avec la non-localité (*cf.* sur ce point ma remarque à la fin de la section 16-1). Il est donc bien vrai de dire que ce qui fait la valeur et l'intérêt de ces théories ontologiques est aussi leur « talon d'Achille ».

On l'a compris, les remarques qui précèdent ne reviennent pas à affirmer que les théories en question sont réfutées. Mais cependant elles diminuent fort appréciablement le degré de confiance qu'on se sent porté à leur attribuer. Et cela d'autant plus qu'il existe, comme on l'a vu, plusieurs constructions théoriques de cette espèce, qu'entre elles une discrimination expérimentale systématique paraît extrêmement difficile à concevoir, même en principe, et que l'extension de telles théories au domaine de la théorie quantique des champs (créations, annihilations...) exigera normalement, au sein de chacune, de grands changements conceptuels du fait que les particules n'y pourront plus alors jouer le rôle d'existants fondamentaux. La conjecture qui, dans ces conditions, paraît la plus raisonnable est que le véritable rôle de la physique n'est pas d'édifier une ontologie scientifiquement établie, que c'est là un but tout à fait irréalisable, et que la physique doit se contenter de décrire les phénomènes.

14-6. Le réel est-il *dans* l'espace et le temps ?

La question de savoir si, oui ou non, la réalité indépendante (le réel) est immergée dans l'espace et dans le temps (ou dans l'espace-temps) est, de toute évidence, fondamentale. De la réponse que nous lui donnons dépend toute notre appréhension du monde et de la place que nous occupons dans le monde. Il n'est pas surprenant qu'elle soit difficile. Dire, comme nous venons de le faire, que le rôle de la physique est seulement de décrire les *phénomènes* — en un sens plus ou moins kantien — ne nous fournit aucune réponse. Certes, elle nous en fournirait une si nous acceptions le kantisme sans discussion mais, comme on l'a vu (section 1-1), il existe aujourd'hui d'excellentes raisons de ne pas accepter cette philosophie dans sa totalité.

Quoi qu'il en soit, un point est clair. Indéniablement, les connaissances scientifiques actuelles — la relativité en particulier, restreinte ou générale — ne nous incitent pas à penser que le réel est immergé dans l'espace ordinaire, dans le temps ordinaire, ou dans un espace-temps plat. Mais une réflexion inspirée seulement par la théorie de la relativité ne peut valablement répondre à des questions telles que : « Le réel est-il immergé dans quelque espace-temps, éventuellement distordu par la matière ? Évolue-t-il *dans* le « temps-cosmique » ?, etc.

Il y a des arguments de poids favorisant, les uns une réponse positive, les autres une réponse négative à de telles questions. Ainsi, l'astrophysique actuelle se développe au sein de l'hypothèse implicite que la réponse *oui* est la bonne, autrement dit que les étoiles, galaxies, etc., existent par elles-mêmes tout à fait indépendamment de la connaissance que l'homme en a (ce qui en fait des éléments de la réalité indépendante, du réel) et sont localisées *dans* l'espace et le temps, *grosso modo* comme nous les voyons l'être. De fait, il est souvent dit que nier ceci reviendrait à considérer que les étoiles galaxies, etc., sont créées par nous, et il est souligné que cette hypothèse est absurde puisque, manifestement, la Terre existait avant l'homme, et ainsi de suite. Certes, dans la section 1-4, nous avons vu que les idéalistes ont à cela une réponse toute prête. Mais nous avons également vu que celle-ci se fonde sur les principes mêmes de leur philosophie de sorte que, pour pouvoir l'accepter sans incohérence, il est nécessaire d'accepter l'idéalisme jusques et y compris en certains de ses traits les plus déconcertants : ce qui peut nous faire hésiter à accepter la réponse en question. Mais d'un autre côté, des données telles que la non-séparabilité, l'objectivité faible de toutes les versions fécondes de la théorie quantique, etc., paraissent constituer des arguments sérieux en faveur d'une *non*-insertion du réel dans l'espace temps ou le temps cosmique. En fait, le pouvoir de conviction de ces derniers arguments est tel qu'il doit nous inciter à considérer d'un œil critique ceux plaidant en faveur de la thèse de l'insertion. Ce qu'il est donc maintenant intéressant d'examiner, c'est si ceux-ci sont réfutables même dans le cadre du réalisme ouvert, c'est-à-dire sans faire appel à l'idéalisme radical.

En guise de premier pas dans cette direction, on esquissera d'abord une discussion philosophique élémentaire en comparant les deux concepts « localisation de la Lune dans le ciel » et « saveur d'un fruit ». Il est en général considéré, y compris par les réalistes, qu'il y a une différence qualitative entre les deux. Notre appréhension de la direction dans laquelle se trouve la Lune à un instant donné est considérée comme nous informant directement d'un fait objectif (la Lune se trouve effectivement dans cette direction à cet instant, point final) alors que notre appréhension de la saveur d'un fruit est conçue comme résultant d'une combinaison complexe de faits « objectifs » concernant la réalité extérieure (l'existence de telles ou telles molécules spécifiques dans le fruit) et de faits de nature essentiellement subjective ou intersubjective, relatifs à notre système sensoriel et notre cerveau. Toutefois, il est en principe concevable que la différence soit plus apparente que réelle : que l'une et l'autre appréhensions résultent d'un traitement complexe, par notre système sensoriel et notre cerveau, d'éléments factuels « lointains » appartenant à une « réalité indépendante » extrêmement différente de ce que nous voyons ou croyons voir. Assurément, une telle conjecture serait purement gratuite et arbitraire — et donc, aux yeux d'un scientifique, ne mériterait guère l'attention — si était disponible une interprétation claire et directe, en termes d'objectivité forte, de toute la physique connue. Mais ce n'est pas le cas, comme le contenu des précédents chapitres l'a bien montré. En d'autres termes, il est parfaitement concevable que « la direction dans laquelle la Lune se trouve » soit reliée à la réalité sous-jacente tout aussi indirectement — *via* nos structures sensorielles et mentales — que l'est la saveur d'un fruit. Et soit par conséquent « créée par nous » au même degré. De fait, dans certaines théories, ontologiquement interprétables telle celle de Bohm (voir référence [7]), l'ordre « explicite » — celui que nous observons tant en astronomie que dans la vie courante et au laboratoire — bien loin d'être un reflet fidèle de l'ordre « implicite » sous-jacent, en est, au contraire, tout à fait différent.

Dans l'étude de la manière dont le réalisme ouvert pourrait éventuellement se concilier avec la thèse que la réalité indépendante n'est pas *contenue* dans l'espace et le temps, l'étape suivante consiste à se remémorer ce qu'on a noté dans la section 10-8 relativement au double rôle que les symboles mathématiques tels que ρ (densité), **E**, **B**, $\boldsymbol{r}$, ..., qui désignent les grandeurs physiques (qu'il s'agisse de scalaires, de vecteurs ou autres) ont en physique classique. Comme nous l'avons remarqué, ces symboles ont d'une part ce que nous avons appelé le *rôle a* : ils servent à exprimer des lois générales, telles que les équations de Maxwell, considérées comme pouvant éventuellement décrire les *structures générales* du monde. Et ils ont aussi le *rôle b* qui est de désigner les valeurs que les quantités auxquelles ils réfèrent ont *dans telle ou telle circonstance particulière*. En mécanique quantique, les opérateurs de Heisenberg n'ont que le *rôle a* ; le *rôle b* n'est joué par rien qui puisse refléter du fortement objectif. Comme il a été montré dans cette section, ceci a pour conséquence que, si l'on postule que la structure de la réalité indépendante est correctement et exhaustivement décrite par la physique quantique (ce qui suppose une certaine prise de distance à l'égard de l'idéalisme radical, en direction du réalisme), on doit concevoir cette réalité indépendante comme constituant un tout très fortement enchevêtré ; avec pour conséquence qu'il est impossible de concevoir des parties de ce tout occupant chacune un lieu défini. De sorte qu'en définitive, comme c'est le cas en ce qui concerne la saveur des fruits, c'est nous qui créons (ou imaginons collectivement) les localisations des objets.

Il est vrai qu'ainsi formulé, l'argument ne porte que sur l'espace, pas sur le temps. Mais l'équivalence relativiste (partielle) entre espace et le temps ne peut ici être oubliée. Dans la mesure où nous créons l'espace, il doit y avoir un sens dans lequel nous créons également le temps. Il est bien connu que la formulation de la mécanique quantique, même dans la représentation de Heisenberg, se heurte à certaines difficultés mathématiques lorsque l'on cherche à lui donner un tour manifestement covariant et, en même temps, général (interactions comprises). Vu l'existence de ces difficultés, le fait que l'argument qui précède ne montre pas directement que nous « créons » le temps à la manière dont nous « créons » l'espace n'est guère surprenant et ne réfute pas l'idée que nous « créons » dans la même mesure l'un que l'autre.

A ce stade, nous somme déjà en possession de toutes les informations permettant d'arriver à une conclusion raisonnable concernant le concept de réalité. Cette conclusion sera explicitée dans la section 14-12 et le lecteur pressé est invité à se reporter directement à celle-ci. Les sections qui suivent (14-7 à 14-11) sont des sections complémentaires, essentiellement destinées aux lecteurs « perfectionnistes » qui, sur des points qu'ils estiment être délicats, ne craignent pas d'entrer dans des discussions détaillées.

14-7. Compléments concernant l'objectivité faible

D'un point de vue philosophique, comme il a été dit, ce concept doit être analysé plus en détail. On l'a noté dès le chapitre 1, l'objectivité faible (*alias*, l'*intersubjectivité*) peut être celle soit d'un énoncé, soit d'un *concept*. Un énoncé n'est objectif qu'au sens faible si, tout en étant vrai pour n'importe qui, il n'en réfère pas moins, d'une manière essentielle, à ce que les êtres humains font, ou peuvent faire, ou observent. En parallèle, nous pouvons songer à appeler « objectifs au sens faible » les concepts définis au moyen d'une référence spécifique à quelque traitement humain. Mais, comme on l'a déjà noté (section 1-6), une telle définition de l'objectivité faible des concepts serait trop schématique. Elle prête le flanc à l'objection que, prise à la lettre, elle rend faiblement objectif n'importe quel concept (ou en tout cas n'importe quel concept scientifique) vu que, si nous avions à définir un concept quelconque — fût-il aussi simple en apparence que, par exemple, celui de « position d'un corps macroscopique » — à quelqu'un qui ne le posséderait pas déjà, il nous faudrait bien référer en quelque façon à des observations faites par l'homme. Toutefois, il existe une option philosophique, le réalisme (conventionnel), au sein de laquelle la notion de « concepts à objectivité forte » peut être définie. Comme le note Dummett, on peut caractériser le réalisme comme étant l'idée qu'il existe des énoncés « qui ont une valeur de vérité bien définie, indépendante des moyens par nous utilisés pour la connaître : ces énoncés sont vrais ou faux en vertu d'une réalité existant indépendamment de nous » [8]. Comme on le sait, il existe plusieurs variétés de réalisme (un exemple classique, mais qui ne nous concerne pas directement ici, est le *réalisme concernant les universaux* qui fit couler tant d'encre au Moyen Age). Mais au sein de chacune de ces variétés, il y a, par hypothèse, au moins *certains* énoncés (ceux que nous qualifions d'objectifs au sens fort) qui sont du type de ceux que la phrase de Dummett caractérise. Et il est naturel de considérer que les *termes* dans lesquels ces énoncés sont rédigés correspondent, par définition, à des concepts objectifs au sens fort. Ici c'est le *réalisme concernant les objets matériels* qui constitue notre point de départ (et dont nous nous proposons de grandement modifier les vues afin de les adapter à la physique moderne). Dans celui-ci, bien qu'encore une fois, la position (par exemple) d'un corps macroscopique soit une notion dont, en définitive, le sens doit être défini en renvoyant à des observations, elle n'en est pas moins normalement considérée comme référant à un état de choses indépendant de notre possession d'informations à son sujet, et est donc un concept fortement objectif.

Dans le cadre d'un réalisme de ce type, il est possible de formuler une définition des « concepts objectifs au sens faible » plus restrictive que celle ci-dessus considérée, et ceci permet de faire une distinction nette entre concepts à objectivité forte et faible, de même qu'entre énoncés à objectivité forte et faible. Commençons par les énoncés fortement objectifs. Reprenant l'essentiel de l'approche de Dummett, nous pouvons définir ceux-ci comme étant ceux qui — dans un réalisme à la Dummett — pourraient être, et seraient, considérés comme étant vrais ou faux en vertu d'une réalité existant indépendamment de nous, autrement dit comme possédant une valeur de vérité objective, indépendante de nos éventuels moyens de la connaître. Ceci permet de définir les concepts objectifs au sens fort comme étant, redisons-le, les entités ou attributs auxquels réfèrent les termes utilisés dans les énoncés à objectivité forte. En ce qui concerne les énoncés à objectivité faible, la définition antérieurement proposée demeure valable : ce sont ceux qui réfèrent explicitement à des actions ou à des observations humaines et qui sont vrais (ou faux) pour n'importe qui. Mais au sein de certaines théories, il existe une troisième catégorie d'énoncés. Ceux-ci ressemblent aux énoncés à objectivité forte de la physique classique en ce que, *en apparence*, ils décrivent (ou concernent) les *objets tels que nous les voyons être* (ils ne font aucune référence explicite aux actions ou observations) ; et cependant, des raisons de cohérence interne de la théorie considérée nous interdisent de comprendre ces énoncés comme étant vrais au sens de l'objectivité forte (par exemple, ils peuvent ne pas être compatibles avec certaines prédictions découlant de la théorie et portant sur des expériences « concevables mais irréalisables dans la pratique » : on a rencontré un cas de ce type dans la section 10-6). Dans le cadre d'une telle théorie, nous pouvons décider d'appeler « faiblement objectifs » (entendons : à objectivité *seulement* faible) les concepts auxquels les énoncés dont il s'agit réfèrent. Un exemple type de tels concepts est — dans le cas général correspondant à la formule (10-5) — la position de l'aiguille d'un instrument après qu'une mesure a été faite et avant que quiconque en ait pris connaissance. Une telle définition devra bien entendu être élaborée (voir chapitre 15), mais telle qu'elle est, elle montre déjà bien que, dans le cadre d'une théorie visant au réalisme, dire d'un concept qu'il n'est objectif qu'au sens faible peut être une assertion pourvue d'un sens, et de caractère non tautologique.

Faisons ici, par parenthèse et pour prévenir toute confusion, une remarque d'ordre sémantique. Elle consiste à observer que, telle que ci-dessus définie, la classe des concepts à objectivité faible, contrairement à celle des *énoncés* à objectivité faible, est une classe assez restreinte, du fait que ces concepts réfèrent à des objets. Nous devrons donc nous rappeler que de nombreux concepts — celui d'une fonction mathématique, par exemple, ou encore celui de vérité, etc. — sont tout à fait « objectifs » au sens usuel du terme mais qu'ils ne sont objectifs ni au sens fort ni au sens faible dans les acceptions « techniques » données ci-dessus à ces expressions.

Une théorie sera dite objective au sens faible — ou « faiblement objective » — si ses énoncés ou axiomes *de base* — les énoncés desquels la théorie découle de façon déductive — mettent en jeu au moins un énoncé ou un concept à objectivité faible. Inversement, une théorie sera dite objective au sens fort si tous ses principes de base sont formulés en termes d'énoncés et concepts à objectivité forte. Inutile de souligner qu'une théorie à objectivité forte étant donnée, nous ne sommes aucunement *forcés* de la comprendre en termes réalistes, c'est-à-dire comme portant sur les objets eux-mêmes et les décrivant « tels qu'ils sont vraiment ». De pertinentes raisons d'ordre philosophique conduisirent des physiciens éminents, même au cours de l'« âge classique », à comprendre autrement de telles théories. Le caractère fortement objectif d'une théorie consiste seulement dans le fait que, considérée en elle-même, indépendamment de toute argumentation d'ordre philosophique, elle *peut* sans incohérence, être comprise de cette manière.

Mis à part le cas, discutable comme on l'a noté, de la thermodynamique, toutes les théories qui composaient la physique classique étaient à objectivité forte selon la définition précédente. En fait, en dépit d'apparences contraires, ceci est encore vrai de la théorie de la relativité (classique). Rosenfeld, par exemple [9], avait raison d'affirmer que la référence faite, dans cette théorie, à la notion d'observateur (à ce que les observateurs observent dans tel ou tel référentiel) n'implique pas qu'il y ait incompatibilité entre relativité et réalisme. Son argument revenait à considérer que c'est l'invariance formelle des lois de la relativité par rapport aux changements de référentiels qui confère l'objectivité à la théorie. En fait, on peut songer à un argument meilleur, ou, du moins, davantage dans la ligne d'un réalisme à la Dummett. Il consiste à faire observer que (comme nous l'avons déjà noté au chapitre 1) dans le cadre de la théorie de la relativité classique, l'espace-temps d'une part et les événements de l'autre peuvent être conçus, sans que cela entraîne incohérence, comme des éléments d'une réalité existant tout à fait indépendamment de nous. Étant donné que, dans cette théorie, les événements sont connaissables, il s'ensuit que la théorie peut légitimement être interprétée comme décrivant la « réalité telle qu'elle est », même si la manière dont cette réalité se manifeste aux observateurs humains dépend, elle, des référentiels dans lesquels ces derniers se trouvent (autrement dit, les énoncés de base de la théorie sont ceux qui portent sur les événements et l'espace-temps, et ces énoncés sont objectifs au sens fort).

De son propre argument — sommairement esquissé plus haut — Rosenfeld inférait qu'en ce qui concerne des traits aussi généraux que l'usage de la notion d'observateur, etc., il n'y a pas de différence fondamentale entre la mécanique quantique (soit « conventionnelle et des manuels » soit comprise selon le schéma de Bohr) et la relativité restreinte. Et, en conséquence, il considérait la mécanique quantique comme tout aussi objective (au « sens fort » dans notre langage) que la relativité. Une telle conclusion ne peut cependant pas être conservée lorsque l'autre argument — celui que nous avons explicité — est pris en considération puisque (contrairement à ce qui est le cas en relativité) en mécanique quantique aucun des concepts mis en jeu, ni celui de particule ni celui d'onde, ni celui d'opérateur d'état, etc., ne peut être interprété comme référant à des éléments contingents d'une réalité existant indépendamment de nous. Alors que, si l'envie nous en prenait, nous pourrions décrire la relativité en termes, simplement, de myriades et de myriades d'événements ponctuels existant par eux-mêmes dans un espace-temps existant aussi par lui-même (l'exposé des conséquences observables n'intervenant qu'à une étape ultérieure), une procédure similaire ne peut s'appliquer à la mécanique quantique, comme beaucoup de données analysées dans les chapitres précédents le montrent. Aussi ne devons-nous pas être surpris si des livres aussi fondamentaux dans notre discipline que ceux de von Neumann [10] et de Dirac [11] expriment — comme cela a aussi été fait ici au chapitre 3 — les axiomes quantiques fondamentaux en termes de résultats de mesures. Comme John Bell le rappelait naguère [12], dans l'axiomatique même de la mécanique quantique telle qu'énoncée par Dirac dans son livre on trouve des membres de phrase tels que : « tout résultat de mesure d'une vraie grandeur dynamique est l'une de ses valeurs propres », « si la mesure de l'observable [...] est effectuée un très grand nombre de fois la moyenne des résultats sera [...] », « une mesure fait toujours "sauter" le système dans un état propre de la grandeur dynamique que l'on mesure [...] », et leur rôle est essentiel. Certes, il est vrai que cela ne rend pas la théorie *subjective*, comme certains philosophes l'ont proclamé, puisque Dirac ne fait pas référence à la prise de conscience du résultat d'une mesure par tel ou tel observateur individuel. Il n'en est pas moins vrai que la théorie met en jeu d'une manière fondamentale la notion d'opération de mesure, de sorte que, dans l'article cité, John Bell pouvait légitimement écrire : « Il semblerait que la théorie porte exclusivement sur des "résultats de mesures" et n'ait rien à dire sur quoi que ce soit d'autre. »

Si une telle circonstance n'est guère surprenante pour les phénoménalistes[1], elle est profondément insatisfaisante pour les réalistes (traditionnels) puisque ces derniers croient, par hypothèse, à l'existence d'une réalité intelligible. En leur for intérieur, ils ne peuvent donc s'empêcher de se poser le genre de questions que Bell explicitait avec humour lorsque, dans l'article cité, il demandait : « Qu'est-ce, exactement, qui fait qu'un système physique est qualifié pour jouer le rôle de "mesureur" ? La fonction d'onde de l'Univers est-elle restée non réduite pendant des centaines de millions d'années [...]. A-t-elle dû attendre, pour l'être, qu'une créature monocellulaire apparaisse ? Ou dut-elle patienter un peu plus encore ? Jusqu'à ce que vienne au monde un système physique pouvant mieux assumer ce rôle ? Muni d'un doctorat ès science, peut-être ? » Il est donc natu-

1. Du moins pour ceux qui penchent vers l'opérationnalisme. D'autres, il est vrai, proclament, à l'instar de Berkeley lui-même, que l'on peut fort bien conserver le nom de matière mais en l'appliquant aux données des sens. Et que, dès lors, l'abandon du réalisme philosophique n'implique aucune rupture quant à nos manières traditionnelles d'argumenter en ce qui concerne le monde physique qui nous est donné (non plus, donc, que d'agir sur lui). Ils prônent, en d'autres termes, ce qui pourrait être appelé un « réalisme locutoire ». Bien entendu, aux yeux de ces phénoménalistes-là, l'axiomatique quantique conventionnelle est tout aussi déconcertante qu'elle peut l'être à ceux des réalistes traditionnels.

rel que nombre de physiciens aient essayé de tirer au clair cette triste affaire et de sortir la physique quantique de ce qu'il leur était impossible de ne pas considérer comme un épouvantable pot au noir.

Comme nous le savons, la plupart d'entre eux adoptèrent ce que l'on peut appeler une approche directe du problème, en ce qu'ils essayèrent de définir physiquement la notion controversée d'opération de mesure, et d'en faire la théorie. Considérant que la formulation de la physique quantique dans le strict cadre de l'espace de Hilbert est insurpassable à tous égards, cette majorité chercha à lever la difficulté sans introduire dans la théorie le moindre élément étranger à l'espace de Hilbert en question. Dans l'esprit des développements qui précèdent, on peut comprendre leur visée comme ayant été de réconcilier la théorie quantique à base d'espace de Hilbert avec une espèce de macro-objectivisme dans lequel certains énoncés concernant des objets macroscopiques pourraient légitimement être considéré comme à objectivité forte, avec, bien entendu, pour corollaire que les grandeurs physiques auxquels ces énoncés réfèrent auraient le statut de concepts à objectivité forte. Comme on l'a constaté, de toutes les théories de ce type, celle qui s'ancre sur les interactions des systèmes macrocospiques avec leur environnement et sur des notions telles que celle de décohérence est l'une des plus intéressantes, et peut servir de paradigme pour les autres. Nous savons déjà qu'elle rend remarquablement compte des *apparences* classiques du monde. (C'est le cas aussi d'autres théories, en particulier de la mesure, axées sur la notion de limite classique.) Mais si nous voulons avoir un réalisme au strict sens de Dummett, les énoncés factuels que nous avançons doivent être considérés comme révélant les attributs des choses tels qu'ils sont véritablement. Ainsi par exemple, l'observation de la position de l'aiguille d'un instrument doit nous révéler ce que cette position *est*, au sens ontologique du mot, c'est-à-dire, tout à fait indépendamment de ce que peuvent être les limites de nos capacités humaines d'observation et d'habileté technologique. Or cette condition n'est pas remplie, comme on le sait déjà et comme il sera de nouveau exposé plus en détail dans la section 14-10. Et ceci exclut la possibilité d'interpréter les énoncés dont il s'agit comme étant à objectivité forte.

Les tentatives de ces physiciens présentent, bien entendu, certaines analogies avec la quête à laquelle se sont adonnés nombre de philosophes tout à fait indépendamment de la mécanique quantique ; quête consistant à rechercher un moyen terme entre le réalisme conventionnel et la doctrine que nous avons appelée « phénoménisme radical » au chapitre 1. Dummett, par exemple, dans l'article déjà cité, considère que la réduction systématique, proposée par les phénoménalistes, de tous les énoncés physiques à des énoncés portant sur les données des sens pourrait éventuellement être évitée — et que, de ce fait, une sorte de réalisme modéré pourrait être retrouvé — simplement en rejetant la loi du tiers exclu, même en ce qui concerne les énoncés relatifs aux objets matériels. Plus précisément, l'idée qu'il esquisse là — sans la poursuivre — se fonde sur le fait qu'un énoncé de ce type (portant sur un attribut physique d'un système), lorsqu'il n'est pas le simple compte rendu d'une observation directe, se réduit à une proposition conditionnelle dont les constituants sont encore à exprimer dans un langage portant sur des objets matériels[1]. La valeur de vérité d'une telle proposition conditionnelle doit, à l'évidence, être appréciée sur la base d'observations et de généralisations à partir de celles-ci. Mais dans la conception à laquelle Dummett nous dit, là, songer, cette proposition conditionnelle ne serait considérée comme étant vraie ou fausse que si des observations ont réellement été faites pouvant servir de fondement à sa vérité (ou à sa fausseté). Dans le cas contraire, il faudrait dire que l'énoncé considéré, tout relatif qu'il soit à des « objets matériels », est quand même dénué de sens.

Il existe une certaines similarité entre cette idée, dont Dummett dit qu'elle n'est « ni réaliste ni phénoménaliste », et la grande idée directrice de Bohr selon laquelle, pour définir un phénomène, le rôle des instruments d'observation est essentiel. En conséquence, c'est ici le lieu de rappeler ce que la discussion des idées de Bohr faite dans les sections 11-1 à 11-3 a clairement montré, à savoir que Bohr ne saurait être considéré comme adhérant au réalisme au sens de la définition de Dummett plus haut citée : et que ce n'est donc pas en nous tournant vers lui que nous pouvons espérer faire de la physique quantique une théorie objective au sens fort.

Soulignons, plus généralement, que l'ensemble de l'analyse conduite dans le présent ouvrage oriente vers la perspective suivante : grâce à des progrès importants et récents dans les domaines des théories axées sur l'environnement, des théories des systèmes complexes, des méthodes de calculs utilisant des notions encore peu familières (opérateurs quasi locaux, etc.) nous sommes parvenus à une compréhension meilleure — de fait : presque satisfaisante — des raisons qui font que dans un Univers vraisemblablement quantique, tant de phénomènes qui sont pour nous d'une importance primordiale ont des apparences classiques. Mais aucun des développements qui ont été proposés dans cette direction n'a véritablement satisfait aux conditions — il est vrai des plus exigeantes — que pose le réalisme conventionnel. Aucun d'eux, autrement dit, ne débouche sur

1. L'énoncé « il y a une table dans la pièce d'à côté » se ramène à « si nous allions dans la pièce d'à côté, nous y constaterions la présence effective d'une table ».

une théorie à objectivité forte. De sorte qu'il semble inévitable que ceux d'entre nous qui s'efforcent de bâtir une telle théorie aient à dépasser la stricte adhésion au formalisme hilbertien de la mécanique quantique conventionnelle et doivent se tourner vers des conceptions du type de celles explorées ici au chapitre 13 : théories à variables cachées non locales ou physique quantique non linéaire.

14-8. « Avons-nous besoin d'un réel ? » (suite). La notion d'explication

Dans la section 14-3 certains arguments en faveur du réalisme ouvert ont été donnés. Il convient de les compléter par des considérations plus précises et plus détaillées.

i) La notion explication

Comme on l'a rappelé au chapitre 1, et de nouveau dans la section 14-3, nombre de philosophes ont, depuis longtemps, contesté la validité du réalisme. Il se trouve que leur thèse est susceptible d'être étayée même par des connaissances de physique d'une nature assez élémentaire. On pense ici, en particulier, à ce que telles de celles-ci peuvent suggérer en ce qui concerne la notion d'*explication*. A première vue, on pourrait penser que cette notion est étroitement liée à celle de données de fait relatives au monde extérieur. Et cependant, comme on l'a rappelé dans la section 1-4, expliquer un phénomène n'est pas nécessairement la même chose que de découvrir « comment les choses sont réellement ». De fait, l'histoire de la physique indique qu'une telle visée pourrait être trop ambitieuse : expliquer le retour de la comète de Halley par référence à une force de gravitation *réellement existante* s'est révélé incorrect le jour où la relativité générale nous a montré qu'ontologiquement parlant une telle force n'existe pas. Il semble donc que l'une ou l'autre des deux définitions (moins ambitieuses) suivantes de la notion d'explication soit préférable.

Définition (a). Elle consiste à poser qu'« expliquer » signifie « réduire au connu ». Il arrive souvent que ce soit, effectivement, possible. Et c'est un fait que, dans de tels cas, nous avons vraiment le sentiment qu'une authentique explication a été trouvée. Malheureusement, il arrive souvent que cette approche soit trompeuse. Soit, par exemple, l'idée d'expliquer la sensation de chaleur due au contact avec un gaz chaud, disons de l'hydrogène, par référence aux impacts plus ou moins énergétiques des molécules du gaz sur notre peau. Elle ramène bien la notion de chaleur à un fait connu (nous avons tous vu des balles de tennis heurter des filets) et elle paraît si simple et si directe qu'il est difficile d'y renoncer ; et que dès lors l'idée d'expliquer *la chaleur elle-même* comme étant due à l'existence de petits corps classiques aux mouvements désordonnés d'énergie plus ou moins grande semble convaincante. Cependant, les molécules d'hydrogène sont des objets quantiques auxquels la théorie quantique n'attribue pas de trajectoires déterminées, de sorte que cette explication et d'autres similaires ne peuvent être prises à la lettre. De fait, si la mécanique statistique actuelle « explique » bien, et de façon très générale, la plupart des phénomènes mettant la chaleur en jeu, c'est au moyen de concepts tels que celui d'ensembles de Gibbs, qui sont des abstractions interdisant toute interprétation littérale, concrète, formulée en termes du « connu ».

En un sens, les théories à variables cachées peuvent, elles aussi, être considérées (abstraction faite de la visée réaliste qu'elles ont par ailleurs) comme des tentatives de réduire l'inconnu au connu : plus précisément aux concepts familiers de point matériel, de force, de position, de vitesse, etc. Mais avec la découverte de données telles que la non-localité et la contextualité, il est devenu clair que même les théories à variables cachées n'ont pas véritablement effectué la réduction en question. De sorte qu'il y a de bons motifs pour se rabattre sur la définition encore moins ambitieuse qui suit.

Définition (b). Elle consiste à poser qu'« expliquer » c'est relier entre eux un grand nombre de faits différents, en montrant qu'ils relèvent de la même loi. Selon cette conception, expliquer le retour de la comète de Halley consiste à l'associer à la loi générale de la gravitation, conçue non pas comme un élément d'une description de la constitution de la nature mais seulement comme une relation associant divers phénomènes entre eux.

A l'évidence, les données quantiques fondamentales discutées en détail dans cet ouvrage et résumées dans les sections précédentes plaident en faveur de la même thèse. Considérées dans leur ensemble, elles constituent une indication très forte en faveur de l'idée que les définitions qui précèdent de la notion d'explication — et plus particulièrement la définition *(b)* — sont considérablement plus sûres que celles qui sont axées sur le réalisme ; et cette observation est de nature à renforcer sérieusement nos doutes relativement au réalisme tel que défini par Dummett.

ii) Pourquoi pas le « phénoménisme radical » ?

Nous pouvons dès lors nous sentir tentés d'aller d'un extrême à l'autre, de poser que cette notion de réalité est, tout compte fait, superfétatoire et de nous rallier à l'idéalisme radical (en lui donnant éventuellement un autre nom pour ménager les préjugés). Telle fut, par exemple, la position de Schrödinger. Celui-ci critiqua sévèrement en particulier la notion kantienne de « chose-en-soi ». « Personne — écrivit-il — ne saurait faire la distinction entre le domaine de ses perceptions et celui des choses qui les causent [...]. L'histoire n'a lieu qu'une fois, pas deux. La duplication est une allégorie [...]. »

Même si l'on accorde que Schrödinger avait des raisons valables de parler de « duplication » lorsqu'il référait spécifiquement aux thèses de Kant — vu que ce dernier a souvent utiliser l'expression « les choses-en-soi » au pluriel — il convient d'observer que nous sommes maintenant confrontés à un état de fait tout différent. Cela tient à la non-séparabilité qui est le lot de toute tentative de description de la réalité indépendante. Les phénomènes nous apparaissent comme multiples et, le plus souvent, localisés alors que nous savons maintenant que toute tentative visant à décrire la réalité indépendante — le réel — conformément à ce modèle doit inévitablement échouer. Il est, par conséquent, devenu impossible de décrire les phénomènes comme étant une *duplication* de la réalité indépendante ou vice-versa. Mais la question se présente aussi sous bien d'autres angles. De fait, il est fort difficile — pour n'importe qui et en particulier pour les physiciens — de renoncer complètement à toute forme de réalisme. Essayons maintenant d'expliquer pourquoi il en va ainsi.

En premier lieu, sinon Schrödinger du moins la plupart des scientifiques, tomberaient plus ou moins d'accord avec Pierre Duhem quand celui-ci écrit : « Le physicien a beau se pénétrer de cette idée que ses théories n'ont aucun pouvoir pour saisir la réalité, qu'elles servent uniquement à donner des lois expérimentales une représentation résumée et classée ; il ne peut se forcer à croire qu'un système capable d'ordonner si simplement et si aisément un nombre immense de lois, de prime abord si disparates, soit un système purement artificiel ; par une intuition où Pascal eût reconnu une de ces raisons du cœur "que la raison ne connaît pas", il affirme sa foi en un ordre réel dont ses théories sont une image, de jour en jour plus claire et plus fidèle » [14].

Il y a plus à dire, cependant. Assurément, Duhem est dans le vrai quand, comme l'implique sa référence aux « raisons du cœur » de Pascal, il concède qu'il n'existe pas d'arguments *logiquement probants* en faveur du réalisme. Ceci, en tout cas, est certainement vrai pour ce qui est du type de réalisme auquel renvoie la définition de Dummett. Mais cela n'implique pas qu'il n'y aurait pas d'arguments valables en faveur de quelque forme de réalisme que ce soit. Dans ce qui suit, nous en décrivons un certain nombre qui, même s'ils ne sont totalement contraignants, présentent cependant un degré élevé de plausibilité. Certains ont déjà été esquissés dans la section 14-3. La plupart ne coïncident pas avec les arguments traditionnellement avancés en faveur du réalisme car, au vu de la physique quantique actuelle, beaucoup de ces derniers se révèlent boiteux (pour dire le moins). Ils sont ouvertement philosophiques et, comme nous le verrons, ne plaident pas tout à fait en faveur de la même « espèce » de réalité que les arguments traditionnels. Mais ils valent cependant d'être considérés.

a) On a déjà fait mention de l'argument que voici. Quiconque, faisant sien un idéalisme plus ou moins kantien, soutient que nos concepts — y compris les scientifiques — sont avant tout reflets de formes *a priori* de notre sensibilité doit, pour cette raison même, logiquement s'attendre que les concepts utilisés dans toute théorie figurent parmi ceux que nous possédons naturellement. Autrement dit, il doit s'attendre que nos concepts scientifiques fondamentaux aient la qualité que certains philosophes appellent la visibilité (en allemand, *Anschaulischkeit*). Et de fait, les concepts fondamentaux auxquels Kant lui-même réfère, l'espace euclidien et le temps universel en particulier, ont, dans une large mesure, ce caractère. On a noté qu'un trop grand crédit accordé au kantisme ou au néo-kantisme pourrait avoir freiné dans leur recherche certains des physiciens qui, au début du siècle, eurent la tâche de construire la théorie des processus atomiques. Quoi qu'il en soit, nous savons maintenant très bien qu'une distinction est à faire entre les concepts au moyen desquels nous décrivons notre expérience, lesquels, comme Bohr n'a cessé de le répéter, doivent être visualisables (exprimables dans le langage de tous les jours) et ceux qui servent à formaliser nos théories, *dont la plupart doivent être abstraits*. Mais dans ces conditions, autrement dit si la manière dont Kant présente la nature des concepts que nous utilisons en physique n'est, en définitive, pas acceptable, la question se pose de savoir d'où ceux-ci « viennent ». Pourquoi utilisons-nous tels ou tels concepts plutôt que tels autres ? Manifestement, répondre « parce que ce sont eux qui marchent » n'est pas pleinement satisfaisant, dans la mesure où ce type de réponse appelle immédiatement la question déjà rencontrée plus haut : pourquoi est-ce eux qui « marchent » et non pas d'autres ? Question que Kant, dans son schéma, n'avait évidemment pas à se poser. Balayer cette question d'un revers de manche (« aucune question commençant par un "pourquoi" ne sera admise ») serait une réponse pauvre. A peine meilleure serait celle consistant à dire que nous empruntons ces concepts aux mathématiques, lesquelles sont aussi une forme, sinon de *notre* sensibilité du moins de *notre* entendement. Mais alors, pourquoi précisément ceux-là — espaces courbes, tenseurs, opérateurs de projection de Heisenberg et ainsi de suite — plutôt que tant d'autres, pullulant dans les manuels de mathématiques ? Tout bien considéré, l'idée semble donc s'imposer que, même si la forme de nos descriptions scientifiques doit beaucoup aux structures de notre propre esprit, elle ne lui doit quand même pas *tout.*

b) On a aussi noté l'argument bien connu, mais qui n'en n'est pas moins puissant, fondé sur la remarque que nous construisons parfois des théories physiques magnifiquement rationnelles que l'expérience vient réfuter. L'expérience ne peut réfuter les règles du jeu d'échec — ou de n'importe quel autre jeu — parce que ces règles sont créées par nous. Dans un tel cas, par conséquent, il n'y a rien d'« extérieur » qui soit susceptible de dire « non ». Mais en physique, il arrive parfois (et même souvent !) que quelque chose dise « non ». Comment ce « quelque chose » pourrait-il être encore « nous » ? Il semble que les contorsions intellectuelles qui seraient nécessaires pour que cette question reçoive une réponse positive dépassent le niveau acceptable. Comme le fait remarquer Bonsack [15] : « Il manque au monde construit par le sujet une dimension importante, celle qui permet de donner un sens à l'erreur. En quelque sorte, ce monde est mesure de lui-même. »

c) Un autre des arguments déjà notés est d'une nature plus métaphysique. L'approche du phénoménisme radical se fonde sur l'idée que nous ne connaissons que les phénomènes, combinée avec la sage maxime que nous ne devons parler que de ce qu'il nous est possible de connaître. (« De ce dont on ne peut parler il est approprié de ne rien dire », comme Wittgenstein le souligne dans son *Tractatus* [16].) Le phénoménisme radical extrapole ce précepte en l'idée que seuls les phénomènes auraient un sens. Mais, pour raisonnable qu'une telle extrapolation puisse paraître au premier abord, il n'en est pas moins vrai qu'elle confère ouvertement une priorité logique aux concepts de connaissance et d'expérience par rapport à celui d'existence, et c'est là une conception dont la cohérence interne paraît contestable. Ne doit-on pas, en réalité, inverser les rôles ? Il semble impossible de conférer un sens au mot même de « connaissance » sans postuler — au moins implicitement — l'*existence* de quelqu'un, ou de quelque chose, enfin d'une entité quelconque, qui *connaît.* En d'autres termes, on peut se demander si l'ordre logique qu'implique l'approche du phénoménisme radical n'est pas, tout bien considéré, incompatible avec les exigences normales de cohérence quant au sens.

d) Un quatrième point, auquel allusion a déjà été faite au chapitre 1, est relatif à la découverte — récente — de l'âge fini de l'Univers, donnée ignorée de Berkeley, Kant, Henri Poincaré et de pratiquement tous les grands avocats du phénoménisme, tant modéré que radical. D'une certaine manière, cette découverte renforce le message de la théorie de l'évolution biologique. Au sein d'un Univers non éternel, donc essentiellement évolutionniste, des systèmes de plus en plus complexes virent le jour, depuis les atomes, les molécules et les autres systèmes non organiques jusqu'à l'apparition de la sensibilité et de l'esprit, tant chez l'animal que chez l'homme. Et l'esprit, à son tour accrût progressivement ses capacités, en particulier dans l'art de former de bons concepts, lesquels, pour la raison même qu'ils ont été ainsi progressivement *formés* peuvent difficilement être considérés comme les constituants de base du « monde extérieur ». Il est vrai que cet argument s'inscrit pour une part dans un cercle vicieux et qu'il n'est donc pas décisif (pour le phénoméniste, le temps n'est pas une arène *dans* laquelle l'esprit a mûri). Il n'empêche qu'il amoindrit la crédibilité *a priori* du phénoménisme radical.

e) Enfin, ces arguments doivent être complétés en référant encore une fois à un fait signalé dans la section 10-8 à propos de la représentation de Heisenberg. Comme nous l'avons à nouveau rappelé dans la section 14-6, les symboles mathématiques tels que ρ, $\mathbf{E}$, $\mathbf{B}$, $\boldsymbol{r}$, ... utilisés en physique ont deux rôles différents, que la physique classique tend à confondre : celui de référer aux valeurs contingentes d'une grandeur dynamique appartenant à tel ou tel système et celui de servir à exprimer les lois générales de la physique, telles que les équations de Maxwell, le lagrangien de telle ou telle théorie des champs et ainsi de suite. Tant que ces deux rôles ne sont pas distingués l'un de l'autre, il est impossible de défendre le réalisme sans *ipso facto* devoir postuler que les concepts fondamentaux de la théorie (le champ électrique en différents point par exemple) décrivent des *éléments* d'une réalité existant indépendamment de nous-mêmes. Ce type de réalisme n'est pas très éloigné du réalisme des objets et, pour cette raison, est parfois appelé « réalisme mathématique » (bien que cette expression soit utilisée aussi par les mathématiciens purs, et cela dans un sens un peu différent). Il s'écarte nettement, nous l'avons constaté, de ce qu'implique la mécanique quantique conventionnelle. En théorie quantique des champs, par exemple, nous avons vu que les opérateurs de champ de la représentation de Heisenberg apparaissent essentiellement dans des combinaisons, telle que l'opérateur « nombre de particules », dont les valeurs propres ne sont rien d'autre que les valeurs qui *pourraient* être observées si *on* mesurait l'observable correspondante, ce qui éloigne du réalisme. Mais dès que les deux rôles ci-dessus mentionnés sont distingués, il devient possible, sans retomber dans l'incompatibilité avec la mécanique quantique (même prise dans sa version conventionnelle, à objectivité faible) de défendre le point de vue selon lequel les lois générales ci-dessus mentionnées reflètent bien, en quelque manière, des structures générales d'une réalité existant tout à fait indépendamment de nous. On s'étonne alors moins de ce que des lois comme les équations de Maxwell résistent si bien au changement des concepts que l'on invente pour les sous-tendre. Et cette sorte de version modernisée du *réalisme structurel* de Poincaré peut dès lors être considérée comme *rendant compte* des régularités des phénomènes au lieu d'être simplement conçue comme une méthode synthétique d'enregistrement de ceux-ci ; ce qui, selon nous, est un avantage.

Remarque. En théorie quantique des champs, les opérateurs de champs de Heisenberg ψ $(\boldsymbol{x}, t)$, etc., sont définis dans l'espace-temps. Pour les raisons exposées dans la section 14-6, ce fait ne peut être compris comme signifiant que la réalité indépendante serait *immergée* dans l'espace-temps. Mais, encore une fois, de tels opérateurs de Heisenberg peuvent légitimement se voir attribuer le rôle appelé là *rôle a*, autrement dit, il peut être conjecturé que les lagrangiens, hamiltoniens, etc., écrits au moyen de ces champs reflètent bien certaines structures générales de la réalité indépendante. Supposons qu'il en soit ainsi. Dans la même ligne que ci-dessus, le fait que ces opérateurs soient fonctions des coordonnées de l'espace-temps semble alors signifier que celui-ci est, d'une certaine manière, quelque chose de plus fondamental qu'un simple mode *a priori* de notre sensibilité, comme un disciple actuel de Kant pourrait l'aller croire. Même s'il est une *construction* — puisqu'il n'est pas le « milieu » où « baignerait » la réalité indépendante — il n'en reste pas moins que cette construction paraît saisir « quelque chose » de cette réalité indépendante.

En conclusion : il y a de bonnes raisons de ne pas accepter le phénoménisme radical, autrement dit de répondre *oui* à la question « avons-nous besoin d'un réel ? » Dans l'ensemble, les considérations détaillées de cette section corroborent donc la thèse du réalisme ouvert, telle qu'elle a été énoncée à la fin de la section 14-3.

14-9. Retour sur l'accord intersubjectif

Notre expérience la plus banale, perpétuellement renouvelée, est celle d'un accord entre nous concernant les faits contingents. Et, indéniablement, cette expérience — conjuguée à celle de la permanence de beaucoup d'objets et de phénomènes — est une de celles qui forment l'assise de notre foi intuitive en l'existence d'un « monde extérieur » bien réel. Autrement dit, cet accord intersubjectif semble à première vue — comme déjà noté dans la section 1-4 — constituer un argument de plus, et un argument très puissant, en faveur d'un certain réalisme. Cependant, tout comme les autres arguments déjà examinés plus haut, celui-ci doit être soumis à la critique. On va voir qu'il soulève des questions délicates.

Comme on vient de le noter, l'explication naïve et spontanée de l'accord intersubjectif est fondée sur le réalisme. Si nous tombons d'accord pour dire que tel ou tel objet est rouge, ou qu'il est en un certain lieu, c'est, estimons-nous, parce qu'il est bien réellement rouge, ou bien réellement en ce lieu. Il a été remarqué dans la section 1-4 que si les idéalistes rejettent une telle explication en la qualifiant de « métaphysique », la plupart n'en proposent aucune à la place. Mais, en revanche, il a aussi été remarqué à cet endroit que dans le cas où ce sont des objets quantiques qui sont en jeu, de telles explications « réalistes » — par exemple des explications du type : « nous avons tous deux observé (chacun de nous au moyen de son instrument) que l'électron était à un certain endroit, tout simplement *parce que*, immédiatement avant la première mesure, *il se trouvait déjà à cet endroit* » — sont, en général, incorrectes. La question mérite donc un examen supplémentaire.

i) L'accord relatif aux qualités secondaires

Ce cas est celui qui prête le moins à controverse. En ce qui concerne de telles qualités (ou « propriétés ») il a été observé il y a déjà fort longtemps que la réalité supposée être à la base de l'accord intersubjectif est en fait quelque chose de relativement évanescent. Il n'est pas sûr du tout que Pierre a les mêmes sensations que Paul lorsque Paul lui montre un objet qu'il dit être rouge. Dans ce contexte plus qu'en tout autre, on doit douter que les mots « les mêmes » aient un sens. Ce qui n'est pas douteux, c'est seulement que, dans l'immense majorité des cas, Pierre tombe d'accord et dit : « oui, l'objet est rouge ». Dans l'esprit de telles observations, il est aujourd'hui assez généralement estimé qu'en ce qui concerne, par exemple, les couleurs — comme les autres propriétés « secondaires » — l'explication « réaliste » ci-dessus explicitée, fondée sur l'idée d'une propriété possédée par un système et observée par nous « telle qu'elle est réellement », a quelque chose de trop naïf.

Mais cette remarque n'a jamais incité personne à renoncer à toute espèce d'explication. Et, bien entendu, même une théorie très schématique de la vision peut en fournir une, consistant à faire remarquer que l'accord en question peut, en principe, être considéré comme découlant des lois générales de l'électrodynamique classique.

Notons qu'à ce stade deux options philosophiques sont encore ouvertes. L'une (O_1) consiste à s'arrêter précisément au point ici atteint. Plus précisément, cette option consiste à observer que nous disposons de lois prédictives dignes de confiance qui, effectivement, prédisent une corrélation entre les sensations de Pierre et de Paul, et à poser que c'est cette référence à des lois physiques connues par ailleurs qui constitue, *par elle-même*, l'explication cherchée [voir, en section 14-8, la définition *(b)* de la notion d'explication. L'autre (O_2) est conçue pour et par les personnes qui exigent plus. Elle fait appel au réalisme. Elle consiste à observer que les lois générales dont il s'agit (celles de l'électrodynamique dans l'exemple utilisé) concernent des qualités primaires (intensités de champs, etc.) et à dire que l'explication consiste dans le fait que ces lois nous décrivent les champs comme *ayant réellement* telles ou telles valeurs à tel ou tel instant. Manifestement, dans le cadre de l'option O_2, le problème concernant les qualités secondaires se ramène à celui qui touche aux primaires.

ii) Qualités primaires

Tournons-nous donc vers ces dernières. Si l'option O_1 nous satisfait, nous pouvons légitimement estimer que, relativement à ces qualités, la mécanique quantique résout complètement le problème de l'accord intersubjectif. Elle nous fournit même plusieurs manières équivalentes de formuler l'explication qu'elle rend possible, toutes étant fondées, bien entendu, sur le fait que seules des mesures — au sens large du terme — peuvent procurer des données. L'une de ces manières consiste à faire appel à la notion de réduction du paquet d'ondes. La personne qui effectue la première mesure — pour fixer les idées, disons : une mesure de position — obtient un certain résultat et de ce fait réduit le paquet d'ondes et le change en la fonction d'onde correspondant à cette valeur. Quelqu'un qui, juste après, mesure la même grandeur a alors affaire au paquet d'ondes réduit et ne peut donc que trouver le même résultat. Cette description doit, bien entendu, être raffinée pour tenir compte des effets relativistes et, dans la section 10-12, nous avons vu comment cela peut — au moins formellement — être fait. Une autre formulation consiste à ne pas faire explicitement appel à la réduction du paquet d'ondes et à prendre en considération les états quantiques des deux instruments de mesure. Lorsque les deux mesures ont été effectuées, l'état quantique du système total (système mesuré *plus* instruments) est en général une superposition quantique d'états qui sont des états propres de la quantité mesurée correspondant à diverses valeurs propres. Mais dans chacun de ces états, les deux instruments sont dans certains états propres de leur propre coordonnée d'instrument (position de l'aiguille sur la graduation du cadran) et ceux-ci se correspondent, autrement dit, sont en stricte corrélation. Dans ces conditions, il y a une probabilité zéro que, lorsque chacun des deux observateurs regarde son instrument (c'est-à-dire mesure sa coordonnée d'instrument) les résultats lus par eux diffèrent.

La théorie des états relatifs d'Everett, dans laquelle même les observateurs sont inclus dans le système quantique total, rejoint ce qu'on vient de dire. De nouveau, il y a une probabilité zéro que les états de consciences des deux observateurs — ici identifiés aux états propres de ces deux « consciences » — diffèrent.

Remarque 1. Notons que dans le cadre de l'option O_1 — où, ce qui revient au même, dans celui de la définition (*b*) de la notion d'explication — la fameuse question de savoir si les animaux participent ou non à « notre » accord intersubjectif reçoit sans ambiguïté possible une réponse positive. Pour s'assurer de la chose, il n'est pas nécessaire de souscrire sans réserves à la conception d'Everett. Dès que nous attribuons aux animaux la possibilité d'observer — celle par exemple de devenir conscient de la position de l'aiguille d'un instrument — et que nous associons des probabilités quantiques à de tels « événements », les règles quantiques prédisent les mêmes corrélations entre leurs sensations et les nôtres qu'entre les seules nôtres. Les chiens, chats, etc., vivent donc dans la même réalité empirique que nous.

Remarque 2. Une des raisons qui, à première vue, rendent séduisante l'idée d'une variable « cachée » *position* est que nous avons pris le pli de rendre compte de notre accord intersubjectif concernant les positions des objets macroscopiques en utilisant l'argument « réaliste » du sens commun, argument qui est que « nous voyons tous deux l'objet au même endroit parce que l'objet *est* à cet endroit » (option O_2 ci-dessus) ; de sorte que nous avons intuitivement tendance à étendre cette explication aux micro-objets. Au moins dans le cas de ces derniers, c'est une prise de position logiquement inattaquable que d'affirmer que cette explication n'explique rien. Revenons, en effet, au fait indéniable que si deux personnes mesurent — l'une immédiatement après l'autre et chacune au moyen de son instrument — la position d'un électron elles obtiendront le même résultat. Comme on vient de le voir, les règles quantiques conventionnelles prévoient précisément cela, et le font en dépit du fait que, dans la conception « standard » l'électron n'a à l'avance aucune position définie. On peut donc dire que, sur la question qui nous intéresse, le fait que, dans la théorie de l'onde pilote, l'électron possède à chaque instant une position définie n'apporte rien de nouveau. L'« information » correspondante peut par conséquent être considérée comme superfétatoire. Pour qu'elle apparaisse comme une explication authentique (comme étant *la vraie* explication) de l'accord intersubjectif, il faut que soit complètement changée notre interprétation de la physique et que les variables dites « cachées » soient considérées comme celles, et seulement celles, que nous pouvons appréhender : il s'agit là d'une réinterprétation très ambitieuse et dont la grande majorité des physiciens conteste qu'elle ait une base justificative suffisante.

Ce qui précède est une illustration du fait qu'aussi longtemps qu'on adhère à l'option O_1 (« expliquer » c'est montrer que différents faits relèvent d'une même loi générale), la mécanique quantique conventionnelle rend compte d'une manière satisfaisante de l'accord intersubjectif. Et, bien entendu, cette observation a une portée générale et non pas limitée aux « objets quantiques ». Dans la mesure où la mécanique quantique est considérée comme une théorie universelle, son apport vaut aussi pour expliquer l'accord intersubjectif concernant n'importe quel fait matériel contingent. Ceci rend des plus contestable la conception ci-dessus présentée comme, à première vue, fort plausible, selon laquelle l'accord intersubjectif concernant les faits contingents que nous constatons dans la vie courante constituerait une indication en faveur de l'existence d'une réalité « extérieure » ou « indépendante » (où, plus précisément, en faveur de l'idée qu'une telle notion a un sens). On ne peut toutefois considérer que cette remarque règle définitivement la question. Certes, cet accord découle des règles de prédiction de la mécanique quantique. Mais quelle est la nature de ces règles ? A l'évidence, l'expression descriptive, souvent appliquée à elles, de « règles du jeu » n'est pas véritablement pertinente. Leur nature n'est pas telle puisque, comme on l'a noté, les règles d'un jeu sont librement décidées par l'homme alors que même le plus « internaliste » des épistémologues n'irait sans doute pas jusqu'à prétendre que celles de la physique résultent *exclusivement* du caprice de l'homme. En conséquence, au philosophe qui prétendrait que l'accord intersubjectif « découle » des règles quantiques, un autre philosophe pourrait répondre : « mais alors, de quoi la validité des règles quantiques découle-t-elle ? » Ce serait une autre manière de mettre en question l'option O_1. Nous touchons là à des questions fondamentales concernant une éventuelle extension de la notion de causalité, questions qui seront abordées au chapitre 16. Schématiquement, disons que si les remarques développées en section 10-8 (et considérées à nouveau en section 14-8) concernant la représentation de Heisenberg — et le double rôle de symboles tels que $\boldsymbol{r}$, $\boldsymbol{v}$, $\mathbf{E}$, $\mathbf{B}$, etc. — suggèrent quelque chose, c'est bien que le concept de causalité *entre phénomènes* — le seul que les philosophes tiennent pour valable — doit être complété par celui d'une causalité allant *des* structures générales *aux* phénomènes. Mais pour qu'une telle notion puisse avoir un sens encore faut-il, évidemment, qu'une certaine réalité soit attribuée à ces structures générales...

14-10. Compléments concernant les limites de la connaissance et le réalisme

Dans la section 14-5, nous avons noté les raisons principales qui font qu'il semble vain d'espérer édifier une théorie physique « ontologique », décrivant la réalité physique « telle qu'elle est vraiment ». Ces arguments critiques sont ici présentés avec plus de détail.

i) La théorie du rôle de l'environnement et les théories conventionnelles de l'opération de mesure

La théorie que, pour faire bref, on a dénommé « théorie de l'environnement » vise à être plus qu'une théorie purement « phénoménaliste » puisque (contrairement à, par exemple, l'approche de Bohr) elle confère un sens à la notion d'état quantique de l'instrument, indépendamment de la question de savoir si ce dernier est, ou non, utilisé comme instrument. Elle est fondée comme on l'a vu sur la remarque décisive (Zeh [17], Baumann [18]) que les systèmes macroscopiques, même s'ils sont de très petite taille (des grains de poussière par exemple), ont un spectre d'énergie si dense qu'ils ne peuvent jamais être considérés comme parfaitement isolés de leur environnement.

Il y a plusieurs raisons qui font que cette belle théorie — qui rend si élégamment compte des *apparences* classiques — ne peut pas être interprétée comme réconciliant la mécanique quantique avec le réalisme conventionnel. Ici on en analysera trois, qui n'ont pu être que brièvement esquissées dans la section 14-5.

a) La première concerne la description de la mesure fondée sur cette théorie. On l'a signalée en section 10-6 et mentionnée à nouveau en sections 14-2 et 14-5. Schématiquement résumée elle consiste en ceci. Soit un processus de type « mesure » dans lequel, initialement, le système mesuré S se trouve dans une superposition quantique de plusieurs — disons deux — états propres de l'observable à mesurer, et soit t un instant, appréciablement postérieur à la fin de ce processus, où l'on peut considérer que l'interaction entre l'instrument et l'environnement a produit l'essentiel des effets prévus par la théorie. On le sait : il existe toujours alors des opérateurs qui n'ont pas de raisons de ne pas correspondre à des quantités en principe observables et qui ont la propriété suivante : sur un ensemble statistique, les prédictions quantiques concernant les résultats d'éventuelles mesures, postérieures à l'instant t, de ces observables sont incompatibles avec l'idée que les aiguilles des instruments *sont* en des états bien définis. Il est vrai que ces quantités — les « observables sensibles » comme nous les avons appelées en section 1-6 — mettent l'environnement en jeu d'une manière qui les rend *en pratique* impossibles à mesurer. Mais cette expression *en pratique* réfère manifestement aux limites de nos possibilités *humaines* et ne peut donc pas figurer dans une condition rendant un énoncé fortement objectif.

Pour mieux comprendre dans le détail les problèmes conceptuels ici en jeu, on peut suivre Zurek [19] et utiliser un modèle simplifié qu'il propose comme étant une bonne illustration des idées directrices de la théorie en question. Pour l'essentiel, il consiste à représenter tout le système S + A (A étant l'instrument) par une particule libre de se mouvoir sur l'axe $x'x$. Quand le système S est initialement dans un état de superposition tel que celui spécifié ci-dessus, l'état du système Σ = S + A à un instant t_0 *immédiatement* postérieur à la fin de l'interaction entre S et A est figuré dans le modèle par un état de la particule représentative qui est une superposition quantique :

$$\psi(x) = 2^{-\frac{1}{2}}\left(\psi_1(x) + \psi_2(x)\right) \qquad (14\text{-}1)$$

de deux paquets d'ondes très pointus, $\psi_1(x)$ et $\psi_2(x)$ (pour simplifier, les deux amplitudes sont ici prises égales entre elles) auxquels (pour la simplicité toujours) on peut donner les formes :

$$\psi_1(x) = \phi(x - a)\ ;\ \psi_2(x) = \phi(x + a) \qquad (14\text{-}2)$$

a étant la position du pic de ψ_1. L'opérateur d'état (la « matrice densité ») à l'instant t_0 est alors $\rho_\Sigma(t_0) = \psi\psi^\star$. Dans le plan $x'x$ ce ρ_Σ a quatre pics, deux sur la diagonale principale, aux points $x = x' = \pm a$ et deux sur la seconde diagonale, aux points $(x = a,\ x' = -a)$ et $(x = -a,\ x' = a)$. Mais à partir de l'instant t_0, la particule représentative interagit avec l'environnement, et cela d'une manière qui peut être décrite par un hamiltonien d'interaction qualitativement assez semblable à celui décrit par la formule (10-30). Une fois prise, comme dans la section 10-6, la trace partielle sur cet environnement, le $\rho_\Sigma(t)$ résultant de l'opération est égal à $\rho_\Sigma(t_0)$ multiplié par une fonction des coordonnées et du temps qui, tout comme le facteur exponentiel dans la formule (12-6), a pour effet de faire très rapidement décroître les parties non diagonales de l'opérateur d'état, c'est-à-dire, dans le cas présent, les deux pics situés sur la seconde diagonale. Dans la mesure où ces deux pics peuvent, après un certain temps, être considérés comme ayant disparu, l'opérateur d'état est alors identique a un opérateur d'état décrivant un mélange propre des états ψ_1 et ψ_2. Cela, d'après Zurek — si nous prenions à la lettre ses assertions dans l'article ci-dessus cité — impliquerait qu'un ensemble statistique de telles particules représentatives peut être considéré comme composé, en proportions approximativement égales, de particules se trouvant *dans* l'état ψ_1 et de particules se trouvant *dans* l'état ψ_2. Il est clair cependant que les assertions en question ne peuvent pas être comprises de cette manière. La raison en est (comme il a déjà été souligné) qu'aucune règle générale de la physique n'implique que l'environnement soit, par principe, inobservable, de sorte qu'il n'existe aucun élément dans la théorie qui rende « non physiques » nos « observables sensibles » : avec pour conséquence que l'argument développé dans la section 10-6 peut être ici repris et qu'une incompatibilité apparaît entre les prédictions quantiques et la forme littérale des assertions dont il s'agit. La seule raison qui semble pouvoir être invoquée pour justifier une mise à l'écart des observables sensibles serait, encore une fois, qu'elles ne sont pas mesurables *en pratique* (éventuellement parce que l'Univers ne vivra pas assez longtemps pour le permettre). Mais, comme nous l'avons déjà souligné, même si cela constitue une bonne raison d'estimer que la théorie rend parfaitement compte des *phénomènes*, ce n'en est pas une qui puisse être considérée comme rendant celle-ci objective au sens fort.

Remarque. Notons par parenthèse (voir par exemple la référence [20]) qu'en dépit des apparences, et même si l'on pouvait faire totalement abstraction de la question des observables sensibles (ou, autrement dit, de l'existence des termes croisés), la proposition ici discutée — appelons-la P — selon laquelle, sous les conditions spécifiées, Σ est *soit* dans l'état ψ_1 *soit* dans l'état ψ_2 (« ou bien la coordonnée position de l'aiguille de l'instrument a l'une de ses deux valeurs possibles ou bien elle a l'autre »), ne pourrait aucunement être considérée comme une tautologie. Comme on l'a observé en section 4-3, une condition nécessaire pour qu'un énoncé du type : « A a la valeur *a* sur Σ » est que nous puissions imaginer quelqu'un qui saurait qu'une mesure de la grandeur A sur Σ *fournirait* le résultat *a*. Symboliquement, ceci peut s'écrire $D > p$, où D est la proposition : « un instrument de mesure de A est mis en interaction avec Σ », p est la proposition « *a* est enregistré » et $>$ est le symbole dénotant l'implication *stricte*. Si on choisit l'observable A telle que ψ_1 et ψ_2 soient ses deux seuls kets propres, avec, par exemple, les valeurs propres *a* et -*a* respectivement, P prend la forme :

$$P = (D > p) \vee (D > \sim p) \tag{14-3}$$

où p et $\sim p$ sont les deux résultats possibles et où $\vee$ est le symbole habituel pour « ou ». Le fait que, alors que $(p \vee \sim p)$ est une tautologie, P n'en est pas une est alors un théorème connu de logique modale.

Manifestement, l'existence d'observables sensibles, mesurables en droit, implique celle de différences de grande ampleur entre les prédictions quantiques et la « vision du monde » à base d'aiguilles d'instruments localisées. Il est vrai (comme déjà noté en section 10-7) qu'en physique classique aussi il existe des observables « sensibles », dont les mesures, si elles étaient vraiment possibles, invalideraient radicalement les assertions simples, acceptables dans la vie courante, concernant les objets « localisés ». Toutefois (comme nous l'avons montré en section 10-7) alors qu'en physique classique de telles assertions « tranchées » (du type « les deux objets que voici sont sans interactions ») peuvent toujours être remplacées par des assertions moins tranchées mais strictement vraies (du type : « ces deux objets ont une interaction moindre que *x* ») portant sur des objets *individuels*, un tel remplacement n'est pas possible en physique quantique. Ce point est d'importance. Ainsi, par exemple, certaines personnes critiquent l'idée de prendre les observables sensibles en considération en disant qu'elle équivaut à imaginer des mesures faites au moyen de super-instruments — des instruments dépassant les nôtres en taille et complexité autant que les nôtres dépassent les atomes — et que les « différences de grande ampleur » dont il était ci-dessus question ne sont telles *que* « vues » à travers les imaginaires loupes grossissantes que seraient ces super-instruments. De sorte que, prétendent ces personnes, *en réalité* (c'est-à-dire, relativement à l'échelle des dispositifs réellement utilisés) ces différences sont très petites. En physique classique une telle conclusion tient, parce que le raisonnement ci-dessus est valable (il confine même à l'évidence). Mais il n'est valable que parce que, là, justement, les énoncés « tranchés mais approchés » peuvent toujours être remplacés par des énoncés à base d'inégalités mais strictement vrais, *portant sur des objets individuels.* Un tel remplacement n'est pas possible, comme on l'a vu, en ce qui concerne les observables sensibles quantiques. La conclusion que les personnes en question envisageaient de tirer d'une argumentation s'appuyant sur la possibilité de ce remplacement n'est donc pas valable, elle non plus. Autrement dit, la susdite critique ne permet pas de redonner un sens à l'assertion selon laquelle la différence entre un état de superposition (du type ici considéré) et un état de choses du genre : « soit ceci, soit cela », serait « *en réalité* » très petite.

Toujours à propos des observables sensibles, une dernière remarque — celle-ci d'ordre général — peut être faite. Elle concerne une position philosophique qui semble répandue parmi les physiciens. A côté du groupe, sans doute minoritaire, de ceux qui assignent *explicitement* à la physique le but de décrire « ce qui, réellement, est » et tentent d'œuvrer eux-mêmes dans ce sens-là, il s'en trouve, en effet, un très grand nombre qui se disent peu intéressés par de telles ambitions ontologiques — et cela en raison de leur coloration métaphysique trop apparente — mais qui estiment qu'une telle mise entre parenthèses de l'ontologie n'a, en fait, aucun impact véritable sur le contenu (ni même sur le « message ») de la physique puisque celle-ci doit, de toute manière, décrire les phénomènes dans un *langage* réaliste (le « réalisme locutoire » défini dans la note de la page 348 est un peu la « variante philosophique » de cette idée). La plupart des physiciens de ce second groupe minimisent, en d'autres termes, l'écart entre leurs vues et celles des tenants avoués d'une physique à visées ontologiques : ils assurent qu'il n'est que formel, et n'implique aucune différence dans l'approche des problèmes. L'analyse qui précède nous interdit de partager cette opinion. Il est exact que l'écart en question n'a aucune conséquence dans la plupart des domaines de la physique, mais il implique une différence réelle de traitement de la problématique des observables dites « sensibles ». En effet, s'ils poussent assez loin leur thèse — dans la direction du pragmatisme — les physiciens du second groupe peuvent considérer que de telles observables sont dénuées de sens. Ceux du premier — autrement dit les réalistes conventionnels et *lucides* — ne le peuvent pas.

b) L'autre raison qui fait que la théorie de l'environnement ne réconcilie pas la mécanique quantique avec le réalisme (conventionnel) relève de l'application de cette théorie au problème *plus vaste* consistant à rendre compte des propriétés classiques des objets macroscopiques. Dans la théorie de la mesure, l'état à l'instant t_0 du système $S+A$ (ou de la particule représentative de Zurek) a, nous l'avons vu, en vertu de l'équation de Schrödinger dépendante du temps, la forme d'une superposition quantique de plusieurs paquets d'ondes plus ou moins pointus et ne se recouvrant que faiblement. Tel n'est pas normalement le cas des fonctions d'onde de grains de poussière ou autres objets macroscopiques, des propriétés classiques desquels la théorie de l'environnement rend compte, cependant, aussi, comme on l'a constaté au chapitre 12. Et il est, en vérité, très remarquable que la théorie en question s'applique également à ce cas appréciablement plus général. Mais compte tenu, justement, de la plus grande généralité de celui-ci, il n'est pas surprenant qu'y apparaisse un obstacle supplémentaire à l'interprétation en termes « macro-objectivistes » de la théorie. Comme on l'a vu au chapitre 12, cet obstacle réside essentiellement en ceci que (i) toute l'argumentation de la théorie de l'environnement repose sur la notion d'ensemble statistique, (ii) la matrice densité ρ_S relative à l'ensemble statistique des systèmes macroscopiques considérés (après que la trace partielle sur l'environnement a été prise) décrit non pas un seul mais une infinité de mélanges propres, et (iii) la plupart de ceux-ci — y compris la plus « naturel » de tous, celui qui est composé de cas purs décrits par des vecteurs propres de ρ_S — *ne* correspondent *pas* à des macro-objets macroscopiquement localisés. Dans ces conditions, même si nous avons pu établir [*cf.* équations (12-34 et suivantes)] que *l'un* de ces ensembles jouit de cette structure localisée, il n'en est pas moins vrai qu'un être qui (contrairement à nous autres, hommes) n'aurait pas au départ, à titre de présupposé essentiel, l'idée que les macro-objets *doivent* être localisés ne pourrait aucunement *apprendre de la théorie de l'environnement* qu'en fait ils le sont.

c) Pour parfaire cette analyse, donnons ici un troisième argument qui va dans le même sens que les deux premiers. Il concerne la manière dont la fonction de Wigner de distribution dans l'espace de phase $f(x, p)$, définie en section 6-9, est utilisée dans la théorie de l'environnement. Comme montré à cet endroit, la valeur moyenne de toute observable A sur un ensemble statistique décrit par un opérateur d'état ρ peut s'exprimer au moyen d'une formule — la formule (6-42) — qui ressemble beaucoup à l'expression *classique* de la valeur moyenne. En effet, à une observable A il est en général possible d'associer une fonction $a(x, p)$ dans l'espace des phases au moyen de la formule (6-41) ; et la formule (6-42) est alors formellement identique à celle qui, en mécanique classique, fournit la valeur moyenne de $a(x, p)$ quand l'ensemble statistique sur lequel cette moyenne est prise est décrit par la distribution de probabilités $f(x, p)$. La principale, ou du moins la plus spectaculaire, différence entre $f(x, p)$ et une distribution de probabilités classique dans l'espace des phases est que la fonction f correspondant à certains opérateurs statistiques peut, pour certaines valeurs des variables, prendre des valeurs négatives.

Le cas dans lequel les questions les plus intéressantes se posent est celui où $f(x, p)$ est non négatif pour toutes les valeurs de ses arguments. C'est, par exemple, ce qui se passe quand la fonction d'onde est une gaussienne, car alors $f(x, p)$ est, elle aussi, une gaussienne (en x et p : pour simplifier le langage on s'exprimera dans ce qui suit comme si x et p ne représentaient chacune qu'une variable mais on se souviendra, naturellement, qu'en général elles en symbolisent chacune tout un jeu).

Certains auteurs paraissent suggérer que, dans de tels cas, les coordonnées x et p du système auraient simultanément des valeurs définies. C'est là, par exemple, la manière la plus directe de comprendre l'assertion de Zurek [19] selon laquelle un système décrit par une fonction de Wigner correspondant à un paquet d'ondes d'incertitude minimale est « localisé à la fois en x et en p ». Comme on l'a remarqué en section 6-9, en raison des relations d'indétermination de Heisenberg ces valeurs ne peuvent alors toutes deux être celles que l'on observerait si l'on faisait effectivement, l'une après l'autre, les mesures correspondantes sur un seul et même système. Toutefois, nous pourrions encore spéculer sur l'idée qu'elles sont celles de variables « supplémentaires » ou « cachées », dont les valeurs différeraient d'un élément à l'autre de l'ensemble. Comme on le sait, l'hypothèse que de telles variables existent n'entre pas, par elle-même, en conflit avec l'idée que toutes les prédictions *expérimentalement vérifiables* de la mécanique quantique sont correctes. Toutefois, si l'assertion que le système est localisé à la fois en x et en p est à comprendre comme une acceptation implicite de l'hypothèse des variables cachées, on doit tout de suite observer qu'en fait elle implique plus. Elle implique acceptation d'une version *très particulière* de l'hypothèse des variables cachées, à savoir celle qu'à la suite de Home et Whitaker, nous avons appelée l'hypothèse des *valeurs préassignées* en section 13-6, et qui consiste à supposer, non seulement que les valeurs que fourniraient une mesure de x et une mesure de p sont toutes deux préassignées mais encore que, même si de telles mesures n'ont pas lieu, x et p *ont,* sur chaque système individuel, les valeurs mêmes que ces mesures révéleraient (et, bien entendu, que ces valeurs sont distribuées dans l'ensemble statistique selon les lois de distribution $|\psi(x)|^2$ et $|\phi(p)|^2$, ψ étant la fonction d'onde et ϕ sa transformée de Fourier). On sait (voir section 13-6) que quand cette hypothèse est supposée être de validité générale, c'est-à-dire valable pour n'importe quel type de systèmes, elle est incompatible avec l'idée que les prédictions vérifiables de la mécanique quantique sont toutes correctes. Mais la question peut être considérée de savoir si, par chance, la compatibilité pourrait être récupérée en ce qui concerne les systèmes assez particuliers qui nous intéressent ici, à savoir ceux dont la fonction de distribution de Wigner est définie positive.

Fort heureusement un argument proposé il y a longtemps par Schrödinger [21] (et mentionné dans le rapport de Home et Whitaker ci-dessus cité) vient nous éclairer sur ce point. En effet, il concerne, non pas le cas général de tous les systèmes et états possibles mais très précisément un état spécifié d'un système d'un type spécifié — l'état fondamental de l'oscillateur harmonique — et cet état est une gaussienne, de sorte que sa fonction de Wigner est, effectivement, définie positive. L'énergie totale non relativiste, cinétique *plus* potentielle, de ce système est exactement définie et — en notations évidentes — égale à $\frac{h\nu}{2}$: ce qui signifie que dans un ensemble statistique d'oscillateurs dans l'état fondamental chaque élément a exactement l'énergie $\frac{h\nu}{2}$ (pas de fluctuations). Étant donné que l'énergie cinétique est nécessairement non négative, ceci implique que l'énergie potentielle $\frac{kx^2}{2}$ de n'importe lequel de ces oscillateurs ne peut pas excéder $\frac{h\nu}{2}$. Or, cette conséquence est incompatible avec l'idée que, dans l'ensemble statistique, les coordonnées x (qui, selon l'hypothèse ici discutée, ont toutes des valeurs précises) sont distribuées selon la loi de distribution $|\psi(x)|^2$. En effet, cette fonction est à support illimité et est donc non nulle même pour des valeurs de x assez grandes pour que l'énergie potentielle soit plus grande que $\frac{h\nu}{2}$. La réponse à la question considérée est donc négative : même les systèmes dont la fonction de distribution de Wigner est définie positive ne peuvent être généralement considérés comme localisés[1] à la fois en x et en p.

Bien entendu, ce qui précède ne doit pas nous empêcher de prendre bonne note de ce que les auteurs de la théorie de l'environnement ont à dire concernant les situations plus complexes où $f(x, p)$ est négative pour certaines valeurs de ses arguments. Tel est, par exemple, le cas en ce qui concerne la fonction d'onde (14-1) à deux pics considérée ci-dessus. Il va de soi que, dans un tel cas, il n'est pas nécessaire de se référer à l'argument qui vient d'être explicité. Il est immédiatement évident que $f(x, p)$ ne peut pas être considérée comme une distribution de probabilités. Comme nous l'avons noté, ce qu'il advient alors — la chose est très clairement montrée dans l'article de Zurek déjà cité — c'est que l'interaction avec l'environnement, après élimination du dit environnement par prise partielle de trace, a pour effet de faire disparaître les valeurs négatives de $f(x, p)$. En conséquence, les physiciens qui se croient fondés à poser qu'un système décrit par une fonction $f(x, p)$ non négative est localisé en x et en p peuvent penser qu'il en va ainsi, par exemple, du système S + A après que l'interaction avec l'environnement a fait son

1. Ne pas croire, pour autant, que les ensembles dont la fonction de distribution de Wigner est non négative partout n'ont pas de propriétés qui leur soient particulières. En particulier, il a été signalé, spécialement par Bell (référence [22], chapitre 21) que, du moins quand seules les positions sont directement mesurées (les impulsions étant inférées de la valeur des positions à deux instants), on ne doit pas s'attendre à observer des effets de non-localité sur les ensembles de paires de particules dont les états quantiques correspondent à des fonctions de distributions de Wigner ayant cette propriété.

effet. Ceci peut les conduire à dire que, dans le cas de la mesure, l'aiguille de chaque instrument de l'ensemble est dans l'un et l'un seulement des intervalles de graduation du cadran, ou à d'autres assertions semblables. Mais, la critique qui précède, inspirée de Schrödinger, ne peut être, ici, oubliée, et elle invalide un tel point de vue. Elle montre qu'une certaine distinction pouvant à première vue être attribuée à Zurek [19] entre les systèmes qui seraient « vraiment quantiques » (ceux dont la fonction de Wigner n'est pas définie positive) et ceux qui ne le seraient pas (ceux dont la fonction en question est définie positive) ne correspond vraisemblablement pas à la pensée réelle de cet auteur. Ce que de tels développements montrent véritablement, c'est qu'*en pratique* nous pouvons faire *comme si*, une fois que l'interaction avec l'environnement a eu lieu, le système était localisé à la fois en x et en p (et, par suite, comme si l'aiguille de l'instrument se trouvait dans un intervalle de graduation bien défini). En conséquence, la théorie « sauve les apparences » comme on disait... à l'époque de Galilée et du cardinal Bellarmin ! Autrement dit, la théorie montre que la mécanique quantique nous procure une description pleinement cohérente de la *réalité empirique*, au sens défini en section 10-6. Mais, encore une fois, l'objection déduite de l'argumentation de Schrödinger ne peut être oubliée ici. De sorte que, en définitive, la théorie ne peut être dite nous procurer une interprétation *à objectivité forte* des apparences classiques qu'elle étudie. La même chose est vraie en ce qui concerne la théorie quantique cosmologique de Gell-Mann et Hartle, comme nous l'avons vu en section 12-4.

Comme on le sait, d'autres — nombreuses et très ingénieuses — tentatives ont été faites, en particulier dans le domaine de la théorie de *l'opération de mesure* proprement dite (voir chapitre 10), visant à construire des descriptions « réalistes » sans renoncer — ou tout au moins sans renoncer d'une manière trop visible — à l'hypothèse de complétude (ou de non-existence des variables cachées). Bien que très différentes les unes des autres, ces tentatives s'avèrent à l'examen présenter en gros les mêmes traits que la théorie de l'environnement. Elles rendent fort bien compte des phénomènes en tant que tels mais ne peuvent être interprétées comme des descriptions de « la réalité telle qu'elle est ».

Une conséquence de ceci qui, bien qu'évidente, vaut quand même d'être mentionnée est que lorsque les partisans d'une telle théorie proclament qu'elle fournit une interprétation physique du processus de la mesure, le mot « physique » doit être pris dans un sens non pas *ontologique* mais essentiellement *opératoire*. Dans ce contexte, autrement dit, le mot ne peut pas signifier que le processus en question a été identifié comme se déroulant au sein d'une réalité physique intelligible existant — elle et toutes ses propriétés, même contingentes — tout à fait indépendamment de nous et de nos manières de l'appréhender. Il ne peut donc que signifier qu'il n'y a pas de différence fondamentale entre le processus de la mesure et tous les autres *parce que tous ne sont que simples phénomènes*, au sens philosophique du terme. C'est pourquoi l'assertion, fréquente sous la plume des partisans de la théorie de l'environnement, selon laquelle « l'environnement mesure de façon continue le système », doit être considérée comme étant plus qu'une métaphore. Elle souligne adéquatement la référence implicite au « mental » (objectivité faible) sous-jacente à la totalité de la mécanique quantique « des manuels », y compris à son prolongement en « théorie de l'opération de mesure ».

ii) Les approches explicitement ontologiques

Les analyses précédentes impliquent-elles l'impossibilité d'une théorie à objectivité forte rendant adéquatement compte des prédictions vérifiables faites par la mécanique quantique ? La réponse est *non* car, comme nous le savons, des approches non conventionnelles ont été proposées qui remplissent ces conditions. Ces théories ont été passées en revue au chapitre 13 : en ce qui les concerne on peut, par conséquent, se limiter ici à des remarques d'ordre général et conceptuel qui ne seront que de simples prolongements de celles déjà proposées dans la section 14-5.

La première de celles-ci sera que, comme nous l'avons vu, toute théorie conduisant aux mêmes prédictions observables que la mécanique quantique dans le domaine des mesures effectuées sur des paires de particules doit violer la causalité locale au sens large (chapitres 8 et 9) : doit violer, autrement dit, soit l'*indépendance à l'égard du résultat*, soit l'*indépendance à l'égard des paramètres*, soit les deux. Cela implique qu'aucune de ces théories ne peut rien restaurer qui ressemble de près à la vision classique des choses, puisque toutes devront présenter une forme de ce que nous avons, de façon générale, appelé « non-séparabilité » en section 8-5. Ainsi, par exemple, la théorie de l'onde pilote (*alias*, la théorie à variables cachées de Bohm) met en jeu, soit un *potentiel quantique* qui ne décroît pas avec la distance (Bohm) soit (Bell [22]) des champs hautement non locaux coïncidant avec les parties réelles et imaginaires de la fonction d'onde et qui sont pourtant tout aussi « réels » que les champs électrique et magnétique de la théorie électromagnétique classique de Maxwell. La théorie G.R.W. (section 13-5) ne met pas de variables cachées en jeu mais attribue un statut ontologique à des fonctions d'onde qui, pour des systèmes microscopiques, sont pratiquement identiques à celles de la mécanique quantique ordinaire et sont donc

— pour ceux de ces systèmes qui sont composés — tout aussi hautement non locales.

La seconde remarque sera la suivante. Comme nous l'avons également vu, puisque toutes ces théories violent la causalité locale on pourrait, au premier abord, imaginer que les théories quantiques ontologiquement interprétables et la théorie quantique conventionnelle se retrouvent à égalité en ce qui concerne leurs rapports avec la relativité : autrement dit qu'elles la violent aussi gravement les unes que les autres. Mais en fait, nous nous sommes aperçus qu'il n'en est rien, et cela en raison de la conjonction de deux faits. L'un d'eux est que (comme démontré en section 8-2) aucune théorie reproduisant exactement les prédictions quantiques ne permet la communication par signaux supralumineux, l'autre est que la mécanique quantique conventionnelle n'est objective qu'au sens faible. Une conséquence de cela est que si nous décidons de nous en tenir à la mécanique quantique conventionnelle, nous renonçons par le fait même à l'objectivité forte et n'avons donc plus aucune raison d'exiger que la théorie de la relativité soit objective au sens fort. Mais alors, l'abandon de la causalité locale — exigé par les faits — ne nous empêche en rien de conserver une causalité (einsteinienne) *définie sur le plan de l'opératoire* et consistant en la règle que les opérateurs de champs quantiques localisés dans des régions de l'espace-temps spatialement séparées les unes des autres commutent. Et, de fait, c'est là, précisément, la définition qui est donnée de la « causalité » dans les manuels de théorie quantique des champs. Comme on l'a noté, c'est ainsi que l'on peut restaurer une sorte de « coexistence pacifique » — pour faire de nouveau appel à l'expression de Shimony et de Redhead — entre mécanique quantique et relativité restreinte. Mais, à l'évidence, ce résultat n'est obtenu qu'au prix de l'abandon du réalisme conventionnel, de sorte que, par définition même, il n'est pas extensible aux théories ontologiquement interprétables qui sont ontologiquement interprétées. Autrement dit, inévitable paraît être la persistance d'un certain conflit entre elles et la relativité. Comparées à ce défaut, les autres déficiences de ces théories sont relativement mineures, bien que préoccupantes cependant. Elles consistent principalement en ceci que (a) il existe un certain nombre de théories de cet ordre et plusieurs d'entre elles ne peuvent guère — ou pas du tout — être expérimentalement distinguées les unes des autres vu qu'elles fournissent toutes, pour l'essentiel, les mêmes prédictions vérifiables (à savoir celles que donne la mécanique quantique), et (b) elles sont « stériles », en ce sens qu'aucune d'elles n'a jamais fourni aucune prédiction détaillée que l'on n'aurait pu déduire de la mécanique quantique usuelle et que l'expérience ait confirmée. On peut estimer que cet état de choses est lié au trait le plus caractéristique de ces théories, à savoir qu'elles « matérialisent », pour ainsi dire, la non-localité alors que celle-ci est « non opératoire » (n'ouvre aucune possibilité de modification des phénomènes à distance) comme on le sait. Pour ces raisons, il n'est pas abusif de considérer les théories en question comme de belles métaphysiques — bien adaptée à la mentalité technicienne et formalisante de notre temps, mais non *pleinement* scientifiques au sens strict.

14-11. Le statut de la non-séparabilité

Tel que nous l'avons défini au chapitre 9, le mot « non-séparabilité » réfère à la violation de concepts qui avaient jusqu'alors été tenus pour valables : la divisibilité par la pensée et la localité. La découverte de ces violations peut nous rappeler d'autres découvertes du même type, comme par exemple celle de la non-validité de la notion de temps newtonien universel (retard des horloges, etc.). Les points de ressemblance sont évidents. L'une et l'autre sont issues de développements théoriques : relativité et théorème de Bell. L'une et l'autre subirent ensuite avec succès l'épreuve expérimentale : maintes expériences de portée relativiste dans un cas, expériences de Clauser, Fry, Aspect, etc., dans l'autre. Vues sous cet angle, la relativité du temps et la non-séparabilité ont également droit au label de « découvertes scientifiques ».

Il est clair cependant qu'il y a quelque différence entre les deux. Pour tenter de la préciser, on suggérera de distinguer deux niveaux parmi les connaissances dignes d'être qualifiées de scientifiques. Le premier (le plus « bas ») est celui qu'explicitent les exemples précédents. Les connaissances dont il s'agit doivent être expérimentalement vérifiées et, de préférence, trouver leur place dans une théorie générale bien confirmée. L'autre niveau (plus élevé) est atteint par celles des connaissances en question qui doivent nécessairement être prises en compte pour expliquer certaines données de fait *autres que celles rassemblées dans le seul but de tester leur validité*. Manifestement, c'est bien le cas en ce qui concerne la relativité du temps, puisque celle-ci doit être explicitement prise en compte lorsqu'il s'agit d'expliquer ou de prédire le comportement des particules instables en mouvement rapide et dans nombre d'autres expériences, nullement destinées au départ à la vérifier. De fait, le haut degré de généralité des grandes lois scientifiques a pour effet que la plupart des connaissances de nature fondamentale qui accèdent au premier niveau accèdent aussi, automatiquement, au second. Mais il ne paraît guère vraisemblable que cela soit jamais le cas concernant la non-séparabilité, en raison de *l'indépendance à l'égard des paramètres* (voir chapitre 8) et de son corollaire : l'impossibilité d'utiliser la non-séparabilité pour transmettre de l'information. Le fait que, dans les descriptions (opératoirement formulées) qu'ils donnent de disciplines telles que la théorie des champs, les auteurs de manuels spécialisés ne se trouvent jamais confrontés au besoin de faire appel à la non-séparabilité est manifestement lié à l'état de choses qu'on vient de dire.

14-12. Réel voilé et conclusion

Le contenu des sections qui précèdent se résume en une constatation : il existe des objections fortes à l'encontre du réalisme conventionnel, c'est-à-dire traditionnel. Ces objections sont les suivantes.

1. Le réalisme conventionnel suppose l'objectivité forte, avec laquelle le formalisme de la mécanique quantique standard — sans comparaison le plus efficace de tous — n'est pas compatible.

2. Certes, il existe d'autres formulations (les théories « ontologiquement interprétables », voir chapitre 13). Mais au sein de celles-ci, comme on l'a vu, le réalisme conventionnel ne peut être mis en accord avec les prédictions vérifiables — et vérifiées — de la mécanique quantique qu'au prix d'un renoncement à cette sorte de *coexistence pacifique* entre mécanique quantique et relativité qui a été décrite plus haut. Conserver l'objectivité forte implique au moins, dans ces conditions, un renoncement à certains traits essentiels de la théorie de la relativité. C'est assurément, pour la restauration du réalisme, un prix élevé à payer. Et même si nous acceptons de payer le prix en question, nous avons encore à faire face à une difficulté connue mais grave. Celle que plusieurs modèles sont alors disponibles, que d'autres viendront sans doute s'ajouter à la liste, que, depuis soixante-dix ans que la physique quantique existe, aucun n'a fourni de prédictions originales et expérimentalement vérifiées, et que prétendre discriminer entre eux par l'expérience semble voué à l'échec. Difficile, dans ces conditions, de ne pas faire un rapprochement avec la quête ardente et vaine, au Moyen Age, de la pierre philosophale...

3. Sur cette question, instructive est la revue, faite au long des chapitres 10 à 12, d'importantes théories de l'opération de mesure construites dans le cadre quantique traditionnel. Elle l'est d'autant plus que la plupart des auteurs de ces théories semblent avoir sincèrement cru que celles-ci, à l'instar de la bonne vieille physique classique, étaient interprétables comme décrivant le réel tel qu'il est vraiment. Et cependant, en scrutant dans le détail les prémisses de ces théories, nous avons constaté que, du moins au présent stade de

leur développement et sauf ingrédients nouveaux encore à produire, aucune d'elles — que ce soit la théorie du rôle de l'environnement, le formalisme des Opérations et Effets, les théories de Griffiths et d'Omnès, celle, cosmologique, de Gell-Mann et Hartle, etc., n'est ontologiquement interprétable.

D'un autre côté, nous avons également énuméré (sections 14-3 et 14-8) certains arguments forts allant à l'encontre de l'idéalisme — ou « phénoménisme » — radical et se résumant en ceci que considérer la connaissance comme logiquement première par rapport à l'existence *a)* paraît n'être pas logiquement cohérent et *b)* (même si nous mettons cette incohérence logique entre parenthèses) peut à certains égards freiner le développement de la recherche scientifique.

Dans ces conditions, c'est-à-dire si, d'une part, on rejette l'idéalisme radical — le néo-kantisme et les crypto-idéalismes qui en dérivent — du fait qu'on tient pour nécessaire la notion d'un « quelque chose » (l'ensemble des objets, des atomes, des événements, Dieu, les Idées de Platon, quelque entité plus vague encore... on n'en préjuge pas mais « quelque chose ») dont l'existence ne dépend pas de (ne se réduit pas à) la *nôtre* ; et si, d'autre part, on réalise que les théories ontologiquement interprétables sont toutes trop spéculatives, c'est-à-dire que les traits particuliers de ce « quelque chose » sont au-delà de notre atteinte ; alors ne subsistent que deux possibilités. Ou bien ce « quelque chose » est totalement inconnaissable, est un « pur x », ou bien il est tel que nous pouvons glaner certaines connaissances à son sujet, mais de nature essentiellement générale ou allégorique.

Ma thèse demeure que des arguments assez convaincants plaident en faveur de la seconde branche de l'alternative. Parmi ces arguments — que les analyses qui précèdent permettent maintenant d'examiner dans le détail — on en retrouvera certains déjà rencontrés dans les sections 14-3 et 14-8 en faveur de l'idée qu'il faut un réel, car, à bien les considérer, ces arguments indiquent aussi que le réel dont il s'agit n'est pas totalement inconnaissable.

Tel est, en premier lieu, le cas de l'argument développé en section 14-8 au titre (a), qui nous a conduit à l'idée que même si la forme de nos descriptions scientifiques emprunte beaucoup aux structures propres à notre esprit, ces descriptions ne leur doivent pas tout. Prenons un exemple banal : tout serait certainement plus simple si le champ de radiation était un scalaire, mais tel n'est pas le cas. Et même si nous ne pouvons vraiment nous prononcer sur la question de la nature ultime de ce « champ », nous disposons, tout de même là d'une information qui ne peut être considérée comme étant une construction provenant exclusivement de nous.

Tel est également le cas de l'argument développé dans la même section sous le titre (b), et consistant dans la remarque que certaines théories magnifiquement rationnelles sont réfutées par l'expérience. De tels faits ne montrent pas seulement qu'il y a « quelque chose » en dehors de nous — le « quelque chose » qui dit : « non » —, ils nous fournissent aussi une certaine connaissance relativement à ce « quelque chose ». Cette connaissance est, il est vrai, de nature essentiellement négative. Mais elle est connaissance quand même. La non-séparabilité, par exemple, est une connaissance négative de cette espèce.

Remarque. Dans la section précédente, il a été noté que la non-séparabilité, bien qu'étant une donnée scientifiquement établie, n'a pas tout à fait le même statut que la majorité des autres connaissances scientifiques du fait qu'on ne peut la mettre en œuvre pour développer d'autres domaines de la physique. Ceci étaye l'idée que la non-séparabilité ne concerne probablement pas la réalité empirique, c'est-à-dire le domaine de la physique au sens strict, mais qu'elle renvoie en fait à cette « couche plus profonde » de la réalité qu'est la réalité indépendante, le réel.

De même, l'argument e) de la section 14-8 plaide, nous l'avons vu, en faveur d'une sorte de version actualisée du *réalisme structurel* de Henri Poincaré, impliquant que les structures générales de la réalité indépendante ne nous sont pas rigoureusement opaques.

Tout bien considéré, la conception la plus en harmonie avec les données de la physique actuelle paraît dès lors bien être celle, proposée [23] il y a quelques lustres[1], d'un réel « voilé ». Donnons ici une première indication de ce que cette expression désigne (une explication plus élaborée et complète sera donnée dans la section 15-1).

a) La réalité indépendante — le réel — n'est pas immergée dans l'espace-temps (voir section 14-6). On sait depuis longtemps, en fait depuis la découverte de l'enchevêtrement par Schrödinger, que la mécanique quantique s'harmonise mal avec le concept de localité. Maintenant que l'on sait que toute reformulation « ontologique » de la mécanique quantique implique nécessairement la non-localité (Bell), il apparaît clairement que cette dysharmonie n'est pas une défectuosité temporaire du formalisme mais quelque chose de beaucoup plus fondamental. C'est pourquoi, encore une fois, on doit considérer qu'alors que l'espace est vu à juste titre comme étant l'arène dans laquelle les *phénomènes* se déroulent, il n'est pas (et l'espace-temps pas davantage) une arène *dans* laquelle la *réalité indépendante* évoluerait. Il est bien plutôt (et, avec lui, le temps, ou

1. Et « redécouverte » depuis par certains auteurs [24] sur la base d'arguments d'inégales valeurs, me semble-t-il.

l'espace-temps) un mode humain *a priori* (comme Kant l'aurait pu dire) d'appréhension de la réalité indépendante.

b) Ce réel voilé excède en partie les possibilités de l'intelligence humaine et *sur cette base* (et non pas seulement sur celle de l'indéterminisme, qui ne paraît pas être un argument suffisant) on peut tomber d'accord avec Pauli quand (en divers passages de sa correspondance) il parle de l'« irrationalité » du réel[1].

c) D'un autre côté, ce que la science nous apprend a sans aucun doute un rapport avec le réel. Mais l'information qu'elle nous procure à son sujet paraît limitée à certaines de ses structures générales, et ne peut donc être conçue comme exhaustive.

En conséquence, l'objet des descriptions détaillées de la physique, autrement dit l'ensemble des phénomènes, doit recevoir un autre nom. Celui, par exemple, de réalité *empirique*, ou *effective*. Et il résulte de tout cela que les deux notions de réalité indépendante (ou réel) d'une part et de réalité empirique d'autre part doivent être tenues pour signifiantes. Notons que cette conclusion n'est dérivée d'aucun modèle théorique particulier : théorie du *bootstrap* ou autre. Dans le passé, des vues en partie similaires à celles que nous exprimons ici furent élaborées par certains auteurs à partir de tel ou tel modèle théorique. L'inconvénient de ce genre d'approche est que la confiance qu'il est possible d'accorder aux vues ainsi construites dépend évidemment de celle accordée au modèle. Soulignons bien que la dérivation ici présentée de la conception du réel voilé ne tombe pas sous le coup de cette objection.

Notre observation finale sera que si la conception du réel voilé a bien — on l'a remarqué au passage — certaines similitudes avec le « réalisme structurel » de Poincaré, elle en diffère pourtant à propos d'un aspect important du réel, dont il a, à plusieurs reprises, été fait mention. Là où Poincaré fait allusion aux « images substituées *aux objets réels, que la nature nous cachera éternellement* » [25] il écrit, comme on le voit, « *les* objets réels » au pluriel. Il semble que la non-divisibilité par la pensée, ou la non-localité qui joue le même rôle dans les théories ontologiques, interdise aujourd'hui tout usage raisonnable du pluriel en référence à la réalité indépendante : et qu'il nous faille donc parler de *la* réalité indépendante et non pas *des* objets réels. La raison qui fait que cette différence entre la notion de réel voilé et la conception de Poincaré est significative est que, selon la seconde, les « relations entre les objets » sont accessibles à notre

1. Que le mot « irrationalité » figure dans les écrits d'un physicien de l'envergure d'un Pauli est chose moins déconcertante qu'il n'y paraît à première vue. Comme l'a fait observer K. V. Laurikainen (communication privée à l'auteur) la théorie, selon Pauli, est parfaitement rationnelle ; c'est *le réel* qui ne l'est pas.

connaissance (et que leur description constitue, en fait, la substance même de la science) alors que la notion même de telles relations entre objets-en-soi devient peu claire si, en raison de la non-séparabilité, nous ne pouvons pas même concevoir ces objets comme constituant des entités nettement distinctes.

Incidemment, on notera que, relativement à toute tentative imaginable d'extrapolation métaphysique de ces développements, un tel passage du pluriel au singulier ne peut être que de conséquence.

Références

1. A. I. Miller, *Imagery, Probability and the Roots of Werner Heisenberg's Uncertainty Principle Paper*, in *Sixty-Two Years of Uncertainty*, A. I. Miller ed., New York, Plenum Press, 1990.
2. P. Feyerabend, « On the Quantum Theory of Measurement », in *Proceedings of the Colston Research Society*, Londres, Buttelsworth Scientific Publications, 1957.
3. N. Bohr, *Atomic Physics and Human Knowledge*, New York, Science Editions, 1961.
4. N. Bohr, *Quantum Physics and Philosophy — Causality and Complementarity*, in *Contribution to Philosophy in the Mid-Century*, R. Klibansby éd., Florence, *La Nuova Italia Editrice*, 1958 ; repris dans *Essays 1958-1962 on Atomic Physics and Human Knowledge*, A. Bohr éd., Suffolk, Bungay, 1963.
5. E. Joos, H. D. Zeh, *Z. Phys.* **B59**, 223 (1985).
6. E. Joos, « Quantum Theory and the Appearance of a Classical World », in *New Techniques and Ideas in Quantum Measurement Theory, Annals of the New York Academy of Sciences*, **480**, 242 (1986).
7. D. Bohm, *Wholeness and the Implicate Order*, Londres, Routledge and Kegan Paul, 1980.
8. M. Dummett, *Truth and Other Enigmas*, Londres, Duckworth, 1978.
9. L. Rosenfeld, in *Louis de Broglie, physicien et penseur*, Princeton University Press, 1955.
10. J. von Neumann, *Mathematical Foundations of Quantum Mechanics*, Princeton University Press, 1955.
11. P. A. M. Dirac, *Quantum Mechanics*, 3e éd., Oxford University Press, 1948 (1re éd. 1930).
12. J. S. Bell, *Against « Measurement »*, in *Sixty-Two Years of Uncertainty*, A. I. Miller ed., New York, Plenum Press, 1990.
13. E. Schrödinger, *Mind and Matter*, Cambridge University Press, 1958.
14. P. Duhem, *La Théorie physique*, 2e éd., Paris, 1914.
15. F. Bonsack, « Prolegomena to a Realist Epistemology », in *Dialectica*, **43**, 157, 1989.
16. L. Wittgenstein, *Tractatus Logo-Philosophicus*, Londres, Routledge and Kegan Paul, 1961.
17. H. D. Zeh, *Found. Phys.* **1**, 69 (1970).
18. K. Baumann, *Z. Naturforsch.* **A 25**, 1954 (1970).

19. W. H. Zurek, « Decoherence and the Transition from Quantum to Classical », *Physics Today*, octobre 1991, p. 36.
20. B. d'Espagnat, « Nonseparability and the Tentative Descriptions of Reality », *Physics Reports* **110**, 203 (1984).
21. E. Schrödinger, *Naturwissenschaften* **23**, 804, 824, 844 (1935) ; en anglais : *Proc. Am. Philos. Soc.* **124**, 323 (1980).
22. J. S. Bell, *Speakable and Unspeakable in Quantum Mechanics*, Cambridge, Cambridge University Press, 1987, chapitre 7.
23. B. d'Espagnat, *A la recherche du réel, le regard d'un physicien*, Gauthier-Villars, 1979 (3e ed., Agora, Presse-Pocket, 1991).
24. G. Bogdanov, I. Bogdanov, J. Guitton, *Dieu et la Science*, Paris, Grasset, 1991.
25. G. Poincaré, *La Science et l'hypothèse*, Paris, Flammarion, 1902.

15

Le réel voilé, la réalité empirique

Les développements du précédent chapitre ont conduit à l'idée que la réalité indépendante est voilée. Dans la première section de ce chapitre-ci, cette thèse sera mise en parallèle avec des conceptions récemment développées par certains auteurs sur des bases purement philosophiques. Les sections suivantes serviront à préciser la notion déjà introduite de réalité empirique.

15-1. Développements philosophiques. L'approche de Bonsack

Il est bon de savoir que des conceptions présentant d'indéniables ressemblances avec celle du réel voilé ont été développées en philosophie des sciences « pure », autrement dit par des penseurs ne prenant pas comme fondement à leurs travaux les données factuelles de la physique. Il ne saurait, bien sûr, être question de présenter ici un compte rendu détaillé de ces théories, toutes hautement élaborées. Nous nous contenterons d'en donner deux ou trois exemples.

Les deux exemples qu'il paraît bon de mentionner en premier lieu sont *l'empirisme constructif* de Bas Van Fraassen et le *réalisme interne* de Hilary Putnam. Leur description requerrait des développements n'ayant pas leur place dans ce livre et nous nous satisferons donc d'un simple coup d'œil sur l'un et sur l'autre.

En ce qui concerne *l'empirisme constructif*, on notera que l'un de ses énoncés de base est que « le but de la science n'est pas la vérité en tant que telle mais bien l'*adéquation empirique*, c'est-à-dire la vérité pour ce qui touche aux phénomènes observables » [1]. Il est vrai que, considéré seul, cet énoncé pourrait conduire à identifier l'empirisme constructif à une pure et simple variante de ce qui a été appelé le « phénoménisme pur » au chapitre 1. Mais ce serait par trop simplifier la position assez subtile de Van Fraassen et, quand on examine la manière dont cet auteur applique ses vues à des problèmes spécifiques, on constate que la position en question *ne peut pas* être identifiée à un phénoménisme pur. C'est pour cette raison qu'il n'est pas abusif d'évoquer certaines affinités entre l'empirisme constructif et le concept de réel voilé, étant entendu, cela va de soi, que la notion d'« affinités » n'exclut en rien des différences importantes.

En ce qui concerne le *réalisme interne* de Putnam, la situation n'est pas essentiellement différente. Cet auteur prend lui aussi position contre la théorie de la « vérité-correspondance », c'est-à-dire contre l'idée qu'il existerait une correspondance plus ou moins bi-univoque entre les concepts et un monde conçu comme indépendant de l'esprit. Essentiellement, son argument est qu'*a priori* plusieurs correspondances de ce type peuvent être imaginées, et que, pour pouvoir déterminer précisément *la* bonne mise en rapports entre mots ou signes mentaux et choses « indépendantes de l'esprit », il nous faudrait déjà avoir accès à ces choses-là (référence [2], p. 72). Mais d'un autre côté, Putnam souligne que le réalisme interne n'est pas un relativisme facile. « Le savoir, écrit-il, n'est pas une histoire dénuée de contraintes autres que la cohérence interne. » En fait, ce qu'il rejette dans le réalisme conventionnel, c'est essentiellement l'idée « qu'il y aurait des entrées [*imputs*] [au savoir] qui ne seraient pas elles-mêmes dans une certaine mesure façonnées par nos concepts et par le vocabulaire dont nous faisons usage pour en rendre compte et pour les décrire ; ou des entrées qui ne seraient susceptibles que d'une description unique, indépendante de tout choix conceptuel » (référence [2], p. 54). Et ailleurs, Putnam ouvre une parenthèse dans laquelle il s'exprime ainsi : « Peut-être, après tout, Kant a-t-il raison : peut-être ne pouvons-nous éviter de considérer qu'en quelque manière il y a, à notre expérience, une sorte de substrat, indépendant de l'esprit. » Ceci aussi a quelque ressemblance avec la notion de réel voilé bien que, de nouveau, cette ressemblance ne soit que très partielle : à l'intérieur de la même parenthèse, Putnam ajoute en effet : « [...] même si toute tentative visant à en parler [du substrat en question] conduit immédiatement à du nonsens », proposition manifestement incompatible avec le contenu du précédent chapitre...

Ni l'un ni l'autre des deux auteurs dont nous avons brièvement résumé les vues ne se qualifierait lui-même de réaliste (Putman en fut un, mais il a changé très ouvertement d'opinion). Étant donné que les physiciens sont, eux, pour la plupart, tout naturellement portés vers le réalisme et qu'une proportion élevée des lecteurs potentiels du présent ouvrage sont des physiciens, il semble justifié d'étudier plus en détail les affinités que le concept de réel voilé peut avoir avec les conceptions d'un philosophe se considérant lui-même essentiellement comme réaliste, à savoir François Bonsack [3].

Bonsack part de la constatation que beaucoup — sans doute la majorité — des philosophes tiennent les arguments des idéalistes pour impossibles à réfuter, et sont dès lors contraints de concéder que notre tendance irrépressible à croire en un monde extérieur est — en dernière analyse — une illusion. Selon les vues de ceux d'entre eux qui, malgré tout, éprouvent un penchant pour le réalisme, on serait réaliste d'instinct et en contradiction avec la raison, qui démontrerait le contraire. Bonsack s'insurge contre cette thèse : car, souligne-t-il, ou bien le réalisme est juste, et alors nous devons pouvoir le défendre rationnellement, ou bien il est faux, et si tel est le cas, se rabattre sur l'instinct pour le défendre malgré tout c'est faire choix d'une bien fragile ligne de retraite. D'une manière qui peut rappeler certaines des analyses du précédent chapitre, ce philosophe part donc à la recherche d'une raison qui ferait qu'une épistémologie réaliste ne serait plus critiquable philosophiquement parlant.

Étant des plus soucieux de ne recourir à aucun argument ayant quelque relent métaphysique, Bonsack part de la seule information sûre et fiable que nous ayons, à savoir le « donné de conscience » ininterprété. Ceci, note-t-il, peut, dans un premier temps, donner naissance à un réalisme naïf (les choses existent précisément telles que nous les voyons) et, dans un deuxième temps, une fois dépassé ledit réalisme, peut conduire à une sorte de naïf « idéalisme au premier degré » : une limitation à ce qui nous est accessible, c'est-à-dire au donné conscient. Il concède que cette option est tenable mais soutient que l'affaire, pourtant, n'est pas terminée : car il reste à expliquer pourquoi et comment, partant de ce donné conscient, le sujet est amené à postuler un monde réel et à reconnaître que certaines des données dont il dispose se rapportent à ce monde-là alors que d'autres (les rêves, etc.) ne s'y rapportent pas. « Même, écrit-il, si tout est représentation, les distinctions entre un objet et sa représentation et entre le monde extérieur et la subjectivité intérieure doivent être restaurées *à l'intérieur même de la représentation.* » Pour un scientifique à tournure d'esprit un peu philosophique, ce qui constitue l'intérêt principal de l'approche de Bonsack — en même temps que son originalité par rapport à celles de la plupart des philosophes — c'est le fait que ce problème-là est explicitement et précisément énoncé (dans la phrase qu'on vient de citer) et qu'il est rationnellement étudié.

A cet effet, Bonsack souligne d'abord que le donné sensoriel a une *structure* — puisque les diverses perspectives que nous obtenons d'un objet sont connectées (entre elles et à nos actes) d'une manière qu'on peut calculer — et soutient que le but du savoir est de rendre compte de cette structure (il cite l'assertion de Poincaré [4] selon laquelle les objets « ne sont pas seulement des groupes de sensations mais des groupes cimentés par un lien constant. C'est ce lien, et ce lien seul qui est objet en eux et ce lien est un rapport » [Bonsack, sur ce point corrige : « un réseau de rapports »]). Le niveau des flux sensoriels et moteurs et des liens existant entre eux est appelé par Bonsack le « niveau-S » (S pour « sujet »). C'est le niveau que certains dénomment « phénoménologique ». Mais à ce niveau, souligne-t-il, il n'y a encore ni monde ni espace, et donc ni dedans ni dehors.

A l'évidence, tenter de rendre compte de cette structure en essayant de saisir des lois reliant directement des sensations ou des actes à d'autres sensations ou actes serait pratiquement impossible (que l'on pense à ce que signifierait tenter de relier directement les ordres que nous donnons à nos divers muscles pour nous déplacer et les changements concomitants dans les apparences du monde, sans recourir à des concepts tels que celui d'espace et de position dans l'espace...), alors qu'au contraire cela devient facile si, partant de ce que nous voyons, nous construisons par la pensée des objets tri-dimensionnels, les plaçons dans l'espace, etc. En d'autres termes, pour rendre compte de la structure dont il s'agit, le seul procédé pratiquement disponible est de « passer par le procédé instrumental consistant à construire un monde-O objectif, structuré dans l'espace et meublé d'objets ».

A ce stade, bien que Bonsack soit, de cœur, un réaliste, il ne mentionne pas, en faveur du réalisme — pas plus que ne le font les autres philosophes — l'argument (apparemment assez évident cependant...) que si cette procédure est à ce point efficace, c'est peut-être (certains diraient : « c'est sans doute ») parce qu'elle est plus qu'un simple artifice : parce qu'elle traduit et signale la découverte des bons concepts pour comprendre comment le monde « réellement est ». Pour une raison qui échappe, il se trouve que cet argument, considéré comme infiniment raisonnable par tant de physiciens de l'ère classique (à l'âge de la physique quantique, avec toutes les difficultés soulevées par les notions de localisation et d'objets, il ne paraît plus aussi raisonnable !), ne fut quasiment jamais pris en considération par les philosophes. Pour poursuivre l'analyse (et compte tenu des difficultés quantiques susdites) nous ne le prendrons pas en compte non plus.

En revanche, Bonsack souligne bien certains points qui rapprochent son schéma du réalisme conventionnel. L'un d'eux est que son monde-O inclut le sujet : non pas, certes, le « sujet-S » duquel le « niveau-S » dépend mais un « sujet-O » objectifié, qui n'est rien d'autre qu'un objet interagissant avec d'autres objets et dont les sensations, et expériences en résultant, sont interprétées par référence aux lois physiques du monde-O. En outre, toujours selon notre auteur, le sujet-O doit être objectifié, sa *subjectivité incluse*, de telle manière que les relations de la conscience et du monde extérieur ne sortent pas du cadre de la causalité normale.

Dans le modèle, les objets-O doivent, pour une simple raison de cohérence, être considérés comme ayant une existence-O ne dérivant pas de l'existence-O du sujet-O et de la connaissance dont ce sujet-O est capable. Manifestement, l'une des principales exigences du réalisme classique se trouve, de ce fait, satisfaite et Bonsack a raison de le souligner. Mais en même temps, il reconnaît avec beaucoup de lucidité que le réaliste traditionnel peut fort bien émettre des réserves. Il peut objecter que si ce schéma se laisse développer si aisément, c'est tout simplement parce qu'il repose sur un malentendu et que, de fait, sous couleur de défense du réalisme, il donne complètement dans l'idéalisme étant donné que le monde-O n'est en définitive qu'une *représentation.*

A cette objection qui pourrait lui être adressée, Bonsack donne une réponse nuancée. Il concède qu'à ce stade, il n'est parvenu qu'à conférer un sens au réalisme à l'intérieur d'un cadre idéaliste. Mais, fait-il observer, cela est déjà un résultat car les idéalistes s'arrêtent à mi-chemin et oublient qu'il leur faut rejoindre le réel. Dans son approche à lui, ceci, nous dit-il, n'est pas le cas puisque, comme il l'explique en détail, le contraste entre l'apparence et la réalité y est sauvegardé ainsi que celui entre ce qui représente et ce qui est représenté. Dans le même ordre d'idées, Bonsack fait également valoir que, contrairement à l'idéalisme, son modèle possède la dimension d'hétérogénéité qui, seule, donne un sens au concept d'erreur : l'original du monde-O a beau n'être pas accessible, ce dernier n'est pas sa propre mesure puisque les sensations-O qui sont de simples sensations-S objectivées peuvent être comparées aux sensations-O prédites au moyen du monde-O postulé et des lois scientifiques-O correspondantes, de sorte que des écarts sont concevables, sont à corriger, et ainsi de suite.

Cependant, continue Bonsack, le réaliste peut encore rétorquer a) que tout le monde sait bien que la représentation que le sujet se forme du monde — autrement dit son monde-O — est des plus incomplètes, et relative à ce qu'il sait, et b) que les difficultés classiques du réalisme surgiraient à nouveau si l'on soulevait la question de savoir *ce qui* est représenté. Il reconnaît que ce sont là des objections sérieuses, qu'il s'est faites à lui-même, et qu'il lui faut leur apporter une réponse.

Il envisage deux manières de relever le défi.

L'une d'elles, qu'il se contente d'esquisser, serait de demeurer dans les limites d'une visée positive, réalisable, mais d'ajouter au monde-O un méta-principe posant que ce monde-O n'est ni complet ni définitif et doit être modifié selon notre expérience. Il ne critique pas cette solution mais glisse si rapidement sur elle qu'il donne l'impression de n'être pas vraiment convaincu qu'elle répond à la demande.

L'autre revient, comme il l'écrit, à « faire quelques pas en direction de la métaphysique », mais à les faire avec prudence, et en les justifiant rationnellement. Elle consiste à postuler, au-delà de nos mondes-O individuels et historiques, l'existence d'une sorte de monde-O limite, auquel il donne le nom de monde-Ω. Le monde-Ω n'est, nous dit-il, ni substantiellement différent de nos mondes-O ni inaccessible par principe : il est même possible que, sur certains points, certains mondes-O coïncident avec lui, mais nous ne savons ni lesquels ni où gît la coïncidence. En effet, nous n'avons directement accès qu'à nos mondes-O, de sorte qu'il ne peut être question de mesurer les adéquations de nos divers monde-O en les comparant au monde-Ω. Ce dernier n'est postulé qu'à titre d'idéal vers lequel on tend. Mais, cependant, il satisfait à la demande du réaliste et répond à sa dernière objection : car *lui* du moins, comme Bonsack le spécifie explicitement, *n'est pas* une représentation. Il est bien véritablement posé comme indépendant du savoir des divers sujets. Il est une totalité ontologique et, pour cette raison, toute discussion portant sur sa nature est « vaine et métaphysique », la seule chose vérifiable le concernant étant (ici, de nouveau, l'influence de Poincaré est manifeste) « le réseau de relations qui lie ses événements entre eux ».

Ce schéma, auquel Bonsack fut amené en développant des considérations de pure philosophie, s'avère assez remarquablement similaire à celui auquel une analyse détaillée de la physique contemporaine nous a conduits, et où la réalité de base n'est ni un « pur *x* » ni quelque chose de véritablement et scientifiquement connaissable. Plus haut, nous avons exprimé la même chose en disant que la réalité indépendante est *voilée*. A certains philosophes, cette expression pouvait, de prime abord, paraître assez vague et mal définie. Le schéma de Bonsack, en revanche, est philosophiquement élaboré : il ne devrait donc pas leur laisser la même impression. En raison de la similarité existant entre lui et le schéma de la réalité voilée, on suggérera donc ici que les philosophes qui requéreraient une spécification plus précise de ce dernier l'entendent, au moins en première approximation, comme étant explicité par celui de Bonsack. Il va sans dire que la correspondance entre les deux ne peut être considérée comme absolument exacte. Elle est cependant suffisamment précise pour être pleinement significative. La correspondance entre le langage de Bonsack et celui utilisé dans cet ouvrage n'a guère besoin d'être précisée. Le monde-Ω de Bonsack correspond à notre « réalité indépendante » (ou « réel ») et les mondes-O de Bonsack correspondent à ce qui a été ici appelé la « réalité empirique » (ou « effective »). L'idée de Bonsack selon laquelle « il se pourrait que, sur certains points, certains mondes-O coïncident avec le monde-Ω *mais nous ne savons ni lesquels ni où* » (c'est nous qui soulignons) peut, en première approximation, être considérée comme explicitant de manière adéquate ce que l'on entend dans ce livre par l'assertion que la réalité indépendante est voilée. Le parallélisme est d'autant plus remarquable que, comme il va de soi, les cheminements philosophique et physique correspondants sont extrêmement différents. Au départ, le philosophe *doute* — pour d'excellentes raisons d'ordre philosophique — que le témoignage des sens corresponde à la réalité indépendante et, au fur et à mesure qu'il progresse, sa réflexion l'amène à circonscrire ses doutes, sans vraiment les éliminer. Au départ le physicien, lui, tend spontanément, au contraire, à penser que la science lève vraiment le « voile des apparences » : et, plus tard, son analyse des faits scientifiques tels qu'ils sont le conduit à nuancer ce jugement. Contrairement au philosophe, le physicien conjecturera donc volontiers que celles de nos connaissances dont il n'a pas été démontré qu'elles sont dénuées de correspondance bi-univoque avec la réalité indépendante *ont véritablement* une telle correspondance. Cette légère différence se traduit comme suit. Étant donné que les *structures générales* de la réalité indépendante peuvent, sans incohérence interne, être considérées comme correctement reflétées par la physique (ainsi que nous l'avons expliqué en section 10-8) le partisan physicien de la conception de la réalité voilée ne répugnera pas à l'idée qu'effectivement ces structures-là sont bien approchées par cette science. Ce sont donc seulement les traits contingents des phénomènes qu'il tiendra pour fondementalement modelés par nous. Alors qu'au contraire, le philosophe n'a pas de motivation particulière à faire la distinction en question. Toutefois, comparée à l'importance des similarités, cette différence peut être considérée comme non essentielle.

Incidemment, soulignons tout de même le caractère *a priori* assez surprenant de la dernière remarque qu'on vient de lire. Elle montre qu'au jugement de la physique celles de nos croyances qui ont le moins de chances de correspondre à des éléments de la réalité indépendante sont celles qui sont relatives aux attributs *contingents* des choses : qui consistent en ce que nous pensons savoir de ces attributs quand, aussi bien dans la vie courante qu'au sein de notre activité scientifique, nous observons ou manipulons, soit effectivement, soit seulement par la pensée, les choses en question. Ceci est tout à l'opposé de l'attitude du sens commun qui consiste essentiellement à croire à la réalité « en soi » des faits contingents observés et à douter de nos possibilités de connaître les structures de base du réel.

15-2. Analyse de l'approche *via* « réalité empirique »

Les considérations qui précèdent montrent que l'épistémologie critique et la physique quantique se confortent l'une l'autre. L'épistémologie traditionnelle a conduit à une mise en question solidement argumentée de l'idée que les choses auxquelles nous avons affaire, tant dans la vie quotidienne que dans notre travail scientifique, existent *en elles-mêmes* — à l'intérieur d'un espace et d'un temps existant, eux aussi, en eux-mêmes — et sont connaissables par la physique. Elle a prouvé que cette idée, loin d'être une vérité évidente comme le sens commun l'imagine, n'est finalement qu'une hypothèse. La mécanique quantique a apporté l'information supplémentaire qu'en fait, l'hypothèse en question, selon toute apparence, est erronée (« selon toute apparence » et non pas « certainement » car, dans certains modèles ontologiquement interprétables, des objets ou des événements peuvent être conçus comme possédant l'existence en soi ; mais il a été expliqué au chapitre 13 pourquoi il paraît impossible d'accorder foi à aucun tel modèle en particulier). Ceci, avons-nous noté, donne du poids à l'idée que ce que l'on est en droit d'attendre de la physique c'est une description, non pas de la *réalité en soi* dans sa totalité et ses détails, mais principalement des phénomènes, tels qu'ils apparaissent à la communauté des êtres humains.

Fondamentalement, cette conception du réel voilé est certes réaliste (au sens du « réalisme ouvert ») puisque la notion de réalité indépendante (d'un « monde-Ω » dans le langage de Bonsack) y est considérée comme ayant un sens. Mais d'un autre côté, on vient de noter que, selon elle, la réalité indépendante n'est pas scientifiquement connaissable telle qu'elle est vraiment (même pas les traits à échelle humaine, contingents, que nous pensons en percevoir). Des définitions posées en section 14-7, il suit dès lors, d'une part que les notions d'énoncés et de concepts « objectifs au sens fort » y ont bien, en principe, un sens, mais, d'autre part, que de tels énoncés et concepts n'y peuvent constituer qu'un ensemble fort peu « peuplé ». Un ensemble qui pourrait bien être vide et ne comporte pas en tout cas les éléments qui permettraient une description précise de « comment le monde est ». En particulier, on ne doit pas s'attendre qu'y figurent nos énoncés et concepts scientifiques détaillés concernant les propriétés dynamiques des systèmes. Ceux-ci ne sont objectifs qu'au sens faible. Ce qu'ils décrivent, ce n'est pas la réalité indépendante en elle-même, mais bien celle-ci vue à travers le prisme des formes que le mental impose aux données des sens : autrement dit ce que nous avons appelé la « réalité empirique ». (Les réalistes devront soigneusement noter que cette réalité empirique n'est point du tout une réalité dans *leur* sens ; remplacer mentalement partout cette expression par l'expression équivalente de « vision empiriste » pourra les aider à éviter la confusion.)

Mais ce qui précède suffit-il à lever les difficultés d'interprétation de la mécanique quantique analysées dans ce livre ? Dans cette section et les suivantes, nous nous demanderons si l'on peut nourrir un espoir raisonnable que la réponse soit positive.

A l'évidence, un tel espoir serait vain si les difficultés dont il s'agit étaient relatives au jeu même des règles opératoires fondamentales de la mécanique quantique : car alors, le fait de changer le référent de la physique et de conférer ce rôle à la « réalité empirique » (en lieu et place de la « réalité indépendante ») ne serait qu'un simple changement de vocabulaire. Mais cette « objection préjudicielle » ne tient pas, car le jeu des règles quantiques jouit sans conteste de la cohérence interne. Les difficultés qu'on a rencontrées — que ce soit celles relatives à l'idée qu'une aiguille d'instrument se trouve nécessairement dans un intervalle défini de la graduation ou celles gravitant autour de la notion de « situation réelle, de fait » d'un système physique ou etc. — renvoient toutes, d'une manière ou d'une autre, à la notion de réalité en tant que référent : il n'est donc pas interdit d'espérer qu'une modification d'ordre philosophique apportée à la conception qu'on se fait de ce référent puisse les lever ou, tout au moins, les atténuer. Notons par parenthèse que même si de tels changements peuvent, effectivement, être envisagés, il paraît impossible de se passer complètement de toute notion de réalité — indépendante ou empirique — comme certains penseurs idéalistes donnent l'impression de le croire. Cela tient au fait que les règles quantiques ne relient pas *directement* les données des sens et les actions humaines les unes avec les autres. Il est manifeste (comme Bonsack aussi le notait) que le programme consistant à vouloir construire des règles de connexion directes serait irréalisable en pratique, et que quand nous formulons la physique comme un simple ensemble de « règles du jeu » (ainsi qu'en un sens, nous l'avons fait), malgré tout nous nous représentons au moins les *instruments macroscopiques* servant à préparer les systèmes et à effectuer les mesures comme situés *dans* un espace à trois dimensions, comme *ayant* telles ou telles positions et formes, comme *étant* dans tel ou tel macro-état, etc. Les comptes rendus que nous donnons ainsi de la réalité empirique remplissent donc la condition que, dans leurs énoncés, au moins *les propriétés dynamiques des systèmes macroscopiques utilisés à titre d'instruments d'observation* soient décrits en termes de concepts (faiblement) objectifs (au sens défini dans la section 14-7).

Revenons maintenant aux diverses difficultés que nous avons rencontrées lorsque nous avons cherché à voir la mécanique quantique sous les couleurs d'une théorie de la « réalité » au sens habituel du mot... c'est-à-dire sous celles d'une description de la « réalité indépendante » en notre langage.

Notre premier contact avec elles s'est produit au chapitre 4, quand il nous a fallu reconnaître que, dans certains cas, il est impossible de se représenter les propriétés dynamiques de systèmes quantiques comme ayant des valeurs « bien définies mais inconnues ». A ce stade, cependant, la chose avait davantage l'apparence d'un trait quelque peu bizarre de la physique quantique que d'une difficulté conceptuelle fondamentale. Elle ne s'est avérée en être vraiment une qu'au moment où, étudiant la théorie quantique de l'opération de mesure, nous avons constaté qu'elle nous empêchait de considérer l'aiguille de l'instrument comme se trouvant toujours dans un état bien défini, même seulement à l'échelle macroscopique. Dans ce contexte, cette difficulté a été étiquetée D_1 et nous avons constaté qu'elle va de pair avec d'autres difficultés, décrites dans la section 10-1 et étiquetées A, B, C et D_2. Il convient que nous considérions ces difficultés dans l'ordre où elles sont apparues.

i) Difficulté A

Comme on s'en souvient, elle réside dans le fait que dans la description quantique du processus de la mesure esquissée en section 10-1 [équations (10-1) à (10-5a)], le système quantique total doit nécessairement être scindé par la pensée en deux parties distinctes, le « système mesuré » S et l'instrument A, et qu'on ne voit pas ce qui pourrait, physiquement, fixer la frontière entre les deux. Nous savons toutefois que cela n'induit pas d'ambiguïtés sur le plan opérationnel car, dès que l'on a décidé dans le détail d'un certain protocole pour effectuer la mesure, on discerne clairement l'extension *minimale* qu'il convient de donner à la partie quantique du système total, en ce sens que si l'on choisissait une extension plus grande de celle-ci en mordant sur la partie complémentaire, cela n'entraînerait aucune différence mesurable (l'augmentation des difficultés de calcul mise à part). Dans ces conditions, nous sommes libres de choisir n'importe laquelle des extensions permises et de décrire la partie complémentaire du système total au moyen de concepts objectifs (au sens faible). Il s'ensuit que dans le cadre d'un programme visant à construire une vue *empirique* — c'est-à-dire ce que nous avons appelé une description de la réalité empirique — la difficulté A n'existe pas. Ceci résulte du fait que, dans cette approche, il n'y a pas lieu d'exiger que la distinction entre S et A soit *physique*, c'est-à-dire réfère à la structure physique de ces systèmes. Dans le cadre du programme dont il s'agit, il est au contraire tout naturel que cette distinction soit fondée sur des caractéristiques humaines : et la spécifier ne soulève pas de difficultés pour la raison qu'on vient de voir.

ii) Difficulté B

En revanche, la difficulté B présente, elle, des aspects authentiquement physiques. Elle concerne la détermination de ce qu'il est convenu d'appeler la « base d'appareil » (section 10-1 et 10-6). Mais on peut estimer qu'aujourd'hui la théorie a fait un pas réel vers la solution de la difficulté en question. C'est un des succès significatifs de l'approche du problème de la mesure proposé par Zurek. Comme nous l'avons vu en section 10-6 sur un modèle simple, la « théorie de l'environnement » résout effectivement la difficulté en question, sous la seule réserve que soit préalablement admis un certain « découpage » du système total en système microscopique, instrument et environnement. Bien entendu, cette solution est transposable sans changement au problème correspondant au sein d'une description de la réalité empirique. Elle s'y applique même mieux puisque, pour les mêmes raisons que plus haut, la question de la frontière entre instrument et environnement ne s'y pose pas.

iii) Difficulté C

Il s'agit de la difficulté relative à la « chaîne de von Neumann » et à la nécessité de ce qui a été appelé la « coupure classique-quantique » (la nécessité qu'il y a à couper cette chaîne quelque part). Manifestement, l'argument qui nous a permis de résoudre la difficulté A résout par là-même la difficulté C.

iv) Difficultés D_1 et D_2

D_1 est la difficulté ci-dessus mentionnée à propos des développements du chapitre 4. Elle représente l'un des aspects de ce qu'il est convenu d'appeler le « paradoxe du chat de Schrödinger » et l'on peut dire qu'elle constitue l'énigme principale de la théorie quantique du processus de la mesure, voire de la théorie quantique en général. D_2, la difficulté « *et-ou* », bien que souvent passée sous silence, est préoccupante elle aussi. Nous allons analyser l'une et l'autre en détail, dans le but de déterminer si et dans quelle mesure elles sont encore présentes dans la perspective ici étudiée, centrée, ne l'oublions pas, sur le problème de la description de la réalité *empirique.*

Commençons par des remarques valables pour l'une et pour l'autre. Et rappelons une fois encore que, par définition, la réalité empirique est un ensemble de phénomènes, c'est-à-dire que sa description n'est pas celle de « comment les choses sont réellement » mais de « comment elles apparaissent à la collectivité humaine ». Ceci a d'importantes implications, en particulier en ce qui concerne la notion de fonction d'onde d'un système ou d'un ensemble statistique de systèmes. Certes, dans la conception du réel voilé, il n'est pas interdit de voir dans la fonction d'onde d'Univers à la Everett — tout comme (c'est une autre possibilité) dans le jeu des opérateurs de Heisenberg dépendant du temps étudiés en section 10-8 — le « pilier central » d'une description *conjecturale* de la réalité indépendante, susceptible de fournir — peut-être ! — des indices la concernant. En revanche, la notion de fonction d'onde de tel ou tel système atomique particulier — ou d'un ensemble statistique de tels systèmes — est un concept qui n'est ni fortement ni faiblement objectif. Aussi longtemps que nous nous en tenons au dessein de décrire la réalité empirique (l'ensemble des phénomènes) nous devons la considérer comme un simple outil, utile en tant qu'élément permettant des prévisions relatives à tel ou tel ensemble d'expériences projetées. Ce n'est que si nous considérons la fonction d'onde sous cet angle que, après une observation sur un système, nous pouvons sans réserves mentales attribuer à ce système une fonction d'onde réduite (la fonction propre correspondant au résultat observé) en ne nous souciant ni des autres « branches » (au sens d'Everett) ni des systèmes avec lesquels le système considéré a interagi dans le passé.

Mais alors surgit la question : « faut-il conserver l'hypothèse de complétude ? A-t-elle même encore un sens ? » Cette hypothèse (il n'y a pas de description des systèmes physiques plus complète que celle fournie par les kets) va bien au-delà de l'opératoire pur et simple. Elle est difficilement interprétable autrement que comme signifiant que tous les éléments d'un ensemble statistique décrit par un ket sont identiques les uns aux autres. Or, ceci est une assertion riche d'un contenu *ontologique*, qui va au-delà de tout ce qui peut être logiquement affirmé dans le cadre d'une description de la réalité empirique seule. Pour cette raison, lorsqu'on cherche à édifier une description fondée sur la mécanique quantique de cette réalité empirique, il convient soit de renoncer à l'hypothèse de complétude, soit de lui attribuer un sens délibérément réduit au cadre des concepts opératoirement définissables : autrement dit, de n'y voir rien d'autre que « l'hypothèse de complétude au sens faible » telle qu'elle a été énoncée dans la section 4-2, remarque 3. Mais rappelons-nous que, comme nous l'avons vu à cet endroit, dans cette acception plus faible l'hypothèse de complétude n'exclut pas l'existence de variables cachées.

Par rapport à cela, il est cohérent (toujours dans l'idée de ne pas déborder du champ de ce qui a un sens opératoire) de poser la validité d'un axiome qui a bien un sens dans le cadre de la notion de réalité empirique — puisque cette dernière réfère aux possibilités humaines — et qui est même un ingrédient nécessaire (bien qu'hélas souvent laissé implicite) de toutes les théories de l'opération de mesure passées en revue dans les chapitres précédents (les théories à la Zeh-Joos-Zurek, fondées sur l'environnement, tout comme la théorie cosmologique de Gell-Mann et Hartle, le formalisme des Opérations et Effets, etc.) :

Axiome de la réalité empirique [5].

Une systématisation théorique de l'approche empirique doit comporter l'un ou l'autre des deux postulats suivants (ou les deux à la fois) : (a) le remplacement d'un temps très long par un temps infiniment long et/ou d'un nombre fini mais très grand de particules par un nombre infini de celles-ci est une opération valable ; et (b) la possibilité de mesurer des observables dont la complexité dépasse certaines limites doit être considérée comme inexistante, même en droit. Étant précisé que cette dernière position doit être prise même dans les cas où, selon la mécanique quantique, une telle possibilité, en principe, existe.

Il est clair que, compte tenu du postulat (b), les « observables sensibles » mentionnées dans les sections 10-6 et 14-10 peuvent être considérées comme dépourvues de sens physique, de sorte que, comme nous l'avons déjà noté dans la section 1-6, elles peuvent être écartées du lot des observables à prendre en compte pour appliquer le critère de vérité de la section 1-6.

Étudions maintenant la question de savoir si ces deux démarches, celle consistant à supprimer ou tout au moins à alléger l'hypothèse de complétude et celle consistant à poser l'axiome de la réalité empirique, peuvent nous permettre de faire disparaître les difficultés D_1 et D_2.

v) *La suppression de la difficulté D_1*

Comme on s'en souvient, la difficulté D_1 réside dans le fait que l'opérateur statistique décrivant les systèmes composés S + A après l'interaction entre S et A est un cas pur, et diffère par suite inévitablement de tout opérateur statistique décrivant un ensemble statistique au sein duquel les aiguilles des instruments ont des positions macroscopiquement bien définies. La théorie axée sur l'environnement décrite dans la section 10-6 peut être considérée comme constituant un pas important vers la résolution de cette difficulté puisque, en ce qui concerne toutes les observables attachées au système S + A à l'exclusion de l'environnement — c'est-à-dire toutes les observables qui peuvent en pratique être mesurées —, les prévisions statistiques de résultats de mesures sont essentiellement les mêmes, qu'elles soient calculées à partir du vecteur d'état total (10-23) ou de la matrice densité décrivant un mélange propre d'états $|s_+ >$ et $|s_- >$ en proportions $|a|^2$ et $|b|^2$ respectivement. Cependant, comme signalé en section 10-6, il y a des grandeurs physiques — celles, telle la grandeur M [formule (10-37)], que l'on a appelées les grandeurs sensibles — qui sont mesurables « en droit » (un processus de mesure peut, pour chacune d'elles, être défini) et au sujet desquelles les prévisions statistiques de résultats fournies par les deux procédés dont il s'agit diffèrent du tout au tout. Lorsque la partie (b) de l'axiome de la réalité empirique est prise en considération, ces observables sensibles n'entrent plus en ligne de compte et la difficulté D_1 disparaît. Par parenthèse, on peut noter que dans le cadre de la théorie axée sur l'environnement décrite en section 10-6, seule la partie (b) de l'axiome est nécessaire pour rétablir la cohérence (dans le cadre d'autres théories, celles en particulier qui se fondent sur l'algèbre des observables (Primas [6]), la partie (a) doit aussi être invoquée).

Remarque 1. Si cet axiome qualitatif et simple indique bien la ligne directrice à suivre, il reste vrai, bien entendu, qu'à lui tout seul il ne suffit pas à faire de la mécanique quantique une théorie précise et exempte de difficultés de la réalité empirique. En la matière, des développements plus élaborés sont décrits dans la section 15-4.

Remarque 2. A ce stade, on peut se poser des questions concernant l'évolution du système total : système plus instrument de mesure. Il s'agit du fait que si nous considérons qu'à un certain instant t, postérieur à l'interaction du système avec l'instrument, la situation empiritique du système total est adéquatement décrite par l'opérateur d'état ρ' [formule (10-5a) de la théorie générale] — que l'on notera donc $\rho'(t)$ —, en bonne logique nous devrions, pour décrire sa situation à un instant $t_1 > t$, utiliser l'opérateur $\rho'(t_1)$ obtenu en appliquant *au mélange correspondant* les lois d'évolution de la mécanique quantique. Or rien ne nous garantit que, dans des situations où, à l'instant t, les différences entre $\rho'(t)$ [équation (10-5a)] et $\rho(t)$ [équation (10-5)] affectent seulement les prédictions relatives aux observables sensibles, il en aille de même des différences entre $\rho'(t_1)$, ainsi calculé, et $\rho(t_1)$: et si tel n'est pas le cas, il en résultera une inacceptable ambiguïté dans les prédictions vérifiables.

A cela on peut répondre que le programme visant à construire une théorie générale précise dans laquelle de telles différences n'apparaîtraient pas — ou du moins pas en un laps de temps significatif à l'échelle humaine — ne se heurte à aucun théorème d'impossibilité ; et l'on peut même estimer que certaines théories fondées sur des idées qui, comme on l'a noté, mettent implicitement en jeu l'axiome de la réalité empirique — comme, par exemple, celle de Gell-Mann et Hartle — le remplissent de façon satisfaisante. Ici, nous montrons dans l'Appendice 2 que dans un modèle simple « à décohérence », aucune différence de cette espèce n'apparaît. [C'est d'ailleurs un élément de réponse à la question parfois posée : « finalement et pour l'essentiel, qu'est-ce que les théories à décohérence apportent de plus que l'argument simple à la Jauch mentionné juste avant la formule (10-5a) ? »]

Remarque 3. En ce qui concerne la frontière entre observables « sensibles » et « non sensibles », des questions à première vue très pertinentes peuvent venir à l'esprit, telles que : « comment cette frontière est-elle définie ? Est-elle nette ? », etc. De fait, dans l'Appendice 2, une frontière nette — définie par le nombre de spins de l'environnement en jeu — est définie et utilisée. Il faut cependant souligner que si l'on a procédé ainsi, c'était dans le seul but de rendre les calculs simples et abordables. Dans l'approche empirique, il n'est en fait ni nécessaire ni souhaitable de spécifier les grandeurs physiquement observables en se référant, comme on l'a fait là, à la complexité des systèmes auxquels elles appartiennent. Il est, encore une fois, de la nature même de cette approche qu'elle ne vise qu'à fournir une synthèse de l'expérience humaine communicable et qu'elle soit donc axée sur les possibilités de l'être humain. Il suffit donc de définir les grandeurs sensibles en précisant que ce sont celles qui sont actuellement hors de notre portée. A l'évidence, la composition de l'ensemble ainsi défini est appelée à se modifier avec le temps. Mais, comme pour la chaîne de von Neumann, ce n'est pas une difficulté aussi longtemps que l'ensemble en question demeure non vide.

vi) Suppression de la difficulté D_2

En revanche, à lui tout seul, l'axiome de la réalité empirique ne suffit pas à faire disparaître la difficulté D_2 (la difficulté « *et-ou* »). Ce n'est pas évident à première vue, car le théorème de von Neumann établissant l'impossibilité de séparer un ensemble statistique décrit par un ket (un « cas pur ») en deux ensembles différents est fondé sur l'hypothèse que tous les opérateurs hermitiens correspondent à des observables : dans le cadre de l'axiome de la réalité empirique il ne s'applique donc pas. Mais ceci ne suffit pas à faire disparaître la difficulté D_2, comme on peut le voir en étudiant un modèle simple. Ainsi, par exemple, considérons notre approche en section 10-1, où nous pouvons, pour simplifier, supprimer l'indice r de dégénérescence et ne faire courir l'indice m que de 1 à 2. Dans ce modèle, le rôle des observables sensibles sera tenu par les corrélations observables entre des grandeurs appartenant à S et des observables d'instrument telles que G′ [définie juste au-dessous de l'équation (10-6)] qui ne commutent pas avec la coordonnée G de l'aiguille ; et nous savons qu'aussi longtemps que des mesures de telles observables sont considérées comme possibles (et que l'hypothèse de complétude est conservée), il n'est pas légitime de considérer l'ensemble statistique *E* des systèmes totaux dans l'état final comme étant un mélange *propre* de N tels systèmes $N|a_m|^2$ desquels ($m = 1,2$) *auraient* $L = l_m$ et $G = g_m$. Si ces « observables » sont supposées dénuées de sens physique (comme ce sera le cas si elles sont vraiment tenues pour « sensibles »), cette difficulté (qui n'est autre que D_1) se trouve, on le sait, levée : mais au prix de devoir considérer *E* comme composé d'éléments non tous identiques les uns aux autres. Or, initialement l'ensemble statistique des systèmes totaux (système mesuré *plus* instrument) est décrit par le vecteur d'état

$$(\Sigma\, a_m\, \psi_m >) \otimes |0>.$$

Si nous demeurions dans le cadre de l'hypothèse de complétude, comme, dans les discussions portant sur les problèmes de mécanique quantique nous avons très naturellement et intuitivement tendance à le faire, nous considérerions que tous les éléments de l'ensemble statistique initial dont il s'agit sont identiques. Comme, dans l'état final, ils ne le sont plus, nous serions dès lors forcés de dire qu'une diversification se fait spontanément jour entre eux pendant que dure l'interaction système-instrument, et qu'elle est partie intégrante du processus schrödingerien d'évolution. Cela paraît d'autant plus inadmissible qu'il est impossible d'attribuer une telle diversification à autre chose qu'au fait que les observables sensibles (correspondant au G′ du modèle) sont hors de la portée *de l'homme.* On voit bien par là que, à lui seul, l'axiome de la réalité empirique ne suffit pas à lever la difficulté « *et-ou* », tant que l'hypothèse de complétude est conservée.

Une manière de sortir d'embarras est de se rappeler que, comme nous l'avons noté plus haut, cette hypothèse de complétude est en fait crypto-ontologique, et qu'il en va de même de la notion d'identité entre systèmes. Dans une théorie de la réalité *empirique* on ne peut donc conserver ni l'une ni l'autre. Or, justement, les écarter fait disparaître l'objection précédente et donc, de ce fait, la difficulté « *et-ou* ». Le raisonnement simple qui suit établira clairement la chose.

Nous ignorons, avons-nous dit, et nous ne pouvons pas scientifiquement savoir, ce qu'est la réalité indépendante. Peut-être met-elle en jeu des variables cachées d'une espèce ou d'une autre. Il se peut, par exemple, que quelque version raffinée de la théorie de l'onde pilote la décrive telle qu'elle est vraiment. Nous ne disposons d'aucun moyen scientifique de savoir si l'un des modèles ontologiquement interprétables existant décrit *vraiment* la réalité indépendante telle qu'elle est (et, si oui, lequel), mais il nous est permis de *supposer* qu'il y en a un. Or, la possibilité même qu'il en aille ainsi suffit à faire disparaître la difficulté « *et-ou* » puisque dans n'importe lequel de ces modèles (y compris ceux du type G.R.W.) un système individuel finit toujours pas être dans l'un *ou* l'autre des possibles états finals. En d'autres termes, l'existence même de ces modèles lève la difficulté, du fait qu'il nous est loisible de supposer — ou, simplement, d'imaginer — que la réalité indépendante est décrite par l'un d'eux. Mais d'un autre côté nous n'avons pas le droit — et, à mon sens, nous ne l'aurons jamais — de proclamer qu'il est prouvé que tel ou tel modèle bien spécifié décrit la réalité indépendante. Notre discours scientifique doit donc s'en tenir à la réalité empirique et cela nous libère de toute obligation d'avoir à fonder, de façon explicite et détaillée, nos descriptions scientifiques sur des variables cachées ou des notions similaires.

D'un autre côté, il nous faut aussi reconnaître qu'en renonçant à l'hypothèse de complétude, non seulement nous acceptons que la notion de variables supplémentaires ne soit pas rejetée mais nous l'étendons au cadre des descriptions de la réalité empirique : relativement à la fonction d'onde du système total S + A, les valeurs g_m de la coordonnée de l'aiguille et les valeurs correspondantes l_m de l'observable mesurée sont bien, effectivement, des variables supplémentaires, décrivant les phénomènes perçus par nous.

Cette nécessité de renoncer à l'hypothèse de complétude rejoint bien entendu l'une de nos remarques antérieures ; celle que, dans le cadre d'une telle description, les fonctions d'onde et vecteurs d'état sont à considérer comme n'étant que des outils de prédiction. Et il faut même préciser que ces outils ont des domaines d'application bien spécifiques. La fonction d'onde d'un ensemble statistique E de système S n'est efficace que pour faire des prédictions concernant les résultats d'un certain ensemble K d'expériences concevables, qui sont seulement celles qui ne mettent en jeu que les éléments S de E. Elles n'a pas de sens hors de ce cadre.

Remarque. La proposition visant à lever la difficulté « *et-ou* » que l'on vient de lire est importante pour une bonne compréhension des notions de « réel voilé » et de « réalité empirique ». Explorons-la donc plus à fond, en prenant en considération une question qui vient très naturellement à l'esprit. Chacun de nous a sa propre conscience, et, par conséquent, si l'on opte pour l'idée qu'il s'agit simplement d'*imaginer* — de *créer par la pensée* — des variables supplémentaires (positions bien définies des aiguilles, etc.) on peut se demander comment il se fait que ces apparences, ces valeurs de variables supplémentaires, soient les mêmes — ou, en tout cas, *paraissent* être les mêmes — pour tout un chacun. Certes, ce problème a formellement été résolu par la remarque (voir section 14-9) que les règles quantiques rendent compte de l'accord intersubjectif puisqu'elles conduisent à attribuer une probabilité zéro au fait, pour deux observateurs mesurant la même quantité, d'aboutir à des résultats différents (corrélation stricte). Mais à cette réponse il pourrait — à un premier stade de l'analyse — être objecté qu'une telle explication « formelle » est insuffisante, que, comme toute probabilité quantique, la probabilité dont il vient d'être question n'est que celle « d'observer » ceci ou cela, et que dès lors s'y référer dans le présent contexte revient à implicitement postuler quelque « super-observateur » examinant les esprits — ou les cerveaux — de chacun de nous à la manière dont, nous, nous examinons des aiguilles sur des cadrans. Cette hypothèse métaphysique semble fort étrangère à l'esprit dans lequel se présente la notion même de réalité empirique.

Si nous prenions cette objection au pied de la lettre, c'est-à-dire si nous nous proposions de trouver au fait que les apparences — ou « variables supplémentaires » — dont il s'agit sont les mêmes pour chacun de nous une explication plus ou moins semblable dans sa forme à celles auxquelles la physique « normale » et la vie courante nous ont habitués, nous pourrions atteindre notre but en nous tournant vers tel ou tel modèle. Deux modèles, entre autres, s'y prêtent bien. Dans l'un d'eux, ces variables sont plus qu'imaginaires. Il s'agit d'une version à la Bell, mais élargie, de la théorie de l'onde pilote (ou de Bohm), version dans laquelle l'espace de configuration a autant de dimensions supplémentaires qu'il y a de « consciences » distinctes, et où les projections du « point représentatif » sur ces axes de coordonnées décrivent les états de conscience (voir section 16-6). L'autre est la modification (d'Espagnat [7]) apportée à la théorie d'Everett (section 12-2). Dans chacun de ces deux modèles, l'accord intersubjectif est automatiquement réalisé sans qu'il soit nécessaire de faire appel à quelque « règle du jeu » comme dans la théorie conventionnelle.

Mais d'un autre côté, l'un et l'autre de ces modèles décrivent l'Univers, consciences incluses, comme évoluant *dans* le temps. En fait, dans leur esprit, ce sont des modèles non de la réalité empirique mais de la réalité indépendante : et, comme on l'a vu en détail au chapitre 14, il y a des raisons pertinentes qui incitent, non seulement à ne pas ajouter foi à tel ou tel de ces modèles en particulier, mais à se méfier de l'opinion selon laquelle la réalité indépendante elle-même évoluerait dans un temps à objectivité forte. Tout cela est de nature à nous rendre sceptiques en ce qui concerne les explications de ce type. Et, tout bien considéré, il faut dire aussi que la présence même du mot « explication » dans ce contexte est de nature à nous faire prendre garde. Le point délicat ici en jeu est, comme nous l'avons déjà noté en divers endroits de ce livre, que, sauf peut-être pour certains « réalistes naïfs », « expliquer » ne signifie pas nécessairement « décrire comment les choses sont réellement ». Comme on l'a vu dans les sections 14-8 et 14-9, une autre définition du mot « expliquer », une définition qui, en fait, a la préférence d'un grand nombre de philosophes, est : « insérer dans le cadre d'une loi générale ». Et quand (comme c'est le cas dans le présent chapitre), ce que l'on s'efforce de faire c'est d'expliquer sans sortir du cadre des *apparences*, c'est là, manifestement, la définition qui convient. Ainsi, en fin de compte, les réticences explicitées au début de cette remarque relativement à l'explication « formelle » de l'accord intersubjectif se révèlent être mal fondées. Quand on veut réellement « aller au plus profond » et se placer dans l'hypothèse de l'atemporalité du réel, c'est bien, en dernier ressort, à ce type d'explication qu'il est nécessaire de recourir[1]. Quant aux deux modèles mentionnés ci-dessus, leur intérêt, en définitive, est ailleurs. Même si nous ne sommes convaincus de l'exactitude ni de l'un ni de l'autre, leur existence montre que l'idée d'un fondement « ontologique » à ce qui est observé ne se heurte pas à une incohérence logique : donnée qui est importante en elle-même puisqu'elle suffit à dissiper les craintes d'apories définitives. En particulier, étant donné que ni le paradoxe du chat de Schrödinger ni celui, similaire, de « l'ami de Wigner » (Wigner [8]) ne sont de véritables paradoxes dans ces modèles, la simple existence de ceux-ci montre que les paradoxes en question se dissipent dans le cadre d'une description se présentant explicitement comme n'étant que celle de la réalité *empirique*.

Finalement, on notera que l'approche centrée sur la réalité empirique réconcilie aussi la théorie de l'opération de mesure avec la relativité. En effet, c'est dans *cette* approche que, fondé comme il l'est sur des conditions à la Bohr, l'argument de Fleming mettant des

1. Surtout bien sûr, si, sans prendre pour autant la conception décrite en section 12-2 au pied de la lettre, on voit en elle l'approche d'une solution au problème, car, avec elle, inutile en définitive d'évoquer un super-observateur. Ou encore si, plus ou moins dans le même esprit, on va jusqu'à admettre, comme le fait Rovelli [27], que toute corrélation entre deux systèmes physiques peut être considérée comme une information que chacun des deux possède sur l'autre, ce qui généralise et relativise la notion d'observateur et rend, de ce fait, acceptable l'idée d'une hiérarchie d'observateurs. Bien entendu, cette conception rend de même les notions de *fait* et de *vérité* (celle des propositions du type « A vaut *a* ») relatives à l'observation. En cela elle rejoint celle, ici développée, d'une *réalité empirique seule accessible*, et son corollaire : la notion de *vérité-E* (section 15-4).

hyperplans en jeu (ici résumé à la fin de la section 10-12) est cohérent : et dans celui-ci, il lève bien la difficulté.

Ainsi donc, la conception du « réel voilé » est capable de lever les difficultés relatives au processus de la mesure. Pour cela, il faut que soit écarté tout dessein visant à mettre sur pied une description ontologiquement interprétable que l'on prétendrait être « la vraie ». La physique doit être comprise comme étant une description des *phénomènes* — ce que nous appelons la *réalité empirique* — c'est-à-dire des apparences intersubjectives, conjuguée avec un jeu de règles de prédiction permettant de relier, statistiquement au moins, ces apparences les unes aux autres. La description des apparences en question doit nécessairement être faite en usant d'un langage réaliste, mais il est entendu qu'il ne s'agit que d'un *langage* n'impliquant aucune compromission avec quelque *interprétation* réaliste que ce soit. Les éléments du discours qui sont empruntés à la manière réaliste de s'exprimer ont été appelés « concepts objectifs au sens faible » en section 14-7.

Malgré tout, un examen plus détaillé et plus quantitatif des questions soulevées par cette conception demeure nécessaire. Nous allons nous y employer.

15-3. Les sens « empirique » et « ontologique » des verbes « être » et « avoir »

Les verbes « être » et « avoir » sont des éléments essentiels du langage et il semble impossible de concevoir un discours qui ne ferait appel ni à l'un ni à l'autre. Mais, d'un autre côté, ils ont tous les deux une forte connotation réaliste et il est donc normal que dans le cadre de la notion de réalité empirique leur usage soulève des problèmes. Bien entendu, cet usage doit, dans ce contexte, avoir un lien étroit avec celui des concepts « objectifs au sens faible » puisque, comme on vient de le rappeler, c'est au moyen de ces concepts que nous décrivons notre expérience intersubjective dans le *langage* du réalisme. Dans la précédente section, les seuls concepts à objectivité faible dont il a été fait usage étaient de nature macroscopique : aiguilles d'instruments, positions de celle-ci, etc. Et il est de fait qu'en droit, toute la physique pourrait effectivement être décrite rien qu'avec des concepts à objectivité faible de ce type-là, insérés dans des énoncés à objectivité faible eux aussi (des énoncés tels que : « si un synchrotron est mis en action de telle et telle manière, la probabilité que l'aiguille de l'instrument de mesure soit observée dans tel ou tel intervalle de la graduation est de tant »). Il faut cependant reconnaître que *dans la pratique*, décrire de cette manière l'ensemble de la physique ne serait pas moins difficile que fastidieux. Aussi est-il tentant d'étendre un peu le champ du langage réaliste — et de ses verbes « être » et « avoir » — dans la direction du microscopique. Examinons maintenant jusqu'à quel point on peut légitimement le faire.

Prenons, en premier lieu, la mesure du défi. A cette fin, on comparera des descriptions de la réalité microscopique qui, à première vue, paraissent tout à fait légitimes sur le plan épistémologique — en ce qu'elles obéissent à des critères épistémologiques des plus stricts —, avec la description de cette même réalité fournie par un modèle expressément construit pour être ontologiquement interprétable (ce qui, nous le savons, n'est pas le cas de la mécanique quantique conventionnelle). Comme modèle nous choisirons la théorie de l'onde pilote dans le version qu'en a donné Bell [9] et qui a été résumée ici dans les sections 13-1 à 13-3.

Pour ce qui est des critères épistémologiques stricts ci-dessus mentionnés, ils consistent essentiellement en la règle selon laquelle il n'est légitime de conférer par la pensée un attribut quelconque à un système physique (de dire « A a la valeur *a* ») que si l'on peut référer à une procédure permettant *effectivement*, dans le cas d'espèce et sans perturber le système, de s'assurer de l'exactitude de l'attribution en question. Nous savons (section 4-3 et chapitre 9) qu'une condition moins restrictive, celle exigeant seulement que nous ayons la possibilité de faire une telle constatation au moyen d'une mesure que l'on *pourrait envisager* d'effectuer, ne peut être regardée comme suffisante. Mais nous avons vu que celle que l'on vient de rappeler peut être tenue pour telle, et c'est pourquoi nous l'adoptons ici. La procédure en question peut alors être considérée comme définissant, en fait, le *sens* de l'attribution. Par exemple, si nous nous en tenons strictement à cette règle, la *position* d'une particule est définie par référence à la façon dont, dans les circonstances considérées, nous prenons connaissance de cette position. Montrons que même cette règle (dans laquelle toutes les précautions semblent être prises pour garantir la possibilité d'une interprétation ontologique) peut conduire à des définitions différant du tout au tout de celles auxquelles conduit la théorie ontologiquement interprétable choisie.

A cette effet, considérons l'expérience de corrélation en paire étudiée dans le cadre de la théorie de l'onde pilote en section 13-3. Soit un dispositif expérimental tel que la mesure effectuée sur la particule U, de coordonnée x_1, ait lieu à un instant t_1 antérieur à l'instant t_2 de la mesure effectuée sur la particule V, de coordonnée x_2. Dans ce cas, connaissant le résultat, disons + 1, de la mesure de S_z^U, nous connaissons par là même à l'avance avec certitude, en raison de la corrélation stricte, le résultat de la mesure future S_z^V. Or, telles sont précisément les conditions dans lesquelles s'applique le mode de définition « épistémologique » qu'on vient d'évoquer (et qui n'est autre que le critère de réalité 1, section 9-2). Selon cette définition, nous devons donc considérer que, immédiatement après t_1, S_z^V a déjà la valeur – 1. Mais cette assertion ne reflète aucunement ce que la théorie ontologique implique, puisque, selon la formule (13-20), la variable x_2 dont la valeur après l'instant t_2 exprime le résultat de la mesure de S_z^V, conserve sa valeur initiale, infiniment petite et négative ou *positive*, jusqu'à l'instant t_2, et n'acquiert sa valeur finale, négative, qu'à cet instant-là. Si la théorie ontologique est supposée vraie, le processus mental par lequel nous attribuons à S_z^V, déjà immédiatement après t_1, la valeur – 1 est donc trompeur, au moins si nous considérons vraiment cette valeur comme étant réellement *possédée* par S_z^V. En revanche, il n'est *pas* trompeur si cette attribution est pensée comme n'étant que celle d'une potentialité. De sorte que, comme on le voit, assumer des visées ontologiques nous oblige, dans de tels cas, à faire la distinction entre une propriété dynamique effective (autrement dit « actuelle », au sens philosophique du mot ; *actual* pour les Anglo-Saxons) et la propriété dynamique potentielle du même nom, et à considérer l'une et l'autre comme *réelles*. Par contraste, dans le cadre de l'approche épistémologique (celle appropriée à la description de la réalité empirique) rien de tel n'est possible. Là, nous n'avons pas d'autre alternative que d'abandonner entièrement la description ontologique (identifiée ci-dessus à la description de l'« effectif » *alias* de l'« actuel ») et, corrélativement, d'élever les potentialités ci-dessus considérées au statut d'« actualité » (ce qui, on vient de le voir, n'implique pas que nous devrions les tenir pour réelles au sens ontologique du terme). Dans l'exemple considéré, cela signifie que nous n'avons pas d'autre choix que de dire que S_z^V a la valeur – 1, déjà juste après t_1. Mais nous devons alors immédiatement ajouter « *au sens faible* (ou *épistémologique*) du verbe "avoir" » (d'Espagnat [10]). Et nous ne devons pas croire que toutes les conséquences que l'on dérive normalement de la présence du verbe « avoir » dans ce type d'assertion sont nécessairement valables.

Lesquelles le sont et lesquelles ne le sont pas ? Une réponse nette et générale à cette question ne peut être obtenue qu'à partir d'une description théorique précise et quantitative de la réalité empirique, telle que celle dont les grandes lignes sont tracées dans la section qui suit. Mais déjà au stade où nous sommes parvenus ici, nous pouvons noter que quand, dans une proposition quelconque, le verbe « avoir » est pris dans son sens ordinaire — c'est-à-dire implicitement ontologique — une certaine extension du domaine de validité de la proposition en direction du contrafactuel semble naturelle, extension qui, au contraire, n'a rien de naturel quand le verbe « avoir » n'est pris que dans son sens épistémologique. Une application importante de cette remarque concerne les domaines de validité des deux critères de réalité — le critère de réalité 1 et le critère de réalité 2 — auxquels, comme on l'a vu en section 9-2, on pourrait songer pour remplacer le critère E.P.R. de réalité et lever par là-même l'ambiguïté présente dans ce dernier. Comme on l'a noté, on peut se servir du critère de réalité 1 pour justifier la validité d'une assertion du type : « sur le système S la grandeur physique A a la valeur *a* », mais ceci n'est vrai qu'étant précisé que le verbe « avoir » est ici à prendre en son sens épistémologique et non pas en son sens ontologique. Il convient alors d'observer que cette réserve écarte toute possibilité de passer du critère de réalité 1 au critère de réalité 2. La raison est que, comme on l'a vu au chapitre 9, l'argument qui seul pourrait justifier un tel passage s'appuie sur la contrafactualité et/ou sur le postulat R, ce qui signifie qu'il est intimement lié à l'exercice d'une pensée « ontologique ». Il ne peut donc être appliqué à la situation considérée. Pour cette raison, l'usage du critère de réalité 2 est à réserver à l'étude de systèmes suffisamment voisins des systèmes classiques pour que soit dénué de conséquences le fait de donner une interprétation ontologique à leurs propriétés : ce qui est bien le cas quand ce critère n'est associé qu'aux systèmes macroscopiques, comme on l'expliquera plus loin.

Remarque digressive : épistémologie et ontologie

En physique classique déjà, la règle consistant à n'utiliser que des concepts définis d'une manière épistémologiquement correcte — c'est-à-dire par référence à des mesures effectives ou possibles, etc. — était couramment appliquée. Mais il était admis que, ces définitions une fois posées, seul un recours à des arguments d'ordre philosophique (le « danger de la métaphysique », etc.) pouvait justifier un éventuel refus d'attribuer à de tels concepts une signification ontologique. L'avènement de la mécanique quantique modifia cette façon de voir. Mais au total, le changement ne fut pas suffisamment radical pour que, en particulier, la nécessité de bien distinguer entre épistémologie et ontologie soit clairement perçue. Des critères épistémologiques stricts furent appliqués à la définition des grandeurs physiques mais, la plupart du temps, celles-ci furent ensuite interprétées comme décrivant, en quelque manière, des éléments de la réalité dite « extérieure », autrement dit, de la réalité indépendante. Une thèse d'ordre général soutenue dans cet ouvrage est que la distinction en question doit toujours rester présente à l'esprit et que les interprétations ontologiques implicites doivent soit être bannies (de toute description de la réalité empirique), soit être rendues explicites (en tout essai de description de la réalité indépendante).

15-4. Description théorique de la réalité empirique

Dans la section précédente, le besoin s'est fait jour d'une description quantitative, générale et précise de la réalité empirique. Les traits essentiels d'une telle description sont exposés dans cette section-ci.

Pour mettre cette description sur pied, nous disposons fort heureusement d'un *formalisme* déjà tout prêt. C'est celui qui sous-tend la version rénovée (Omnès [11]) de la théorie d'Omnès. Dans cette version, une déficience importante de la version originale, à savoir l'absence (d'Espagnat [12]) d'un *critère de vérité*, est corrigée, et un *critère restrictif* de vérité y est explicité. Un formalisme n'est pas une théorie, et l'usage qu'ici nous allons faire du formalisme en question ne signifie aucunement que nous adoptions l'ensemble des *concepts* sur lesquels Omnès fonde sa théorie actuelle (voir section 11-4). En outre, le fait même que nous appliquions son formalisme à la description de la réalité *empirique* et non de la réalité indépendante suffit à bien montrer que nous ne le pourrions pas. En vérité, cela a pour conséquence qu'il nous faut modifier le langage même dans lequel, dans la théorie d'Omnès, le formalisme est exprimé : ce qui fait que l'on peut considérer, soit que la théorie ci-dessous décrite est une théorie nouvelle utilisant le même formalisme que celle d'Omnès, soit que cette dernière est ici remise sur ses véritables « pieds conceptuels » (un peu comme Marx pensait l'avoir fait de la théorie de Hegel !). De toute manière, notre dette est ici reconnue envers Omnès.

Quant à ce changement de langage, il porte principalement sur le mot « vrai ». Alors que, dans la théorie d'Omnès, les valeurs assignées à des grandeurs macroscopiques du type « localisation d'une aiguille d'instrument, non encore observée, dans une partie donnée du cadran » sont considérées comme correspondant à des « faits » pouvant être dits soit « vrais » soit « faux » (comme on le sait, ceci est, dans la théorie en question, lié à la décohérence, considérée par Omnès comme capable d'engendrer de tels « faits »), ces valeurs correspondent ici à des concepts à objectivité faible (*cf.* en section 14-10 en particulier, l'argumentation fondée sur la notion d'« observables sensibles », montrant que les valeurs dont il s'agit ne peuvent référer à des éléments de la réalité indépendante). Par suite, considérer comme « vraie » l'assertion que, dans des processus généraux du type mesure tels que ceux étudiés au chapitre 10, l'aiguille est toujours bien localisée, violerait (du fait que les observables sensibles ne pourraient alors être « oubliées ») le critère de vérité énoncé en section 1-6.

Mais d'un autre côté, quand ce que l'on cherche à construire est une théorie de la réalité empirique, le problème se ramène, fort heureusement, à une question de pure sémantique et donc aisément maîtrisable. Les aiguilles d'instruments, et autres objets du même type, sont des systèmes macroscopiques sur lesquels il est pratiquement impossible de mesurer des observables incompatibles (toutes leurs observables pratiquement mesurables sont compatibles les unes avec les autres) et sur lesquels, même si de telles mesures étaient possibles, nous n'aurions pas le courage de les effectuer. Appelons « macroscopiques » les systèmes sur lesquels nous sommes à l'heure actuelle incapables de faire de telles mesures (ou allergiques à l'idée de faire les immenses efforts que celles-ci nécessiteraient). Assurément, cette définition centrée sur l'homme serait inacceptable si la physique visait à la description de la réalité indépendante ; et cela d'autant plus que le domaine des systèmes macroscopiques ainsi définis est voué à se modifier avec l'accroissement des possibilités techniques humaines. Mais dans le contexte de la présente analyse cela ne constitue pas une objection puisque la définition proposée est manifestement dans l'esprit de la notion de réalité *empirique* telle que nous l'avons définie. Sur la base de cette définition, étant donné que toutes les grandeurs pratiquement mesurables attachées à un système macroscopique sont compatibles, on peut construire des logiques cohérentes au sens d'Omnès (voir section 11-4) simplement en associant un nombre quelconque de propositions concernant de telles grandeurs. Ce sont essentiellement les logiques que cet auteur [11] appelle « sensées ». On peut alors définir la notion de « vérité-E » (E pour « empirique ») d'une proposition, exactement à la manière dont Omnès spécifie, lui, ce qui, dans sa théorie, doit être qualifié de « vrai ». Cela consiste essentiellement (voir section 11-4) à poser que :

i) Les propositions ci-dessus considérées relatives aux systèmes macroscopiques sont toutes « E-vraies ».

ii) Une logique sensée *quelconque* L et une proposition *a* étant données, *a* est « E-vraie » si L peut être augmentée en y ajoutant *a* (et sa négation) tout en en préservant la cohérence et si, dans toutes ces logiques augmentées, *a* est logiquement équivalente à une proposition du type de celles visées en (i).

On peut, de même, définir le concept de *propositions E-fiables (ou « E-dignes de foi ») dans le cadre d'une certaine logique cohérente* à la manière dont, dans la version définitive de la théorie d'Omnès (voir, encore une fois, la section 11-4) on spécifie quelles sont les propositions qui doivent être dites « fiables » dans une telle logique.

Cela fait, il se trouve (voir la section 11-4 ou la référence [11]) que les seules propositions qui soient E-vraies sont celles relatives aux grandeurs physiques pratiquement mesurables appartenant aux systèmes macroscopiques *plus*, éventuellement, les résultats de mesures, considérés juste au moment où la mesure est faite (selon Omnès il faudrait même dire « immédiatement avant »). Toutes les autres propositions de la physique quantique sont, au mieux, simplement E-fiables dans le cadre d'une certaine logique cohérente. Comme on l'a vu (section 11-4), c'est le cas, en particulier, de certaines propositions que — lorsqu'une mesure effectuée sur un système quantique a fourni un certain résultat — nous pensons souvent pouvoir énoncer en toute assurance relativement à des propriétés prétendument possédées par ce systèmes à quelque instant, antérieur ou postérieur, séparé de celui de la mesure par un intervalle de temps fini. Supposons, par exemple, que la composante z, S_z, d'une particule de spin $\frac{1}{2}$ soit mesurée à un certain instant t_0, et que le résultat soit $+\frac{1}{2}$. Supposons de plus que la particule soit libre tant avant cette mesure qu'après. Même alors, la proposition selon laquelle, à un instant t_{-1} séparé de t_0 par un intervalle de temps fini S_z *avait déjà* la valeur $+\frac{1}{2}$, n'est que E-fiable dans le cadre d'une certaine logique cohérente contenant la proposition « $S_z = +\frac{1}{2}$ à t_0 ». Et il en va de même de la proposition que S_z *aura* la valeur $+\frac{1}{2}$ à un instant ultérieur t_1 séparé de t_0 par un intervalle de temps fini. De même, dans le modèle standard (de Bohm) de deux particules U et V de spin $\frac{1}{2}$ se trouvant dans un état de spin total $S = 0$, si la composante de spin $S_{\boldsymbol{a}}^{U}$ de la particule U dans la direction $\boldsymbol{a}$ a été mesurée et si le résultat a été, disons, $+\frac{1}{2}$, la proposition que $S_{\boldsymbol{a}}^{V}$ à la valeur $-\frac{1}{2}$ n'est pas E-vraie mais seulement E-fiable dans le cadre de certaines logiques cohérentes contenant les propositions $S = 0$ et $S_{\boldsymbol{a}}^{U} = +\frac{1}{2}$.

Comme on le voit sur ce dernier exemple, dire qu'une proposition construite avec le verbe « avoir » n'est pas E-vraie mais simplement E-fiable équivaut à dire — en faisant appel à une notion introduite en section 15-3 — que dans cette proposition, le verbe « avoir » est à prendre dans son sens *faible* ou *épistémologique*. Est, en conséquence, corroborée l'assertion, faite à cet endroit, que lorsque nous avons affaire à une telle proposition — inférée à partir du critère de réalité 1 — nous ne pouvons franchir l'étape qui conduirait au critère de réalité 2 (autrement dit : nous n'avons pas le droit d'inférer que même si la mesure de S_a^U n'était pas faite, ou était remplacée par celle de quelque autre composante, la proposition resterait vraie). Il n'y a pas la moindre raison de croire qu'une proposition qui est « E-fiable dans le cadre d'une certaine logique » est E-vraie, ce qui, ici, voudrait dire E-vraie indépendamment de la question de savoir si S_a^U est mesurée ou ne l'est pas.

15-5. Réalité empirique et non-séparabilité

Dans la section 8-2, il a été montré que les règles de prédiction de la mécanique quantique satisfont à *l'indépendance à l'égard des paramètres* et que la non-séparabilité ne permet donc pas la transmission de signaux plus rapides que la lumière (en fait, elle ne peut pas davantage servir à l'échange de signaux de vitesse égale ou inférieure à celle de la lumière, sinon selon des modes très indirects, voir par exemple les références [13] et [14]). Dans la section 14-11, il a été signalé que, pour cette raison, la non-séparabilité — contrairement à d'autres grandes données d'ordre général, du type : inexistence d'un temps newtonien universel — n'a guère de chances de devenir une notion à laquelle il serait indispensable de recourir pour expliquer des faits expérimentaux situés hors du domaine de ceux utilisés pour la vérifier. Et il a été souligné que, pour cette raison, la non-séparabilité ne jouit pas d'un statut scientifique tout à fait aussi primordial que d'autres découvertes d'ordre « négatif », telles que par exemple la relativité du temps par rapport au mouvement de l'observateur. Et en fait, aussi bien dans le cadre des développements scientifiques hautement spécialisés (et strictement gouvernés par l'opératoire) de la physique fondamentale actuelle que dans les présentations plus faciles d'accès de la vulgarisation, en astrophysique par exemple, mentionner spécifiquement la non-séparabilité serait inadéquat et serait même une source possible de confusion.

Il est tentant d'essayer d'exprimer cela d'une façon concise en posant que, d'une certaine manière, la non-séparabilité ne s'applique pas à la réalité empirique. Mais peut-on vraiment dire cela et, si oui, en quel sens ? C'est cette question que nous abordons maintenant. Soulignons toutefois que, pour intéressante qu'elle soit, elle est très nettement moins importante que les points analysés dans les sections

15-2 et 15-3. Ceci tient à ce qu'elle ne porte pas sur la cohérence de notre vision du monde mais, au premier chef, sur la sémantique. Formulée très explicitement elle devient : les définitions (librement choisies mais naturelles) proposées ci-dessus des notions de concepts faiblement objectifs, de systèmes macroscopiques, de réalité empirique, etc., se trouvent-elles ou non entraîner que la non-séparabilité ne concerne pas la réalité empirique ?

Un aspect de cette question est : qu'en est-il du statut de la causalité locale au sein de la théorie de la réalité empirique ? Commençons par cette question-là.

La réalité empirique et la causalité locale

Comme noté en section 15-2 (*cf.*, en particulier, le point *vi*), l'hypothèse de complétude est de nature essentiellement ontologique, et son champ de signification se trouve donc disjoint de celui auquel renvoie la notion de « réalité empirique ». En d'autres termes elle n'a pas de sens dans le cadre d'une théorie de la réalité empirique : et, à l'évidence, dans une telle théorie le concept d'une spécification *complète* des événements (ou des variables, ou de quoi que ce soit) ayant lieu ou affectant d'une manière quelconque une région donnée de l'espace-temps est donc, lui aussi, vide de sens. Or ce concept joue un rôle fondamental dans la définition même de la causalité locale (voir section 8-4). En conséquence, dans le cadre d'une théorie de la réalité empirique, la causalité locale ne peut même pas être définie... avec pour conséquence manifeste que parler de sa violation n'aurait aucun sens. Autrement dit, le théorème appelé Bell 2 en section 9-3 est un théorème dont la signification et la portée — considérables à l'intérieur du champ conceptuel dans le cadre duquel il a été conçu — sont limitées au domaine des théories visant explicitement la description de la « réalité telle qu'elle est vraiment » (ce qui était le but explicite de John Bell). Les données expérimentales établissent, certes, la violation des inégalités de Bell, et montrent par conséquent qu'aucune description localement causale de la réalité *indépendante* ne peut être correcte. Mais, en soi, cela n'a aucune implication relativement notre « vue empirique »[1].

1. Pour cette raison, dans le cadre d'un résumé succinct, il n'est pas illégitime de dire que la réalité empirique est *séparable* (ou *locale*). Toutefois, il faut être conscient du fait qu'en toute rigueur, une telle qualification est inexacte, car l'impossibilité de définir la causalité locale dans ce contexte fait que ni l'un ni l'autre des mots « non séparable » et « séparable » (ou « non local » et « local ») n'y a de sens bien défini. L'auteur remercie A. Frenkel pour d'utiles échanges de vues sur la question.

ii) La réalité empirique et Bell 1 (E.P.R.)

Ce qui précède ne tranche pas encore complètement la question du statut de la non-séparabilité à l'intérieur d'une description de la réalité empirique car, comme on l'a vu, la non-séparabilité peut également être prouvée au moyen des théorèmes Bell 2 et Bell 3. Remarquons cependant que dans l'un et l'autre de ces théorèmes, les inégalités de Bell sont obtenues par application aux micro-systèmes de prémisses qui incluent le critère de réalité 2. En ce qui concerne Bell 1, ceci intervient dans le premier stade de la preuve, celui consistant à démontrer l'incomplétude au moyen de l'argument E.P.R., puisque, comme il est montré dans la section 9-1, l'argument en question fait appel au critère de réalité 2. Dans la démonstration de Bell 3, le critère de réalité 2, ou quelque idée équivalente, est implicitement utilisé lorsqu'il est fait appel à l'induction et qu'il est posé que l'information acquise quant à la réalité de certains attributs des systèmes considérés est également valable en ce qui concerne les systèmes sur lesquels il n'est fait aucune mesure. Puisque, comme nous l'avons vu dans les sections 15-3 et 15-4, en théorie de la réalité empirique ce critère n'est pas applicable aux micro-systèmes, les preuves en question ne peuvent être étendues au domaine de la réalité empirique.

A première vue, on peut avoir l'impression d'une certaine dissonance entre notre argumentation dans cette section-ci et celle qui, dans la section 15-2 (§ *vi*), a servi à lever la difficulté « *et-ou* ». En effet, pour faire disparaître cette dernière nous avions *fait usage* de la notion de modèle ontologique (nous nous sommes référés au fait que ces modèles ne présentent pas la difficulté en question), alors qu'ici, au contraire, nous argumentons contre la non-séparabilité de la réalité empirique en nous fondant sur l'idée que dans l'approche empirique les considérations d'ordre ontologique n'ont pas leur place et qu'elles doivent donc en être exclues. La réponse est que les deux raisonnements sont corrects et qu'ils sont pleinement compatibles. Le point essentiel est que la réalité indépendante, à supposer qu'elle ne soit pas tout simplement « irrationnelle » (c'est-à-dire dépassant les possibilités humaines d'analyse) peut être constituée selon le schéma offert par tel modèle ou par tel autre, et, effectivement, tous ces modèles sont bien, inévitablement, « non-séparables » ; mais puisque la possibilité, si l'un d'eux est vrai, de savoir *lequel* l'est paraît définitivement exclue, ces modèles eux-mêmes relèvent de la métaphysique plus que de la physique, et il en va de même de leur caractéristique commune, à savoir la non-séparabilité[1]. Une description scientifique de la réalité empirique peut ainsi, sans incohérence, faire silence sur cette dernière.

Pour résumer le contenu de cette section, il montre que, comme prévu, la réalité empirique telle que nous l'avons définie peut être dite ne pas comporter d'effets de non-séparabilité.

Remarque

D'intéressantes suggestions ont, comme on l'a noté, été faites (Stapp [15], Eberhard [16]) visant à démontrer les inégalités de Bell sans référence aucune au réalisme. Cependant, le sens et la pertinence des prémisses à partir desquelles de telles dérivations sont faites ne sont aucunement indiscutables. Pour un examen approfondi de ces questions, on consultera en particulier les références [17], [18], [19] et [20]. De toute manière, les prémisses en question sont incompatibles avec la théorie de la réalité empirique décrite dans la section qui précède.

15-6. Une illustration quantitative

Il n'est pas sans intérêt d'analyser en détail sur un exemple la manière exacte dont les idées présentées dans la section précédente s'appliquent dans un cas particulier. C'est ce qui sera fait ici. A cet effet, considérons [21] le cas d'un couple de systèmes dont l'un, S, est un micro-système et dont l'autre, A, est un système macroscopique et même, plus précisément, un instrument d'observation, dont l'interaction avec S a lieu, durant un laps de temps très court $(t_0, t_0 + \varepsilon)$, selon le schéma général — décrit dans la section 10-1 — des processus quantiques de mesure. Supposons qu'à un instant $t \gg t_0$, des mesures, dans le détail desquelles nous n'entrerons pas, sont effectuées sur S et sur A en des lieux distants l'un de l'autre. Et supposons de plus que A est un système macroscopique au sens dont nous avons défini ce terme. Plus précisément, supposons que, sur A, seules certaines variables collectives macroscopiques

1. Dans chacun de ces modèles en particulier, l'impossibilité qu'il y a à passer du critère de réalité 1 au critère de réalité 2 provient de la non-séparabilité (en ce qui concerne le modèle de l'onde pilote, ce point a été explicité tout à fait en détail en section 15-3). Mais la remarque, cruciale selon moi, qui a fait l'objet de la section 14-11 a déjà pour effet que c'est une *convention cohérente et raisonnable* de considérer que cette non-séparabilité du modèle ne doit pas compter comme une non-séparabilité de la réalité empirique. Et effectivement, la description théorique de la réalité empirique présentée en section 15-4 corrobore la cohérence de la convention en question.

peuvent être mesurées. Avec Omnès [11], on peut définir cette dernière notion par référence à l'espace de phase à $2n$ dimensions du système, espace dont un point correspond aux coordonnées de position q_i et d'impulsion p_i ($i = 1, 2, ..., n$) des particules composant le système. Considérons, dans cet espace, un grand nombre de cellule C_i ne se recouvrant pas mutuellement. On peut alors montrer [11] i) qu'à de telles cellules, pourvu que leur forme soit suffisamment simple et leur volume suffisamment grand par rapport à $\hbar^n$, peuvent être associés des projecteurs (plus précisément des « quasi-projecteurs ») sur des sous-espaces appropriés de l'espace de Hilbert total du système, et ii) que le commutateur de deux projecteurs de ce type est de magnitude voisine de zéro dès que les deux cellules sont nettement séparées. Par définition, les « variables collectives macroscopiques » sont alors les observables représentées par de tels projecteurs (*plus*, naturellement, les observables dont la décomposition spectrale ne met en jeu que de tels projecteurs), et un système macroscopique est un système sur lequel seules les variables collectives peuvent être mesurées.

Notons d'abord que la « coordonnée d'instrument » G est, bien entendu, une des variables collectives de A. soit {G, U, V, W, ...} un ensemble complet d'observables compatibles sur A, de sorte que les variables macroscopiques collectives sur A autres que G sont des fonctions de certaines des G, U, V, W, ... ; soient H^S et H^A les espaces de Hilbert de S et A respectivement et, dans le sous-espace E_n de H^A qui correspond à $G = g_n$, prenons pour base les vecteurs propres $|n, u_i, v_j, w_k, ... >$ communs à G et U, V, W, ... :

$$G\,|n, u_i, v_j, w_k, ... > = g_n\,|n, u_i, v_j, w_k, ..., > \qquad (15\text{-}1)$$

$$U\,|n, u_i, v_j, w_k, ... > = u_i\,|n, u_i, v_j, w_k, ..., > \qquad (15\text{-}2)$$

Le membre de droite de la relation (10-4a) peut alors être développé en :

$$|\Psi_m > = \Sigma_{i,j,k...}\, c_{m,i,j,k,...}\,|\psi_m > \otimes |m, u_i, v_j, w_k, ... > \qquad (15\text{-}3)$$

avec :

$$\Sigma_{i,j,k,...}\,|c_{m.\,i,j,k,...}|^2 = 1 \qquad (15\text{-}4)$$

de sorte que la relation (10-4) prend la forme :

$$|\Psi_f > = \Sigma_{m,i,j,k,...}\, b_{m,i,j,k,...}\,|\psi_m > \otimes |m, u_i, v_j, w_k, ... > \qquad (15\text{-}5)$$

avec :

$$b_{m.\,i,\,j,\,k,\,\ldots} = a_{m.}\, c_{m,\,i,\,j,\,k,\,\ldots} \qquad (15\text{-}6)$$

Soit alors Q l'une ou l'autre des observables de S, d'équation aux valeurs propres :

$$Q \mid q > = q \mid q > \qquad (15\text{-}7)$$

et supposons que des mesures simultanées sont effectuées, de Q sur S et de l'une quelconque, disons U, des observables collectives macroscopiques de A. La probabilité que les résultats correspondants soient q et u_i est :

$$p\,(q,\,u_i) = \Sigma_{m,\,j,\,k,\,\ldots} \mid < q \mid \otimes < m,\, u_i,\, v_j,\, w_k,\, \ldots \mid \Psi_f > \mid^2 \qquad (15\text{-}8)$$

$$= \Sigma_{m,\,j,\,k,\,\ldots} \mid < q \mid \psi_m > \mid^2 \mid b_{m,\,i,\,j,\,k,\,\ldots} \mid^2 \qquad (15\text{-}9)$$

$$= \Sigma_m\, h_{m,\,i} \mid < q \mid \psi_m > \mid^2 \qquad (15\text{-}10)$$

avec :

$$h_{m,\,i} = \Sigma_{j,\,k,\,\ldots} \mid b_{m,\,i,\,j,\,k,\,\ldots} \mid^2 \qquad (15\text{-}11)$$

et la probabilité qu'une mesure de G fournisse le résultat g_n quel que soit le résultat fourni par une mesure Q est bien entendu :

$$p_n = \mid a_n \mid^2 \equiv \Sigma_i \mid h_{n,\,i} \mid^2 \qquad (15\text{-}12)$$

Notons qu'en ce qui concerne le cas particulier dans lequel Q est la grandeur L qui est « mesurée » par A sur S et où q est la valeur propre l_n qui correspond à $G = g_n$, la relation (15-10) donne :

$$p\,(l_n,\, u_i) = h_{n,\,i} \qquad (15\text{-}12a)$$

En vertu d'une règle générale du calcul des probabilités, la probabilité conditionnelle $p_i^{(n)}$ qu'une mesure de U fournisse le résultat u_i si l'on sait qu'une mesure de L fournit (ou a fourni) l_n est alors :

$$p_i^{(n)} = h_{n,\,i}\, p_n^{-1} \qquad (15\text{-}13)$$

Avec ces notations, la relation (15-10) s'écrit alors :

$$p(q, u_i) = \Sigma_m p_m p_i^{(m)} \mid < q \mid \psi_m > \mid^2 \qquad (15\text{-}14)$$

et il est commode pour ce qui va suivre de définir, pour toute valeur de l'indice m, un ensemble statistique E_m décrit par le produit tensoriel suivant, d'un ket de H^S et d'un ket de H^A

$$\mid \Phi_m > = p_m^{-\frac{1}{2}} \mid \psi_m > \otimes \Sigma_{i,\,j,\,k,\,\ldots} b_{m,\,i,\,j,\,k,\,\ldots} \mid u_i, v_j, w_k, \ldots > \qquad (15\text{-}15)$$

La valeur moyenne $< Q\,U >$ du produit type d'une observable Q de S et d'une observable collective macroscopique, U, de A est :

$$< Q\,U > = < \Psi_f \mid Q \otimes U \mid \Psi_f >$$

$$= \Sigma_{m,\,i,\,j,\,k,\,\ldots} < \psi_m \mid Q \mid \psi_m > u_i \mid b_{m,\,i,\,j,\,k,\,\ldots} \mid^2$$

$$= \Sigma_{m,\,i} < \psi_m \mid Q \mid \psi_m > h_{m,\,i} u_i \qquad (15\text{-}16)$$

ce qui, à l'aide de la relation (15-3), peut aussi s'écrire :

$$< QU > = \Sigma_m p_m < Q_m > < U_m > \qquad (15\text{-}17)$$

où :

$$< Q_m > = < \psi_m \mid Q \mid \psi_m >$$

$$\text{et} < U_m > = \Sigma_i p_i^{(m)} u_i$$

sont les valeurs moyennes dans E_m de Q et de U respectivement. Or, la relation (15-17) est identique à celle qui exprimerait la valeur moyenne $< Q\,U>$ si l'ensemble statistique total des paires S + A, au lieu d'être un cas pur décrit par $\mid \Psi_f >$, était un mélange propre, avec les poids relatifs p_m d'ensemble statistiques E_m. Et il faut noter que chaque E_m est un cas pur, dont le vecteur d'état $\mid \Phi_m >$ est un produit direct d'un ket de H^A avec un ket de H^S, de sorte que, au sein de chaque E_m, Q et U sont non corrélés : dans tout E_m, la valeur moyenne $< Q_m U_m >$ du produit de Q et de U est égale au produit $< Q_m > < U_m >$ de leurs valeurs moyennes et, corrélativement, la « probabilité conditionnelle du résultat u_i si une mesure de Q a fourni la valeur q » est égale, dans chaque E_m, à la probabilité non conditionnelle correspondante. Ceci met le point final à la preuve, en montrant qu'effectivement, en ce qui concerne le type de mesures ici considéré, la théorie fournit exactement les mêmes prédictions que le ferait une *théorie objective locale* (définition, section 8-2, Remarque 3), dans laquelle le rôle des paramètres λ spécifiant « l'état objectif » serait joué par le paramètre m. Étant donné que les théories objectives locales impliquent toutes la validité des inégalités de Bell (théorèmes de Bell), il s'ensuit que si l'on ne fait, sur des paires décrites par $|\Psi_f>$, que des mesures du type dont il s'agit, aucune violation de ces inégalités ne peut être observée. (Noter que l'on pouvait s'attendre à ce résultat, vu que les preuves de violations des inégalités de Bell mettent normalement en jeu des paires sur *les deux* éléments desquels on considère des observables mutuellement incompatibles.)

Portée et limites de ce résultat

Il faut souligner d'abord que, bien entendu, il n'y a aucune contradiction entre le résultat précédent et le fait que les violations des inégalités de Bell sont mises expérimentalement en évidence par l'entremise d'instruments qui sont précisément tels que ceux ici considérés, c'est-à-dire sur lesquels seules des variables collectives macroscopiques (position des aiguilles, etc.) peuvent être observées. Le point essentiel est que, ci-dessus, nous avons considéré des paires S + A dont les deux parties S et A jouent exactement le même rôle que les « particules » U et V dans les développements habituels concernant les inégalités de Bell. En particulier, de même que, dans ces développements, on considère des mesures faites *sur* V (et sur U), nous avons considéré ici (à un certain instant t) des mesures faites *sur* A, et non pas au *moyen de* A. Ce qui a pour conséquence que, si nous voulions ici imiter ces développements, (a) il nous faudrait diviser l'ensemble statistique des paires S + A en quatre sous-ensembles sur lesquels on supposerait que des mesures sont faites de différentes paires d'observables, et (b) l'expérimentateur faisant cela *ne manipulerait pas* les A de manière à modifier leurs paramètres (telles que des orientations d'aimants). Autrement dit, dans chacun des quatre sous-ensembles A « mesurerait », sur S, la même grandeur, à savoir l'observable L (section 10-1) associée à sa « coordonnée d'aiguille » G. Ce qui changerait, quand on passerait d'un sous-ensemble à l'autre, ce serait seulement la nature de la grandeur collective macroscopique supposée mesurée *sur* A au temps t (au moyen d'autres instruments). Et, encore une fois, puisque toutes ces grandeurs collectives macroscopiques sont mutuellement compatibles, il n'est pas surprenant que les inégalités de Bell soient satisfaites.

Le résultat que nous avons obtenu n'en est pas moins philosophiquement significatif car il est inhérent au concept de réalité empirique et à lui seul. Dans la conception « normale » — associant le réalisme aux idées de « réalité indépendante » ou (dans notre langage) de « réel » — il est tout à fait impossible de réconcilier les prédictions expérimentalement vérifiables de la mécanique quantique avec celles de quelque théorie objective locale que ce soit. Qu'au contraire, dans la conception de la réalité empirique, cela soit possible, montre que certaines limitations de ses possibilités de connaître ont conduit l'être humain à construire une *allégorie* de la réalité indépendante, où règnent les idées directrices de réalisme et de localité et qui, aussi efficace qu'elle soit, diffère profondément de l'original (c'est-à-dire de ce que la réalité indépendante est « vraiment »).

Remarque. Récemment, Peres [22] et Khalfin et Tsirelson [23] ont démontré des théorèmes qui vont dans le même sens que ce qui vient d'être montré. Peres a prouvé qu'alors que quand une paire de particules de spin j est créée dans un état de spin zéro les inégalités de Bell demeurent violées aussi grand que soit j, elles sont *satisfaites*, au contraire, par les résultats de mesures dans lesquelles les valeurs voisines d'une composante de $\mathbf{J}$ ne sont pas distinguées les unes des autres faute de résolution expérimentale suffisante. Khalfin et Tsirelson, eux, ne limitent pas leur analyse à un type particulier de (macro) systèmes. Ils parviennent à la même conclusion (inégalités de Bell satisfaites) en considérant — comme le font aussi Caldeira et Leggett [24] — que les systèmes macroscopiques sont essentiellement dissipatifs, et en tenant compte de la dissipation (par des méthodes de calcul différant appréciablement mais pas de façon essentielle de celles dont les principes sont rapportés en sections 10-6 et 12-3). Dans l'une comme dans l'autre approche, la « position spécifique de l'homme dans la nature » (selon l'expression même de Khalfin et Tsirelson) joue un rôle essentiel, de sorte que leurs descriptions réfèrent en fait à la réalité empirique et non à la réalité indépendante.

15-7. Conclusion

La notion de réel voilé est un concept qui peut paraître hybride et, pour cette raison, peu séduisant. Au premier abord, certains esprits verront en elle une tentative artificielle de rapprochement entre les deux conceptions mutuellement exclusives du réalisme et de l'idéalisme. Mais l'examen plus attentif qui en a été fait dans ce chapitre aura peut-être incité quelques-uns d'entre eux à modifier leur jugement. Beaucoup de philosophes d'aujourd'hui — sans même parler de la plupart des scientifiques — paraissent estimer que, bien qu'on ne puisse, à strictement parler, réfuter l'idéalisme, quelque chose fait défaut à celui-ci, non pas seulement sur le plan intuitif mais même du point de vue plus exigeant de la réflexion rationnelle. Des quêtes telles que celle engagée par Bonsack témoignent de l'existence d'un tel sentiment. Comme nous l'avons vu en étudiant la représentation de Heisenberg au chapitre 10, les grandes questions d'ordre conceptuel soulevées par la mécanique quantique n'ont pas rendu obsolète le réalisme structurel de Poincaré ; bien au contraire, elles sont de nature à lui apporter quelques arguments en renfort. Mais d'un autre côté, il paraît clair, non seulement que le réalisme naïf est mort mais que même des formes de réalisme qui pourraient difficilement être qualifiées de naïves, telles que le réalisme défendu par Einstein dans son âge mûr, se heurtent à des difficultés, et cela jusque dans le domaine qui fut longtemps considéré comme étant sa forteresse, à savoir la physique pure.

Tout ceci entraîne la nécessité, soulignée au long de ces pages, de prendre aujourd'hui conscience de la distinction qui s'impose entre les deux concepts auxquels nous avons donné les noms de réalité indépendante et de réalité empirique[1]. Mais, à vrai dire, cette nécessité apparaît déjà à la lecture de maints textes actuels en physique. En parcourant ceux-ci, on constate vite en effet l'existence d'une ambiguïté, présente aussi bien dans la littérature scientifique de haut niveau que dans la vulgarisation (et qui n'échappe qu'à peu de lecteurs, même si nombre d'entre eux l'écartent de leur esprit comme étant « hors sujet » et « non scientifique »). Cette ambiguïté est protéiforme. Un de ses aspects est le fait que les articles, manuels, etc., qui mettent en jeu des notions du type, fonctions d'onde de systèmes composés, matrice densité de systèmes en équilibre thermique, etc., utilisent librement des expressions telles que « la fonction d'onde du système *a* telle et telle structure », « la matrice densité du système *est* ceci ou cela », mais, en même temps, se gardent soigneusement de toute prise

1. A noter que, sur le plan de la logique pure, une telle distinction s'impose de toute manière (même si le choix des adjectifs servant à la concrétiser peut faire l'objet de discussions infinies ; mais ce qui compte ici, ce n'est pas le choix de ces adjectifs : c'est le fait que les deux concepts doivent être reconnus différents). Même les personnes sincèrement persuadées que la physique est en voie de nous révéler comment le monde *est réellement*, dans l'absolu, doivent bien admettre que les phénoménologistes, leurs adversaires, quand ils parlent de la réalité comme étant l'ensemble des phénomènes, réfèrent à un concept qui, en tant que concept, ne coïncide pas avec leur conception de la réalité. Et réciproquement, même les phénoménistes radicaux doivent concéder que leurs contradicteurs réalistes, quand ils se servent du mot « réalité », réfèrent en fait à quelque chose d'autre que ce qu'*eux-mêmes* ont à l'esprit. En conséquence, même si, quand ils discutent avec des représentants de leur propre école, les représentants de chacun de ces groupes peuvent faire l'économie de l'adjectif et parler, simplement, de « réalité », ils doivent bien admettre que, quand ils s'aventurent à échanger des vues avec des éléments du groupe adverse, l'usage d'un qualificatif s'impose.

explicite de position sur la question de savoir si ces fonctions d'onde, matrices densités, etc., sont « réelles » ou non. En fait, le lecteur perfectionniste qui approfondit la question découvre assez vite des arguments (total enchevêtrement de la fonction d'onde d'un système de particules identiques, caractère « impropre » des mélanges que les matrices densités décrivent la plupart du temps, etc.) qui privilégient fortement le second membre de cette alternative. Mais, dans la littérature dont il s'agit, il ne trouve alors pas la moindre indication permettant de savoir *ce qui* est réel. Et cependant, dans ces mêmes articles et manuels, les probabilités de transition quantiques sont interprétées comme référant, non pas à « ce que n'importe lequel d'entre nous observerait s'il était là » mais — sans états d'âme si l'on peut dire — à ce qui se passe « réellement » là...

On peut dire soit qu'au temps de Bohr cette ambiguïté étant manifeste aux yeux de tous les physiciens et que Bohr a eu le mérite de proposer un ingénieux moyen philosophique de s'en défaire, soit, ce qui, en fait, revient au même, que dans une philosophie telle que celle de Bohr, l'ambiguïté en question n'était tout simplement pas présente. Mais les écrits de Bohr ne sont pas toujours parfaitement limpides et, même si la plupart des physiciens lui rendent encore hommage du bout des lèvres, ses idées — qui de toute manière sont fort éloignées de la *doxa*[1] de la communauté scientifique actuelle — ne constituent plus, en de telles matières, des points d'ancrage authentiquement acceptés. Aussi l'ambiguïté est-elle encore, ou de nouveau, présente. Elle est ressentie depuis longtemps par tels ou tels physiciens qui se sont interrogés sur les fondements conceptuels de la mécanique quantique et dont on peut dire, à la lettre, qu'ils se sont finalement trouvés *A la recherche du réel* [25]. Ces physiciens estiment que quand, en nos écrits, nous oblitérons l'ambiguïté (de la manière qui vient d'être décrite) nous nous adonnons au double langage. Ils considèrent donc comme extrêmement positif que ce comportement ait été condamné par Bell, d'une manière aussi convaincante que pleine d'esprit, dans un de ses derniers articles [26].

Lorsqu'on a nettement prix conscience de tout cela, il semble qu'on n'ait plus qu'un choix très restreint de possibilités. L'une d'elles est d'adopter, en dépit de toutes les difficultés qu'elle comporte, la ligne de pensée qui était celle de Bell lui-même (parmi d'autres) et de s'orienter vers les théories ontologiquement interprétables (modèle de l'onde pilote, théorie G.R.W., théorie C.S.L. etc., voir chapitre 13). Est-ce là la seule possibilité ? J'estime que non.

1. Opinion commune.

Une autre voie existe, ouverte aux physiciens qui considèrent avec une bonne dose de scepticisme chacun de ces modèles en particulier. Cette voie est celle qui est explicitée dans le présent chapitre, et qui consiste à définir *par convention* la réalité empirique de telle façon que les apparences soient sauves et qu'en même temps soient levées les difficultés conceptuelles auxquelles on se heurte lorsque l'objet visé par la physique est identifié à la réalité indépendante. Les analyses développées dans ce chapitre étaient destinées à montrer que cette voie est vraiment ouverte, et je ne suis pas loin, pour ma part, de penser que si l'on veut être un physicien aussi « orthodoxe » que possible on ne peut rationnellement pas éviter de faire appel, d'une manière ou d'une autre, à la notion de réalité empirique. (Certes, l'idéalisme radical représente, lui aussi, une voie possible, mais j'ai exposé en détail dans les sections 14-3 et 14-8 pourquoi j'écarte cette solution.)

Bien entendu, la notion de réalité empirique n'est en rien une réponse « définitive » aux questions, énigmes, bizarretés, etc., qui hantent les fondements de la physique quantique. Qui plus est, elle requiert, de la part des physiciens, une renonciation à certaines visées traditionnelles de leur science que tels et tels d'entre eux peuvent trouver difficile à accepter. Mais, d'un autre côté, elle s'inscrit dans la direction que paraissent suggérer les développements même de la physique et elle permet vraiment de lever des difficultés. Comme on l'a constaté plus haut, elle lève celles qui sont liées à l'opération de mesure — le paradoxe du chat de Schrödinger et la difficulté « *et-ou* » inclusivement — grâce à la possibilité qu'elle offre de considérer que, dans son cadre, l'hypothèse de complétude est vide de sens. Elle réconcilie également la théorie de la mesure et la relativité (voir en fin de section 15-2). De plus, elle fournit une représentation qualitative cohérente d'un monde phénoménal dans lequel, conformément à notre expérience coutumière, la non-séparabilité ne se manifeste normalement pas. Assurément, tout cela se paye d'un frein mis à notre tendance naturelle à élargir de façon non critique le domaine de validité que nous assignons aux notions épistémologiquement définies d'« être » et d'« avoir ». L'expérience quotidienne a tellement développé cette tendance dans nos esprits que la maîtriser est un exercice intellectuel difficile. Mais l'exemple de grands philosophes du passé prouve qu'il n'est aucunement impossible. Et le contenu de ce chapitre aura — espérons-le — montré qu'il est possible de s'y livrer sans perdre de vue l'idéal de la précision scientifique.

Remarque 1. Afin de prévenir d'éventuels malentendus que la lecture des sections 2 à 7 du présent chapitre pourraient faire naître, je soulignerai ici que, comme précisé en maintes occasions plus haut, le contenu entier de ces sections s'applique exclusivement à la réalité *empirique*[1]. Par conséquent, toute référence à ce contenu qui laisserait de côté cette épithète déformerait gravement mes vues. Par exemple, tel serait le cas si l'on me présentait comme étant d'accord avec l'idée que *la réalité* est « locale » ou « séparable », quel que soit le sens donné à ces qualificatifs. De fait, pour les raisons exposées en détail au chapitre 14, je suis tout à fait convaincu qu'il faut considérer la réalité indépendante à la fois comme ayant un sens et comme logiquement première par rapport à la réalité empirique, qui n'en est que l'allégorie façonnée par l'homme... Et il me faut par conséquent prendre au sérieux l'information en provenance des théorèmes de Bell selon laquelle il est impossible de s'en tenir à quelque description que ce soit de la réalité indépendante (de la « réalité » de tous les réalistes conventionnels) qui représenterait celle-ci comme « séparable » ou « locale » (au sens qu'elle ne serait pas « non séparable »). De fait, je vais jusqu'à estimer que — même si la non-séparabilité est un concept essentiellement *négatif* — en raison de ce qui précède, tout scientifique qui rejette l'idéalisme radical peut affirmer d'une manière *positive* que la réalité indépendante est non séparable (ou non locale). En effet, son refus de l'idéalisme radical l'oblige à considérer que la notion de « réalité indépendante » a bien un sens, et son métier de scientifique l'amène à considérer l'ensemble de ce que la science prouve — y compris, donc, ce trait de la réalité indépendante qu'est la non-séparabilité — comme étant de l'information authentique.

Remarque 2. S'il y avait *dépendance à l'égard des paramètres* — ou, plus généralement, si le monde de notre expérience quotidienne était non séparable — et/ou si des superpositions quantiques d'états macroscopiquement distincts étaient observables directement, les êtres humains (et les animaux) n'auraient pas pu construire la notion d'objets (localisés). Vus sous cet angle, les concepts au moyen desquels nous décrivons la réalité empirique apparaissent particulièrement clairement comme n'étant guère autre chose que des outils nous permettant d'organiser les données de notre expérience collective. Et corrélativement, il en devient moins surprenant que ces concepts s'avèrent à ce point utiles bien que n'étant pas des images fidèles de ce que le réel « est réellement ».

---

1. L'argumentation des sections 15-4 et 15-5 ne peut être transférée au cadre de la réalité indépendante : non seulement parce qu'elle se fonde sur une définition *anthropocentrique* de la notion de systèmes macroscopiques, mais aussi parce que, tout en n'étant (manifestement !) pas exclusivement composée de macro-systèmes, la réalité indépendante, de par sa définition même, ne saurait être valablement décrite qu'au moyen d'énoncés qui seraient *vrais*.

Références

1. Bas van Fraassen, *Quantum Mechanics, an Empiricist View*, Oxford, Clarendon Press, 191, p. 4.
2. H. Putnam, *Reason, Truth and History*, Cambridge University Press, 1981.
3. F. Bonsack, « Prolegomena to a Realist Epistemology », in *Dialectica*, **43**, 157, 1989.
4. H. Poincaré, *La Valeur de la science*, Paris, Flammarion, 1905.
5. B. d'Espagnat, *Found. Phys.* **17**, 507 (1987).
6. H. Primas, *Chemistry, Quantum Mechanics and Reductionism*, Berlin, Springer-Verlag, 1981.
7. B. d'Espagnat, *Conceptual Foundations of Quantum Mechanics*, 2e éd., Reading Mass., Addison-Welsey, 1971, 2e ed. 1976.
8. E. P. Wigner, *Remark on the Mind-Body Question*, in *The Scientist speculates*, I. J. Good éd., Londres, W. Heinemann, 1961.
9. J. S. Bell, *Speakable and Unspeakable in Quantum Mechanics*, chapitre 15.
10. B. d'Espagnat, *Une incertaine réalité : le monde quantique, la connaissance et la durée*, Gauthier-Villars, 1985.
11. R. Omnès, *Rev. Mod. Phys.* **64**, 339 (1992).
12. B. d'Espagnat, *J. Stat. Phys.* **56**, 747 (1989).
13. C. Bennett, G. Brassard, C. Crepeau, R. Jozsa, A. Peres, W. Wooters, *Phys. Rev. Lett.* **70**, 1895 (1993).
14. A. Ekert, *Phys. Rev. Lett.* **67**, 661 (1991).
15. H. P. Stapp, *Nuovo Cimento* **40B**, 191 (1977) ; *Found. Phys.* **10**, 767 (1980).
16. P. Eberhard, *Nuovo Cimento* **38B**, 75 (1977) ; **46**, 392 (1978).
17. B. d'Espagnat, *Phys. Reports*, **110**, 203 (1984).
18. J. F. Clauser, A. Shimony, *Rep. Progr. Phys.* **41**, 1881 (1978).
19. R. Clifton, *Found. Phys. Lett.* **2**, 347 (1989).
20. R. Clifton, J. Butterfield, M. Redhead, *Brit. J. Phil. Sci.* **41**, 5 (1990).
21. B. d'Espagnat, *Phys. Lett.* **A**, 171 (1992).
22. A. Peres, *Found. Phys.* **22**, 819 (1992).
23. L. A. Khalfin, B. S. Tsirelson, *Found. Phys.* **22**, 879 (1992).
24. A. Caldeira, A. Leggett, *Ann. Phys.* (N. Y.) **149**, 1059 (1983).
25. B. d'Espagnat, *A la recherche du réel, le regard d'un physicien*, Gauthier-Villars, 1979 (3e éd., Agora, Presse-Pocket, 1991).
26. J. S. Bell, *Against « Measurement »*, in *Sixty-Two Years of Uncertainty*.
27. C. Rovelli, *Phys. Rev.*, sous presse.

16

Leçons et suggestions de la physique quantique

Les deux conclusions de portée générale qui résultent de notre étude ont été mises au clair dans les chapitres 14 et 15 : le réel est voilé, et, considérée comme une description de la *réalité empirique*, la physique est libre de paradoxes. Reste encore à examiner quelles lumières ces conclusions peuvent fournir en certains domaines que nous n'avons pas explorés ou que nous avons seulement effleurés. A cette fin, il importe de bien distinguer entre les informations proprement dites et les pures et simples suggestions.

16-1. Les informations proprement dites

a) Une information à l'usage des scientifiques physicalistes

Celle-ci est assez élémentaire. Elle ne s'adresse pas à tous les scientifiques physicalistes mais seulement à ceux pour qui la vocation de la science est de découvrir, et de fidèlement décrire, *tout* ce qui existe, *tel* qu'objectivement cela *est* ; et qui estiment que nonobstant d'inévitables petits à-coups cette « levée du voile des apparences » est finalement en bonne voie. Bon nombre de scientifiques nourrissent encore cette idée, surtout peut-être en d'autres domaines que celui de la physique théorique. Et ces esprits sont, en général, fort peu ébranlés dans leur conviction par les objections des philosophes purs. Inutile, au stade où nous voici, d'insister sur le fait que c'est la *physique contemporaine elle-même* — en particulier par les traits décrits en détail dans le présent livre — qui nous prouve à quel point cette conception-là est naïve. Elle en réfute même, sans appel, la variante extrême, qui, par une ironie de la sémantique, se trouve justement être celle vers laquelle le *vocabulaire* de la physique des hautes énergies oriente presque invinciblement maints esprits plus épris du net que de la nuance. Des expressions telles que « particules élémentaires », « état de la particule », etc., suggèrent en effet, avec la force de la (pseudo) évidence, l'atomisme *philosophique*, c'est-à-dire l'idée que la substance première, la réalité primordiale, serait éparpillée en myriades d'éléments minuscules, extrêmement simples et localisés. Alors que, nous l'avons vu, cette vision-là des choses est totalement incompatible avec ce que l'on sait à l'heure actuelle. En vérité, nos connaissances acquises rendent une telle conception de l'Être moins « scientifique » encore que son pendant exact, la philosophie de l'Un de Plotin !

b) Information pour non-scientifiques

Nous connaissons tous une manière paresseuse de se débarrasser des questions soulevées par la notion de réalité. Il n'est pas rare que des personnes ayant une teinture philosophique l'expriment au moyen d'assertions du type : « Certes les *éléments ultimes* du réel sont inconnaissables, et puis après ? Ne serait-il pas déraisonnable d'aller penser que nous pourrons jamais connaître les ultimes secrets de Dame Nature ? Nous savons déjà quantités de choses sur elle. Nous en saurons bien plus encore dans l'avenir. Que pourrions-nous espérer d'autre ? » Ce que suppose implicitement une telle prise de position, c'est que le sens commun, prolongé et parfois corrigé par la science, nous fournit une connaissance de nature authentiquement ontologique — bien qu'incomplète — de la réalité : une connaissance qui ne soulève pas de problèmes fondamentaux, s'accorde, sauf sur quelques points fort ésotériques, avec les idées communes de la vie courante, et dont nous pouvons allègrement nous satisfaire. Alors qu'au contraire, une des leçons essentielles de la physique contemporaine — corroborant, à cet égard, l'intuition de très grands esprits du temps passé — est que cette vision conservatrice et rassurante ne peut pas être conservée. Au chapitre 1 nous nous sommes interrogés quant aux doutes émis par de célèbres philosophes à propos de la signification ontologique de certaines notions de base, telles celle d'objets existant dans le « monde extérieur » indépendamment de la connaissance qu'on en peut avoir, celle d'un temps et d'un espace absolus, ou encore celle de causalité au sens naïf. Comme beaucoup de scientifiques, nous nous sommes demandés s'il ne s'agissait pas là de mises en question gratuites et vaines, fruits de byzantines élucubrations. Après analyse détaillée du contenu de la physique quantique contemporaine, il nous faut reconnaître — et cela, même si nous sommes des « réalistes » — que *de toute manière*, c'est-à-dire quelle que soit la théorie à laquelle nous décidons de faire confiance, il nous faut jeter par dessus-bord, ainsi que ces philosophes l'ont prescrit, nos vieilles certitudes ontologiques du sens commun. En vérité, même les plus « réalistes » des théories acceptables — celles que les faits ne réfutent pas — ne sont telles que si le mot « réaliste » est pris dans le sens de ce que j'ai appelé [1] « réalisme lointain » (voir également, ici, en section 13-8) : c'est-à-dire comme correspondant à des descriptions de « ce qui existe », à la fois totalement différentes de celles de notre expérience habituelle (tant quotidienne que scientifique) et — à ce qu'il semble — complètement inutiles à la prédiction de toute expérience future.

c) Un point pouvant intéresser les philosophes matérialistes

Aujourd'hui, certains philosophes matérialistes ne tentent plus de défendre les vieilles versions « pures et dures » du matérialisme. Ils se montrent disposés à reconnaître que les formes de cette doctrine l'identifiant plus ou moins avec le mécanisme ou l'atomisme ne sont plus tenables. Mais, prétendent-ils, le matérialisme demeure valable car le matérialisme est une théorie non de la matière mais de l'esprit. Il se résume dans l'assertion que ce qui pense, espère, appréhende, etc., émerge de ce qui ne pense pas, n'espère pas, n'appréhende pas, etc. (Voir par exemple A. Comte-Sponville [2].)

Confrontés à une telle définition, notre démarche doit être de demander si « ce qui ne pense pas, n'espère pas, n'appréhende pas, etc. », est, ou non, supposé connaissable. Si la réponse est *non*, alors le matérialisme tel que ci-dessus défini apparaît comme n'étant rien d'autre qu'un postulat arbitraire, extrapolant d'une manière aventureuse les connaissances que nous pensons avoir des *choses* (les pierres, semble-t-il, ne pensent pas, etc.) et les appliquant à un réel qui, par hypothèse même, est au-delà de la connaissance. Si ce réel gît, à strictement parler, au-delà de tout connaissable, qu'est-ce qui peut nous faire estimer qu'il ressemble aux pierres plus qu'à l'esprit ? Plus précisément : de quelle source, en définitive, tenons-nous que le réel est pensable comme composé de « parties » et que certaines de celles-ci, les plus fondamentales, sont comme les pierres, ne pensent pas ? Si, au contraire, la réponse à notre question de départ est « *oui, le réel, en droit, est connaissable* », alors on doit passer à la question suivante, à savoir : ce réel doit-il être décrit en totalité en termes d'objectivité forte, ou cela n'est-il pas requis ? Si la réponse est qu'il suffit de disposer d'une théorie à objectivité faible du réel, alors la définition du matérialisme donnée ci-dessus est dénuée de cohérence interne vu que, dans une théorie fondamentalement à objectivité faible, il est des énoncés de base auxquels il est impossible de donner un sens sinon par référence à l'observation. Or, qui réfère essentiellement à l'observation donne une primauté au mental. Pour sauvegarder la cohérence interne de sa théorie le philosophe matérialiste se verra donc obligé d'exiger de toute description — complète ou provisoirement incomplète — que l'on nous propose du réel, qu'elle soit interprétable en terme d'objectivité forte (comme cela était le cas de la physique classique, sous réserve, peut-être, de la thermodynamique statistique). Or, certes, cette exigence peut être satisfaite. Il n'est, ici, pas question d'en disconvenir puisqu'il a été accordé que les théories ontologiquement interprétables décrites dans le chapitre 13 sont cohérentes. En ce qui les concerne, cependant, ce qui a été souligné à maintes reprises dans ce livre doit être rappelé une fois de plus. Ces théories sont aux prises avec des difficultés d'une ampleur telle qu'il paraît presque impossible de donner, scientifiquement parlant, son adhésion à aucune d'entre elles en particulier. En conséquence, tel que ci-dessus défini, le matérialisme est une conception au sein de laquelle ce que la science moderne apporte en tant qu'information non ambiguë et réellement fiable est — jaugé à l'aune même de cette conception — inintéressant (un simple ensemble de recettes de prédiction) et où ce qu'elle fournit en tant qu'information fondamentalement significative — jaugée à cette aune toujours — n'est pas fiable parce qu'ambigu. Nous voici, en tout cas, vraiment très loin d'un matérialisme qu'on pourrait prétendre étayé par l'objectivité scientifique.

d) Un point à l'usage des théoriciens

D'un autre côté, une conclusion que les théoriciens peuvent légitimement tirer de l'ensemble des données passées en revue dans ce livre est, semble-t-il, qu'ils ne doivent pas se laisser exagérément impressionner par le *formalisme* de la physique quantique. Il est très vrai que, si l'on se réfère tant à son efficacité qu'à son élégance mathématique, le formalisme de l'espace de Hilbert peut à bon droit être qualifié de « splendide ». Aussi est-il compréhensible que nombre de physiciens théoriciens le considèrent non pas seulement comme synthétisant, au moins en droit, le tout du savoir opératoire mais comme constituant, indépendamment de toute restriction d'ordre épistémologique au pragmatisme ou à l'opérationnalisme, la « vérité ultime », si l'on ose dire. Si cette hypothèse — qui participe beaucoup de l'« hypothèse de complétude » introduite en section 4-2 — est acceptée, alors, naturellement, beaucoup de conséquences peuvent en être inférées, telles, peut-être, que la nécessité pour qui aspire au « réalisme » de renoncer à la logique usuelle du tiers exclu, ou celle d'admettre l'existence de « choix retardés » dans des expériences physiquement réalisables, etc. Mais nous devons nous rappeler que même si l'hypothèse de complétude est séduisante, ce n'est après tout, qu'une hypothèse. L'existence même de modèles tels que la théorie de l'onde pilote, ou la théorie G.R.W., suffit à établir ce point. Quand nous parlons des véritables *conséquences*, que la physique quantique implique ou impliquerait concernant nos visions possibles du monde, il nous faut donc être plus stricts.

e) Un point concernant les épistémologues

Ce point est relatif à la notion de réel, ou d'Être. Il est plus subtil que les précédents et sera donc analysé plus en détail. En conséquence de ce qui vient d'être noté nous, physiciens, devons aujourd'hui reconnaître qu'en dépit d'apparences contraires, la notion de réalité, ou de réel, a d'indéniables aspects philosophiques ; et nous devons donc reconnaître aussi que sont valables les objections faites par les philosophes à l'usage hautement non critique qui en est fait en général.

A mon avis, nous ne devons cependant pas pousser jusqu'aux extrêmes le refus de cette notion que certains proposent. Dans mes deux derniers chapitres, des arguments que je tiens pour convaincants ont été notés, visant à montrer que la notion d'une réalité dont l'existence et les structures générales ne dépendent pas de *nos* structures mentales collectives est, tout bien considéré, nécessaire. Il me faut pourtant reconnaître que ces arguments sont eux-mêmes essentiellement philosophiques. Et une (regrettable certes !) conséquence de ce fait est qu'il ne manquera pas de se trouver des philosophes à l'esprit délié et acéré qui refuseront d'accepter les arguments en question et de dire : « oui, je suis maintenant convaincu : le réel en soi est une notion qui a un sens ». Dans ces conditions, nullement évidente est la réponse à la question de savoir si, dans le domaine de l'épistémologie et/ou de l'ontologie, on peut tirer de la mécanique quantique ne fût-ce qu'une seule leçon qui ne dépende *en rien* d'une hypothèse ontologique.

Pour étudier cette question-là sans se laisser enfermer dans un labyrinthe de problèmes annexes, une méthode qui paraît bonne — celle, en tout cas, qui sera adoptée ici — est de rechercher comment un physicien éminent du temps passé intéressé par l'épistémologie et l'ontologie aurait vu ses idées *changer* sous l'effet des développements les plus récents de la physique atomique. Sans viser une quelconque originalité, nous prendrons la pensée d'Einstein comme sujet de cette enquête. Il a très souvent été dit que ce physicien commença ses recherches sous les couleurs de l'empirisme et finit dans la peau d'un réaliste. Il y a certes du vrai, et même beaucoup, dans ce jugement. Mais il n'en est pas moins exact — comme Michel Paty l'a fort bien démontré [3] — qu'Einstein, qui ne fut jamais un empiriste radical, ne fut jamais non plus un réaliste radical ou, comme on dit aussi, « naïf ». C'est ce qui rend ses vues si intéressantes pour nous ici.

Ce qui, bien entendu, doit éveiller le plus notre attention c'est la thèse qui, dans son âge mûr, fut la sienne concernant la notion de réalité. Loin d'être intuitive et dogmatique, cette thèse fut, tout au contraire, fort subtile et élaborée. Très tôt, Einstein rejeta les conceptions empiristes traditionnelles et insista énergiquement sur le fait que, selon lui, il n'existe pas de chemin logique — ou, autrement dit, assuré — conduisant comme sur des rails des données des sens aux axiomes de la théorie destinée à en rendre compte. De sorte que l'édification des sciences requiert la possibilité d'un libre choix des concepts utilisés, lesquels sont dès lors *arbitraires* relativement à la relation logique avec l'expérience. Mais tout en se séparant ainsi très nettement du positivisme, de ses premières lectures d'auteurs positivistes tels que Mach il gardait une conscience claire de données importantes, qu'il n'était pas question pour lui d'« oublier », telles que le fait que le réalisme n'est ni évident ni démontrable. De sorte que, comme Paty le souligne, le réalisme d'Einstein fut d'une nature plus élaborée et subtile que le réalisme de certains de ses contemporains, et de Planck en particulier. Assurément, il était d'accord avec ce dernier pour rejeter l'idéalisme radical et poser l'existence réelle d'un monde extérieur. De ce point de vue, il n'est pas abusif de le considérer comme un tenant du « réalisme métaphysique ». Mais cependant, alors que pour Planck les données des sens et la représentation du monde que le scientifique s'efforce de découvrir grâce à leur aide réfèrent directement à l'Univers réel qui les sous-tend, l'accent mis par Einstein sur *l'invention libre* des concepts rend son réalisme plus critique. Selon lui si, bien entendu, les concepts n'acquièrent un sens que *via* une relation d'ensemble à l'expérience, ce n'est qu'à un *système* de concepts que l'on peut attribuer une valeur de vérité. Et, encore une fois, il soulignait que de tels systèmes relèvent de la libre création de l'homme [4], soumise seulement, mais de manière contraignante, au projet de coordonner de la manière la plus cohérente, la plus générale et la plus économique possible la totalité des données des sens. Fondamentalement, c'est ainsi qu'il concevait la notion, pour lui essentielle, de *vérification* : ce qui doit être vérifié c'est un ensemble indissociable d'idées et d'expériences reliées entre elles. Et, affirmait-il, « ceci vaut également pour les concepts de "réalité physique", de "réalité du monde extérieur" et d'"état réel d'un système". *A priori*, écrivait-il, il n'est pas plus légitime de les supposer indispensables (à la pensée) que de les rejeter. Seule la vérification (au sens ci-dessus) permet de trancher la question. *Derrière les symboles que constituent ces mots, il y a un programme* »[1] (souligné par nous) [5][1].

1. Cette citation, ainsi que celles de la référence [4], est empruntée à Paty [3].

D'un autre côté, Einstein soutenait également l'idée qu'il existe essentiellement *un* moyen correct de construire le bon système de concepts, et, de ce fait, une représentation correcte de la réalité. Dans son principe, ce moyen est de très fermement s'appuyer sur la simplicité mathématique. Comme les mathématiques sont, si l'on peut dire, la quintessence de l'intelligibilité, il s'ensuit que, pour Einstein, sans l'intelligibilité, la notion même de réalité serait dénuée de sens ou tout au moins (selon ses propres mots) dénuée de sens *scientifique*. Ce serait une notion de nature exclusivement métaphysique.

Rien de tout cela ne rendrait l'approche d'Einstein essentiellement différente du conventionnalisme de Poincaré. Mais il se trouve que, sur la notion de réalité, et plus particulièrement de *réalité en tant que programme*, Einstein, en fait, ne s'appuyait pas exclusivement sur le critère de l'intelligibilité mathématique. Chez lui, deux autres conditions jouèrent également, en la matière, un rôle important. L'une d'elles (a), qu'il formula explicitement à propos de la physique non quantique, était l'idée que « tout doit être rapporté à la sphère des idées spatio-temporelles » [4]. Une autre (b) reliée à la première mais non identique à elle, est que certaines formes, au moins, d'argumentation contrafactuelle — essentiellement celles permettant de construire la notion d'éléments de réalité, comme ici discuté en section 9-2 — sont pleinement valables. Certes, Einstein ne semble pas avoir exprimé cette seconde condition dans la forme sous laquelle on l'énonce ici. Mais il écrivit des phrases telles que : « nul ne doute, par exemple, qu'à un instant déterminé le centre de gravité de la Lune occupe une position déterminée, même en l'absence de tout observateur, réel ou potentiel » [6] ; du point de vue logique, une telle certitude (absence de doute) est bien liée à l'idée d'observations que l'on *pourrait* faire, au moins en principe, et que, la plupart du temps, on ne fait pas. Ailleurs, il souligna que « la physique est un effort visant à appréhender conceptuellement ce qui existe, en le pensant comme indépendant de son devenir observé » (référence [4], p. 80), et que le scientifique tâche de décrire un monde indépendant des actes de la perception (référence [4], p. 683), ce qui, manifestement, va dans le même sens.

Cet aperçu fort incomplet de la manière prudente dont Einstein approcha notre problème suffit à établir un point important. Il montre que même si, à la suite d'Einstein, nous poussons, en ce qui concerne la réalité, le refus de tout dogmatisme jusqu'au point de ne la définir que par référence à un programme, même alors cette notion n'est pas de celles qu'il est permis d'écarter d'un revers de manche comme étant « vide » ou « dénuée de sens ». Autrement dit, même les philosophes incités par la pensée critique à considérer la notion de réalité-en-soi comme un condamnable postulat métaphysique sont invités à reconnaître qu'il doit exister, en relation avec la physique, un sens du mot *réalité* qui va au-delà du pur et simple opératoire. Dans ces conditions, il apparaît comme concevable que les développements de la physique puissent véritablement *apprendre* certaines choses touchant cette notion, même à des esprits extrêmement soucieux d'écarter tout postulat ontologique. Toutefois, assurément, le fait de systématiquement écarter ce type de postulat exclut que l'existence d'une réalité logiquement antérieure à la connaissance puisse être tenue pour évidente. Une attitude aussi radicale implique, en d'autres termes, que l'on aille jusqu'à mettre en question cette primauté — pourtant incontournable selon nos conceptions — de *l'existence* sur toute *connaissance*. Si, simplement pour voir où cela peut conduire, on accepte de temporairement franchir ce pas, il devient, par le fait même, impossible de considérer la non-séparabilité comme un authentique *enseignement* que nous procure la physique sur la réalité, la raison étant que lorsque la primauté en question est inversée, la frontière n'est pas nette entre la notion de réalité et celle de « réalité empirique » et que, comme on l'a constaté au chapitre 15, il existe une manière cohérente de concevoir cette dernière qui la purge de tout effet « non séparable » (la non-séparabilité ne pouvant même plus être définie dans un tel contexte). Reste-t-il alors quelque chose, et, si oui, quoi ?

Une donnée qui reste est, bien sûr, que même considérés comme de pures et simples conjectures, les énoncés « la physique est une description d'une réalité (macroscopique *et* microscopique) intelligible dont l'existence est indépendante de la nôtre propre », et « cette réalité est séparable » (ou « locale »), ne peuvent être conservés tous deux. Au vu de notre savoir *positif* actuel, ils ne peuvent être vrais ensemble.

Mais il reste autre chose aussi. C'est que même si nous ne faisons pas l'hypothèse ontologique exprimée par le premier des deux énoncés que l'on vient de lire ; même si nous nous rallions à la conception plus prudente et élaborée de « réalité en tant que programme », même alors une assertion peut être faite, qui n'a rien d'une tautologie et qui eût à coup sûr déconcerté Einstein. Il s'agit du fait que, comme on l'a vu dans ce livre, les conditions (a) et (b) ci-dessus (recours ultime aux notions spatio-temporelles et pertinence des considérations contrafactuelles) ne peuvent être conservées en toute généralité. Et que dès lors, il n'y a plus d'argument rationnel justifiant le passage du critère de réalité 1 (section 9-2) — lequel, en lui-même, est de peu de portée — au critère de réalité 2, qui, lui, si et quand nous pensons pouvoir l'appliquer, nous conduit extrêmement loin. Le rejet des deux conditions en question n'est pas un élément du bagage philosophique traditionnel, sans doute parce qu'on ne voit guère comment il pourrait être sérieusement motivé à partir de seules considérations de philosophie pure ; et l'on voit donc que nous avons affaire là à une information philosophique vraiment nouvelle.

Ainsi, en définitive, nous sommes là confrontés à une véritable *leçon*, que la physique contemporaine nous dispense et qui doit être considérée comme raisonnablement indépendante de toute option préétablie que des philosophes pourraient condamner comme « métaphysique ». Cette leçon se résume en ceci : rien dans la réalité ne correspond à la notion de « situation réelle, de fait » d'un système microscopique *localisé*, et, par conséquent, si le scientifique se propose — fût-ce seulement à titre de programme — de décrire en détail un monde strictement indépendant des facultés humaines d'observation, ce « monde » doit être non séparable (ou non local). Si bien qu'il doit radicalement différer de l'idée que le mot même de monde est normalement censée exprimer.

16-2. Sur le concept d'influences à distance

La question de savoir si un tel concept est, ou non, valable mérite examen. Quand nous entendons parler pour la première fois de la violation de la causalité locale, notre première réaction peut très bien être de considérer cette violation comme témoignant de l'existence d'influences à distance ne décroissant pas avec la distance — comme le font toutes les forces connues — et violant la limite que la théorie relativiste assigne à toutes les vitesses. Mais quand nous apprenons que ni énergie ni information ne peuvent être transmises à distance par ce moyen (indépendance à l'égard des paramètres, voir section 8-2), nous en venons à réaliser que la question est trop délicate pour qu'il soit possible d'y répondre dans un langage aussi simple. Au vu de cela, certains physiciens allèrent jusqu'à prétendre qu'en définitive, la non-séparabilité n'est pas un trait nouveau. Ils soulignèrent que la physique classique elle-même suppose comme des sortes de transferts, à vitesse supraluminale, d'effets ne mettant en jeu ni énergie ni information — tels « l'effet phare », décrit en section 9-3 (Remarque 1) — et crurent que cela démontrait leur thèse. Nous avons vu dans cette section qu'il n'en est rien et que des effets de ce type n'ont, en vérité, rien à voir avec la non-localité, que l'on doit donc continuer à considérer, n'en déplaise à ces physiciens, comme un caractère récemment découvert et tout à fait inévitable de n'importe quelle tentative de description de la réalité indépendante. Mais cela ne tranche pas la question de savoir s'il existe véritablement ou non des influences à distance associées à la non-localité. En fait, il s'agit d'une question non de physique mais d'épistémologie et de sémantique. La non-localité est chose nouvelle, non pas seulement en physique mais également dans la sphère des concepts. Les idées qu'elle véhicule rappellent, à certains égards, celle de *cause*, ou, plus généralement, d'*influence* dont nous faisons couramment usage, aussi bien dans la vie courante que dans les sciences. A d'autres égards, elle en diffère. Si nous accordons foi à quelque théorie ontologiquement interprétable — existante ou encore à venir —décrivant le réel comme chose immergée dans l'espace et dans le temps (ou dans l'espace-temps) à la manière des théories décrites au chapitre 13, nous sommes par là même conduits à souligner les ressemblances, et il est alors à peu près impossible d'échapper à la conclusion que les influences en question existent. Si, au contraire, nous estimons, soit, avec Kant, que la notion de « causalité efficiente » n'a de sens que dans le cadre de la réalité empirique, soit, comme ici suggéré (section 14-6), que la réalité indépendante n'est pas immergée dans l'espace-temps, soit les deux à la fois, alors, manifestement, nous ne pouvons pas conserver la notion d'influences à distance et continuer à l'associer au réel (si la réalité indépendante ignore l'espace — et l'espace-temps — cela n'a évidemment aucun sens de parler d'influences à *distance* s'y produisant).

D'un autre côté, la question de savoir si des influences à distance du type considéré pourraient être dites exister au sein de la réalité *empirique* demeure, elle, bien sûr, pertinente. A l'évidence, cette existence ne saurait être dérivée de notre connaissance du fait que la causalité locale est violée — ni, plus généralement, de la non-séparabilité — puisque la connaissance dont il s'agit porte seulement sur la réalité indépendante comme on l'a vu. Mais on pourrait concevoir qu'elle soit établie autrement. En fait, deux suggestions ont été faites, allant plus ou moins dans cette direction.

Suggestion 1 (Stapp [7], Eberhard [8])

Dans la section 15-5 (Remarque), nous avons noté l'existence d'approches intéressantes visant à dériver les inégalités de Bell sans faire référence à la notion de réalité (indépendante). Ces dérivations sont essentiellement fondées sur la prémisse que voici. Soient R_U et R_V deux régions de l'espace spatialement séparées et dans lesquelles des mesures à résultats *oui* ou *non* de certaines observables sont faites. Supposons que l'on ait le choix d'effectuer, en R_U, soit une mesure M_U d'une certaine observable A_U, soit une mesure M'_U d'une autre observable A'_U, et même chose en R_V avec, partout, substitution du symbole V au symbole U. La prémisse en question s'énonce alors comme suit : « Si c'était M_U qui était faite dans R_U et M_V dans R_V et si, dans ces conditions, le résultat « oui » apparaissait dans R_V, alors ce *même* résultat « oui » apparaîtrait dans R_V si la mesure faite dans R_U était non pas M_U mais M'_U. » Il n'est pas difficile ([7], [8]) de dériver les inégalités de Bell de cette prémisse jointe à sa symétrique, obtenue en permutant les symboles U et V, de sorte que la violation prédite et observée de ces inégalités réfute les prémisses en question. Et il est prétendu que, d'une certaine manière, ceci implique l'existence d'influences supraluminales à distance entre les régions R_U et R_V. Toutefois, en raison de son avalanche de conditionnels étagés, la *signification* même de la prémisse ci-dessus énoncée n'est pas aussi claire qu'elle paraît l'être à première vue[1] (voir, en particulier, et de nouveau, les références [9] à [12] du chapitre 15) : en particulier, elle est soupçonnée d'être crypto-déterministe, ce qui signifierait qu'elle porte sur la réalité indépendante et non sur la réalité empirique. Il n'est pas possible d'entrer ici dans le détail des débats complexes qu'a suscité ce point.

Suggestion 2 (d'Espagnat [9])

On a noté dans la section 15-2 que dans l'approche consistant à faire de la physique une description de la seule réalité *empirique*, il ne saurait être question d'énumérer de façon exhaustive des faits (valeurs des paramètres, cachés ou non, etc.) susceptibles de jouer le rôle de causes. Comme signalé en section 15-5, cela a pour conséquence que la causalité locale ne concerne pas la réalité empirique. Plus généralement, cela implique que l'existence d'un lien causal direct entre deux événements répétables ne peut jamais être dérivé de la seule observation d'une corrélation entre eux deux, puisque cette corrélation pourrait toujours être attribuée à l'existence de quelque(s) cause(s) inconnue(s), commune(s) aux deux. En conséquence, dans le cadre de l'approche dont il s'agit, un lien causal véritable entre deux événements A et B — nous permettant de dire que le premier des deux dans le temps est la cause (ou *une* cause) de l'autre — ne peut (comme plusieurs philosophes l'ont déjà soutenu, voir par exemple von Wright [10]) être défini autrement qu'en référant d'une façon ou d'une autre aux possibilités humaines d'action (ce qui, d'ailleurs, est pleinement dans l'esprit du recentrage, ici considéré, de la physique sur la réalité empirique). Plus précisément, ce mode de définition — parfois dénommé « théorie de la cause-implication » — se présente comme suit. Si A et B sont deux événements répétables, si A est antérieur à B

1. Ainsi, dans le cadre de sa théorie (voir section 11-4), Griffiths (*Physical Review Letters*, à paraître) a récemment pu proposer une définition quantique de la contrafactualité non fondée sur l'idée de nécessité. Or, cette définition ne permet pas le passage du critère de réalité 1 au critère de réalité 2 et n'implique donc ni les inégalités de Bell ni la non-séparabilité.

et si A est d'un type tel qu'il soit possible de le faire survenir à volonté, alors A *cause* B si chaque fois que l'on fait se produire A, B se produit aussi et si chaque fois qu'on fait en sorte que A ne se produise pas, B ne se produit pas non plus.

Essentielle dans cette définition est la restriction que A soit d'un type tel qu'on puisse le faire se produire à volonté (une généralisation de cette idée, qui n'en change pas la substance, consiste à exiger qu'au moins on puisse *imaginer* que l'on fait, ou non, se produire A à volonté). Une telle référence aux possibilités humaines est nécessaire pour la raison ci-dessus donnée. Mais d'un autre côté, la référence en question a pour conséquence que, dans l'exemple standard de Bohm (chapitre 9), la question de savoir s'il est légitime de considérer que la mesure de la composante de spin de l'une des particules « est cause de ce que » la composante correspondante sur l'autre particule prend une valeur bien définie, ne comporte pas de réponse d'emblée évidente. Le point délicat est celui-ci. Alors que nous sommes libres de mettre ou non en position l'instrument de mesure qui opérera sur la première particule, nous ne pouvons pas décider du *résultat* de cette mesure. Par conséquent, si nous prescrivions d'identifier l'événement A avec le fait que ce résultat a été ceci ou cela, la condition que A puisse être suscité à volonté ne serait pas satisfaite. Le seul événement que nous puissions susciter à volonté est le fait que sur la première particule — disons U — la composante de spin selon une certaine direction $\boldsymbol{n}$ est mesurée. (Le résultat, + 1 ou – 1, en unités appropriées, apparaît alors automatiquement.) C'est donc cet événement-là que nous pouvons identifier à l'événement A. Certes, en raison de la corrélation stricte impliquée dans l'exemple standard de Bohm, la composante de spin selon $\boldsymbol{n}$ de la seconde particule — V — doit alors avoir une valeur bien définie, qui est soit + 1 soit – 1, mais cet « événement B » (le fait qu'elle ait l'une de ces deux valeurs) est-il vraiment un « événement » ? Étant donné que ces deux valeurs sont de toute manière les seules qui puissent être trouvées, la proposition que « l'événement B est vrai » n'est-elle pas une pure et simple tautologie ?

La réponse est qu'en toute rigueur, on ne peut prétendre que c'en soit une. De fait, la structure de la proposition en question est identique à celle de la proposition P dans la formule (14-3) (voir section 14-10), les rôles de p et $\sim p$ étant joués par les propositions ($S^V_{\boldsymbol{n}} = + 1$) et ($S^V_{\boldsymbol{n}} = - 1$) respectivement, et celui de D par la proposition : « on fait interagir avec la particule V un instrument de Stern-Gerlach orienté selon $\boldsymbol{n}$ ». Comme nous l'avons noté en section 14-10, cette proposition de logique modale n'est pas une tautologie.

En tout cas, ce n'en est pas une lorsque les propositions p et $\sim p$ sont soit vraies soit fausses. Ici, toutefois, les propositions ($S^V_{\boldsymbol{n}} = + 1$) et ($S^V_{\boldsymbol{n}} = - 1$) ne sont que fiables, et, en absence d'une

« logique modale des propositions fiables », le caractère non tautologique de la proposition dont il s'agit ne peut pas être considéré comme établi. Par conséquent, la suggestion 2 ne peut, en fin de compte, être considérée, elle non plus, comme concluante.

L'existence des suggestions 1 et 2 est une indication en faveur de l'idée que pourrait être défini un sens de l'expression « influences à distance » qui entraînerait que la réalité empirique elle-même serait siège de telles influences. Mais, on l'a vu, cette indication est, en fin de compte, assez faible. En outre, de tels développements théoriques risquent fort, de toute manière, de n'avoir jamais qu'un intérêt, épistémologique et scientifique, très limité. En effet, l'indépendance à l'égard des paramètres les empêchera nécessairement d'avoir une portée dépassant appréciablement le cadre de la pure et simple sémantique.

16-3. Idées suggérées par la physique quantique

En section 16-1, nous avons cherché à cerner les contours de ce que la physique quantique peut authentiquement apprendre, en matière d'épistémologie, à un scientifique (ou à un épistémologue) soucieux, avant toute chose, de rester à l'écart des hypothèses métaphysiques, y compris et surtout des implicites (de beaucoup les plus insidieuses...). Mais un tel souci, pour utile qu'il soit (principalement lorsqu'il s'agit de bien distinguer entre les questions strictement scientifiques et toutes les autres) ne doit cependant pas être érigé en règle unique de la pensée. Comme nous l'avons expliqué en détail au chapitre 14, des arguments philosophiques raisonnables incitent à considérer que la notion d'une réalité dont l'existence ne dépend en rien de la nôtre a un sens par elle-même, quelles que soient, dans le détail, la nature et la fiabilité de la connaissance que nous sommes capables d'avoir de celle-ci. Lorsque ce point est accordé, certaines propositions peuvent être soutenues, qui résultent des données de la physique quantique et concernent, précisément, les relations entre la connaissance humaine et la réalité dont il s'agit. Ces propositions constituent les thèmes des sections suivantes. Nous les appelons « suggestions » afin de bien marquer la différence de nature qu'il y a entre elles et les « informations » considérées plus haut.

16-4. Suggestion 1 : causalité élargie

Certains des arguments (développés au chapitre 14) qui s'opposent au rejet, par les idéalistes radicaux, de la notion de « réalité indépendante » s'appuient comme on l'a vu, sur la physique : celle-ci concourt donc, indirectement, à étayer l'idée que les mots de « réalité indépendante » ou de « réel », réfèrent à un concept valable. Soulignons ici plus particulièrement l'un des arguments en question (ou, plus exactement, un argument qui combine plusieurs de ceux-ci). On l'échafaude en mettant en contraste les points de vue des idéalistes radicaux d'une part et des partisans du réalisme physique (Bohm, Bell, etc.) d'autre part, sur le thème de l'explication de l'accord intersubjectif relatif aux faits contingents. Comme on l'a constaté au chapitre 1, la plupart des idéalistes, ou bien omettent de mentionner ce problème, ou bien l'écartent d'un revers de manche, comme constituant un questionnement fondé sur un « pourquoi ? » et, pour cette raison, irrecevable. On peut n'être satisfait par aucun des deux procédés. Le formalisme quantique va déjà, dans une certaine mesure, plus loin, puisqu'il prévoit l'accord intersubjectif comme nous l'avons vu (en référant, soit à la réduction du paquet d'ondes, soit aux corrélations que la fonction d'onde totale prédit), même s'il ne s'agit là encore que d'une *explication par référence aux lois générales* (section 15-2). A l'autre extrémité du spectre, les théories ontologiquement interprétables discutées au chapitre 13 font, en un sens, mieux encore, puisqu'elles fournissent une « explication » au sens usuel, banal, et par conséquent rassurant du terme. Sans pour autant nous sentir obligés de nous compromettre dans la défense de l'une ou l'autre de ces théories en particulier, il ne nous est pas interdit de considérer ce « plus » comme une indication supplémentaire en faveur de l'idée que, du moins, la *notion même* d'une réalité indépendante, d'un réel « ontologique » autrement dit, n'est pas totalement dénuée de sens.

D'un autre côté, si cette indication en provenance de la physique est ajoutée à tous les arguments philosophiques ci-dessus mentionnés plaidant en faveur de la notion en question, et si l'ensemble ainsi constitué est tenu pour convaincant (point de vue qui, en définitive, sera dorénavant le nôtre), la thèse kantienne présentant la causalité comme n'étant qu'un moyen humain d'organiser les phénomènes dans notre esprit devient, par le fait même, trop restrictive. Au-delà de cette notion-là de la causalité — qui sous-tend le concept de *réalité empirique* (sections 15-2 à 15-6) et dont il n'est aucunement question de minimiser l'importance — nous devons aussi considérer comme ayant un sens une causalité d'un type différent, qui n'est autre que l'action de la réalité indépendante sur les phénomènes. Étant donné qu'en raison de la non-séparabilité, la réalité indépendante ne peut pas être considérée comme constituée d'éléments localisés immergés dans l'espace-temps, il est clair que cette « causalité élargie » diffère considérablement, tant de la causalité kantienne — qui n'est rien d'autre que le déterminisme — que de la causalité einsteinienne. On ne voit pas, pour cette même raison, comment elle pourrait englober la notion de causes efficientes (dans la terminologie d'Aristote). Mais elle peut accommoder celle de causes structurelles et ces dernières sont — dans cette optique — plus que de pures et simples « régularités de type loi » observées entre phénomènes. De fait, ces « causes élargies » structurelles ne sont autres que les structures de la réalité indépendante et représentent l'explication ultime du fait même que les lois — ou, autrement dit, la physique — existent.

Selon Leibniz, les faits contingents sont, on le sait, régis par le *principe de raison suffisante*, défini par lui comme le principe « en vertu duquel nous considérons qu'aucun fait ne saurait se trouver vrai, ou existant, aucune énonciation véritable, sans qu'il y ait une raison suffisante pourquoi il en soit ainsi et non pas autrement. Quoique ces raisons le plus souvent ne puissent point nous être connues[...] » *(Monadologie)*. Ailleurs il écrit : « Rien ne se fait sans raison suffisante ; c'est-à-dire que rien n'arrive sans qu'il soit possible à celui qui connaîtrait assez les choses de rendre une raison qui suffise pour déterminer pourquoi il en est ainsi, et non pas autrement » *(Principes de la nature et de la grâce)*. Il est vraisemblable que, parmi les physiciens actuels, les seuls qui souscriraient sans réserves majeures à ce principe sont ceux du petit groupe des tenants des théories ontologiquement interprétables et déterministes étudiées ici au chapitre 13 (la théorie de l'onde pilote, par exemple). Et cependant, de l'ensemble de ce qui a été passé en revue dans le présent ouvrage, l'idée se dégage qu'il doit y avoir quelque chose à sauvegarder de l'esprit de ce principe de Leibniz. Non pas, certainement, le déterminisme. Non pas même l'espèce d'intelligibilité, au moins théorique, qu'il postule quand il mentionne « celui qui connaîtrait assez les choses » (n'excluant pas, ainsi, que « celui »-ci puisse, en droit, être non pas Dieu ou démon mais simplement homme). Ce qui doit — et peut ! — être sauvegardé du principe de Leibniz est sa « substantifique moelle » : la notion même d'une *raison* à l'existence des lois qui régissent le monde. Ceci peut être reformulé — et précisé — en énonçant le postulat fondamental suivant.

Postulat fondamental

Toute régularité observée (statistique ou autre) doit avoir une cause (ou plusieurs : la notion d'unicité n'est pas celle qui est soulignée ici), laquelle (i) peut être localisée dans le temps ou ne pas l'être, et (ii) est susceptible ou non d'être découverte par l'homme.

Le point (i) implique, en particulier, que les causes d'un événement ne sont pas nécessairement situées dans son passé (les causes structurelles n'ont pas à l'être). La « scientificité » de la notion de cause efficiente et la « non-scientificité » de celle de cause finale ne relèvent l'une et l'autre que de la réalité *empirique* : s'agissant de la causalité élargie, ces jugements n'auraient pas de sens. Le point (ii) a pour effet d'étendre la notion de cause bien au-delà de la notion d'explication, du moins si celle-ci est comprise dans l'un ou l'autre des deux sens décrits en section 14-8 et étiquetées (a) et (b) : réduction au connu et regroupement sous une même loi générale. Ici, il est considéré qu'il n'est pas dénué de sens de parler de causes, même si la nature de celles-ci doit empêcher qu'elles soient jamais découvertes, et les « causes élargies » auxquelles nous pensons sont, en fait, premières par rapport aux lois[1]. Rappelons-nous, en fin de compte que, même s'il est colossal, le nombre des connexions du cerveau est néanmoins fini, et que l'énoncé : « l'homme est capable, en droit, de découvrir le tout de ce qui *est* et a des effets observables », ne reflète donc en rien une nécessité de la logique.

Remarque 1. Dans la plupart des écoles philosophiques, l'axiome (hérité de Kant), selon lequel cause et effet doivent être de même nature est tenu pour vrai. De sorte qu'ayant reconnu que les effets sont (au sens philosophique) des phénomènes, nous nous verrions contraints de restreindre la notion de cause aux seuls phénomènes. Dans le cadre de cette manière de voir, le postulat fondamental et la notion de causalité élargie sont, à l'évidence, dénués de sens. Ils ne sont que les éléments d'une quête de la cause de la causalité aux allures de cercle vicieux. En faveur de la thèse de Kant, il a souvent (et pertinemment) été dit qu'elle contribua de façon décisive à la séparation de la science et de la métaphysique, libérant ainsi la première de tout un poids de faux problèmes et favorisant par là son développement. Ce point est tout à fait indiscutable. Il doit donc être bien compris que les idées ici proposées ne sont en rien assimilables à une tentative de réintroduire la métaphysique *dans* la science. En fait, c'est précisément le contraire. C'est la science elle-même, ou pour mieux dire certains résultats de la science, qui maintenant « frappent à la porte » de la métaphysique : non pas pour lui emprunter tels ou tels éléments qui serviraient à l'avancement de la recherche scientifique proprement dite, mais, à l'inverse, pour lui apporter certaines informations nouvelles dont la métaphysique pourrait avoir l'usage. Ce point étant précisé, il convient d'observer que l'axiome kantien limitant strictement les causes à la sphère des phénomènes n'est, en définitive, qu'un « axiome ». C'est seulement dans le cadre

1. Manifestement, cette option transgresse le principe, d'inspiration « opérationnaliste », selon lequel la signification attribuée à un concept ne doit jamais excéder l'étendue de sa référence (directe ou indirecte, *via* une théorie) aux faits observés. J'ai explicité ailleurs (référence [10] du chapitre 15) les cas (limités) dans lesquels je considère, effectivement, ce principe comme trop restrictif.

de l'idéalisme — kantien ou radical — qu'il peut être tenu pour une donnée de la logique. Autrement dit, si nous ne faisons nôtre aucune de ces deux conceptions, nous devons ne considérer la restriction kantienne de la causalité aux phénomènes que comme une « règle du jeu » très efficace. Une règle à laquelle, comme nous l'avons déjà noté, nous devons très strictement nous tenir dans l'exercice de nos activités scientifiques proprement dites, mais que nous n'avons pas de raisons contraignantes d'étendre à toute l'activité de la raison. S'il fallait résumer en une seule phrase la position ici défendue, cette phrase serait la suivante : on peut accorder à Kant que l'espace et le temps ne constituent pas une arène *où se trouverait* le réel, sans nécessairement le rejoindre dans ses vues concernant la causalité.

Remarque 2. Il n'en est pas moins vrai qu'une telle notion de causalité élargie, que les théologiens pourraient rapprocher de celle de « cause première », ne doit être maniée qu'avec prudence. Une objection qu'on peut lui faire est de conduire à une récession infinie. « Pourquoi la Terre ne tombe-t-elle pas dans les espaces infinis ? », demande le disciple à son gourou dans l'apologue bien connu. « Parce qu'elle repose sur le dos d'un éléphant », répond le Maître. « Et pourquoi l'éléphant lui-même ne tombe-t-il pas dans les espaces infinis ? », demande l'insatiable disciple. « Parce que, poursuit le Maître, il prend appui sur une très grosse tortue »... et ainsi de suite. Le conte nous rappelle à bon escient que les idéalistes radicaux et les kantiens ont raison de mettre en question les formes naïves de la quête des causes. On ne peut cependant pas dire que l'objection qu'il met en image soit décisive. Après tout, Galilée n'avait pas tort quand il posait que la préservation par un objet du mouvement uniforme et rectiligne qu'il peut avoir ne requiert aucune cause. De la même manière, il est bien naturel de répondre à l'objection qu'illustre le conte en posant que les structures générales de la réalité indépendante, qui, avançons-nous, sont les causes des régularités objectives observées, ne requièrent, elles-mêmes, pas de causes.

Remarque 3. On peut noter que la notion de causalité élargie est implicite dans les conceptions de nombre de penseurs, même parmi ceux qui rejettent le réalisme traditionnel. Ainsi, par exemple, quand Henri Poincaré écrit que nous ne pouvons connaître les objets eux-mêmes mais que nous connaissons, néanmoins, leurs rapports, le seul moyen de comprendre cette assertion est, semble-t-il, de considérer que « quelque chose » *est cause de* notre connaissance, et que ce « quelque chose » n'est pas un pur et simple phénomène au sens de Kant (mais remarquer cela n'implique pas, bien entendu, une totale allégeance aux vues de Poincaré : les analogies et les différences entre les idées que nous proposons et celles de Poincaré ont été décrites dans les sections 14-8 et 14-12).

Remarque 4. La notion de causalité élargie est manifestement liée à la question de savoir dans quelle mesure la science, sachant qu'elle ne fournit pas une *connaissance* définie de la réalité indépendante, nous rapproche d'une telle connaissance. Pour discuter ce point, il convient de faire nôtre une pratique courante chez les philosophes des sciences et de distinguer deux niveaux au sein de ce que nous avons, jusqu'ici, appelé *la réalité empirique.* En effet, il n'est pas nécessaire d'être un physicien quantique pour réaliser que le niveau du sens commun et le niveau scientifique sont différents. Les étroites limites d'efficacité de nos organes sensoriels et la dépendance contingente dans laquelle ils nous mettent à l'égard d'agents intermédiaires tels que les ondes sonores et lumineuses furent notées il y a longtemps ; et les scientifiques actuels prennent de plus en plus conscience de ce que ces limitations font que les données de nos sens sont, dans une large mesure, nos propres créations. Si l'on ajoute à cela que l'interface entre les signaux perceptibles et la conscience est imparfaitement connu et bien moins encore compris, on réalise qu'il n'y a aucune raison pour que les représentations que notre sens commun nous donne des choses soient *semblables* à la réalité indépendante. La science est une tentative visant à remédier à ces idiosyncrasies humaines, et l'on ne peut que tomber d'accord avec A. Shimony quand il écrit que la science n'est pas un simple outil ; quand, au contraire, il pose [11] qu'elle est une entreprise critique sophistiquée et *partiellement réussie,* de compréhension dans le détail de la connexion entre le monde décrit par notre sens commun et la réalité indépendante. Ici on considérera que le qualificatif « réussie » renvoie au fait que la réalité indépendante — en particulier en ce qui concerne sa structure générale — n'est pas totalement inconnaissable, alors que l'adverbe « partiellement » exprime schématiquement le fait que ce que nous atteignons effectivement, en ce qui concerne l'ensemble des faits contingents, n'est que la réalité *empirique.* Bien entendu, la causalité élargie est indispensable à tout cela. Mais, d'un autre côté, il est clair qu'accepter la validité de cette notion ne nous oblige pas à penser que l'on peut remonter des effets aux causes. Les raisons, empruntées à la physique, qui, de fait, rendent extrêmement peu vraisemblable l'hypothèse d'une telle possibilité ont été explicitées en détail au chapitre 14.

16-5. Suggestion 2 : espace-O et temps-O

Dans la théorie du réel voilé, la séparabilité einsteinienne, comme nous l'avons précédemment noté, est relative à la réalité empirique et non à la réalité indépendante, ce qui signifie que la théorie de la relativité restreinte ne concerne pas cette dernière. Autrement dit, ainsi qu'il a été vu dans la section 14-6, en théorie du réel voilé la réalité indépendante n'est pas dans l'espace-temps et la causalité einsteinienne n'y a pas cours. Il est vrai que, comme nous l'avons exposé dans la section 13-2, les difficultés qu'il y a à concilier les théories ontologiquement interprétables avec la relativité restreinte ont incité certains auteurs à faire retour au vieux concepts newtoniens d'espace absolu et du temps universel. Mais la plupart des physiciens considèrent comme inacceptable de justifier un tel retour sur la seule base (purement philosophique) de l'exigence d'une interprétabilité ontologique ; et la conception du réel voilé est en accord avec leurs vues. Dans celle-ci, par conséquent, la réalité indépendante est, comme on l'a dit, conçue comme n'étant immergée ni dans l'espace ni dans le temps. Par référence à l'idée de Bonsack d'un monde-O (section 15-1), on peut introduire ici les notions d'un espace-O et d'un temps-O (ne procédant pas de l'existence-O du sujet-O !) et considérer que celles-ci fournissent une description convenablement nuancée de la conclusion qui précède, conclusion dont, certes, des philosophes comme Kant eurent, il y a longtemps, l'intuition.

Dans son ouvrage *L'Esprit et la matière* [12], Schrödinger soutient l'idée que, sur ce point particulier et en ce qui concerne le temps, la théorie de la relativité non seulement n'a pas réfuté Kant mais a, bien au contraire, confirmé en partie ses vues, et cela en prouvant que « la bonne vieille ordonnance linéaire des temps [*time-table*] n'est pas tout à fait aussi sérieuse qu'elle l'avait semblé au départ ». Cela est certes vrai, mais il n'empêche : en relativité restreinte *classique* la causalité einsteinienne pouvait être conçue comme étant un trait de la réalité indépendante, définissant, pour tout événement, tant un passé qu'un futur *absolus*. Maintenant en revanche, avec la découverte de la non-séparabilité et la confirmation — grâce aux théorèmes de Bell — qu'il n'en n'est pas d'échapatoire ontologique, il est devenu clair que la causalité einsteinienne ne peut pas être un trait de la réalité indépendante, et cela fait que l'idée d'ordonnancement temporel est devenue plus intersubjective encore qu'elle ne l'était. De sorte que, pour citer Schrödinger une fois encore, il semble que, intellectuellement du moins, nous jouissions en définitive d'une certaine libération par rapport à la « tyrannie du vieux Chronos ». Comme, ainsi que Schrödinger l'écrit aussi, « ce que nous construisons nous-même dans notre esprit ne peut avoir un pouvoir dictatorial sur notre esprit », la conclusion qui vient d'être atteinte a, on en conviendra, une portée philosophique.

Remarque 1. Au premier abord, la notion de *temps cosmique*, féconde en astrophysique, paraît susceptible de jeter un doute sur tout cela. La relativité restreinte et la relativité générale étant, à maints égards, des théories différentes, on pourrait conjecturer que ce temps cosmique est plus qu'un simple temps-O. En vérité, on pourrait se demander s'il ne représente pas un élément de la réalité indépendante (ou, plutôt, de l'arène où celle-ci *est*), autrement dit, s'il ne s'agirait pas d'une sorte de temps newtonien rénové. L'hypothèse peut être soutenue, mais il faut observer qu'elle est en butte à certaines objections. L'une d'elles est que la notion même de temps cosmique ne peut être définie que dans le cadre d'une *approximation* : celle de l'uniformité et de l'isotropie de l'Univers dans son ensemble, qui est connue sous le nom de « principe cosmologique » bien qu'elle soit un simple énoncé observationnel et n'ait donc pas grand-chose à voir avec un authentique « principe ». Il paraît bien difficile de considérer comme fondamentale une notion qui ne peut être définie que comme une approximation de certaines données factuelles. Il est vrai que l'Univers paraît être isotropique avec un tel degré de précision que cette objection en perd un peu de sa portée. Il est toutefois bon de se rappeler à cette occasion que les équations de la relativité générale ont d'autres solutions, connues sous le nom de « modèles exotiques » et dont le modèle cosmologique de Gödel est un intéressant exemple. L'objection qui lui fut opposée à l'époque de sa présentation fut que, dans ce cadre, la causalité disparaît. Ceci, fut-il dit, est inacceptable car la causalité est au fondement même de la physique. Avec la découverte de la non-séparabilité et la reconnaissance du fait que les définitions actuelles de la causalité — causalité einsteinienne comprise — ne s'appliquent pas à la réalité indépendante, une telle critique est inopérante. Dans l'ensemble, dès lors, l'idée que le modèle standard et le temps cosmique s'appliqueraient à la *réalité indépendante* demeure très spéculative. Concernant le modèle standard, en particulier, il n'est peut-être pas hors de propos de rappeler que dans l'un, au moins, des modèles ontologiquement interprétables, celui de Bohm, le big bang apparaît comme n'étant qu'une « petite ride » [13].

Remarque 2. En ce qui concerne l'idéalisation du temps, des idées ont été lancées qui vont au-delà des considérations essentiellement qualitatives développées plus haut. Tel est, en particulier, le cas d'une suggestion émise par Grib [14] en relation avec la reformulation de la mécanique quantique fondée sur la logique quantique. Si cette reformulation n'est pas décrite dans le présent ouvrage, c'est (a) parce qu'elle a déjà été discutée dans la référence [15] et (b) parce que, comme il est là montré, on ne peut trouver en elle le moyen de restaurer l'idée d'une réalité objective au sens fort, immergée dans l'espace-temps et satisfaisant à la séparabilité einsteinienne. Mais l'approche de Grib est différente. Sa conception est que la réa-

lité indépendante est bien, effectivement, composée d'objets quantiques dont les propriétés correspondent à des propositions obéissant à une logique *non booléenne*, mais que ces propositions ne possèdent pas en elles-mêmes de valeurs de vérité. Les seules valeurs de vérité qu'elles « ont » leur sont imparties par les observateurs humains. Or, les observateurs humains sont irrémédiablement booléens, de sorte qu'ils attribuent ces valeurs de vérité selon les règles d'une logique booléenne. En d'autre termes, il leur faut traduire une logique quantique non humaine dans leur propre langage humain. Le développement de ces conceptions a conduit Grib à donner son adhésion à la notion de réel voilé. Effectuant la traduction dont il s'agit, l'observateur booléen rencontre inévitablement certains paradoxes, liés au fait que la non-distributivité de la logique quantique contraste avec la distributivité de sa logique propre. Et, selon Grib, c'est à ce niveau que la notion de temps doit entrer en scène. Sa thèse est que, pour faire disparaître les paradoxes en question, l'observateur booléen « invente » le temps. Il se peut, par exemple, que, dans le treillis non distributif relatif à un certain problème, a, b et c soient trois propositions atomiques mutuellement exclusives dans le sens que, quelles que soient les valeurs de vérité de a, b et c, ni $a \wedge b$ ni $a \wedge c$ ni $b \wedge c$ n'y peuvent être vraies — de sorte que la proposition
$P_1 \equiv (a \wedge b) \vee (a \wedge c)$ n'y peut être vraie en aucun cas — mais que cependant y soit vraie l'assertion $b \vee c = I$ (ici $\wedge$ signifie « et », $\vee$ signifie « ou » et I signifie « toujours vrai »). Pour notre observateur booléen, cela engendre une contradiction puisque, dans ces conditions, si a est vrai, $P_2 \equiv a \wedge (b \vee c)$ est vrai alors que sa logique booléenne lui apprend que $P_2 \equiv P_1$ (distributivité). Il « résout » le paradoxe en disant : « à un certain instant t_1 je pose que a est "vraie" et que b et c ne le sont pas ; à un autre instant t_2 — si, disons, je mesure b — je puis voir b "devenir" vraie. » Et alors il devra considérer qu'à l'instant t_2, a n'est plus vraie. Autrement dit, ce sont à la fois la notion de temps et celle de réduction du paquet d'ondes qui apparaissent ici comme étant des conséquences de la « traduction » susmentionnée.

16-6. Suggestion 3 : réalité indépendante, réalité empirique, potentialités et conscience

Dans son âge mûr, Heisenberg édifia une conception du monde où la notion de « *potentialités* » jouait un rôle important. Son idée était d'associer étroitement cette notion à celle de fonction d'onde. En un sens, l'approche de Heisenberg est ontologique, mais son ontologie est de nature assez subtile, justement à cause du fait qu'à côté de ce qui est effectif et positif (choses, événements, etc.) elle fait, au même niveau, place à ces potentialités. Il semble avoir estimé que si l'on aspire à parler des choses-en-soi, le langage naturel pour le faire doit être centré sur le concept d'état quantique, conçu comme réalisant une sorte de synthèse de l'effectif et du virtuel.

Énoncée en des termes aussi généraux, cette conception nous frappe comme susceptible de contenir une bonne dose de vérité. Mais d'un autre côté, elle n'est guère plus qu'un simple programme, vu que Heisenberg n'a jamais défini très précisément ce qu'était, selon lui, la différence entre l'effectif (l'« actuel » des traités de philosophie, autrement dit l'*actual* anglais) et le virtuel. Tant qu'une telle définition n'est pas donnée, il est clair que toute explication fondée sur les potentialités doit demeurer vague. Et en conséquence, la notion d'une transition du potentiel vers l'« actuel » doit rester un peu énigmatique.

Dans le cadre des idées proposées dans ce livre, la notion de potentialité émerge aussi, comme on l'a vu, mais elle y prend une forme plus précise. En section 15-3, il a été noté que, dès que la notion de réalité indépendante est acceptée et que l'hypothèse qu'elle *pourrait* éventuellement être descriptible par la physique n'est pas écartée *a priori* (dans ce livre, nous l'écartons, mais seulement *a posteriori*), des propriétés potentielles, ou virtuelles, des objets — distinctes des propriétés « actuelles » ou « ontologiquement possédées » correspondantes — doivent être prises en considération et tenues pour réelles. De telles potentialités correspondent à ce qui, en termes allégoriques, pourrait être appelé un jeu d'« aptitudes acquises » du système à réagir de telle ou telle façon dans les cas où la mesure correspondante viendrait à être faite. Quand, dans l'exemple standard de Bohm, la composante S_z^U du spin de la particule U est mesurée — disons, à l'instant t_1 — et est trouvée égale à $+\frac{1}{2}$, l'opération formelle de réduction du paquet d'ondes, attribuant à V un ket de spin bien défini $\left(\text{le ket propre correspondant à la valeur propre } S_z^V = -\frac{1}{2}\right)$, correspond à l'acquisition par V d'une *potentialité*, celle de faire qu'un appareil de Stern-Gerlach orienté selon O*z* enregistrera certainement la valeur $-\frac{1}{2}$ *si* il est mis en interaction à un instant $t > t_1$ avec la particule V.

Une autre approche de la notion de potentialité est rendue possible par la suggestion de Grib telle que résumée dans la Remarque 2 de la section précédente. Dans cette approche aussi, la différence entre le potentiel et l'« actuel » est bien définie. Elle est identifiée à la différence entre les notions de réalité indépendante et de réalité empirique. Les objets quantiques et leurs propriétés existent *en tant que potentialité* (et les secondes obéissent à une logique *non booléenne*) et, dans cette théorie, ce sont eux qui constituent la réalité indépendante. (Qu'ici le pluriel ne trouble pas le lecteur : la pluralité *potentielle* peut s'accorder avec la non-séparabilité, comme le montrent les considérations sur les paires de la fin du dernier paragraphe.) Les faits observés sont des éléments de la réalité *empirique* et c'est en tant que tels qu'ils sont « actuels ». Dans cette conception-là, la transition du potentiel à l'« actuel » n'est pas un phénomène physique au sens élémentaire (c'est-à-dire tacitement ontologique) de l'expression, puisqu'elle émerge tout simplement de notre « manière humaine de voir les choses ». Mais le prix à payer pour une telle clarification des concepts est manifestement que le rôle de la conscience doit être reconnu comme étant essentiel.

Bien entendu, ceci débouche sur une question. Comment, dans le cadre de telles vues, tenir compte de la problématique — bien illustrée par l'apologue connu de « l'ami de Wigner » — centrée sur le fait qu'il n'existe pas une seule mais bien plusieurs (beaucoup de !) consciences humaines (pour ne pas évoquer la grande énigme que posent celles des animaux). C'est le problème appelé « paradoxe arithmétique » par Schrödinger, qui proposa de le faire disparaître en posant que la multiplicité des consciences n'est qu'une apparence, dissimulant à nos yeux l'essentielle unicité de l'Esprit éternel. On le retrouve aussi dans ce que l'on peut appeler « l'approche de l'échelle de corde mise en boucle ». L'approche en question — c'est ici le lieu de la présenter — peut être décrite en partant d'une image figurant le point de vue physicaliste traditionnel et en modifiant celle-ci d'une manière appropriée. Le point de vue physicaliste traditionnel se schématise au moyen d'une échelle de corde dont l'échelon inférieur représente les particules élémentaires. Le suivant représente des systèmes déjà plus complexes, atomes, molécules etc., qui, en un sens, peuvent être dits émerger des particules grâce au jeu de forces permettant leur combinaison. Les niveaux qui viennent ensuite représentent des systèmes plus complexes encore, macroscopiques pour la plupart, tels que pierres, plantes, nerfs, cerveau, etc., qui, à leur tour, émergent des précédents par combinaison et complexification, mais qui, cependant, présentent des propriétés qualitativement nouvelles, non présentes dans leurs éléments. Et enfin, l'échelon le plus élevé représente l'esprit et la pensée, lesquels, eux aussi, émergent des précédents et présentent des propriétés qualitativement nouvelles. L'approche de « l'échelle de corde mise en boucle », suggérée selon nous par la physique contemporaine, ne diffère de la précédente que sur un point, mais décisif. On en obtient l'image en prenant une extrémité de l'échelle de corde en chaque main et en courbant l'échelle de manière à joindre les deux bouts. La figure ainsi obtenue représente encore les atomes et les molécules comme émergeant des particules élémentaires, les corps macroscopiques, cerveau compris, comme émergeant des atomes et des molécules, l'esprit et la pensée comme émergeant du cerveau. Mais continuant sur la même lancée, elle représente aussi les particules élémentaires comme émergeant de la pensée... et ainsi de suite. Cette « fermeture de la boucle » paraît être l'idée directrice de la théorie « *it from bit* » de Wheeler [16]. En elle, la matière n'est pas plus antérieure à l'esprit que l'esprit n'est antérieur à la matière. Ils « s'engendrent l'un l'autre », pourrait-on dire. Mais, naturellement, le paradoxe arithmétique n'en est pas levé pour autant.

Étant donné que la conception du réel voilé invite (on l'a noté) à se représenter conscience et réalité empirique comme s'engendrant mutuellement (mais atemporellement !) au sein de la réalité indépendante, l'idée de « l'échelle de corde mise en boucle » peut être considérée comme étant une conséquence de la conception en question. Mais l'inverse n'est pas vrai. Dans la théorie de Wheeler, par exemple, aucune mention n'est faite d'une réalité indépendante et, à l'instar de Schrödinger, cet auteur considérerait sans doute une telle notion comme superflue et dénuée de sens. Chez Schrödinger, cependant, cette opinion était fondée comme on l'a vu sur l'idée que la « réalité indépendante » ne serait qu'une sorte de fantomatique duplication de la réalité empirique. Or maintenant, étant donné que la non-séparabilité introduit, dans tout concevable « réel-en-soi », une globalité absente de la réalité empirique, une telle objection perd de sa force. Plus généralement, nous avons énuméré au chapitre 14 des arguments qui montrent bien que la notion de réalité indépendante est nécessaire. La question devient alors : dans le cadre de la conception du réel voilé, c'est-à-dire quand la notion de réalité indépendante est prise vraiment au sérieux, le paradoxe arithmétique est-il toujours présent ?

La réponse est oui, mais un « oui » atténué. Plus précisément, elle est que dans le cadre de la conception du réel voilé, le « problème arithmétique » demeure mais sans être aussi aigu qu'il l'est dans la vision de Schrödinger. Il l'est moins parce que, dans la conception dont il s'agit, si nous pouvions penser le *temps* comme étant l'arène dans laquelle des événements-en-soi se déroulent (immergeant ainsi la réalité indépendante *dans* le temps), la multiplicité des consciences ne créerait pas un problème véritable. Comme on l'a noté dans le premier paragraphe de la section 16-4, toutes les théories ontologiquement interprétables *expliquent* l'accord intersubjectif entre une multiplicité de consciences. Dans la version de la théorie de l'onde pilote proposée par Bell, l'accord en question est obtenu simplement en agrandissant l'espace de configuration, en lui ajoutant autant de dimensions supplémentaires qu'il y a de consciences distinctes. Une particularité de ce modèle est cependant qu'en raison de la contextualité (voir chapitre 13), le « contenu » d'une conscience donnée, engendré par l'observation ou par la mesure d'une certaine grandeur, peut fort bien n'être pas le même selon qu'une observation ou une mesure de quelque autre grandeur — même compatible avec celle qui est considérée — est, ou non, faite par quelqu'un d'autre, se trouvant éventuellement ailleurs, et aussi selon la nature de certains détails touchant à la manière même dont la mesure en question est faite (si elle est associée à celle de quelque autre grandeur, si oui dans quel ordre, etc.).

Ce point mérite illustration. Considérons donc de nouveau la description à la Bell de la manière dont la théorie de l'onde pilote rend compte des corrélations strictes dans le cadre de l'exemple standard de Bohm (sections 13-3 et 15-3). Là, les états de conscience des deux observateurs doivent, selon le schéma que l'on vient de décrire, être représentés par deux nouvelles variables x_3 et x_4, de sorte que l'espace de configuration du système total est maintenant de dimension 4. Les valeurs que peuvent prendre x_3 et x_4 sont, pour chacune de ces grandeurs, au nombre de trois : 0 (rien d'enregistré), 1 (conscience d'avoir vu $S_z = +1$) et -1 (conscience d'avoir vu $S_z = -1$). Soient t_1 et t_2 les deux instants de mesure considérés dans la section 15-3. Les états de conscience des deux observateurs sont alors tels que :

$$x_3 = 0 \text{ si } -\varepsilon < x_1 < \varepsilon$$

$$x_3 = 1 \text{ si } x_1 > \varepsilon$$

$$x_3 = -1 \text{ si } x_1 < -\varepsilon$$

où ε est une quantité beaucoup plus petite que 1, avec des inégalités similaires concernant la relation de x_4 avec x_2. Considérons alors, dans les deux cas possibles $t_1 < t_2$ et $t_2 < t_1$, la donnée initiale la plus intéressante à examiner, à savoir celle où, à l'instant $t = 0$, x_1 et x_2 sont de même signe, disons tous deux positifs : $0 < x_i < \varepsilon$ avec $i = 1,2$.

(i) Cas $t_1 < t_2$. Alors :

entre t_1 et t_2

$$x_1 > \varepsilon, \text{ d'où } x_3 = 1$$

$$0 < x_2 < \varepsilon, \text{ d'où } x_4 = 0$$

après t_2

$$x_1 > \varepsilon, \text{ d'où } x_3 = 1$$
$$x_2 < -\varepsilon, \text{ d'où } x_4 = -1$$

ceci étant une conséquence de l'équation (13-20) et de la contextualité (non-localité) correspondante.
(ii) Cas $t_2 < t_1$. Alors :
entre t_2 et t_1

$$x_2 > \varepsilon, \text{ d'où } x_4 = 1$$
$$0 < x_1 < \varepsilon, \text{ d'où } x_3 = 0$$

après t_1

$$x_2 > \varepsilon, \text{ d'où } x_4 = 1$$
$$x_1 < -\varepsilon, \text{ d'où } x_3 = -1.$$

Dans chacun des deux cas, les deux observateurs prennent conscience de valeurs opposées de « leur » S_z. Toutefois, ce n'est pas le même qui « passe » dans l'état de conscience + 1 dans les deux cas. Et ceci est vrai en dépit du fait que, si les deux mesures sont séparées par un intervalle du genre espace, il peut se faire que les cas (i) et (ii) ne représentent en fait qu'un seul et même processus, considéré dans deux référentiels différents. A cet égard, la situation est fort comparable à celle que nous avons analysée en section 10-12, à la différence près, bien sûr, que nous avons ici affaire à une théorie déterministe, à prétentions ontologiques. Et, qui plus est, les formules qui précèdent ont également des conséquences ne mettant pas en jeu la relativité. En effet, comme elles le montrent, postérieurement à l'instant t_2 l'observateur A_4, dont l'état de conscience est x_4, passe, dans le cas considéré [$x_1(0)$ et $x_2(0)$ tous deux petits et positifs] dans un état de conscience qui est + 1 si rien n'est survenu entre les instants 0 et t_2, mais qui est − 1 si entre-temps quelqu'un d'autre a — peut-être sans même en informer A_4 — mesurée le S_z de la particule d'indice 1 à quelque autre endroit, éventuellement éloigné. En conséquence, même si l'accord intersubjectif est garanti, le savoir partiel que nous acquérons au moyen d'une mesure ou d'une observation ne peut en général être comptabilisé comme un élément devant, tout simplement, être ajouté à d'autres éléments acquis de semblable manière, aux fins de construire une connaissance authentique du monde extérieur « tel qu'il est vraiment », y compris dans ses aspects contingents.

Une conclusion similaire, mais plus radicale encore, résulte de l'interprétation que j'ai proposée (décrite ici dans la section 12-2) de la théorie des états relatifs. La différence entre les deux descriptions est que, dans la première, le savoir partiel qu'on vient de mentionner est bien une connaissance authentique portant sur un élément de la réalité physique (le signe de x_4 est le signe de x_2), alors que dans la seconde il est, de ce point de vue, comme un mirage. Mais ni dans l'une ni dans l'autre de ces théories la multiplicité des consciences et la corrélation entre les impressions qu'elles acquièrent ne soulèvent de problèmes de cohérence. Il peut donc être dit que dans ces théories — grâce au fait qu'elles sont des modèles « réalistes », c'est-à-dire prenant la notion de réalité indépendante au sérieux et proposant même des descriptions mathématiques de la structure générale de cette réalité — le « problème arithmétique » de Schrödinger ne se pose pas.

Mais d'un autre côté, ces théories ont au moins deux points en commun. Le premier est que, tout en étant — conceptuellement parlant — très différentes, on ne peut les distinguer l'une de l'autre et d'autres théories non locales par aucun moyen expérimental. Le second est que, comme on l'a dit, l'une et l'autre requièrent que la réalité indépendante soit immergée dans le temps. Comme on l'a noté à la fin de la section 14-10, le premier de ces points incite fortement à les considérer comme des théories métaphysiques plutôt que physiques. Et l'on peut, peut-être, rendre dès lors compte du second en se référant au fait que la notion de temps est à ce point enracinée dans l'esprit humain qu'aucune des métaphysiques élaborées et « quantitatives » que l'homme est capable d'inventer ne peut, finalement, s'en passer.

Dans l'ensemble, de telles considérations viennent renforcer le sentiment que nos assertions concernant la réalité indépendante doivent rester extrêmement modestes. Dans une certaine mesure, elles étayent pas là la notion, introduite et justifiée plus haut (chapitre 14), d'un réel *voilé* que nous *appréhendons* dans l'espace-temps mais qui n'est *immergé* ni dans l'espace ni dans le temps ni dans l'espace-temps. On voit dès lors que, quand toutes les données sont prises avec leur juste poids, le caractère vague de la conception, ci-dessus mentionnée, d'une génération mutuelle (atemporelle) de la conscience et de la réalité empirique au sein de la réalité indépendante n'est pas une objection à la conception en question. Bien au contraire, étant donné les obstacles qui font échec à toute tentative de rendre précises nos descriptions dans ce domaine, il constitue plutôt un argument en sa faveur. Et cela même si, avec une réalité indépendante non immergée dans le temps, il paraît difficile — reconnaissons-le — d'éviter d'avoir à poser la quelque peu déconcertante hypothèse schrödingerienne de l'unicité de l'Esprit[1].

1. Métaphoriquement parlant, la relation entre l'Esprit impersonnel et les esprits individuels pourrait alors être mise en parallèle avec celles existant entre un hologramme et ses parties, l'Esprit impersonnel réapparaissant dans son entièreté en chaque esprit individuel.

En guise de remarque finale, notons qu'une des observations de portée générale faites par Schrödinger à propos de son approche reste valable dans le cadre de la conception du réel voilé. La génération mutuelle de la conscience et de la réalité empirique au sein d'une réalité indépendante atemporelle implique que le temps doit être tenu pour un élément de la réalité *empirique* et que, dès lors, l'esprit le crée, tout autant qu'il aide à créer l'esprit. La « puissance du vieux Chronos », pour revenir à l'image de Schrödinger et reprendre la thèse qu'il chérit, paraît donc bien n'être qu'apparence intersubjective (pour plus de nuances, voir section 16-5).

16-7. Visite à Spinoza

La réalité indépendante (le réel) est structurée — d'une manière que nous ne pouvons pas vraiment connaître — et, comme on l'a noté, *via* la *causalité élargie* ces structures donnent naissance aux relations causales ordinaires observées. Mais il n'y a pas de raison *a priori* (on a vu cela en section 16-4) d'exclure l'idée que ces mêmes structures génèrent aussi une forme de téléologie. Autrement dit, la réalité indépendante joue plus ou moins le rôle du « Dieu » — ou « Substance » — de Spinoza, et cela en dépit des différences.

Soulignons d'abord les similarités. La réalité indépendante (appelons-la plutôt, désormais, « le Réel ») et le Dieu de Spinoza sont tous deux qualitativement tout à fait différents des objets matériels, des forces et, en vérité, de toutes les choses qui tombent sous nos sens, même aidés par nos instruments. A cet égard, l'affirmation souvent émise que, sous la plume de Spinoza, le mot « Dieu » signifierait simplement « la nature » est en fin de compte fort trompeuse, étant donné que par le mot « nature » nous entendons justement, aujourd'hui, les objets matériels, les forces, etc. (et, pour cette raison, l'étiquette de panthéiste dont on affuble souvent la philosophie de Spinoza est une caractérisation somme toute inadéquate de celle-ci). A l'opposé de telles conceptions « physicalistes », Spinoza place au même niveau l'étendue et *la pensée*, comme deux attributs de Dieu. Et c'est là aussi un élément de ressemblance entre notre notion du Réel et le Dieu de Spinoza, car la notion ici allégoriquement présentée comme un « engendrement réciproque de l'esprit et de la réalité empirique au sein et à partir du Réel » trouve manifestement son parallèle dans cette coexistence de l'étendue et de la pensée qui est l'assise même de la philosophie spinozienne.

Mais, on l'a dit, il y a aussi des différences. La principale est que, en tout cas tel que « vu » par Einstein, le Dieu (ou Substance) de Spinoza est *intelligible* (voir la section 16-1, où il est noté que privée de l'intelligibilité, la notion même de réel eût été dénuée de sens pour Einstein). Au contraire (comme le « Monde-Ω » de Bonsack) le Réel tel qu'on le conçoit ici n'est pas — ou, en tout cas, pas totalement — intelligible. Il faut souligner cependant qu'en un sens cette différence est plus nette entre le Réel et l'interprétation *par Einstein* du Dieu de Spinoza qu'entre le Réel et la conception de Dieu propre à Spinoza lui-même, puisque, outre l'étendue et la pensée, ce dernier attribuait à Dieu une infinité d'autres « attributs » *non* accessibles à la connaissance humaine.

Références

1. B. d'Espagnat, *A la recherche du réel, le regard d'un physicien*, Gauthier-Villars, 1979 (3e ed., Agora, Presse-Pocket, 1991).
2. A. Comte-Sponville, *Une éducation philosophique*, Paris, PUF, 1991.
3. M. Paty, *Einstein philosophe*, Paris, PUF, 1993.
4. A. Einstein, « Autobiographical notes », in *Albert Einstein, Philosopher and Scientist*, P.A. Schilpp ed., Evanston, Library of Living Philosophers, Ill., 1949.
5. A. Einstein, in *Scientific Papers Presented to Max Born on his Retirement from the Tait chair of Natural Philosophy in the University of Edimburgh*, New York, Haffner, 1953, p. 33.
6. A. Einstein, *Einleitende Bemerkungen über Grundbegriffe*, in *Louis de Broglie, physicien et penseur*, Paris, Albin Michel, 1953.
7. H. P. Stapp, *Nuovo Cimento* **40B**, 191 (1977) ; *Found. Phys.* **10**, 767 (1980).
8. P. Eberhard, *Nuovo Cimento* **38B**, 75 (1977) ; **46**, 392 (1978).
9. B. d'Espagnat, *Phys. Rep.* **110**, 203 (1984).
10. G. H. von Wright, *Causality and Determinism*, Columbia University Press, 1974.
11. A. Shimony, in *Symposia on the Foundations of Modern Physics, Helsinki, 1992*, Singapour, World Scientific, 1993.
12. E. Schrödinger, *Mind and Matter*, Cambridge University Press, 1958 ; trad. franç., *L'Esprit et la matière*, Paris, Éditions du Seuil, 1990.
13. D. Bohm, *Wholeness and the Implicate Order*, Londres, Routledge and Kegan Paul, 1980.
14. A. A. Grib, *Quantum Logical Interpretation of Quantum Mechanics, The Role of Time*, Saint-Petersbourg, A. A. Friedmann Laboratory, 1992.
15. B. d'Espagnat, *Conceptual Foundations of Quantum Mechanics*, Reading, Mass., Addison-Wesley, 1971, 2e ed., 1976.
16. J. A. Wheeler, *Bits, Quanta, Meaning*, in *Problems in Theoretical Physics*, A. Giovanni, F. Mancini, M. Marinaro eds., University of Salerno Press, 1984.

Postface

Dans leur ensemble, les physiciens ont toujours été réticents à l'égard de l'idéalisme radical, dont ils mesurent d'instinct les déficiences. Mais à l'heure actuelle, un nombre appréciable d'entre eux ont pris conscience des sérieuses difficultés qui se présentent *aussi* à l'autre bout du spectre : c'est-à-dire lorsque, adhérant à la doctrine physicaliste, on tente de l'adapter — et sans tricher ! — aux données actuelles de la physique. Voyant qu'il faut « briser le cercle », ces scientifiques ne sont, en définitive, pas loin de se ranger à la thèse du Réel voilé. Mais certains ne l'acceptent qu'avec réticence. Ils secouent la tête et murmurent : « bon, oui mais hum... cette philosophie ne me plaît guère ! » Bien entendu, en individus rationnels qu'ils sont, ils prennent garde d'ériger un *sentiment*, comme celui-là, en objection ! Mais cependant...

Dans cette postface, je tenterai d'expliquer à ces miens collègues pourquoi, selon moi, loin d'être décevante ou décourageante, la thèse en question outre qu'elle paraît bien être juste, est également satisfaisante pour l'esprit. C'est une explication que je désire vraiment fournir. Il se trouve qu'hélas pour ce faire, quelques idées de nature très générale doivent d'abord être rappelées. Je le ferai rapidement.

L'une de ces idées est que la pensée scientifique n'est pas la seule forme valable de pensée. Il s'agit, certes, d'un truisme. Mais il faut tout de suite le compléter par une observation fort simple. La science physique est aujourd'hui telle qu'on ne peut plus considérer ses résultats comme confinés à un domaine factuel très précisément défini, à l'extérieur duquel ils n'auraient rien à nous apprendre et ne soulèveraient aucune question pertinente. Ceci devrait nous interdire à tous de tracer une frontière, nette et confortable, entre un domaine de recherche où notre forme scientifique de pensée régirait tout, et l'ensemble des autres domaines où nos autres modes valables de pensée mèneraient le bal sans complexes. Dans ces conditions, même si l'obligation demeure de faire un tri et de ne pas tout mélanger, il existe un impératif plus fort encore pour un physicien intéressé par les questions de fond : celui de ne pas laisser complètement de côté ces autres manières — non scientifiques mais pourtant respectables — de penser.

Dans cette postface, on examinera en premier lieu certaines de ces autres manières de penser (section 1). Comme on le verra, elles ne sont ni déductives ni même inductives dans le sens scientifique du mot. En fait, elles sont ancrées dans des *options* philosophiques, explicites ou implicites. En conséquence, le simple fait qu'elles ont à être prises au sérieux implique que je dois préciser mon option propre. Tel sera l'objet de la section 2.

1. Autres modes valables de pensée

Il y en a plusieurs mais, dans un souci de concision, on se concentrera sur le mode philosophique.

Les grands systèmes philosophiques — à la plupart desquels le nom d'un philosophe est attaché — peuvent-ils être considérés comme éternels ? Dans les milieux philosophiques, on répond assez généralement « oui » à cette question préjudicielle. L'idée dominante chez les philosophes est qu'alors qu'en science la progression des connaissances fait que les théories passées sont pleinement intégrées dans le savoir actuel ou sont mises au rancart, en philosophie les grands systèmes du passé demeurent vivants et sources d'inspiration.

En un sens, cette manière de voir est assurément juste. Sa validité repose en partie sur le fait qu'il n'y a guère d'exemple de système philosophique qui ait été véritablement *réfuté* par un autre système philosophique, et cela, même si nombre d'entre eux sont incompatibles. Certes, *tels ou tels* éléments de la plupart des systèmes ont été réfutés par des découvertes scientifiques ultérieures. Mais il est en général soutenu (par les philosophes) que de telles réfutations ne portent que sur des aspects secondaires et que le système lui-même demeure, tant en sa charpente qu'en son esprit.

Le fait même que, pour mener à bien des études telles que celles rapportées dans ce livre, il ait été nécessaire de référer à Kant, à Hume, etc. témoigne, dans une certaine mesure, en faveur de cette opinion. D'un autre côté, cependant, on ne peut certainement pas, à l'heure actuelle, pousser celle-ci jusqu'à l'extrême et prétendre que tous les systèmes philosophiques se défendent également bien. Premièrement, quand trop d'« aspects secondaires » d'un système ont été réfutés, ce dernier perd sa plausibilité. En second lieu, il y a des systèmes dont certains éléments sont réfutés qui n'en sont *pas* de simples aspects secondaires. Ainsi, par exemple, lorsque l'humanité ne savait rien en physique, elle pouvait tenir pour aussi plausibles l'une que l'autre la conception aristotélicienne qui pose que les « formes sensibles » sont « réelles » (ou, plus précisément, que des concepts familiers tels que ceux de matière, de mouvement, d'espace, de trajectoires, etc., correspondent à des éléments de la réalité indépendante) et la conception platonicienne et/ou kantienne qui pose qu'elles ne réfèrent qu'à des phénomènes. Aujourd'hui, en revanche, comme le montrent les études rapportées dans cet ouvrage, la seconde de ces conceptions demeure parfaitement tenable (et, dans une certaine mesure, elle est même confortée par la physique) alors que la première, l'aristotélicienne, est fortement relativisée sinon, en toute rigueur, réfutée : et c'est un des principaux piliers de l'aristotélianisme qui, de ce fait, fait défaut. Notons par parenthèse que cela a des implications sur d'importants systèmes philosophiques qui se réfèrent de près ou de loin à l'aristotélisme. On pense, en particulier, au matérialisme, ainsi que, sous un certain angle, au thomisme (mais ceci n'atteint que marginalement le christianisme : ni saint Jean l'Évangéliste, ni saint Augustin ni tant et tant d'autres figures de proue de l'Église ne trouvèrent leur inspiration philosophique chez Aristote).

Il est vrai malgré tout, qu'au prix de modifications significatives la plupart des grands systèmes philosophiques du passé ont tant bien que mal réussi à survivre. Passons-les rapidement en revue.

a) *Le réalisme conventionnel*

Le réalisme conventionnel (souvent appelé à tort « naïf ») est la théorie qui pose en principe que la réalité indépendante (la « réalité extérieure » des philosophes) est, en droit, connaissable en tous ses détails, y compris « microscopiques ». Cette théorie a subi des coups très sévères de la part de la physique contemporaine, comme on l'a vu tout au long de ce livre. Et cependant elle n'est pas — en droit — complètement morte, comme en témoigne l'existence des modèles ontologiquement interprétables passés en revue au chapitre 13. De fait, y adhèrent encore un certain nombre de physiciens lucides, qui voient clairement combien cette option philosophique est exigeante, ne sont pas dupes des fausses solutions fondées sur une confusion entre les deux sens du mot « phénomène » (phénomènes *en soi* et phénomènes *pour nous*) et bâtissent des modèles qui *authentiquement* sont « ontologiquement interprétables ». Mais, outre les difficultés techniques que l'on a évoquées (stérilité et pluralité de ces modèles, problèmes de compatibilité avec la relativité, etc.), ces constructions théoriques pâtissent d'un mal plus pernicieux encore. Initialement, la raison de croire au réalisme conventionnel était la constatation de bon sens que cette manière de voir était, et de très loin, celle qui fournissait l'explication la plus plausible de l'accord intersubjectif sur ce que nous observons, mesurons etc. Mais, comme nous l'avons vu, certaines raisons fondamentales (contextualité et ainsi de suite) font que ces modèles échouent — et doivent nécessairement échouer — à fournir une explication de l'accord intersubjectif assez générale pour s'appliquer à tous les cas et qui soit fondée sur les caractères spécifiquement « ontologiques » de ces modèles. Pour ces raisons, le réalisme conventionnel paraît être, à l'heure actuelle, en un état de survie artificielle. Je ne le prendrai pas en considération dans ce qui suit.

b) Les schémas axés sur le langage

Entre les systèmes de philosophes tels que Carnap, Bohr (dans ses essais philosophiques) et Wittgenstein (dans son *Tractatus*) existent, bien sûr, de très profondes différences. Mais ils ont en commun l'importance accordée au langage. Elle est bien illustrée par des expressions ou phrases telles que « cadre linguistique » (Carnap), « nous sommes suspendus dans le langage » (Bohr) ou encore le célèbre (et déjà cité) aphorisme de Wittgenstein « De ce dont on ne peut parler il est approprié de ne rien dire ». Dans le cadre de cette conception, la définition du mot *sens* que l'on doit à Føllesdal : « le sens est l'intersection de toutes les données dont peuvent disposer les personnes qui communiquent » (cité par J. A. Wheeler [1]) est adéquate *et exhaustive*. La communication entre êtres humains est ainsi posée comme étant sinon l'absolu, du moins ce qui est logiquement premier par rapport à tout ce qu'il est permis de concevoir. L'idéalisme, le néo-kantisme, le phénoménalisme, et, aussi bien, les conceptions de nombre de philosophes contemporains ne s'inscrivant sous aucune de ces rubriques, vont plus ou moins, elles aussi, dans cette direction. Et cette assise critique qu'elles ont toutes en commun en dépit de leurs différences les rend moins vulnérables à la réfutation (du moins par la physique) que les fondements du réalisme conventionnel.

c) Les approches niant l'antériorité logique du langage, Bergson

Cette seconde famille de conceptions opposées au réalisme conventionnel est tout à fait différente de la précédente. Au lieu d'exalter le langage — et tout spécialement le langage discursif — ces conceptions le considèrent comme un outil qui, aussi indispensable soit-il à l'action, débouche sur de trompeurs classements par catégories quant on l'applique à ce qui compte plus que tout, et qui, selon elles, n'est assurément pas l'action.

La plupart des tenants de ces conceptions les fondent sur une analyse de la nature de l'intelligence. Cette analyse est difficile en raison du fait que c'est seulement à l'aide de l'outil dénommé intelligence qu'elle peut être menée à bien. Les efforts des philosophes qui s'engagèrent dans cette voie semée d'embûches doivent par conséquent être jugés avec indulgence, même par les scientifiques qui tiennent certains de leurs arguments pour insuffisamment étayés par les faits pour emporter la conviction.

L'un de ces philosophes fut Bergson et, bien qu'en divers domaines ses vues aient été par trop spéculatives, celles qu'il développa sur le sujet qui nous occupe méritent attention [2]. En vue de ce qui suivra, et parce qu'à beaucoup de lecteurs elles peuvent n'être pas familières, on les résumera brièvement ici. Elles se présentent comme des conséquence des conceptions de Bergson concernant l'évolution, elles-mêmes fondées sur son analyse détaillée des connaissances et des théories scientifiques de son époque[1]. Schématiquement, il acceptait le néo-darwinisme et la théorie des mutations mais à une réserve près : il ne pouvait penser ces mutations comme étant purement accidentelles. (L'un de ses arguments était le suivant : même les partisans les plus orthodoxes de la théorie des mutations paraissent considérer qu'après de longues périodes de stagnation une espèce entière est saisie d'une tendance au changement, ce qui signifie qu'au moins la *tendance* à muter n'est pas accidentelle et stochastique ; et dans ces conditions il est logiquement concevable que la *direction* du changement ne soit pas, elle non plus, purement accidentelle.) Étant donné qu'à l'heure actuelle, après tant d'années écoulées, le néo-darwinisme strict est de nouveau considéré par nombre d'esprits sérieux comme une théorie discutable, cette prémisse de l'analyse de Bergson ne peut être écartée d'un revers de manche. Elle le conduisit en tout cas à l'idée que, certes, l'évolution du monde organique n'était pas prédéterminée ; qu'au contraire le hasard y joua un rôle majeur ; mais que, cependant, le hasard n'en fut pas le seul agent. Une imprécise tendance générale dut, selon lui, y être à l'œuvre aussi : non pas dirigée *vers* la réalisation d'un projet défini — Bergson n'était pas finaliste — mais consistant plutôt en un *impetus* général poussant à une sophistication accrue.

Cet *impetus*, appelé par Bergson « élan vital », suscita une progressive diversification. De grandes directions générales apparurent, simultanément ou successivement, le long desquelles — en dépit de fréquents accidents de parcours — la vie réussit à se développer. L'une d'elles conduisit au règne végétal, une autre au règne animal. Dans le second, ce qui fut visé — l'« outil » choisi pour extraire certaines choses de la matière et gagner, de ce fait, le combat pour la vie — fut la mobilité. Mais cette « quête » de mobilité y prit des formes

1. Mais on trouve des conceptions similaires dans les ouvrages d'auteurs plus récents.

différentes et à cet égard la différenciation qui se produisit entre arthropodes et vertébrés est d'une importance particulière. Chez les arthropodes, la motricité est répartie en des appendices nombreux ayant chacun leur spécificité. Chez les vertébrés l'activité est concentrée en deux paires de membres seulement, et les fonctions de ceux-ci dépendent beaucoup moins de leur forme. L'indépendance est maximale dans le cas de la main humaine, qui peut accomplir n'importe quelle action.

Bergson remarqua en une deuxième étape qu'en un sens toute activité requiert un savoir, bien que celui-ci ne soit pas nécessairement *conscient*. Bergson appela « intuition » la forme la plus générale et, peut-on dire, la plus primitive, de savoir. La vie, encore une fois, est un effort visant à obtenir certaines choses de la matière et l'intuition, sous ses différentes formes, est essentiellement ce qui lui permet de mettre en œuvre certains outils à cette fin. Mais en raison de la différence que l'on vient de dire, arthropodes et vertébrés la développèrent différemment. Dans le cas des premiers, l'outil est une partie intégrante, hautement spécialisée, du corps même de l'animal. En conséquence, les éléments de la branche allant, dans son développement, des arthropodes aux hyménoptères n'avaient pas vraiment besoin d'effectuer des choix délibérés et *conscients*, et leur intuition se développa en instinct. L'évolution des vertébrés, qui devait conduire à l'apparition de l'homme, suivit une voie différente, allant vers l'utilisation d'outils externes, ne faisant pas partie du corps. Mais ces outils, il fallait les inventer, les façonner et apprendre à bien les utiliser. Cela supposait qu'il soit possible de considérer diverses possibilités, d'en conserver certaines et d'en rejeter d'autres. Autrement dit, cela supposait un savoir *conscient*. Bergson a toujours souligné que, selon lui, c'était une erreur capitale — transmise, écrit-il, depuis les Anciens — « que de voir dans la vie végétative, dans la vie instinctive et dans la vie raisonnable trois degrés successifs d'une même tendance qui se développe, alors que ce sont trois directions divergentes d'une activité qui s'est scindée en grandissant ».

Vue à la lumière de ces considérations l'intelligence apparaît manifestement comme n'étant pas un instrument visant au premier chef la connaissance et la compréhension. L'une et l'autre se révèlent n'être que les moyens grâce auxquels des outils peuvent être conçus et construits. Et, tout naturellement, par, vraisemblablement, la seule vertu de la sélection naturelle, ces moyens se développèrent mieux et plus à fond dans les domaines où ils avaient l'utilité la plus immédiate. Ceci rend bien compte du fait que nous disposons de concepts non ambigus et hautement efficaces pour désigner les pierres, les arbres, les fruits, les animaux, les corps macroscopiques en général et plus spécialement les solides. Mais ce qui précède rend aussi bien compte du fait qu'en revanche, nous devons faire face à de sérieuses difficultés dès que nous essayons de parler de particules, d'états quantiques, etc., sans nous référer en dernière analyse à des choses macroscopiques, voire solides (à des aiguilles d'instruments par exemple...). Bergson, assurément, n'a jamais prétendu que nous ne pouvions parler de façon sensée que des objets macroscopiques. De par sa nature même, l'intelligence est adaptable, et il n'est donc pas surprenant qu'elle soit capable d'élargir son domaine d'application dans des proportions très considérables (particulièrement quand nous nous permettons quelque ultime référence aux aiguilles des instruments mais pas uniquement dans ce cas !) Cependant, si nous acceptons l'approche de Bergson, nous ne serons pas déconcertés par l'idée que l'intelligence ne nous donne pas accès à la réalité indépendante « telle qu'elle est vraiment ». Ce n'est pas son rôle premier et essentiel. De fait, en raison de sa nature de *moyen*, pour nous, de nous procurer des outils à partir de notre environnement inorganique, l'intelligence, se développant petit à petit à partir de l'intuition, est devenue (comme Poincaré le soutenait aussi) une connaissance des *rapports entre choses*. Au contraire, affirmait Bergson, l'instinct, en vertu de sa nature, est resté authentique — bien que virtuelle et inconsciente — *connaissance des choses.*

Bergson compléta ces considérations d'ordre rationnel par une hypothèse selon laquelle, quelque divergents qu'aient été, à partir de l'intuition, les axes de développement de l'intelligence et de l'instinct, la coupure, en fait, ne fut jamais totale. Selon lui, un soupçon d'intelligence existe à l'extrême limite de l'instinct et, inversement un brin de l'intuition *des choses* demeure aux frontières de l'intelligence. Étant donné que le langage discursif est la voie par laquelle est transmis le savoir détenu par l'intelligence, il ne saurait être capable d'exprimer adéquatement les éléments de cette intime intuition des choses. En vérité, il semble même que, dans un sens, il nous les dissimule. Notre seul espoir de pouvoir jamais les approcher se situe du côté des modes de pensée et d'expression non discursifs — contemplation, musique, art, etc. (de plus récents penseurs ajouteraient à la liste l'inconscient et les archétypes) — dans la mesure où ils sont en relation avec l'intuition première des choses.

Un livre consacré à la physique quantique n'est assurément pas le lieu pour engager, sur la base des données actuelles en ontogénèse, une analyse critique des conceptions mûries par Bergson à partir du savoir de son époque. Mais prises sous réserve, les conceptions en question me semblent être utiles. De cette opinion, je dois maintenant m'expliquer.

2. Option personnelle

Les goûts sont libres et ignorent les réfutations. Moi, j'aime Debussy plus que Schönberg et Fra Angelico plus que Andy Warhol. Autrement dit, là où ne m'arrête aucun argument contraignant je mets la fraîcheur d'esprit au zénith. Et c'est certainement à cause de cette mienne idiosyncrasie qu'entre les deux schémas b) et c) de la section 1, j'incline spontanément vers le second. Quiconque a, la nuit, longé quelque grève a eu des intuitions de choses situées au-delà des mots. J'aime à penser que certaines de ces intuitions ne sont pas « pâtures de vent ».

Naïve, dangereuse une telle idée ? Non, point du tout.

Naïve, elle n'est. Quand elles se trouvent soumises à un examen sérieux, ni les prétendues réfutations philosophiques ni les soi-disant réfutations scientifiques qu'on en peut proposer ne tiennent. Cela nous l'avons vu tout au long de ce livre. Comme on l'a constaté, l'idée en question n'est, en fait, en rien plus naïve que celle que nous, physiciens, chérissons tant : l'intime conviction que la physique a tout au moins *quelque* rapport avec « ce qui, tout au fond, est ». La science et le sens commun ont l'une et l'autre les phénomènes comme seul domaine incontesté mais, avons-nous dit, la physique fournit, on peut l'espérer, certaines lueurs non trompeuses sur la vraie structure de l'être. Pourquoi d'autres approches n'en fourniraient-elles pas, elles aussi ? Tout ceci s'accorde fort bien avec l'idée rencontrée par nous lors de l'explicitation du schéma c) et selon laquelle le royaume véritable de l'intelligence n'englobe pas tout ce qui est sensé mais, au contraire, est limité à ce qui a des rapports avec les possibilités d'action humaine. Et cela, particulièrement si le postulat bergsonien est adopté, selon lequel un soupçon de *l'intuition des choses* demeure aux franges extrêmes de l'intelligence.

Assurément, entre la conception du réel voilé et la position de Bergson, la ressemblance n'est que partielle. Ce que la conception du réel voilé peut emprunter sans réticence à l'approche bergsonienne se limite à ce que je viens de noter, c'est-à-dire à la somme d'une idée et d'une hypothèse : l'idée que l'intelligence est essentiellement connaissance consciente de *rapports*, et n'est ainsi qu'une face d'une aptitude plus générale des vivants, appelée intuition par Bergson ; l'hypothèse que les hommes, autour de l'intelligence, ont conservé comme un halo de l'intuition originelle et, grâce à ce halo, quelque aptitude à approcher — mais indistinctement seulement — quelque chose de plus profond. Le point sur lequel la thèse du réel voilé se sépare du bergsonisme est relatif à la nature du « quelque chose » en question. Pour Bergson, il s'agit de l'« élan vital », qui pousse la vie à se frayer un chemin dans la matière et est ralenti et dispersé par la résistance de celle-ci. Dans la conception du réel voilé il s'agit de l'Être lui-même. Sur le plan conceptuel, la différence est immense. Si l'on choisissait d'exprimer ces deux vues en un langage qui ferait appel au mot « Dieu », on devrait dire que, selon Bergson, l'intuition nous rend perceptible un Dieu assez proche, centré sur la vie et même sur l'humain, alors que selon la thèse du Réel voilé elle nous rend sensibles (par telle médiation ou telle autre) à une lueur issue d'un Dieu plus que cosmique, premier par rapport à toute réalité contingente connue sur le mode du discursif. Toutefois, cette différence entre les deux conceptions se trouve être en pratique bien moins importante que leur commun apport à une conception de l'existence et des visées possibles de l'homme. De fait, l'une et l'autre exaltent l'idée d'une *quête*, portant sur un domaine plus étendu que la science puisqu'elle s'appuie aussi sur l'affectivité. Or, cet esprit de quête de quelque inaccessible est ce qui, de tout temps a donné naissance aux plus belles œuvres d'art (poèmes à Ammon, psaumes, temples grecs, cathédrales, musique de Bach, etc. : le lecteur complétera la liste selon ses goûts). Et je dis que l'idée d'un Réel conçu selon ce mode donne à l'homme un élan irremplaçable.

Est-ce que la notion de Réel voilé est une idée *dangereuse* ? Certes, il faut reconnaître que certaines vues apparentées sont effectivement dangereuses. Quand la notion de Réel est traduite en celle d'un Dieu personnel, ce qui, en soi, peut tout à fait se défendre, les désirs et les commandements attribués à un tel Dieu par certains hiérarques ou zélotes ne conduisent que trop aisément — nous le voyons tous les jours — à des guerres et d'affreux massacres. De même, accepter la notion de choses existantes dépassant la raison humaine peut porter à se fier aux prophéties, aux horoscopes, aux voyantes extralucides, à la sorcellerie et ainsi de suite. Mais toutes ces déviations découlent d'une seule et même cause : l'assimilation abusive des phénomènes au Réel. C'est dire qu'elles procèdent du contraire de la théorie ici proposée. A la question considérée, la réponse, donc, est « non ».

Conclusion : la notion du Réel voilé est une notion satisfaisante. Elle n'est pas naïve et, bien comprise, elle n'est pas non plus dangereuse. Les réserves qu'elle inspire sont, par conséquent, de nature à devoir, peu à peu, se dissiper.

Références

1. J. A. Wheeler, *Bits, Quanta, Meaning*, in *Problems in Theoretical Physics*, *op. cit.*
2. H. Bergson, *L'Évolution créatrice*, Paris, Librairie Felix Alcan, 1914.

APPENDICES

1

Notions élémentaires sur les espaces d'état et les opérateurs

Note d'introduction — Un philosophe qui, durant ses études universitaires, n'aurait jamais eu l'occasion de s'initier même aux aspects les plus élémentaires du formalisme quantique « de base », ne pourrait pas lire cet ouvrage dans son entier, sauf à s'être informé au préalable sur le sujet. Mais, d'un autre côté, il faut bien reconnaître que pour un tel philosophe, les manuels existants — remplis comme ils le sont de données destinées aux futurs physiciens — sont d'une lecture fastidieuse, pour ne pas dire décourageante. Le présent appendice vise à combler un peu ce vide, et à fournir un aperçu du formalisme en question. Un aperçu, toutefois, dont la brièveté constitue l'unique mérite... Tout le reste lui fait défaut, y compris, en particulier, les deux qualités que les vrais manuels se doivent de viser : l'exhaustivité et un minimum de rigueur. A dire vrai, il ne va même pas jusqu'à rendre claire et limpide la lecture de tous les chapitres de l'ouvrage. Certains paragraphes font appel à un formalisme plus avancé — nécessaire pour traiter les questions qu'ils abordent — et ceux-ci ne sont donc pleinement compréhensibles que pour les personnes déjà en possession du formalisme en question. Tel quel, cependant, cet appendice devrait quand même, me semble-t-il, rendre quelques services à des philosophes d'esprit ouvert, peu désireux de se métamorphoser en physiciens, acceptant, par conséquent, de voir des détails de calcul leur échapper, mais désireux quand même de ne pas perdre le fil de l'analyse ici décrite.

1. Espaces de Hilbert et kets

Comme on l'a observé au chapitre 2, toute combinaison linéaire de deux fonctions d'onde est aussi, en général, une fonction d'onde possible. De plus, étant donné que l'équation (2-19) n'a de sens que si le dénominateur de son membre de droite en a un, les fonctions d'onde pouvant être utilisées dans des équations telles que (2-19) doivent être de carré sommable. L'ensemble des fonctions ayant ces propriétés constitue un espace vectoriel, abstrait, à une infinité de dimensions, ayant la structure d'un espace de Hilbert, et tel est donc aussi le cas de l'ensemble des fonctions d'onde (plus précisément, des conditions additionnelles de régularité, etc., font qu'il s'agit d'un sous-espace d'un tel espace). L'idée directrice du formalisme de Dirac est d'abstraire ces propriétés très générales, possédées par les fonctions d'onde, des autres traits que celles-ci peuvent avoir (comme d'être des *fonctions* de telles ou telles *variables*, etc.), et de décrire directement les particules — ou les systèmes de particules — au moyen de vecteurs abstraits — dénommés « kets » — d'un espace vectoriel ayant la structure d'un espace de Hilbert. (Ici, de nouveau, en toute rigueur il faudrait dire « d'un sous-espace d'un espace de Hilbert » : mais vu notre propos dans ce livre, nous pouvons glisser sur des subtilités mathématiques certes importantes mais qui n'ont pas d'incidence sur ce qui nous occupe ici ; c'est pourquoi nous parlons simplement d'espace de Hilbert.) La convention est de désigner les kets par le symbole $| >$, qui doit être compris comme formant un tout. Quand il est nécessaire de distinguer entre deux ou plusieurs kets au moyen d'un indice, l'usage est d'écrire celui-ci à l'intérieur du symbole. Exemples $|n >$, $|\psi >$, etc.

Espaces vectoriels

Les espaces de Hilbert sont des cas particuliers d'espaces vectoriels. Les espaces vectoriels sont des ensembles abstraits, c'est-à-dire définis par les propriétés de combinaison que nous décidons d'attribuer à leurs éléments. Dans le cas des espaces vectoriels, ces propriétés sont essentiellement, (i) que toute combinaison linéaire.

$$a_1|1 > + a_2|2 > + \dots + a_p|p > + \dots \qquad \text{(A-1)}$$

d'un nombre quelconque d'éléments (appelés « vecteurs ») de l'espace vectoriel E est elle-même un élément de E (un « vecteur »), où a_1, a_2, ..., a_p, etc., sont des nombres complexes, (ii) qu'il existe un vecteur particulier $|0 >$ de E, appelé le vecteur zéro, tel que $0|\psi > = |0 >$ et $|\psi > + |0 > = |\psi >$, pour tout vecteur $|\psi >$ de E, et (iii) (distributivité) que si $|\psi > = |1 > + |2 > + \dots + |k >$ et si a est un nombre complexe : $a\,|\psi > = a|1 > + a|2 > + \dots + a|k >$. Les vecteurs $|1 >, |2 >, \dots, |q >$ sont dits être (mutuellement) « indépendants » s'il n'existe aucun jeu de nombres complexes non tous nuls b_1, b_2, ..., b_q tels que :

$$b_1|1 > + b_2|2 > + \dots + b_q|q > = |0 > ; \qquad \text{(A-2)}$$

dans le cas contraire, ils sont dits « dépendants ». En conséquence, si l'on sait que les vecteurs $|1>, |2>, \dots, |q>$ sont indépendants et si la relation (A–2) est vraie, alors, nécessairement, $b_1 = b_2 = \dots = b_q = 0$. Si un ensemble de vecteurs indépendants $|1>, |2>, \dots, |n>$ est tel que *tout* vecteur de E peut s'exprimer comme une combinaison des $|1>, |2>, \dots, |n>$, l'ensemble en question est dit être une *base* de E. Il peut être prouvé que toutes les bases d'un espace vectoriel E ont le même nombre d'éléments, et celui-ci est appelé « nombre de dimensions », ou plus simplement « dimension » de E. La dimension d'un espace vectoriel peut être finie ou infinie. Celle de l'espace des fonctions de carré sommable est infinie.

Produits scalaires

Un *espace de Hilbert H*, au sens que cette expression a dans le texte, est essentiellement un espace vectoriel sur lequel la notion de *produit scalaire* de deux vecteurs a été définie. Le produit scalaire du vecteur $|\psi>$ par le vecteur $|\chi>$ est un nombre complexe dénoté $<\chi|\psi>$, ayant les propriétés suivantes :

$$<\psi|\chi> = <\chi|\psi>^\star$$

$$<\chi|(a_1|1> + a_2|2> + \dots + a_q|q>) = a_1 <\chi|1> + a_2 <\chi|2> + \dots + a_q <\chi|q>$$

$$<1|a_1 + <2|a_2 + \dots + <q|a_q)\,|\chi> = a_1^\star <1|\chi> + a_2^\star <2|\chi> + \dots + a_q^\star <q|\chi>$$

où les a_i sont des nombres complexes et où $a^\star$ signifie le complexe conjugué de a (noter que partout où la barre verticale $|$ apparaîtrait deux fois à la suite on n'en écrit qu'une seule). Deux vecteurs $|\psi>$ et $|\chi>$ sont dits *orthogonaux* si $<\chi|\psi> = 0$. Le produit scalaire $<\psi|\psi>$ d'un ket $|\psi>$ par lui-même est un nombre réel, non négatif, noté $\|\psi\|^2$. $\|\psi\|$ est dite la *norme* de $|\psi>$. Une base $\{|e_1>, |e_2>, \dots, |e_N>\}$ de H est dite *orthonormée* si

$<e_i|e_k> = \delta_{i,k}$, où $\delta_{i,k}$ est le symbole de Kronecker, par définition égal à 1 si $i = k$ et à zéro si $i \neq k$.

Produits tensoriels

Une notion importante est celle de *produit tensoriel* (on dit aussi : *produit cartésien*, ou *produit direct*) de deux espaces de Hilbert H_1 et H_2. Par définition, l'espace de Hilbert H est dit être le produit tensoriel de H_1 et H_2, et est noté $H = H_1 \otimes H_2$, si, à toute paire de vecteurs $|\psi(1)> \in H_1$, $|\chi(2)> \in H_2$, est associé un vecteur de H — noté $|\psi(1)> \otimes |\chi(2)>$ et que l'on appelle le *produit tensoriel* de $|\psi(1)>$ et $|\chi(2)>$ —, cette correspondance étant assujettie aux conditions suivantes : elle est linéaire par rapport à la multiplication par les nombres complexes, distributive par rapport à l'addition vectorielle :

$$(|\psi(1)> + |\phi(1)>) \otimes |\chi(2)> = |\psi(1)> \otimes |\chi(2)> + |\phi(1)> \otimes |\chi(2)>,$$

et telle que, lorsque l'on a choisi une base dans chacun des deux espaces de Hilbert, l'ensemble de tous les produits tensoriels d'un élément de la base de H_1 par un élément de celle de H_2 est une base de H ; de sorte que si les dimensions N_1 et N_2 de ces deux espaces sont finies, celle de leur produit tensoriel H est le produit $N_1 N_2$. Bien noter que, vu que H est lui-même un espace vectoriel, il existe des éléments de H qui ne sont pas eux-mêmes des produits tensoriels mais des combinaisons linéaires de produits tensoriels. Ainsi, par exemple, on peut montrer que si H_1 [H_2] est l'ensemble des fonctions de carré sommable $f^{(1)}(x_1)$ [$f^{(2)}(x_2)$] de la variable x_1 [x_2], l'ensemble des fonctions de carré sommable des deux variables x_1 et x_2 n'est rien d'autre que le produit tensoriel $H_1 \otimes H_2$. Manifestement, en sus des produits du type $f^{(1)}(x_1) f^{(2)}(x_2)$, cet ensemble doit contenir toutes les combinaisons linéaires possibles de tels produits.

3. Opérateurs

Les opérateurs sont des symboles d'opérations changeant un ket en un autre : ainsi, $|\psi> = A\,|\phi>$ signifie que l'opérateur A change $|\phi>$ en $|\psi>$. Pratiquement, tous les opérateurs utilisés en mécanique quantique sont *linéaires*, ce qui signifie que, pour tous kets $|\psi>$ et $|\phi>$, $A(|\psi> + |\phi>) = A|\psi> + A|\phi>$. Un symbole tel que $<\psi|A|\phi>$ dénote le produit scalaire du ket $A|\phi>$ par le ket $|\psi>$. A est dit « hermitien » si $<\psi|A|\phi> = <\phi|A|\psi>^*$ pour tout $|\psi>$ et tout $|\phi>$ (la nuance entre « hermitien » et « hermitique » notée au chapitre 3, Règle 4, n'a pas à nous préoccuper ici). Si A n'est pas hermitien, l'opérateur A^+ est dit « l'adjoint » de A si, pour tout $|\psi>$ et $|\phi>$, $<\phi|A|\psi>^* = <\psi|A^+|\phi>$. Un opérateur U tel que le produit de U et de son adjoint U^+ est l'opérateur unité est dit *unitaire.* Le produit de deux opérateurs A et B est défini par $AB|\psi> = A(B|\psi>)$ pour tout $|\psi>$ (autrement dit : B agit en premier, change le ket en un autre ket, et A agit ensuite sur ce dernier, le changeant en le ket final). Manifestement, il n'y a aucune raison pour que l'on ait AB = BA et, en général, cette égalité n'est pas vérifiée. Quand elle l'est, on dit que les opérateurs A et B *commutent.* Par définition, le *commutateur* de deux opérateurs A et B, noté [A,B], est l'opérateur AB-BA. Il est nul si A et B commutent.

En général le ket $A|\psi>$ n'est pas égal au produit du ket $|\psi>$ par un nombre. Mais, un opérateur A étant donné, il existe en général certains nombres a_i et certains kets $|\psi_{i,r}>$ qui sont tels que :

$$A|\psi_{i,r}> = a_i|\psi_{i,r}>$$

Une telle équation se nomme *équation aux valeurs propres.* Les a_i sont appelés *valeurs propres* de A et on dit que les $|\psi_{i,r}>$ sont les *kets propres* correspondants. A une seule et même valeur propre a_i correspondent en général plusieurs kets propres $|\psi_{i,r}>$. On dit alors que a_i est dégénérée. En ce qui concerne les opérateurs hermitiens on peut démontrer que :

(i) leurs valeurs propres sont des nombres *réels.*

(ii) deux kets propres correspondant à deux valeurs propres différentes sont orthogonaux.

(iii) Si plusieurs opérateurs de ce type, A, B, C, ..., commutent, il existe un ou plusieurs systèmes de kets mutuellement orthogonaux qui sont kets propres à la fois de A, de B, de C, etc.

Remarque 1. De tels systèmes de kets orthogonaux peuvent servir à construire une base orthonormée de l'espace de Hilbert.

Remarque 2. Si la base orthonormée ainsi construite est unique (aux facteurs de phase près) le jeu des opérateurs A, B, C, etc., est dit être un *ensemble complet d'opérateurs qui commutent (ECOC)*.

Sous-espaces, opérateurs de projection, etc.

Soit H un espace de Hilbert et soient $|\psi>$ et $|\phi>$ deux kets appartenant à H. L'ensemble H'' de toutes les combinaisons $a|\psi> + b|\phi>$, où a et b sont deux nombres complexes, est également un espace de Hilbert et est dit être un *sous-espace* de H. C'est, en fait, un espace de Hilbert à deux dimensions, dont $\{|\psi>, |\phi>\}$ constitue une base. La généralisation à des sous-espaces de dimension supérieure à deux est évidente. (Les délicats problèmes de rigueur que pose l'extension de telles notions à des espaces de dimension N infinie ont reçu des solutions qui, pour ce qui concerne les problèmes traités dans ce livre, permettent de ne pas traiter le cas N infini d'une manière qualitativement différente du cas N fini.)

Dans H, on peut définir un opérateur $\mathrm{P} = |\psi><\psi|$, où $|\psi>$ est normé à l'unité ($\||\psi\|| = 1$), par la convention que, pour tout ket $|\chi>$ de H :

$$\mathrm{P}|\chi> = a|\psi>$$

avec

$$a = <\psi|\chi>$$

ou, autrement dit

$$\mathrm{P}|\chi> = |\psi>(<\psi|\chi>)$$

ce qui implique que pour tout $|\chi>$:

$$(|\psi><\psi|)\,|\chi> = |\psi>(<\psi|\chi>),$$

de sorte que les parenthèses peuvent être supprimées et que ce ket peut être simplement écrit $|\psi><\psi|\chi>$. Cette possibilité de suppression ou d'introduction de parenthèses donne une grande flexibilité au formalisme (noter que l'on voit ici apparaître le symbole $<|$, noté « bra », à titre de symbole pouvant être autonome ; on montre que si $\mathrm{A}|\phi> = |\xi>$, $<\xi| = <\phi|\mathrm{A}^+$). On dit que P est un *opérateur de projection*. Il satisfait manifestement à la relation :

$$P^2 = P$$

où P^2 signifie simplement le produit PP. Manifestement aussi, quand P est appliqué à n'importe quel ket de *H* il le change en un multiple de $|\psi >$, autrement dit en un élément de sous-espace de *H* à une seule dimension constitué de tous ces multiples. P est donc un opérateur de projection *sur* ce sous-espace. Mais on peut aussi définir des opérateurs de projection sur des sous-espaces à plus d'une seule dimension. Par exemple, si $|e_1 >$ et $|e_2 >$ sont deux kets de *H* mutuellement orthogonaux et normés à l'unité, on vérifie aisément que l'opérateur $P' = |e_1 > < e_1| + |e_2 > < e_2|$ est un opérateur de projection ($P'^2 = P'$) et qu'il projette sur le sous-espace de *H* défini par $|e_1 >$ et $|e_2 >$. Si la dimension de *H* est N et si l'ensemble $\{|e_1 >, e_2 >, ..., |e_N >\}$ constitue une base orthonormée de *H*, l'opérateur de projection $\mathbb{1} = |e_1 > < e_1| + |e_2 > < e_2| + ... + |e_N > < e_N|$ projette *H* sur lui-même. $\mathbb{1}$ est dit être une « décomposition de l'unité ». L'égalité qui précède est, parfois, appelée la « relation de complétude ». (Il va sans dire qu'en dépit de la similitude du vocabulaire, cette relation purement mathématique n'a rien à voir avec « l'hypothèse de complétude » définie au chapitre 4.) De même, si l'opérateur hermitien A a pour valeurs propres $\{a_i\}$ et si un ensemble orthonormé $\{|\psi_{i,\,r} >\}$ de kets propres correspondant constitue une base de *H*, on vérifie aisément que l'opérateur :

$$A' = \Sigma_{i,\,r} |\psi_{i,\,r} > a_i < \psi_{i,\,r}|$$

a le même effet que A lorsqu'il opère sur n'importe quel ket de *H*, ce qui fait qu'il est identique à A. A' est dit être une *décomposition spectrale* de A.

3. Matrices

Soient, de nouveau, *H* un espace de Hilbert à N dimensions, $|\psi >$ un ket de *H* et $\{|e_1 >, e_2 >, ..., |e_N >\}$ une base orthonormée, *B*, de *H*. Les nombres complexes $c_i = < e_i|\psi >$ (i = 1, ..., N) sont appelés les *composantes* de $|\psi >$ sur la base *B*. Ils peuvent être disposés sous forme d'une matrice à une colonne :

$$\boldsymbol{\psi} = \begin{pmatrix} c_1 \\ c_2 \\ \dots \\ c_N \end{pmatrix}$$

$\boldsymbol{\psi}$ s'appelle le *vecteur colonne* représentant $|\psi>$ dans la base B. Il est commode de disposer de même les complexes conjugués des c_i selon une matrice à une seule ligne :

$$\boldsymbol{\psi}^{+} = c_1^{\star}, c_2^{\star}, \dots, c_N^{\star}$$

Dans le même esprit, à tout opérateur A agissant dans H on associe l'ensemble des nombres complexes $A_{i,k} = <e_i|A|e_k>$, que l'on dispose sous forme d'une matrice carrée :

$$\mathbf{A} = \begin{pmatrix} A_{11}, A_{12}, \dots, A_{1N} \\ A_{21}, A_{22}, \dots, A_{2N} \\ \dots, \quad \dots, \quad \dots, \dots, \\ A_{N1}, A_{N2}, \dots, A_{NN} \end{pmatrix}$$

A est la matrice représentative de A dans la base B. On vérifie sans peine que les formules essentielles du formalisme des kets ont leurs contreparties dans cette formulation matricielle. Ainsi, par exemple, l'équation aux valeurs propres :

$$A|\psi> = a|\psi>$$

s'écrit dans cette formulation :

$$\mathbf{A}\boldsymbol{\psi} = a\boldsymbol{\psi}$$

où, en conformité avec les règles générales de la multiplication matricielle, la matrice à une seule colonne $\mathbf{A}\boldsymbol{\psi}$ a pour éléments les nombres $d_i = \Sigma_k A_{i,k} c_k$. En conséquence, l'équation aux valeurs propres a, en fait, la forme d'un système de N équations linéaires et homogènes à N inconnues (les c_i), à savoir :

$$\begin{cases} \dots\dots\dots\dots \\ \Sigma_k A_{i,k} c_k = ac_i \\ \dots\dots\dots\dots \end{cases}$$

Il est bien connu qu'un tel système n'a de solutions (autre que $\{c_i = 0\}$) que si le déterminant des coefficients des c_i est nul, condition qui conduit à une équation de degré N en a. Ses N solutions sont les valeurs propres de A. Dans le cas particulier où la matrice **A** est *diagonale* — ce qui signifie que $A_{i,k} = a_i \, \delta_{i,k}$ — il est clair que les a_i sont eux-mêmes les valeurs propres. Dans la théorie élémentaire des matrices il existe une opération, appelée *diagonalisation*, qui transforme une matrice non diagonale **A** en une matrice diagonale. On peut montrer que les éléments diagonaux de la matrice diagonale ainsi obtenue sont précisément les valeurs propres a, c'est-à-dire les solutions de l'équation aux valeurs propres pour l'opérateur A.

La trace

La *trace* d'une matrice est, par définition, la somme de ses éléments diagonaux. On démontre aisément que les matrices qui représentent un même opérateur dans différentes bases orthonormées ont toute la même trace, que l'on appelle la *trace* de l'opérateur. On prouve également, sans peine, que la trace d'un produit est invariante dans une permutation circulaire des facteurs : Tr (ABC) = Tr (CAB) = Tr (BCA).

4. « Spectre » et spin

L'ensemble des valeurs propres d'un opérateur s'appelle son *spectre*. Relativement à cette notion, les opérateurs hermitiens dont la mécanique quantique fait usage sont de trois types différents. Certains ont un spectre *purement continu* (n'importe quel nombre réel dans un intervalle donné est valeur propre), d'autres ont un spectre *totalement discret* (leurs valeurs propres forment une suite discrète) et certains, enfin, ont un spectre partiellement discret et partiellement continu. Comme on le conçoit aisément, les quantités physiques (les « observables ») dont l'étude révèle le plus directement les caractères spécifiques de la mécanique quantique sont celles qui correspondent à des opérateurs à spectre purement discret. C'est ce qui fait que le spin est un outil privilégié pour l'analyse des fondements conceptuels de la mécanique quantique. Contrairement à la position et à la quantité de mouvement, qui ont des spectres purement continus, les composantes tant du moment cinétique que du spin ont des spectres purement discontinus. Dans ce livre, usage, à cette fin, est seulement fait du spin.

En physique classique le spin n'est rien d'autre qu'un moment cinétique intrinsèque. Le « spin » de la Terre est un vecteur aligné sur l'axe des pôles. En mécanique quantique aussi, le spin **S** est un vecteur, dont les trois composantes S_x, S_y, S_z, sur un trièdre d'axes trirectangle sont décrites par des opérateurs hermitiens. Mais le spin quantique présente des propriétés très particulières, l'une d'elles étant que (le carré de) la magnitude, $\mathbf{S}^2$, du spin d'une particule d'un type donné (électron, photon, etc.) est une quantité fixe, dont la valeur dépend seulement de la nature de la particule. On écrit conventionnellement :

$$\mathbf{S}^2 = s(s+1)\,\hbar$$

et le nombre non négatif s ne peut alors avoir qu'une valeur entière ou demi-entière. Les particules les plus « courantes », électrons, protons, neutrons, etc., ont toutes $s = \frac{1}{2}$. On dit qu'il s'agit de « particules de spin $\frac{1}{2}$ ». Le résultat de la mesure d'une composante $S_{\boldsymbol{n}}$ — selon une certaine direction $\boldsymbol{n}$ — du spin d'une telle particule ne peut (si déconcertant que cela puisse paraître !) qu'être +1 ou −1, en unités $\frac{\hbar}{2}$. En d'autres termes, le spectre de valeurs propres de $S_{\boldsymbol{n}}$ ne se compose que des deux valeurs + 1 et − 1 (dans ces unités). Corrélativement, l'espace de Hilbert H_S dans lequel agissent les opérateurs $S_{\boldsymbol{n}}$ est le plus simple de tous les espaces non banals concevables : il n'est que de dimension 2. Notons de plus que les opérateurs de composantes de spin correspondant à deux directions différentes ne commutent pas. En particulier, tel est donc le cas des opérateurs S_x, S_y et S_z.

Pour décrire l'état quantique d'une particule possédant un spin — par exemple un spin $\frac{1}{2}$ — il est nécessaire de spécifier à la fois son état du point de vue spatial (au moyen, par exemple, d'une fonction d'onde) et son état de spin. En ce qui concerne le second, en raison de la non-commutativité ci-dessus mentionnée, il n'existe pas de ket de H_S qui soit ket propre à la fois de $S_{\boldsymbol{n}}$ et de $S'_{\boldsymbol{n}}$, dès que $\boldsymbol{n} \neq \boldsymbol{n}'$. Physiquement, cela signifie qu'à tout instant, seule *une* composante du spin, disons S_z, peut avoir une valeur bien définie, laquelle, de plus, ne peut être que soit + 1 soit − 1 comme on le sait. De fait, l'équation aux valeurs propres de S_z est :

$$S_z\,|a> = a\,|a>$$

avec $a = +1$ ou -1, ou, plus explicitement :

$$S_z |+> = + |+>$$

$$S_z |-> = - |->$$

Étant donné que H_S est à deux dimensions et que les kets $|+>$ et $|->$ sont mutuellement indépendants, ces deux kets constituent nécessairement une base de H_S. Ceci implique que tout ket de H_S — donc tout ket susceptible de décrire un état de spin de la particule — est nécessairement une combinaison linéaire de $|+>$ et $|->$. Par exemple, le ket propre $|w_+>$ de S_x correspondant à la valeur + 1 a la forme :

$$|w_+> = (|+> + |->) / \sqrt{2}$$

Lorsqu'une base de H_S — disons la base $\{|+>, |->\}$ — a été choisie, les kets et les opérateurs de H_S peuvent, comme on le sait, être décrits par des vecteurs colonnes et des matrices carrées respectivement. Par exemple, l'état $S_x = +1$, qui, en notations kets, est décrit par $|w_+>$, est décrit, dans cette « représentation matricielle », par le vecteur colonne :

$$\boldsymbol{w}_+ = \begin{pmatrix} +1 \\ +1 \end{pmatrix} / \sqrt{2}$$

Dans cette même représentation, la composante S_x est décrite par la matrice :

$$\mathbf{S}_x = \begin{pmatrix} 0 & 1 \\ 1 & 0 \end{pmatrix}$$

(en appliquant les règles connues de la multiplication matricielle le lecteur vérifiera facilement par lui-même que l'équation aux valeurs propres :

$$\mathbf{S}_x \, \boldsymbol{w}_x = + \, \boldsymbol{w}_x$$

est satisfaite).

Combinaisons de spins

Dans le texte, des systèmes Σ de deux particules, U et V, de spin $\frac{1}{2}$ sont considérés. Conformément à la règle générale (*cf.* chapitre 3, Règle 2), l'espace de Hilbert de spin d'un tel système est le produit tensoriel des deux espaces de Hilbert de spin H_U et H_V des deux particules composantes. Cet espace, *H*, est donc à quatre dimensions. Soient, respectivement, $\{|u_+>, |u_->\}$ et $\{|v_+>, |v_->\}$ des bases dans H_U et H_V, que nous prenons telles qu'elles satisfont aux équations aux valeurs propres :

$$S_z^U |u_\pm> = \pm |u_\pm>$$

et

$$S_z^V |v_\pm> = \pm |v_\pm>$$

Une base de *H* est alors $\{|u_+> \otimes |v_+>, |u_+> \otimes |v_->, |u_-> \otimes |v_+>, |u_-> \otimes |v_->, \}$. Cette base est orthonormée mais, bien entendu elle n'est pas la seule base orthonormée de *H*. Une autre est celle qui est constituée des quatre kets

$$|\chi_+> = |u_+> \otimes |v_+>$$
$$|\chi_0> = (|u_+> \otimes |v_-> + |u_-> \otimes |v_+>) / \sqrt{2}$$
$$|\chi_-> = |u_-> \otimes |v_->$$
$$|\psi> = (|u_+> \otimes |v_-> - |u_-> \otimes |v_+>) / \sqrt{2}$$

qui sont des combinaisons linéaires des premiers. Ce que ces quatre kets ont de particulier est d'être kets propres de l'opérateur $\mathbf{S}^2 = S_x^2 + S_y^2 + S_z^2$, lequel représente le carré de la magnitude du spin total. En particulier, $|\psi>$ est le vecteur propre de $\mathbf{S}^2$ qui correspond à la valeur propre 0. On l'appelle l'état *singulet*. L'exemple standard de Bohm relatif au problème d'Einstein, Podolsky et Rosen est fondé sur la considération de ce ket (voir les chapitres 7 et 8). Les coefficients, dans les expressions précédentes, sont appelés *coefficients de Clebsch-Gordan* relatifs à la combinaison de deux spins $\frac{1}{2}$. Des tables de coefficients de Glebsch-Gordan relatifs aux combinaisons de spins et de moments cinétiques autres que $\frac{1}{2}$ figurent en appendice dans beaucoup de manuels de mécanique quantique.

2

Observables sensibles et évolution dans le temps

Le but de cet appendice est de montrer qu'au moins dans les modèles simples, la suggestion faite en section 15-2 aux fins de lever la difficulté D_1 n'entraîne pas une incohérence de la théorie relativement à l'évolution du système au cours du temps. Comme il est précisé dans cette section, le problème est que si nous considérons vraiment l'opérateur d'état ρ' [formule (10-5a)] comme décrivant — à un certain instant t après que l'interaction du système avec l'instrument de mesure a eu lieu — la situation empirique du système total, nous devons, pour la cohérence, utiliser, pour décrire cette même situation à un instant $t_1 > t$, l'opérateur d'état — appelons-le $\rho'(t_1)$ — obtenu en appliquant au mélange correspondant la loi quantique d'évolution. Mais rien ne nous garantit alors que les différences entre $\rho'(t_1)$ et l'opérateur d'état ρ [formule (10-5)] calculé à l'instant t_1 n'auront d'effets *que* sur les observables sensibles, et, si ce n'est pas le cas, on voit qu'il risque d'en résulter une ambiguïté relativement aux prédictions observables.

Montrons ici que, du moins dans le cadre de modèles simples, aucune différence du type considéré n'apparaîtra. Tel est le cas de modèles du type de celui considéré par Zurek (section 10-6) si nous lui adjoignons l'hypothèse — en un sens, il est vrai, abusivement simplificatrice (*cf.* la Remarque 2 du texte) — que les q premiers éléments composant l'environnement ont des attributs tous mesurables (tout opérateur hermitien opérant dans l'espace produit tensoriel de leurs espaces de Hilbert correspond à une authentique observable) et que, à l'inverse, les grandeurs correspondant à des opérateurs hermitiens mettant en jeu des spins environnementaux autres que ceux-ci sont toutes « sensibles », ou, autrement dit, « non physiques ». Soit alors M′ une observable non sensible, c'est-à-dire physique, quelconque. La valeur moyenne de M′ à un instant t est :

$$<M'> = <\Psi(t)|M'|\Psi(t)> \qquad \text{(A'-1)}$$

où, dans le modèle de Zurek, $|\Psi(t)>$ est donné par la formule

(10-33) ; et, comme on le vérifie sans peine, dans les conditions spécifiées la formule (A′-1) peut s'écrire :

$$< M' > = \mathrm{Tr}\,[\rho_q(t)\, M'] \qquad \text{(A'-2)}$$

avec :

$$\rho_q(t) = \mathrm{Tr}^{k>q}\,[|\Psi(t) > < \Psi(t)|] \qquad \text{(A'-3)}$$

où $\mathrm{Tr}^{k>q}$ signifie la prise partielle de trace, sur les espaces de Hilbert des spins environnementaux d'indices $k > q$. Écrivons $|\Psi(t) >$ [formule (10-33)] sous la forme :

$$|\Psi(t) > = a\,|\phi_+(t) > \otimes |\psi_+(t) > + b\,|\phi_-(t) > \otimes |\psi_-(t) >$$

où :

$$|\phi_\pm(t) > = |s_\pm > \Pi_{k<q} \otimes |\chi_k^\pm(t) >$$

$$|\psi_\pm(t) > = \Pi_{k>q} \otimes |\chi_k^\pm(t) >$$

$|\chi_k^+(t) >$ et $|\chi_k^-(t) >$ étant les vecteurs d'état figurant entre crochets dans le premier et le second terme de la formule (10-33) respectivement. Tout comme dans la section 10-6, on vérifie alors sans peine que $\rho_q(t)$ est égal à :

$$\rho_q(t) = |a|^2\,|\phi_+(t) > < \phi_+(t)| + |b|^2\,|\phi_-(t) > < \phi_-(t)| + Z_q(t) \qquad \text{(A'-4)}$$

avec :

$$Z_q(t) = z_q(t)\, ab^\star\,|\phi_+(t) > < \phi_-(t)| + h.c \qquad \text{(A'-5)}$$

où z_q est donné par le membre de droite de la relation (10-36), le produit Π n'allant que de $k = q + 1$ à $k = N$. Dans tous les cas où N est beaucoup plus grand que q, les considérations relatives à z développées dans la section 10-6 juste après la relation (10-36) s'appliquent aussi à $z_q(t)$ et montrent que $z_q(t)$ devient rapidement très petit et le demeure. A un instant t pour lequel $z_q(t)$ est petit, les prédictions expérimentalement vérifiables concernant des grandeurs physiques telles que M′ ne peuvent donc, comme prévu, sensiblement différer de celles qui seraient fournies par un opérateur d'état $\rho'_q(t)$ identique à $\rho_q(t)$ à ceci près que $z_q(t)$ y est posé égal à zéro :

$$\rho'_q(t) = \rho_q(t) - Z_q(t) \qquad \text{(A'-6)}$$

Ce $\rho'_q(t)$ est en correspondance (*via* l'opération « trace partielle ») avec un mélange propre des systèmes totaux composé, en proportions $|a|^2$ et $|b|^2$ respectivement, de systèmes dans l'état $|\phi_+(t)> \otimes |\psi_+(t)>$ et de systèmes dans l'état $|\phi_-(t)> \otimes |\psi_-(t)>$. Plus précisément on a $\rho'_q(t) = \mathrm{Tr}^{k>q}\rho'(t)$ avec :

$$\rho'(t) = |a|^2\, |\phi_+(t)> < \phi_+(t)| \otimes |\psi_+(t)> < \psi_+(t)| + |b|^2\, |\phi_-(t)> < \phi_-(t)| \otimes |\psi_-(t)> < \psi_-(t)| \qquad \text{(A'-7)}$$

et c'est manifestement ce $\rho'(t)$ qui, dans le modèle, joue, au temps t, le rôle de l'opérateur ρ' [équation (10-5a)] de la théorie générale. La loi d'évolution de Schrödinger entraîne alors que l'opérateur d'état décrivant le même mélange de systèmes totaux à l'instant t_1 s'exprime par la même formule, après remplacement de t par t_1. En conséquence, si l'on prend véritablement au sérieux l'idée qu'à l'instant t, l'ensemble considéré est (empiriquement) assimilable à un mélange quantique décrit par $\rho'_q(t)$, on doit s'attendre à ce que, au temps t_1, les valeurs moyennes des observables authentiques (c'est-à-dire non « sensibles ») du système s'expriment au moyen de la formule obtenue à partir de (A'-2) en y remplaçant $\rho_q(t)$ par $\rho'_q(t_1) = \mathrm{Tr}^{k>q}\rho'(t_1)$. Par conséquent, la condition de cohérence cherchée (« robusticité ») est que ce $\rho'_q(t_1)$ ne diffère pas appréciablement de l'opérateur d'état $\rho_q(t_1)$ donné par l'expression (A'-3) prise à l'instant $t = t_1$. Or, il vient :

$$\rho'_q(t_1) = |a|^2\, |\phi_+(t_1)> < \phi_+(t_1)| + |b|^2\, |\phi_-(t_1)> < \phi_-(t_1)| = \rho_q(t_1) - Z_q(t_1)$$

et comme, pour tout temps t_1 — inférieur, bien entendu au cycle de récurrence de Poincaré (notre quête concerne la réalité *empirique*) — $z_q(t_1)$ est un nombre extrêmement petit, la condition dont il s'agit est bien, effectivement, réalisée. L'objection ici étudiée à la levée de la difficulté D_1 est donc écartée, au moins pour des modèles tels que celui-ci. En fait, l'argumentation qui précède devrait être applicable à n'importe quel modèle « à décohérence » satisfaisant à des conditions très générales, et l'on peut conjecturer que sa conclusion reste vraie en ce qui concerne des théories plus générales encore mettant elles aussi — tacitement — en jeu l'axiome de la réalité empirique.

3

Réduction du paquet d'ondes et flèche du temps

On sait qu'en raison du fait que si $\psi(x, t)$ est une solution de l'équation de Schrödinger $\psi^{*}(x, -t)$ en est une aussi, l'équation en question n'implique pas de direction privilégiée du temps. Si la mécanique quantique se réduisait à l'équation de Schrödinger on pourrait donc dire sans autre forme de procès qu'à l'instar de la mécanique classique elle est invariante dans un renversement du sens du temps. Mais d'un autre côté, la règle des probabilités et la règle, qui lui est liée, de réduction du paquet d'ondes sont, elles aussi, des données importantes de la mécanique quantique et, à première vue tout au moins, elles semblent, elles, induire une flèche du temps. Y a-t-il là plus qu'une apparence ? C'est à un examen de cette question controversée que cet appendice est consacré.

La question est, bien entendu, étroitement liée à celle de la nature de l'information fournie par une mesure sur un système. La valeur enregistrée par l'instrument est-elle celle que l'observable mesurée avait juste *avant* la mesure ou celle qu'elle a juste *après* ? Manifestement, prendre le théorème de la réduction du paquet d'ondes au pied de la lettre implique la seconde réponse. Cela est particulièrement clair dans le cas d'une mesure *complète*. Pour plus de simplicité, considérons le cas dans lequel l'observable mesurée A est à elle seule un *ensemble complet d'observables qui commutent* (pas de dégénérescence). Dans ce cas, quel que soit $|\psi>$ — l'état quantique avant la mesure —, si cette mesure fournit le résultat a_k l'état juste *après* qu'elle a eu lieu est le vecteur propre $|\phi_k>$ correspondant. La connaissance du résultat implique donc celle de cet état, alors qu'elle ne fournit aucune information concernant $|\psi>$.

Bien entendu, si la réduction du paquet d'ondes n'était qu'un postulat, les rôles pourraient assez aisément être inversés. Nous pourrions tout simplement faire l'hypothèse que, si une mesure de A est effectuée et si son résultat est a_n, juste avant la mesure le système était dans l'état $|\phi_n>$. Mais, comme nous l'avons vu au chapitre 3, la réduction du paquet d'ondes, particulièrement dans le cas non dégénéré, est plus qu'un simple postulat. Elle peut être déduite de la règle de la probabilité combinée avec une prémisse purement qualitative et d'apparence toute naturelle et, en ce sens, elle constitue un vrai théorème. La question se pose donc de savoir si on peut la modifier. Il semblerait que, de toute manière, ceci doive impliquer un changement dans les prémisses. Examinons si un tel changement est possible.

Première conjecture

Cette conjecture est qu'en droit, nous devrions avoir le choix entre la description conventionnelle et une description — que nous appellerons « *suggestion a* » — dans laquelle le sens du temps est inversé à tous égards. Cette « suggestion a » impliquerait :

i) de considérer comme vrai l'énoncé : *Avant la mesure d'une observable A ayant fourni le résultat a_n, le système était dans l'état décrit par le vecteur propre $|\phi_n>$ correspondant à cette valeur propre.* (Ceci n'est rien d'autre que l'hypothèse considérée plus haut.)

ii) de déduire cet énoncé d'une nouvelle règle, appelons-la la Règle 6′, — obtenue à partir de la règle conventionnelle de la probabilité (Règle 6, chapitre 3) en y inversant le sens du temps — qui s'énonce ainsi :

Règle 6′. — Dans les notations utilisées plus haut ($|\phi_n> \equiv$ ket propre de A associé à la valeur propre a_n), si, immédiatement *après* une mesure de A, le vecteur d'état est $|\psi>$, la probabilité (bayesienne) que cette mesure *ait* fourni le résultat a_n est :

$$w_n = |<\phi_n|\psi>|^2$$

La déduction dont il s'agit nécessite l'introduction d'une prémisse additionnelle — appelons-la « Prémisse P » — qui est la symétrique de celle énoncée au chapitre 3 et consiste à poser qu'avant la mesure le système était déjà descriptible au moyen d'un ket. Cette déduction s'effectue en considérant un cas dans lequel deux mesures idéales, M_1 et M_2, sont faites, à des instants $t_0 - \varepsilon$ et $t_0 + \varepsilon$ respectivement, de la même observable A. Soit a_n le résultat de M_2 et soit $|\chi>$ le ket représentant le système à l'instant t_0. Étant donné que les mesures sont idéales et infiniment rapprochées l'une de l'autre dans le temps, elles doivent par définition (chapitre 3, Règle 7) fournir le même résultat. Autrement dit, il y a une probabilité égale à 1 pour que si le résultat de M_2 est a_n, le résultat de M_1 ait été a_n lui aussi. D'un autre côté, selon la Règle 6′, cette probabilité est égale à

$|<\phi_n|\chi>|^2$. Ceci (par le même argument que celui explicité au chapitre 3 après la Règle 9) implique que :

$$|\chi> = |\phi_n>$$

à un facteur de phase près, dénué de signification physique.

Ainsi, l'énoncé (i) apparaît bien comme une conséquence de la Règle 6′ (*plus* la prémisse P). Mais reste à savoir si la Règle 6′ elle-même est juste ou, autrement dit, si la *suggestion a* est correcte. La question touche à une question plus générale. En physique classique, où l'irréversibilité n'est que *factuelle* (c'est-à-dire due seulement à de contingentes conditions aux limites) il y a des phénomènes physiques naturels — tel que ceux qui relèvent de la mécanique céleste élémentaire — qui sont à la fois réversibles et observables. En va-t-il de même en mécanique quantique ?

La réponse sera un *non* nuancé. De fait, la *suggestion a* ne peut s'appliquer qu'à des situations très artificielles qui, en pratique, ne se rencontrent que très exceptionnellement, même au titre de simples approximations. Le problème se présente comme suit. Quand, dans le langage ordinaire, nous parlons de la probabilité pour que tel ou tel événement *E* ait lieu dans l'avenir, implicitement nous sous-entendons : sous les conditions que le passé soit « ce qu'il est » et qu'aucune condition restrictive ne soit ajoutée relativement aux événements *postérieurs* à *E*. (Dans le cas contraire il nous faudrait, à la place de la probabilité en question, considérer une probabilité conditionnelle prenant ces conditions en considération.) C'est là un point de vue qu'il est naturel d'adopter, puisque, tout naturellement, nous considérons que le passé est clos et l'avenir ouvert. Et cela s'applique, bien entendu, à la Règle 6. Or, dans la *suggestion a* le rôle de l'avenir est tenu par le passé et inversement. Ceci implique que la *suggestion a* n'est correcte que si « le passé est ouvert », c'est-à-dire s'il n'y a aucune condition restrictive à considérer en ce qui concerne le passé du système. Mais tel n'est pas le cas en général, et, en conséquence, même en des cas très simples, la Règle 6′ est violée.

Pour en décrire un en détail, considérons deux observables A et B, d'équations aux valeurs propres :

$$A|\phi_n> = a_n|\phi_n>$$

et

$$B|\chi_k> = b_k|\chi_k>$$

que l'on imagine être mesurées sur le même système à des instants t_1 et t_2 respectivement. On peut, pour la simplicité, supposer que A et B sont respectivement les composantes x et z, S'_x et S'_z d'une particule de spin $\frac{1}{2}$, et s'intéresser aux valeurs propres $a_n = b_k = +\frac{1}{2}\cdot$ Considérons les systèmes pour lesquels la mesure de B donne b_k et demandons-nous quelle est la probabilité que la mesure de A sur de tels systèmes ait donné a_n. Conformément à la *suggestion a*, nous devons pour cela appliquer la Règle 6 '. D'après l'énoncé (i) appliqué à la mesure de B, le vecteur d'état de spin de la particule entre les instants t_1 et t_2 est $|\chi_k>$: nous avons donc à considérer la quantité $|<\varphi_n|\chi_k>|^2$, pour laquelle le calcul donne la valeur $\frac{1}{2}\cdot$ Selon la Règle 6′ cette quantité exprime la probabilité que, sous les conditions énoncées, le résultat de la mesure de A à l'instant t_1 ait été a_n : c'est-à-dire qu'elle doit correspondre à la valeur limite, pour un ensemble statistique composé d'un nombre arbitrairement grand de systèmes, d'une fraction dont le numérateur est le nombre des particules de l'ensemble qui ont fourni à la fois la réponse a_n à M_1 et la réponse b_k à M_2, et dont le dénominateur est le nombre de celles qui ont fourni la réponse b_k à M_2. Si nous avons affaire à un faisceau initialement non polarisé, le numérateur vaut $\frac{N}{4}$ et le dénominateur $\frac{N}{2}$ (N étant le nombre total de particules composant l'ensemble statistique considéré), et la fraction vaut donc $\frac{1}{2}$: ce qui est bien conforme à la Règle 6′. Mais si nous avons affaire à un faisceau initialement polarisé dans une certaine direction, la situation est différente. Par exemple, si le faisceau incident est polarisé selon Ox $\left(S_x = +\frac{1}{2}\right)$, le résultat de la première mesure est $a_n = +\frac{1}{2}$ pour toutes les particules de sorte que la fraction dont il s'agit est égale à 1. Dans ce cas, donc, la *suggestion a* (c'est-à-dire finalement la Règle 6′) est prise en défaut. Ce qui la met en échec c'est la polarisation du faisceau initial, laquelle peut être considérée comme une préselection effectuée sur un faisceau initialement non polarisé. Et il est intéressant de noter que, d'une manière, certes, artificielle, on peut de même mettre la Règle 6 du chapitre 3 en échec, en imposant, selon une transposition de la même idée, une *post*sélection aux éléments de l'ensemble, c'est-à-dire, par exemple, en exigeant que les seules particules ayant à être prises en considération soient celles qui, à un instant ultérieur t_3, fournissent, lors d'une nouvelle mesure de S_z, la réponse $+\frac{1}{2}$.

Assurément, une telle manière de restaurer la symétrie entre le passé et le futur est acceptable en droit. Mais il reste qu'elle oblige à renoncer à la Règle 6, la règle de probabilité de Born, qui constitue l'un des piliers de la physique contemporaine. Ceci n'a pas sa contrepartie en mécanique classique, où la symétrie en question règne sur la totalité des lois fondamentales effectivement utilisées. On ne peut donc pas dire que la mécanique quantique soit réversible au sens où la physique newtonienne est réversible. En fait, nous voyons ici que le type de flèche du temps que nous présente la mécanique quantique est assez étroitement lié à — et donc dans la dépendance de — nos aptitudes humaines à faire ceci ou cela (en l'espèce : à sélectionner des sous-ensembles d'ensembles donnés, dans l'avenir ou dans le passé). Plus précisément, il est lié aux *limites* de ces aptitudes. Ceci est bien illustré par l'existence, établie d'une manière très générale par Aharonov, Bergman et Lebowitz [1], d'une « mécanique quantique » parfaitement symétrique entre passé et avenir, qui ne s'applique pas au domaine de notre expérience humaine effective mais dont aussi bien la mécanique quantique conventionnelle que la *suggestion a* peuvent être déduites, en appliquant soit au futur soit au passé des procédures formelles dites de « destruction de cohérence ».

Seconde conjecture

Les déficiences de la première conjecture peuvent inciter à prendre en considération une conjecture moins radicale — appelons-la *suggestion b* — qui, certes, a des points communs avec la *suggestion a* mais qui, en fait, ne rend pas la mécanique quantique réellement réversible en ce qui concerne les lois. Cette *suggestion b* — qui pourrait bien être celle à laquelle Zeh fait allusion (référence [2], section 4-2) — est de conserver le postulat qu'exprime l'énoncé (i) de notre *première conjecture* mais en même temps de souligner le fait que, énoncé comme il l'est en termes ontologiques et portant comme il le fait sur des états quantiques auxquels nous n'avons pas d'accès direct (qu'il nous est impossible de « voir »), ce postulat ne peut être indépendamment testé par aucune mesure. En d'autres termes, il est plus proche d'une convention que d'une hypothèse physique.

Des questions se posent alors concernant la nature et la portée de la règle de probabilité. Bien entendu, il faut bien disposer d'une règle de probabilité si l'on veut faire le lien entre le formalisme et l'observation, et, pour les raisons que l'on vient de voir, on ne peut faire jouer ce rôle à la Règle 6′. Il semble donc qu'il n'y ait guère d'autre choix que de faire appel à la règle des probabilités usuelle, celle de Born, c'est-à-dire la Règle 6.

Il est vrai que, dans le cas de deux mesures successives, l'emploi de la Règle 6 paraît soulever un problème conceptuel : compte tenu de notre actuel postulat [énoncé (i) de la *première conjecture*], il faut bien — dans le cadre de l'expérience décrite plus haut — que le système soit dans l'état $|\varphi_n >$ avant t_1 et dans l'état $|\chi_k >$ entre t_1 et t_2. Et l'on pourrait alors se demander comment il est possible de concilier cela avec le fait, démontré au chapitre 3 (Proposition A), que la Règle 6 *impose* dans ce cas au système d'être, entre les instants t_1 et t_2, dans l'état $|\phi_n >$. La réponse — très simple — consiste à se rappeler la nature essentiellement *de convention* qui, dans le cadre de la *suggestion b*, est celle du postulat (i). En effet, cette nature purement conventionnelle implique qu'en réalité, une mesure ne nous révèle pas dans quel état le système mesuré « était vraiment ». Bien plutôt, elle (entendons son choix et son résultat) détermine quel état quantique nous attribuerons, par convention, au système immédiatement avant la mesure. Dans ces conditions, la difficulté mentionnée n'existe pas. Certes, quand l'observable B qui est mesurée en t_2 est identique à celle, A, mesurée en t_1 — ce qui est la situation envisagée dans la preuve de la proposition A — le système doit, durant l'intervalle de temps (t_1, t_2), être dans l'état $|\chi_k >$ (identique alors à $|\varphi_n >$). Mais ce fait ne doit pas être abstrait de son contexte, c'est-à-dire de l'ensemble du dispositif expérimental considéré. Il n'y a pas de raison qu'il reste valable dans le cas où l'observable B mesurée à l'instant t_2 n'est *pas* la même que l'observable A.

Manifestement, la *suggestion b* a des points communs avec les idées de Bohr, puisque, selon celles-ci aussi, la totalité du dispositif expérimental doit être prise en compte lorsque l'on se propose de parler de tel ou tel phénomène quantique spécifié et, dans ce cadre, d'assigner des valeurs définies aux grandeurs physiques en jeu. Mais il est difficile de voir en quel sens la suggestion en question pourrait restaurer une symétrie passé-futur rendant la mécanique quantique réversible du point de vue des lois. La conception générale que nous proposons dans le présent ouvrage, celle qui distingue entre les notions de réalité indépendante et empirique, paraît mieux en accord avec ce que l'on sait. La réalité indépendante n'est pas dans l'espace-temps, et, par conséquent, la question de savoir si elle comporte une flèche du temps n'est pas pertinente. Mais les valeurs contingentes des grandeurs physiques dynamiques n'en sont pas des éléments. Quant à la réalité empirique — la réalité dont traite essentiellement la physique, et particulièrement la physique quantique — elle n'est rien d'autre que l'ensemble des phénomènes, tels que vus et décrits au moyen des concepts humains : il n'y a rien d'étonnant par conséquent à ce que la physique quantique *telle qu'elle est utilisée* (c'est-à-dire avec réduction du paquet d'ondes, etc.) comporte une flèche du temps.

Références

1. Y. Aharonov, P.G. Bergmann et J.L. Lebowitz, *Phys. Rev.* **134B**, 1410 (1964).
2. H. D. Zeh, *The Physical Basis of the Direction of Time*, Berlin, Heidelberg, Springer Verlag, 1989.

4

Illustration de Bell 2. Un exemple simple

Pour permettre au lecteur de mieux saisir en quoi exactement consistent les prémisses de Bell 2, on analyse ici un modèle, hautement artificiel mais totalement explicite, qui, dans le cadre de l'exemple standard de Bohm (paire de spins), reproduit exactement les prédictions quantiques tout en étant à objectivité forte (et déterministe de surcroît). Dans le cadre de l'exemple standard en question, la valeur moyenne M (AB), prédite par la mécanique quantique, du produit AB des résultats de mesures de $S_{\boldsymbol{a}}^{U}$ et $S_{\boldsymbol{b}}^{V}$ (notations de la section 8-1), mesurés en unités $\frac{\hbar}{2}$, est, on le sait :

$$M\,(AB) = -\cos\,(\boldsymbol{a}\,.\,\boldsymbol{b}) \qquad \text{(A''-1)}$$

Quant au modèle, il est construit comme suit. La paire de spins est décrite au moyen de deux vecteurs unité opposés $\boldsymbol{\lambda}$ et $\boldsymbol{\mu} = -\boldsymbol{\lambda}$, attachés aux particules U et V respectivement. L'hypothèse est faite que les résultats A et B des mesures ci-dessus considérées sont donnés par les formules

$$A\,(\boldsymbol{\lambda}, \boldsymbol{a}) = \text{signe de } (\boldsymbol{a}\,.\,\boldsymbol{\lambda}) \qquad \text{(A''-2a)}$$

$$B\,(\boldsymbol{\mu}, \boldsymbol{b}) = \text{signe de } (\boldsymbol{b}\,.\,\boldsymbol{\mu}) \qquad \text{(A''-2b)}$$

et l'on pose, enfin, que la distribution statistique $\rho\,(\boldsymbol{\lambda})$ des $\boldsymbol{\lambda}$ dépend de l'angle azimutal ϕ entre $\boldsymbol{\lambda}$ et la bissectrice de $\boldsymbol{a}$ et $\boldsymbol{b}$, $(-\pi < \phi \leqslant \pi)$. Plus précisément, on pose que cette dépendance est :

$$\rho(\phi) = \frac{|\sin 2\,\phi|}{4} \qquad \text{(A''-3)}$$

Soit alors θ l'angle entre $\boldsymbol{a}$ et $\boldsymbol{b}$ et soit

$$\beta = \frac{\pi}{2} - \frac{\theta}{2}$$

Les angles $\phi = -\pi + \beta, -\beta, \beta, \pi - \beta$ divisent le plan $\boldsymbol{a}, \boldsymbol{b}$ en quatre secteurs caractérisés par des signes bien définis de A et de B et on vérifie aisément que le produit AB est

$$AB = +1 \text{ dans les secteurs } (\beta, \pi - \beta) \text{ et } (-\pi + \beta, -\beta)$$

$$-1 \text{ ailleurs}$$

La valeur moyenne

$$M(AB) = \int AB\, \rho(\phi)\, d\phi \qquad (A''\text{-}4)$$

se calcule alors aisément en divisant en ces quatre secteurs le domaine $(-\pi, \pi)$ d'intégration. On a :

$$\int_{\beta}^{\frac{\pi}{2}} AB\, \rho(\phi)\, d\phi = \frac{1}{4} \cos^2 \beta$$

d'où, en vertu de la symétrie :

$$\int_{\frac{\pi}{2}}^{\pi - \beta} AB\, \rho(\phi)\, d\phi = \frac{1}{4} \cos^2 \beta$$

de sorte que la contribution totale du secteur $(\beta, \pi - \beta)$ au second membre de (A″-4) est : $\frac{1}{4} \cos^2 \beta$. En raison, de nouveau, de la symétrie celle du secteur $(-\pi + \beta, -\beta)$ lui est égale. Étant donné que $\int_{-\pi}^{\pi} \rho(\phi)\, d\phi = 1$, la contribution cumulée des deux autres secteurs est $1 - \cos^2 \beta$, au signe près. Au total, donc, on a :

$$M(AB) = \cos^2 \beta - (1 - \cos^2 \beta) = -\cos \theta$$

ce qui montre que le modèle reproduit bien la prédiction quantique. La raison pour laquelle ce modèle est intéressant est que A y dépend seulement de $\boldsymbol{\lambda}$ et $\boldsymbol{a}$ et B seulement de $\boldsymbol{\mu}$ et $\boldsymbol{b}$: de sorte qu'en toute rigueur, le modèle ne viole pas la causalité locale telle que définie dans la section 8-4. Mais ρ en revanche y dépend de $\boldsymbol{a}$ et de $\boldsymbol{b}$ puisqu'il dépend de leur bissectrice. Et c'est en raison de cette dépendance que le modèle n'est pas en contradiction avec Bell 2. La prémisse de Bell 2 qui y est violée n'est pas la causalité locale mais bien l'hypothèse additionnelle mentionnée en section 9-3, à savoir que, jusqu'au dernier instant précédant la mesure, l'expérimentateur doit être considéré comme libre de choisir à sa guise les directions ***a*** et ***b***. En effet, s'il les choisissait après que les particules ont quitté la source, leur bissectrice ne pourrait être en relation avec la distribution ρ des λ alors que le modèle postule qu'elle l'est (voir par exemple la référence [1] pour plus de détails concernant cette hypothèse additionnelle). Une autre manière, équivalente, de considérer cet état de choses est de considérer que le modèle viole bien l'indépendance à l'égard des paramètres, mais seulement quand celle-ci est définie de manière un peu plus large que dans l'énoncé de Bell 2, à savoir comme esquissé dans la section 8-2 (voir la note de la section 8-5).

Référence

1. B. d'Espagnat, « Nonseparability and the Tentative Descriptions of Reality », *Physics Reports* **110**, 203 (1984).

Index des noms

Les nombres en italique renvoient aux références en fin de chapitre.

Index des sujets

Table des matières

5. Compléments

6. Le formalisme de la matrice densité

7. Mélanges propres et impropres

8. États quantiques et non-séparabilité

9. Le problème E.P.R. et la non-séparabilité

10. L'opération de mesure

11. Variations sur un thème bohrien

12. La mécanique quantique en tant que théorie universelle ; apparences classiques dans un monde quantique

13. Approches ontologiques (variables cachées, etc.)

14. Réalisme ouvert

15. Le réel voilé, la réalité empirique

16. Leçons et suggestions de la physique quantique

Postface

Appendices

LE TEMPS DES SCIENCES

Claude ALLÈGRE, *L'Écume de la Terre.*
Claude ALLÈGRE, *Économiser la planète.*
Claude ALLÈGRE, *Introduction à une Histoire naturelle.*
Jacques ARSAC, *La Science et le sens de la vie.*
Jean-Pierre CHANGEUX, *L'Homme neuronal.*
Gilles COHEN-TANNOUDJI et Michel SPIRO, *La Matière espace-temps. La logique des particules élémentaires.*
Yves COPPENS, *Le Singe, l'Afrique et l'homme.*
Antoine DANCHIN, *L'Œuf et la poule. Histoire du code génétique.*
Jean-Pierre DIGARD, *L'Homme et les animaux domestiques. Anthropologie d'une passion.*
Pierre DOUZOU, *Le Chaud et le froid. Les conflits du vivant.*
Pierre DOUZOU, *Les Bricoleurs du septième jour.*
Pierre DOUZOU, *Nouveaux Regards entomologiques.*
John C. ECCLES, *Évolutions du cerveau et création de la conscience.*
Bernard D'ESPAGNAT et Étienne KLEIN, *Regards sur la matière. Des quanta et des choses.*
Alain FOUCAULT, *Climat. Histoire et avenir du milieu terreste.*
Stephen Jay GOULD, *Quand les poules auront des dents. Réflexions sur l'histoire naturelle.*
Claude HAGÈGE, *L'Homme de paroles.*
Émile HÉNOCQ, *Un mal étrange : l'allergie.*
François JACOB, *Le Jeu des possibles. Essai sur la diversité du vivant.*
Marc JEANNEROD, *Le Cerveau-machine. Physiologie de la volonté.*
Ervin LASZLO, *Aux racines de l'univers.*
André LEROI-GOURHAN, *Mécanique vivante. Le crâne des vertébrés, du poisson à l'homme.*
André LEROI-GOURHAN, *Le Fil du temps. Ethnologie et préhistoire 1920-1970.*
André LWOFF, *Jeux et combats.*
Paolo MAFFEI, *La Comète de Halley. Une révolution scientifique.*
Philippe MEYER, *L'Homme et le sel.*
Philippe MEYER, *La Révolution des médicaments. Mythes et réalités.*
Claude OLIEVENSTEIN, *Destin du toxicomane.*
Jean-Claude PECKER, *Sous l'étoile Soleil.*
Jean-Jacques PETTER, *Le Propre du singe.*
David et Ann PREMACK, *L'Esprit de Sarah.*
Jacques RUFFIÉ, *Traité du vivant.*
Émilio SEGRÉ, *Les Physiciens classiques et leurs découvertes. De la chute des corps aux ondes hertziennes.*
Émilio SEGRÉ, *Les Physiciens modernes et leurs découvertes. Des rayons X aux quarks.*
Pierre THUILLIER, *D'Archimède à Einstein. Les faces cachées de l'invention scientifique.*
Pierre THUILLIER, *Les Passions du savoir. Essais sur les dimensions culturelles de la science.*
TRINH XUAN THUAN, *La Mélodie secrète.*
Jean-René VANNEY, *Le Mystère des abysses. Histoires et découvertes des profondeurs océaniques.*
Daniel WIDLÖCHER, *Les Logiques de la dépression.*

www.ingramcontent.com/pod-product-compliance
Lightning Source LLC
LaVergne TN
LVHW010123230826
846091LV00001BA/123

* 9 7 8 2 2 1 3 5 9 3 1 0 4 *